高等职业学校“十四五”规划装备制造大类精品教材

电工电子技术教程

DIANGONG DIANZI JISHU JIAOCHENG

▶ 主　编　秦常贵　林燕虹　李　嫄

▶ 副主编　唐国兰　杨秀文

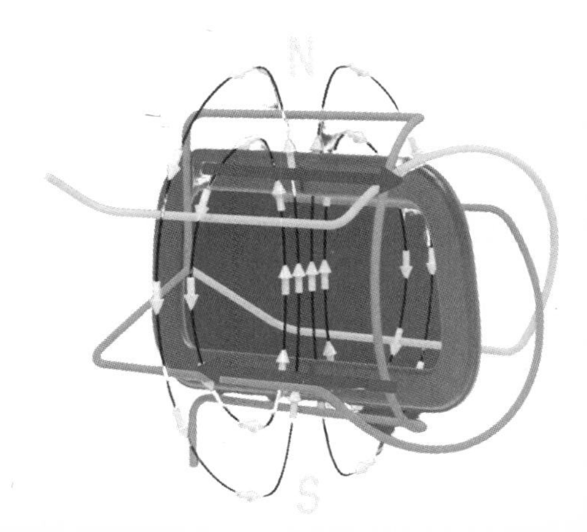

华中科技大学出版社
http://press.hust.edu.cn
中国 · 武汉

内 容 简 介

本书根据“以必需、够用为度”的高职教育理念和人的学习认知规律，系统全面地介绍了常用的电工技术和电子技术的基本知识和基本技能。本书主要内容包括直流电路、单相正弦交流电路、三相正弦交流电路、磁路与变压器、供电与安全用电、常用半导体器件、放大电路、集成运算放大器、直流稳压电源、晶闸管、门电路与组合逻辑电路、触发器与时序逻辑电路、A/D 和 D/A 转换、电工测量、三相异步电动机、单相异步电动机、直流电动机、控制电机、继电接触器控制系统等，每章都提出了明确的“学习目标”，在合适的章节中安排了“技能实训”，切实体现了加强动手能力培养的高职教育特色。每章后面提供了适量的多题型的“试卷型”习题，以供读者检验学习效果和巩固所学知识。

本书内容系统全面，章节编排科学合理，重点要点一目了然，知识讲解化繁为简、化难为易且通俗易懂，技能实训注重实用。

本书可作为高职院校非电类和部分电类专业的教材，也可作为有关教师和工程技术人员的参考书。

图书在版编目(CIP)数据

电工电子技术教程/秦常贵，林燕虹，李嫄主编. —武汉：华中科技大学出版社，2023.9

ISBN 978-7-5680-9709-3

Ⅰ.①电… Ⅱ.①秦… ②林… ③李… Ⅲ.①电工技术-高等职业教育-教材 ②电子技术-高等职业教育-教材 Ⅳ.①TM ②TN

中国国家版本馆 CIP 数据核字(2023)第 142745 号

电工电子技术教程
Diangong Dianzi Jishu Jiaocheng

秦常贵 林燕虹 李 嫄 主编

策划编辑：袁 冲
责任编辑：白 慧
封面设计：孢 子
责任监印：朱 玢

出版发行：华中科技大学出版社(中国·武汉)　电话：(027)81321913
武汉市东湖新技术开发区华工科技园　邮编：430223

录 排：武汉正风天下文化发展有限公司
印 刷：武汉科源印刷设计有限公司
开 本：787mm×1092mm 1/16
印 张：24.5
字 数：606 千字
版 次：2023 年 9 月第 1 版第 1 次印刷
定 价：59.00 元

前言 QIANYAN

“电工电子技术”课程是在高职课程教学改革的背景下产生的，是将“电路与磁路”“模拟电子技术”“数字电子技术”“电气测量”“电机与电气控制技术”等多门课程整合而成的一门非电类专业非常重要的专业基础课。整合之后的知识内容较多，给该课程的教材编写带来了较大的难度：“从简”容易出现表意不明的问题，也体现不出高职应有的“高”；“从繁”则容易出现高职与本科不分的问题，同时是教学课时所不允许的。

本书遵循“以必需、够用为度”的高职教育理念和人的学习认知规律。内容上以后续课程“必需”“够用”出发，同时兼顾知识的完整性、系统性和可持续发展性，且力求化繁为简、化难为易，用通俗易懂的语言来进行阐述。章节上按照知识的逻辑顺序进行科学合理的编排，使学习过程更加符合认知规律。

本书每章都提出了明确的“学习目标”，再用授课式的语言对相关内容进行了深入浅出的讲解，能让读者快速掌握重点内容。在绝大多数章节中安排了“技能实训”，切实体现了加强动手能力培养的高职教育特色。每章后面提供了适量的多题型的“试卷型”习题，以供读者检验学习效果和巩固所学知识。

本书可作为高职院校非电类和部分电类专业的教材。本书内容全面，涵盖了常用的电工技术和电子技术的基本知识和基本技能，在使用时可根据实际需要合理选择教学章节。

本书由广东松山职业技术学院秦常贵、林燕虹和李嫄担任主编，唐国兰和杨秀文担任副主编。其中，秦常贵负责全书审稿和统稿，并编写了第6、7、8章，林燕虹编写了第1、4、5、11、12章，李嫄编写了第2、3、15、19章，唐国兰编写了第13、14、16、17、18章，杨秀文编写了第9、10章。

由于编者水平有限，书中难免出现不妥甚至错误之处，恳请读者批评指正，以便今后加以改进。

编　者

2023年5月

目录 MULU

直流电路

直流电路是学习电工技术和电子技术最基本的重要知识，也是学习后续章节的重要基础。本章将详细介绍直流电路的基本概念、基本定律和常用的电路分析方法等。

学习目标

1. 理解电路的组成与作用、电路模型、电流和电压的参考方向。
2. 熟悉电源的工作状态、电阻的连接方式及其等效变换。
3. 熟悉电压源和电流源及其等效变换、支路电流法和诺顿定理。
4. 掌握欧姆定律、基尔霍夫定律、叠加原理、戴维南定理及电位的计算。

1.1 电路的组成与作用

电路是电流流通的闭合路径，是为了某种需要由若干个电工设备或电子器件按一定方式组合而成的。

在日常的生产生活中广泛应用着各种各样的电路，因实际需求的不同，电路的形式和结构有多种，但电路一般都由电源、负载和中间环节等三个部分组成。

电源是电路中电能的提供者，是将其他形式的能量转化为电能的装置，如干电池将化学能转化为电能，发电机将热能、水能等转化为电能。当电路中的电源为直流电源时，这样的电路叫直流电路。常见的直流电源有干电池、蓄电池、直流发电机等。负载（即用电设备）将电源供给的电能转换为其他形式的能量。中间环节将电源和负载连成一个通路，起着传输和分配电能的作用，如连接导体、控制和保护设备等。

电路的一个作用是实现电能的传输和转换。例如手电筒电路，它由电池、导线（筒体）、开关和灯泡组成，如图 1-1(a)所示。当开关接通时，灯泡将电能转换为光能和热能。

电路的另一个作用是传递和处理信号。常见的例子有扩音机，其电路示意图如图 1-1(b)所示，由话筒、放大器和扬声器三部分组成。先由话筒将声音（通常称为信息）转换为相

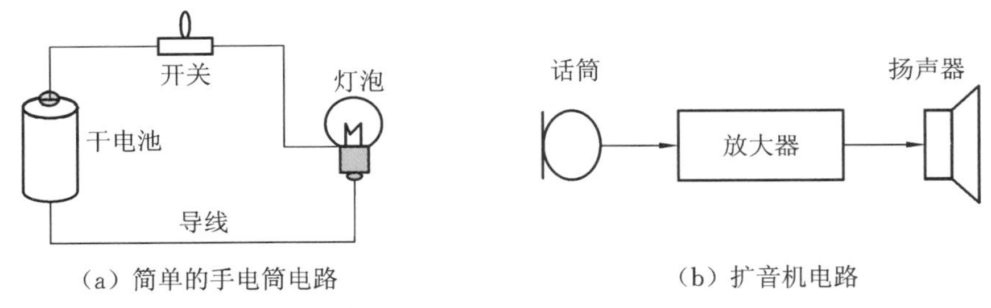

（a）简单的手电筒电路　　（b）扩音机电路

图 1-1　电路示意图

应的电压和电流（称为电信号）；再通过电路传递到扬声器，把电信号还原为声音。由于从话筒输出的电信号比较微弱，不足以推动扬声器发出声音，因此中间要利用放大器来进行放大，即进行信号的处理。

在图 1-1(b)中，话筒是输出信号的装置，称为信号源，它将声音转换成电信号；放大器是中间环节，用来放大电信号；扬声器是负载，它将放大后的电信号还原成声音。

在电力工程中，常见的电路多数是图 1-1(a)所示形式的电路，而在电子线路中，大多数是图 1-1(b)所示形式的电路。

无论是电能的传输和转换，还是信号的传递和处理，其中电源或者信号源的电压或者电流都称为激励，它推动电路工作；由激励在电路各部分产生的电压和电流称为响应。所谓电路分析，就是在已知电路的结构和元件参数的条件下，讨论电路的激励与响应之间的关系。

1.2　电路模型

任何实际电路都是由一些按需要起不同作用的电器元件组成的，如发电机、电动机、电池、变压器、晶体管以及各种电阻器、电容器和电感器等，它们的特性比较复杂，往往在实际电路中同时有耗能效应（热效应）、电磁效应和电场效应。如制作一个电阻器是要利用它对电流呈现阻力的性质，然而当电流通过时还会产生磁场。要在数学上精确描述这些现象相当困难。为了用数学的方法从理论上判断电路的主要性能，必须在一定条件下忽略实际器件的次要性质，按其主要性质加以理想化，从而得到一系列理想化元件。

这种理想化的元件称为实际器件的“器件模型”。用理想化元件表示实际元件，并按实际电路的连接方式连接起来的电路图称为电路模型。

下面介绍几种常见的理想化元件（器件模型），其符号如图 1-2 所示。

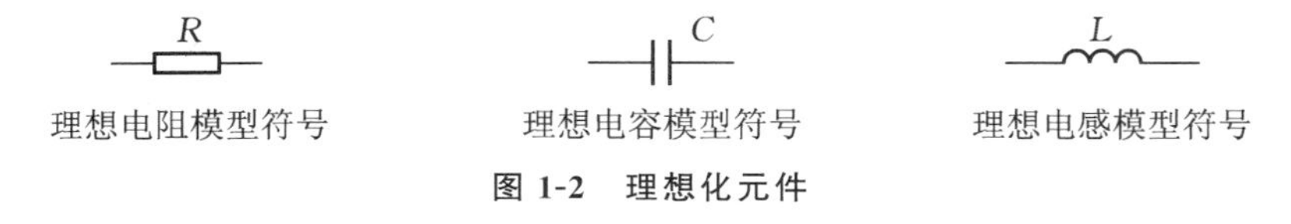

图 1-2　理想化元件

理想电阻元件：只消耗电能，如电阻器、灯泡、电炉等，可以用理想电阻来反映其消耗电能的这一主要特征。

理想电容元件：只储存电能，如各种电容器，可以用理想电容来反映其储存电能的特征。

理想电感元件：只储存磁能，如各种电感线圈，可以用理想电感来反映其储存磁能的特征。

图 1-1(a)所示的手电筒电路，用电路模型表示如图 1-3 所示。灯泡是电阻元件，其参数为电阻 R；干电池是电源元件，其参数为电动势 E；筒体是连接干电池与灯泡的中间环节(包括开关)，其电阻忽略不计，认为是无电阻的理想导体。

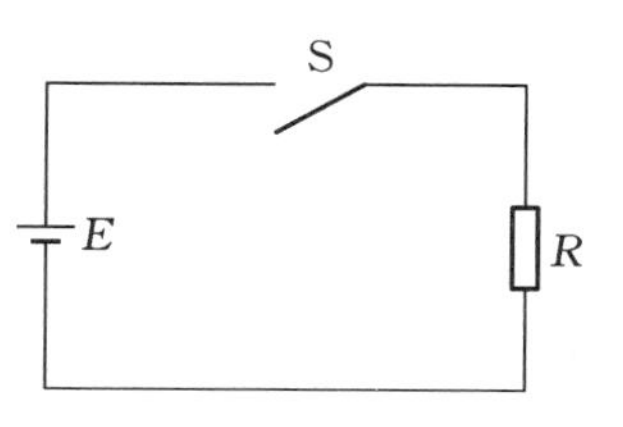

图 1-3 手电筒的电路原理图

今后我们所讨论分析的电路都是电路模型，简称电路。在电路图中，各种电路元件用规定的图形符号表示。

1.3 电流和电压的参考方向

1.3.1 电流的参考方向

电流是由电荷的定向移动形成的。习惯上规定正电荷移动的方向为电流的实际方向。我们把单位时间内通过某一导体横截面的电荷量定义为电流强度，它是衡量电流强弱的物理量。设在 $\mathrm{d}t$ 时间内通过导体横截面的电荷量为 $\mathrm{d}q$，则通过该截面的电流为：

$$i=\frac{\mathrm{d}q}{\mathrm{d}t} \tag{1-1}$$

式(1-1)中，i 表示随时间而变化的电流在某一时刻的瞬时值。如果电流不随时间变化，即 $\mathrm{d}q/\mathrm{d}t$ 为常量，则这种电流就称为恒流电流，简称直流，用大写字母 I 表示，它所通过的路径就是直流电路。在直流电路中，式(1-1)可写成：

$$I=\frac{Q}{t} \tag{1-2}$$

式(1-2)中，Q 是在时间 t 内通过导体截面的电荷量，电流的单位是 A(安培)。除安培外，常用的电流单位还有 kA(千安)、mA(毫安)和 μA(微安)，它们之间的换算关系是 $1\ \mathrm{kA}=10^3\ \mathrm{A}$，$1\ \mathrm{A}=10^3\ \mathrm{mA}$，$1\ \mathrm{A}=10^6\ \mu\mathrm{A}$。

对于简单电路，电流的实际方向根据电源极性很容易判断，可以直接标出，但在电路分析中，实际电路往往比较复杂，某一电路中电流的实际方向在分析计算前很难判断出来，从而很难在电路中标明电流的实际方向。因此，引入了电流“参考方向”的概念。

在计算前先任意选定某一个方向作为电流的参考方向，根据参考方向进行电路的相关计算，如计算出电流为正值($I>0$)，则电流的参考方向与它的实际方向一致；如电流为负值($I<0$)，则电流的参考方向与它的实际方向相反，如图 1-4 所示。

因此，在指定的电流参考方向下，电流值的正和负可以反映出电流的实际方向。

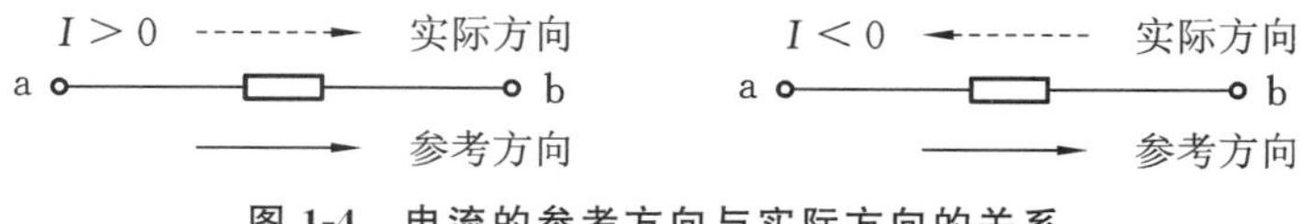

图 1-4 电流的参考方向与实际方向的关系

电流的参考方向是任意指定的，在电路中一般用箭头表示，也可以用双下标来表示，如 I_{ab}，其参考方向是由 a 指向 b。

1.3.2 电压的参考方向

在图 1-5 所示电源的两个极板 a 和 b 上分别带有正、负电荷，这两个极板间就存在一个电场，其方向是由 a 指向 b。当用导线和负载将电源的正负极连接成为一个闭合电路时，正电荷在电场力的作用下由正极 a 经导线和负载流向负极 b(实际上是自由电子由负极经负载流向正极)，从而形成电流。电压是衡量电场力做功能力的物理量，即 a 点至 b 点间的电压 U_{ab} 在数值上等于电场力把单位正电荷由 a 点经外电路移到 b 点所做的功。

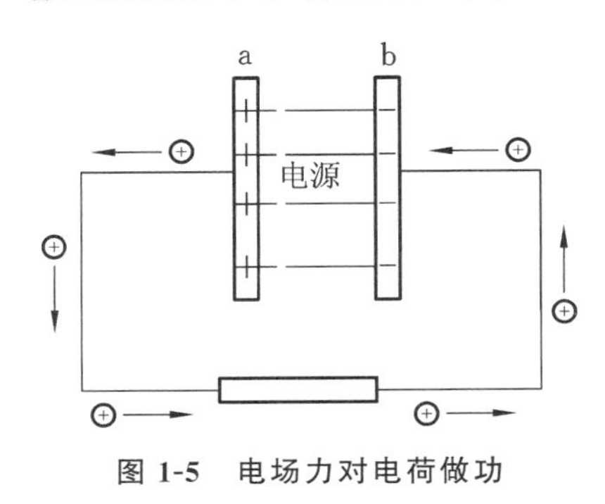

图 1-5　电场力对电荷做功

当电荷的单位为 C(库仑)，功的单位为 J(焦耳)时，电压的单位为伏特，简称 V(伏)。在工程中还可用 kV(千伏)、mV(毫伏)和 μV(微伏)作为计量单位。它们之间的换算关系是 $1\ \text{kV}=10^3\ \text{V}$，$1\ \text{V}=10^3\ \text{mV}=10^6\ \mu\text{V}$，$1\ \text{mV}=10^3\ \mu\text{V}$。

正电荷流经负载(电源)的方向为电压(电动势)的实际方向。与电流一样，在电路中也常引入电压的参考方向，电压的参考方向也是任意指定的。在电路中，电压的参考方向可以用一个箭头来表示，见图 1-6(a)；也可以用正(+)、负(−)极性来表示，见图 1-6(b)；还可以用双下标表示，如 U_{AB} 表示 A 和 B 之间的电压的参考方向为由 A 指向 B，见图 1-6(c)。同样，在指定的电压参考方向下计算出的电压值的正和负，可以反映出电压的实际方向。

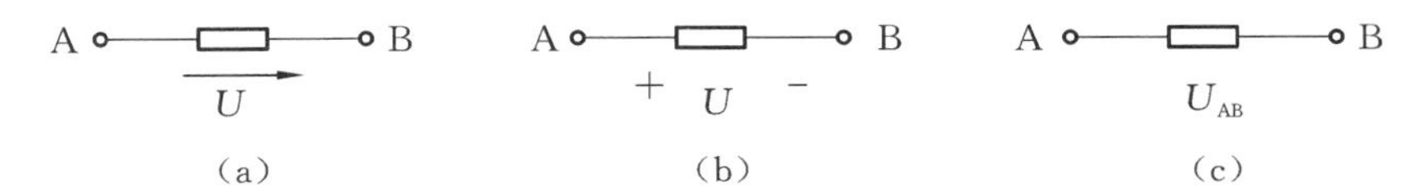

图 1-6　电压的参考方向表示法

在电路中，某一元件上电流的参考方向和电压的参考方向可以独立地加以任意指定。如果参考电流从参考电压“+”极流入，从“−”极流出，则电流的参考方向与电压的参考方向一致。把电流和电压的这种参考方向称为关联参考方向；反之，称为非关联参考方向。

1.4 欧姆定律

流过电阻的电流与电阻两端的电压成正比，这就是欧姆定律，其表达式为

$$R=\frac{U}{I} \tag{1-3}$$

由上式可见，当电压 U 一定时，电阻 R 愈大，则电流 I 愈小。显然，电阻对电流具有阻碍作用。

欧姆定律是分析电路的最基本定律之一。图 1-7 所示电路对应的表达式为欧姆定律的具体应用(注意：图中电压和电流所标方向均为参考方向)。

根据在电路图中所给电压和电流的参考方向的不同，在应用欧姆定律要注意正负号的使用：当电压和电流的参考方向一致时，如图1-7(a)，则

$$U=RI \tag{1-4}$$

当电压和电流的参考方向相反时，如图1-7(b)，则

$$U=-RI \tag{1-5}$$

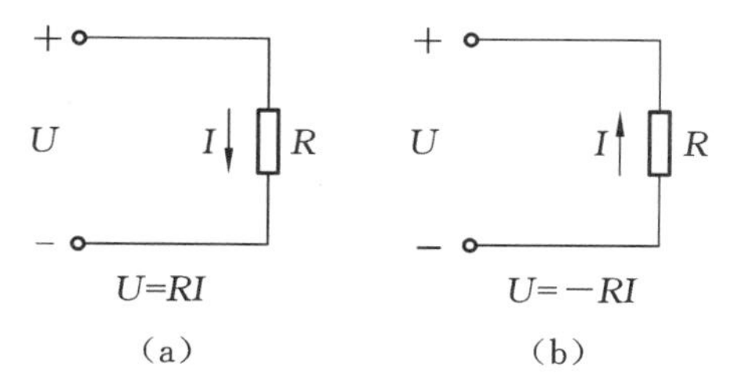

图1-7 欧姆定律的应用

在国际单位制中，电阻的单位是欧姆(Ω)。当电路两端的电压为1 V，通过的电流为1 A时，则该段电路的电阻为1 Ω。计量高电阻时，则以千欧(kΩ)或兆欧(MΩ)为单位。

【例1-1】 一个标有“220 V 100 W”的灯泡，其灯丝电阻是多少？如果每天用电5 h，一个月消耗电能多少度？

【解】 $R=U^2/P=220^2/100\ \Omega=484\ \Omega$

$W=Pt=100\times5\times30\ \text{W}\cdot\text{h}=15000\ \text{W}\cdot\text{h}=15\ \text{kW}\cdot\text{h}=15$ 度

1.5 基尔霍夫定律

基尔霍夫定律包括基尔霍夫电流定律(KCL)和基尔霍夫电压定律(KVL)，也是分析电路的最基本定律之一，它不仅适用于直流电路，也同样适用于交流电路。

在学习基尔霍夫定律之前，为了便于理解，根据图1-8所示的电路，先介绍几个电路名词。

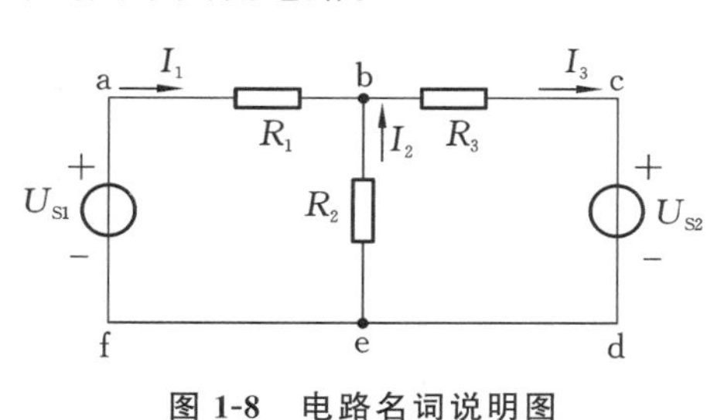

图1-8 电路名词说明图

(1) 支路：电路中流过同一电流的一个分支称为一条支路。图1-8所示的电路中共有三条支路——dab、be和bcd，其中支路dab、bcd上各有两个电路元件。支路dab、bcd上有电源，称为含源支路；支路be上没有电源，称为无源支路。

(2) 节点：电路中三条或三条以上的支路相连接的点称为节点。图1-8所示的电路中共有两个节点——b和e。

(3) 回路：电路中由若干支路组成的闭合通路称为回路。图1-8所示的电路中共有三个回路——abef、bcde和abcdef。

(4) 网孔：网孔是回路的一种。将电路画在平面上，在回路内部不另含有支路的回路称为网孔。图1-8中abef、bcde回路是网孔，abcdef回路内部含有支路eb，不是网孔，所以这个电路共有两个网孔。

1.5.1 基尔霍夫电流定律(KCL)

基尔霍夫电流定律(Kirchhoff's current law，KCL)描述电路中连接在同一个节点上的各条支路电流之间的关系：任意时刻，流入任一节点的电流之和等于流出该节点的电流之

和。其数学表达式为

$$\sum I_{入}=\sum I_{出} \tag{1-6}$$

对于图 1-8 中的节点 b，应用 KCL，有

$$I_1+I_2=I_3 \tag{1-7}$$

即

$$I_1+I_2-I_3=0 \tag{1-8}$$

亦即

$$\sum I=0 \tag{1-9}$$

可见，任意时刻，任一节点上的电流代数和恒等于零。

应用式(1-9)时，既可以定义流出节点的电流取“+”，流入节点的电流取“—”，也可以做相反的设定。总之，流入和流出节点电流的符号应互为相反。

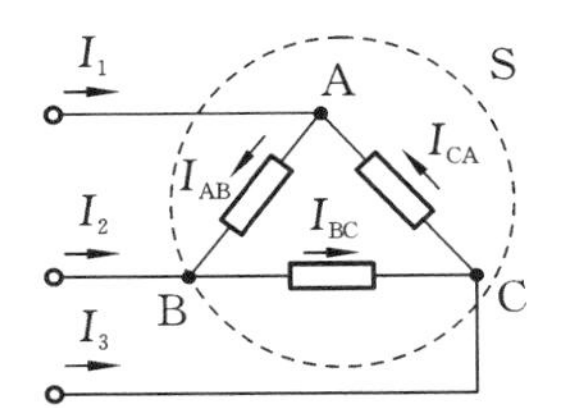

图 1-9　基尔霍夫电流定律的推广应用

在图 1-9 所示的电路中，闭合面 S 内有三个节点 A、B、C。对这些节点分别应用 KCL，有

$$I_1=I_{AB}-I_{CA} \tag{1-10}$$

$$I_2=I_{BC}-I_{AB} \tag{1-11}$$

$$I_3=I_{CA}-I_{BC} \tag{1-12}$$

将式(1-10)、式(1-11)和式(1-12)三式相加，得

$$I_1+I_2+I_3=0$$

在图 1-9 所示的电路中，流入闭合面 S 的电流为 $I_1+I_2+I_3$，而流出闭合面 S 的电流为 0，也就是说，流入闭合面的电流之和等于流出闭合面的电流之和。由此可见，KCL 不仅可以应用于节点，也可以推广应用到闭合面(可以将闭合面看成一个“大点”)。

1.5.2　基尔霍夫电压定律(KVL)

基尔霍夫电压定律(Kirchhoff's voltage law，KVL)描述闭合回路中各部分电压之间的关系：任意时刻，沿任一闭合回路循行一周(既可以沿顺时针方向，也可以沿逆时针方向)，在该回路各元件上的电压降之和等于电压升之和。其数学表达式为

$$\sum U_{降}=\sum U_{升} \tag{1-13}$$

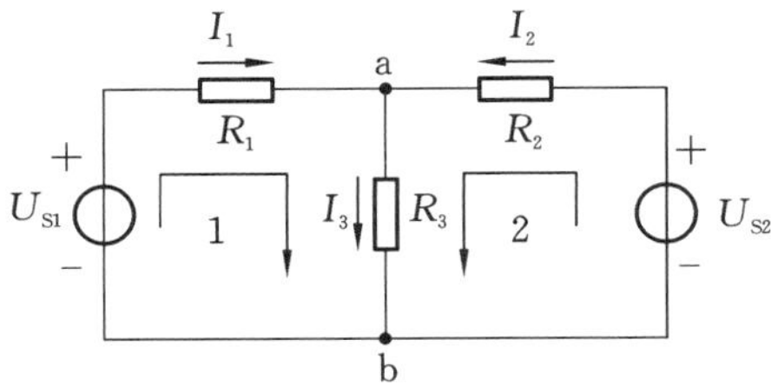

图 1-10　基尔霍夫电压定律示意图

以图 1-10 所示的电路为例，对于回路 1，应用 KVL，有

$$I_1R_1+I_3R_3=U_{S1}$$

即

$$I_1R_1+I_3R_3-U_{S1}=0$$

亦即

$$\sum U=0 \tag{1-14}$$

可见，任意时刻，任一闭合回路各元件上的电压代数和恒等于零。

应用式(1-14)时，对于电阻上的电压，循行方向与电流方向一致时为电压降，反之为电

压升；对于电源上的电压，循行方向从负极到正极时为电压升，反之为电压降。

KVL 通常用于闭合回路，但也可推广应用到不闭合的电路上。图 1-11 虽然不是闭合回路，但当假设开口处的电压为 U_{ab} 时，可以将电路看成一个闭合回路，用 KVL 可列写等式为

$$U_{ab}+U_{S3}+I_3R_3-I_2R_2-U_{S2}-I_1R_1-U_{S1}=0$$

KCL 规定了电路中任一节点处电流必须服从的约束关系，KVL 则规定了电路中任一回路内电压必须服从的约束关系。对于任何电路，KCL 和 KVL 总是成立的。

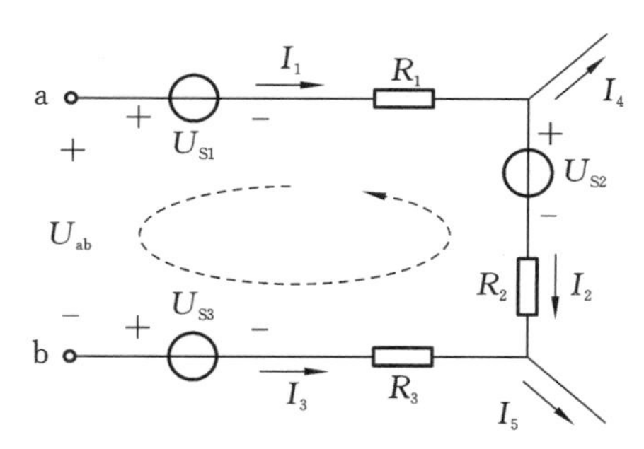

图 1-11 基尔霍夫电压定律的推广

【例 1-2】 图 1-12 所示电路中，已知 $U_1=5$ V，$U_3=3$ V，$I=2$ A，求 U_2，I_2，R_1，R_2 和 U_S。

【解】 (1) 已知 2 Ω 电阻两端电压 $U_3=3$ V，故

$$I_2=\frac{U_3}{2\ \Omega}=\frac{3\ \text{V}}{2\ \Omega}=1.5\ \text{A}$$

(2) 在由 R_2，R_1 和 2 Ω 电阻组成的闭合回路中，根据 KVL 得

$$U_3+U_2-U_1=0$$

即

$$U_2=U_1-U_3=5\ \text{V}-3\ \text{V}=2\ \text{V}$$

图 1-12 例 1-2 电路图

(3) 由欧姆定律得

$$R_2=\frac{U_2}{I_2}=\frac{2\ \text{V}}{1.5\ \text{A}}=1.33\ \Omega$$

由 KCL 得

$$I_1=I-I_2=2\ \text{A}-1.5\ \text{A}=0.5\ \text{A}$$

$$R_1=\frac{U_1}{I_1}=\frac{5\ \text{V}}{0.5\ \text{A}}=10\ \Omega$$

(4) 在由 U_S，R_1 和 3 Ω 电阻组成的闭合回路中，根据 KVL 得

$$U_S=U+U_1=(2\times3+5)\ \text{V}=11\ \text{V}$$

【例 1-3】 图 1-13 所示电路中，已知 $U_{S1}=12$ V，$U_{S2}=3$ V，$R_1=3$ Ω，$R_2=9$ Ω，$R_3=10$ Ω，求 U_{ab}。

【解】 (1) 因为 a、b 之间开路，所以

$$I_3=0$$

对于 c 点，由 KCL 得

$$I_1=I_2+I_3=I_2+0=I_2$$

对于回路 I，由 KVL 得

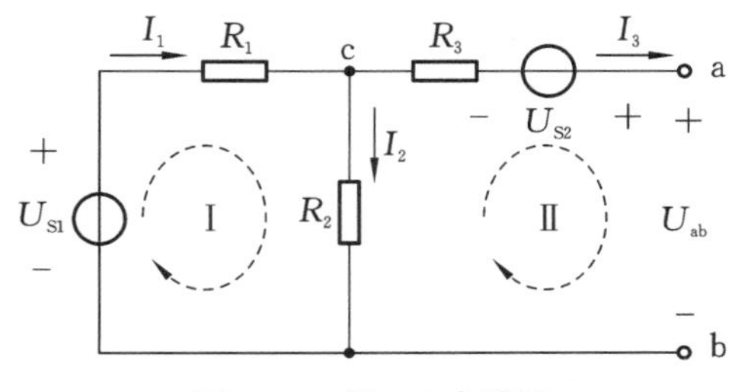
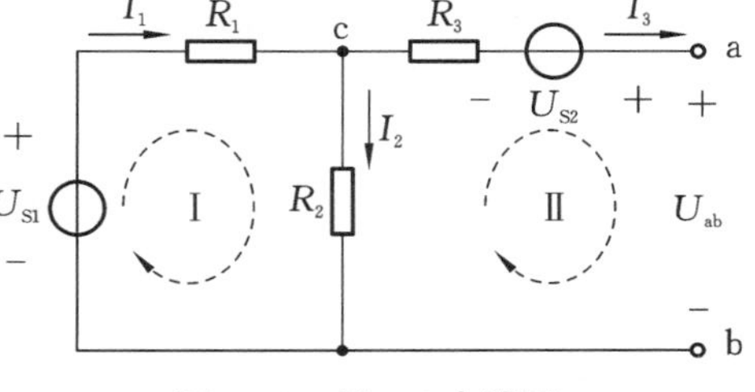

图 1-13 例 1-3 电路图

$$I_1R_1+I_2R_2=U_{S1}$$

联立以上方程解得

$$I_1=I_2=\frac{U_{S1}}{R_1+R_2}=\frac{12}{3+9}\ \text{A}=1\ \text{A}$$

(2) 对于回路Ⅱ,由 KVL 得

$$U_{ab}-I_2R_2+I_3R_3-U_{S2}=0$$

解得

$$U_{ab}=I_2R_2-I_3R_3+U_{S2}=(1\times9-0\times10+3)\ \text{V}=12\ \text{V}$$

1.6 电路的工作状态

电路有有载工作、开路、短路三种状态,现以图 1-14 所示的简单直流电路为例来分析电路的各种状态。图中电动势 E 和内阻 r 串联,组成电压源,U 是电源端电压。开关 K 和连接导线是中间环节。R 是负载等效电阻。

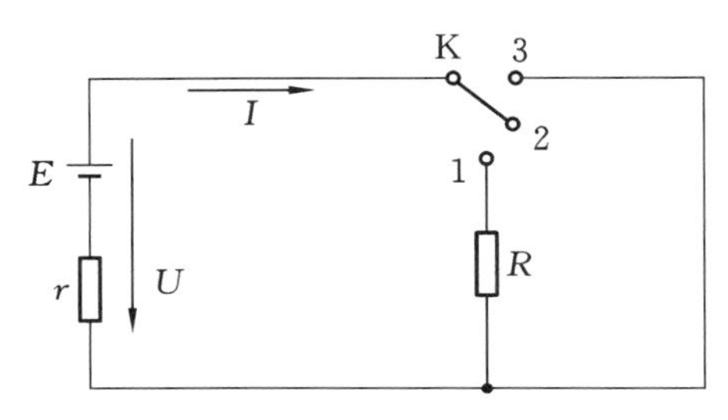

图 1-14 简单直流电路

1.6.1 有载工作

当开关闭合时,电路中有电流流过,电源输出电功率,负载取用电功率,这称为有载工作状态。当开关 K 接通 1 号位时,电路中的电流为

$$I=\frac{E}{R+r} \tag{1-15}$$

负载电阻两端的电压

$$U=RI \tag{1-16}$$

由式(1-15)、式(1-16)两式可得

$$U=E-rI \tag{1-17}$$

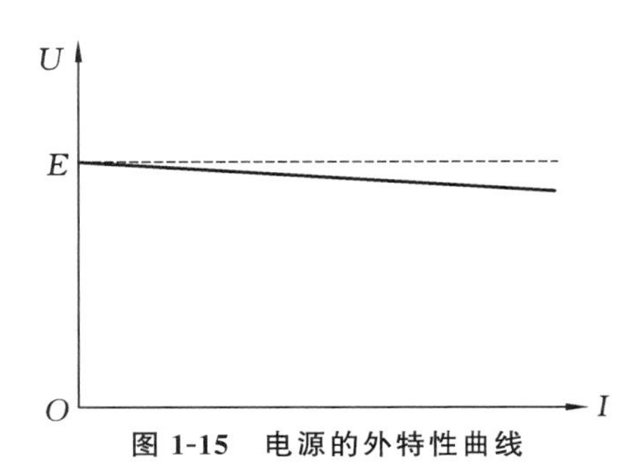

图 1-15 电源的外特性曲线

由式(1-17)可见,电源端电压小于电动势,两者之差为电流通过电源内阻所产生的电压降 rI。电流愈大,则电源端电压下降得愈多。表示电源端电压与输出电流之间关系的曲线称为电源的外特性曲线,如图 1-15 所示,其斜率与电源内阻有关。电源内阻一般很小。式(1-17)表明,当电流变动时,电源的端电压变动不大,这说明它带负载能力强。

1.6.2 开路

在图1-13所示的简单直流电路中，当开关K接通2号位时，电路电流为零，这称为空载，也称为开路。开路时，电源的端电压称为开路电压(或者空载电压)，用U_{oc}表示，等于电源电动势，而负载端电压为零。显然，开路时电源不输出电能。如上所述，电源开路时的特征可用下列各式表示：

$$\left.\begin{array}{r}I=0\\U=E\\P=0\end{array}\right\}\tag{1-18}$$

1.6.3 短路

电源的正负极由导线直接连接起来叫短路(图1-13中，当开关K接通3号位时)。当电源发生短路时，电源输出的电流不经过负载。由于电路中仅有很小的电源内阻r，因此此时的电流很大，此电流称为短路电流I_S。电源短路往往会造成严重后果，如电源因发热过甚而损坏，或因电流过大而引起电气设备的机械损伤，因而要绝对避免电源短路。在实际工作中，应经常检查电气设备和线路的绝缘情况，以防止发生电源短路事故。此外，应在电路中接入熔断器等保护装置，以便在发生短路事故时能及时切断电路，达到保护电源及电路元器件的目的。

1.7 电阻的连接方式及其等效变换

在电路中，电阻的连接方式是多种多样的，其中最简单和最常用的是串联与并联。

1.7.1 串联

如果电路中有个或者更多个电阻一个接一个地顺序相连，并且这些电阻中通过同一电流，这样的连接方式就称为串联。图1-16(a)是n个电阻串联组成的电路。多个串联电阻可以用一个等效电阻R来代替，如图1-16(b)所示，等效的条件是，在同一电压U的作用下电流I保持不变，等效电阻等于各个串联电阻之和，即

$$R=R_1+R_2+\cdots+R_n\tag{1-19}$$

分压关系：

$$\frac{U_1}{R_1}=\frac{U_2}{R_2}=\cdots=\frac{U_n}{R_n}=\frac{U}{R}=I\tag{1-20}$$

功率分配：

$$\frac{P_1}{R_1}=\frac{P_2}{R_2}=\cdots=\frac{P_n}{R_n}=\frac{P}{R}=I^2\tag{1-21}$$

特例：两只电阻R_1、R_2串联时，等效电阻$R=R_1+R_2$，则有分压公式

$$U_1=\frac{R_1}{R_1+R_2}U,\quad U_2=\frac{R_2}{R_1+R_2}U\tag{1-22}$$

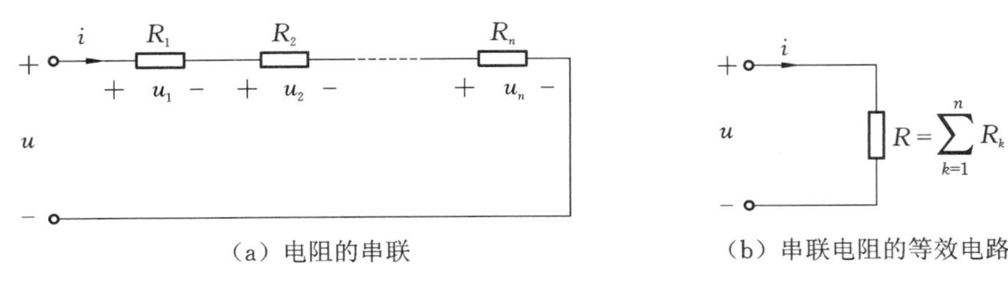

（a）电阻的串联　　（b）串联电阻的等效电路

图 1-16　电阻的串联

可见，串联的电阻上电压的分配与电阻成正比。当其中某个电阻较其他电阻小很多时，在它两端的电压也较其他电阻上的电压低很多。

电阻串联的应用很多。譬如在负载的额定电压低于电源电压的情况下，通常需要与负载串联一个电阻，以降落一部分电压。有时为了限制负载中通过过大的电流，也可以与负载串联一个限流电阻。如果需要调节电路中的电流，一般也可以在电路中串联一个变阻器来进行调节。另外，改变串联电阻的大小以得到不同的输出电压，这也是常见的。

【例 1-4】　有一盏额定电压为 $U_1=40\ \text{V}$、额定电流为 $I=5\ \text{A}$ 的电灯，应该怎样把它接入电压 $U=220\ \text{V}$ 的照明电路中？

【解】　将电灯（设电阻为 R_1）与一只分压电阻 R_2 串联后，接到 $U=220\ \text{V}$ 的电源上，如图 1-17 所示。

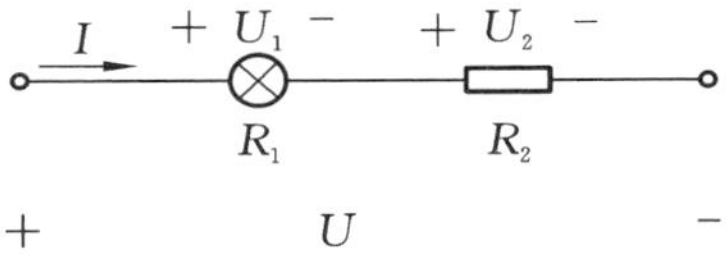

图 1-17　例 1-4 电路图

解法一：分压电阻 R_2 上的电压为

$$U_2=U-U_1=220\ \text{V}-40\ \text{V}=180\ \text{V}$$

有 $U_2=R_2I$，则

$$R_2=\frac{U_2}{I}=\frac{180\ \text{V}}{5\ \text{A}}=36\ \Omega$$

解法二：利用两只电阻串联的分压公式 $U_1=\frac{R_1}{R_1+R_2}U$，且 $R_1=\frac{U_1}{I}=8\ \Omega$，可得

$$R_2=R_1\frac{U-U_1}{U_1}=36\ \Omega$$

即将电灯与一只 36 Ω 的分压电阻串联后，接入 $U=220\ \text{V}$ 的电源上即可。

1.7.2　并联

如果电路中有两个或更多个电阻连接在两个公共的节点之间，这样的连接方式就称为并联。各个并联支路（电阻）承受同一电压。图 1-18 是电阻并联的电路。多个并联电阻也可以用一个等效电阻 R 来代替。等效电阻的倒数等于各个并联电阻的倒数之和，即

$$\frac{1}{R}=\frac{1}{R_1}+\frac{1}{R_2}+\cdots+\frac{1}{R_n} \tag{1-23}$$

上式也可写成

$$G=G_1+G_2+\cdots+G_n \tag{1-24}$$

式（1-24）中，G 称为电导，是电阻的倒数。在国际单位制中，电导的单位是西门子（S）。

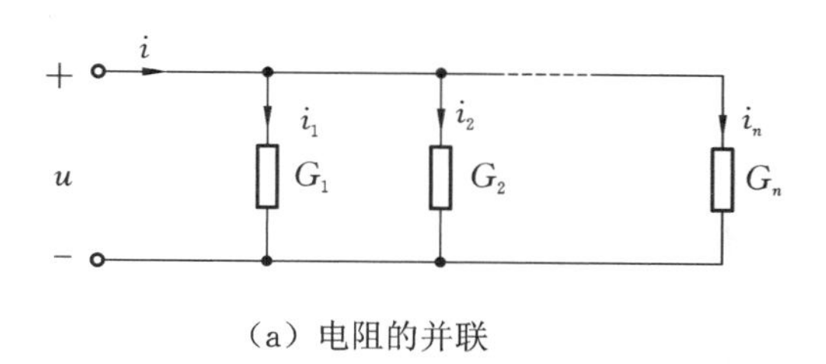

(a) 电阻的并联

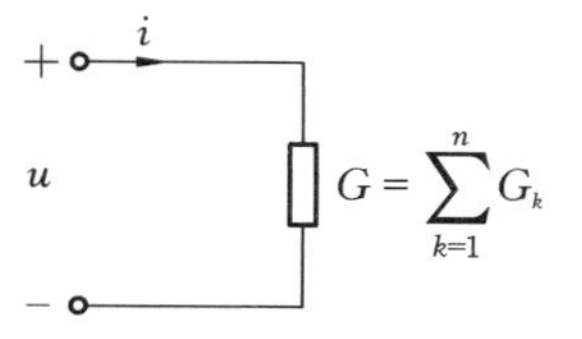

(b) 并联电阻的等效电路

图 1-18 电阻的并联

并联电阻用电导表示，在分析计算多支路并联电路时可以简便些。

并联电阻的分流关系：

$$R_1I_1=R_2I_2=\cdots=R_nI_n=RI=U \tag{1-25}$$

并联电阻的功率分配：

$$R_1P_1=R_2P_2=\cdots=R_nP_n=RP=U^2 \tag{1-26}$$

特例：两只电阻 R_1、R_2 并联时，等效电阻 $R=\dfrac{R_1R_2}{R_1+R_2}$，则有分流公式

$$I_1=\frac{R_2}{R_1+R_2}I,\quad I_2=\frac{R_1}{R_1+R_2}I \tag{1-27}$$

可见，并联的电阻上电流的分配与电阻成反比。当其中某个电阻较其他电阻大很多时，通过它的电流就较其他电阻上的电流小很多，因此，这个电阻的分流作用常可忽略不计。

一般负载都是并联运用的。负载并联运用时，它们处于同一电压之下，任何一个负载的工作情况基本上不受其他负载的影响。

并联的负载电阻愈多(负载增加)，则总电阻愈小，电路中总电流和总功率也就愈大。但是每个负载的电流和功率却没有变动(严格地讲，基本上不变)。

【例 1-5】 如图 1-19 所示，电源供电电压 $U=220$ V，每根输电导线的电阻均为 $R_1=1\ \Omega$，电路中一共并联 100 盏额定电压 220 V、功率 40 W 的电灯。假设电灯在工作(发光)时电阻值为常数，试求：(1) 当只有 10 盏电灯工作时，每盏电灯的电压 U_L 和功率 P_L；(2) 当 100 盏电灯全部工作时，每盏电灯的电压 U_L 和功率 P_L。

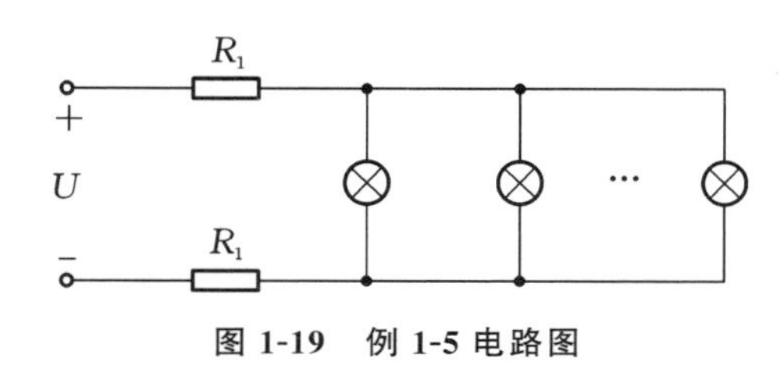

图 1-19 例 1-5 电路图

【解】 每盏电灯的电阻为 $R=U^2/P=1210\ \Omega$，n 盏电灯并联后的等效电阻为 $R_n=R/n$。

根据分压公式，可得每盏电灯的电压

$$U_L=\frac{R_n}{2R_1+R_n}U,$$

功率 $$P_L=\frac{U_L^2}{R}$$

(1) 当只有 10 盏电灯工作时，即 $n=10$，则 $R_n=R/n=121\ \Omega$，因此

$$U_L=\frac{R_n}{2R_1+R_n}U\approx 216\ \text{V},\quad P_L=\frac{U_L^2}{R}\approx 39\ \text{W}$$

(2) 当 100 盏电灯全部工作时，即 $n=100$，则

$$R_n=R/n=12.1\ \Omega$$

$$U_L=\frac{R_n}{2R_1+R_n}U\approx189\ \text{V},\quad P_L=\frac{U_L^2}{R}\approx30\ \text{W}$$

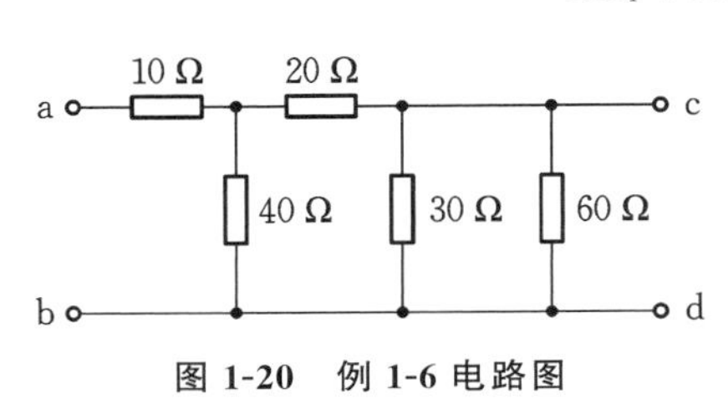

图 1-20　例 1-6 电路图

【例 1-6】　电路如图 1-20 所示，求：(1) ab 两端的等效电阻 R_{ab}；(2) cd 两端的等效电阻 R_{cd}。

【解】　(1) 求解 R_{ab} 的过程如图 1-21 所示，所以，$R_{ab}=30\ \Omega$。

(2) 求 R_{cd} 时，一些电阻的连接关系发生了变化，10 Ω 电阻对于求 R_{cd} 不起作用。R_{cd} 的求解过程如图 1-22 所示，所以，$R_{cd}=15\ \Omega$。

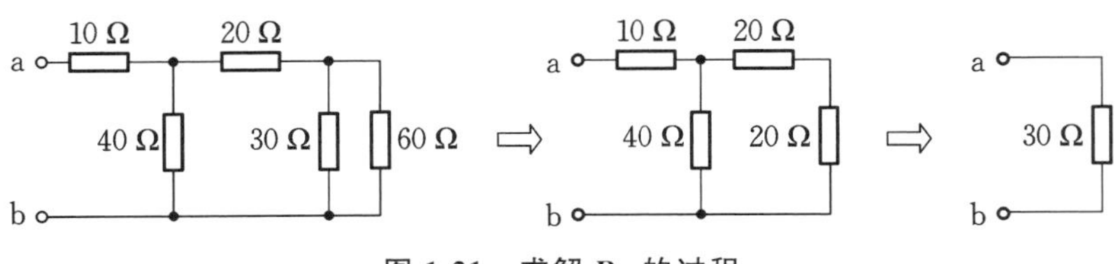

图 1-21　求解 R_{ab} 的过程

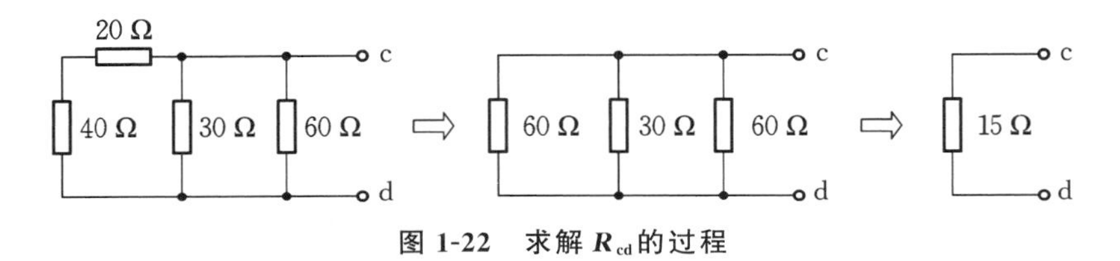

图 1-22　求解 R_{cd} 的过程

1.7.3　混联

在一个电路中，既有电阻的串联，又有电阻的并联，这种电路称为混联电路。对混联电路的分析和计算大体上可分为以下几个步骤：

(1) 首先整理清楚电路中电阻的串、并联关系，必要时重新画出串、并联关系明确的电路图；

(2) 利用串、并联等效电阻公式计算出电路中总的等效电阻；

(3) 利用已知条件进行计算，确定电路的总电压与总电流；

(4) 根据电阻分压关系和分流关系，逐步推算出各支路的电流或电压。

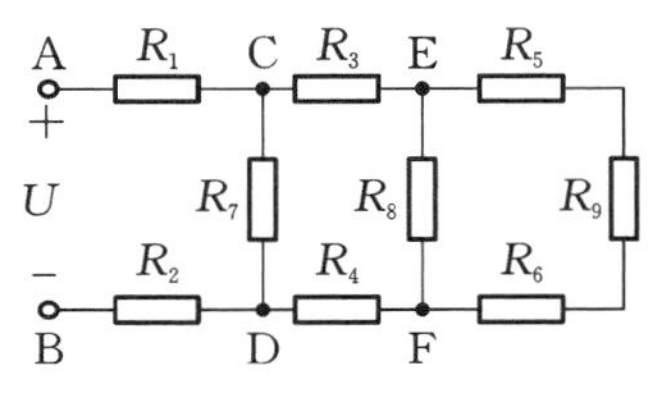

图 1-23　例 1-7 电路图

【例 1-7】　如图 1-23 所示，已知 $R_1=R_2=8\ \Omega$，$R_3=R_4=6\ \Omega$，$R_5=R_6=4\ \Omega$，$R_7=R_8=24\ \Omega$，$R_9=16\ \Omega$；电压 $U=224$ V。试求：

(1) 电路总的等效电阻 R_{AB} 与总电流 I_Σ；

(2) 电阻 R_9 两端的电压 U_9 与通过它的电流 I_9。

【解】　(1) R_5、R_6、R_9 三者串联后，再与 R_8 并联，E、F 两端等效电阻为

$$R_{EF}=(R_5+R_6+R_9)//R_8=24\ \Omega//24\ \Omega=12\ \Omega$$

R_{EF}、R_3、R_4 三者电阻串联后，再与 R_7 并联，C、D两端等效电阻为

$$R_{CD}=(R_3+R_{EF}+R_4)//R_7=24\ \Omega//24\ \Omega=12\ \Omega$$

总的等效电阻 $$R_{AB}=R_1+R_{CD}+R_2=28\ \Omega$$

总电流 $$I_\Sigma=U/R_{AB}=224/28\ \text{A}=8\ \text{A}$$

(2) 利用分压关系求各部分电压：

$$U_{CD}=R_{CD}I_\Sigma=96\ \text{V}$$

$$U_{EF}=\frac{R_{EF}}{R_3+R_{EF}+R_4}U_{CD}=\frac{12}{24}\times 96\ \text{V}=48\ \text{V}$$

$$I_9=\frac{U_{EF}}{R_5+R_6+R_9}=2\ \text{A},\quad U_9=R_9I_9=32\ \text{V}$$

【例1-8】 如图1-24所示，已知 $R=10\ \Omega$，电源电动势 $E=8\ \text{V}$，内阻 $r=0.5\ \Omega$，试求电路中的总电流 I。

【解】 首先整理清楚电路中电阻的串、并联关系，并画出等效电路。四只电阻串、并联的等效电阻为

$$R_e=3R^2/4R=7.5\ \Omega$$

根据全电路欧姆定律，电路中的总电流为

$$I=\frac{E}{R_e+r}=\frac{8}{7.5+0.5}\ \text{A}=1\ \text{A}$$

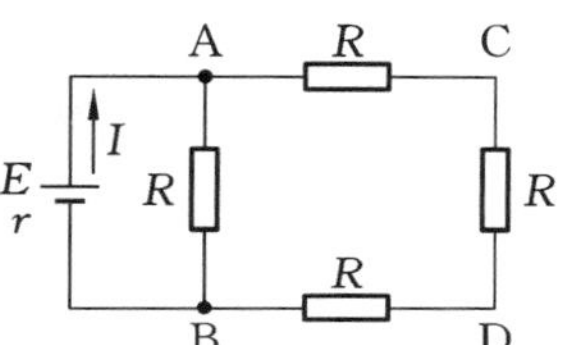

图1-24 例1-8电路图

1.8 电压源与电流源及其等效变换

电源可以用两种不同的模型来表示。一种是用电压的形式来表示，称为电压源；一种是用电流的形式来表示，称为电流源。

1.8.1 电压源

任何一个电源，例如发电机、电池或各种信号源，都含有电动势 E 和内阻 R_0。在分析与计算电路时，往往把它们分开，组成由 E 和 R_0 串联的电源的电路模型，即电压源。图1-25中，U 是电源端电压，R_L 是负载电阻，I 是负载电流。

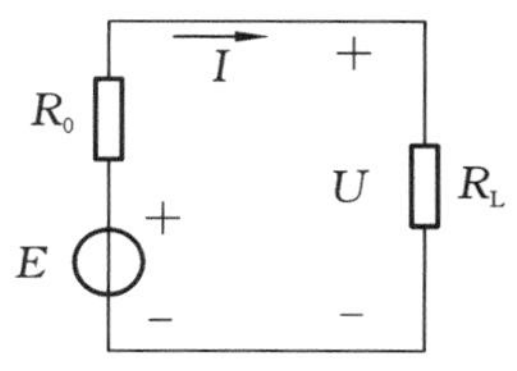

(a) 实际电压源电路

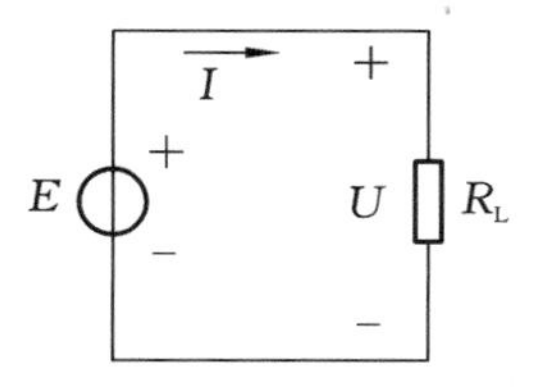

(b) 理想电压源电路

图1-25 电压源电路

根据图 1-25(a)所示的电路,可得出

$$U=E-IR_0 \tag{1-28}$$

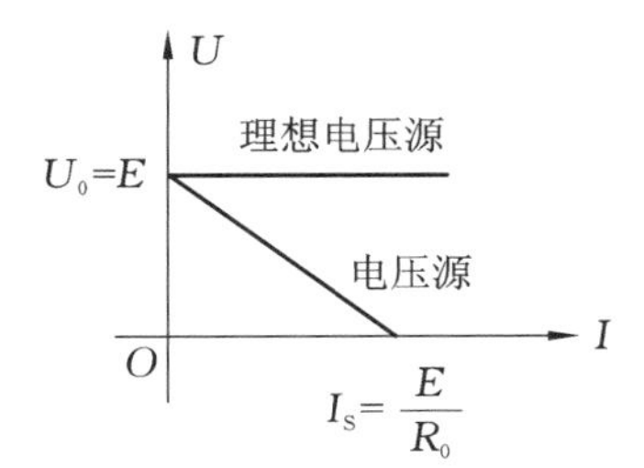

图 1-26 电压源和理想电压源的外特性曲线

由此可作出电压源的外特性曲线,如图 1-26 所示。当电压源开路时,$I=0$,$U=U_0=E$;当电压源短路时,$I=I_S=\frac{E}{R_0}$,$U=0$。内阻 R_0 越小,则直线越平。

当 $R_0=0$ 时,电压 U 恒等于电动势 E,是一定值,其中的电流 I 则是任意的,由负载电阻 R_L 及电压 U 本身确定。这样的电源称为理想电压源,其符号及电路如图 1-25(b)所示。它的外特性曲线将是与横轴平行的一条直线,如图 1-26 所示。

理想电压源是理想的电源。如果一个电源的内阻远小于负载电阻,即 $R_0 \ll R_L$ 时,则内阻压降 $R_0I \ll U$,于是 $U \approx E$,基本上恒定,可以认为该电源是理想电压源。通常用的稳压电源也可认为是一个理想电压源。

1.8.2 电流源

如果将式(1-28)两端除以 R_0,则得:

$$\frac{U}{R_0}=\frac{E}{R_0}-I=I_S-I \tag{1-29}$$

即

$$I_S=\frac{U}{R_0}+I \tag{1-30}$$

式中,$I_S=\frac{E}{R_0}$为电源的短路电流;I 是负载电流;$\frac{U}{R_0}$是引出的另一个电流,如图 1-27 所示。

图 1-27(a)是用电流来表示的电源的电路模型,即电流源,两条支路并联,其中电流分别为 I_S 和$\frac{U}{R_0}$。对于负载电阻 R_L 来说,其上电压 U 和通过的电流 I 和图 1-25 相比未发生改变。由此可作出电流源的外特性曲线,如图 1-28 所示。当电流源开路时,$I=0$,$U=U_0=I_SR_0$;当电流源短路时,$I=I_S$,$U=0$。内阻 R_0 越小,则直线越陡。

当 $R_0=0$(相当于并联支路断开)时,电流 I 恒等于电流 I_S,是一定值,其两端的电压则是任意的,由负载电阻及电流本身确定。这样的电源称为理想电流源或恒流源,其符号及电路如图 1-27(b)所示。它的外特性曲线将是与纵轴平行的一条直线,如图 1-28 所示。

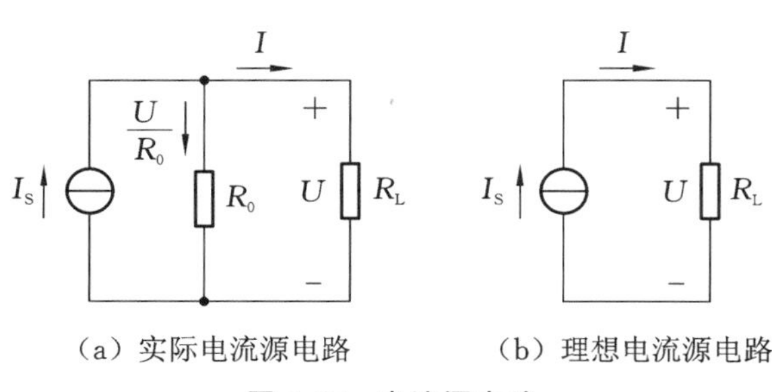

(a) 实际电流源电路　(b) 理想电流源电路

图 1-27 电流源电路

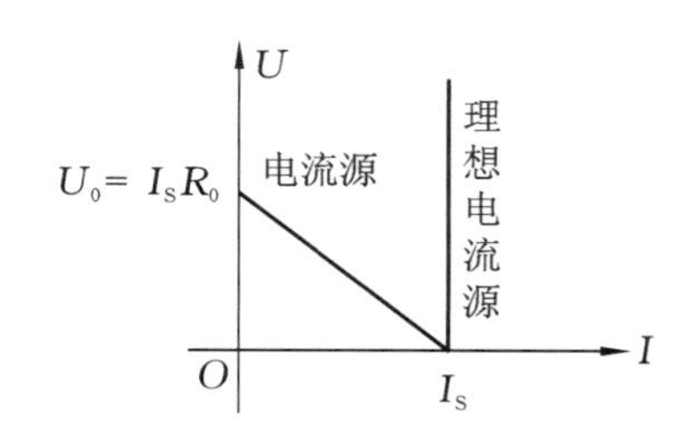

图 1-28 电流源和理想电流源的外特性曲线

理想电流源也是理想的电源。如果一个电源的内阻远大于负载电阻，即 $R_0 \gg R_L$ 时，则 $I \approx I_S$，基本上恒定，可以认为该电源是理想电流源。

1.8.3 电压源与电流源的等效变换

电压源的外特性(图 1-26)和电流源的外特性(图 1-28)是相同的。因此，电源的两种电路模型，即电压源和电流源之间是等效的，可以进行等效变换。

但是，电压源和电流源的等效关系只针对外电路而言，对于电源内部，则是不等效的。例如图 1-26 中，当电压源开路时，电源内阻 R_0 被短路，$I=0$，在 R_0 上不损耗功率；但在图 1-28 中，当电流源开路时，电源内部仍有电流，内阻 R_0 上有功率损耗。当电压源和电流源短路时也是这样，两者对外电路是等效的 $\left(U=0, I_S=\dfrac{E}{R_0}\right)$，但电源内部的功率损耗并不一样，电压源有损耗，而电流源无损耗。

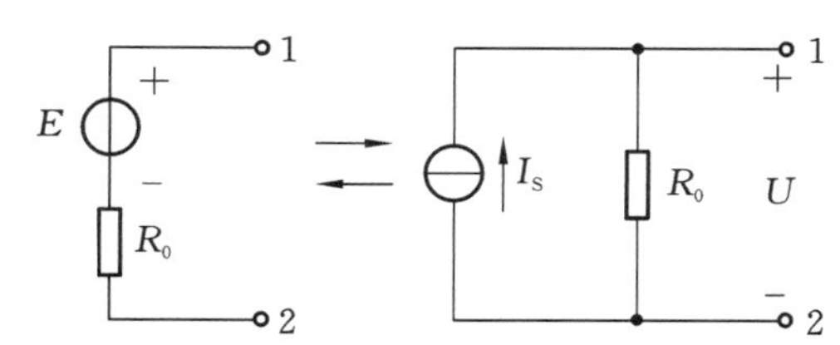

图 1-29 电压源与电流源的等效变换

图 1-29 示出这两种组合。如果它们等效，就要求当与外部相连的端钮 1、2 之间具有相同的电压 U 时，端钮上的电流必须相等，即 $I=I'$。

【例 1-9】 求图 1-30(a)所示的电路中 R 支路的电流。已知 $R_1=1\ \Omega$，$R_2=3\ \Omega$，$R=6\ \Omega$，$U_{S1}=10\ \text{V}$，$U_{S2}=6\ \text{V}$。

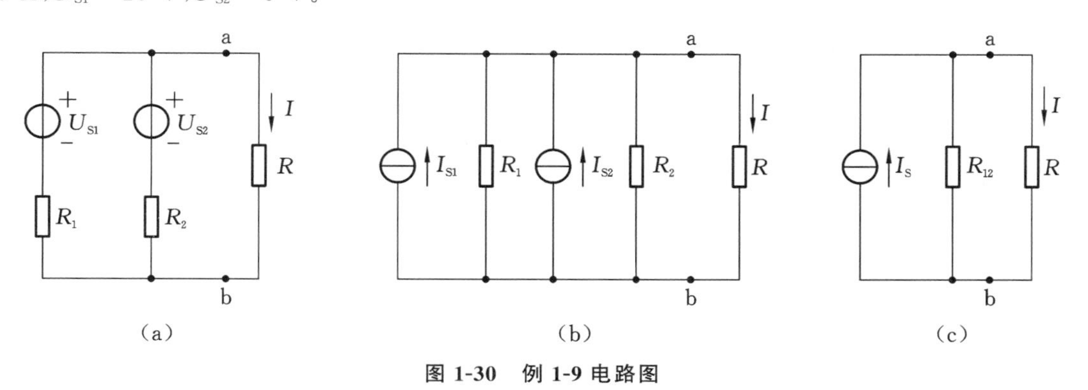

图 1-30 例 1-9 电路图

【解】 先把每个电压源电阻串联支路变换为电流源电阻并联支路，电路变换如图 1-30(b)所示，其中

$$I_{S1}=\frac{U_{S1}}{R_1}=\frac{10\ \text{V}}{1\ \Omega}=10\ \text{A}$$

$$I_{S2}=\frac{U_{S2}}{R_2}=\frac{6\ \text{V}}{3\ \Omega}=2\ \text{A}$$

图 1-30(b)中，两个并联电流源可以用一个电流源代替，其中

$$I_S=I_{S1}+I_{S2}=(10+2)\ \text{A}=12\ \text{A}$$

并联电阻 R_1、R_2 的等效电阻

$$R_{12}=\frac{R_1R_2}{R_1+R_2}=\frac{1\times 3}{1+3}\ \Omega=\frac{3}{4}\ \Omega$$

电路简化如图 1-30(c)所示。

对图 1-30(c)所示电路，根据分流关系求得 R 的电流 I 为

$$I=\frac{R_{12}}{R_{12}+R}\times I_S=\frac{\frac{3}{4}}{\frac{3}{4}+6}\times 12\ \text{A}=\frac{4}{3}\ \text{A}=1.333\ \text{A}$$

注意：用电源变换法分析电路时，待求支路保持不变。

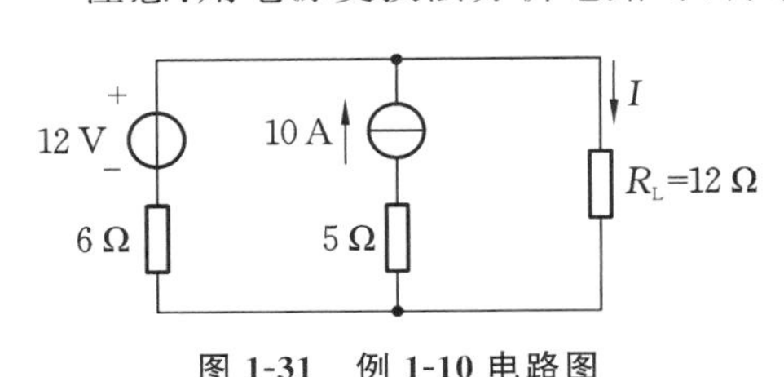

图 1-31　例 1-10 电路图

【例 1-10】 电路如图 1-31 所示，用电源等效变换法求流过负载 R_L 的电流 I。

【解】 由于 5 Ω 电阻与电流源串联，对于求解电流 I 来说，5 Ω 电阻为多余元件，可去掉，如图 1-32(a)所示。

以后的等效变换过程分别如图 1-32(b)、(c)和(d)所示。最后由简化后的电路(图 1-32(c)或(d))便可求得电流 I。

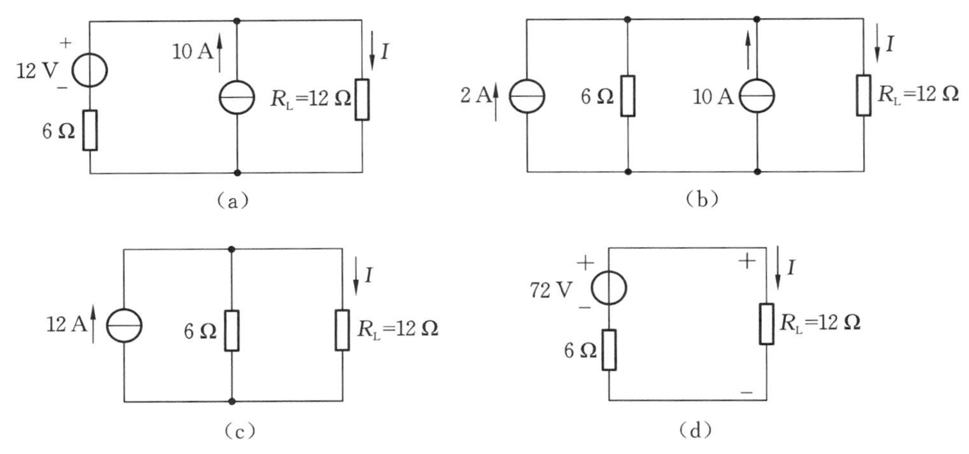

图 1-32　例 1-10 电路等效变换图

1.9　支路电流法

前几节中利用等效变换的方法逐步化简电路，最后找出待求的电流和电压。用这类方法分析不太复杂的电路，是行之有效的。但是，这类方法局限于一定结构形式的电路，并且也不便对电路做一般性的探讨。因此，如果要对较复杂的电路进行全面的一般性的探讨，还需要寻求一些系统化的普遍方法，即不改变电路结构，先选择电路变量(电流或电压)，再根据 KCL、KVL 建立起电路变量的方程，从而求解变量的方法。

支路电流法是以支路电流作为电路的变量，直接应用基尔霍夫电流、电压定律，列出与支路电流数目相等的独立节点电流方程和回路电压方程，然后联立方程解出各支路电流的一种方法。

以图 1-33 为例说明其方法和步骤：

(1) 由电路的支路数 m 确定待求的支路电流数。该电路 $m=6$，则支路电流有 I_1，I_2，…，I_6 6 个，分别确定它们的参考电流方向，如图 1-33 所示。

(2) 节点数 $n=4$，分别用标号标出，通过 KCL 可列出 $(n-1)$ 个独立的节点方程。a、b、c 节点电流方程分别为：

$$-I_1+I_2+I_6=0 \tag{1-31}$$

$$-I_2+I_3+I_4=0 \tag{1-32}$$

$$-I_3-I_5-I_6=0 \tag{1-33}$$

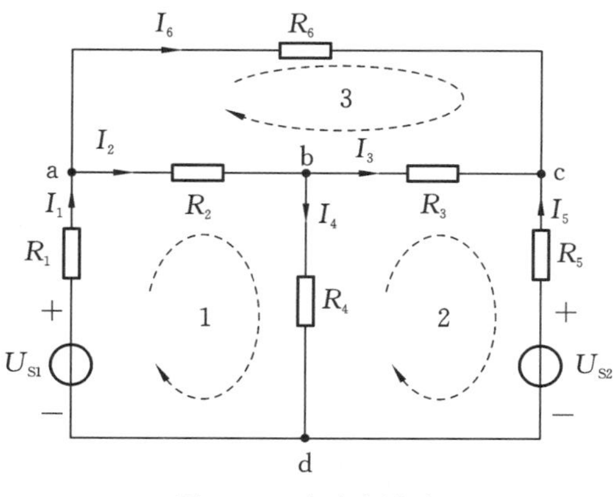

图 1-33 支路电流法

而 d 节点的方程 $I_1-I_4+I_5=0$，可从 a、b 和 c 节点方程推出该方程是不独立的，即由本图中 a、b、c 和 d 的 4 个节点可列出 3 个独立的节点电流方程。

(3) 根据 KVL 列出回路电压方程。选取 $l=[m-(n-1)]$ 个独立的回路，选定回路绕性方向如图 1-33 所示，由 KVL 列出 l 个独立的回路方程。本图中只有独立回路 $l=[6-(4-1)]$ 个 $=3$ 个，可列出 1、2、3 回路电压方程分别为：

$$I_1R_1+I_2R_2+I_4R_4=U_{S1} \tag{1-34}$$

$$I_3R_3-I_4R_4-I_5R_5=-U_{S2} \tag{1-35}$$

$$-I_2R_2-I_3R_3+I_6R_6=0 \tag{1-36}$$

(4) 将 6 个独立方程联立求解，得各支路电流。

如果计算出支路电流的值为正，则表示实际电流方向与参考方向相同；如果某一支路的电流值为负，则表示实际电流的方向与参考方向相反。

(5) 根据电路的要求，求出其他待求量，如支路或元件上的电压、功率等。

综上所述，对于具有 n 个节点、m 条支路的电路，根据 KCL 能列出 $(n-1)$ 个独立方程，根据 KVL 能列出 $[m-(n-1)]$ 个独立方程，两种独立方程的数目之和正好与所选待求变量的支路数目相同，联立求解即可得到 m 条支路的电流。与这些独立方程相对应的节点和回路分别叫独立节点和独立回路

可以证明，具有 n 个节点、m 条支路的电路具有 $(n-1)$ 个独立节点，$[m-(n-1)]$ 个独立回路。

注意：

(1) 对于独立节点的选择，原则上是任意的，一般在 n 个节点中任选 $(n-1)$ 个来列方程即可，但要选方程比较简单的节点，以便于计算。

(2) 对于独立回路的选择，原则上也是任意的。一般来说，只要每一次选择的回路中至少具有一条在其他已选定的回路中未曾出现过的新支路，那么这个回路就一定是独立的。

通常，平面电路中的一个网孔就是一个独立回路，网孔数就是独立回路数，所以可选取所有的网孔列出一组独立的 KVL 方程。

【例 1-11】 求图 1-34 所示电路中各支路电流和各元件的功率，$R_1=10\ \Omega$，$R_2=15\ \Omega$，$R_3=5\ \Omega$，$U_{S1}=10\ \text{V}$，$U_{S2}=35\ \text{V}$，$U_{S3}=30\ \text{V}$。

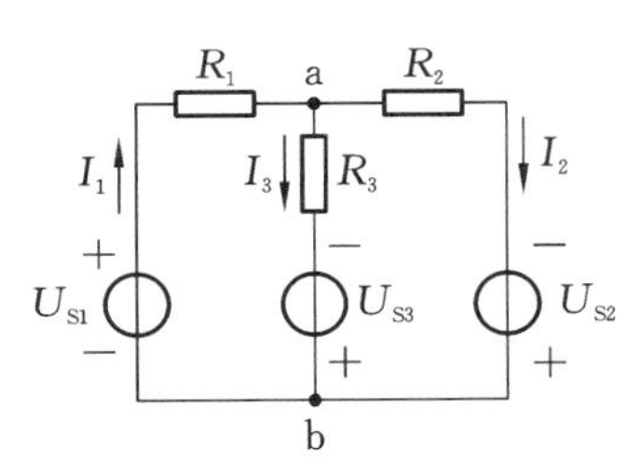

图 1-34 例 1-11 电路图

【解】 以支路电流 I_1、I_2、I_3 为变量，应用 KCL、KVL 列出等式。

(1) 对于两节点 a、b，应用 KCL 可列出一个独立的节点电流方程

节点 a：$\qquad -I_1+I_2+I_3=0$

(2) 列出网孔独立回路电压方程：

$$10I_1+5I_3=30\ \text{V}+10\ \text{V}$$

$$15I_2-5I_3=35\ \text{V}-30\ \text{V}$$

(3) 联立求解各支路电流得：

$$I_1=3\ \text{A},\quad I_2=1\ \text{A},\quad I_3=2\ \text{A}$$

I_1、I_2、I_3 均为正值，表明电流的实际方向与所选参考方向相同，三个电压源全部是从正极输出电流，所以全部输出功率。

U_{S1} 输出的功率：$U_{S1}I_1=10\times3\ \text{W}=30\ \text{W}$

U_{S2} 输出的功率：$U_{S2}I_2=35\times1\ \text{W}=35\ \text{W}$

U_{S3} 输出的功率：$U_{S3}I_3=30\times2\ \text{W}=60\ \text{W}$

各电阻吸收的功率为 $I_1^2R_1+I_2^2R_2+I_3^3R_3=(10\times3^2+15\times1^2+5\times2^2)\ \text{W}=125\ \text{W}$

功率平衡，表明计算正确。

1.10 叠加原理

由线性元件构成的电路称为线性电路。在多个电源共同作用的线性电路中，任何一条支路中的电流都可以看成是电路中各个电源（电压源或电流源）分别单独作用时，在此支路中所产生的电流的代数和，这就是叠加原理。

所谓电源单独作用，就是将其余电源去掉，即将理想电压源视为短路，定值电压为零，将理想电流源视为开路，定值电流为零，但注意电源内阻应保留在电路中。

【例 1-12】 电路如图 1-35(a)所示，已知 $E_1=4\ \text{V}$，$I_S=2\ \text{A}$，$R_1=1\ \Omega$，$R_2=2\ \Omega$，$R_3=3\ \Omega$，计算电阻 R_3 上的电流、电压和吸收的功率，设电阻 R_3 上电流和电压的参考方向相同。

【解】 (1) 当电压源单独作用时，如图 1-35(b)所示，在 R_3 支路产生的电流分量为：

$$I_3'=E_1/(R_1+R_3)=4/(1+3)\ \text{A}=1\ \text{A}$$

其电压分量为：

$$U_3'=I_3'\times R_3=1\times3\ \text{V}=3\ \text{V}$$

(2) 当电流源单独作用时，如图 1-35(c)所示，在 R_3 支路产生的电流分量为：

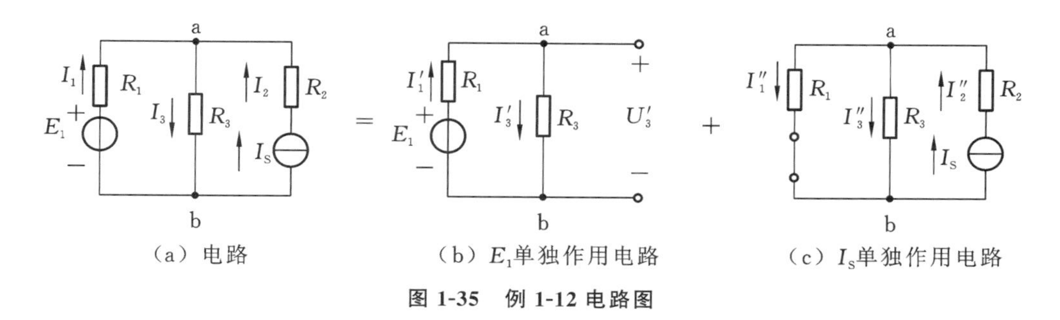

（a）电路　　（b）E_1单独作用电路　　（c）I_S单独作用电路

图 1-35　例 1-12 电路图

$$I''_3=R_1I_S/(R_1+R_3)=(1\times 2)/(1+3)\ \mathrm{A}=0.5\ \mathrm{A}$$

其电压分量为：

$$U''_3=I''_3\times R_3=0.5\times 3\ \mathrm{V}=1.5\ \mathrm{V}$$

（3）根据叠加原理，有

$$I_3=I'_3+I''_3=1\ \mathrm{A}+0.5\ \mathrm{A}=1.5\ \mathrm{A}$$

$$U_3=U'_3+U''_3=3\ \mathrm{V}+1.5\ \mathrm{V}=4.5\ \mathrm{V}$$

或

$$U_3=I_3R_3=3\times 1.5\ \mathrm{V}=4.5\ \mathrm{V}$$

R_3 吸收的功率为：

$$P=I_3^2R_3=1.5^2\times 3\ \mathrm{W}=6.75\ \mathrm{W}$$

从上题的计算过程中可以看出：电压与电流为线性关系，功率与电流为非线性关系，所以叠加原理只能用来计算电路的电流和电压，不能用来计算电路的功率。

叠加原理表达了线性电路的基本性质，因此它不仅可用来计算复杂电路，而且在分析与计算线性问题时也时常用到。

1.11　戴维南定理和诺顿定理

对网络的分析计算，往往并不需要求出全部支路的电流和电压，而只需要求出网络中某一支路或负载元件的电流或电压。在这种情况下，如果将指定的支路或负载元件从原来的网络中分出来，看成外部电路，则网络的其他部分连同电源在内，便组成一个有源二端网络，如图 1-36(a)所示。

所谓有源二端网络，就是具有两个出线端的部分电路，其中含有电源。有源二端网络可以是简单的或任意复杂的电路，但是不论它的简繁程度如何，它对于所要计算的这个支路而言，仅相当于一个电源，因为它为这个支路提供电能。因此，这个有源二端网络可以化简为一个等效电源。经过这种等效变换后，所求支路中的电流 I 及两端的电压 U 均不变化。那么，这个有源二端网络的等效简化可用戴维南定理和诺顿定理来简化。

1.11.1　戴维南定理

戴维南定理：任何一个有源线性二端网络，对外电路来说，都可以用一个与它等效的理想电压源 U_{OC} 和电阻 R_0 串联的有源电路来替代，见图 1-36(b)。该理想电压源的电压值

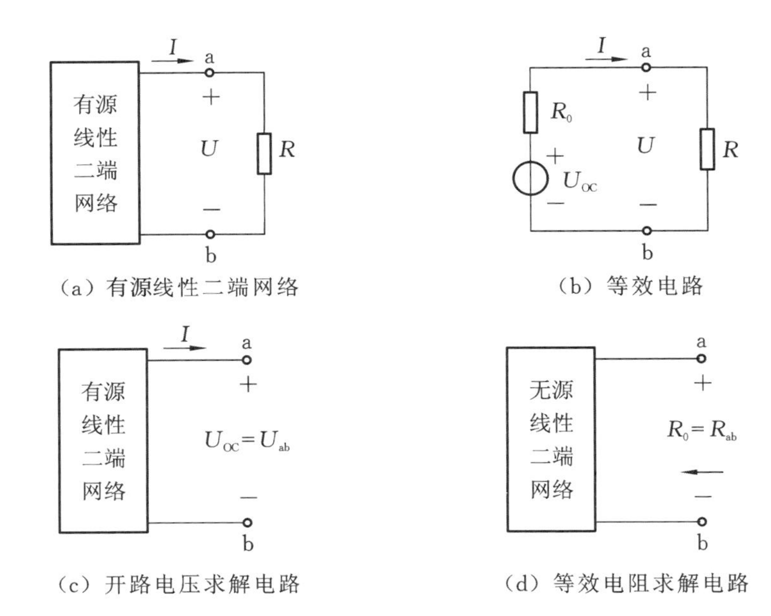

图 1-36 应用戴维南定理等效化简电路

U_{OC}等于有源二端网络的开路电压，见图 1-36(c)，用U_{ab}表示；其内阻等于该有源二端网络中所有电源均除去(将理想电压源短路，即其电压为零；将理想电流源开路，即其电流为零)后所得到的无源网线 a、b 两端之间的等效电阻，见图 1-36(d)，也就是等于网络内部所有独立电源取零而所有电阻不变的情况下所得无源二端网络的等效电阻。

图 1-36(b)所示的等效电路是一个最简单的电路，其中电流可由下式计算：

$$I=\frac{U_{OC}}{R_0+R}$$

【例 1-13】 如图 1-37(a)所示电路，已知$R_1=1\ \Omega$，$R_2=0.6\ \Omega$，$R_3=24\ \Omega$，$U_{S1}=130\ \text{V}$，$U_{S2}=117\ \text{V}$，求I_3、U_3、P_3。

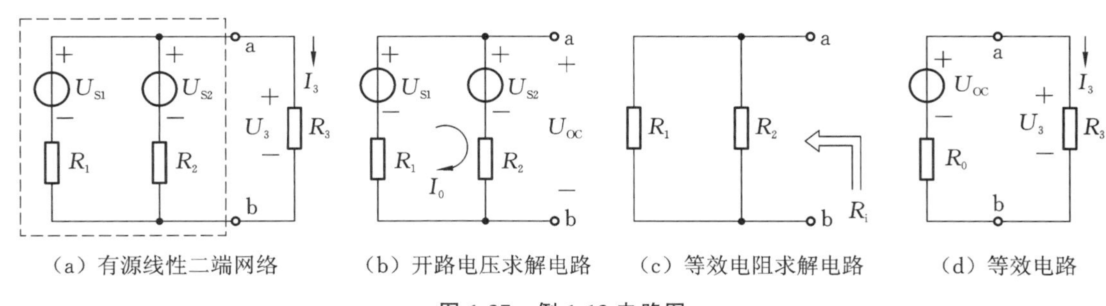

图 1-37 例 1-13 电路图

【解】 电路分成有源二端网络(如图 1-37(a)虚框所示)和待求支路两部分。把待求支路看成外电路并从电路中移走，剩下图 1-37(b)所示的有源二端网络，求开口处的端口电压$U_{OC}=U_{ab}$，则有

$$I_0\times(R_1+R_2)-U_{S1}+U_{S2}=0\Rightarrow I_0\times1.6\ \Omega-130\ \text{V}+117\ \text{V}=0$$

$$I_0=\frac{13}{1.6}\text{ A}=8.125\text{ A}$$

$$U_{OC}=U_{S2}+I_0\times R_2=(117+0.6\times 8.125)\text{ V}=121.9\text{ V}$$

对图 1-37(b)所示的有源二端网络除源，得图 1-37(c)，求入端等效电阻 R_i(即 R_{ab})：

$$R_i=\frac{R_1\times R_2}{R_1+R_2}=\frac{1\times 0.6}{1+0.6}\ \Omega=\frac{3}{8}\ \Omega=0.375\ \Omega$$

用 U_{OC}、R_0 代替原有的有源二端网络电路，再把待求支路从开口处连上，如图 1-37(d)所示，求未知量 I_3、U_3。

$$I_3=\frac{U_{OC}}{R_i+R_3}=\frac{121.9}{0.375+24}\text{ A}=5\text{ A}$$

$$U_3=I_3R_3=5\times 24\text{ V}=120\text{ V}$$

$$P_3=I_3^2R_3=5^2\times 24\text{ W}=600\text{ W}$$

【例 1-14】 如图 1-38 所示电路，用戴维南定理求电流 I。

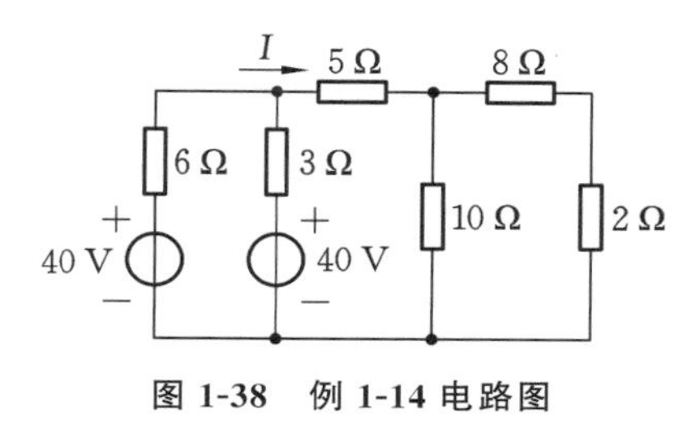

图 1-38　例 1-14 电路图

【解】 (1) 移去待求支路，如图 1-39(a)所示，求 U_{OC}。

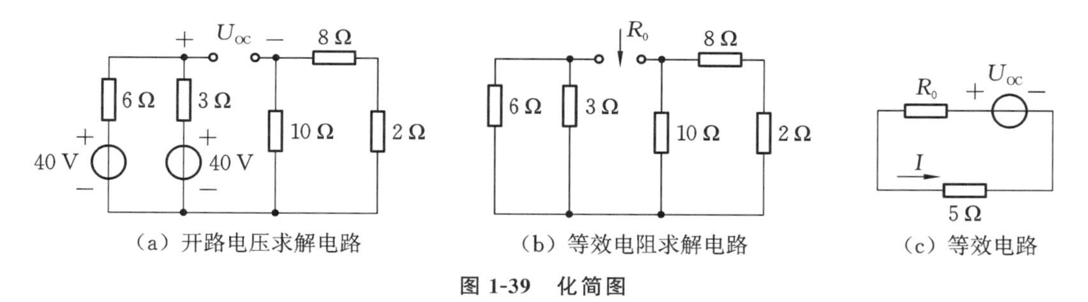

(a) 开路电压求解电路　(b) 等效电阻求解电路　(c) 等效电路

图 1-39　化简图

由图 1-39(a)可知，电路中没有电流流动，开口处电压等于电源电压，即 $U_{OC}=40$ V。

(2) 除去独立电源，求等效电阻 R_i。

由图 1-39(b)有：

$$R_i=R_0=\frac{3\times 6}{3+6}\ \Omega+\frac{10\times(8+2)}{10+8+2}\ \Omega=2\ \Omega+5\ \Omega=7\ \Omega$$

(3) 画出戴维南等效电路，并接入待求支路，如图 1-39(c)所示，求响应 I。

$$I=\frac{U_{OC}}{R_0+5\ \Omega}=\frac{40}{7+5}\text{ A}=3.33\text{ A}$$

戴维南定理常常用来分析电路中某一支路的电压和电流，如果将外电路的待求支路看成有源支路或有源二端网络，戴维南定理仍然适用。

1.11.2 诺顿定理

任何一个有源线性二端网络都可以用一个理想电流源和内阻并联的电源来等效代替，如图 1-40 所示。等效电源的电流 I_S 就是有源二端网络的短路电流，即将 a、b 两端短接后其中的电流 I_{ab}。等效电源的内阻 R_0 等于有源二端网络中所有电源均除去(视理想电压源短路，视理想电流源开路)后得到的无源网络 a、b 两端之间的等效电阻，这就是诺顿定理。

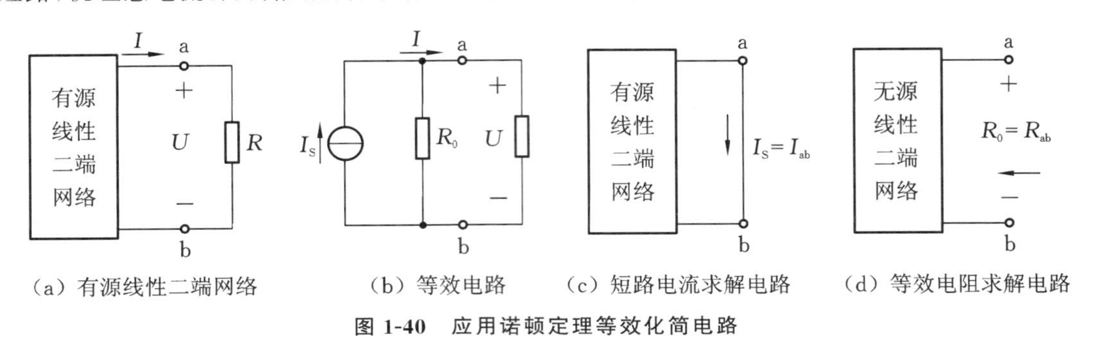

图 1-40　应用诺顿定理等效化简电路

【例 1-15】 利用诺顿定理求图 1-41(a)所示电路中的电流 I。

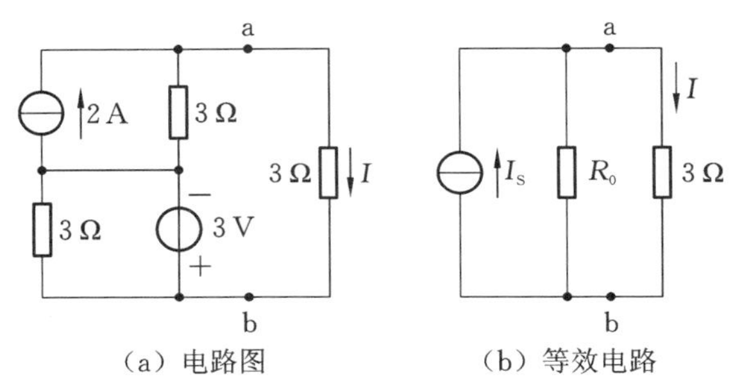

图 1-41　例 1-15 电路图

【解】 (1) 将 a、b 间短路，计算等效电源的 I_S：

$$I_S=(2-3/3)\ \text{A}=1\ \text{A}$$

(2) 将 a、b 间开路，计算等效电源的内阻 R_0：

$$R_0=3\ \Omega$$

(3) 等效化简后的电路如图 1-41(b)所示，求电流 I：

$$I=I_S R_0/(R+R_0)=1\times3/(3+3)\ \text{A}=0.5\ \text{A}$$

1.12 电位的计算

以图 1-42 所示的电路为例，讨论该电路中各点的电位，首先，看一看电路中两点间的电压，如：

$$U_{ab}=6\times10\ \text{V}=60\ \text{V}$$

$$U_{ca}=20\times4\ \text{V}=80\ \text{V}$$
$$U_{da}=5\times6\ \text{V}=30\ \text{V}$$
$$U_{cb}=140\ \text{V}$$
$$U_{db}=90\ \text{V}$$

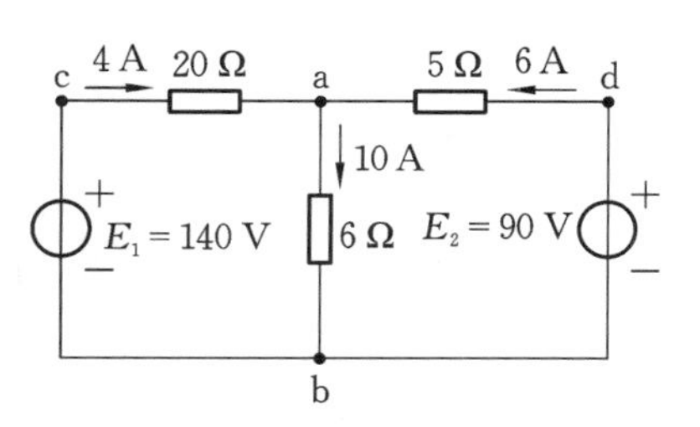

图 1-42 电位的计算

可见，从图 1-42 中的电路，我们只能算出两点间的电压值，而不能算出某一点的电位值。在电路中，要计算某点的电位，必须先选定一参考点。参考点的电位称为参考电位。通常将参考电位设为零，在电路图中用符号“⊥”表示，如图 1-43、图 1-44 所示。某点到参考点之间的电压就叫作这一点的电位。某点的电位用带下标的字母 U 表示，单位为伏特（V）。电位是电能的强度因素，它的大小取决于参考点的选取，其数值只具有相对意义。其中，电路中其他各点的电位要与零电位点做比较，比零电位点高的为正，比零电位点低的为负。电力工程上常常选大地作为参考点，即认为大地电位为零；而在电子线路中，则选一条特定的公共线作为参考点，这条线也叫“地线”，通常与电源负极相连。

在图 1-45 中，如果设 a 点为参考点，即 $U_a=0$，则可得出

$$U_{ba}=U_b-U_a=-60\ \text{V},\quad U_b=-60\ \text{V}$$
$$U_{ca}=U_c-U_a=80\ \text{V},\quad U_c=+80\ \text{V}$$
$$U_{da}=U_d-U_a=30\ \text{V},\quad U_d=+30\ \text{V}$$

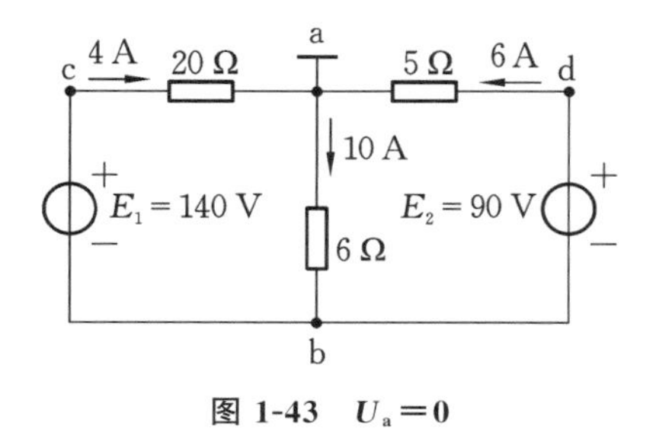

图 1-43 $U_a=0$

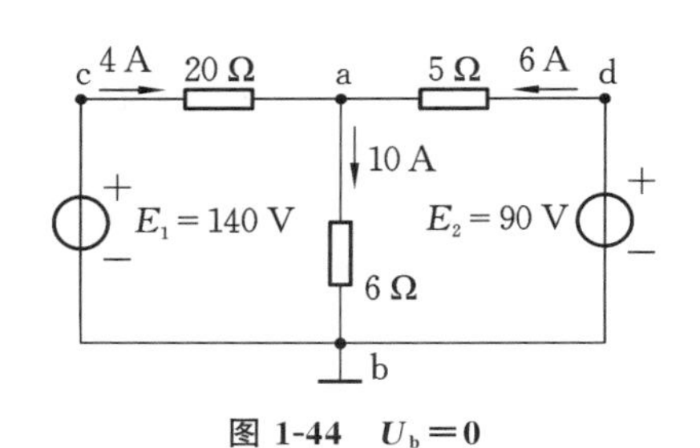

图 1-44 $U_b=0$

如果设 b 点为参考点，见图 1-44，即 $U_b=0$，则可得出

$$U_a=+60\ \text{V}$$
$$U_c=+140\ \text{V}$$
$$U_d=+90\ \text{V}$$

在画电路时，为了简化起见，电源常不画出，而是以电位的形式标出。例如，图 1-44 所示电路可简化为图 1-45 所示电路。

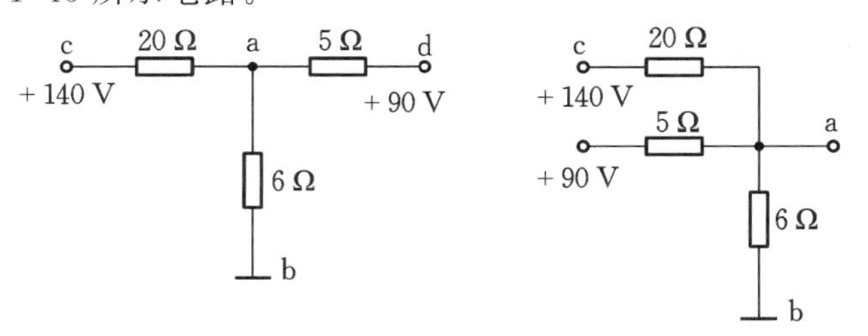

图 1-45 图 1-44 的简化电路

在电路中，计算某点电位的方法是：

(1) 确认电位参考点的位置；

(2) 确定电路中的电流方向和各元件两端电压的正负极性；

(3) 从被求点开始通过一定的路径绕到电位参考点，则该点的电位等于此路径上所有电压降的代数和。电阻元件电压降写成$\pm RI$形式，当电流I的参考方向与路径绕行方向一致时，选取"+"号；反之，选取"−"号。电源电动势写成$\pm E$形式，当电动势的方向与路径绕行方向一致时，选取"−"号；反之，选取"+"号。

【例 1-16】 如图 1-46 所示电路，已知$E_1=45$ V，$E_2=12$ V，电源内阻忽略不计；$R_1=5\ \Omega$，$R_2=4\ \Omega$，$R_3=2\ \Omega$，求 B、C、D 三点的电位U_B、U_C、U_D。

【解】 从图中可以看出，A 点为电位参考点（零电位点），则

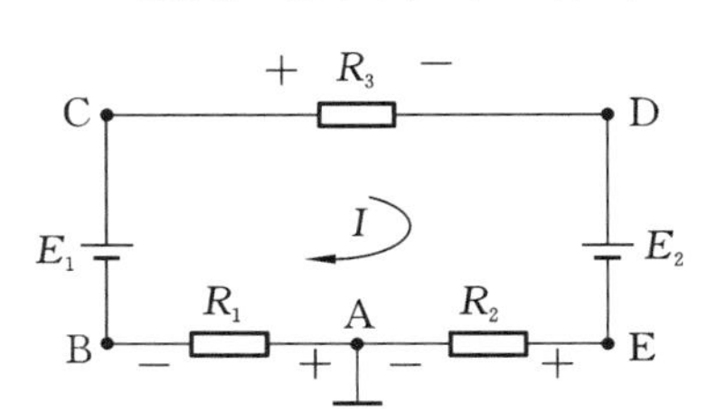

图 1-46 例 1-16 电路

$$I=\frac{E_1-E_2}{R_1+R_2+R_3}=3\ \text{A}$$

B 点电位：$U_B=U_{BA}=-R_1I=-15$ V

C 点电位：$U_C=U_{CA}=E_1-R_1I=(45-15)\ \text{V}=30$ V

D 点电位：$U_D=U_{DA}=E_2+R_2I=(12+12)\ \text{V}=24$ V

若以 E 点为电位参考点，则

B 点的电位变为：$U_B=U_{BE}=-R_1I-R_2I=-27$ V

C 点的电位变为：$U_C=U_{CE}=R_3I+E_2=18$ V

D 点的电位变为：$U_D=U_{DE}=E_2=12$ V

由以上分析可知，电路中某点的电位随电位参考点选取的不同而不同，说明某点的电位是相对的（相对电位参考点）；而电路中某两点之间的电压是绝对的，并不随电位参考点选取的不同而发生改变。

1.13 技能实训
——基尔霍夫定律和叠加原理的验证

1.13.1 实训目的

(1) 验证基尔霍夫电流、电压定律，叠加原理。加深对基尔霍夫定律和叠加原理的理解。

(2) 加深对电流、电压参考方向的理解。

(3) 掌握直流电流表的使用方法，以及学会用电流插头、插座测量各支路电流的方法。

1.13.2 实训器材

直流可调稳压电源、直流数字毫安表、直流数字电压表、数字万用表。

1.13.3 实训内容

1. 基尔霍夫定律的验证

基尔霍夫电流定律（KCL）：在电路中，任何时刻，对于任一节点，所有支路电流的代数和

恒等于零。

基尔霍夫电压定律(KVL):在电路中,任何时刻,沿任一回路所有支路电压的代数和恒等于零。

(1) 实验前先任意设定三条支路的电流参考方向,可采用图1-47中I_1、I_2、I_3所示方向,并熟悉线路结构,掌握各开关的操作使用方法。

熟悉电流插头的结构,将电流插头的红接线端插入数字电流表的红(正)接线端,电流插头的黑接线端插入数字电流表的黑(负)接线端。

(2) 按图1-47所示电路图接线。

(3) 按图1-47,分别将U_1、U_2两路直流稳压电源接入电路,令$U_2=12$ V,$U_2=6$ V。

(4) 将直流毫安表串联在I_1、I_2、I_3支路中(注意:直流毫安表的"+、−"极与电流的参考方向一致)。

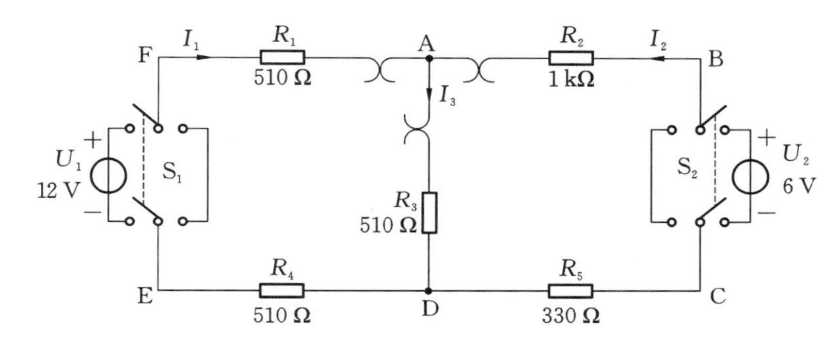

图1-47 基尔霍夫定律的验证

(5) 确认连线正确后,再通电。

(6) 将电流插头分别插入三条支路的三个电流插座中,读出各个电流值。按规定,在节点A,电流表读数为"+",表示电流流入节点,读数为"−",表示电流流出节点,然后根据图1-47中的电流参考方向,确定各支路电流的正、负号,并记入表1-1中。

表1-1 电流值

电流	I_1/mA	I_2/mA	I_3/mA	$\sum I$/mA
测量值				
计算值				
绝对误差				

注:绝对误差=测量值−计算值。

(7) 用直流数字电压表分别测量表1-2中的各电压值。测量时电压表的红(正)接线端应插入被测电压参考方向的高电位端,黑(负)接线端插入被测电压参考方向的低电位端。回路1为FADEF,回路2为ABCDA。

表 1-2　电压值

	U_{FA}/V	U_{AD}/V	U_{DE}/V	U_{EF}/V	回路 1 ΣU/V	U_{AB}/V	U_{BC}/V	U_{CD}/V	U_{DA}/V	回路 2 ΣU/V
测量值										
计算值										
绝对误差										

注：绝对误差＝测量值－计算值。

2. 叠加原理的验证

叠加原理：在线性电路中，任一支路的电流（或电压）等于电路中各电源单独作用下在此支路所生电流（或电压）的代数和。

（1）U_1 电源单独作用（将开关 S_1 投向 U_1 侧，开关 S_2 投向短路侧，参照图 1-47，下同），画出电路图，标明各电流、电压的参考方向。用直流数字毫安表接电流插头测量各支路电流：将电流插头的红接线端插入数字毫安表的红（正）接线端，电流插头的黑接线端插入数字毫安表的黑（负）接线端，测量各支路电流。按规定，在节点 A，电流表读数为“＋”，表示电流流出节点，读数为“－”，表示电流流入节点，然后根据电路中的电流参考方向，确定各支路电流的正、负号，并将数据记入表 1-3 中。

用直流数字电压表测量各电阻元件两端电压：电压表的红（正）接线端应插入被测电阻元件电压参考方向的正端，电压表的黑（负）接线端插入电阻元件的另一端（电阻元件电压参考方向与电流参考方向一致），测量各电阻元件两端电压，将数据记入表 1-3 中。

表 1-3　实验数据

测量项目	U_1/V	U_2/V	I_1/mA	I_2/mA	I_3/mA	U_{AB}/V	U_{CD}/V	U_{AD}/V	U_{DE}/V	U_{FA}/V
U_1 单独作用	6	0								
U_2 单独作用	0	12								
U_1,U_2 共同作用	6	12								

（2）U_2 电源单独作用（将开关 S_1 投向短路侧，开关 S_2 投向 U_2 侧），画出电路图，标明各电流、电压的参考方向。

重复（1）的测量步骤并将数据记入表 1-3 中。

（3）U_1 和 U_2 共同作用时（开关 S_1 和 S_2 分别投向 U_1 和 U_2 侧），各电流、电压的参考方向见图 1-47。

完成上述电流、电压的测量并将数据记入表 1-3 中。

1.13.4　实训报告

（1）选定实验电路中的任一个节点，将测量数据代入基尔霍夫电流定律并加以验证；

（2）选定实验电路中的任一闭合电路，将测量数据代入基尔霍夫电压定律并加以验证；

（3）将计算值与测量值比较，分析误差产生的原因。

习 题

一、填空题

1. 电路一般都由________、________和________等三个部分组成，它的其中一个作用是实现电能的______和________。

2. 电路有________、________、________三种状态。

3. 具有 n 个节点、m 条支路的电路具有________个独立节点，________个独立的回路。

4. 已知电炉电热丝的电阻为 50 Ω，两端的电压是 220 V，那么流过电热丝的电流为________ A。

5. 某一支路电压、电流取关联参考方向，求得电压为 −4 V，电流为 2 A，则电压的实际方向与参考方向________，电流的实际方向与参考方向________，该支路发出的功率为________。

二、判断题

（　　）1. 在开路状态下，开路电流为零，电源的端电压也为零。

（　　）2. 电阻、电感和电容都是无源元件，都是耗能元件。

（　　）3. 理想电压源和理想电流源可以进行等效变换。

（　　）4. 负载是将电能转变成热能的元器件或设备。

（　　）5. 在实际电路中，凡是方向不随着时间变化的电流都称为直流电流。

（　　）6. 叠加原理只适用于线性电路。

（　　）7. 电池用久了以后电能都消耗掉了，电池是一种消耗电能的装置。

三、选择题

1. 在图 1-48 所示电路中，$U=-20$ V，$I=2$ A，该元件 1 的工作状态和性质是（　　）。

A. 发出功率，电源性质

B. 消耗功率，电源性质

C. 发出功率，负载性质

D. 消耗功率，负载性质

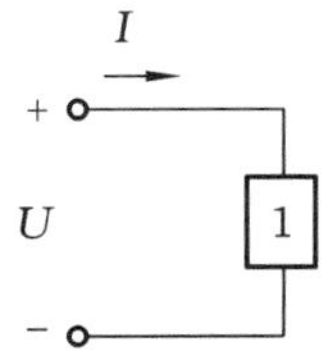

图 1-48　选择题 1

2. 电源电动势是 2 V，内电阻是 0.1 Ω，当外电路断路时，电路中的电流和端电压分别为（　　）。

A. 0 A　2 V　　B. 20 A　2 V　　C. 20 A　0 V　　D. 0 A　0 V

3. 在图 1-49 所示电路中，各电阻值和 U_S 值均已知。欲用支路电流法求解流过电压源的电流 I，列出独立的电流方程数和电压方程数分别为（　　）。

A. 3 和 4　　B. 4 和 3　　C. 3 和 3　　D. 4 和 4

4. 通常电路中的耗能元件是指(　　)。

A. 电阻元件　　B. 电感元件　　C. 电容元件　　D. 电源元件

5. 电路如图 1-50 所示,根据工程近似的观点,a、b 两点间的电阻值约等于(　　)。

A. 1 kΩ　　B. 101 kΩ　　C. 200 kΩ　　D. 201 kΩ

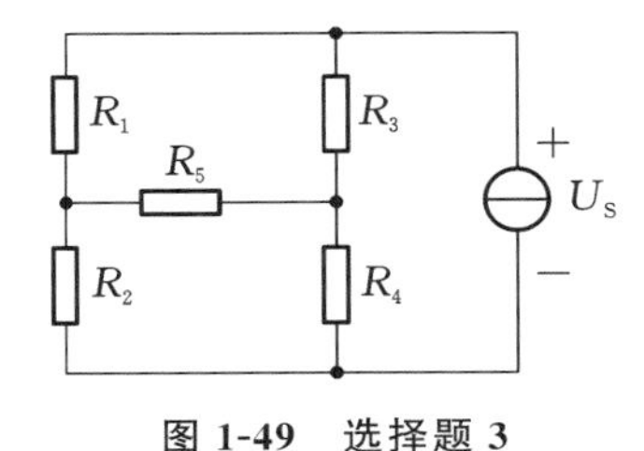

图 1-49　选择题 3

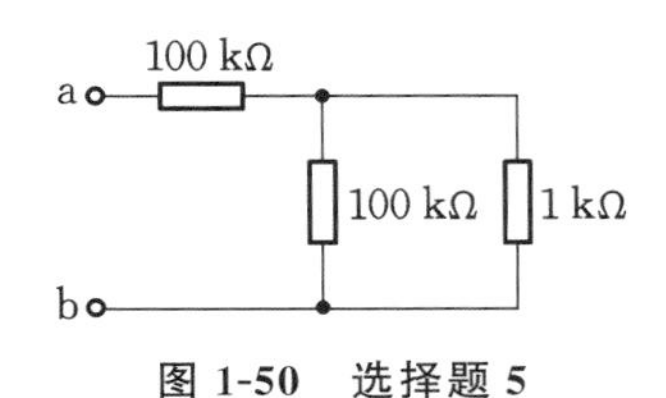

图 1-50　选择题 5

四、计算题

1. 有一盏“220 V 60 W”的电灯,试求:(1)电灯的电阻;(2)当接到 220 V 电压下工作时的电流;(3)如果每晚用 3 小时,问一个月(按 30 天计算)用多少电?

2. 根据基尔霍夫定律,求图 1-51 所示电路中的电流 I_1 和 I_2。

3. 已知电路如图 1-52 所示,其中 $E_1=15$ V,$E_2=65$ V,$R_1=5$ Ω,$R_2=R_3=10$ Ω。试用支路电流法求 R_1、R_2 和 R_3 三个电阻上的电压。

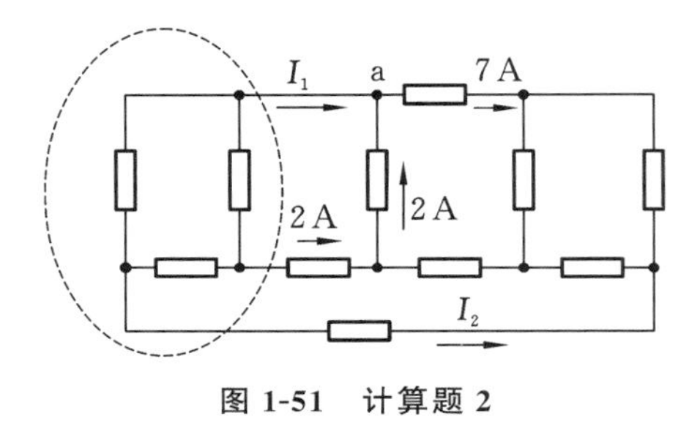

图 1-51　计算题 2

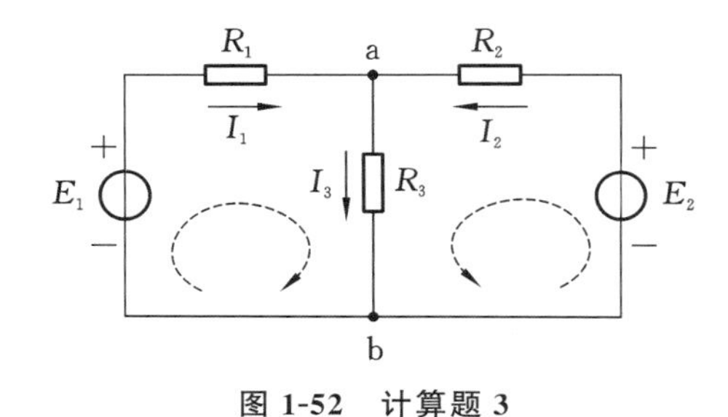

图 1-52　计算题 3

4. 应用等效电源的变换,化简图 1-53 所示的各电路。

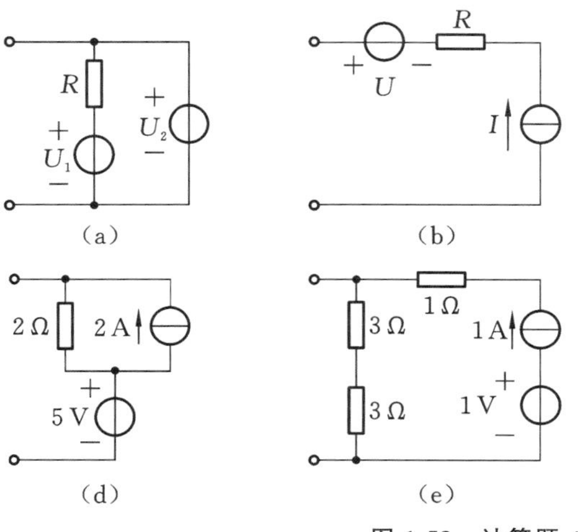

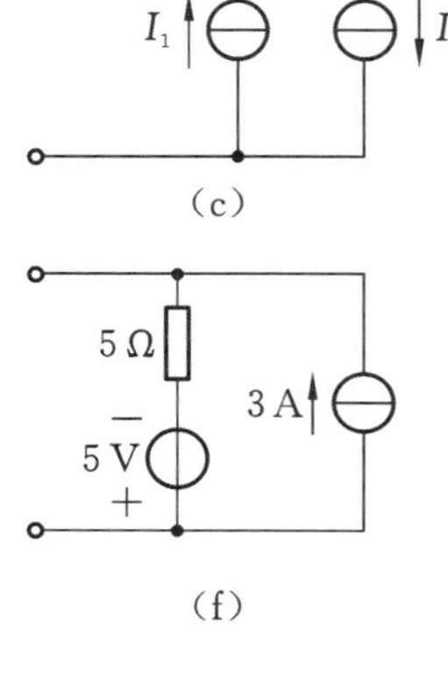

图 1-53　计算题 4

5. 电路如图 1-54 所示，试应用叠加原理计算支路电流 I 和电流源的电压 U。

6. 电路如图 1-55 所示，试应用戴维南定理求图中的电流 I。

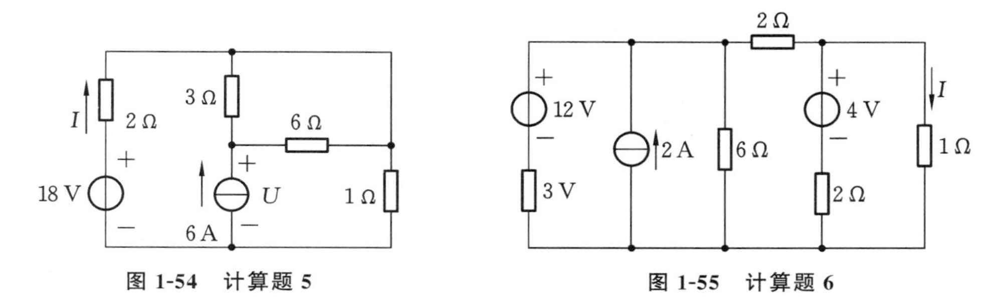

图 1-54 计算题 5　　　　图 1-55 计算题 6

7. 电路如图 1-56 所示，已知 15 Ω 电阻的电压降为 30 V，极性见图。试计算电路中 R 的大小和 B 点的电位。

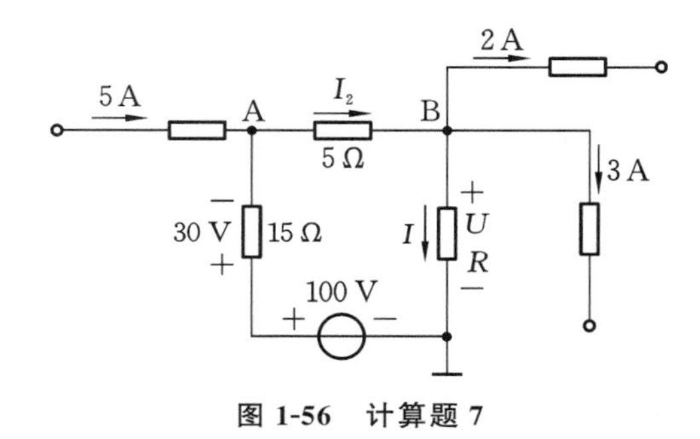

图 1-56 计算题 7

8. 试计算图 1-57 中的 A 点的电位：(1)开关 S 打开；(2)开关 S 闭合。

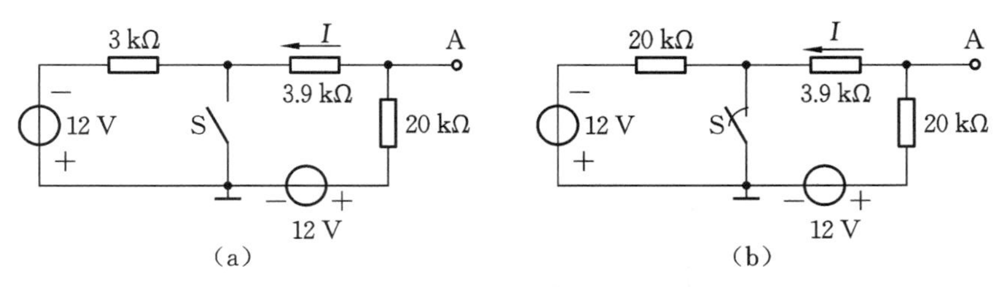

图 1-57 计算题 8

第2章

单相正弦交流电路

所谓正弦交流电路，是指含有正弦电源(激励)且电路各部分所产生的电压和电流(响应)均按正弦规律变化的电路。我们日常生活和工业生产中所用的电大都为正弦交流电。正弦交流电分单相和三相，是学习后续交流电动机等的重要基础知识。本章介绍单相正弦交流电路中的电压、电流及功率等知识。

学习目标

1. 掌握正弦交流电的基本概念及正弦量的相量表示方法。
2. 掌握单一元件的正弦交流电路及 R、L、C 串联的正弦交流电路中电压、电流及功率的分析与计算。
3. 理解提高功率因数的方法和意义。

2.1 正弦交流电的基本概念

在直流电路中，电压或电流的大小和方向都不随时间的变化而变化，如图 2-1(a)所示。当电流或电压的大小和方向都随时间做周期性变化时，这样的电流和电压统称为交流电，如图 2-1(b)所示。

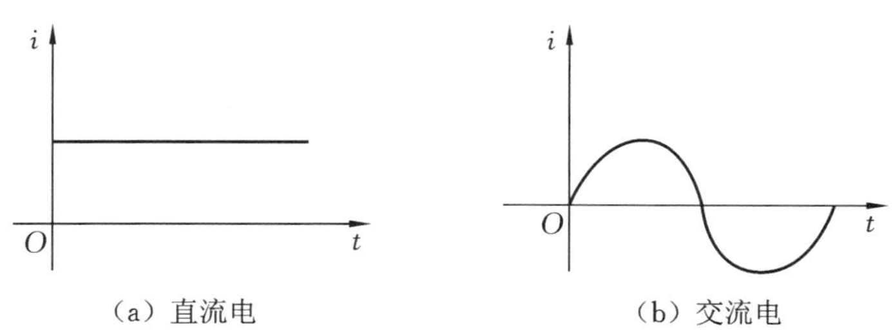

图 2-1 直流电和交流电

正弦交流电路中的电流和电压是按正弦规律变化的，如图 2-2 所示。在正半周，电压和电流为正值，实际方向与参考方向相同；在负半周，电压和电流为负值，实际方向与参考方向相反。

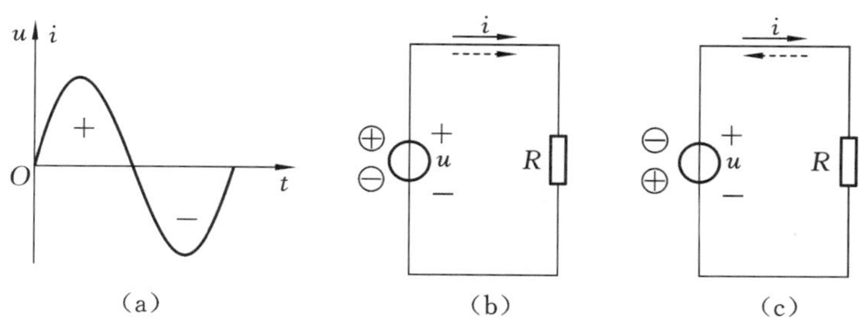

图 2-2 正弦交流电波形

正弦电压和电流统称为正弦量。正弦量的特征表现在变化的快慢、大小及初始值三个方面，它们分别由频率（或周期）、幅值（或有效值）和初相位来确定。所以频率、幅值、初相位为正弦量的三要素。下面，对正弦量的三要素做详细的阐述。

2.1.1 频率

正弦交流电变化一周所需要的时间称为周期，用 T 来表示，单位是 s(秒)。一秒内变化的周期次数称为频率，用 f 来表示，其单位为 Hz(赫兹)。我国采用 50 Hz 作为电力标准频率，又称工频。

频率和周期互为倒数，即

$$f=\frac{1}{T} \tag{2-1}$$

我国及大多数国家的电力标准频率都采用 50 Hz，美国、日本等国家采用 60 Hz。

另外，在不同的技术领域使用不同的频率值，常见的频率值有下述几种。

有线通信频率：300～5000 Hz。

无线通信频率：30 kHz～3×10^4 MHz。

高频加热设备频率：200～300 kHz。

正弦量变化的快慢除用周期和频率表示外，在电工技术中还常用角频率来表示。角频率是指正弦交流电每秒内变化的电角度。因为正弦交流电一周期内经过的角度为 2π 弧度，所以角频率与频率、周期三者之间的关系为

$$\omega=\frac{2\pi}{T}=2\pi f\ \text{(rad/s)} \tag{2-2}$$

可见，周期、频率、角频率都用来表示正弦交流电变化的快慢，知道其中一个量就可以确定另外两个量。

2.1.2 幅值和有效值

正弦交流电在变化过程中任意时刻所对应的值称为瞬时值，用小写字母表示，如电流 i、

电压 u 和电动势 e。瞬时值中最大的值称为幅值或最大值，用带有下标 m 的大写字母表示，如电压幅值 U_m、电流幅值 I_m 等。

根据正弦电流的波形图（见图 2-3(a)）可得如下表达式：

$$i=I_m\sin(\omega t+\psi) \tag{2-3}$$

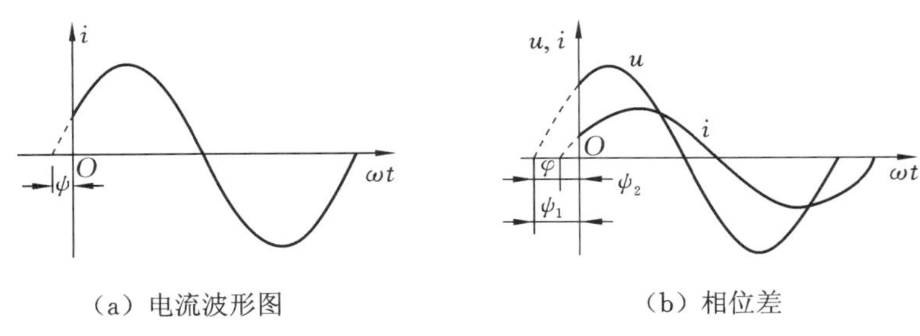

（a）电流波形图　　（b）相位差

图 2-3　电流波形图及相位差

为方便起见，工程中常用有效值来表示正弦电压、电流的大小。有效值是根据电流的热效应来定义的。比如对同一电阻，在相同的时间内，某交流电通过它所产生的热量与另一直流电通过它所产生的热量相等时，则把这一直流电的数值称为该交流电的有效值。有效值用大写字母表示，如电压 U、电流 I 等。

i　R　　I　R

（a）　　（b）

图 2-4　有效值的示意图

图 2-4 中有两个相同的电阻 R，其中一个电阻通入周期电流 i，另一个电阻通入直流电流 I。

根据上述说明可得

$$RI^2T=\int_0^T Ri^2\mathrm{d}t$$

由此可得周期电流的有效值

$$I=\sqrt{\frac{1}{T}\int_0^T i^2\mathrm{d}t}$$

上式适用于周期性变化的量，但不能用于非周期性变化的量。

当周期电流为正弦量时，设 $i=I_m\sin(\omega t)$（令 $\psi=0$），则有

$$\begin{aligned}I&=\sqrt{\frac{1}{T}\int_0^T i^2\mathrm{d}t}\\&=\sqrt{\frac{1}{T}\int_0^T I_m^2\sin^2(\omega t)\mathrm{d}t}\\&=\frac{I_m}{\sqrt{2}}\end{aligned} \tag{2-4}$$

由此可见，正弦交流电流的有效值等于其最大值除以$\sqrt{2}$。

同理，正弦交流电压、电动势也有如下关系：

$$U=\frac{U_m}{\sqrt{2}}\quad E=\frac{E_m}{\sqrt{2}} \tag{2-5}$$

一般所讲的正弦电压或电流的大小均指其有效值，例如交流电压 380 V 或 220 V，都是指它的有效值。用电压表、电流表测量出来的电压、电流值均为有效值。

2.1.3 初相位

正弦量是随时间变化而变化的，要确定一个正弦量，需要从计时起点（$t=0$）上看。所取计时起点不同，正弦量的初始值（$t=0$ 时的值）就不同，到达幅值或某一特定值所需的时间也就不同。图 2-3(a)中的正弦波形所对应的正弦函数为

$$i=I_m\sin(\omega t+\psi) \tag{2-6}$$

在式(2-6)中，$(\omega t+\psi)$称为相位（或相位角），它反映了正弦量的进程。当 $t=0$ 时，相位角为 ψ。将 ψ 称为初相位（或初相角），简称初相。

在一个正弦交流电路中，电压 u 和电流 i 的频率是相同的，但初相位不一定相同，如图 2-3(b)所示。图中 u 和 i 的波形图可用下式表示：

$$u=U_m\sin(\omega t+\psi_1) \tag{2-7}$$

$$i=I_m\sin(\omega t+\psi_2) \tag{2-8}$$

它们的初相位分别是 ψ_1 和 ψ_2。

两个同频率的正弦量的相位之差或初相位之差，称为相位角差或相位差，用 φ 来表示。图 2-3(b)所示电压、电流的相位差为

$$\varphi=(\omega t+\psi_1)-(\omega t+\psi_2)=\psi_1-\psi_2 \tag{2-9}$$

由此可见，同频率正弦交流电的相位之差等于它们的初相位之差，与计时起点无关，是一个定数。如果选择的计时起点不同，则电压的初相和电流的初相将随之改变，但相位差不变。

$-180°<\varphi<0°$表示电压 u 滞后于电流 i，也可以说电流 i 超前于电压 u，如图 2-5(a)所示。

$0°<\varphi<180°$表示电压 u 超前于电流 i，也可以说电流 i 滞后于电压 u，如图 2-5(b)所示。

$\varphi=0°$ 表示电压 u 与电流 i 同相位，简称同相，如图 2-5(c)所示。

$\varphi=\pm180°$表示电压 u 与电流 i 反相（相位相反），如图 2-5(d)所示。

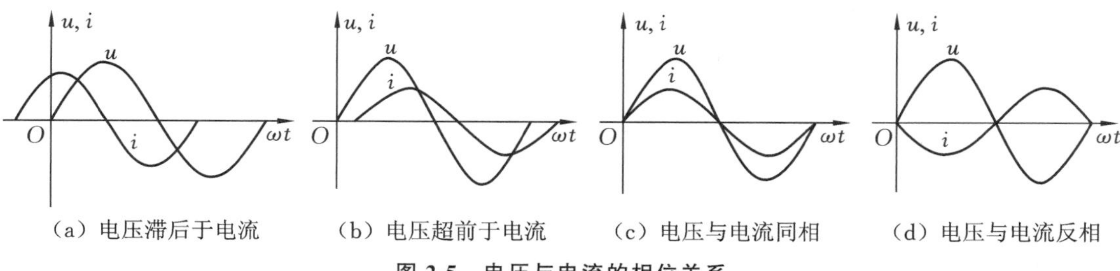

(a) 电压滞后于电流　(b) 电压超前于电流　(c) 电压与电流同相　(d) 电压与电流反相

图 2-5　电压与电流的相位关系

【例 2-1】 交流电路中某条支路的电流 $i_1=5\sin(314t+30°)$ A，试求：

(1) 电流 i_1 的角频率、频率与周期；

(2) 电流 i_1 的最大值和有效值；

(3) 电流 i_1 的初相位；

(4) 若该电路中另一支路电流为 i_2，其有效值为 i_1 的 2 倍，初相位为 60°，试写出 i_2 的正弦量表达式，并求两电流的相位差，说明超前滞后关系。

【解】 (1) i_1 的角频率 $\omega_1=314$ rad/s,所以

频率
$$f_1=\frac{\omega_1}{2\pi}=\frac{314}{2\pi}\ \text{Hz}=50\ \text{Hz}$$

周期
$$T_1=\frac{1}{f_1}=\frac{1}{50}\ \text{s}=0.02\ \text{s}$$

(2) i_1 的最大值 $I_{1m}=5$ A,则有效值 $I_1=\frac{I_{1m}}{\sqrt{2}}=\frac{5\sqrt{2}}{2}$ A≈3.54 A。

(3) i_1 的初相位 $\psi_1=30°$。

(4) i_2 的有效值是 i_1 的 2 倍,即 $I_{2m}=2I_{1m}=10$ A,而正弦交流电路的频率都相同,即 $\omega_2=\omega_1=314$ rad/s,所以其正弦量的表达式为

$$i_2=10\sin(314t+60°)$$

因为 $\varphi=\psi_1-\psi_2=30°-60°=-30°$,所以 i_1 滞后 i_2 30°。

2.2 正弦量的相量表示法

上一节,我们学习了正弦量的两种表示方法——三角函数表达式及其波形图,这两种表示方法都很直观。在分析电路时,常会遇到电量的加、减、求导及积分等运算,如果正弦电压和电流都用三角函数来表示,运算过程将比较烦琐。为了简化交流电路的计算,常用相量来表示正弦量,这种相量表示法的基础是复数。

2.2.1 复数及其运算

1. 复数

设复平面中有一复数 A,其模为 r,辐角为 ψ(图 2-6),它可以用下面四种式子表示。

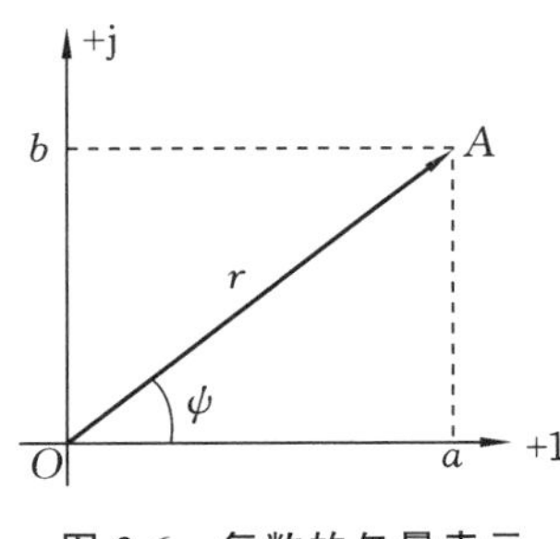

图 2-6 复数的矢量表示

1) 代数式

$$A=a+\text{j}b \tag{2-10}$$

式中 $\text{j}=\sqrt{-1}$ 称为虚数单位(虚数单位在数学中用 i 表示,在电工技术中已用 i 表示电流,故改用 j 表示),a 称为复数 A 的实部,b 称为复数 A 的虚部。

用来表示复数的直角坐标平面称为复平面,其中横轴的单位为"1",称为实轴;纵轴的单位为"j",称为虚轴。复数 A 可以用复平面内的一个有向线段来表示,如图 2-6 所示,其中长度 r 称为模,与横轴的夹角 ψ 称为辐角。A 在实轴上的投影为 a,在虚轴上的投影为 b。

2) 三角函数式

$$A=r\cos\psi+\text{j}r\sin\psi \tag{2-11}$$

式中,$a=r\cos\psi$,$b=r\sin\psi$,则

$$r=\sqrt{a^2+b^2}$$

$$\psi = \arctan \frac{b}{a}$$

3）指数式

根据欧拉公式 $e^{j\psi} = \cos\psi + j\sin\psi$，得

$$A = re^{j\psi} \tag{2-12}$$

4）极坐标式

在电工中，常把指数式简写成极坐标式：

$$A = r\angle\psi \tag{2-13}$$

以上四种形式之间可以进行相互转换。

2. 复数的运算

复数的加、减运算必须用代数式进行，其实部与实部相加（减），虚部与虚部相加（减）。设有两个复数 $A_1 = a_1 + jb_1$，$A_2 = a_2 + jb_2$，则两复数之和为

$$A = A_1 + A_2 = (a_1 + a_2) + j(b_1 + b_2) \tag{2-14}$$

$$A = A_1 - A_2 = (a_1 - a_2) + j(b_1 - b_2) \tag{2-15}$$

两复数的加、减运算可以在复平面内用平行四边形法则求和的方法进行。

复数的乘、除运算用复数的指数式或极坐标式进行，两复数相乘，模相乘，辐角相加；两复数相除，模相除，辐角相减。设 $A_1 = r_1\angle\psi_1$，$A_2 = r_2\angle\psi_2$，则

$$A_1 \cdot A_2 = r_1 \cdot r_2\angle(\psi_1 + \psi_2) \tag{2-16}$$

$$\frac{A_1}{A_2} = \frac{r_1\angle\psi_1}{r_2\angle\psi_2} = \frac{r_1}{r_2}\angle(\psi_1 - \psi_2) \tag{2-17}$$

当 $\psi = \pm 90°$时，则

$$e^{\pm j90°} = \cos 90° \pm j\sin 90° = 0 \pm j = \pm j$$

因此，任意一个相量乘上 $+j$ 后，即向前（沿逆时针方向）旋转了 90°；乘上 $-j$ 后，即向后（沿顺时针方向）旋转了 90°。

2.2.2 正弦量的相量表示

一个复数由模和辐角两个特征来确定，而正弦量由幅值、初相位和频率三个特征来确定。但在分析线性电路时，正弦激励和响应均为同频率的正弦量，频率是已知的，可不必考虑。因此，一个正弦量由幅值（或有效值）和初相位就可以确定。

对比正弦量和相量，正弦量可以用复数来表示。复数的模即为正弦量的幅值或有效值，复数的辐角即为正弦量的初相位。

为了与一般复数相区别，把表示正弦量的复数称为相量，用在大写字母上加“·”的方法表示。例如，正弦电压 $u = U_m\sin(\omega t + \psi)$ 的相量式为

$$\dot{U} = U(\cos\psi + j\sin\psi) = Ue^{j\psi} = U\angle\psi \tag{2-18}$$

或

$$\dot{U}_m = U_m(\cos\psi + j\sin\psi) = U_m e^{j\psi} = U_m\angle\psi \tag{2-19}$$

注意：相量只是表示正弦量，而不是等于正弦量。在运算过程中，相量与一般复数没有区别。

相量 $\dot{U}_m$ 在复平面上可以用长度为 U_m、与实轴正向夹角为 ψ 的矢量来表示，如图 2-7

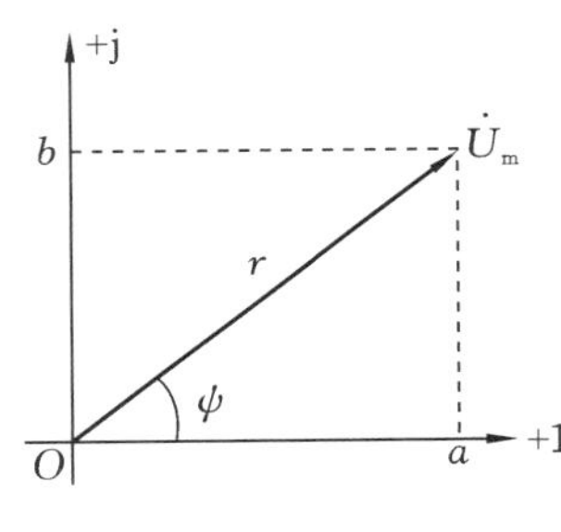

图 2-7 电压的相量图

所示，有时为了简单起见，实轴与虚轴可以省去不画。这种表示相量的图称为相量图。

只有正弦周期量才能用相量表示，相量不能表示非周期量。只有同频率的正弦量才能画在同一相量图中，不同频率的正弦量不能画在一个相量图上，否则就无法进行比较和计算。

由上可知，表示正弦量的相量有两种形式：相量图和相量式（复数式）。

一个正弦量与它的相量是一一对应的，而且这种关系很简单。如果已知正弦量 $u=U_m\sin(\omega t+\psi)$，就可以方便地构成它的相量$\dot{U}_m=U_m\angle\psi$；反之，若已知相量$\dot{U}_m=U_m\angle\psi$ 和频率 f（或角频率 ω），即可写出正弦量的函数表达式 $u=U_m\sin(\omega t+\psi)$。

总结，正弦交流电的四种表示方式如表 2-1 所示。

表 2-1 正弦交流电的四种表示方法

瞬时值	$u=U_m\sin(\omega t+\psi_u)=\sqrt{2}U_m\sin(\omega t+\psi_u)$
波形图	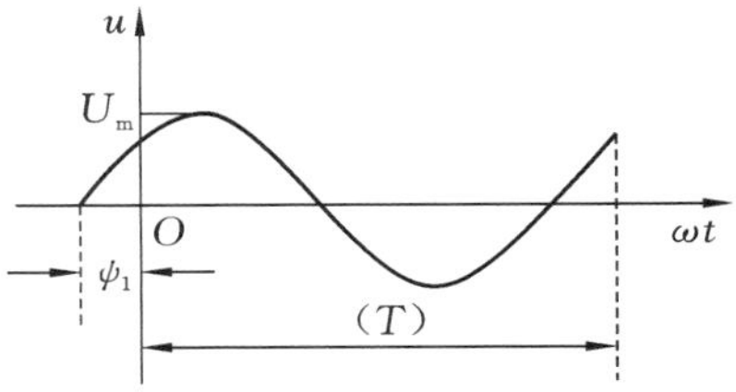
相量	$\dot{U}=Ue^{j\psi}=U\angle\psi$
相量图	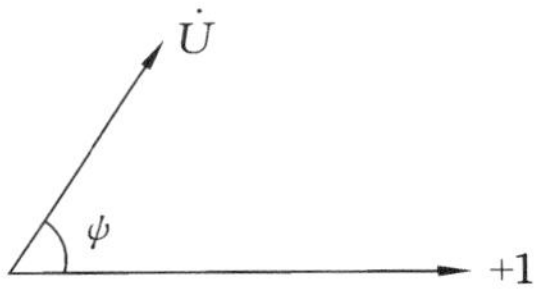

2.2.3 正弦量的相量运算

用相量表示正弦量可以简化正弦交流电路的计算。因为几个同频率的正弦量经加、减运算后仍为同频率的正弦量，所以几个同频率正弦量的和（差）的相量等于它们的相量的和（差）。这样，将同频率的正弦量相加或相减时，只需将相应的相量相加或相减，然后将相量相加或相减得到的相量转换为正弦量即可。

特别指出，两个相量相加满足平行四边形法则，如图 2-8(b)所示。

【例 2-2】 在图 2-8(a)中，设 $i_1=6\sqrt{2}\sin(314t+30°)$ A，$i_2=8\sqrt{2}\sin(314t-60°)$ A。求总电流 i 及其有效值相量 $\dot{I}$，并画出所有电流的有效值相量图。

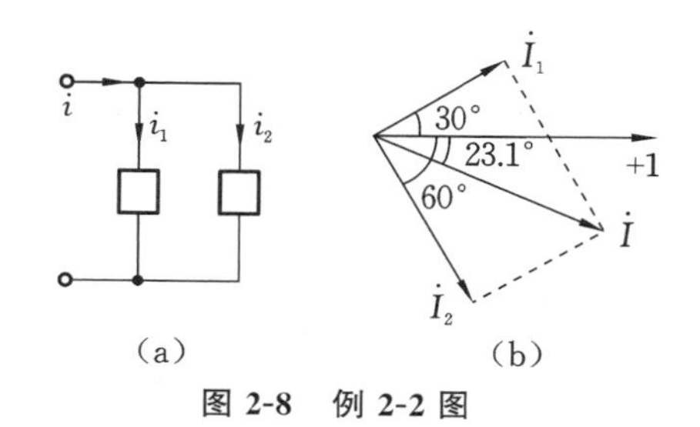

图 2-8　例 2-2 图

【解】 由基尔霍夫电流定律可得

$$\begin{aligned}\dot{I} &= \dot{I}_1+\dot{I}_2=6\angle 30^\circ\ \text{A}+8\angle -60^\circ\ \text{A}\\ &=6(\cos 30^\circ+\text{j}\sin 30^\circ)\ \text{A}+8[\cos(-60^\circ)+\text{j}\sin(-60^\circ)]\ \text{A}\\ &=(9.196-\text{j}3.928)\ \text{A}\\ &=10\angle -23.1^\circ\ \text{A}\end{aligned}$$

于是得

$$i=10\sqrt{2}\sin(314t-23.1^\circ)\ \text{A}$$

所有电流的有效值相量图如图 2-8(b)所示。

2.3　单一元件的正弦交流电路

电阻、电感、电容是组成电路的基本元件，分析与计算正弦交流电路与分析直流电路一样，主要是确定电路中电压与电流之间的关系，以及能量转换和功率问题。

首先，我们先来分析只具单一元件(电阻、电感或电容)的正弦交流电路。严格来说，只包含单一元件的交流电路是不存在的。但当一个实际交流电路中只有一个元件起主要作用时，可以近似地把它看成只具单一元件的理想电路。

2.3.1　纯电阻电路

如果电路中电阻参数的作用突出，其他参数的影响可以忽略不计，则此电路称为纯电阻电路。例如白炽灯、电炉等可以看成纯电阻电路。

1. 电压与电流的关系

在图 2-9(a)中，u 和 i 的参考方向相同，根据欧姆定律可得

$$u=Ri \tag{2-20}$$

即

$$R=\frac{u}{i}$$

R 称为电阻，它对电流具有阻碍作用。

为方便起见，设电流为参考正弦量(初相位为零)，即

$$i=I_\text{m}\sin(\omega t) \tag{2-21}$$

则有

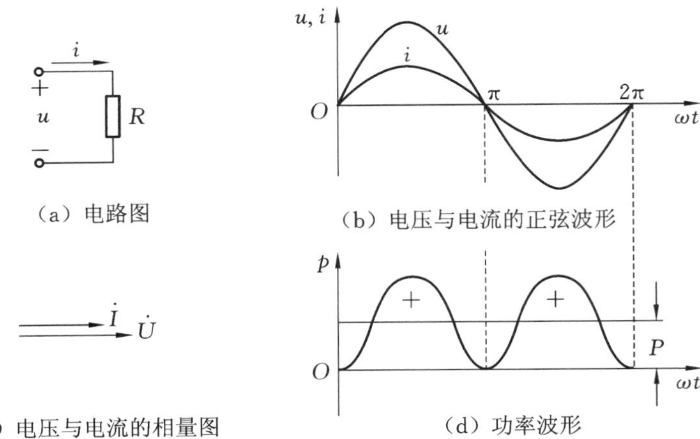

(a) 电路图　(b) 电压与电流的正弦波形

(c) 电压与电流的相量图　(d) 功率波形

图 2-9　电阻元件的交流电路

$$u=iR=I_{\mathrm{m}}R\sin(\omega t)=U_{\mathrm{m}}\sin(\omega t) \tag{2-22}$$

由此可见，u、i 为同频率的正弦量。

(1)电压与电流的相位关系。

电压和电流的初相位相同，都为 0°，所以电阻元件上的电压和电流同相位，u 和 i 的波形如图 2-9(b)所示。

(2) 电压和电流的大小关系。

由式(2-22)可得

$$U_{\mathrm{m}}=I_{\mathrm{m}}R \tag{2-23}$$

所以有

$$U=IR \tag{2-24}$$

即电压和电流的有效值和最大值均满足欧姆定律。

(3) 电压和电流的相量关系。

由式(2-21)可写出电流的相量表达式

$$\dot{I}=I\angle 0^{\circ}$$

由式(2-22)可写出电压的相量表达式

$$\dot{U}=U\angle 0^{\circ}$$

又因为 $U=RI$，所以

$$\dot{U}=U\angle 0^{\circ}=IR\angle 0^{\circ}=R\dot{I}$$

即

$$\dot{U}=R\dot{I} \tag{2-25}$$

式(2-25)为电压与电流的相量关系，也是欧姆定律的相量表示式。电压和电流的相量图如图 2-9(c)所示。

2. 功率

1) 瞬时功率

知道了电压与电流的变化规律和相互关系后，便可计算出电路中的功率。在任意时刻，电压瞬时值 u 和电流瞬时值 i 的乘积称为瞬时功率，用小写字母 p 表示。

在正弦交流电路中，电阻元件上的瞬时功率为

$$p=ui=U_{\mathrm{m}}I_{\mathrm{m}}\sin^2(\omega t)=\frac{U_{\mathrm{m}}I_{\mathrm{m}}}{2}[1-\cos(2\omega t)] \tag{2-26}$$
$$=UI[1-\cos(2\omega t)]$$

由式(2-26)可知，瞬时功率 p 的变化频率是电源频率的两倍，其波形图如图 2-9(d)所示。由于在任一时刻，电压 u 与电流 i 均同相，所以瞬时功率恒为正值，即 $p\geqslant 0$。瞬时功率为正，这表明电阻始终在消耗能量，即电阻为耗能元件。

2）平均功率

瞬时功率在一个周期内的平均值称为平均功率，用大写字母 P 表示。在电阻元件电路中，平均功率为

$$P=\frac{1}{T}\int_0^T p\,\mathrm{d}t=\frac{1}{T}\int_0^T UI[1-\cos(2\omega t)]\mathrm{d}t=UI \tag{2-27}$$

电阻元件的平均功率等于电压与电流有效值的乘积。由于电压有效值 $U=RI$，所以

$$P=UI=RI^2=\frac{U^2}{R} \tag{2-28}$$

平均功率是电路中实际消耗的功率，又称有功功率。电路实际消耗的电能等于平均功率乘以通电时间。

3. 能量

将式(2-20)的两边同时乘以 i，并积分，则得

$$\int_0^t ui\,\mathrm{d}t=\int_0^t Ri^2\,\mathrm{d}t \tag{2-29}$$

上式表明电能全部消耗在电阻元件上，转换为热能。电阻元件是耗能元件。

【例 2-3】 把一个 100 Ω 的电阻元件接到频率为 50 Hz、电压有效值为 10 V 的正弦电源上，此时电流是多少？如果保持电压不变，而电源频率改为 5000 Hz，这时电流将为多少？

【解】 因为电阻的大小与频率无关，所以电压有效值不变，电流有效值相等，即

$$I=\frac{U}{R}=\frac{10}{100}\ \mathrm{A}=0.1\ \mathrm{A}=100\ \mathrm{mA}$$

2.3.2 纯电感电路

1. 电压与电流的关系

图 2-10 是一电感元件(线圈)，其上电压为 u。当通过电流 i 时，将产生磁通 Φ，它通过每匝线圈。如果线圈有 N 匝，则电感元件的参数

$$L=\frac{N\Phi}{i} \tag{2-30}$$

称为电感或自感。线圈匝数 N 愈多，其电感愈大；线圈中单位电流产生的磁通愈大，电感也愈大。其中，电感的单位是亨利(H)或毫亨(mH)。磁通的单位是韦伯(Wb)。

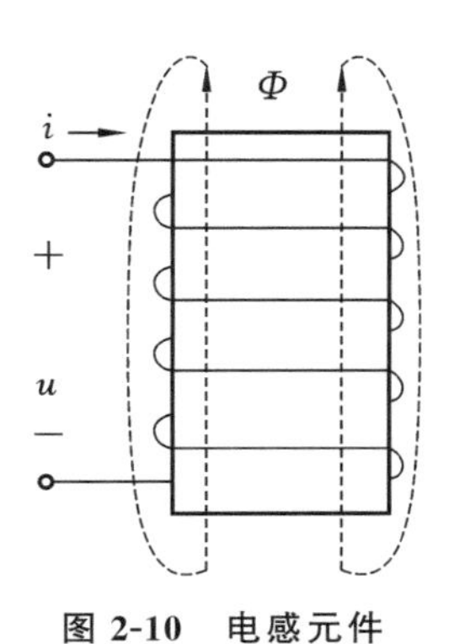

图 2-10 电感元件

当电感元件中磁通 Φ 或电流 i 发生变化时，则在电感元件中产生感应电动势。习惯上规定：u 和 i 的参考方向一致；i 与 Φ、Φ 与 e_L 的

参考方向之间均符合右手螺旋定则。因此，u、i、e_L 的参考方向如图 2-11(a)所示。

$$e_L=-N\frac{\mathrm{d}\Phi}{\mathrm{d}t}=-L\frac{\mathrm{d}i}{\mathrm{d}t} \tag{2-31}$$

根据基尔霍夫电压定律可得：

$$u+e_L=0$$

所以

$$u=-e_L=L\frac{\mathrm{d}i}{\mathrm{d}t} \tag{2-32}$$

当线圈中通过恒定电流时，其上电压 u 为零，故电感元件可视为短路。

在正弦交流电路中，设电流 $i=I_{\mathrm{m}}\sin\omega t$，则

$$\begin{aligned} u&=L\frac{\mathrm{d}i}{\mathrm{d}t}=L\frac{\mathrm{d}[I_{\mathrm{m}}\sin(\omega t)]}{\mathrm{d}t}\\ &=I_{\mathrm{m}}\omega L\cos(\omega t)\\ &=I_{\mathrm{m}}\omega L\sin(\omega t+90^\circ)\\ &=U_{\mathrm{m}}\sin(\omega t+90^\circ)\end{aligned} \tag{2-33}$$

由此可见，在只有电感元件的电路中，电压和电流为同频率的正弦量。

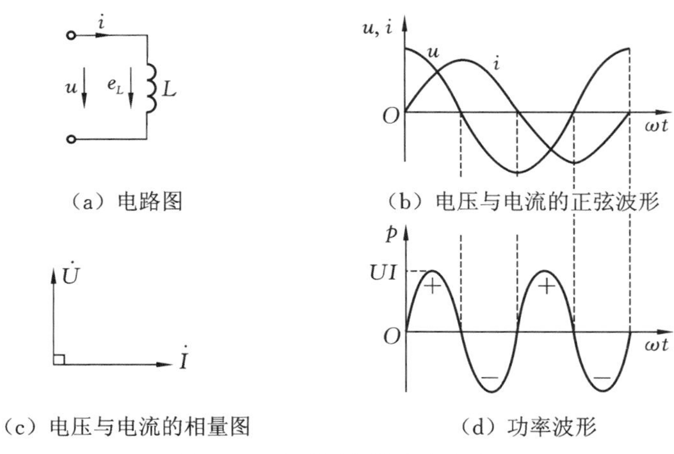

(a) 电路图　　(b) 电压与电流的正弦波形

(c) 电压与电流的相量图　　(d) 功率波形

图 2-11　电感元件的交流电路

(1) 电压和电流的相位关系。

由上可知，电流初相位为 0°，电压初相位为 90°，所以电压在相位上超前电流 90°，u 和 i 的波形图如图 2-11(b)所示。

(2) 电压和电流的大小关系。

在式(2-33)中

$$U_{\mathrm{m}}=\omega L I_{\mathrm{m}}$$

或

$$\frac{U}{I}=\frac{U_{\mathrm{m}}}{I_{\mathrm{m}}}=\omega L \tag{2-34}$$

式(2-34)表示，在电感元件电路中，电压的幅值(或有效值)与电流的幅值(或有效值)之比为 ωL，它的单位是欧姆(Ω)。当电压 U 一定时，ωL 愈大，则电流 I 愈小，可见它对电流起

阻碍作用，因而称为感抗，用 X_L 表示。

$$X_L=\omega L=2\pi fL \tag{2-35}$$

因为感抗 X_L 与频率 f 成正比，所以，电感元件对高频电流的阻碍作用很大。而在直流电路中，因为频率 $f=0$，所以 $X_L=0$，即电感元件对直流电流可视为短路。

应该注意，感抗只是电压与电流幅值或有效值之比，而不是瞬时值之比，即$\frac{u}{i}\neq X_L$。与上述电阻电路不一样，在这里电压瞬时值与电流瞬时值之间呈导数关系，而不是正比关系。

(3) 电压和电流的相量关系。

根据正弦量和相量的对应关系，可以写出电感元件上的电压与电流的相量关系。

电流相量

$$\dot{I}=I\angle 0^\circ$$

电压相量

$$\dot{U}=U\angle 90^\circ=X_L I\angle 90^\circ$$

则

$$\frac{\dot{U}}{\dot{I}}=\frac{X_L I\angle 90^\circ}{I\angle 0^\circ}=\mathrm{j}X_L$$

或

$$\dot{U}=\mathrm{j}X_L\dot{I}=\mathrm{j}\omega L\dot{I} \tag{2-36}$$

式(2-36)就是电感元件电路中电压、电流的相量关系式，它既表明了电压 u 和电流 i 的相位关系，也表明了电压 u 和电流 i 的有效值关系。其相量图如图 2-11(c)所示。

2. 功率

1) 瞬时功率

$$\begin{aligned}p&=ui=U_\mathrm{m}\sin(\omega t+90^\circ)I_\mathrm{m}\sin(\omega t)\\&=U_\mathrm{m}I_\mathrm{m}\sin(\omega t)\cos(\omega t)\\&=\frac{U_\mathrm{m}I_\mathrm{m}}{2}\sin(2\omega t)\\&=UI\sin(2\omega t)\end{aligned} \tag{2-37}$$

由上式可知，纯电感元件电路中，瞬时功率 p 是一个以 UI 为幅值、以 2ω 为角频率的随时间而变化的正弦量，其波形图如图 2-11(d)所示。

在第一个和第三个$\frac{1}{4}$周期内，p 是正的(u 和 i 同为正值或同为负值)，电感元件从电源取用能量并存储在线圈中，建立磁场；在第二个和第四个$\frac{1}{4}$周期内，p 是负的(u 和 i 一正一负)，电感元件将取用的能量释放给电源，磁场减弱。

2) 平均功率

$$P=\frac{1}{T}\int_0^T p\,\mathrm{d}t=\frac{1}{T}\int_0^T UI\sin(2\omega t)=0 \tag{2-38}$$

上式表明，电感元件的正弦交流电路中，电感上的平均功率为零。也就是说，在整个周期内它没有能量的消耗，只有电感元件与电源间的能量互换。

3）无功功率

为了衡量电感元件与电源间能量互换的规模，我们引入了无功功率，用 Q 来表示。

这里规定无功功率等于瞬时功率 p 的幅值，即

$$Q=UI=X_L I^2 \tag{2-39}$$

无功功率的单位为乏(var)或千乏(kvar)。

3. 能量

将式(2-32)两边乘以 i，并积分，则得

$$\int_0^t ui\,\mathrm{d}t=\int_0^i Li\,\mathrm{d}i=\frac{1}{2}Li^2 \tag{2-40}$$

上式表明，当电感元件中的电流增大时，磁场能量增大，在此过程中电能转换为磁能，即电感元件从电源取用能量。$\frac{1}{2}Li^2$ 就是电感元件中的磁场能量。当电流减小时，磁场能量减小，磁能转换为电能，即电感元件向电源放还能量。可见电感元件不消耗能量，是储能元件。

【例 2-4】 把一个 0.1 H 的电感元件接到频率为 50 Hz、电压有效值为 10 V 的正弦电源上，此时电流是多少？如果保持电压不变，而电源频率改为 5000 Hz，这时电流将为多少？

【解】 当 $f=50$ Hz 时：

$$X_L=2\pi fL=2\times3.14\times50\times0.1\ \Omega=31.4\ \Omega$$

$$I=\frac{U}{X_L}=\frac{10}{31.4}\ \mathrm{A}=0.318\ \mathrm{A}=318\ \mathrm{mA}$$

当 $f=5000$ Hz 时：

$$X_L=2\pi fL=2\times3.14\times5000\times0.1\ \Omega=3140\ \Omega$$

$$I=\frac{U}{X_L}=\frac{10}{3140}\ \mathrm{A}=0.00318\ \mathrm{A}=3.18\ \mathrm{mA}$$

可见，在电压有效值一定时，频率愈高，则通过电感元件的电流有效值愈小。

2.3.3 纯电容电路

1. 电压与电流的关系

图 2-12(a)是电容元件，其参数

$$C=\frac{q}{u}$$

称为电容，它的单位是法拉(F)。由于法拉的单位太大，工程上多采用微法(μF)或皮法(pF)。1 μF$=10^{-6}$F，1 pF$=10^{-12}$F。

当电容元件上电荷量 q 或电压 u 发生变化时，则在电路中引起电流的变化：

$$i=\frac{\mathrm{d}q}{\mathrm{d}t}=C\ \frac{\mathrm{d}u}{\mathrm{d}t} \tag{2-41}$$

上式是在 u 和 i 参考方向相同的情况下得出的，否则要加一负号。

当电容元件两端加恒定电压时，其中电流 i 为零，故电容元件可视为开路。

在正弦交流电路中，设电流 $u=U_{\mathrm{m}}\sin(\omega t)$，则

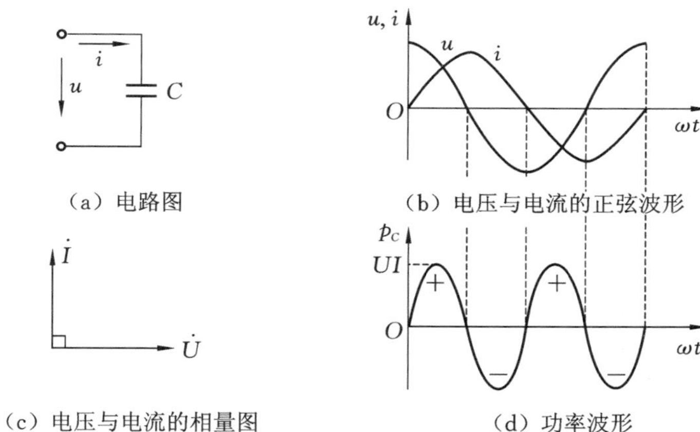

(a) 电路图　(b) 电压与电流的正弦波形

(c) 电压与电流的相量图　(d) 功率波形

图 2-12　电容元件的交流电路

$$i=C\frac{\mathrm{d}u}{\mathrm{d}t}=\omega CU_{\mathrm{m}}\cos(\omega t)=I_{\mathrm{m}}\sin(\omega t+90^{\circ}) \tag{2-42}$$

由此可见,在只有电容元件的电路中,电压和电流为同频率的正弦量。

(1)电压和电流的相位关系。

由上可知,电流初相位为 90°,电压初相位为 0°,所以电流在相位上超前电压 90°,u 和 i 的波形图如图 2-12(b)所示。

(2) 电压和电流的大小关系。

在式(2-42)中

$$I_{\mathrm{m}}=\omega CU_{\mathrm{m}}$$

或

$$\frac{U}{I}=\frac{U_{\mathrm{m}}}{I_{\mathrm{m}}}=\frac{1}{\omega C} \tag{2-43}$$

式(2-43)表示,在电容元件电路中,电压的幅值(或有效值)与电流的幅值(或有效值)之比为$\frac{1}{\omega C}$,它的单位是欧姆(Ω)。当电压 U 一定时,$\frac{1}{\omega C}$愈大,则电流 I 愈小,可见它对电流起阻碍作用,因而称为容抗,用 X_C 表示。

$$X_C=\frac{1}{\omega C}=\frac{1}{2\pi fC} \tag{2-44}$$

容抗 X_C 与电容 C、频率 f 成反比。电容元件对高频电流所呈现的容抗很小,可视为短路,而对直流($f=0$)所呈现的容抗趋于无穷大,可视为开路。因此,电容元件具有通交流、隔直流的作用。

(3) 电压和电流的相量关系。

根据正弦量和相量的对应关系,可以写出电感元件上的电压与电流的相量关系。

电压相量

$$\dot{U}=U\angle 0^{\circ}$$

电流相量

$$\dot{I}=I\angle 90°=\omega CU\angle 90°$$

则

$$\frac{\dot{U}}{\dot{I}}=\frac{U\angle 0°}{\omega CU\angle 90°}=-\mathrm{j}X_C$$

或

$$\dot{U}=-\mathrm{j}X_C\dot{I}=-\mathrm{j}\frac{1}{\omega C}\dot{I} \tag{2-45}$$

式(2-45)就是电容元件电路中电压、电流的相量关系式，它既表明了电压 u 和电流 i 的相位关系，也表明了电压 u 和电流 i 的有效值关系。其相量图如图 2-12(c)所示。

2. 功率

1）瞬时功率

$$\begin{aligned}p&=ui=U_m\sin(\omega t)I_m\sin(\omega t+90°)\\&=U_mI_m\sin(\omega t)\cos(\omega t)\\&=\frac{U_mI_m}{2}\sin(2\omega t)\\&=UI\sin(2\omega t)\end{aligned} \tag{2-46}$$

由上式可知，纯电容元件电路中，瞬时功率 p 是一个以 UI 为幅值、以 2ω 为角频率的随时间而变化的正弦量，其波形图如图 2-12(d)所示。

在第一个和第三个$\frac{1}{4}$周期内，电压值增高，电容器充电，电容从电源取用能量并存储在它的电场中，p 是正值；在第二个和第四个$\frac{1}{4}$周期内，电压值降低，电容元件放电，电容器放出在充电阶段得到的能量，p 是负值。

2）平均功率

$$P=\frac{1}{T}\int_0^T p\,\mathrm{d}t=\frac{1}{T}\int_0^T UI\sin(2\omega t)=0 \tag{2-47}$$

上式表明，电容元件的正弦交流电路中，电容上的平均功率为零。也就是说，在整个周期内它没有能量的消耗，只有电容元件与电源间的能量互换。

3）无功功率

为了衡量电容元件与电源间能量互换的规模，我们引入了无功功率，用 Q 来表示。

这里规定无功功率等于瞬时功率 p 的幅值。

为了同电感元件电路的无功功率相比较，也设电流

$$i=I_m\sin(\omega t)$$

为参考正弦量，则

$$u=U_m\sin(\omega t-90°)$$

所以可得瞬时功率

$$p=ui=-UI\sin(2\omega t)$$

由此可见，电容元件电路中的无功功率为

$$Q=-UI=-X_CI^2 \tag{2-48}$$

即如果电感性无功功率取正值，则电容性无功功率为负值。

无功功率的单位为乏(var)或千乏(kvar)。

3. 能量

将式(2-41)两边乘以 u，并积分，则得

$$\int_0^t ui\,dt = \int_0^u Cu\,du = \frac{1}{2}Cu^2 \tag{2-49}$$

上式表明，当电容元件中的电压增大时，电场能量增大，在此过程中电能转换为电场能量，电容元件从电源取用能量(充电)。$\frac{1}{2}Cu^2$ 就是电容元件中的电场能量。当电压减小时，电场能量减小，电容元件向电源放还能量(放电)。可见电容元件不消耗能量，是储能元件。

【例 2-5】 把一个 25 μF 的电容元件接到频率为 50 Hz、电压有效值为 10 V 的正弦电源上，此时电流是多少？如果保持电压不变，而电源频率改为 5000 Hz，这时电流将为多少？

【解】 当 $f=50$ Hz 时：

$$X_C = \frac{1}{2\pi fC} = \frac{1}{2\times 3.14\times 50\times(25\times 10^{-6})}\ \Omega = 127.4\ \Omega$$

$$I = \frac{U}{X_C} = \frac{10}{127.4}\ \text{A} = 0.078\ \text{A} = 78\ \text{mA}$$

当 $f=5000$ Hz 时：

$$X_C = \frac{1}{2\pi fC} = \frac{1}{2\times 3.14\times 5000\times(25\times 10^{-6})}\ \Omega = 1.274\ \Omega$$

$$I = \frac{U}{X_C} = \frac{10}{1.274}\ \text{A} = 7.8\ \text{A}$$

可见，在电压有效值一定时，频率愈高，通过电感元件的电流有效值愈大。

2.4 R、L、C 串联的正弦交流电路

前面讨论了单一参数的正弦交流电路，但实际器件的电路模型并不都是只由一个理想元件构成的，而往往是几种理想元件的组合。本节讨论电阻、电感、电容元件串联的交流电路。

1. *R*、*L*、*C* 串联电路的电压和电流关系

R、L、C 串联的正弦交流电路如图 2-13(a)所示，图中标出了各电压、电流的参考方向。因为电阻、电感、电容元件串联，所以流过各元件的电流相同。

$$i = I_m \sin(\omega t)$$

为方便起见，令

$$\dot{I} = I\angle 0°$$

则

$$\dot{U}_R = U_R\angle 0°$$
$$\dot{U}_L = U_L\angle 90°$$

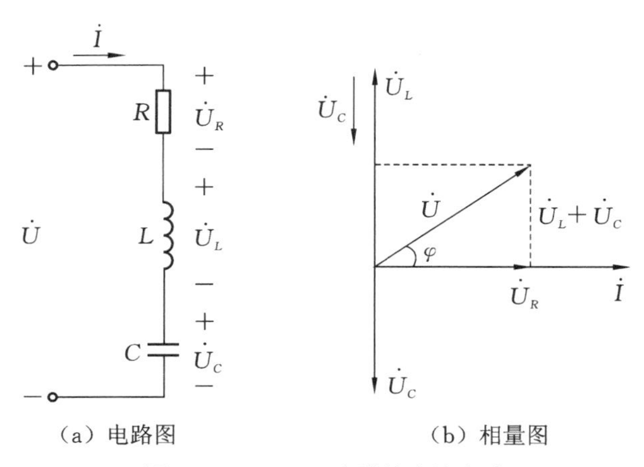

（a）电路图　　（b）相量图

图 2-13　*R*、*L*、*C* 串联的交流电路

$$\dot{U}_C=U_C\angle-90^\circ$$

由基尔霍夫电压定律可得

$$\begin{aligned}\dot{U}&=\dot{U}_R+\dot{U}_L+\dot{U}_C\\&=R\dot{I}+\mathrm{j}X_L\dot{I}-\mathrm{j}X_C\dot{I}\\&=[R+\mathrm{j}(X_L-X_C)]\dot{I}\end{aligned}\tag{2-50}$$

上式为基尔霍夫电压定律的相量表示形式。

作 $\dot{I}$、$\dot{U}$、$\dot{U}_R$、$\dot{U}_L$ 和$\dot{U}_C$ 的相量图，如图 2-13(b)所示。显然，$\dot{U}_R$、$(\dot{U}_L+\dot{U}_C)$与 $\dot{U}$ 构成了一个直角三角形，如图 2-14(a)所示，此三角形称为电压三角形。

式(2-50)可写成

$$\frac{\dot{U}}{\dot{I}}=R+\mathrm{j}(X_L-X_C)$$

上式中，$R+\mathrm{j}(X_L-X_C)$称为电路的阻抗，用大写字母 Z 表示，单位为欧姆(Ω)。即

$$Z=\frac{\dot{U}}{\dot{I}}=R+\mathrm{j}(X_L-X_C)=R+\mathrm{j}X\tag{2-51}$$

式中 X 是感抗和容抗之差，称为电抗。由式(2-51)可见，阻抗 Z 是一复数，阻抗的实部是电阻，虚部是电抗。

注意，阻抗 Z 不同于正弦量的相量表示，Z 上面不用加“·”，它只是一个复数计算量。

由 2.2 节所讲复数的表达形式可知，阻抗 Z 有四种表示形式：

$$\begin{aligned}Z&=R+\mathrm{j}(X_L-X_C)\\&=|Z|(\cos\varphi+\mathrm{j}\sin\varphi)\\&=|Z|\mathrm{e}^{\mathrm{j}\varphi}\\&=|Z|\angle\varphi\end{aligned}\tag{2-52}$$

上式中，阻抗的模

$$|Z|=\sqrt{R^2+(X_L-X_C)^2}=\sqrt{R^2+\left(\omega L-\frac{1}{\omega C}\right)^2}\tag{2-53}$$

阻抗的辐角为

$$\varphi=\arctan\frac{X_L-X_C}{R} \tag{2-54}$$

根据上述公式，可用一个直角三角形来表示 R、X、$|Z|$之间的关系，这个三角形称为阻抗三角形，如图 2-14(b)所示。又因为

$$Z=\frac{\dot{U}}{\dot{I}}=\frac{U\angle\psi_u}{I\angle\psi_i}=\frac{U}{I}\angle(\psi_u-\psi_i) \tag{2-55}$$

比较式(2-52)和式(2-55)可得

$$|Z|=\frac{U}{I}$$

$$\varphi=\psi_u-\psi_i \tag{2-56}$$

说明阻抗的模等于电压与电流有效值的比值，反映了阻碍电流作用的大小，其单位为欧姆(Ω)，而辐角 φ 反映了电压与电流的相位差。

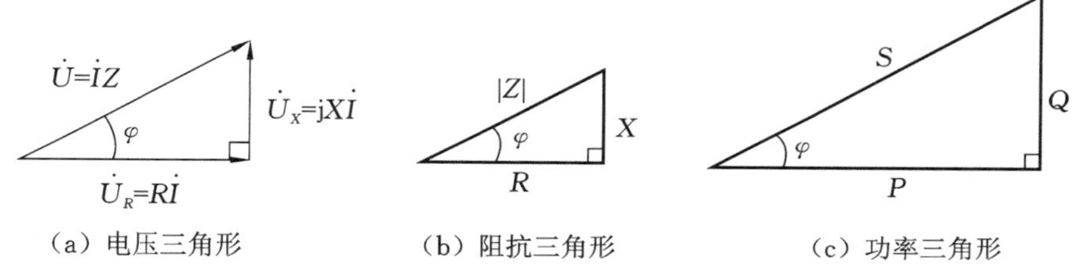

(a) 电压三角形　(b) 阻抗三角形　(c) 功率三角形

图 2-14　电压、阻抗、功率三角形

如图 2-13 所示，R、L、C 串联的交流电路中，设电流

$$i=I_m\sin(\omega t)$$

则电压

$$u=U_m\sin(\omega t+\varphi)$$

若 $X_L>X_C$，则 φ 为正，电压超前电流 φ 角，电路呈电感性，称为感性电路；

若 $X_L<X_C$，则 φ 为负，电压滞后电流 φ 角，电路呈电容性，称为容性电路；

若 $X_L=X_C$，则 φ 为零，电压与电流同相，电路呈电阻性，称为阻性电路。

R、L、C 串联的交流电路中，各电压与电流的相量关系如图 2-15 所示。

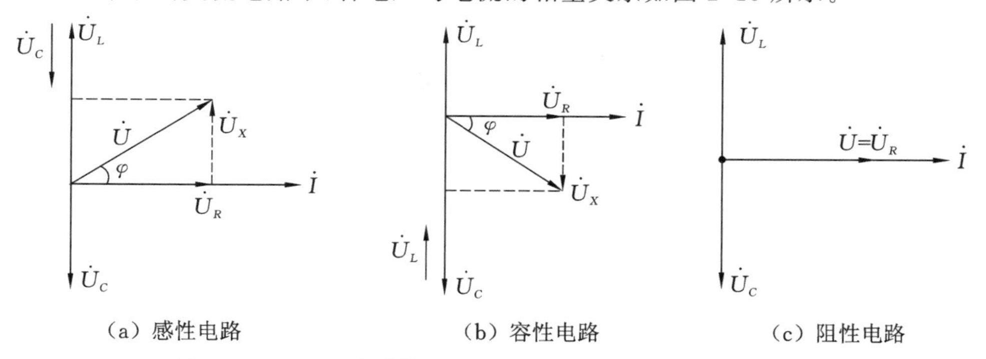

(a) 感性电路　(b) 容性电路　(c) 阻性电路

图 2-15　R、L、C 串联的交流电路中各电压与电流的相量关系

2. R、L、C 串联电路的功率

1）瞬时功率

$$p=ui=U_{\mathrm{m}}\sin(\omega t+\varphi)\cdot I_{\mathrm{m}}\sin(\omega t)=U_{\mathrm{m}}I_{\mathrm{m}}\sin(\omega t+\varphi)\sin(\omega t)$$
$$=UI\cos\varphi-UI\cos(2\omega t+\varphi) \tag{2-57}$$

2）平均功率

$$P=\frac{1}{T}\int_0^T p\,\mathrm{d}t=\frac{1}{T}\int_0^T[UI\cos\varphi-UI\cos(2\omega t+\varphi)]\mathrm{d}t=UI\cos\varphi \tag{2-58}$$

由图 2-14(a)可知

$$U\cos\varphi=U_R=RI$$

所以可得

$$P=UI\cos\varphi=U_RI=RI^2 \tag{2-59}$$

由此可见，R、L、C 串联的交流电路中的有功功率就是电阻上消耗的功率，而电感元件与电容元件并没有消耗有功功率，与前文所述一致。

3）无功功率

电感元件与电容元件只是与电源之间进行能量互换，互换的规模用无功功率来表示，由式(2-39)和式(2-48)可得，无功功率为

$$Q=U_LI-U_CI=(U_L-U_C)I=I^2(X_L-X_C)=UI\sin\varphi \tag{2-60}$$

4）视在功率

在正弦交流电路中，把电压和电流有效值的乘积定义为视在功率，用 S 表示，即

$$S=UI \tag{2-61}$$

视在功率的单位为伏安(V·A)。

有功功率 $P=UI\cos\varphi=S\cos\varphi$，无功功率 $Q=UI\sin\varphi=S\sin\varphi$，则

$$S=\sqrt{P^2+Q^2} \tag{2-62}$$

视在功率 S、有功功率 P、无功功率 Q 也可以用一个三角形来表示，称为功率三角形，如图 2-14(c)所示。将电压三角形各边同乘以电流可得功率三角形，所以阻抗三角形、电压三角形、功率三角形是相似三角形。

应当注意：功率和阻抗都不是正弦量，所以不能用相量来表示。

在这一节中，分析了电阻、电感与电容元件串联的交流电路，而在实际中常见到的是电阻与电感元件串联的电路(电容的作用可忽略不计)和电阻与电容元件串联的电路(电感的作用可忽略不计)。

正弦交流电路中，电压与电流的关系有一定的规律性，总结如表 2-2 所示。

表 2-2　正弦交流电路中电压与电流的关系

电路	一般关系式	相位关系	大小关系	复数式
R	$u=Ri$	$\dot{I}$ $\dot{U}$	$U=RI$	$\dot{U}=R\dot{I}$
L	$u=L\dfrac{\mathrm{d}i}{\mathrm{d}t}$	$\dot{U}$ $\dot{I}$	$U=\omega LI$	$\dot{U}=\mathrm{j}X_L\dot{I}$

续表

电路	一般关系式	相位关系	大小关系	复数式
C	$u=\frac{1}{C}\int i\mathrm{d}t$	$\dot{I}$ 水平向右，$\dot{U}$ 竖直向下	$I=\omega CU$	$\dot{U}=-\mathrm{j}X_C\dot{I}$
R、L、C 串联电路	$u=Ri+L\frac{\mathrm{d}i}{\mathrm{d}t}+\frac{1}{C}\int i\mathrm{d}t$	$\varphi>0$ $\varphi<0$ $\varphi=0$	$U=I\sqrt{R^2+(X_L-X_C)^2}$	$\dot{U}=\dot{I}\sqrt{R^2+(X_L-X_C)^2}$

【例 2-6】 在电阻、电感与电容串联的交流电路中，已知 $R=30\ \Omega$，$L=127\ \mathrm{mH}$，$C=40\ \mu\mathrm{F}$，电源电压 $u=220\sqrt{2}\sin(314t+20°)$。(1)求电流 i 及各部分电压 u_R，u_L，u_C；(2)作相量图；(3)求功率 P 和 Q。

【解】 (1) $X_L=\omega L=314\times127\times10^{-3}\ \Omega=40\ \Omega$

$$X_C=\frac{1}{\omega C}=\frac{1}{314\times40\times10^{-6}}\ \Omega=80\ \Omega$$

$$Z=R+\mathrm{j}(X_L-X_C)=[30+\mathrm{j}(40-80)]\ \Omega$$

$$=(30-\mathrm{j}40)\ \Omega=50\angle-53°\ \Omega$$

$$\dot{U}=220\angle20°\ \mathrm{V}$$

于是得

$$\dot{I}=\frac{\dot{U}}{Z}=\frac{220\angle20°}{50\angle-53°}\ \mathrm{A}=4.4\angle73°\mathrm{A}$$

$$i=4.4\sqrt{2}\sin(314t+73°)\ \mathrm{A}$$

$$\dot{U}_R=R\dot{I}=30\times4.4\angle73°\ \mathrm{V}=132\angle73°\ \mathrm{V}$$

$$u_R=132\sqrt{2}\sin(314t+73°)\ \mathrm{V}$$

$$\dot{U}_L=\mathrm{j}X_L\dot{I}=\mathrm{j}40\times4.4\angle73°\ \mathrm{V}=176\angle163°\ \mathrm{V}$$

$$u_L=176\sqrt{2}\sin(314t+163)\ \mathrm{V}$$

$$\dot{U}_C=-\mathrm{j}X_C\dot{I}=-\mathrm{j}80\times4.4\angle73°\ \mathrm{V}=352\angle-17°\ \mathrm{V}$$

$$u_C=352\sqrt{2}\sin(314t-17°)\ \mathrm{V}$$

注意：$\dot{U}=\dot{U}_R+\dot{U}_L+\dot{U}_C$，$U\neq U_R+U_L+U_C$。

(2) 电流和各个电压的相量图如图 2-16 所示。

(3) $P=UI\cos\varphi=220\times4.4\times\cos(-53°)\ \mathrm{W}=220\times4.4\times0.6\ \mathrm{W}=580.8\ \mathrm{W}$

$Q=UI\sin\varphi=220\times4.4\times\sin(-53°)\ \mathrm{var}=220\times4.4\times(-0.8)\ \mathrm{var}=-774.4\ \mathrm{var}$ (电容性)

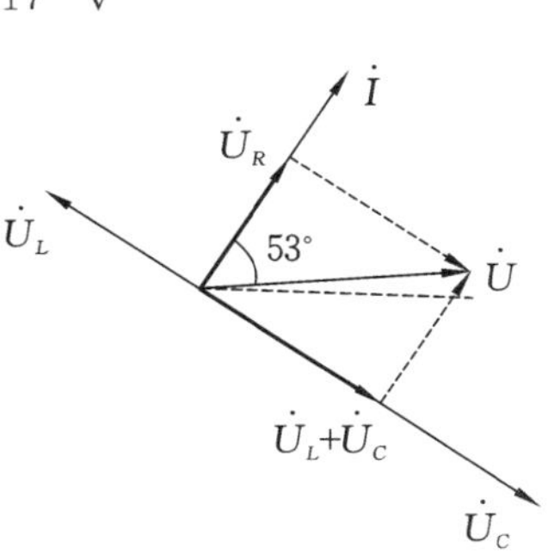

图 2-16 相量图

【例 2-7】 RC 电路如图 2-17(a)所示，$R=2\ \text{k}\Omega$，$C=0.1\ \mu\text{F}$。输入端接正弦信号源，$U_1=1\ \text{V}$，$f=500\ \text{Hz}$。(1)试求输出电压 U_2，并讨论输出电压与输入电压间的大小与相位关系；(2)当电容 C 改为 20 μF 时，求(1)中各项；(3)将频率 f 改为 4000 Hz 时，再求(1)中各项。

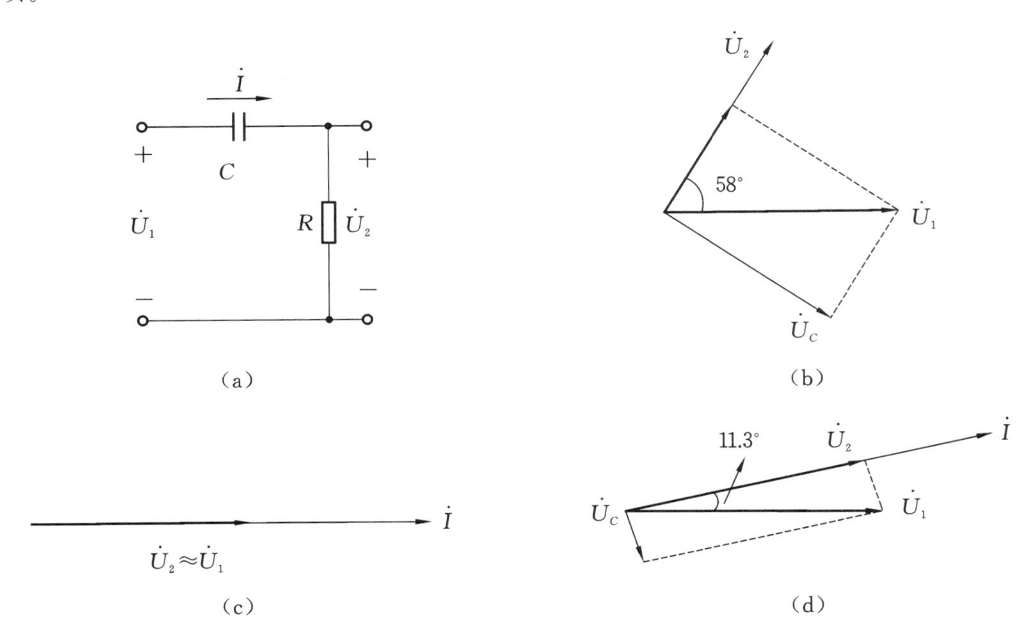

图 2-17 例 2-7 图

【解】 (1)

$$X_C=\frac{1}{2\pi fC}=\frac{1}{2\times 3.14\times 500\times(0.1\times 10^{-6})}\ \Omega$$

$$=3185\ \Omega=3.2\ \text{k}\Omega$$

$$|Z|=\sqrt{R^2+X_C^2}=\sqrt{2^2+3.2^2}\ \text{k}\Omega=3.77\ \text{k}\Omega$$

$$I=\frac{U_1}{|Z|}=\frac{1}{3.77\times 10^3}\ \text{A}=0.27\times 10^{-3}\ \text{A}=0.27\ \text{mA}$$

$$U_2=RI=(2\times 10^3)\times(0.27\times 10^{-3})\ \text{V}=0.54\ \text{V}$$

$$\varphi=\arctan\frac{-X_C}{R}=\arctan\frac{-3.2}{2}=\arctan(-1.6)=-58^\circ$$

电压与电流的相量图如图 2-17(b)所示，$\dot{U}_2$ 比 $\dot{U}_1$ 超前58°。

(2)

$$X_C=\frac{1}{2\times 3.14\times 500\times(20\times 10^{-6})}\ \Omega=16\ \Omega\ll R$$

$$|Z|=\sqrt{2000^2+16^2}\ \Omega\approx 2\ \text{k}\Omega$$

$$U_2\approx U_1,\varphi=0^\circ,U_C\approx 0$$

电压与电流的相量图如图 2-17(c)所示。

(3)

$$X_C=\frac{1}{2\times 3.14\times 4000\times(0.1\times 10^{-6})}\ \Omega=400\ \Omega=0.4\ \text{k}\Omega$$

$$|Z|=\sqrt{2^2+0.4^2}\ \text{k}\Omega=2.04\ \text{k}\Omega$$

$$I=\frac{1}{2.04}\ \text{mA}=0.49\ \text{mA}$$

$$U_2=RI=(2\times10^3)\times(0.49\times10^{-3})\ \text{V}=0.98\ \text{V}$$

$$\varphi=\arctan\frac{-0.4}{2}=\arctan(-0.2)=-11.3°$$

电压与电流的相量图如图 2-17(d)所示，$\frac{U_2}{U_1}=\frac{0.98}{1}=98\%$，$\dot{U}_2$ 比 $\dot{U}_1$ 超前11.3°。

2.5 较复杂正弦交流电路

在较复杂正弦交流电路中，不仅存在阻抗的串联，还存在阻抗的并联，从而使电路变得较为复杂。

2.5.1 阻抗的串联

1. 阻抗串联的分析方法

阻抗串联的分析方法与电阻串联的分析方法类似。

如图 2-18 所示，有 n 个阻抗串联，等效阻抗 Z 等于 n 个串联的阻抗之和，即

$$Z=Z_1+Z_2+\cdots+Z_n \tag{2-63}$$

图 2-19(a)是两个阻抗串联的电路，根据基尔霍夫电压定律可写出它的相量表示式：

$$\dot{U}=\dot{U}_1+\dot{U}_2=Z_1\dot{I}+Z_2\dot{I}=(Z_1+Z_2)\dot{I}$$

所以

$$Z=\frac{\dot{U}}{\dot{I}}=Z_1+Z_2 \tag{2-64}$$

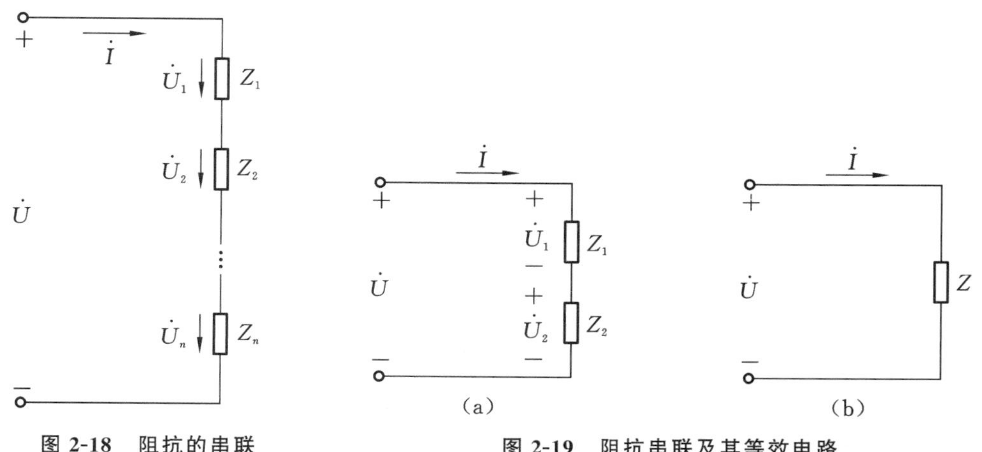

图 2-18 阻抗的串联

图 2-19 阻抗串联及其等效电路

由此可见，两个串联的阻抗可用一个等效阻抗 Z 来代替，如图 2-19(b)所示。

与串联电阻的分压规律一样，也可以得到串联阻抗的分压公式为

$$\dot{U}_1=\frac{Z_1}{Z_1+Z_2}\dot{U} \tag{2-65}$$

$$\dot{U}_2=\frac{Z_2}{Z_1+Z_2}\dot{U} \tag{2-66}$$

2. 串联谐振

在具有电感和电容的电路中，电路的端电压与流过电路的电流的相位一般是不同的。如果调节电路中电感 L、电容 C 的大小或改变电源的频率而使它们同相，电路呈电阻性，这时电路中就会发生谐振现象。研究谐振的目的就是要认识这种客观现象，并在生产上充分利用谐振的特征，同时要预防它所产生的危害。谐振分为串联谐振和并联谐振。

在图 2-20(a)所示的 RLC 串联电路中，当 $U_L=U_C$，即 $X_L=X_C$ 时，$\varphi=0$，电压与电流同相，电路呈电阻性，电路的这种工作状态称为串联谐振，相量图如图 2-20(b)所示。

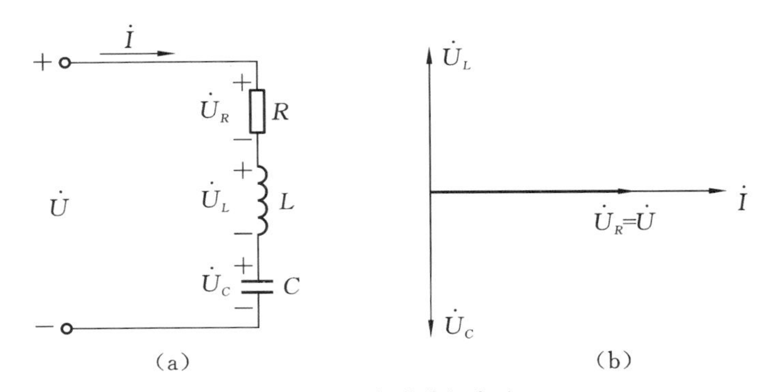

图 2-20 串联谐振电路

1) 串联谐振的条件

在 R、L、C 元件串联的交流电路中(图 2-20(a))，由

$$X_L=X_C \quad 或 \quad 2\pi fL=\frac{1}{2\pi fC}$$

即

$$\omega L=\frac{1}{\omega C}$$

得出

$$\omega=\omega_0=\frac{1}{\sqrt{LC}} \tag{2-67}$$

上式为发生串联谐振的条件，并由此得出谐振频率

$$f=f_0=\frac{1}{2\pi\sqrt{LC}} \tag{2-68}$$

即当电源频率 f 与电路参数 L 和 C 之间满足上式关系时，则发生谐振。可见，只要调节 L、C 或电源频率都能使电路发生谐振。

2) 串联谐振的特征

电路发生串联谐振时，具有下列特征。

① 电源电压与电路中的电流同相，$\varphi=0$，电路呈电阻性，电源供给电路的能量全部被电阻消耗，电感、电容之间的无功功率完全相互补偿。

② 串联阻抗最小，电流最大。这时 $Z=R$，故电流 $I=\dfrac{U}{R}$最大。

③ 由于 $X_L=X_C$，所以 $U_L=U_C$，而 $\dot{U}_L$ 与 $\dot{U}_C$ 相位相反，互相抵消，对整个电路不起作用，电阻上的电压等于电源上的电压，即 $\dot{U}=\dot{U}_R$，如图 2-20(b)所示。但是，U_L 与 U_C 的单独作用不能忽视，当 $X_L=X_C\gg R$ 时，$U_L=U_C\gg U_R$，又因为谐振时 $\dot{U}=\dot{U}_R$，所以，当电路发生谐振时，U_L 与 U_C 都远远高于电源电压 U，因此串联谐振又称电压谐振。如果电压过高，可能会击穿线圈和电容器的绝缘层，因此，在电力工程中一般应避免发生串联谐振。但在无线电工程中，由于工作信号比较微弱，常利用串联谐振以获得对应于某一频率的较高电压，从而达到选频的目的。例如，收音机接收回路就是通过调节可变电容器的容量使电路发生谐振，才从众多不同频率段的电台信号中选择出要收听的电台广播。

U_L 或 U_C 与电源电压的比值通常用 Q 来表示：

$$Q=\frac{U_L}{U}=\frac{U_C}{U}=\frac{X_L}{R}=\frac{X_C}{R}=\frac{\omega_0 L}{R}=\frac{1}{\omega_0 CR} \tag{2-69}$$

式中，ω_0 为谐振角频率。Q 称为电路的品质因数或简称 Q 值，它的意义是在谐振时电容或电感元件上的电压是电源电压的 Q 倍。例如，$Q=100$，$U=6$ V，那么在谐振时电容或电感元件上的电压就高达 600 V。

2.5.2 阻抗的并联

1. 阻抗并联的分析方法

阻抗并联的分析方法与电阻并联的分析方法类似。

如图 2-21 所示，有 n 个阻抗并联，等效阻抗 Z 的倒数等于 n 个并联阻抗倒数之和。即

$$\frac{1}{Z}=\frac{1}{Z_1}+\frac{1}{Z_2}+\cdots+\frac{1}{Z_n} \tag{2-70}$$

图 2-22(a)为两个阻抗 Z_1 和 Z_2 并联的电路。根据基尔霍夫电流定律，该电路的总电流表达式为

$$\dot{I}=\dot{I}_1+\dot{I}_2=\frac{\dot{U}}{Z_1}+\frac{\dot{U}}{Z_2}=\left(\frac{1}{Z_1}+\frac{1}{Z_2}\right)\dot{U} \tag{2-71}$$

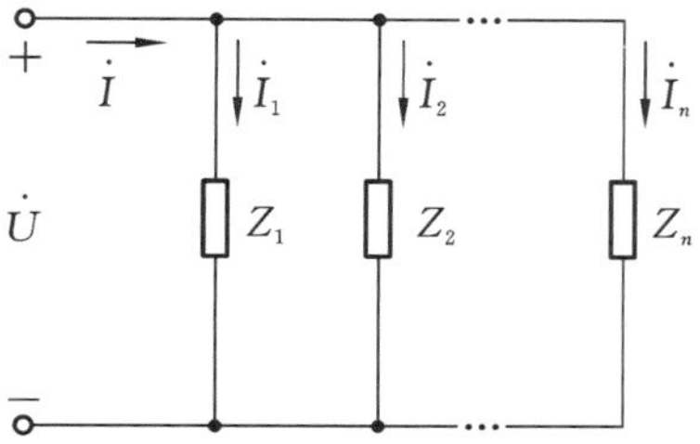

图 2-21 阻抗的并联图

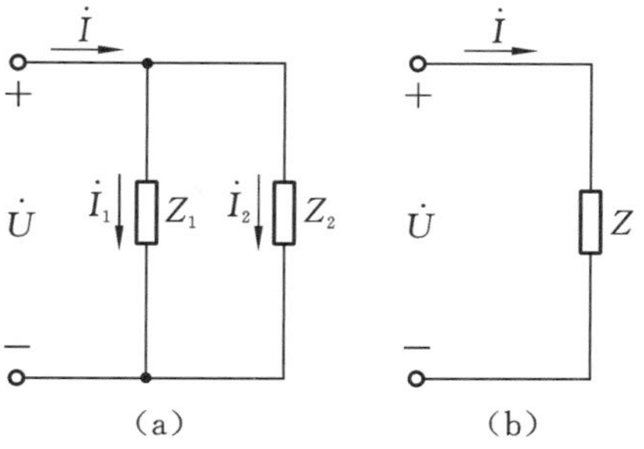

(a) (b)

图 2-22 阻抗并联及其等效电路

有时为了简化电路，可用等效阻抗 Z 替代两个并联的阻抗。对于图 2-22(b)中的电路，有

$$\dot{I}=\frac{\dot{U}}{Z} \tag{2-72}$$

比较上两式，则得

$$\frac{1}{Z}=\frac{1}{Z_1}+\frac{1}{Z_2}$$

或

$$Z=\frac{Z_1Z_2}{Z_1+Z_2} \tag{2-73}$$

与并联电阻的分流规律一样，也可以得到并联阻抗的分流公式为

$$\dot{I}_1=\frac{Z_2}{Z_1+Z_2}\dot{I} \tag{2-74}$$

$$\dot{I}_2=\frac{Z_1}{Z_1+Z_2}\dot{I} \tag{2-75}$$

因为一般

$$I\neq I_1+I_2$$

即

$$\frac{U}{|Z|}\neq\frac{U}{|Z_1|}+\frac{U}{|Z_2|}$$

所以

$$\frac{1}{|Z|}\neq\frac{1}{|Z_1|}+\frac{1}{|Z_2|}$$

2. 并联谐振

图 2-23(a)是 R、L 与 C 的并联电路，其等效阻抗为

$$Z=\frac{\frac{1}{\mathrm{j}\omega C}(R+\mathrm{j}\omega L)}{\frac{1}{\mathrm{j}\omega C}+(R+\mathrm{j}\omega L)}=\frac{R+\mathrm{j}\omega L}{1+\mathrm{j}\omega RC-\omega^2LC}$$

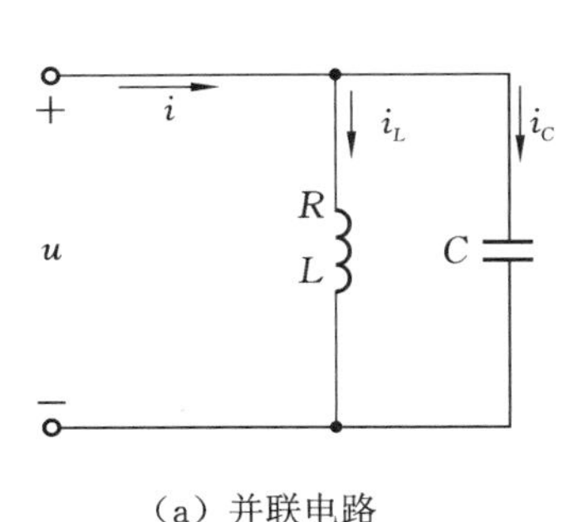

(a) 并联电路

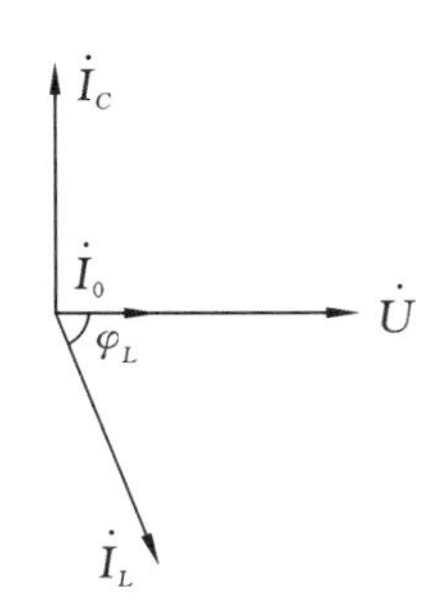

(b) 并联谐振电路电流相量图

图 2-23　电感线圈和电容器的并联谐振电路及电流相量图

实际线圈的电阻很小，特别是在频率较高时，$\omega L \gg R$，有

$$Z \approx \frac{\mathrm{j}\omega L}{1-\omega^2 LC+\mathrm{j}\omega RC}=\frac{1}{RC/L+\mathrm{j}(\omega C-1/\omega L)} \tag{2-76}$$

1）并联谐振的条件

上式分母中虚部为零时产生谐振，可得谐振频率为

$$\omega_0 C-\frac{1}{\omega_0 L}\approx 0 \text{ 或 } \omega_0 \approx \frac{1}{\sqrt{LC}} \tag{2-77}$$

即

$$f=f_0 \approx \frac{1}{2\pi\sqrt{LC}} \tag{2-78}$$

与串联谐振的频率近似相等。

2）并联谐振的特征

发生并联谐振时，电路具有以下特征：

① 由式(2-76)与式(2-77)可知，发生并联谐振时电路的阻抗模为

$$|Z_0|=\frac{L}{RC} \tag{2-79}$$

其值最大，因此在电源电压 U 一定的情况下，电流 I 将在谐振时达到最小值，即 $I=I_0=\frac{U}{|Z_0|}$。

② 电路两端电压与电流同相位，电路呈电阻性。谐振时电路中阻抗的模 $|Z_0|$ 相当于一个电阻。

③ 在并联谐振时，通过线圈和电容的电流远远大于电路的总电流，如图2-23(b)所示，因此并联谐振也称电流谐振($I_L \approx I_C \gg I_0$)。

并联谐振电路中，电感和电容支路的电流 I_L、I_C 与总电流 I 之比称为并联谐振的品质因数，即

$$Q=\frac{I_L}{I}=\frac{I_C}{I}=\frac{R}{\omega_0 L}=\omega_0 CR \tag{2-80}$$

与串联谐振刚好相反。

2.5.3 较复杂正弦交流电路的计算

上面我们讨论了 R、L、C 元件组成的串、并联电路的分析与计算。在此基础上，我们进一步讨论较复杂正弦交流电路的计算。

与计算复杂直流电路一样，复杂交流电路也可以应用支路电流法、叠加原理和戴维南定理等方法来进行分析与计算，不同之处在于，直流电路的计算进行的是实数运算，而交流电路的计算进行的是复数运算。

【例2-8】 在图2-24所示的电路中，已知 $\dot{U}_1=230\angle 0°\ \mathrm{V}$，$\dot{U}_2=227\angle 0°\ \mathrm{V}$，$Z_1=(0.1+\mathrm{j}0.5)\ \Omega$，$Z_2=(0.1+\mathrm{j}0.5)\ \Omega$，$Z_3=(5+\mathrm{j}5)\ \Omega$。试用支路电流法求电流 $\dot{I}_3$。

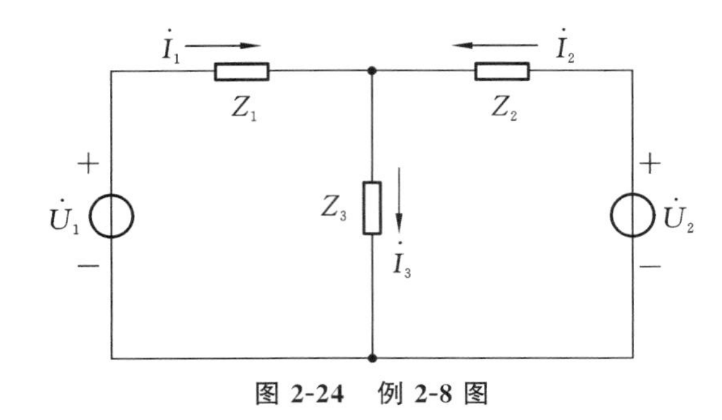

图 2-24　例 2-8 图

【解】 应用基尔霍夫定律列出下列相量表示方程：

$$\begin{cases}\dot{I}_1+\dot{I}_2-\dot{I}_3=0\\ Z_1\dot{I}_1+Z_3\dot{I}_3=0\\ Z_2\dot{I}_2+Z_3\dot{I}_3=0\end{cases}$$

将已知数据代入，即得：

$$\begin{cases}\dot{I}_1+\dot{I}_2-\dot{I}_3=0\\ (0.1+\mathrm{j}0.5)\dot{I}_1+(5+\mathrm{j}5)\dot{I}_3=0\\ (0.1+\mathrm{j}0.5)\dot{I}_2+(5+\mathrm{j}5)\dot{I}_3=0\end{cases}$$

解之得 $\dot{I}_3=31.3\angle-46.1^\circ$ A。

2.6　功率因数的提高

在交流电路中，电源设备（如发电机、变压器等）的额定容量为 $S=U_N I_N$。当电源工作时，其输出功率为 $P=S\cos\varphi$，其中 $\cos\varphi$ 是电路的功率因数，由负载决定。对于不同的负载，电源输出的有功功率是不同的。当电路的功率因数 $\cos\varphi\neq1$ 时，电路中存在无功功率 Q，这样会引起两个问题。

1. 发电设备的容量不能得到充分利用

因为电源的输出电压 U_N 是一定的，输出电流是不允许超过额定值 I_N 的，而电源的输出功率为 $P=U_N I_N\cos\varphi$，所以，当电路的功率因数 $\cos\varphi$ 越低时，电源输出的最大功率就越小。这样，发电设备的容量就不能得到充分利用。

例如，电源设备的容量为 1000 kV · A，如果 $\cos\varphi=1$，则电源最大可发出 1000 kW 的功率，而如果 $\cos\varphi=0.6$，电源最多只能发出 600 kW 的功率。

2. 增大了输电线路的功率损耗，降低了供电效率

功率因数低，还会增加发电机绕组、变压器和线路的功率损失。当负载电压和有功功率一定时，电路中的电流与功率因数成反比，即

$$I=\frac{P}{U\cos\varphi}$$

由于输电线路有一定的电阻值 R_1，电流 I 越大，则输电线路的功率损耗（$\Delta P=R_1 I^2$）越

大，供电效率$\left(\eta=\frac{P}{P+\Delta P}\right)$越低。

因此，供电规则规定，高压供电的工业企业的平均功率因数不应低于 0.95，其他单位不应低于 0.9。

但实际生产和生活中大量使用着功率因数较低的感性负载。例如生产中常用的异步电动机在额定负载时的功率因数为 0.7～0.8，轻载时更低，空载时只有 0.2～0.3；其他如电风扇、日光灯等负载的功率因数也都较低。这就要求我们有必要提高电路的功率因数。

提高功率因数常用的方法是并联电容器，其原理如图 2-25 所示。

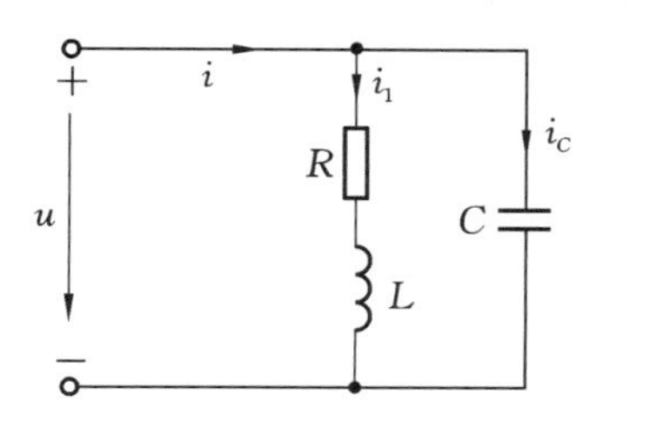

(a) 感性负载功率因数补偿电路模型　　(b) 相量图

图 2-25　电容器与电感性负载并联以提高功率因数

并联电容以后，电感性负载的电流 $I_1=\frac{U}{\sqrt{R^2+X_L^2}}$和功率因数 $\cos\varphi_1=\frac{R}{\sqrt{R^2+X_L^2}}$均未发生变化，这是因为所加电压和负载参数没有改变。但电压 u 和线路电流 i 之间的相位差 φ 变小了，即 $\cos\varphi$ 变大了。这里我们所讲的提高功率因数，是指提高电源或电网的功率因数，而不是指提高某个电感性负载的功率因数。

在电感性负载上并联了电容器以后，减少了电源与负载之间的能量互换。这时电感性负载所需的无功功率大部分或全部都是就地供给（由电容器供给）的，就是说能量的互换现在主要或完全发生在电感性负载与电容器之间，因而发电机容量能得到充分利用。

此外，由相量图可知，并联电容器以后线路电流也减小了，因而减小了功率损耗。

应该注意，并联电容器以后有功功率并未改变，因为电容器是不消耗电能的。

由相量图可知，电容支路中的电流为

$$I_C=I_1\sin\varphi_1-I\sin\varphi_2=\left(\frac{P}{U\cos\varphi_1}\right)\sin\varphi_1-\left(\frac{P}{U\cos\varphi_2}\right)\sin\varphi_2=\frac{P}{U}(\tan\varphi_1-\tan\varphi_2)$$

又因

$$I_C=\frac{U}{X_C}U\omega C$$

所以

$$U\omega C=\frac{P}{U}(\tan\varphi_1-\tan\varphi_2)$$

由此得出：功率因数从 $\cos\varphi_1$ 提高到 $\cos\varphi_2$ 时需并入的电容器 C 的电容值为

$$C=\frac{P}{\omega U^2}(\tan\varphi_1-\tan\varphi_2) \tag{2-81}$$

式中，P 的单位为 W(瓦)，电压 U 的单位为 V(伏)。

【例 2-9】 有一电感性负载，其功率 $P=10$ kW，功率因数 $\cos\varphi_1=0.6$，接在电压 $U=220$ V 的电源上，电源频率 $f=50$ Hz。(1)如果将功率因数提高到 $\cos\varphi_2=0.95$，试求与负载并联的电容器的电容值和电容器并联前后的线路电流；(2) 如要将功率因数从 0.95 提高到 1，试问并联电容器的电容值还需要增加多少？

【解】 (1) 由题意得

$$\cos\varphi_1=0.6，即\ \varphi_1=53°$$

$$\cos\varphi_2=0.95，即\ \varphi_2=18°$$

因此所需要电容值为

$$C=\frac{10\times10^3}{2\pi\times50\times220^2}(\tan 53°-\tan 18°)\ \text{F}=658\ \mu\text{F}$$

电容器并联前的线路电流(即负载电流)为

$$I_1=\frac{P}{U\cos\varphi_1}=\frac{10\times10^3}{220\times0.6}\ \text{A}=75.8\ \text{A}$$

电容器并联后的线路电流为

$$I=\frac{P}{U\cos\varphi_2}=\frac{10\times10^3}{220\times0.95}\ \text{A}=47.8\ \text{A}$$

(2) 如要将功率因数由 0.95 提高到 1，则需要增加的电容值为

$$C=\frac{10\times10^3}{2\pi\times50\times220^2}(\tan18°-\tan 0°)\ \text{F}=213.8\ \mu\text{F}$$

由上面的分析计算可知，当功率因数已经接近 1 时，若再继续提高，则所需要的电容值相对较大，因此，电路的功率因数一般提高到接近 1 就可以了。

习　　题

一、填空题

1. i_1 与 i_2 为同频率的正弦电流，其幅值分别为 $10\sqrt{3}$ A 和 10 A，它们的波形如图 2-26 所示，则 $\dot{I}_1=$________，$\dot{I}_2=$________。

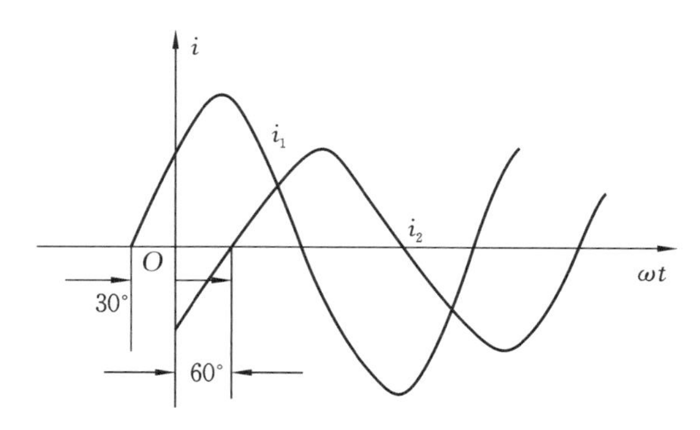

图 2-26　填空题 1

2. 交流量是指________和________都随时间而变化的量。

3. 已知 $i=10\sin(\omega t-30°)$，分别写出幅值 $I_m=$________，有效值 $I=$________，相量 $\dot{I}=$________。

4. 有两个正弦交流电流，分别为 $i_1=10\sin(100\pi t)$ A，$i_2=10\sin(100\pi t+90°)$ A，它们叠加后的电流有效值相量 $\dot{I}=$________，对应的瞬时值 $i=$________。

5. 在电容元件的交流电路中，电压的相位比电流的相位________ 90°。

6. 提高交流电路功率因数的意义在于________________________，其方法是________________。

二、选择题

1. 在电阻元件的交流电路中，电压和电流的相位(　　)。

A. 相同　　B. 电压的相位比电流的相位超前 90°

C. 电压的相位比电流的相位落后 90°

2. 在电感元件的交流电路中，电压和电流的相位(　　)。

A. 相同　　B. 电压的相位比电流的相位超前 90°

C. 电压的相位比电流的相位落后 90°

3. 若交流电路的电流相位比电压相位超前，则电路呈(　　)。

A. 电阻性　　B. 电感性　　C. 电容性

4. 图 2-27 所示正弦电路中，$Z=(40+j30)$ Ω，$X_L=10$ Ω，有效值 $U_2=100$ V，则总电压有效值 U 为(　　)。

A. 113 V　　B. 141 V　　C. 226 V

5. 我国通常应用的交流电工频为(　　) Hz。

A. 50　　B. 60　　C. 100

6. 图 2-28 所示电路中，$R=X_L=X_C=1$ Ω，则电压表的读数为(　　)。

A. 0　　B. 1　　C. 2

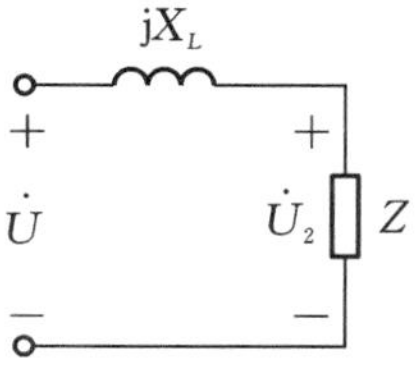

图 2-27　选择题 4

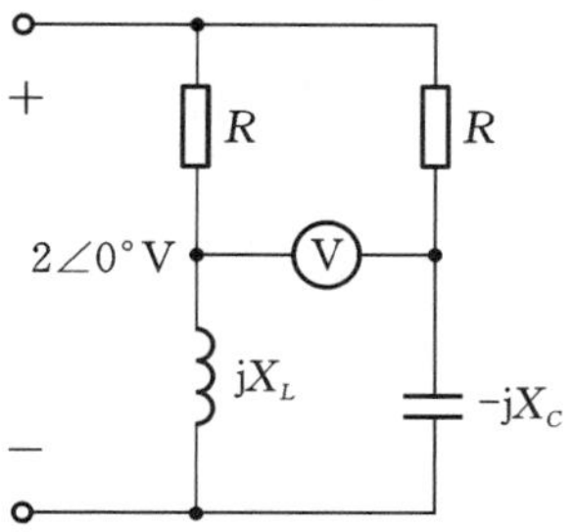

图 2-28　选择题 6

7. 在 R、L 并联的正弦交流电路中，$R=40$ Ω，$X_L=30$ Ω，电路的无功功率 $Q=480$ var，则视在功率 S 为(　　)。

A. 866 V·A　　B. 800 V·A　　C. 600 V·A

三、判断题

(　　)1. 直流电路的功率计算公式为：$P=UI\cos\varphi$。

(　　)2. 电容的单位为法(F)、微法(μF)和皮法(pF)，它们之间的换算关系为：1 F=10^3 μF，1 μF=10^3 pF。

(　　)3. 在电容元件的交流电路中，电压的相位比电流的相位超前90°。

(　　)4. 在交流电路中，电感元件和电容元件的平均功率为0，所以并不消耗能量。

四、计算题

1. 电流 $i=10\sin\left(100\pi t-\dfrac{\pi}{3}\right)$，问其三要素各为多少？在交流电路中，有两个负载串联，已知它们的电压分别为 $u_1=60\sin\left(314t-\dfrac{\pi}{6}\right)$ V，$u_2=80\sin\left(314t+\dfrac{\pi}{3}\right)$ V，求总电压 u 的瞬时值表达式，并说明 u、u_1、u_2 三者的相位关系。

2. 把下列正弦量的时间函数用相量表示。

(1) $u=10\sqrt{2}\sin(314t)$ V　　　(2) $i=-5\sin(314t-60^\circ)$ A

3. 如图2-29所示正弦交流电路，已知 $u_1=220\sqrt{2}\sin(314t)$ V，$u_2=220\sqrt{2}\sin(314t-120^\circ)$ V，试用相量表示法求电压 u_a 和 u_b。

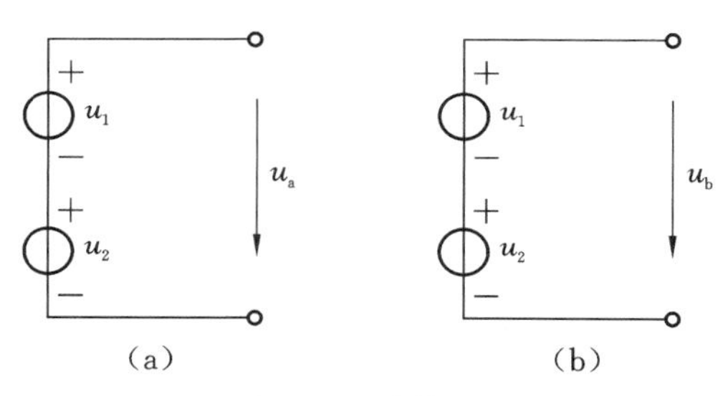

图 2-29　计算题 3

4. 有一线圈，接在电压为48 V的直流电源上，测得电流为8 A。再将这个线圈改接到电压为120 V、频率为50 Hz的交流电源上，测得的电流为12 A。试问线圈的电阻及电感各为多少？

5. 用下列各式表示 RC 串联电路中的电压、电流，哪些是对的，哪些是错的？

(1) $i=\dfrac{u}{|Z|}$　　(2) $I=\dfrac{U}{R+X_C}$　　(3) $\dot{I}=\dfrac{\dot{U}}{R-\mathrm{j}\omega C}$　　(4) $I=\dfrac{U}{|Z|}$

(5) $U=U_R+U_C$　　(6) $\dot{U}=\dot{U}_R+\dot{U}_C$　　(7) $\dot{I}=-\mathrm{j}\dfrac{\dot{U}}{\omega C}$　　(8) $\dot{I}=\mathrm{j}\dfrac{\dot{U}}{\omega C}$

6. 有一 RC 串联电路，接于50 Hz的正弦电源上，如图2-30所示，$R=100\ \Omega$，$C=\dfrac{10^4}{314}$ μF，电压相量 $\dot{U}=200\angle 0^\circ$ V，求复阻抗 Z、电流 $\dot{I}$、电压 $\dot{U}_C$。

7. 如图2-31所示电路，已知 $U=100$ V，$R_1=20\ \Omega$，$R_2=10\ \Omega$，$X_L=10\sqrt{3}\ \Omega$，(1)求电流

I，并画出电压、电流相量图；(2)计算电路的功率 P 和功率因数 $\cos\varphi$。

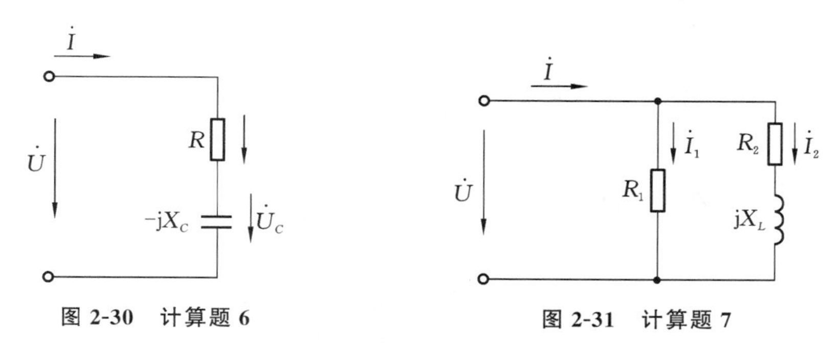

图 2-30 计算题 6　　　　图 2-31 计算题 7

8. 现有一个 40 W 的日光灯，使用时灯管与镇流器(可近似把镇流器看作纯电感)串联在电压为 220 V、频率为 50 Hz 的电源上。已知灯管工作时属于纯电阻负载，灯管两端的电压等于 110 V，试求镇流器上的感抗和电感。这时电路的功率因数等于多少？若将功率因数提高到 0.8，问应并联多大的电容器？

9. 某单相 50 Hz 的交流电源，其额定容量 $S_N = 40$ kV·A，额定电压 $U_N = 220$ V，供给照明电路，若负载都是 40 W 的日光灯(可以认为是 R、L 串联的电路)，其功率因数为 0.5，试求：

(1) 这样的日光灯最多可接多少只？

(2) 用补偿电容将功率因数提高到 1，这时电路的总电流是多少？需用多大的补偿电容？

(3) 功率因数提高到 1 后，除供给以上日光灯照明外，若保持电源在额定情况下工作，还可以再接 40 W 的白炽灯多少只？

第3章 三相正弦交流电路

三相正弦交流电路简称三相电路,在工业生产中应用极为广泛,本章介绍三相电路的一些基本知识。

学习目标

1. 理解三相电压产生的原理及特点。
2. 掌握三相负载的星形连接和三角形连接方式及其特点。
3. 掌握三相功率的计算方法。

3.1 三相电源

3.1.1 三相交流电的产生及特点

三相交流电是由三相交流发电机产生的,三相交流发电机的原理图如图 3-1 所示。

发电机的固定部分称为定子,也称电枢。定子铁心的内圆表面有槽,可以放置电枢绕组。每相绕组的材料、尺寸和几何形状是相同的,如图 3-2 所示。它们的始端(头)分别用 U_1、V_1、W_1 来表示,末端(尾)分别用 U_2、V_2、W_2 来表示。每相绕组的两边放置在相应的定子铁芯槽内,要求绕组的始端之间或末端之间彼此相隔 120°。

发电机的转动部分称为转子,在转子的励磁绕组中通以直流电流,产生恒定的磁场,图 3-1 中的虚线表示磁力线。合理布置励磁绕组,选择合适的极面形状,可以使气隙中的磁感应强度沿着圆周按正弦规律分布,即磁极中心处的气隙磁感应强度最大,往两边则按正弦规律减小。

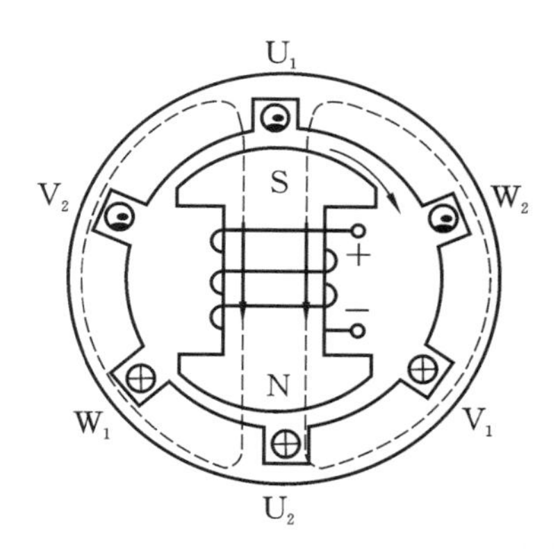

图 3-1 三相交流发电机的原理图

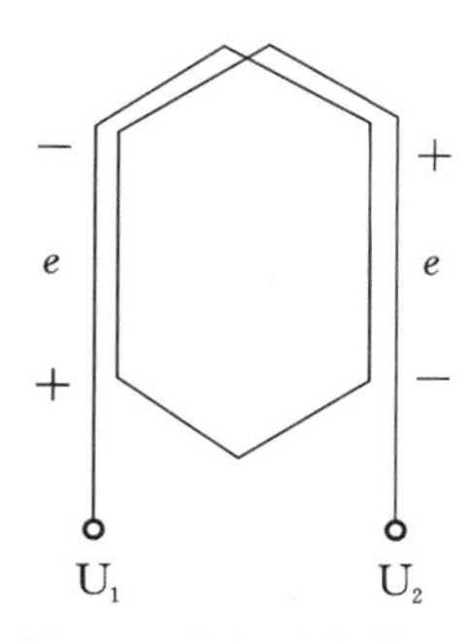

图 3-2 每相电枢绕组

当转子由原动机带动，并以匀速按顺时针方向转动时，每相绕组依次切割磁通，在各相绕组的两端产生电压，分别用 u_1、u_2、u_3 表示（电压的参考方向为由首端指向尾端），这三相电压具有以下特点。

（1）由于三相绕组在结构上完全相同，在同一个磁场作用下，以同样的速度转动，所以三相电压的最大值（幅值）相等。

（2）由于三相绕组等速转动，角速度相同，所以三相电压频率相同。

（3）由于三相绕组的空间位置互差 120°，所以三相电压的初相位互差 120°。

这种最大值（有效值）相等、频率相同、频率互差 120°的三相电压称为对称三相电压。以 u_1 为参考量，其瞬时表达式为：

$$\left.\begin{aligned} u_1 &= U_m \sin(\omega t) \\ u_2 &= U_m \sin(\omega t - 120°) \\ u_2 &= U_m \sin(\omega t - 240°) = U_m \sin(\omega t + 120°) \end{aligned}\right\} \tag{3-1}$$

也可用相量表示

$$\left.\begin{aligned} \dot{U}_1 &= U\angle 0° = U \\ \dot{U}_2 &= U\angle -120° = U\left(-\frac{1}{2} - \mathrm{j}\frac{\sqrt{3}}{2}\right) \\ \dot{U}_3 &= U\angle 120° = U\left(-\frac{1}{2} + \mathrm{j}\frac{\sqrt{3}}{2}\right) \end{aligned}\right\} \tag{3-2}$$

对称三相电压的波形图和相量图如图 3-3 所示。

显然，对称三相正弦电压的瞬时值或相量之和为零，即

$$\left.\begin{aligned} u_1 + u_2 + u_2 = 0 \\ \dot{U}_1 + \dot{U}_2 + \dot{U}_3 = 0 \end{aligned}\right\} \tag{3-3}$$

三相交流电压出现正幅值（或相应零值）的顺序称为相序。上述三相电压的相序是 $U_1 \to V_1 \to W_1$。

3.1.2 三相电源的连接

如果把三相电源中的每个电压源分别与负载相连，可以构成三个互不相关的单相供电

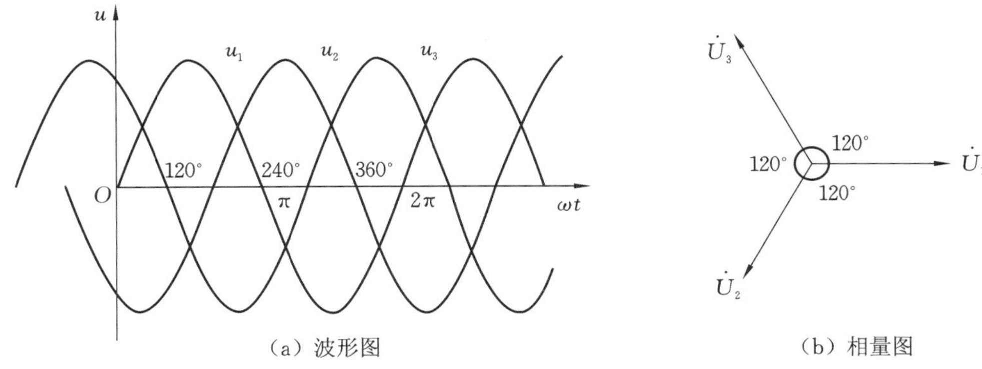

（a）波形图　　（b）相量图

图 3-3　对称三相电压的波形图和相量图

系统，但需要用六根输电线对外供电。考虑到经济合理性，通常把三个电压源连接成星形和三角形两种形式。

1. 三相交流电源星形连接

在工矿企业的低压供电系统中，三相电压源都采用星形连接。将三相绕组的尾端连接成一点，这一点称为中性点或零点，用 N 表示。三相绕组的首端与负载相连接，如图 3-4 所示，称为星形连接。从中性点引出的导线称为中性线或零线。从始端 U_1，V_1，W_1 引出的三根导线 L_1，L_2，L_3 称为火线。

在图 3-4 中，每相始端与末端的电压（也就是相线与中性线间的电压）称为相电压，其有效值为 U_1，U_2，U_3，或用 U_P 表示。而任意两根端线之间的电压，也就是两根相线之间的电压，称为线电压，其有效值为 U_{12}，U_{23}，U_{31}，或用 U_L 表示。

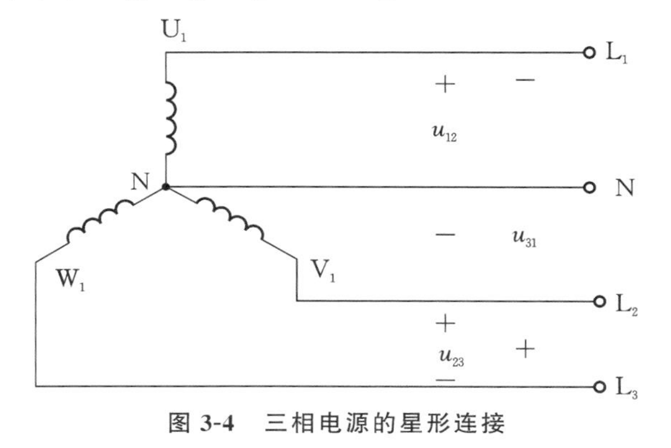

图 3-4　三相电源的星形连接

若忽略输电线路的电压降，根据图 3-4，应用基尔霍夫电压定律有：

$$\left.\begin{aligned}u_{12}&=u_1-u_2\\u_{23}&=u_2-u_3\\u_{31}&=u_3-u_1\end{aligned}\right\}\tag{3-4}$$

或用相量来表示

$$\left.\begin{aligned}\dot{U}_{12}&=\dot{U}_1-\dot{U}_2\\\dot{U}_{23}&=\dot{U}_2-\dot{U}_3\\\dot{U}_{31}&=\dot{U}_3-\dot{U}_1\end{aligned}\right\}\tag{3-5}$$

图 3-5 是它们的相量图。作相量图时，先作出相电压$\dot{U}_1$，$\dot{U}_2$，$\dot{U}_3$，然后根据式(3-5)分别作出线电压$\dot{U}_{12}$，$\dot{U}_{23}$，$\dot{U}_{31}$。可见线电压也是频率相同、幅值相等、相位互差 120°的三相对称电压，在相位上比相应的相电压超前 30°。

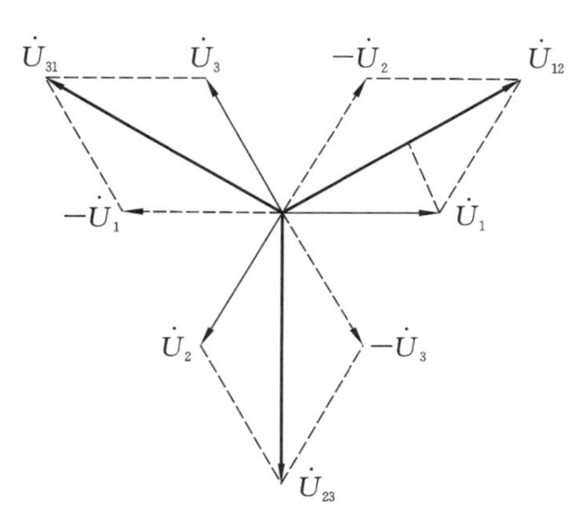

图 3-5 电源采用星形连接时线电压与相电压的相量图

从相量图中还可以得出线电压与相应相电压的大小关系，即

$$U_L = \sqrt{3} U_P \tag{3-6}$$

发电机(或变压器)的绕组连接成星形时，可引出四根线(三相四线制)，这样就有可能给予负载两种电压。通常低压配电系统中的相电压为 220 V，线电压为 380 V；发电机(或变压器)的绕组连接成星形时，也可不引出中性线(三相三线制)。

2. 三相交流电源三角形连接

图 3-6 所示为三线交流电源的三角形连接。把三个电压源的首尾依次相连，构成一个闭合回路，然后由连接点引出三条供电线，称为三角形连接。三相电源采用三角形连接时，只能以三相三线制方式对外供电，电源线电压分别为

$$\left.\begin{aligned} u_{12} &= u_1 \\ u_{23} &= u_2 \\ u_{31} &= u_3 \end{aligned}\right\} \tag{3-7}$$

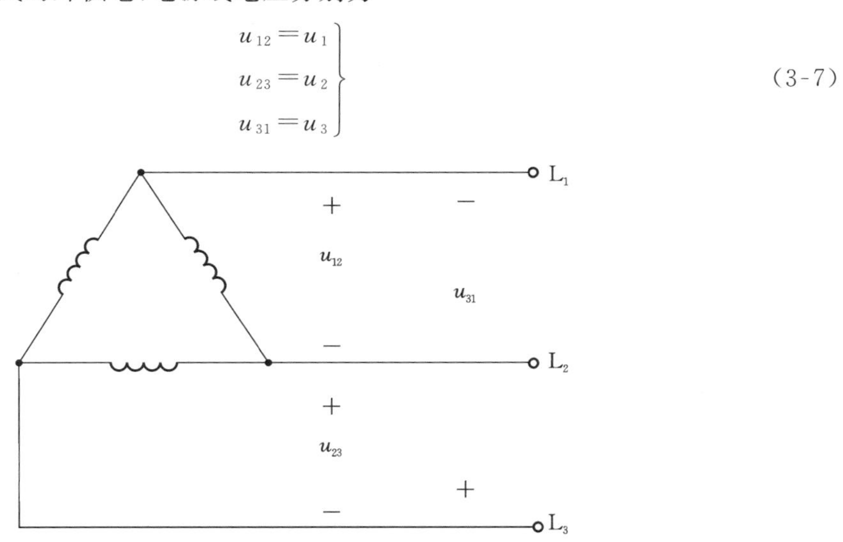

图 3-6 三线交流电源的三角形连接

由于三相电压源的电压 u_1，u_2，u_3 是对称的，因此三个线电压也是对称的。由此可见，三相电源做三角形连接时，对外只供出三个对称的线电压，而线电压的有效值就等于相电压的有效值，即

$$U_L = U_P \tag{3-8}$$

在生产实际中，发电机的绕组很少接成三角形，通常都接成星形，对外可以提供两种电压值。三相变压器的副边(输出侧)也相当于一个三相电压源，对于变压器来说，两种接法都有。

3.2 三相负载

三相负载是由三个阻抗相连接构成的，每个阻抗称为一相负载。三相负载可以是一个整体，如三相交流电动机；也可以是三个独立的单相负载，如日常照明电路中的日光灯、家用电器等。

三相电路中负载的连接形式有两种——星形连接和三角形连接。

3.2.1 三相负载的星形连接

图 3-7 所示是三相四线制电路，设其线电压为 380 V。负载如何连接，应视其额定电压而定。电灯(单相负载)的额定电压通常为 220 V，因此要接在相线与中性线之间。因为电灯负载是大量使用的，所以不能集中接在某一相中，从总的线路来考虑，它们应比较均匀地分配在各相之中，如图 3-7 所示。电灯负载的这种接法称为星形连接。

三相电动机的三个接线端总是与电源的三根相线相连接。但电动机本身的三相绕组可以接成星形或三角形。图 3-7 中三相电动机的三相绕组采用的是星形接法。

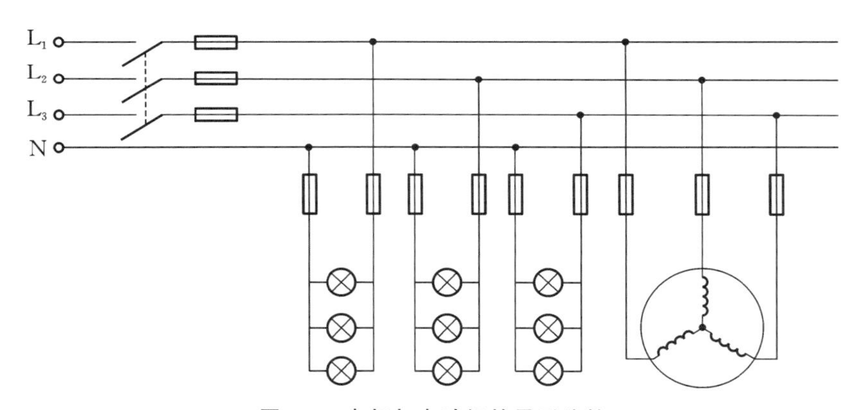

图 3-7 电灯与电动机的星形连接

三相负载的星形连接是将负载的一端连接在一起，另一端分别与三相电源的三根相线相连，由于三相电源可以采用星形连接也可以采用三角形连接，因此就构成了两种连接方式，即 Y-Y(星-星)连接、△-Y(角-星)连接。

其中 Y-Y 连接一般可用图 3-8 所示的电路表示。每相负载的阻抗模分别为 $|Z_1|$，$|Z_2|$和$|Z_3|$。电压和电流的参考方向都已在图中标出。

设电源电压 $\dot{U}_1$ 为参考正弦量，则得

$$\left.\begin{aligned}\dot{U}_1&=U\angle 0^\circ\\ \dot{U}_2&=U\angle -120^\circ\\ \dot{U}_3&=U\angle 120^\circ\end{aligned}\right\}$$

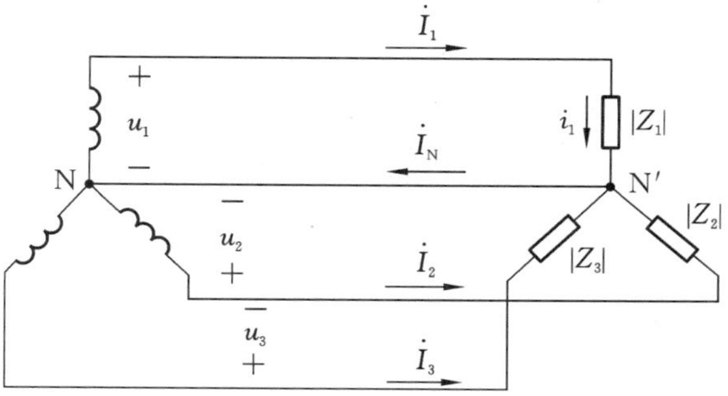

图3-8 负载做星形连接的三相四线制电路

由图3-8可知，当不计线路阻抗时，负载的相电压与电源的相电压相等，负载的线电压与电源的线电压也相等。由于电源是对称的，因此在三相四线制电路中，负载的线电压与相电压也都是对称的，与负载是否对称无关。

在三相电路中，每根相线中的电流 I_L 称为线电流，I_N 称为中线电流，每相负载中的电流 I_P 称为相电流。在负载做星形连接时，显然，线电流和相电流相等。

对于三相电路中的电流，应该一相一相计算。每相负载中的电流分别为：

$$\dot{I}_1=\frac{\dot{U}_1}{Z_1}=\frac{U_1\angle 0^\circ}{|Z_1|\angle\varphi_1}=I_1\angle\varphi_1 \tag{3-9}$$

$$\dot{I}_2=\frac{\dot{U}_2}{Z_2}=\frac{U_2\angle -120^\circ}{|Z_2|\angle\varphi_2}=I_2\angle(-120^\circ-\varphi_2) \tag{3-10}$$

$$\dot{I}_3=\frac{\dot{U}_3}{Z_3}=\frac{U_3\angle 120^\circ}{|Z_3|\angle\varphi_3}=I_3\angle(120^\circ-\varphi_3) \tag{3-11}$$

式中，每相负载电流的有效值分别为

$$I_1=\frac{U_1}{|Z_1|},\quad I_2=\frac{U_2}{|Z_2|},\quad I_3=\frac{U_3}{|Z_3|} \tag{3-12}$$

每相负载的电压与电流的相位差分别为

$$\varphi_1=\arctan\frac{X_1}{R_1},\quad \varphi_2=\arctan\frac{X_2}{R_2},\quad \varphi_3=\arctan\frac{X_3}{R_3} \tag{3-13}$$

根据基尔霍夫电流定律可得

$$\dot{I}_N=\dot{I}_1+\dot{I}_2+\dot{I}_3 \tag{3-14}$$

如果图3-8中的负载是对称的，即各相阻抗相等，则有

$$Z_1=Z_2=Z_3=Z$$

或

$$|Z_1|=|Z_2|=|Z_3|=|Z| \text{ 和 } \varphi_1=\varphi_2=\varphi_3=\varphi$$

由式(3-13)和式(3-14)及电压对称可知，负载相电流也是对称的，即

$$I_1=I_2=I_3=I_P=\frac{U_P}{|Z|}$$

$$\varphi_1=\varphi_2=\varphi_3=\varphi=\arctan\frac{X}{R}$$

所以，中性线中的电流等于零，即

$$\dot{I}_N=\dot{I}_1+\dot{I}_2+\dot{I}_3=0$$

由于对称负载做星形连接时，中线中的电流为零，因而可以省去中性线，构成所谓的三相三线制电路。生产上所用的三相负载一般都是对称的(例如三相电动机、三相电炉)，使用时可以不接中性线，如图 3-9 所示。

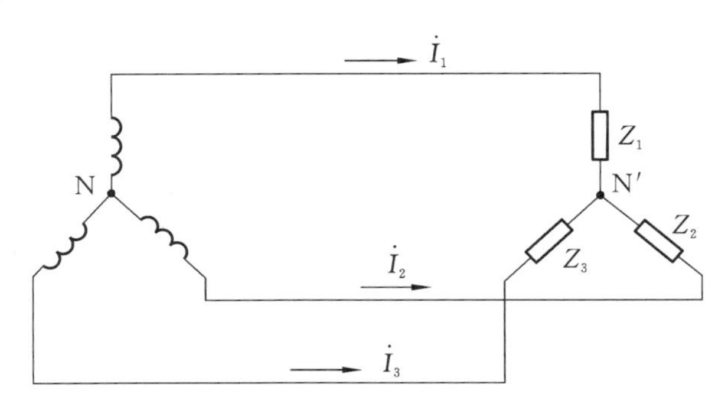

图 3-9　对称负载做星形连接的三相三线制电路

【例 3-1】　一星形连接的三相电路，电源电压对称(图 3-10)，设电源电压 $u_{12}=380\sqrt{2}\sin(314t+30°)$ V。负载为电灯组，若 $R_1=R_2=R_3=5\ \Omega$，求线电流及中性线电流 $\dot{I}_N$；若 $R_1=5\ \Omega$，$R_2=10\ \Omega$，$R_3=20\ \Omega$，求线电流及中性线电流 $\dot{I}_N$。

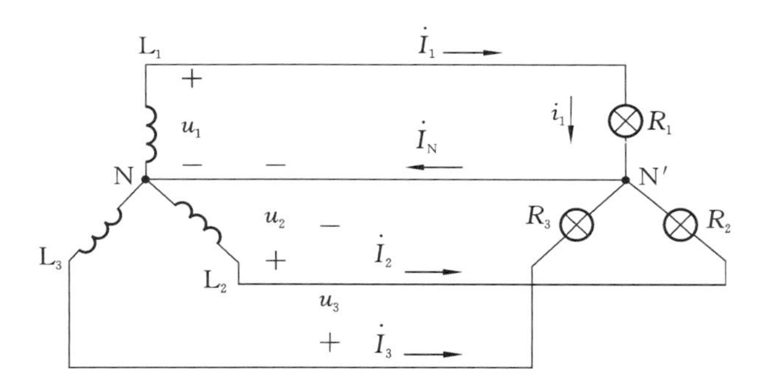

图 3-10　例 3-1 图

【解】　已知 $\dot{U}_{12}=380\angle 30°$，则有 $\dot{U}_1=220\angle 0°$。

(1) 三相对称时：$\dot{I}_1=\dfrac{\dot{U}_1}{R_1}=\dfrac{220\angle 0°}{5}\ \text{A}=44\angle 0°\ \text{A}$

因为三相对称，所以 $\dot{I}_2=44\angle -120°$ A，$\dot{I}_3=44\angle 120°$ A。

中性线电流 $\dot{I}_N=\dot{I}_1+\dot{I}_2+\dot{I}_3=0$。

(2) 三相不对称时，分别计算各线电流：

$$\dot{I}_1=\frac{\dot{U}_1}{R_1}=\frac{220\angle 0°}{5}\ \text{A}=44\angle 0°\ \text{A}$$

$$\dot{I}_2=\frac{\dot{U}_2}{R_2}=\frac{220\angle-120^\circ}{10}\ \text{A}=22\angle-120^\circ\ \text{A}$$

$$\dot{I}_3=\frac{\dot{U}_3}{R_3}=\frac{220\angle120^\circ}{20}\ \text{A}=11\angle120^\circ\ \text{A}$$

中性线电流

$$\begin{aligned}\dot{I}_N&=\dot{I}_1+\dot{I}_2+\dot{I}_3=(44\angle0^\circ+22\angle-120^\circ+11\angle120^\circ)\ \text{A}\\&=29\angle-19^\circ\ \text{A}\end{aligned}$$

3.2.2 三相负载的三角形连接

如果负载的额定电压等于三相电源的线电压,则必须把负载接于两根相线之间。将三相负载首尾依次相连形成三角形可满足要求,如图 3-11 所示。

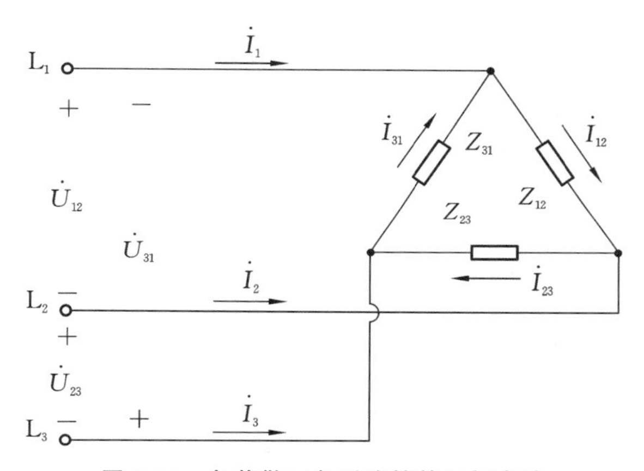

图 3-11 负载做三角形连接的三相电路

由于三相电源的线电压是对称的,而每相负载直接接于相线之间,因此各相负载所受的电压(也称负载相电压)总是对称的。常以$\dot{U}_{12}$为参考相量,即

$$\left.\begin{aligned}\dot{U}_{12}&=U_L\angle0^\circ\\\dot{U}_{23}&=U_L\angle-120^\circ\\\dot{U}_{31}&=U_L\angle120^\circ\end{aligned}\right\}\tag{3-15}$$

在负载做三角形连接时,线电流和相电流是不一样的。流过每相负载的电流 $\dot{I}_{12}$、$\dot{I}_{23}$、$\dot{I}_{31}$称为负载相电流,它们取决于各相负载的阻抗,即

$$\left.\begin{aligned}\dot{I}_{12}&=\frac{\dot{U}_{12}}{Z_{12}}=\frac{U_l\angle0^\circ}{|Z_{12}|\angle\varphi_{12}}=I_{12}\angle-\varphi_{12}\\\dot{I}_{23}&=\frac{\dot{U}_{23}}{Z_{23}}=\frac{U_l\angle-120^\circ}{|Z_{23}|\angle\varphi_{23}}=I_{23}\angle(-120^\circ-\varphi_{23})\\\dot{I}_{31}&=\frac{\dot{U}_{31}}{Z_{31}}=\frac{U_l\angle120^\circ}{|Z_{31}|\angle\varphi_{31}}=I_{31}\angle(120^\circ-\varphi_{31})\end{aligned}\right\}\tag{3-16}$$

各相负载的相电流有效值分别为

$$I_{12}=\frac{U_{12}}{|Z_{12}|},I_{23}=\frac{U_{23}}{|Z_{23}|},I_{31}=\frac{U_{31}}{|Z_{31}|} \tag{3-17}$$

各相负载的电压与电流之间的相位差分别为

$$\varphi_{12}=\arctan\frac{X_{12}}{R_{12}},\quad \varphi_{23}=\arctan\frac{X_{23}}{R_{23}},\quad \varphi_{31}=\arctan\frac{X_{31}}{R_{31}} \tag{3-18}$$

流过相线的电流 $\dot{I}_1,\dot{I}_2,\dot{I}_3$ 称为负载的线电流，可用基尔霍夫电流定律求得，即

$$\left.\begin{aligned}\dot{I}_1&=\dot{I}_{12}-\dot{I}_{31}\\ \dot{I}_2&=\dot{I}_{23}-\dot{I}_{12}\\ \dot{I}_3&=\dot{I}_{31}-\dot{I}_{23}\end{aligned}\right\} \tag{3-19}$$

如果三相负载对称，则有

$$Z_{12}=Z_{23}=Z_{31}=Z$$

或

$$|Z_{12}|=|Z_{23}|=|Z_{31}|=|Z| \text{和} \varphi_{12}=\varphi_{23}=\varphi_{31}=\varphi$$

则负载的相电流也是对称的，即

$$I_{12}=I_{23}=I_{31}=I_P=\frac{U_P}{|Z|}$$

$$\varphi_{12}=\varphi_{23}=\varphi_{31}=\varphi=\arctan\frac{X}{R}$$

负载对称时，线电流和相电流的相量图可由式(3-19)作出，如图 3-12 所示。显然，线电流也是对称的，在相位上比相应的相电流滞后 30°。

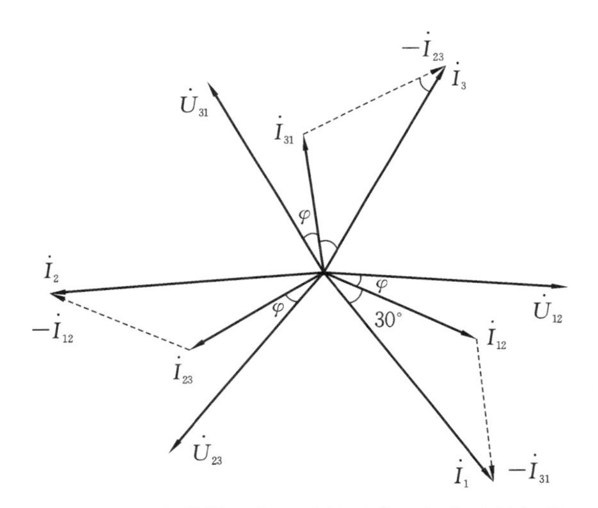

图 3-12　对称负载做三角形连接时电压与电流的相量图

线电流和相电流的大小关系也很容易从相量图得出，即

$$I_L=\sqrt{3}I_P \tag{3-20}$$

三相电动机的绕组可以接成星形，也可以接成三角形，而照明负载一般都接成星形(具有中性线)。

3.3 三相功率

不论负载是采用星形连接还是采用三角形连接，总的有功功率必定等于各相有功功率之和。当负载对称时，每相的有功功率是相等的，因此三相总功率为

$$P=3P_P=3U_PI_P\cos\varphi \tag{3-21}$$

式中，φ 是相电压与相电流的相位差。

当对称负载采用星形连接时，$U_L=\sqrt{3}U_P$，$I_L=I_P$；而负载采用三角形连接时，$U_L=U_P$，$I_L=\sqrt{3}I_P$。所以无论采用何种接法，只要电路对称，三相有功功率都为

$$P=\sqrt{3}U_LI_L\cos\varphi \tag{3-22}$$

应该注意，上式中，φ 仍然是相电压与相电流的相位差，而不是线电压与线电流的相位差。

式(3-21)和式(3-22)是计算三相电路有功功率的公式，但通常多用式(3-22)，因为线电压和线电流容易测量，或者是已知的。

同理，可得出三相无功功率和视在功率：

$$Q=3U_PI_P\sin\varphi=\sqrt{3}U_LI_L\sin\varphi \tag{3-23}$$

$$S=3U_PI_P=\sqrt{3}U_LI_L \tag{3-24}$$

【例 3-2】 有一个三相电动机，每相等效电阻 $R=29\ \Omega$，等效感抗 $X_L=21.8\ \Omega$。绕组为星形连接，接于线电压 $U_L=380$ V 的三相电源上。试求电动机的相电流、线电流以及从电源输入的功率。

【解】 $I_P=\dfrac{U_P}{|Z|}=\dfrac{220}{\sqrt{29^2+21.8^2}}\ \text{A}=6.1\ \text{A}$

$I_L=6.1\ \text{A}$

$$P=\sqrt{3}U_LI_L\cos\varphi=\sqrt{3}\times380\times6.1\times\frac{29}{\sqrt{29^2+21.8^2}}\ \text{W}=\sqrt{3}\times380\times6.1\times0.8\ \text{W}$$

$$=3212\ \text{W}=32\ \text{kW}$$

3.4 技能实训
——三相负载电流、电压及功率的测量

3.4.1 实训目的

(1) 熟悉三相负载的星形与三角形连接方式；

(2) 验证三相负载的相电压(相电流)与线电压(线电流)之间的关系；

(3) 掌握测量三相负载功率的方法。

3.4.2 实训器材

实验台一台，300 mA 交流电流表两个，D26 型功率表、50 mA 交流电流表各一个、万用表一台，白炽灯六个。

3.4.3 实训内容

1. 测量三相负载的相电压（相电流）与线电压（线电流）

（1）三相对称负载三角形连接。

步骤一：按图 3-13 所示连接电路。

步骤二：用万用表交流电压挡 500 V 测量三相负载的相电压，并把三相负载的线电流和相电流记录在表 3-1 中。

表 3-1 数据记录（三相对称负载三角形连接）

相电压（线电压）			线电流	相电流
U_{12}/V	U_{23}/V	U_{13}/V	I_1/mA	I_2/mA

（2）三相对称负载星形连接。

步骤一：按图 3-14 所示连接电路。

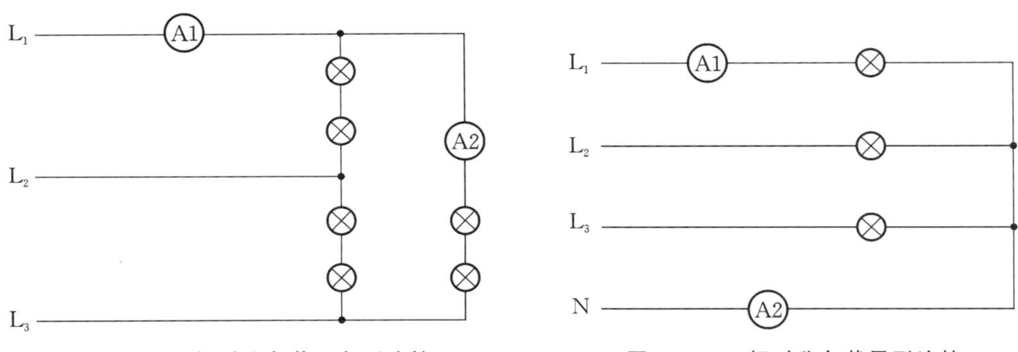

图 3-13 三相对称负载三角形连接　　图 3-14 三相对称负载星形连接

步骤二：用万用表交流电压挡 500 V 测量三相负载的相电压和线电压，并把三相负载的线电流和相电流记录在表 3-2 中。

表 3-2 数据记录（三相对称负载星形连接）

线电压			相电压			线电流（相电流）	中线电流
U_{12}/V	U_{23}/V	U_{13}/V	U_1/V	U_2/V	U_3/V	I_1/mA	I_N/mA

(3) 三相非对称负载星形连接。

步骤一:按图 3-15 所示连接电路。

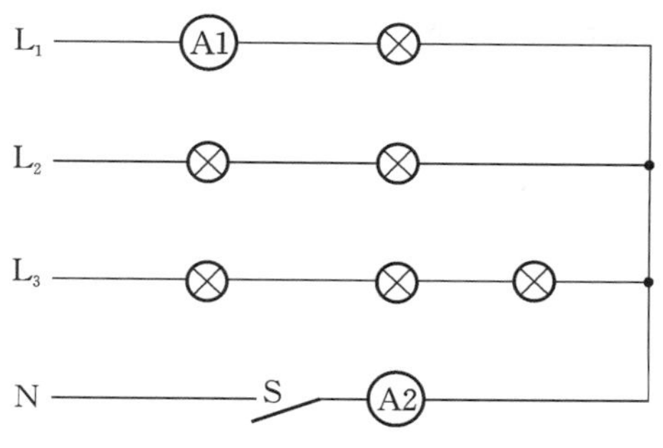

图 3-15 三相非对称负载星形连接

步骤二:用万用表交流电压挡 500 V 测量三相负载的相电压和线电压,并把三相负载的线电流和相电流记录在表 3-3 中。

表 3-3 数据记录(三相非对称负载星形连接)

测量内容	线电压			相电压			线电流(相电流)	中线电流
	U_{12}/V	U_{23}/V	U_{13}/V	U_1/V	U_2/V	U_3/V	I_1/mA	I_N/mA
开关闭合有中线								
开关断开无中线								

2. 测量三相负载的功率

(1) 一表法。

步骤一:按图 3-16 所示连接电路。

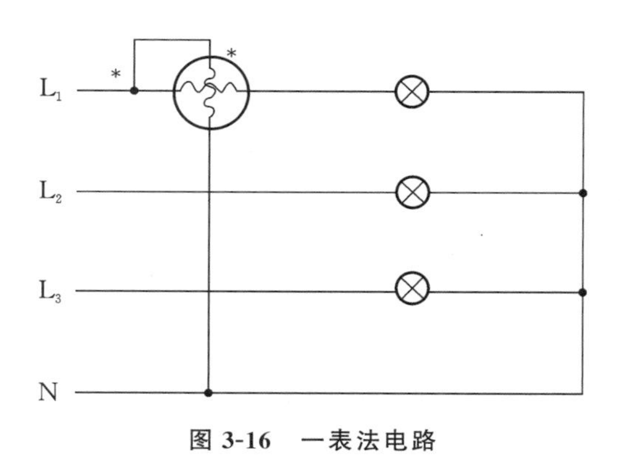

图 3-16 一表法电路

步骤二:根据测量数据计算三相负载吸收的功率 $P=3P_1$。

（2）二表法。

步骤一：按图 3-17 所示连接电路。

步骤二：根据测量数据计算三相负载吸收的功率 $P=P_1+P_2$。

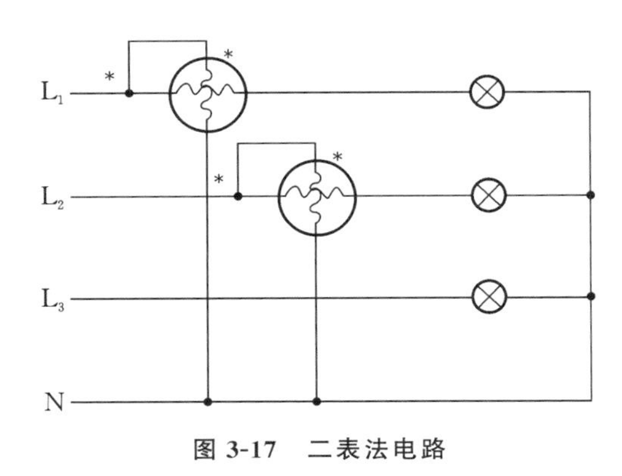

图 3-17　二表法电路

3.4.4　实训报告

（1）整理测试结果，填入各测试项目表格；

（2）根据实验数据总结三相负载的线电压（线电流）与相电压（相电流）之间的关系。

习　　题

一、填空题

1. 对称三相电路做星形连接时，其电路中线电压 U_L、相电压 U_P，线电流 I_L、相电流 I_P 之间的关系为 $U_L=$________ U_P，$I_L=$________ I_P。

2. 对称三相电路做三角形连接时，$U_L=$________ U_P，$I_L=$________ I_P。

3. 三相对称电源做星形连接时，线电压 U_L 与相电压 U_P 的相位差是________，$U_L=$________ U_P。

4. 三相电路中，负载的连接方法主要有________和________两种，若负载相电压为 380 V，则需采用________连接方式。

5. 有一三相对称负载，其每相的电阻 $R=8\ \Omega$，$X_L=6\ \Omega$。如将负载连接成星形，接于线电压为 380 V 的三相电源上，则 $U_L=$________，$U_P=$________，$I_P=$________。

二、选择题

1. 当三相交流发电机的三个绕组接成星形时，若线电压 $u_{23}=380\sin(314t)$ V，则相电压 $u_3=$（　　）。

A. $380\sin(314t-30°)$ V　　B. $380\sin(314t-150°)$ V

C. $220\sin(314t-150°)$ V　　D. $220\sin(314t+120°)$ V

2. 已知某三相四线制电路的线电压 $\dot{U}_{12}=380\angle 13^\circ$ V，$\dot{U}_{23}=380\angle -107^\circ$ V，$\dot{U}_{31}=380\angle 133^\circ$ V，当 $t=12$ s 时，三个相电压之和为(　　)。

A. 380 V　　B. 0 V　　C. $380\sqrt{2}$ V

3. 当三相对称交流电源接成星形时，若线电压为 380 V，则相电压为(　　)。

A. 380/3 V　　B. $380/\sqrt{3}$ V　　C. $380/\sqrt{2}$ V　　D.380 V

三、判断题

(　　)1. 三相正弦交流电路中，当三相负载对称时，任何时刻三相电流相量之和总是等于零。

(　　)2. 相电压是指端线与中性线之间的电压；线电压是两根端线之间的电压。

四、计算题

1. 已知三相对称负载的每相阻抗 $Z=(60+\mathrm{j}80)\ \Omega$，将其接到线电压为 380 V 的三相电源上。试计算在负载采用星形接法和三角形接法的两种情况下，负载的相电流、线电流的有效值，以及总有功功率、总无功功率和总视在功率。

2. 在线电压为 380 V 的三相电源上，接两组电阻性对称负载，如图 3-18 所示。已知 $R_1=38\ \Omega$，$R_2=22\ \Omega$，试求电路的线电流。

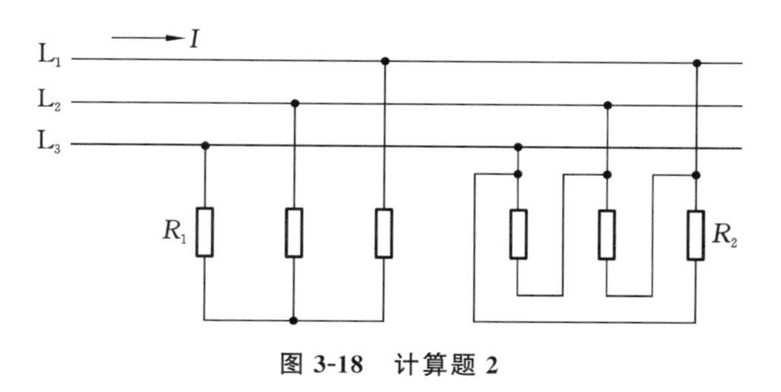

图 3-18　计算题 2

五、分析题

照明系统故障分析，根据例 3-1(图 3-10)，试分析下列情况。

(1) L_1 相短路：中性线未断时，求各相负载电压；中性线断开时，求各相负载电压。

(2) L_1 相断路：中性线未断时，求各相负载电压；中性线断开时，求各相负载电压。

第4章

磁路与变压器

在很多电工设备(如变压器、电机、电磁铁等)中,不仅有电路的问题,还有磁路的问题,只有掌握电路和磁路的基本理论,才能为全面理解和分析各种电工设备的工作原理打下坚实的基础。

学习目标

1. 熟悉磁场的基本物理量及铁磁物质的磁性能。
2. 理解磁路概念、磁路欧姆定律和交流铁芯线圈电路的基本电磁关系。
3. 掌握变压器的作用。
4. 熟悉特殊变压器和电磁铁的结构原理及应用。

4.1 磁场及其基本物理量

4.1.1 磁场

磁场是一种看不见、摸不着的特殊物质,是电流、运动电荷、磁体或变化电场周围空间存在的一种特殊形态的物质。磁场不是由原子或分子组成的,但磁场是客观存在的。磁场具有波粒的辐射特性。磁体周围存在磁场,磁体间的相互作用就是以磁场作为媒介的,所以两磁体不用接触就能发生作用。

磁铁周围和电流周围都存在磁场。磁场具有力和能的特征。磁感应线能形象地描述磁场。它们是互不交叉的闭合曲线,在磁体外部由 N 极指向 S 极,在磁体内部由 S 极指向 N 极,磁感应线上某点的切线方向表示该点的磁场方向,其疏密程度表示磁场的强弱。

4.1.2 磁场的基本物理量

磁场的特性可用磁感应强度、磁通、磁场强度、磁导率等物理量表示。

1. 磁感应强度

磁感应强度 B 是表示磁场内某点磁场强弱(磁力线多少)和磁场方向的物理量。它是一个矢量,它与电流之间的方向可用右手螺旋定则来确定。

国际单位制中,磁感应强度的单位是特斯拉(T),工程技术中常用单位是高斯(Gs)。

$$1\ \mathrm{T}=10^{4}\ \mathrm{Gs}$$

如果磁场内各点的磁感应强度大小相等,方向相同,这样的磁场称为均匀磁场。

2. 磁通

磁感应强度 B 与垂直于磁场方向的面积 S 的乘积,称为通过该面积的磁通 Φ。

$$\Phi=BS \quad 或 \quad B=\frac{\Phi}{S}$$

可见,磁感应强度在数值上可以看成与磁场方向垂直的单位面积所通过的磁通量,故也称磁感应强度为磁通密度。磁通的国际单位是韦伯(Wb),工程技术中常用单位是麦克斯韦(Mx)。磁通 Φ 是描述磁场在空间分布的物理量。

$$1\ \mathrm{Wb}=10^{8}\ \mathrm{Mx}$$

3. 磁导率

磁导率 μ 表示物质的导磁性能,单位是亨每米(H/m)。真空磁导率 $\mu_0=4\pi\times10^{-7}$ H/m。

任意一种物质的磁导率 μ 和真空磁导率 μ_0 的比值称为相对磁导率,用 μ_r 表示,即

$$\mu_r=\frac{\mu}{\mu_0}$$

自然界所有物质按磁导率的不同可分为两大类:铁磁物质和非铁磁物质。非铁磁物质(如空气、木材、纸等)的磁导率基本为一常数,与真空磁导率极为接近,即 $\mu\approx\mu_0$,$\mu_r\approx1$。铁磁物质(如铁、钴、镍等)的磁导率远大于真空磁导率,即 $\mu\gg\mu_0$,$\mu_r\gg1$。

4. 磁场强度

磁场强度 H 是计算磁场时所引用的一个物理量,只与产生磁场的电流及这些电流的分布有关,而与磁介质的磁导率无关。磁场强度也是矢量,方向与磁感应强度相同。磁场强度、磁感应强度、磁导率之间的关系为

$$\mu=\frac{B}{H} \quad 或 \quad B=\mu H$$

磁场强度与励磁电流的关系遵循安培环路定律(见 4.2.2)。磁场强度的单位是安每米(A/m)。

4.1.3 铁磁物质

1. 铁磁物质的磁性能

铁磁物质主要是指铁、镍、钴及其合金等,它们具有下列几种磁性能。

1）高导磁性

铁磁物质的相对磁导率很高，$\mu_r \gg 1$（如坡莫合金，其 μ_r 可达 2×10^5）。铁磁物质能被强烈磁化，具有很高的导磁性能。铁磁物质的高导磁性被广泛应用于电工设备中，如电机、变压器及各种铁磁元件的线圈中都放有铁芯，在这种具有铁芯的线圈中通入不大的励磁电流，便可产生较大的磁通和磁感应强度。

2）磁饱和性

将铁磁物质放入磁场强度为 H 的磁场（励磁电流产生）内，会受到强烈的磁化，其磁化曲线（B-H 曲线）如图 4-1 所示。在 H 较小时，B 与 H 近于成正比地增加，而 H 增加到一定值后，B 基本不再增加，即达到了磁饱和状态。铁磁物质的 B 与 H 不成正比关系，说明铁磁物质的磁导率 μ 不是常数，随 H 而变。当磁场强度 H 达到一定数值后，磁导率变得较小，磁导率 μ 与 H 的变化关系曲线如图 4-1 所示。

3）磁滞性

交流励磁时，铁磁物质就受到交变磁化。在电流变化一次时，磁感应强度 B 随磁场强度 H 变化的关系如图 4-2 所示。由图可见，当 H 已减到零值时，B 并未回到零值，这种磁感应强度滞后于磁场强度变化的性质称为铁磁铁质的磁滞性，图 4-2 所示的曲线称为磁滞回线。

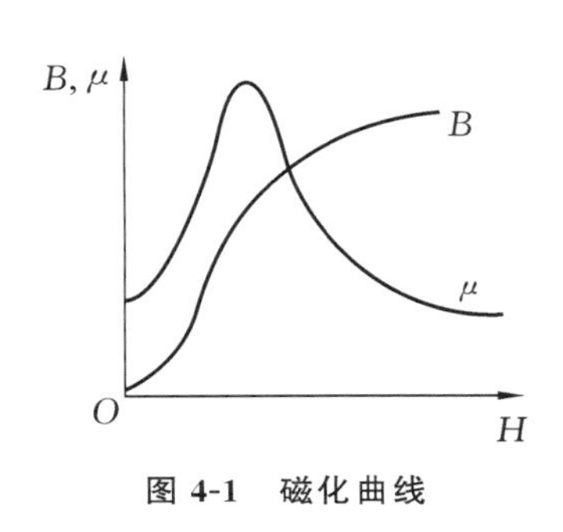

图 4-1　磁化曲线

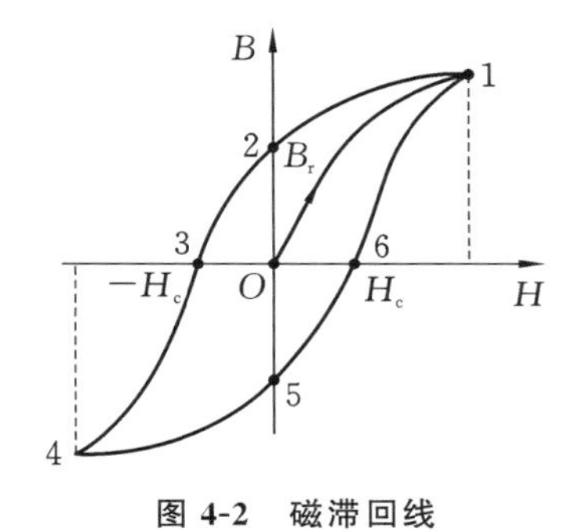

图 4-2　磁滞回线

当 H 减小到零时，铁磁物质的磁性并未消失，它所保留的磁感应强度 B_r 称为剩磁感应强度（剩磁），永久磁铁的磁性就是由 B_r 产生的。当 H 反方向增加到 $-H_c$ 时，铁芯中的剩余磁性才能完全消失，使 $B=0$ 所需的 H（H_c）称为矫顽磁力。

不同的铁磁物质，其磁化曲线和磁滞回线也不同。

2. 铁磁物质的分类

按磁性能的不同，铁磁物质分为软磁物质、硬磁物质和矩磁物质三种。

1）软磁物质

磁导率高，磁滞特性不明显，矫顽磁力和剩磁都较小，磁滞回线较窄，常用来制造变压器、电机和接触器的铁芯。

2）硬磁物质

矫顽磁力和剩磁都较大，磁滞特性明显，磁滞回线较宽，常用来制造永久磁铁。

3）矩磁物质

只要受较小的外磁场作用就能磁化到饱和，当外磁场消失时，磁性仍保持，磁滞回线几乎呈矩形，在计算机和控制系统中用作记忆元件、开关元件和逻辑元件。

三种铁磁物质的磁滞回线如图 4-3 所示。

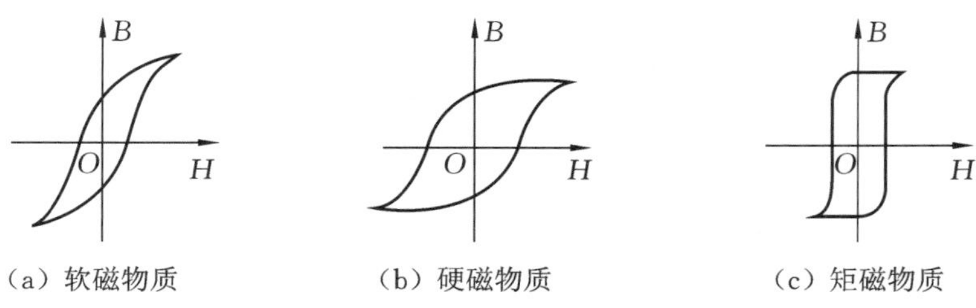

(a) 软磁物质　(b) 硬磁物质　(c) 矩磁物质

图 4-3　不同铁磁物质的磁滞回线

4.2　磁路及其基本定律

4.2.1　磁路的概念

磁通所通过的路径称为磁路。图 4-4 表示三种常见的磁路，其中，图 4-4(a)是电磁铁的磁路，图 4-4(b)是变压器的磁路，图 4-4(c)是直流电机的磁路。在电工技术中，为了获得强磁场，常将线圈绕在铁芯上。当线圈内通有电流时，在线圈周围的空间就会形成磁场。磁路是一个闭合回路，有的磁路全部由铁磁物质组成，也有的存有部分空气隙。由于铁磁物质的磁导率比周围空气的磁导率大很多，因此载流线圈所产生的绝大部分的磁通将在铁芯内通过，这部分磁通称为主磁通。围绕载流线圈和部分铁芯周围的空间，还存在少量分散的磁通，这部分磁通称为漏磁通。主磁通和漏磁通所通过的路径分别称为主磁路和漏磁路。

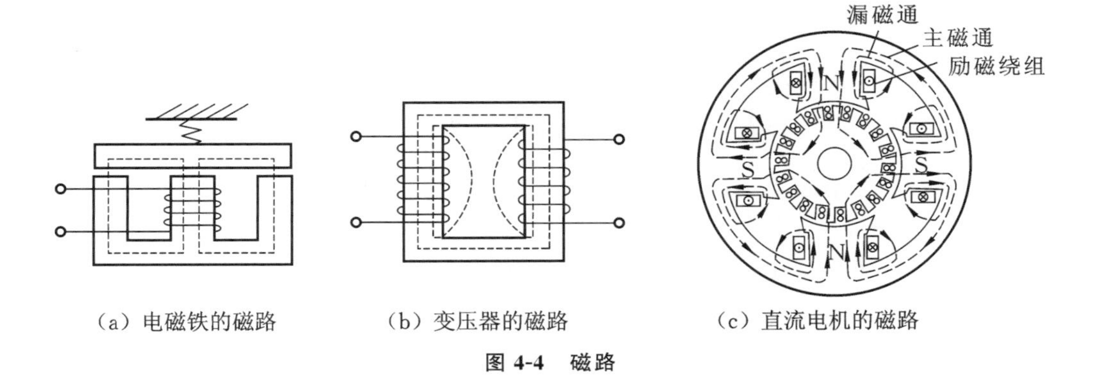

(a) 电磁铁的磁路　(b) 变压器的磁路　(c) 直流电机的磁路

图 4-4　磁路

4.2.2　磁路的基本定律

1. 安培环路定律

安培环路定律(全电流定律)：磁场中沿任何闭合回路 L，磁场强度 H 的线积分等于穿过

该闭合回路所围电流的代数和，其数学表达式为

$$\oint_L H \cdot \mathrm{d}l = \sum I$$

式中，若电流的正方向与闭合回路 L 的绕行方向符合右手螺旋定则，电流取正号，反之取负号。如图 4-5 中，$\oint_L H \cdot \mathrm{d}l = -I_3 + I_2$。

2. 磁路欧姆定律

若闭合回路上的各点的磁场强度相等且其方向与闭合回路的切线方向一致，比如图 4-6 所示的理想磁路（铁芯截面积相等、无漏磁），则

$$Hl = \sum I = NI$$

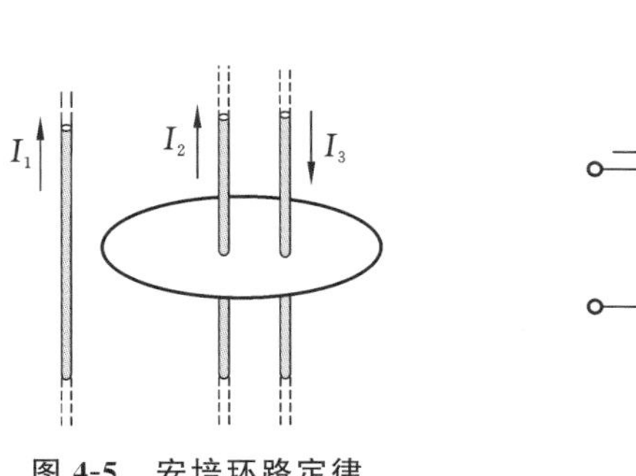

图 4-5　安培环路定律

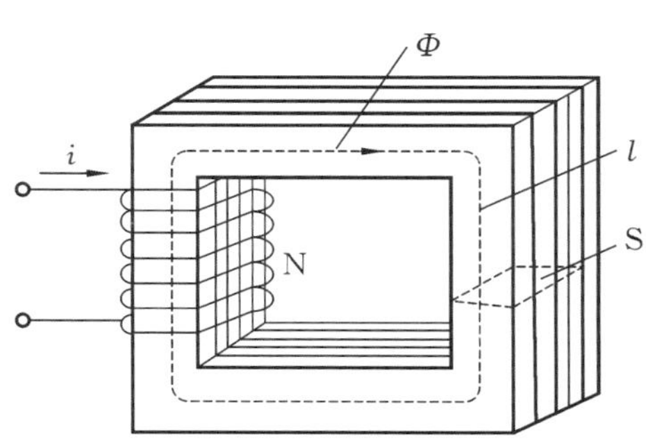

图 4-6　理想磁路

设理想磁路的磁导率为 μ，线圈内部的磁通为 Φ，磁路的平均长度为 l，则有

$$\Phi = BS = \mu HS = \mu \frac{NI}{l} S = \frac{NI}{\dfrac{l}{\mu S}} = \frac{F}{R_{\mathrm{m}}}$$

式中，$F = NI$ 为作用在铁芯磁路上的安匝数，称为磁路的磁动势，单位为安（A），其方向与线圈电流方向之间符合右手螺旋定则（在图 4-6 中，磁动势的方向为自下往上）；$R_{\mathrm{m}} = \frac{l}{\mu S}$ 称为磁阻，单位为 A/Wb，表示磁路对磁通的阻碍作用，反映磁路导磁性能的强弱。

$\Phi = \frac{F}{R_{\mathrm{m}}}$ 表示作用在磁路上的磁动势等于磁路内的磁通和磁阻的积，在形式上与电路中的欧姆定律 $I = \frac{E}{R}$ 相似，故称为磁路欧姆定律。磁路中的磁通 Φ 与电路中的电流 I 对应，磁路中的磁动势 F 与电路中的电动势 E 对应，磁路中的磁阻 R_{m} 与电路中的电阻 R 对应。

磁路和电路的不同主要体现在以下几点：电路中有电流时，电阻 R 就有功率损耗，而在直流磁路中，铁芯中有一定磁通，铁芯磁阻 R_{m} 可认为没有功率损耗；电路中可认为电流全部在导体中，导线外没有电流，而在磁路中没有绝对的磁绝缘体，除铁芯中的主磁通外还必须考虑散布在周围的漏磁通；电路中电阻的电导率在一定温度下恒定不变，而由铁磁物质构成的磁路，因磁导率 μ 不是常数，所以磁阻 R_{m} 不是常数，而是随磁路饱和度的增大而增加。所以，磁路和电路仅是数学形式上的类似，它们的物理本质是不同的。

磁路欧姆定律是由安培环路定律推导出来的，它对于建立磁路和磁阻的概念很有用。但是由于磁路的计算比较复杂，在实际计算中，多数情形下都是利用安培环路定律来计算磁路，这里不做介绍。

4.3 变压器的铭牌与额定值

4.3.1 变压器的铭牌

为了使变压器安全、经济、合理地运行，同时让用户对变压器的性能有所了解，制造厂家对每一台变压器都安装了一块铭牌，上面标明了变压器型号及各种额定数据，只有理解铭牌上各种数据的含义，才能正确地使用变压器。图 4-7 所示为电力变压器的铭牌。

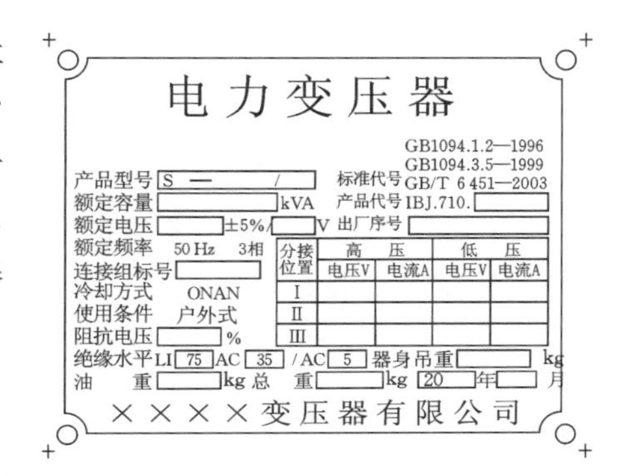

图 4-7 电力变压器的铭牌

4.3.2 变压器的额定值

额定值是制造厂对变压器在额定状态和指定的工作条件下运行时所规定的一些量值。在额定状态下运行，可以保证变压器长期可靠地工作，并具有优良的性能。额定值通常标注在变压器的铭牌上，也称为铭牌值，变压器的额定值主要有以下几种。

1. 型号

通常电力变压器型号表示中包含绕组耦合方式（O 表示自耦，一般不标）、相数、冷却方式、调压方式、防护类型、额定容量、高压绕组电压等级等，如图 4-8 所示。例如，型号 SFPZ9-120 000/110 指的是三相双绕组强迫油循环风冷有载调压，设计序号为 9，容量为 120 000 kV·A，高压侧额定电压为 110 kV 的变压器。

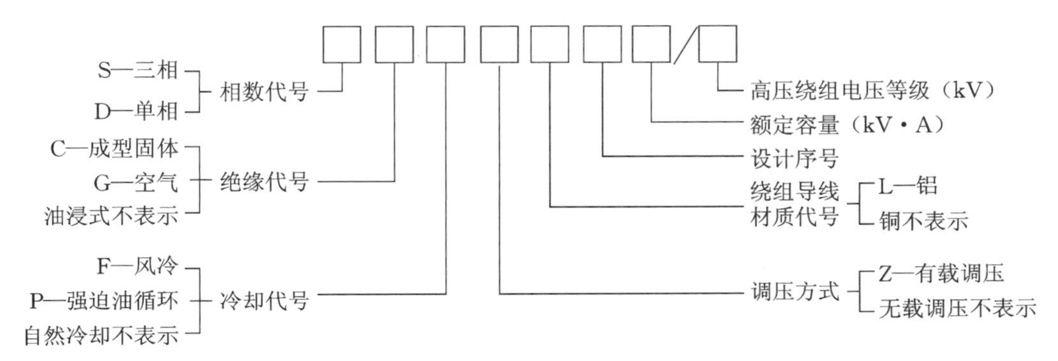

图 4-8 电力变压器型号表示

2. 额定电压 U_{1N} 和 U_{2N}

高压侧(一次绕组)额定电压 U_{1N} 是指加在一次绕组上的正常工作电压值,单位为 V。它是根据变压器的绝缘强度和允许发热等条件规定的。高压侧标出的三个电压值,可以根据高压侧供电电压的实际情况,在额定值的±5%范围内加以选择。例如,有一台降压变压器,将 10 kV 的高压降为 400 V 的低压,高压侧标出的三个电压值分别为 10 500 V、10 000 V、9500 V,表示当供电电压偏高时可调至 10 500 V,偏低时则调至 9500 V,以保证低压侧的额定电压在 400 V 左右。

低压侧(二次绕组)额定电压 U_{2N} 是指变压器在空载时,高压侧加上额定电压后,二次绕组两端的电压值。变压器接上负载后,二次绕组的输出电压 U_2 将随负载电流的增加而下降,为保证在额定负载时能输出 380 V 的电压,考虑到电压调整率为 5%,故该变压器空载时二次绕组的额定电压 U_{2N} 为 400 V。在三相变压器中,额定电压均指线电压。

3. 额定电流 I_{1N} 和 I_{2N}

额定电流是指根据变压器容许发热的条件而规定的满载电流值,单位为 V。在三相变压器中,额定电流是指线电流。

4. 额定容量 S_N

额定容量是指在铭牌规定的额定工作状态下,变压器二次绕组输出视在功率,单位为 kV·A。对于三相变压器,额定容量是指三相容量之和。

单相变压器的额定容量为:$S_N=\dfrac{U_{1N}I_{1N}}{1000}=\dfrac{U_{2N}I_{2N}}{1000}$

三相变压器的额定容量为:$S_N=\dfrac{\sqrt{3}U_{1N}I_{1N}}{1000}=\dfrac{\sqrt{3}U_{2N}I_{2N}}{1000}$

5. 连接组标号

连接组标号是指三相变压器一、二次绕组的连接方式,常见的有 Y(高压绕组做星形连接)、y(低压绕组做星形连接),D(高压绕组做三角形连接)、d(低压绕组做三角形连接),N(高压绕组做星形连接时的中性线)、n(低压绕组做星形连接时的中性线)等几种。

6. 阻抗电压

阻抗电压又称为短路电压,它标志在额定电流时变压器阻抗压降的大小,通常用它与额定电压的百分比来表示。

4.4 变压器的结构与工作原理

变压器是一种利用电磁感应原理,将某一数值的交变电压变换为同频率的另一数值的交变电压的电气设备,还可用来改变电流、变换阻抗以及产生脉冲等。在电力系统中,使用变压器变换电压,以满足输电、配电、用电的需要;在电子线路中,除电源变压器外,变压器还用来变换阻抗、耦合信号。此外,有自耦变压器、隔离变压器、互感器及各种专用变压器,用于测量、自动控制、科研、实验等场合。

4.4.1 变压器的结构与分类

1. 变压器的结构

变压器最主要的结构部件是铁芯和绕组，二者构成的整体称为变压器的器身，变压器的功能是通过器身实现的。变压器的结构大同小异，为了改善散热条件，大中型的电力变压器的铁芯和绕组浸在盛满变压器油的封闭油箱中，各绕组的端线由绝缘套管引出。电力系统中常用的油浸式变压器，一般由铁芯、绕组、油箱和冷却装置、调压装置、绝缘套管及各种保护装置等构成。

1）铁芯

铁芯是变压器的基本部件，由磁导体和夹紧装置组成，所以它有两个作用。铁芯是变压器的主磁路，它把一次电路的电能转变为磁能，又由磁能转变为二次电路的电能，是能量转换的媒介。在结构上，铁芯的夹紧装置不仅使磁导体成为一个完整的机械结构，而且在其上套有带绝缘的线圈，支持着引线，几乎安装了变压器内部的所有部件，因此铁芯是绕组的支撑骨架。铁芯的重量在变压器各部件中占有绝对优势，在干式变压器中占总重量的50%左右，油浸式变压器中由于有变压器油和油箱，铁芯的重量比例有所下降，约占40%。

为了提高磁路的导磁性能，减少铁芯中的磁滞、涡流损耗，铁芯一般用高磁导率的磁性材料即硅钢片叠成。硅钢片有热轧和冷轧两种，其厚度为0.35～0.5 mm，两面涂以厚0.02～0.23 mm的漆膜，使片与片之间绝缘。

变压器的铁芯是框形闭合结构。其中套线圈的部分称芯柱，不套线圈只起闭合磁路作用的部分称铁轭。铁芯又分为叠铁芯和卷铁芯两种。由带状硅钢片叠积而成的称叠铁芯，由带状硅钢片卷绕而成的称卷铁芯，如图4-9所示。芯柱被绕组所包围，则为芯式变压器，芯式结构的绕组和绝缘装配比较容易，所以电力变压器常常采用这种结构。铁芯包围绕组的顶面、底面和侧面，则为壳式变压器。壳式变压器的机械强度较好，常用于低电压、大电流的变压器或小容量电信变压器。

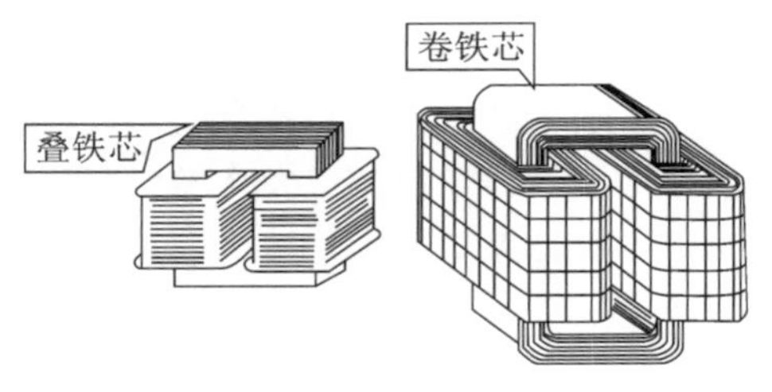

图4-9 变压器的铁芯

2）绕组

绕组构成变压器的电路部分，它由铜或铝绝缘导线绕制而成。一般小容量变压器的绕组用漆包线绕成，大容量变压器可用绝缘扁铜线或铝线绕制而成。与电源相连接的绕组称为一次绕组（又称初级绕组、原绕组），与负载相连接的绕组称为二次绕组（又称次级绕组、副绕组）。一次、二次绕组互不相连，能量的传递靠磁耦合。

绕组通常套装在同一个芯柱上，一次和二次绕组具有不同的匝数，通过电磁感应作用，一次绕组的电能就可传递到二次绕组，且使一、二次绕组具有不同的电压和电流。两个绕组中，电压较高的称为高压绕组，电压较低的称为低压绕组。从高、低压绕组的相对位置来看，变压器的绕组又可分为同芯式、交叠式。由于同芯式绕组结构简单，制造方便，因此我国电力变压器主要采用这种结构，交叠式主要用于特种变压器中。

3）油箱与冷却装置

变压器的器身浸在充满变压器油的油箱里。变压器油既是绝缘介质，又是冷却介质，它通过受热后的对流，将铁芯和绕组的热量带到箱壁及冷却装置，再散发到周围空气中。油箱的结构与变压器的容量、发热情况密切相关。小容量变压器采用平板式油箱，容量稍大的变压器采用排管式油箱。

为了把变压器的工作温度控制在允许范围内，必须装设冷却装置。油浸式变压器的冷却装置有油浸自冷、油浸风冷和强迫油循环冷却等三种类型。油浸自冷是靠油的对流自然冷却，为了增加散热面积，变压器的箱壁上焊有散热管或可拆卸的散热器。油浸风冷是在变压器的散热器旁安装风扇，加强油箱和散热器表面的空气对流速度，以加快散热。强迫油循环冷却是利用油泵迫使热油通过冷却器而冷却。强迫油循环的冷却装置称为冷却器，不强迫油循环的冷却装置称为散热器。

4）绝缘套管

变压器高、低压绕组的出线端要通过绝缘套管从变压器箱体内引出。绝缘套管既起到引线对地（外壳）的绝缘作用，还起到固定引线的作用。套管大多装于箱盖上，中间穿有导电杆，套管下端伸进油箱并与绕组出线端相连，套管上部露出箱外，与外电路连接。低压引线一般用纯瓷套管，高压引线一般用充油式或电容式套管。

5）保护装置

① 储油柜。

储油柜又称油枕，它是一个圆筒形容器，装在油箱顶部，通过管道与油箱连通。随着季节温度的变化，储油柜的油面高度随变压器油的热胀冷缩而变动。储油柜的作用是给变压器油的热胀冷缩留有缓冲的余地；通过储油柜上的油表可以监视油量，必要时对变压器油箱充油；减少变压器油与空气的接触面积，适应变压器油在温度升高或降低时体积的变化，防止变压器油受潮与氧化。

② 吸湿器。

吸湿器又称为呼吸器，作用是清除和干燥进入储油柜的空气中的杂质和潮气。吸湿器通过一根联管引入储油柜内高于油面的位置，使储油柜与大气相通。当变压器油因热胀冷缩而使油面高度发生变化时，气体将通过吸湿器进出。吸湿器内装有硅胶或活性氧化铝，硅胶受潮后会变成红色，应及时更换或进行干燥处理。

③ 净油器。

净油器内装活性氧化铝吸附剂，通过联管和阀门装在变压器油箱上。上、下层油的温差使油通过净油器进行环流，同时吸附剂将油中的水分、渣滓、酸和氧化物等进行吸附，使油保持清洁和延缓老化。

④ 安全气道（压力释放阀）。

安全气道又称为防爆管，装于油箱顶部。它是一个钢制的长圆筒，上端口装有一定厚度的防爆膜（玻璃板或酚醛纸板），下端口与油箱连通。

⑤ 气体继电器。

气体继电器安装在储油柜与变压器的联管中间。当变压器内部发生故障而产生气体，或油箱漏油使油面降低时，气体继电器动作，发出信号，若事故严重，可使断路器自动跳闸，对变压器起保护作用。

2. 变压器的分类

变压器的种类有很多，按不同的标准可以分为不同的类型。

变压器按用途可分为电力变压器和特殊变压器。电力变压器主要用于输配电系统中，又可分为升压变压器、降压变压器和配电变压器。特殊变压器有试验用变压器、仪用变压器、电炉变压器、电焊变压器和整流变压器等，其中仪用变压器主要包括电压互感器和电流互感器。

变压器按相数分为单相变压器、三相变压器和多相变压器等。

按照铁芯结构的不同，变压器分为芯式与壳式两种。

变压器按调压方式分为无励磁调压变压器和有载调压变压器。

变压器按冷却介质和冷却方式分为空气自冷式(或称为干式)变压器、油浸变压器和充气式冷却变压器。其中油浸变压器包括油浸自冷式、油浸风冷式、强迫油循环水冷却式和强迫油循环风冷却式。

变压器按容量大小可分为小型变压器(容量为 10～630 kV·A)、中型变压器(容量为 800～6300 kV·A)、大型变压器(容量为 8000～63 000 kV·A)和特大型变压器(容量为 90 000 kV·A 及以上)。

4.4.2 变压器的工作原理

变压器以磁场为媒介，通过电磁感应作用，把一种电压的交流电转换成相同频率的另一种电压的交流电，其工作原理如图 4-10 所示。设变压器的一次和二次绕组的匝数分别为 N_1 和 N_2，一次绕组加交流电压 u_1，有电流 i_1 流过，磁通势 i_1N_1 在铁芯中产生磁通，从而在一次绕组中感应出电动势 e_1，在二次绕组中感应出电动势 e_2。

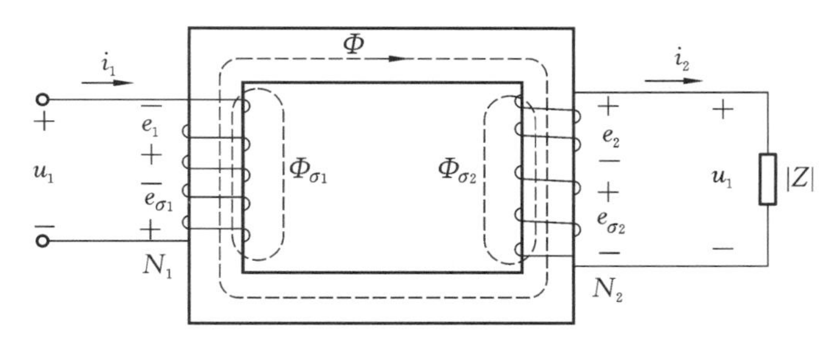

图 4-10 变压器工作原理示意图

$$e_1=-N_1\frac{\mathrm{d}\Phi}{\mathrm{d}t}$$

$$e_2=-N_2\frac{\mathrm{d}\Phi}{\mathrm{d}t}$$

由上式可知，一次、二次绕组感应电动势的大小与绕组匝数成正比，因此，只要改变一次、二次绕组的匝数，就可以改变电压。

如果二次绕组接有负载，便有电流 i_2 通过，二次绕组的磁通势 i_2N_2 也将产生磁通，所以铁芯中的主磁通 Φ 由一次、二次绕组共同产生。另外，一次、二次绕组的磁通势还分别产

生漏磁通 $\Phi_{\sigma1}$ 和 $\Phi_{\sigma2}$，从而各自感应出漏电势 $e_{\sigma1}$ 和 $e_{\sigma2}$。同时，我们可以看到，一次绕组和二次绕组是相互独立的，没有电联系，只有磁耦合。

4.5 单相变压器的空载运行及负载运行

4.5.1 变压器的各物理量正方向的规定

变压器中的电压、电流、磁通和电动势等都是随时间变化的物理量，通常是时间的正弦量。对变压器进行分析或计算时，首先要选取它们的参考方向（正方向）。参考方向的选取是任意的，但选取不同的参考方向时，同一电磁过程所列出的方程式的正、负号是不同的。

按照“电工惯例”规定参考方向如下（见图 4-11）。

（1）电压的参考方向：在同一支路中，电压的参考方向与电流的参考方向一致。

（2）磁通的参考方向：磁通的参考方向与电流的参考方向之间符合右手螺旋定则。

（3）感应电动势的参考方向：由交变磁通 Φ 产生的感应电动势 e，其参考方向与产生该磁通的电流参考方向一致，即感应电动势 e 与产生它的磁通 Φ 之间符合右手螺旋定则。

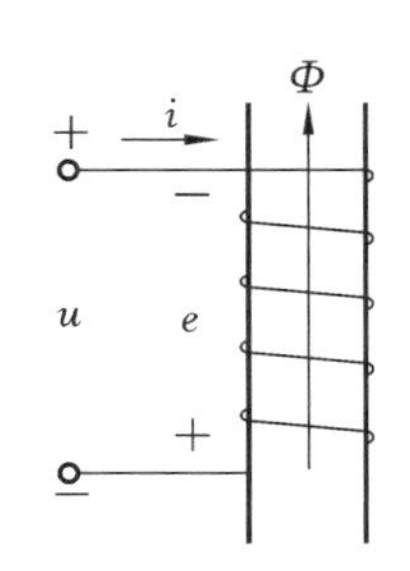

图 4-11 变压器的各物理量方向

4.5.2 变压器的空载运行

变压器空载运行是指一次绕组接额定频率、额定电压的交流电源，二次绕组开路（不带负载）时的运行状态。

1. 空载运行时的电磁过程

图 4-12 为单相变压器空载运行示意图，图中各正弦量用相量表示。当一次绕组接到电压为 $\dot{U}_1$ 的交流电源后，一次绕组便流过空载电流 $\dot{I}_0$，建立空载磁动势 $\dot{F}_0=\dot{I}_0N_1$，并产生交变的空载磁通。空载磁通可分为两部分，一部分称为主磁通 $\dot{\Phi}_0$，它沿主磁路闭合，同时交链一、二次绕组；另一部分称为漏磁通 $\dot{\Phi}_{1\sigma}$，它沿漏磁路闭合，只交链一次绕组本身。根据电磁

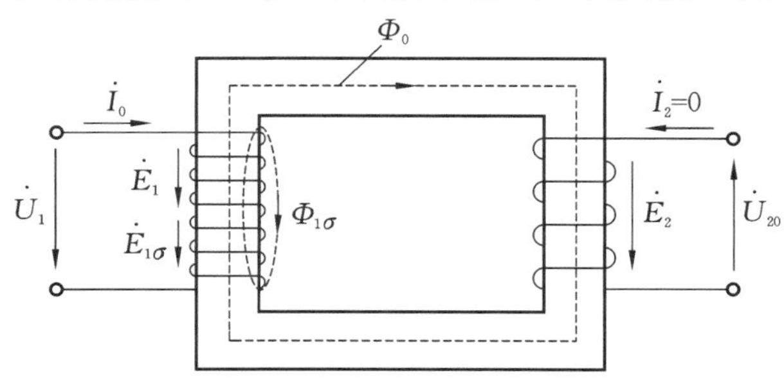

图 4-12 变压器的空载运行

感应原理，主磁通$\dot{\Phi}_0$分别在一、二次绕组内产生感应电动势$\dot{E}_1$和$\dot{E}_2$，漏磁通$\dot{\Phi}_{1\sigma}$仅在一次绕组内产生漏感应电动势$\dot{E}_{1\sigma}$。另外，空载电流$\dot{I}_0$流过一次绕组时，将在一次绕组的电阻R_1上产生电压降$\dot{I}_0R_1$。

2. 主磁通感应电动势

主磁通按正弦规律变化，则设$\Phi=\Phi_m\sin(\omega t)$

$$e_1=-N_1\frac{d\Phi}{dt}=-N_1\frac{d}{dt}[\Phi_m\sin(\omega t)]=-\omega N_1\Phi_m\cos(\omega t)=E_{1m}\sin\left(\omega t-\frac{\pi}{2}\right)$$

$$e_2=-N_2\frac{d\Phi}{dt}=-N_2\frac{d}{dt}[\Phi_m\sin(\omega t)]=-\omega N_2\Phi_m\cos(\omega t)=E_{2m}\sin\left(\omega t-\frac{\pi}{2}\right)$$

由以上两式可知，当主磁通按正弦规律变化时，它所产生的感应电动势也按正弦规律变化，且二者频率相同，但感应电动势在相位上滞后于主磁通 90 度电角度，其有效值为：

$$E_1=\frac{E_{1m}}{\sqrt{2}}=\frac{\omega N_1\Phi_m}{\sqrt{2}}=\frac{2\pi fN_1\Phi_m}{\sqrt{2}}=4.44fN_1\Phi_m$$

$$E_2=\frac{E_{2m}}{\sqrt{2}}=\frac{\omega N_2\Phi_m}{\sqrt{2}}=\frac{2\pi fN_2\Phi_m}{\sqrt{2}}=4.44fN_2\Phi_m$$

感应电动势和的相量表达式为

$$\dot{E}_1=4.44fN_1\dot{\Phi}_m$$

$$\dot{E}_2=4.44fN_2\dot{\Phi}_m$$

变压器空载时，若不计饱和，磁通和空载电流均为正弦波。此时一次绕组就是一个带铁芯的电感线圈，所以空载电流$\dot{I}_0$滞后于电压$\dot{U}_1$接近于 90°。

4.5.3 变压器的负载运行

变压器负载运行是指一次绕组接额定频率、额定电压的交流电源，二次绕组与负载相连时的运行状态，如图 4-13 所示。此时二次绕组有电流$\dot{I}_2$流过，产生磁动势$N_2\dot{I}_2$，该磁动势将在铁芯中产生磁通$\dot{\Phi}_2$，力图改变铁芯内的主磁通$\dot{\Phi}_0$，但是由于接在一次绕组的电源电压有效值U_1不变，故铁芯内的主磁通$\dot{\Phi}_m$始终维持常值。因此，当二次绕组电流$\dot{I}_2$产生后，一次绕组的电流将从$\dot{I}_0$增大到$\dot{I}_1$，一次绕组的磁动势从$N_1\dot{I}_0$将增大到$N_1\dot{I}_1$，这中间增大的部分磁动势($N_1\dot{I}_1-N_1\dot{I}_0$)刚好与二次绕组磁动势$N_2\dot{I}_2$相抵消，这样铁芯内的主磁通$\dot{\Phi}_m$大小便保持不变。由此可得变压器负载运行时的磁动势平衡关系的方程式为

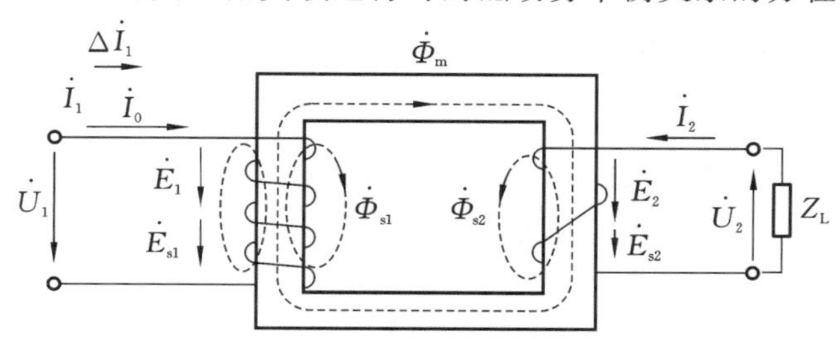

图 4-13 变压器的负载运行

$$N_1\dot{I}_1+N_2\dot{I}_2=N_1\dot{I}_0$$

变压器正是通过一、二次绕组的磁动势平衡关系，把一次绕组的电功率传递到了二次绕组，实现能量转换。

4.5.4 变压器的作用

1. 电压变换作用

对于一次绕组而言，如果忽略一次绕组电阻 R_1 的电压降和漏磁电动势 $e_{\sigma1}$，则外加电源电压 U_1 与一次绕组中的感应电动势 E_1 可近似看作相等，则有

$$u_1\approx -e_1=N_1\frac{\mathrm{d}\Phi}{\mathrm{d}t}$$

$$U_1\approx E_1=4.44fN_1\Phi_m$$

在空载情况下，对于二次绕组开路，端电压 U_{20} 与二次绕组中的感应电动势 E_2 正好相等，则有

$$u_{20}=e_2=N_2\frac{\mathrm{d}\Phi}{\mathrm{d}t}$$

$$U_{20}=E_2=4.44fN_2\Phi_m$$

整理可得

$$U_1\approx E_1=4.44fN_1\Phi_m$$

$$U_{20}=E_2=4.44fN_2\Phi_m$$

上两式两边分别相比，则得出变压器的电压变换关系为

$$\frac{U_1}{U_{20}}\approx\frac{E_1}{E_2}=\frac{N_1}{N_2}=K$$

式中，K 称为变压器的电压比，即一、二次绕组的匝数比。

当变压器接有负载时，在 e_2 的作用下，二次绕组中就会产生电流 i_2，当忽略二次绕组电阻 R_2 的电压降和漏磁电动势 $e_{\sigma2}$ 的影响时，二次侧电压

$$U_2\approx U_{20}=E_2$$

则上式可近似为

$$\frac{U_1}{U_2}\approx\frac{N_1}{N_2}=K$$

上式表明：变压器一次、二次绕组的电压比等于一次、二次绕组的匝数比。当 $K>1$ 时为降压变压器，当 $K<1$ 时则为升压变压器。对于已制成的变压器而言，K 值一定，故二次绕组电压随一次绕组电压的变化而变化。

2. 电流变换作用

由 $U_1\approx E_1=4.44fN_1\Phi_m$ 可知，U_1 和 f 不变时，E_1 和 Φ_m 也都基本不变。因此，有负载时产生主磁通的一次、二次绕组的合成磁动势（$i_1N_1+i_2N_2$）和空载时产生主磁通的一次绕组的磁动势 $N_1\dot{I}_0$ 基本相等，即

$$N_1i_1+N_2i_2=N_1i_0$$

$$N_1\dot{I}_1+N_2\dot{I}_2=N_1\dot{I}_0$$

由于变压器铁芯材料的磁导率较高，空载励磁电流 I_0 较小，为一次侧额定电流的 2%～10%，常可忽略不计，所以

$$N_1\dot{I}_1\approx -N_2\dot{I}_2$$

或

$$\frac{I_1}{I_2}\approx\frac{N_2}{N_1}=\frac{1}{K}$$

上式表明，变压器一次、二次绕组的电流比与它们的匝数成反比，或者说，电流比为变压器电压比的倒数。一般变压器高压绕组的匝数多，通过电流小，可用较细的导线绕制；低压绕组匝数少，而通过的电流大，要用较粗的导线绕制。

3. 阻抗变换作用

在图 4-14(a)中，二次绕组的阻抗为

$$|Z_L|=\frac{U_2}{I_2}$$

则一次绕组的等效阻抗 $|Z'_L|$（见图 4-14(b)）可用下式求得：

$$|Z'_L|=\frac{U_1}{I_1}=\frac{KU_2}{\frac{1}{K}I_2}=K^2\frac{U_2}{I_2}$$

$$=K^2|Z_L|=\left(\frac{N_1}{N_2}\right)^2|Z_L|$$

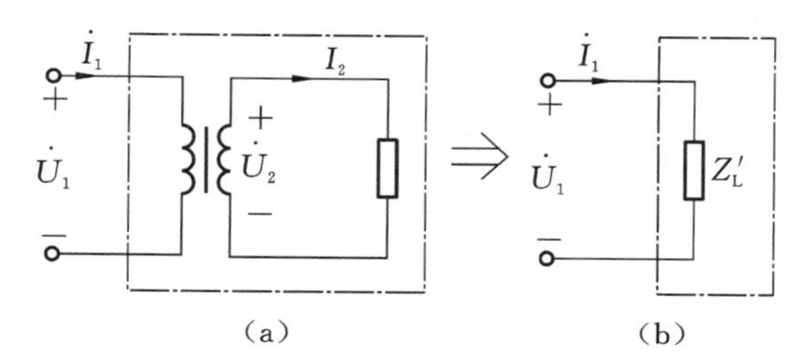

图 4-14 阻抗变换

当二次侧的负载阻抗 $|Z_L|$ 一定时，通过选取不同匝数比的变压器，在一次侧可得到不同的等效阻抗值。在电子线路中，可利用变压器的变换阻抗作用，将二次侧的负载阻抗变换为适当数值的一次侧等效阻抗，从而实现阻抗匹配，以获得较高的输出功率。

当负载阻抗与电子电路的输出阻抗相等时，负载上得到的功率最大。这种情况在电子电路中称为阻抗匹配。

4.5.5 变压器的效率及主要技术指标

1. 变压器的效率

与交流铁芯线圈一样，变压器的功率损耗主要有两部分：铁损耗 ΔP_{Fe} 和铜损耗 ΔP_{Cu}。当外加电压固定时，变压器的工作磁通也固定，铁损耗是不变的，也称为固定损耗。变压器绕组铜损耗的大小随通过绕组的电流变化而变化，故铜损耗为可变损耗。

变压器的输出功率 P_2 与输入功率 P_1 之比称为变压器的效率，用 η 表示。

$$\eta=\frac{P_2}{P_1}\times 100\%=\frac{P_2}{P_2+\Delta P_{Cu}+\Delta P_{Fe}}\times 100\%$$

通常在额定负载的 80%左右时，变压器的工作效率最高，大型电力变压器的效率可达 99%，小型变压器的效率为 60%～90%。

2. 变压器的主要技术指标

为正确、合理地使用变压器，必须了解和熟悉变压器的主要技术指标，变压器的主要技

术指标通常在其铭牌上给出。

(1) 一次绕组的额定电压 U_{1N}:正常情况下一次侧绕组应施加的电压值。

(2) 二次绕组的额定电压 U_{2N}:一次侧绕组施加额定电压 U_{1N} 时,二次侧绕组的空载电压。

(3) 一次绕组的额定电流 I_{1N}:在 U_{1N} 作用下一次绕组中允许长期通过的最大电流值。

(4) 二次绕组的额定电流 I_{2N}:在 U_{1N} 作用下二次绕组中允许长期通过的最大电流值。

对于三相变压器而言,额定电压或额定电流都指线电压或线电流。

(5) 容量 S_N:输出功率的额定视在功率。

单相变压器:$S_N = U_{2N} I_{2N} \approx U_{1N} I_{1N}$。

三相变压器:$S_N = \sqrt{3} U_{2N} I_{2N} \approx \sqrt{3} U_{1N} I_{1N}$。

4.6 三相变压器

电力系统一般均采用三相系统供电。三相供电系统大规模发电,以满足现代化工业和商业机构的需求。根据各种工业需要,采用升压和降压变压器来产生、传输和分配电力。三个相同的单相变压器适当连接或组合在一个铁芯上,形成一个三相系统。

4.6.1 三相变压器的基本结构

为了输入不同的电压,输入绕组也可以用多个绕组,以适应不同的输入电压。同时为了输出不同的电压,也可以用多个绕组。三个独立的绕组,通过不同的接法使其输入三相交流电源,其输出亦如此,这就是三相变压器。

三相组式变压器是由三个单相变压器在电路上做三相连接而组成的,各相主磁通沿各自铁芯形成一个单独回路,彼此毫无关系。所以,当三相组式变压器的一次绕组外施三相对称电压时,三相主磁通是对称的。由于三相铁芯相同,三相空载电流也是严格对称的。与连接三个单独的单相变压器相比,三相变压器单元的建造更加经济,因为它消耗的材料更少。此外,三相系统传输交流电而不是直流电,并且易于构建。

三相变压器主要包括铁芯和绕组两大部分,由三个一次绕组、三个二次绕组和铁芯构成,如图 4-15 所示。三相变压器是将三组线圈绕制在同一个线圈骨架上,或绕在同一铁芯上制成的。变压器的线圈通常称为绕组,相当于变压器的电路部分。绕组是用绝缘良好的漆包线、纱包线或丝包线在铁芯上绕制而成的。绕组相数不同,其绕组数也不同。单相变压器的内部有两组绕组,而三相变压器的内部有 6 组绕组,其中各相高压绕组分别用 U_1U_2、V_1V_2、W_1W_2 表示;各相低压绕组分别用 u_1u_2、v_1v_2、w_1w_2 表示。根据电力网的线电压及一次绕组额定电压的大小,可以将一次绕组分别接成星形或三角形;根据供电需要,二次绕组也可以接成三相四线制星形或三相三线制三角形。变压器在工作时,变压器电源输入端的绕组称为一次绕组,电源输出端的绕组称为二次绕组。

常用的变压器铁芯有多种类型,典型的结构有口字形和日字形。为了减小涡流和磁滞损耗，铁芯通常选用磁导率较高、相互绝缘、厚度在0.35～0.5 mm的硅钢片叠合而成，有的变压器铁芯也选用高磁导率的坡莫合金、铁氧体等材料制成。

为了使铁芯和绕组间良好绝缘和散热，铁芯和绕组浸泡在装有绝缘油的油箱内，油箱外表面装有油管散热器。图4-16所示为油浸式电力变压器外形。将三相变压器放入钢板制成的油箱中，油箱中的油(也称变压器油)起冷却和绝缘作用，箱壁上装有散热用的油管或散热片。油枕为油的热胀冷缩提供了缓冲空间，油箱中有过高压力时可从安全气道排出，以防爆炸。高、低压引线通过绝缘套管从油箱引出。

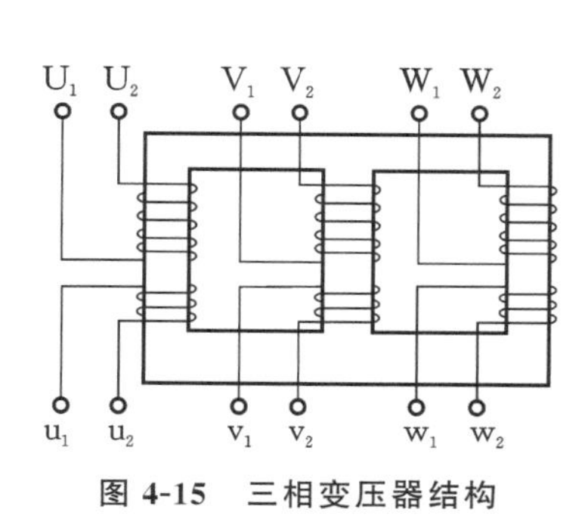

图4-15 三相变压器结构

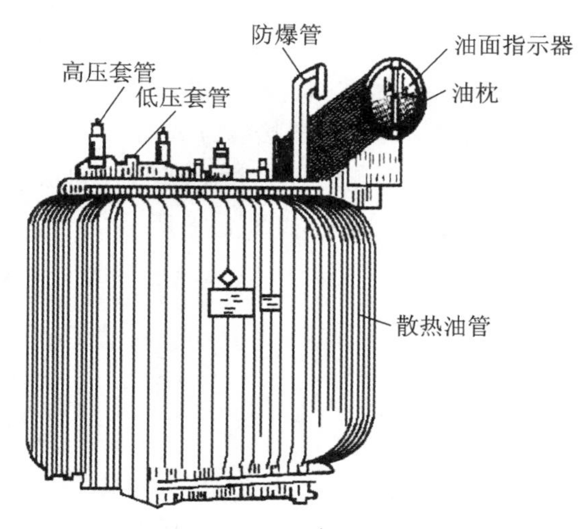

图4-16 油浸式电力变压器外形

4.6.2 三相变压器的极性

变压器极性用来标志在同一时刻一次绕组的线圈端头与二级绕组的线圈端头彼此点位的相对关系。

变压器的一、二次绕组绕在同一个铁芯上，都被磁通交链，故当磁通交变时，在两个绕组中感应出的电动势有一定的方向关系，即当一次绕组的某一端点瞬时电位为正时，二次绕组也必有一电位为正的对应端点。这两个对应的端点，我们称为同极性端或同名端，通常用符号“·”表示，如图4-17所示。

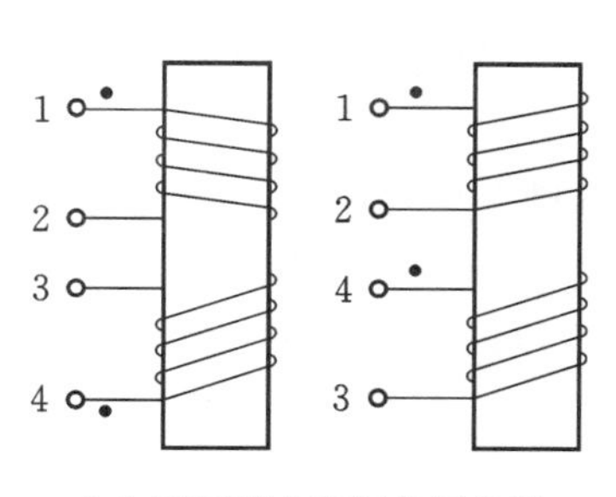

(a) 不同绕向绕组的同名端

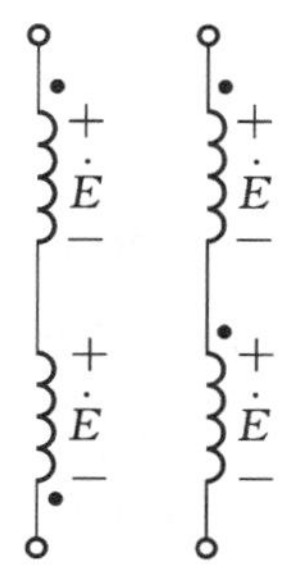

(b) 绕组简化后的同名端

图4-17 变压器同名端

变压器设备的线圈绕向决定极性，绕向改变了，极性也随之改变。

4.6.3 三相变压器的连接组

三相变压器在电力系统和三相可控整流的触发电路中，都会碰到变压器的极性和连接组别的接线问题。

1. 变压器的接线方式

三相变压器一、二次侧线电压间的夹角取决于线圈的连接法，二次线电压落后一次线电压的角度有 30°、60°、90°、120°、150°、180°、210°、240°、270°、300°、330°、360°十二种，分别对应为 1、2、3、4、5、6、7、8、9、10、11、12 点接线。高低压绕组分别采用星形、三角形接法，相互组合可有不同接法。变压器接线方式有四种基本连接形式："Y，y"、"D，y"、"Y，d"和"D，d"。大写字母表示一次侧的接线方式，小写字母表示二次侧的接线方式。Y（或 y）为星形连接，D（或 d）为三角形连接，如图 4-18 所示。

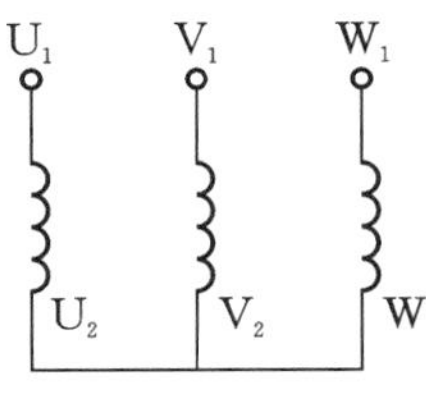

（a）星形连接

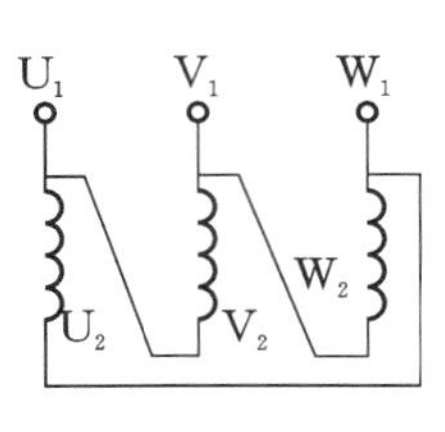

（b）三角形连接（逆序连接）

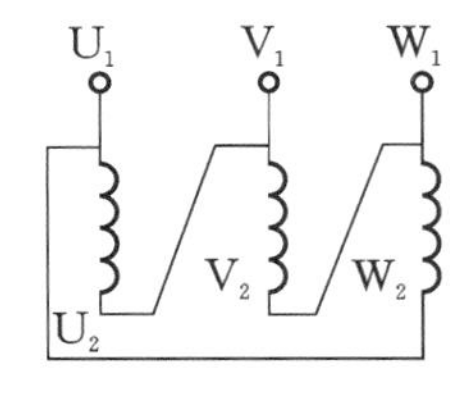

（c）三角形连接（顺序连接）

图 4-18 变压器的连接方式

我国只采用"Y，y"和"Y，d"。Y 连接时分别有带中性线和不带中性线两种，不带中性线则不增加任何符号表示，带中性线则在字母 Y 后面加字母 n 表示。在变压器的连接组别中，"Yn"表示一次侧为星形带中性线的接线，Y 表示星形接法，n 表示带中性线；"d"表示二次侧为三角形接法。

2. 变压器的连接组别

变压器绕组的连接组，由变压器一、二次三相绕组连接方式不同，使得一、二次绕组之间对应线电压的相位关系有所不同，来划分连接组别。"Y，y"连接的三相变压器，共有 Yy0、Yy4、Yy8、Yy6、Yy10、Yy2 六种连接组别，标号为偶数；"Y，d"连接的三相变压器，共有 Yd1、Yd5、Yd9、Yd7、Yd11、Yd3 六种连接组别，标号为奇数。为了避免制造和使用上的混乱，国家标准规定，对三相双绕组电力变压器只有 Yyn0、Yd11、YNd11、YNy0 和 Yy0 五种连接组别。

Yyn0 组别的三相电力变压器用于三相四线制配电系统中，供电给动力和照明的混合负载；Yd11 组别的三相电力变压器用于低压高于 0.4 kV 的线路中；YNd11 组别的三相电力变压器用于 110 kV 以上的中性点需接地的高压线路中；YNy0 组别的三相电力变压器用于原边需接地的系统中；Yy0 组别的三相电力变压器用于供电给三相动力负载的线路中。

4.6.4 三相变压器的并联运行

在变电站中，总的负载经常由两台或多台三相电力变压器并联供电。三相变压器的并联运行就是指将两台或以上变压器的一次绕组并联在同一电压的母线上，二次绕组并联在另一电压的母线上运行。

变压器并联运行的优点：一是多台变压器并联运行时，如果其中一台变压器发生故障或需要检修，只要迅速将之从电网中切除，另外几台变压器便可分担它的负载并继续供电，不影响其他变压器正常运行，从而减少了故障和检修时的停电范围和次数，也提高了供电可靠性。二是可根据电力系统中负荷的变化，调整投入并联的变压器台数，以降低电能损耗，提高运行效率，达到经济运行的目的。三是可根据用电量的增加，分期分批安装新变压器，以减少初期投资。

对变压器的并联运行状态有一定的要求，最理想的并联运行情况是：

(1) 一、二次绕组电压应相等，即变比应相等。

(2) 连接组别必须相同。

(3) 短路阻抗(即短路电压)应相等。

4.7 特殊变压器

4.7.1 自耦变压器

自耦变压器的结构与原理图如图 4-19 所示。其特点是二次绕组是一次绕组的一部分，一次、二次绕组之间不仅有磁的耦合，而且有电的直接联系。

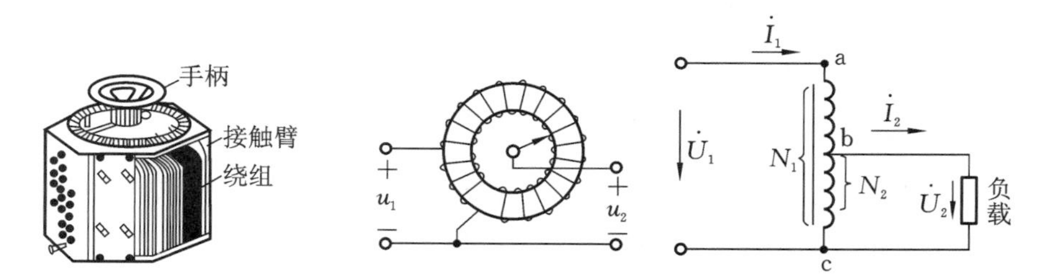

图 4-19 自耦变压器的结构与原理图

自耦变压器的工作原理与普通双绕组变压器一样，因此其变比计算也相同。

$$\frac{U_1}{U_2}=\frac{N_1}{N_2}=\frac{I_2}{I_1}=K$$

$$U_2=\frac{N_2}{N_1}U_1$$

N_2 可调，所以 U_2 也可调。与具有两个绕组的变压器相比，自耦变压器减少了一个二次绕组,因而结构简单,节省用铜量,效率也比普通变压器高。但由于一次、二次绕组间有直接的电联系,万一接错,将会发生触电事故或烧毁变压器,所以,自耦变压器不容许作为安全变压器使用。

低压小容量的自耦变压器,其二次绕组的分接头常做成能沿线圈自由滑动的触头,从而实现对二次侧电压的平滑调节,这种自耦变压器称为自耦调压器。

4.7.2 仪用互感器

专供测量仪表使用的变压器称为仪用互感器,简称互感器。采用互感器的主要目的有二:一是使测量仪表与高压电路绝缘,以保证工作安全;二是扩大测量仪表的量程。互感器可分为电压互感器和电流互感器两种。

电压互感器类似于普通变压器的空载运行,使用时把匝数较多的高压绕组跨接到所需测量电压的供电线路上,匝数较少的低压绕组则与伏特表相连,如图 4-20(a)所示。通常电压互感器二次绕组的额定电压均设计为统一标准值 100 V。因此,在不同电压等级的电路中所用的电压互感器,其电压比是不同的,例如 10000/100、3500/100 等。

为防止高低压绕组间的绝缘层损坏,低压绕组及仪表对地具有高电压而危及人身安全,电压互感器的铁壳及二次绕组的一端都必须良好接地。

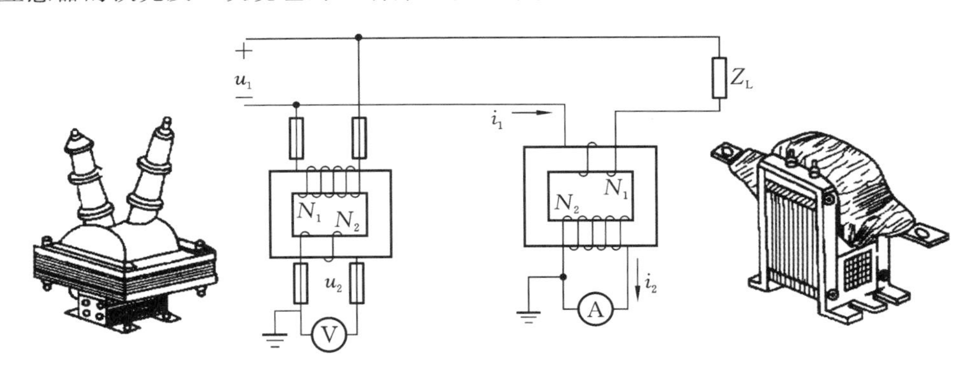

(a) 电压互感器原理及外形图　　(b) 电流互感器原理及外形图

图 4-20 仪用互感器

电流互感器的一次绕组与待测电流的负载相串联,二次绕组与安培表串接成一闭合回路,如图 4-20(b)所示。电流互感器的一次绕组所用导线粗,匝数少,阻抗值很小,串接在电路中的压降也很小。二次绕组匝数虽多,但正常情况下感应电动势也不过只有几伏。通常电流互感器二次绕组的额定电流均设计为同一标准值 5 A,因此在不同电流的电路中所用电流互感器的电流比是不同的。电流互感器的电流变比有 10/5、20/5、30/5、40/5、50/5、75/5、100/5 等。

为了安全起见,电流互感器二次绕组的一端和铁壳必须良好接地,在电流互感器一次绕组接入一次侧电路之前,必须先把电流互感器的二次绕组连成闭合回路,并且在工作中不得开路。

习　题

一、填空题

1. 交流电磁铁的铁芯发热是因为________和________现象引起了能量损耗。

2. 一铁芯线圈匝数为 N,接在频率为 f 的正弦电压 U 下工作,当 U 及 f 不变时,N 增加时磁通将________(增大或减小)。

3. 变压器运行时,绕组中电流的热效应引起的损耗通常称为________。交变磁场在铁芯中所引起的损耗可分为________损耗和________损耗,合称为________。

4. 变压器工作时与电源连接的绕组叫________,与负载连接的绕组叫________。

5. 电压互感器类似于普通变压器的________运行;电流互感器工作时不允许二次绕组________。

二、判断题

(　　)1.磁通 Φ 与产生磁通的励磁电流 I 总是成正比。

(　　)2.电机、电器的铁芯通常都是用软磁材料制成的。

(　　)3.采用硅钢片制成铁芯,只是为了减小磁阻,而与涡流损耗和磁滞损耗无关。

(　　)4.变压器的一次绕组就是高压绕组。

(　　)5.磁场强度的大小与磁导率有关。

(　　)6.电磁铁是利用通电铁芯线圈对铁磁物质产生电磁吸引力而工作的一种电气设备。

三、选择题

1. 空心通电线圈插入铁芯后,磁性(　　)。

A. 大大增强　　B. 基本不变　　C. 将减弱

2. 磁滞现象在下列哪类材料中表现较明显?(　　)

A. 软磁材料　　B. 硬磁材料　　C. 非磁性材料

3. 铁磁物质在磁化过程中,随着外磁场 H 不断增加,测得的磁感应强度几乎不变的性质称为(　　)。

A. 磁滞性　　B. 剩磁性　　C. 高导磁性　　D. 磁饱和性

4. 制造永久磁铁的材料应选用(　　)。

A. 软磁材料　　B. 硬磁材料　　C. 矩磁材料

5.电路和磁路欧姆定律中的(　　)。

A. 磁阻和电阻都是线性元件

B. 磁阻和电阻都是非线性元件

C. 电阻是线性元件,磁阻是非线性元件

6. 决定电流互感器一次、二次绕组电流大小的因素是(　　)。

A. 二次绕组电流　　B. 二次绕组所接负载

C. 变流比　　D.被测电流

四、计算题

1. 将一铁芯线圈接于电压$U=100$ V，$f=50$ Hz的交流电源上，其电流$I_1=5$ A，$\cos\varphi_1=0.7$。若将此线圈中的铁芯抽出，再接于上述电源上，则线圈中的电流$I_2=10$ A，$\cos\varphi_2=0.05$，试求此线圈在具有铁芯时的铜损和铁损。

2.一台单相变压器，一次绕组电压$U_1=3000$ V，二次绕组电压$U_2=220$ V，若二次绕组接一台25 kW的电阻炉，变压器一、二次绕组中的电流各是多少？

3. 电压互感器的额定电压为6000/100 V，再由电压表测得二次绕组电压为85 V，问一次绕组被测电压是多少？电流互感器的额定电流为100/5 A，现由电流表测得二次绕组电流为3.8 A，问一次绕组被测电流是多少？

4. 阻抗为8 Ω的扬声器，通过一台变压器接到信号源电路上，使阻抗完全匹配，设变压器一次绕组的匝数为500，二次绕组的匝数为100，求变压器输入阻抗。

5. 一降压变压器，一次绕组电压为220 V，二次绕组电压为110 V，一次绕组为2200匝，若二次绕组接入阻抗为10 Ω的负载，问变压器的变比、二次绕组匝数以及一、二次绕组中的电流各为多少？

第5章 供电与安全用电

电是现代化生产和生活中不可缺少的重要能源。但若用电不慎，可能造成电源中断、设备损坏、人身伤亡，将给生产和生活造成重大损失。因此，安全用电具有非常重要的意义。

学习目标

1. 了解电力系统及企业的配电方式。
2. 熟悉触电原因和触电方式，掌握防止触电的保护措施和触电急救。
3. 了解雷电的形成和规律，熟悉雷电的种类和危险，以及防雷装置与要点。

5.1 供电概述

5.1.1 电力系统

电力是现代工业的主要动力，在各行各业中都得到了广泛的应用。电力系统是由发电厂、输电网、配电网和电力用户组成的一个发电、输电、变电、配电和用电的整体，是将一次能源转换成电能并输送和分配到用户的一个统一系统。其中，输电网和配电网称为电力网，是联系发电厂与用户的中间环节，主要由输电线路、变电所、配电所和配电线路组成。图5-1为电力系统的示意图。

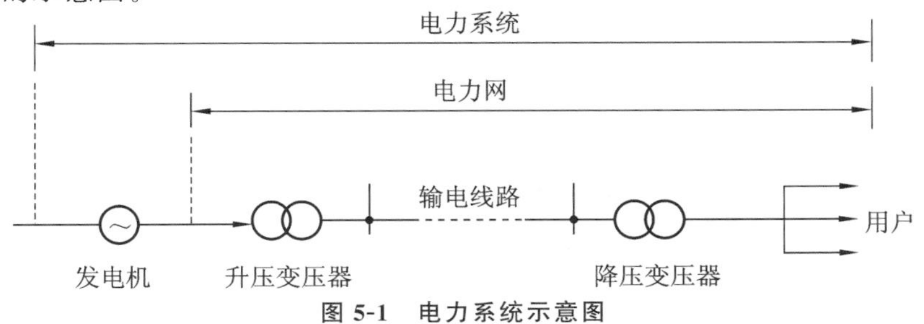

图 5-1 电力系统示意图

保证供电的安全可靠性，保证良好的电能质量和电力系统运行的经济性是电力系统的基本要求。

1. 发电

发电是将水力、火力、风力、核能、太阳能、沼气等非电能转换成电能的过程。不同种类的发电方式有各自的优势和弊端，现在世界各国依然以水力发电、火力发电为主要的发电形式。近几十年来，核能发电越来越受到重视，核电站也发展得很快。发电厂是将自然界蕴藏的各种一次能源转换为电能（二次能源）的工厂，一般建造在方便获取资源的地方，如在水力资源丰富的地方建造水电站，在燃料资源充足的地方建造火力发电厂，这样可以合理利用资源，减少燃料运输费用，降低发电成本。

2. 输电

电能的传输，是电力系统整体功能的重要组成环节。输电就是将电能输送到用电地区或直接输送到大型用电户。发电厂与电力负荷中心通常位于不同地区。大中型发电厂距离用电地区往往达几千米、几百千米，甚至一千千米以上。通过输电可以将电能输送到远离发电厂的负荷中心，使电能的开发和利用超越地域的限制。与其他能源输送方式相比较，输电具有损耗小、效益高、灵活方便、易于调节控制、减少环境污染等优点。

输电网由 35 kV 及以上的输电线路与其相连的变电所组成。电能输送过程中，电流会在导线中产生电压降和功率损耗。为了提高输电效率和减少输电线路上的损失，远距离输送电能要采用高电压或超高电压。输电过程中，将发电机组发出的电压（一般为 6～10 kV）经升压变压器变为 35～500 kV 高压，通过输电线可远距离将电能传送到各用户，再利用降压变压器将 35～500 kV 高压变为 6～10 kV 高压。输送同样功率的电能，电压越高，电流越小，线路损耗越小，所以，远距离大容量输电时，采用高电压输送，以提高电力系统运行的经济性。输电电压的高低，视输电容量和输电距离而定，一般原则是输电容量越大，输电距离越远，输电电压就越高。目前我国远距离输电电压有 3 kV、6 kV、10 kV、35 kV、63 kV、110 kV、220 kV、330 kV、500 kV、750 kV 10 个等级。

随着电力电子技术的发展，超高压远距离输电已开始采用直流输电方式。其方法是将三相交流电整流为直流，远距离输送至终端后，再由电力电子器件将直流电转变为三相交流电，供用户使用，图 5-2 为直流输电结构原理图。与交流输电相比，直流输电的能耗较小，无线电干扰较小，输电线路造价也较低，但逆变和整流部分较为复杂。

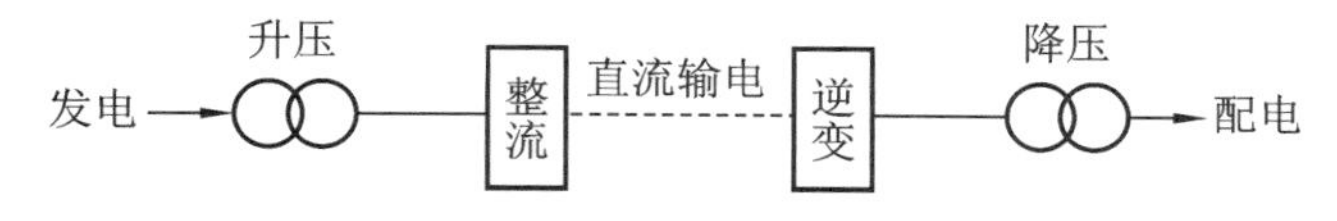

图 5-2　直流输电结构原理图

3. 配电

配电系统由配电变电所、高压配电线路、配电变压器、低压配电线路以及相应的控制保护设备组成，其作用是将电能降为 380/220 V 低压再分配到各个用户的用电设备。我国配电网电压等级划分如下：高压配电网电压为 35 kV、66 kV、110 kV，中压配电网电压为

10(20) kV,低压配电网电压为380/220 V。

5.1.2 企业配电

从输电线末端的变电所将电能分配给各城市和工矿企业,电能输送到工矿企业后,要进行变电或配电。变电所担负着从电力网受电、变压、配电的任务;若只进行受电和配电,而不进行变压,则称配电所。

供电容量较大的工厂常设置一个总降压变电所,先将电力网送来的35 kV以上的高压电降至6~10 kV,再分送至厂内各车间变电所,各车间变电所将6~10 kV高压降至380/220 V低压,供动力、照明系统设备使用。供电容量较小的工矿企业通常将电力网送来的6~10 kV进户电压,经过1~2台变压器降压后直接向全厂用电设备供电。工作电流小于30 A者,一般采用单相供电;工作电流大于30 A者,一般采用三相四线制供电。

在工矿企业内部的供电线路一般称电力线路,电力线路是用户电气装置的重要组成部分,起输送和分配电力的作用。电力线路一般按电压高低分两大类:1000 V及以上的线路称为高压线路,1000 V以下的线路称为低压线路。按线路结构形式分类,电力线路有架空线路、电缆线路和户内配电线路等。各种电力线路以不同方式将电力由变电所送至各用电设备。低压配电线路主要有放射式配电线路和树干式配电线路两种,如图5-3所示。

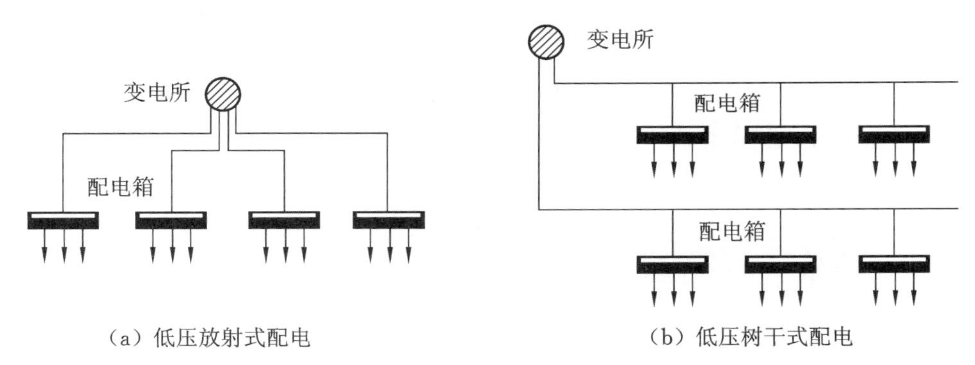

(a) 低压放射式配电　　(b) 低压树干式配电

图5-3　低压配电方式

1. 放射式配电

各用电设备由单独的开关、线路供电,称为放射式配电,如图5-3(a)所示。这种配电方式最大的优点是供电可靠、维修方便,各配电线路之间不会相互影响,便于装设各类保护和自动装置。当负载点比较分散而各个负载点又具有相当大的集中负载时,采用这种线路较为合适。

2. 树干式配电

将每个独立的负载或一组负载集中按其所在位置依次接到由一路供电的干线上,这种供电方式称为树干式配电,如图5-3(b)所示。这种配电方式的优点是投资小、安装维修方便,但其供电可靠性差,各用电单元之间可能会相互影响。负载集中,各个负载点位于变压器或配电箱的同一侧时,常采用树干式配电线路。

5.2 安全用电

安全用电包括供电系统安全、用电设备安全及人身安全，三者密切相关。供电系统的故障可能导致设备损坏和人身伤亡等重大事故，而用电事故也可能导致电力系统局部或大范围停电，甚至造成严重的社会灾难。随着电气化的发展，人们接触电的机会越来越多，发生触电事故的概率也随之增多。为此，必须掌握一定的安全用电知识，采取各种安全保护措施，防止可能发生的用电事故，确保人身及设备安全。

5.2.1 触电因素

人体组织中有60%以上是由含有导电物质的水分组成的，因此，人体是个导体，当人体接触电气设备的带电部分并形成电流通路的时候，就会有电流流过人体，从而造成触电。

触电对人体的伤害可分为电击和电伤两类，电击是指电流通过人体内部，破坏人体内部组织，影响呼吸系统、心脏及神经系统的正常功能，甚至危及生命。电伤是指电流的热效应、化学效应、机械效应及电流本身对人体造成的伤害。电伤会在人体皮肤表面留下明显的伤痕，常见的有灼伤、烙伤和皮肤金属化等现象。在触电事故中，电击和电伤常会同时发生。

触电时电流对人身造成的伤害程度与流过人体的电流强度、电流持续的时间、电流的种类和频率、电流流经人体的途径、电压大小等多种因素有关。

1. 人体电阻

人体电阻的大小取决于一定因素，比如电流路径，接触电压、电流持续时间、频率，皮肤潮湿度，接触面积，施加的压力和温度等。在工频电压下，人体的电阻随接触面积增大、电压升高，而随之减小。研究资料表明，在50/60 Hz交流电时，成人的人体电阻为1000 Ω左右。

2.电流大小及触电时间长短

当人体流过几毫安的工频电流时，人体就会有轻微的麻、刺、痛的感觉。当人体流过50 mA左右的工频电流时，人就会产生麻痹、痉挛、血压升高、呼吸困难等症状，自己不能摆脱电源，生命受到严重威胁。当人体流过100 mA以上的工频电流时，人在很短时间内会因心脏停止跳动而失去生命。故将大于100 mA的工频电流称为致命电流。

一般来说，对正常的成人而言，30 mA以下的工频电流称为安全电流。所以，我国的漏电保护开关的动作电流基本上都设计为30 mA。

若取人体电阻为1200 Ω，当流过人体的电流为30 mA时，则人体上的电压为36 V，故通常称36 V及以下的电压为安全电压。但36 V及以下的电压并非绝对安全，在潮湿或特别潮湿的环境下，安全电压为24 V甚至12 V。这是因为在潮湿的环境下，人体的电阻会变得更小。

电流对人体的伤害程度不仅与其大小有关，也与其作用时间有关。即使在安全电流(例如20 mA)的作用下，如果作用时间过长，也会威胁人的生命。

3. 电流的种类和频率

电流的种类和频率不同,触电的危险性也不同。根据实验可知,交流电比直流电的危险程度略大一些,频率很低或者很高的电流的危险性比较小。电流的高频集肤效应使得高频情况下大部分电流流经人体表皮,避免了对内脏的伤害,所以引发生命危险的可能性较小,但集肤效应会导致表皮严重烧伤。研究表明,频率为 50 Hz 左右的交流电对人体的伤害最大。

4. 电流通过的途径

触电对人体的危害,主要是由电流通过人体一定路径引起的。电流通过头部会使人昏迷,电流通过脊髓会使人截瘫,电流通过中枢神经会引起中枢神经系统严重失调而导致死亡。最危险的电流路径是由胸部到左手,从脚到脚是危险性较小的电流路径。

5.2.2 触电形式

按人体触及带电体的方式不同,主要有以下触电形式。

1. 单相触电

当人站在地面上或其他接地体上,人体的某一部位触及一相带电体时,电流通过人体流入大地(或中性线),称为单相触电。单相触电又分电源中性点接地系统的单相触电和电源中性点不接地系统的单相触电,如图 5-4 所示。

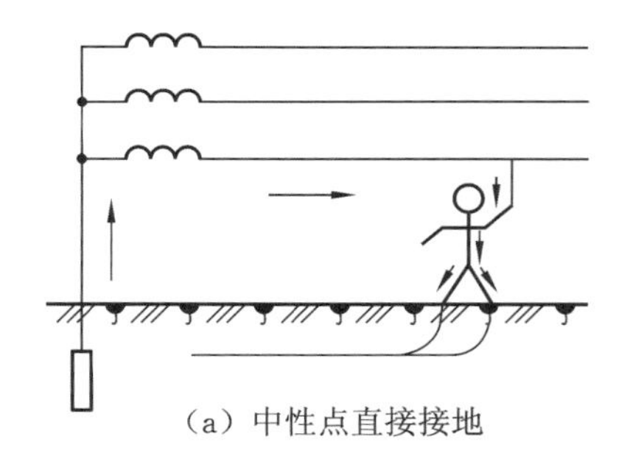

(a) 中性点直接接地

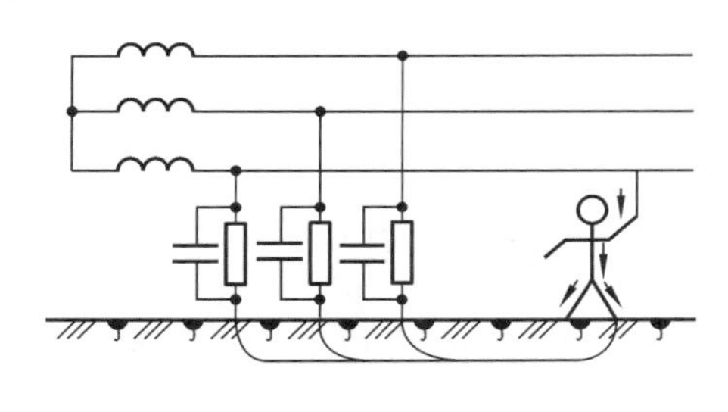

(b) 中性点不直接接地

图 5-4 单相触电

(1) 中性点直接接地的单相触电,这时人体处于相电压之下,危险性较大。如果人体与地面的绝缘较好,危险性会大大减小。

(2) 中性点不直接接地的单相触电也有一定的危险。乍看起来,似乎电源中性点不接地时,不能构成电流通过人体的回路。其实不然,要考虑到导线与地面间的绝缘可能不良,甚至有一相接地,在这种情况下人体中就有电流通过。在交流电情况下,导线与地面间存在的电容也可构成电流的通路。

2. 两相触电

两相触电是指人体两处同时触及同一电源的两相带电体,以及在高压系统中,人体距离高压带电体小于规定的安全距离,造成电弧放电时,电流从一相导体流入另一相导体的触电方式,如图 5-5 所示。两相触电加在人体上的电压为线电压,因此不论电网的中性点接地与否,其触电的危险性都最大。

3. 跨步电压触电

当电气设备发生接地故障，接地电流通过接地体向大地流散，在以接地点为圆心、半径 20 m 的圆面积内形成电位分布时，若人在接地短路点周围行走，其两脚之间（一般按 0.8 m 考虑）的电位差，就是跨步电压 U_k。由跨步电压引起的人体触电，称为跨步电压触电，如图 5-6 所示。跨步电压的大小受接地电流大小、鞋和地面特征、两脚之间的跨距、两脚的方位以及离接地点的远近等很多因素的影响。

4. 接触电压触电

运行中的电气设备由于绝缘损坏或其他原因造成接地短路故障时，接地电流通过接地点向大地流散，会在以接地故障点为中心、20 m 为半径的范围内形成分布电位，当人触及漏电设备外壳时，电流通过人体和大地形成回路，造成触电事故，称为接触电压触电。这时加在人体两点的电位差即接触电压 U_j（按水平距离 0.8 m、垂直距离 1.8 m 考虑），如图 5-6 所示。

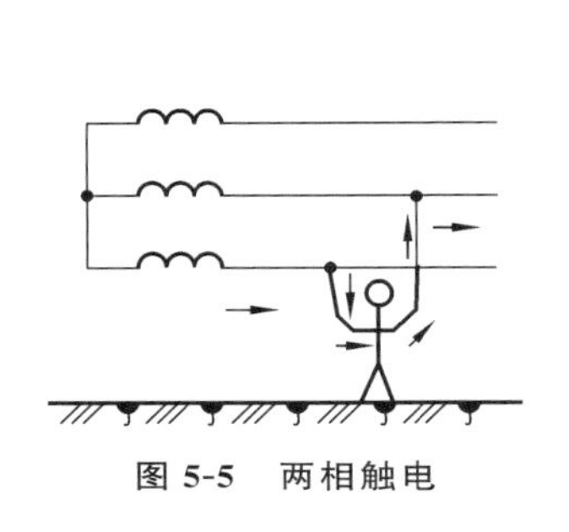

图 5-5 两相触电

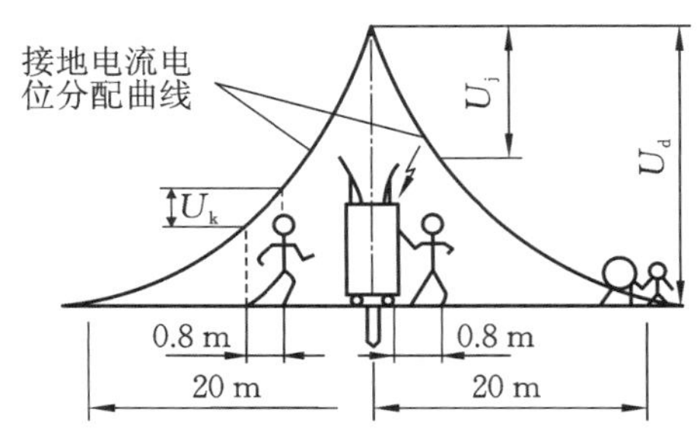

图 5-6 跨步电压触电和接触电压触电

5.2.3 预防触电

为了确保人身安全和电力系统工作的需要，要求电气设备采取接地措施。按接地目的的不同，接地可分为工作接地、保护接地和保护接零三种，如图 5-7 所示，图中的接地体是埋入地中直接与大地接触的金属导体。

1. 工作接地

为保证电气设备的正常工作，将电力系统中的某一点（通常是中性点）直接用接地装置与大地可靠地连接起来，就称为工作接地。

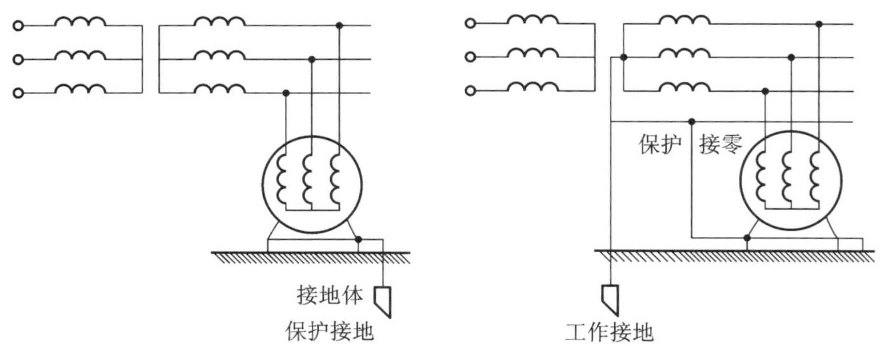

图 5-7 工作接地、保护接地、保护接零

2. 保护接地

在电源中性点不接地的供电系统中，将电气设备的金属外壳与接地体（埋入地下并直接与大地接触的金属导体）可靠连接，就称为保护接地。通常接地体为钢管或角铁，接地电阻不允许超过 4 Ω。

图 5-8 为保护接地原理图。当设备漏电，人体触及漏电设备时，相当于人体电阻（R_b）与接地电阻（R_e）并联。由于人体电阻远远大于接地电阻，因此漏电电流将经过接地电阻 R_e 和线路漏电电阻 R_1 形成回路，从而使通过人体的电流非常微小。接地电阻越小，通过人体的电流就越小，也就越安全。

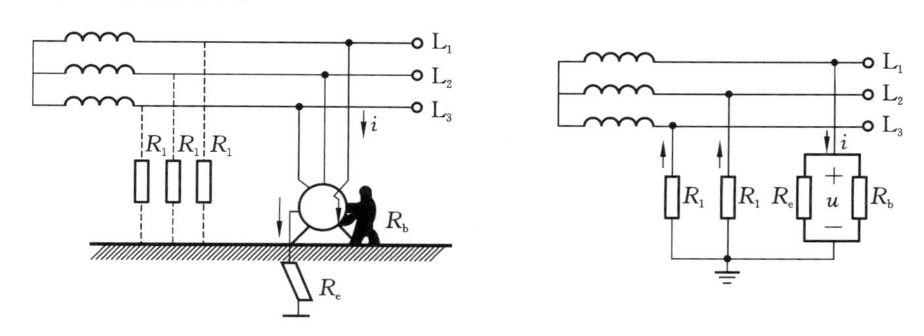

图 5-8 保护接地原理图

3. 保护接零

在电源中性点已接地的三相四线制供电系统中，将电气设备的金属外壳与电源零线相连，就称为保护接零。图 5-9 为保护接零原理图。

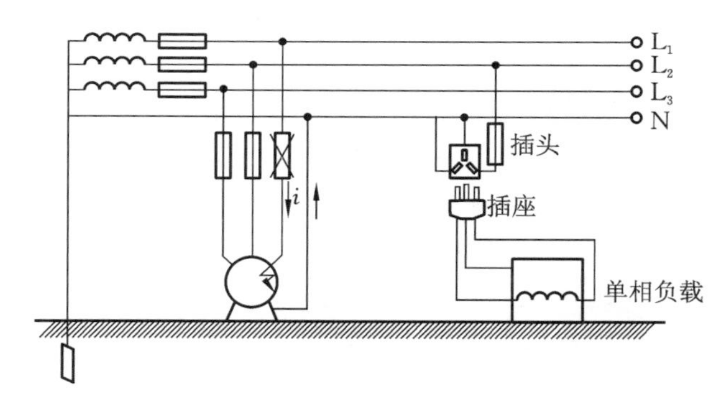

图 5-9 保护接零原理图

当设备的金属外壳接电源零线之后，若设备某相发生外壳漏电故障，就会通过设备外壳形成相线与零线的单相短路，其短路电流足以使该相熔断器熔断，从而切断故障设备的电源，确保人身及设备安全。

采用保护接零时要特别注意，在同一台变压器供电的低压电网中，不允许将有的设备接地，有的设备接零，如图 5-10 所示。这是因为当某台接地设备出现漏电时，其漏电电流经设备接地电阻 R_e' 和中性点接地电阻 R_e 产生压降，使电源中性点和中性线的电位不等于大地的零电位，所有保护接零设备的金属外壳均带电，当人体触及无故障的接零设备金属外壳时，也会发生触电事故。

4. 重复接地

在中性点接地系统中，除采用保护接零外，还需采用重复接地，就是将零线相隔一定距离，多处进行接地，如图 5-11 所示。这样当零线在×处断开而电动机一相碰壳时，由于多处重复接地的接地电阻并联，外壳对地电压大大降低，减小了危险程度。

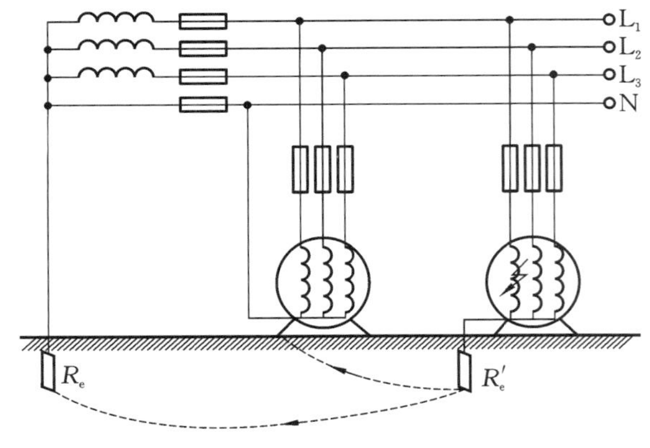

图 5-10　有的设备接地，有的设备接零

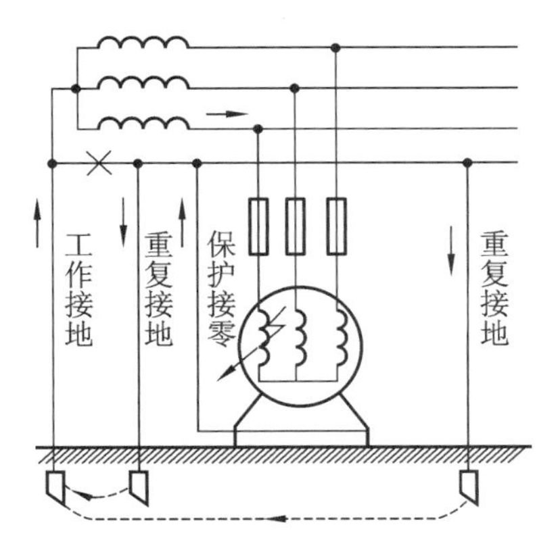

图 5-11　工作接地、保护接零和重复接地

5. 工作零线与保护零线

在三相四线制系统中，由于负载往往不对称，零线中有电流，因此零线对地电压不为零，距电源越远，电压越高，但一般在安全值以下，无危险性。为了确保设备外壳对地电压为零，专设保护零线 PE，如图 5-12 所示。所有的接零设备都要通过三孔插座（L，N，E）接到保护零线上。在正常工作时，工作零线中有电流，保护零线中不应有电流。

图 5-12 中，(a)是正确的连接方式，当绝缘损坏，外壳带电时，短路电流经过保护零线，将熔断器熔断，切断电源，消除触电事故；(b)的连接方式是不正确的，因为如果在×处断开，绝缘损坏外壳便带电，将会发生触电事故；有的用户在使用日常电器（如手电钻、电冰箱、洗衣机、台式电扇等）时，忽视外壳的接零保护，插上单相电源就用，如图 5-12 中的接法(c)，这是十分不安全的，一旦绝缘损坏，外壳也就带电。

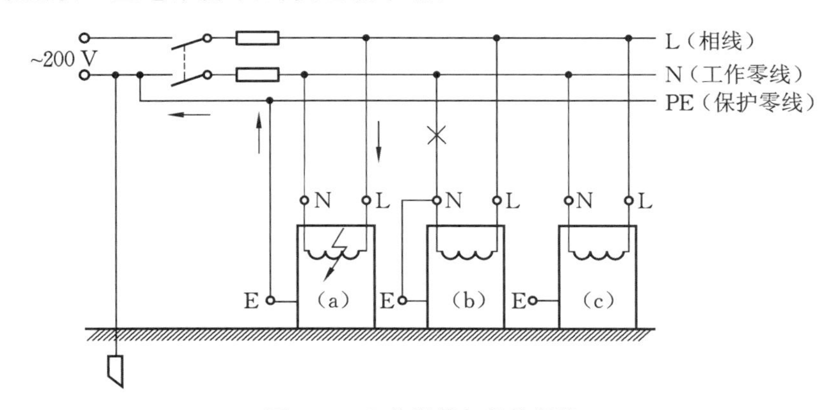

图 5-12　工作零线与保护零线

(a)—接零正确；(b)—接零不正确；(c)—忽视接零

5.2.4 触电急救

人体触电后，电流可直接通过人体的内部器官，导致循环系统、呼吸系统和中枢神经系统机能紊乱，或由电流的热效应、化学效应和机械效应对人体表面造成电伤。触电带来的伤害比较严重，可危及生命。因此，每个人都应该学习一些常见而实用的触电急救方法，以便遇事时能及时、冷静地处理。

第一步是灵活运用各种方法，快速而果断地切断电源。可就近拉下电源开关，拔出插销或保险，切断电源；或者可用带有绝缘柄的利器切断电源线；找不到开关或插头时，可用干燥的木棒、竹竿等绝缘体将电线拨开，使触电者脱离电源。动作一定要快，尽量缩短触电者的带电时间。切不可用手、金属和潮湿的导电物体直接触碰触电者的身体或与触电者接触的电线，以免引起抢救人员自身触电。解脱电源的动作要用力适当，防止因用力过猛而使带电电线击伤在场的其他人员。在帮助触电者脱离电源时，应注意防止触电者被摔伤。

第二步是灵活运用绝缘物品，帮助触电者与地绝缘。可用干燥的木板垫在触电者的身体下面，使其与地绝缘。如遇高压触电事故，应立即通知有关部门给予停电处理。如果触电者身体压在电源线上，应尽快用干燥的绝缘棉衣或棉被将其拉开，切记千万不要直接接触触电者。

第三步是视触电者的身体状况，果断采取抢救措施。若触电者呼吸和心跳均未停止，此时应让触电者就地躺平，安静休息，不要让触电者走动，以减轻心脏负担，并严密观察其呼吸和心跳的变化；若触电者呼吸和心跳停止，应立即按心肺复苏方法进行抢救；若有烧伤应适当包扎。在抢救高压电线触电患者时，要注意保护，不要让其跌落地面，并尽快拨打 120 急救电话，将伤者立即送往医院抢救。

心肺复苏具体操作方法：

(1) 触电者仰卧在地上，松开衣领、腰带，确保周围环境安全。

(2) 检查及畅通呼吸道，取出口内异物，清除分泌物。用一手推前额，使头部尽量后仰，同时另一手将下颏向上方抬起。

(3) 进行胸外按压。按压部位为胸骨中下 1/3 处，即两乳头连线的中点位置。按压方法是双手的手掌相叠，十指相扣并抬起，两臂伸直，肘关节不要弯曲，利用身体的重力垂直向下施力按压。一般情况下，成人的按压深度是 5～6 cm，每一次按压后要能够让胸廓充分回弹。按压频率为每分钟 100～120 次。

(4) 开放气道及人工呼吸。采取仰头举颏法，开放气道。打开气道后迅速对患者进行人工呼吸，一手拖住下颌，一手捏住鼻孔，吸气以后对准患者的嘴巴用力向内吹气，然后放开鼻孔，让胸腔回缩呼气。每做完 30 次胸外按压后进行 2 次人工呼吸，牢记“30 ∶ 2”的循环操作。

5.3 防雷保护

雷击是一种自然灾害，它常常造成人畜伤亡、建筑物损毁，引发火灾以及导致电力、通信和计算机系统瘫痪等，给国民经济和人民生命财产带来巨大的损失。人们通过对雷电长期的探索研究，找出了其活动规律，也研究出了一系列防雷措施。

5.3.1 雷电的形成与规律

闪电和雷鸣是大气层中强烈的放电现象。在云块的形成和运动过程中，由于摩擦和其他原因，有些云块可能积累正电荷，另一些云块可能积累负电荷，随着云块间正、负电荷的分别积累，云块间的电场越来越强，电压也越来越高。当电压高达一定值或带异种电荷的云块接近到一定距离时，其间的空气将被击穿，发生强烈的放电现象。云块间的空气被击穿、电离而发出耀眼的闪光，形成闪电。空气被击穿时受高热而急剧膨胀，发出巨大的轰鸣，形成雷声。

在我国，雷电发生的总趋势是：南方比北方多，山区比平原多，陆地比海洋多，热而潮湿的地方比冷而干燥的地方多，夏季比其他季节都多。在同一地区，凡是电场分布不均匀、导电性能较好、容易感应出电荷、云层容易接近的部位或区域，更容易引雷而导致雷击。

雷灾事故集中多发的三大地区位于中国东南五省(湘、赣、浙、闽、粤)、环渤海圈的山东、河北和云南省，雷灾事故相对发生较少的地区为中国西部地区。雷灾事故发生频次还与中国不同地区的经济发展现况和人口密度有关。

从对城市雷灾中受损物体的不同分类统计来看，损失最严重的是微电子设施，其次是电力设备，再次是家用和办公电器，这些电力、电子设备占受损物体的绝大部分。这说明随着我国社会现代化、信息化的推动，感应雷击的危害越来越大，计算机、弱电信息系统、广播电信、监控设备、电力设备、常用电器等受到感应雷击的威胁已经超过建筑物、树木这些以往受直接雷击威胁的物体。

有研究表明，下列物体或地点容易受到雷击。

(1) 空旷地区的孤立物体、高于 20 m 的建筑物或构筑物，如宝塔、水塔、烟囱、天线、旗杆、尖形屋顶、输电线路铁塔等。

(2) 烟囱冒出的热气(含有大量导电颗粒、游离态分子)、排除导电尘埃的厂房、排废气的管道和地下水出口。

(3) 金属结构的屋面、砖木结构的建筑物或构筑物。

(4) 特别潮湿的建筑物、露天放置的金属物。

(5) 金属矿床、河岸、山坡与稻田接壤的地区、土壤电阻率小的地区、土壤电阻率变化大的地区。

(6) 山谷风口处，在山顶行走的人畜。

在雷雨天时应特别注意这些容易受雷击的地方。

5.3.2 雷电的种类与危害

1.雷电的种类

1）直击雷

直击雷是指带有大量电荷的雷云与地面凸出部分产生静电感应，在地面凸出部分感应出大量异性电荷而形成强电场，当其间的电压高达一定值时，雷云与地面凸出部分之间所发生的放电现象。

直击雷一般有直接雷击和间接雷击两种形式。直接雷击(包括雷电直击、雷电侧击)是指在雷电活动区内，雷电直接通过人体、建筑物、设备等对地放电产生的电击现象。

所谓间接雷击，主要是直击雷辐射脉冲的电磁场效应和通过导体传导的雷电流，如以雷电波侵入、雷电反击等形式侵入建筑物内，导致建筑物、设备损坏或人身伤亡的电击现象。雷电波侵入是指雷击发生时，雷电直接击中架空或埋地较浅的金属管道、线缆，强大的雷电流沿着这些管线侵入室内。雷电反击是指直击雷防护装置(如避雷针)在引导强大的雷电流流入大地时，在它的引下线、接地体以及与它们相连接的金属导体上会产生非常高的电压，对周围与它们邻近却又没有与它们连接的金属物体、设备、线路、人体之间产生巨大的电位差，这个电位差会引起闪络。

2）感应雷

感应雷按感应方式分为静电感应雷和电磁感应雷两种。静电感应雷是由雷云接近地面，在地面凸出物顶部感应出大量异性电荷所致。当雷云与其他雷云或物体接近放电后，地面凸出物顶部的感应电荷失去束缚，以雷电波的形式从凸出部分沿地面极快地向外传播，在一定时间和部位发生强烈放电，形成静电感应雷。电磁感应雷是由发生雷电放电时，巨大的雷电流在周围空间产生迅速变化的强磁场所致。这种变化的强磁场在附近的金属导体上感应出很高的冲击电压，使其在金属回路的断口处发生放电而引起强烈的火光和爆炸。

3）球形雷

球形雷是一种很轻的火球，能发出极亮的白光或红光，通常以一定的速度从门、窗、烟囱等通道侵入室内，当触及人畜或其他物体时发生爆炸或燃烧。

2. 雷电的危害

雷电的电场特别强，电压特别高，电流特别大，在极短的时间内能释放出巨大的能量，其破坏作用相当大。

(1) 电磁性质的破坏：发生雷击时，可产生高达数百万伏的高压冲击波，这种高压冲击波可在导线或金属物体上感应出几万乃至几十万伏的特高压，足以破坏电气设备和导线的绝缘而使其烧毁，也可在金属物体的间隙或连接松动处形成火花放电，引起爆炸，或者形成雷电侵入波侵入室内，危及人畜或设备安全。

(2) 热性质的破坏：强大的雷电流在极短的时间内转换为大量的热能，足以使金属熔化或飞溅，烧焦树木。如果击中易燃品或房屋，还将引起火灾。

(3) 机械性质的破坏：当雷电击中树木、电杆等物体时，被击物缝隙中的气体受高热急剧膨胀,水分又急剧蒸发成大量气体,造成被击物体被破坏或爆炸。同时,同方向电流之间的电磁推力,也有很强的破坏作用。

(4) 跨步电压破坏:雷电流通过接地装置或地面雷击点向周围土壤中扩散时,在土壤电阻的作用下,向周围形成电压降,此时若有人畜在该区域站立或行走,将受到雷电跨步电压的伤害。

5.3.3 防雷的装置与要点

常用防雷装置有避雷针、避雷带、避雷网等。实际上,一套完整的防雷装置包括接闪器、引下线和接地体三部分,而避雷针、避雷带、避雷网等都是防雷装置的接闪器部分,它们主要用于保护露天的配电设备、建筑物或构筑物。

1. 接闪器

接闪器是各种防雷装置最顶端的部分,也是最主要的部分,其作用是将雷电引向自身,再通过引下线和接地体将雷电流泄放入大地,保护周围设备、建筑物或构筑物不再受到雷击。

避雷针是一种尖形金属导体,安装在被保护物的顶端并按要求高出被保护物适当的高度。避雷针的工作原理是:当被保护物附近出现雷云时,由于雷云的静电感应,被保护物及附近地面出现异性电荷,这些电荷通过避雷针进行尖端放电,实现地电荷与雷云电荷的中和。若在被保护物附近出现直击雷,避雷针也可将雷电流通过引下线和接地体导入大地疏散。

避雷带是在建筑物的屋脊和屋顶四周敷设的接地导体,是由避雷针、避雷线发展而来的。避雷网是在避雷带的中间敷设接地导体,以保护建筑物的中间部位,其优点是敷设简便、造价低。同高耸的避雷针相比,避雷网引雷的概率大幅降低,而且它接闪后一般由多根引下线泄散电流,室内设备上的反击电压相对较低。我国建筑防雷工作者提出并在全国广泛应用的笼型防雷方式是利用建筑物钢筋形成的法拉笼,它同时解决了等电位连接问题,极大地提高了建筑防雷的可靠性,此外,它便于笼内(屋内)电力、电信、电子设施统一接地(共地式)。

在选择接闪器所用材料时,首先应考虑其载流量、机械强度、耐腐蚀性和热稳定性。要求其具备热稳定性,是考虑到接闪器应能承受强大雷电流的热破坏作用。当接闪器的锈蚀程度达横截面积 30%以上时应更换。

避雷带与避雷网除可作为直击雷接闪器外,对静电感应雷也有预防功能,一旦雷云与建筑物之间发生静电感应,它们能将感应电荷疏导入地,避免雷击。但这类接闪器必须有两点以上可靠接地,且接地点间距为 18～30 m。

2. 引下线

引下线是防雷装置的中间部分,它的作用是将接闪器接收到的雷电流传输到接地体,或将大地中的感应电荷输导到空中。为确保其导电性能、机械强度和耐腐蚀性能,通常选用镀锌圆钢或扁钢制作。引下线的敷设位置应选择在少有人去的地方,路径尽量短,与建筑物之间的距离取 15 mm 左右为宜。

3. 接地体

接地体是避雷针的地下部分，其作用是将引下线送来的雷电流扩散到大地中去。防雷装置接地体比其他装置的接地体稍大。独立避雷针接地体必须单独装设，不得与其他设备共用接地体，其接地电阻不应大于 10 Ω。若不是独立避雷针，可以与其他设备共用接地体，但接地电阻必须符合要求。

(1) 为了避免避雷针上雷电的高电压通过接地体传到输电线路而引入室内，避雷针接地体与输电线路接地体在地下至少应相距 10 m。

(2)为防止感应雷和雷电侵入波沿架空线进入室内，应将进户线最后一根支承物上的绝缘子铁脚可靠接地，在进户线最后一根电杆上的中性线应加重复接地。

(3) 雷雨时在野外不要穿湿衣服；雨伞不要举得过高，特别是有金属柄的雨伞；若有多人在一起时，要相互拉开几米的距离，分散避雷。

(4) 躲避雷雨，应选择有屏蔽作用的建筑或物体，如金属箱体、汽车、电车、混凝土房屋等。不能站在孤立的大树、电杆、烟囱和高墙下，不要乘坐敞篷车和骑自行车，因这些物体容易受直击雷袭击。

(5) 雷雨时不要停留在易受雷击的地方，如山顶、湖泊、河边、沼泽地、游泳池等处；在野外遇到雷雨时，应蹲在低洼处或躲在避雷针保护范围内。

(6) 雷雨时，在室内应关好门窗，以防球形雷飘入。不要站在窗前或阳台上或有烟囱的灶前，应离开电力线、电话线、水管、煤气管、暖气管、天线馈线 1.5 m 以外，离开厨房、浴室等潮湿的场所。

(7) 雷雨时，不要使用家用电器，应将电器的电源插头拔下，以免雷电沿电源侵入电器内部损伤绝缘，击毁电器。

习　题

一、填空题

1. 电力系统是由________、________和________组成的一个整体系统。

2. 常见的触电方式有________、________、________________。

3. 按接地目的的不同，接地主要可分为________、________和________三种。

4. 触电对人体的伤害一般分为________和________两种。

二、判断题

(　　) 1. 触电电流通过人体的时间愈长，则伤害愈大。

(　　) 2. 遇有电气设备着火时，首先应立即灭火，然后切断电源。

(　　) 3. 目前我国电工作业人员的操作资格证书有效期为 6 年。

(　　) 4. 低压设备或做耐压实验的周围栏上也要悬挂标示牌。

(　　) 5. 只要做好设备的保护接地或保护接零，就可以杜绝触电事故的发生。

(　　) 6. 雷电时，应禁止屋外高空检修、试验和屋内验电等作业。

(　　)7. 在安全色标中用绿色表示安全、通过、允许、工作。

(　　)8. 黄绿双色的导线只能用于保护线。

(　　)9. 脱离电源后，触电者神志清醒，应让触电者来回走动，加强血液循环。

(　　)10. 触电可分为单相触电、两相触电和跨步电压触电三种情况。

三、选择题

1. (　　)Hz 左右的交流电对人最危险。

A. 1～50　　B. 50～60　　C. 60～500　　D. 500～1100

2. 两相触电时，人体承受的是(　　)。

A. 相电压　　B. 线电压　　C. 跨步电压　　D. 最小电压

3. 人体的触电方式中，以(　　)最为危险。

A. 单相触电　　B. 两相触电　　C. 跨步电压触电　　D. 三相触电

4. 一般规定(　　)以下为安全电压。

A. 12 V　　B. 24 V　　C. 36 V　　D. 72 V

5. 家中的洗衣机、冰箱等大功率家用电器大多使用三线插座，这是因为如果不接地线，则(　　)。

A. 这些电器不能工作　　B. 会浪费电

C. 会缩短这些电器的使用寿命　　D. 人接触电器可能会有触电危险

四、问答题

什么是工作接地、保护接地、保护接零、重复接地？

第6章

常用半导体器件

半导体二极管和半导体三极管是电子电路和集成电路中非常重要的常用半导体器件。本章将详细介绍半导体相关知识和常用半导体器件。

学习目标

1. 熟悉半导体、本征半导体及本征激发、杂质半导体、PN结等的基本概念。
2. 掌握半导体二极管和稳压管的导电特性及其主要参数。
3. 熟悉半导体三极管的结构，理解其电流放大原理，掌握其输入和输出特性。

6.1 半导体

自然界的物质按其导电能力可划分为导体、半导体和绝缘体三大类。凡容易导电的物质(如金、银、铜、铝、铁等金属)称为导体;不容易导电的物质(如玻璃、橡胶、塑料、陶瓷、干木头等)称为绝缘体;导电能力介于导体和绝缘体之间的物质(如硅、锗、硒等)称为半导体。

半导体除了在导电能力方面不同于导体和绝缘体之外，它还具有一般物质不具备的一些特点:①热敏性:当半导体的温度发生改变时，其导电能力有着显著的变化;②光敏性:当半导体的光照强度发生改变时，其导电能力有着显著的变化;③掺杂性:在纯净的半导体材料中掺入某一微量杂质，其导电能力将显著增强。

由此看来，半导体的“半”的含义就是:在一定条件下，半导体导电(相当于导体)，而在另一条件下其又不导电(相当于绝缘体)。也就是说，半导体导电与否，取决于一定的条件。

那半导体为何具有这样的导电特性呢?下面介绍一下半导体的导电机理。

6.1.1 本征半导体

本征半导体是指完全纯净的、具有晶体结构的半导体，如图6-1所示。

常用的半导体材料有硅(元素符号为 Si)和锗(元素符号为 Ge)两种,其原子结构如图 6-2 所示。

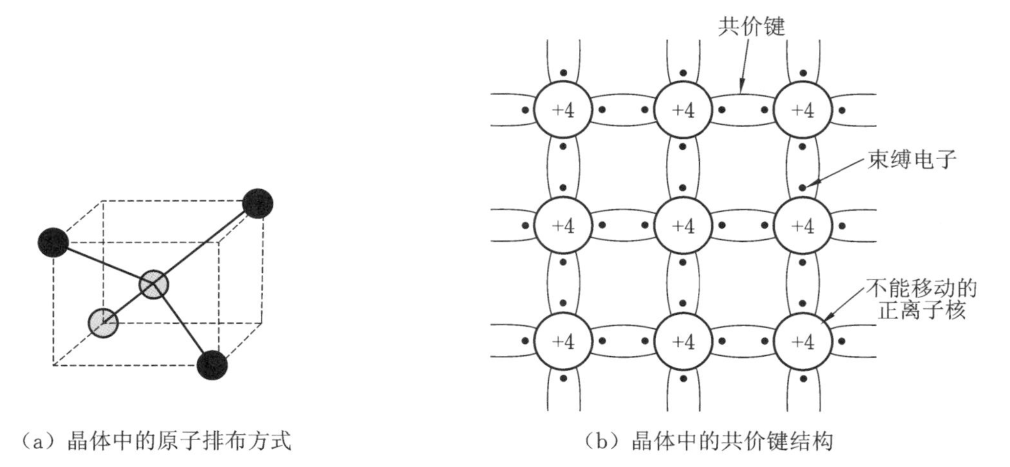

(a) 晶体中的原子排布方式　　(b) 晶体中的共价键结构

图 6-1　晶体结构示意图

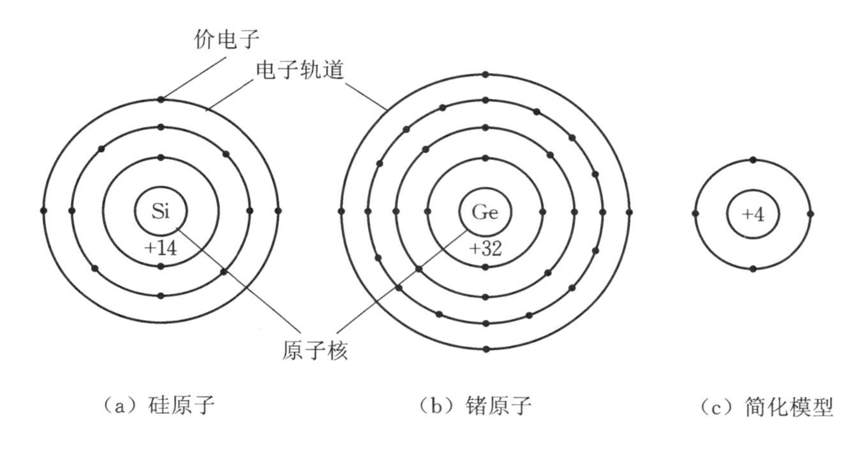

(a) 硅原子　　(b) 锗原子　　(c) 简化模型

图 6-2　硅和锗的原子结构示意图

我们知道,只要温度未达到绝对零度(−273.15 ℃),物质的分子热运动就不会停止,且温度越高,物质的分子热运动越剧烈。虽然本征半导体具有较稳定的共价键结构,但是,共价键中被束缚的少数价电子在获得一定能量(温度升高或受光照)后,即可摆脱原子核的束缚,成为自由电子(带负电),同时共价键中留下一个空位,称为空穴(带正电)。这一现象称为本征激发。很显然,自由电子和空穴是同时产生的,称为电子-空穴对,如图 6-3 所示。

在外电场的作用下,自由电子可以发生定向运动。同时,有空穴的原子会吸引相邻原子中的束缚电子来填补这个空穴。相邻原子在失去了一个价电子后就出现了一个空穴,这个空穴又吸引下一个相邻原子中的束缚电子来填补这个空穴。下一个相邻原子在失去了一个价电子后也出现了一个空穴,如此继续下去,就好像空穴在定向运动(注意:空穴实质上没有运动,也不能移动),如图 6-4 所示。因为自由电子和空穴在同一外电场作用下,其定向运动的方向相反,从而形成的电流方向相同。所以,当半导体两端有外电场作用时,在半导体中形成的电流实质上由两部分构成：一部分是自由电子做定向运动所形成的电子电流，另一部分是束缚电子做填补空穴运动所形成的空穴电流。也就是说，在半导体中，同时存在自由电子导电和空穴导电，这是半导体与金属在导电原理上的不同之处。

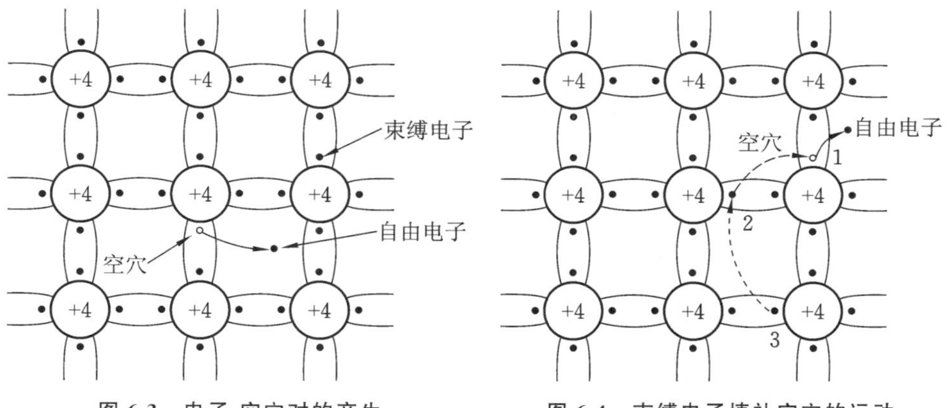

图6-3 电子-空穴对的产生　　图6-4 束缚电子填补空穴的运动

因为自由电子和空穴都参与了导电，所以，在半导体中，将自由电子和空穴统称为载流子。自由电子和空穴总是成对产生，同时也在不断复合（自由电子回到空穴）。在一定温度下，电子-空穴对的产生和复合会达到一种动态平衡（产生的电子-空穴对和复合的电子-空穴对数量相等），半导体中载流子的数量和浓度维持在某一水平。由于两种载流子所带的电量相等、极性相反，因此对外不显电性。

温度越高，物质的分子热运动就越剧烈，半导体的本征激发程度就越显著，产生的电子-空穴对就越多，也就是载流子的浓度越高，其导电性能越强。这就是半导体具有热敏性的原因所在。由此可知，温度对半导体器件性能的影响非常大。

6.1.2 杂质半导体

在常温下，由于本征半导体的本征激发程度有限，因此自由电子和空穴两种载流子的数量很少，浓度很低，其导电能力非常有限，难以直接应用。但是，如果在本征半导体中掺入某种微量的杂质元素，掺杂后的半导体（称为杂质半导体）的导电性能将大大增强，其应用也变得十分广泛。

根据掺入杂质元素的不同，杂质半导体可分为两大类。

1. N型半导体

N型半导体是在本征半导体硅（或锗）中掺入微量的五价元素（如磷、砷、镓等）而形成的。杂质元素原子的5个价电子与周围的硅原子结合成共价键时，多出1个价电子，这个多余的价电子便成了自由电子，于是杂质半导体中自由电子的数目大量增加。同时，在杂质元素原子的位置留下一个不能移动的正离子核。由于自由电子带一个单位负电荷，而正离子核带一个单位正电荷，因此杂质半导体仍然呈现电中性，如图6-5(a)所示。N型半导体结构简化图如图6-6(a)所示。

显然，在N型半导体中，多数载流子是自由电子，少数载流子是空穴。在外电场作用下，

N 型半导体的导电主要靠自由电子来实现。所以，N 型半导体又称为电子型半导体。

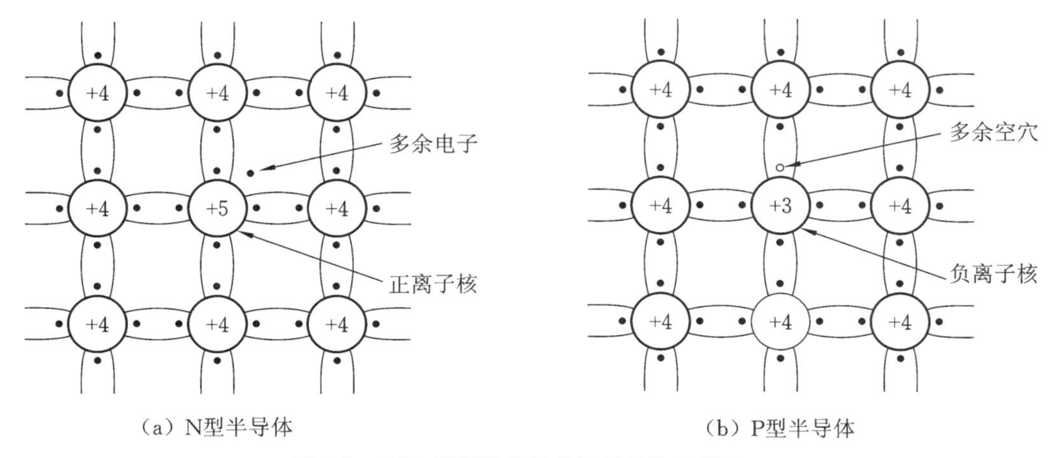

图 6-5　P 型、N 型半导体共价键结构示意图

2. P 型半导体

P 型半导体是在本征半导体硅(或锗)中掺入微量的三价元素(如硼、铟、镓等)而形成的。杂质元素原子的 3 个价电子与周围的硅原子结合成共价键时，由于缺少一个价电子，在晶体中便产生了一个空位，于是杂质半导体中空穴的数目大量增加。同时，在杂质元素原子的位置留下一个不能移动的负离子核。由于空穴带一个单位正电荷，而负离子核带一个单位负电荷，因此杂质半导体仍然呈现电中性，如图 6-5(b)所示。P 型半导体结构简化图如图 6-6(b)所示。

在 P 型半导体中，多数载流子是空穴，少数载流子是自由电子。在外电场作用下，P 型半导体的导电主要靠空穴载流子来实现。所以，P 型半导体又称为空穴型半导体。

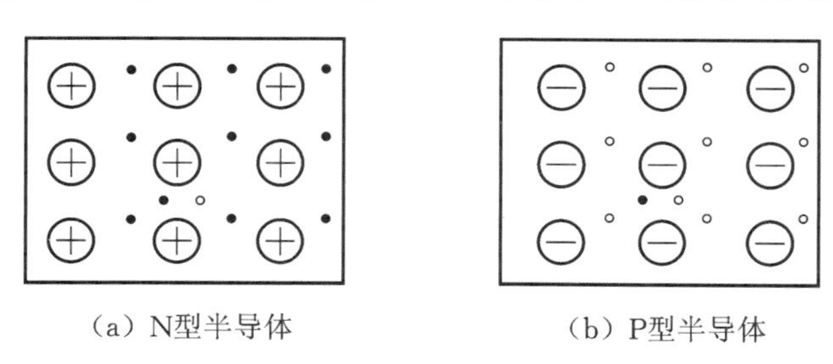

图 6-6　P 型、N 型半导体结构简化示意图

6.1.3　PN 结

单一的 N 型或 P 型半导体，与本征半导体相比，虽然其导电能力已大大增强，但还不能直接用来制造半导体器件。通常是将 N 型半导体和 P 型半导体巧妙地结合在一起而形成 PN 结，再利用 PN 结制造出各种不同特性的半导体器件。所以，PN 结是制造半导体器件的核心。

1. PN 结的形成

利用掺杂工艺，在一块本征半导体硅片或锗片的一端掺入三价杂质元素，在另一端掺入五价杂质元素。这样,在本征半导体硅片或锗片的一端得到 P 型半导体(多数载流子是空穴,少数载流子是自由电子),而在另一端得到 N 型半导体(多数载流子是自由电子,少数载流子是空穴)。

在 P 型半导体和 N 型半导体的交界面处,由于两边载流子浓度的差异,N 型半导体中的多数载流子(自由电子)向 P 型半导体中做扩散运动,并与 P 型半导体中的多数载流子(空穴)进行复合,如图 6-7 所示。

随着扩散和复合的进行,在交界面的 P 区一侧只留下不能移动的负离子,而在 N 区一侧只留下不能移动的正离子。这样,在 P 型半导体和 N 型半导体的交界面处就出现了空间电荷区,从而建立了一个从 N 区指向 P 区的内电场,如图 6-8 所示。

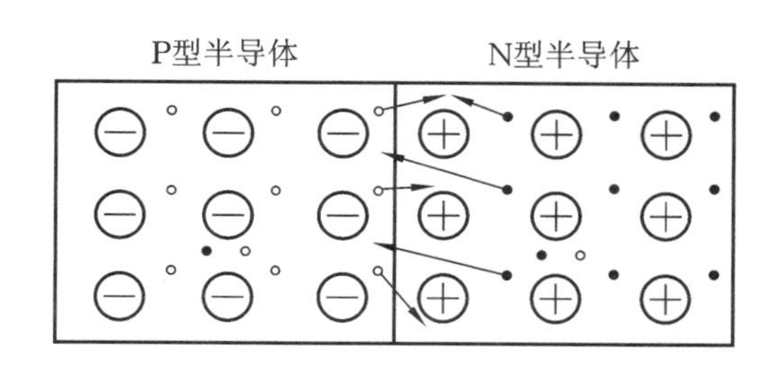

图 6-7 P 型和 N 型半导体交界面处载流子的扩散

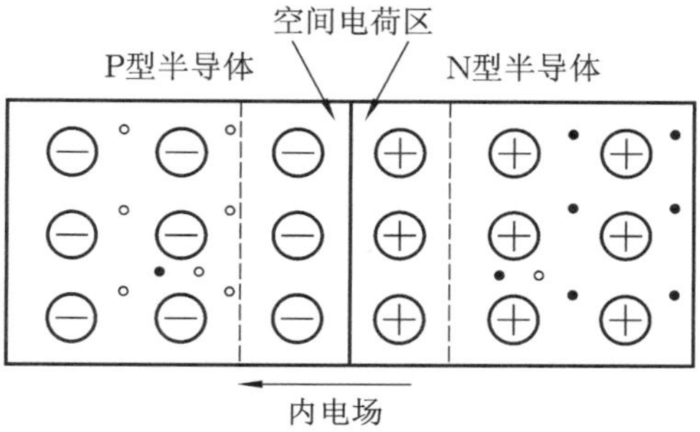

空间电荷区
P型半导体
N型半导体
内电场

图 6-8 PN 结的形成

内电场的建立对多数载流子的扩散运动起阻碍作用;同时,促使 P 区的少数载流子(自由电子)和 N 区的少数载流子(空穴)在内电场的作用下做漂移运动,穿过空间电荷区进入对方区域。显然,扩散运动与漂移运动的方向相反。

刚开始时,扩散运动强于漂移运动。而随着扩散和复合的进行,内电场逐步增强,则扩散运动随着内电场的增强而削弱,漂移运动随着内电场的增强而增强。所以,在某一时刻,扩散运动和漂移运动一定会达到动态平衡。此时,空间电荷区的宽度将不再发生变化(无外加电场时),这个稳定的空间电荷区就是 PN 结。在空间电荷区,多数载流子已经扩散到对方区域并复合掉了,或者说消耗尽了,因此,通常又称空间电荷区为耗尽层。

2. PN 结的特性——单向导电性

PN 结在没有外加电压(电场)作用时,半导体中的扩散运动和漂移运动会维持动态平衡。但是,如果在 PN 结的两端外加电压时,这种动态平衡一定会被破坏。下面对 PN 结在外加电压作用下的特性做简要分析。

1) 外加正向电压特性——导通

当外加正向电压(将电源的正极加在 P 端,负极加在 N 端)时,外电场与内电场的方向相反,如图 6-9 所示。由于有了外电场的作用,扩散运动和漂移运动的动态平衡被破坏。外电场驱使 P 区的空穴进入空间电荷区而减小负离子组成的空间电荷区的宽度。同样,外电场驱使 N 区的自由电子进入空间电荷区而减小正离子组成的空间电荷区的宽度。这样,整个空间电荷区的宽度就变窄了,内电场减弱了,从而使多数载流子(P 区的空穴和 N 区的自由电子)的扩散运动增强。随着多数载流子扩散运动的增强,空间电荷区将进一步变窄。就这样，多数载流子在外电场的作用下做顺畅的扩散运动而形成较大的正向电流。此时，PN 结正向导通，呈现出较小的正向电阻（理想化条件下，正向电阻等于零，常做短路处理）。

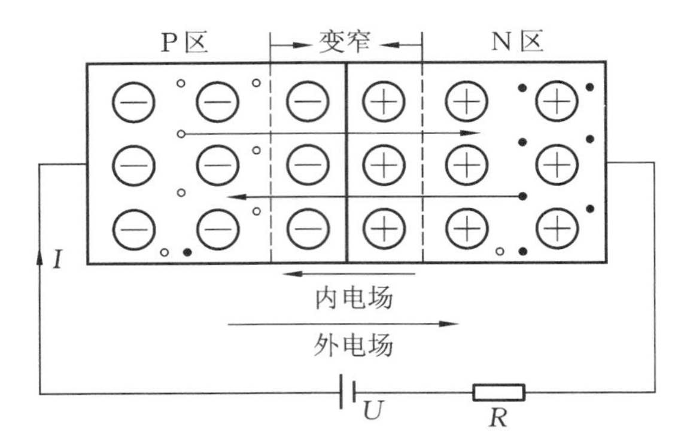

图 6-9　PN 结外加正向电压

2）外加反向电压特性——截止

当外加反向电压（将电源的正极加在 N 端，负极加在 P 端）时，外电场与内电场的方向相同，如图 6-10 所示。由于有了外电场的作用，扩散运动和漂移运动的动态平衡被破坏。外电场驱使 P 区的空穴远离空间电荷区而增大负离子组成的空间电荷区的宽度。同样，外电场驱使 N 区的自由电子远离空间电荷区而增大正离子组成的空间电荷区的宽度。这样，整个空间电荷区的宽度就变宽了，内电场增强了，从而使多数载流子（P 区的空穴和 N 区的自由电子）的扩散运动难以进行，也就无法形成较大的正向电流。但是，内电场的增强促进了少数载流子的漂移运动，即在外加反向电压作用下，P 区的少数载流子（自由电子）穿过空间电荷区进入 N 区，同时，N 区的少数载流子（空穴）穿过空间电荷区进入 P 区，从而形成反向电流。由于少数载流子的数量和浓度非常有限，因此形成的反向电流非常微弱，近似于零。此时，PN 结反向截止，呈现出很大的反向电阻（理想化条件下，反向电阻无穷大，常做开路处理）。

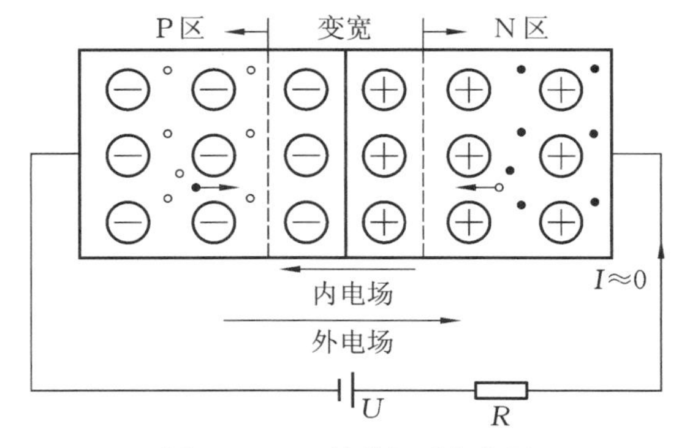

图 6-10　PN 结外加反向电压

综上所述，PN 结加正向电压时导通（正向电阻小，正向电流大），加反向电压时截止（反向电阻大，反向电流小，近似于零）。也就是说，PN 结具有单向导电性。

6.2 半导体二极管

6.2.1 半导体二极管的结构

分别从一个PN结的P端和N端引出两根导线，再将这个PN结用外壳封装起来，便成了半导体二极管，如图6-11所示。所以，半导体二极管实质上就是一个PN结。半导体二极管的外壳封装常采用金属封装、塑料封装和玻璃封装三种封装形式。

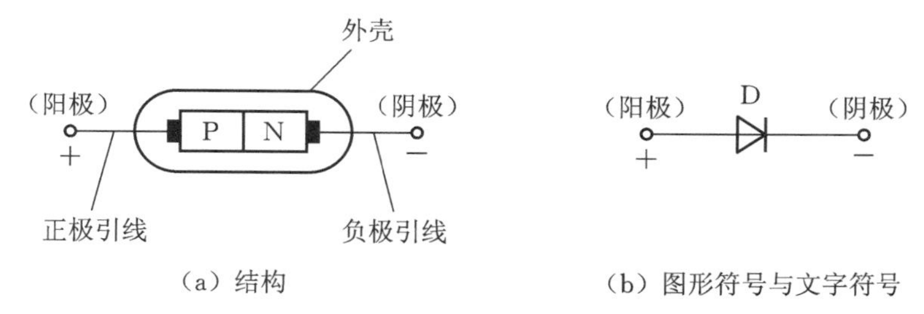

图6-11 半导体二极管的结构及图形符号与文字符号

按结构的不同，半导体二极管可分为点接触型、面接触型和平面型三类，如图6-12所示。

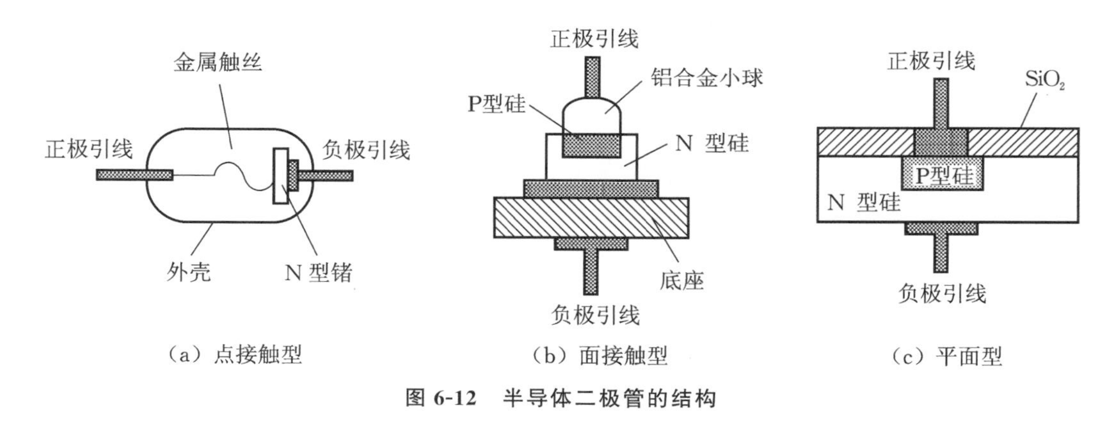

图6-12 半导体二极管的结构

点接触型半导体二极管结面积小、结电容小、可通过正向电流小，常用于检波和变频等高频电路，以及小功率整流电路。

面接触型半导体二极管结面积大、结电容大、可通过正向电流大，常用于低频（工频）大电流整流电路。

平面型半导体二极管常用于集成电路制作工艺，其结面积可大可小。结面积大的可用作高频、大功率整流；结面积小的可用作数字电路的开关管。

按制作时所使用的半导体材料的不同，半导体二极管可分为硅二极管和锗二极管，简称硅管和锗管。

6.2.2 半导体二极管的伏安特性

因为半导体二极管实质上是一个 PN 结，所以它具有 PN 结的单向导电性，其伏安特性曲线如图 6-13 所示。

由图可以看出，当外加正向电压很小且未达到一定数值时，虽然正向电压在增大，但正向电流基本上没有增大。这个一定数值的正向电压称为死区电压。硅管的死区电压约为0.5 V，锗管的死区电压约为 0.1 V。当正向电压大于死区电压后，随着正向电压的增大，正向电流迅速增大。此时，二极管处于正向导通状态。至于二极管在死区电压内不导通的原因，是因为当外加正向电压很小时，建立的外电场场强很弱，还不足以克服 PN 结内电场对多数载流子的扩散运动的阻碍作用；另一方面，由于有了外电场（虽然很微弱），PN 结原来的扩散运动和漂移运动的动态平衡势必会被打破，使扩散运动略有增强而形成微小的电流。

这里特别指出，只有当正向电压大于死区电压时，二极管才能实现真正意义上的导通。硅管的导通压降为 0.6～0.8 V（分析、计算时一般取 0.6～0.7 V），锗管的导通压降为 0.2～0.3 V（分析、计算时一般取 0.2 V）。对于理想二极管，死区电压等于零，导通压降等于零；正向电阻等于零（短路），反向电阻等于无穷大（开路）。

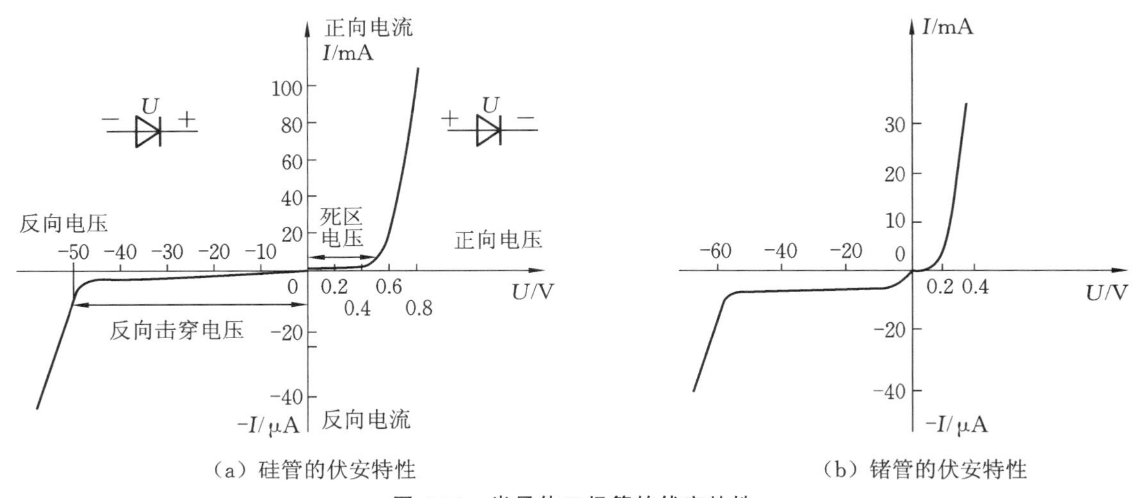

（a）硅管的伏安特性　　（b）锗管的伏安特性

图 6-13　半导体二极管的伏安特性

当外加反向电压未达到一定数值时，虽然反向电压在增大，但反向电流基本上没有增大（注意：图 6-13 中的反向电流的单位为 μA）。这个一定数值的反向电压称为反向击穿电压。至于二极管在被反向击穿电压击穿前所表现出来的特性，是因为反向电流是少数载流子的漂移运动产生的，而在常温下，少数载流子的数量和浓度是非常有限的，所以只产生微小的反向电流。

当外加反向电压大于反向击穿电压时，随着反向电压的增大，反向电流与反向电压呈线性增大。此时，二极管被反向击穿。这里特别指出，二极管一旦被反向击穿之后就不再具有单向导电性(有两种情况:①相当于一个固定电阻;②因过热而烧坏)。

6.2.3 半导体二极管的主要参数

1. 最大整流电流

最大整流电流是指二极管长时间连续使用时,允许通过的最大正向平均电流。当实际电流超过该值时,二极管很可能被烧坏。

2. 最高反向工作电压

最高反向工作电压是指保证二极管不被反向击穿而允许施加的反向峰值电压。为了确保二极管在电路中工作的可靠性,一般取二极管的最高反向工作电压为反向击穿电压的一半或三分之二,以留有足够的余量。

3. 最高工作频率

最高工作频率是指二极管工作频率的上限值,主要由 PN 结的结电容大小决定。当信号频率超过二极管的最高工作频率时,二极管的单向导电性能将变差。

6.2.4 半导体二极管的应用

二极管主要应用于整流、限幅、钳位等方面。

1. 二极管限幅电路

限幅电路也称为削波电路,它是一种能把输入电压的变化加以限制的电路,常用于波形变换和整形,电路如图 6-14(a)所示。设 $u_i=5\sin(\omega t)$ V,$E=2$ V。当 $u_i>E$ 时,二极管导通,$u_o=E=2$ V;当 $u_i<E$ 时,二极管截止,电阻 R 中没有电流,$u_o=u_i$。输入、输出波形如图 6-14(b)所示。显然,电路把输出电压的正峰值限制在 2 V 以下(若考虑二极管的导通压降,且二极管为硅管,则输出电压的正峰值限制在 2.7 V 以下)。

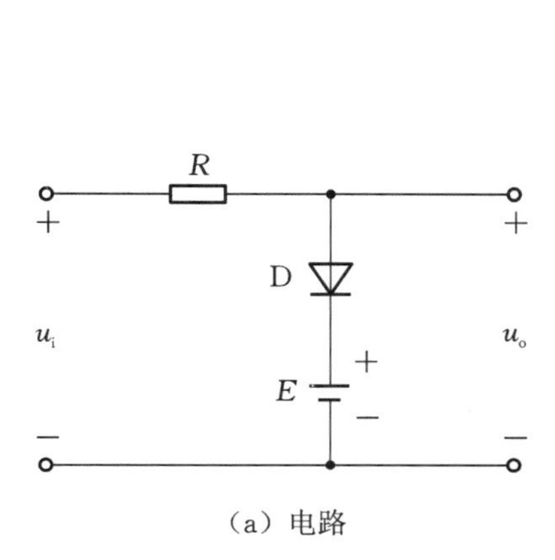

(a) 电路

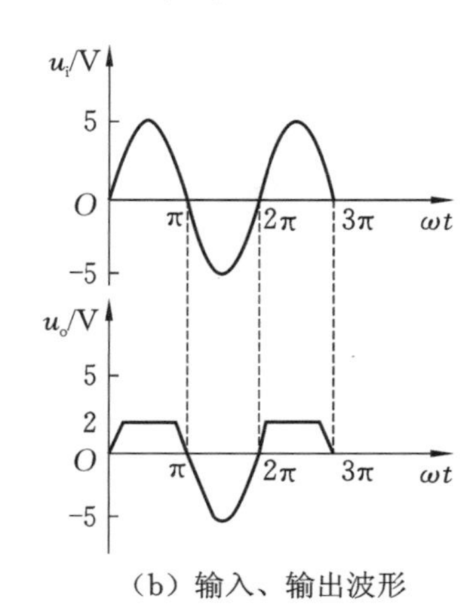

(b) 输入、输出波形

图 6-14 二极管限幅电路

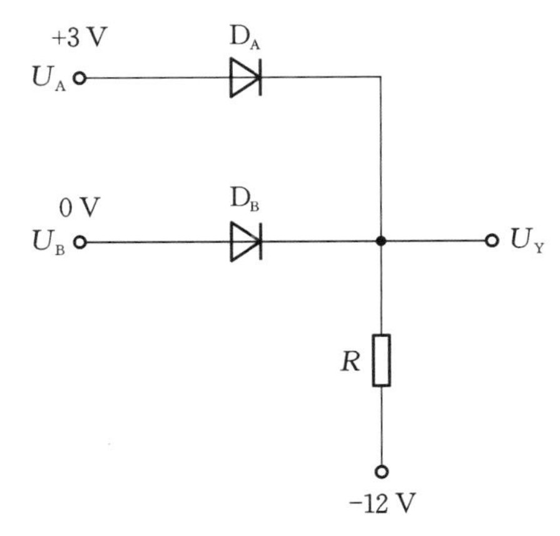

图 6-15　二极管钳位电路

2. 二极管钳位电路

二极管钳位电路如图 6-15 所示，其中 D_A、D_B 为理想二极管。

因为 $U_A > U_B$，则 D_A 优先导通；D_A 导通，则 $U_Y = U_A = 3$ V，则 D_B 截止，所以，D_A 在这里起钳位作用，使 $U_Y = 3$ V。D_A 称为钳位二极管。

关于二极管在整流方面的应用，详见第 9 章。

6.2.5　特殊二极管

1. 稳压二极管

稳压二极管简称稳压管，又名齐纳二极管，是一种用特殊工艺制作的面接触型硅半导体二极管，其图形符号与文字符号如图 6-16(a)所示。

1）稳压二极管的伏安特性

稳压二极管较容易发生反向击穿。一旦发生反向击穿，则其两端的电压基本不变，从而达到稳压的目的，故称稳压管。其伏安特性如图 6-16(b)所示。

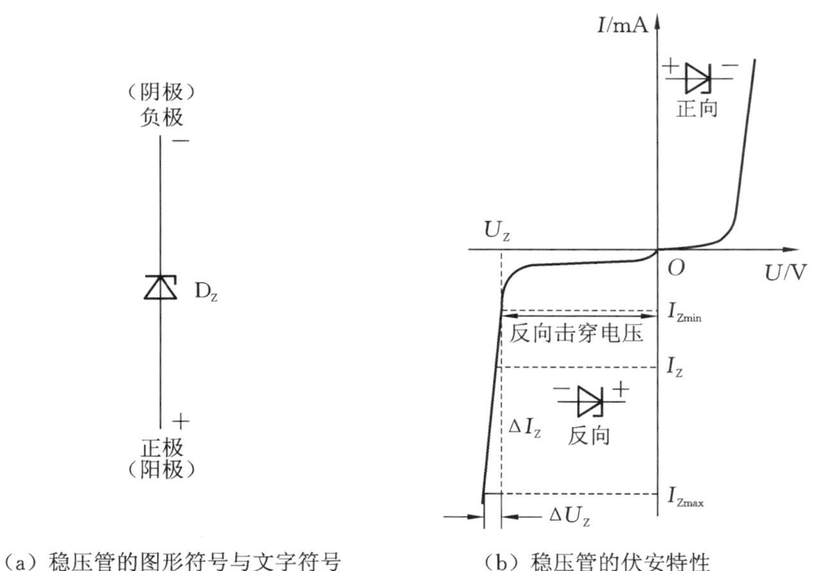

(a) 稳压管的图形符号与文字符号　　(b) 稳压管的伏安特性

图 6-16　稳压二极管的图形符号与文字符号及伏安特性

由图 6-16(b)和图 6-13 对照可知，稳压二极管的正向特性与普通二极管的正向特性是一样的；反向特性基本上也是一致的，唯一的区别就在于反向击穿之后，稳压二极管的伏安特性曲线比普通二极管要陡很多。所以，稳压二极管在未被反向击穿之前，就相当于一个普通二极管。

这里特别说明，稳压二极管是一种特殊的二极管，它的特殊性体现在两个方面：一方面，稳压二极管被反向击穿之后可以稳压，也只有被反向击穿之后才能稳压；另一方面，已被反向击穿的稳压二极管的反向电压撤掉之后，其PN结可以复原，即下次可以正常工作。

2）稳压二极管的主要参数

（1）稳定电压U_Z。

稳定电压是指稳压管在反向击穿状态下正常工作时两端的电压，简称稳压值，用字母U_Z表示。要说明的是，同一型号的稳压管，其稳压值具有一定的分散性。

（2）稳定电流I_Z。

稳定电流I_Z是指稳压管工作在稳压状态时，稳压管中流过的电流。由图6-16(b)可知，稳定电流I_Z介于I_{Zmin}和I_{Zmax}之间。I_{Zmin}是稳压管刚好被反向击穿时对应的最小稳定电流。I_{Zmax}是稳压管能在反向击穿状态下正常工作的最大稳定电流，若反向电流超过该值，则稳压管将因反向电流过大而发热损坏（也称为热击穿）。

（3）动态电阻r_Z。

动态电阻是指稳压管端电压的变化量与相应的电流变化量的比值，即

$$r_Z=\frac{\Delta U_Z}{\Delta I_Z}$$

稳压管的伏安特性曲线中的反向击穿特性曲线越陡（见图6-16(b)），则其动态电阻越小，同时，稳压管的稳压性能越好。

2. 发光二极管

普通发光二极管的图形符号与文字符号及结构如图6-17所示。

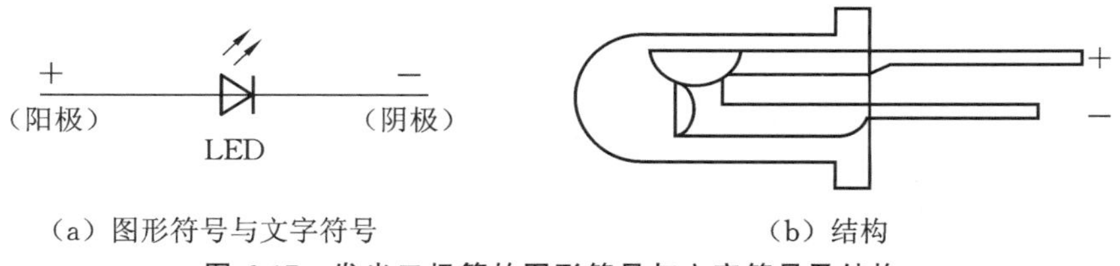

（a）图形符号与文字符号　　（b）结构

图6-17　发光二极管的图形符号与文字符号及结构

发光二极管是一种光发射器件，英文缩写是LED，通常由镓(Ga)、砷(As)、磷(P)等元素的化合物制成。此类二极管正向导通，当导通电流足够大时，能把电能直接转换为光能，发出光来。目前发光二极管的发光颜色有红、黄、绿、橙、蓝、白等多种，其发光的颜色主要取决于制作二极管的材料，例如砷化镓二极管发红光，而磷化镓二极管发绿光。

发光二极管工作时导通电压比普通二极管大，其工作电压随材料的不同而不同，随生产厂家的不同而不同，一般为1.5～3 V，工作电流一般为几毫安到几十毫安。实践中出现过这样的现象：用两节“555”电池供电，某一发光二极管能正常工作，但换用两节“南孚”电池供电，同样的发光二极管却很快烧坏。原因在于“南孚”电池的内阻比“555”电池的内阻小，从而使发光二极管中流过的电流过大而迅速烧坏。所以在选择发光二极管的电源时要特别注意。

发光二极管的应用非常广泛，常用作各种仪器仪表、计算机、电视机等的电源指示灯和信号指示灯等，也应用于手机背光灯、液晶显示器背光灯、节能照明等领域，还可以做成七段数码管进行数码显示等。发光二极管的另一个重要用途是将电信号转换为光信号（例如用于声光报警等）。

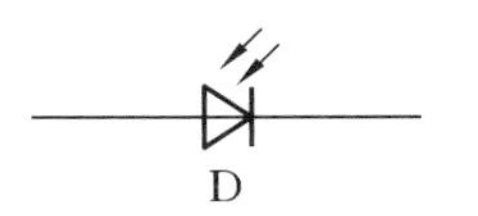

图 6-18　光敏二极管图形符号与文字符号

3. 光敏二极管

光敏二极管又称为光电二极管。光敏二极管与普通二极管类似，但在其 PN 结处，有玻璃窗口能接收外部的光照。光敏二极管图形符号与文字符号如图 6-18 所示。

光敏二极管的主要特点是反向电流与照度成正比：无光照时，反向电流小，称为暗电流；有光照时，反向电流大，称为光电流。

注意：光敏二极管应工作在反向偏置状态下。

6.3　半导体三极管

半导体三极管自诞生之日起就成了最重要的半导体器件，广泛应用于各种电子电路中。

按制作时所使用的半导体材料的不同，半导体三极管可分为硅三极管和锗三极管，简称硅管和锗管。因为硅和锗都是具有晶体结构的半导体材料，所以，常将半导体三极管简称为晶体管。

6.3.1　半导体三极管的结构

目前最常见的半导体三极管（晶体管）的结构有平面型和合金型两类，如图 6-19 所示。硅管主要是平面型，锗管都是合金型。

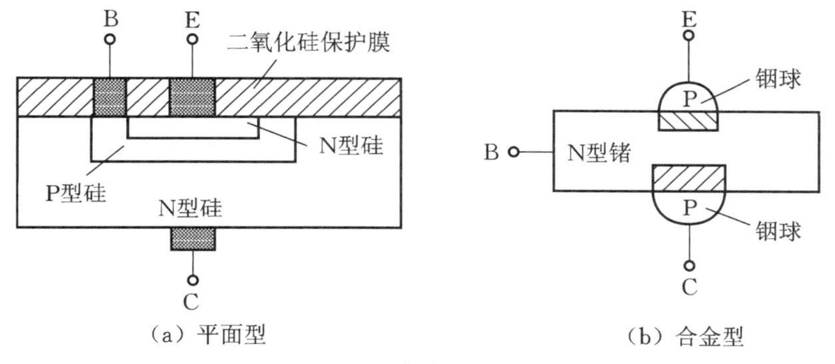

图 6-19　晶体管的两种结构

无论是平面型晶体管，还是合金型晶体管，它们都分为 NPN 型和 PNP 型两类。无论是 NPN 型晶体管，还是 PNP 型晶体管，其基本结构都包含三个区、三个电极和两个 PN 结，如图 6-20 所示。

晶体管的三个区分别是集电区、基区和发射区。三个电极是分别从三个区引出来的集电极、基极和发射极，通常用字母 C、B、E(或 c、b、e)表示。由晶体管的类型 NPN 和 PNP 可知，不管是什么类型的晶体管，其都具有两个 PN 结：集电区与基区之间的 PN 结称为集电结，基区与发射区之间的 PN 结称为发射结。

特别说明，集电区和发射区不能互换，因为集电区的掺杂浓度比发射区低，而集电区的尺寸比发射区大。

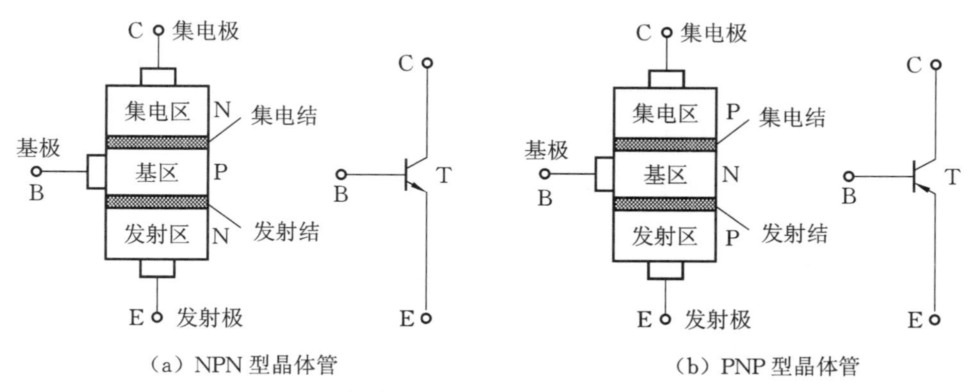

图 6-20 晶体管的两种结构及图形符号与文字符号

常见晶体管的几种外形如图 6-21 所示。

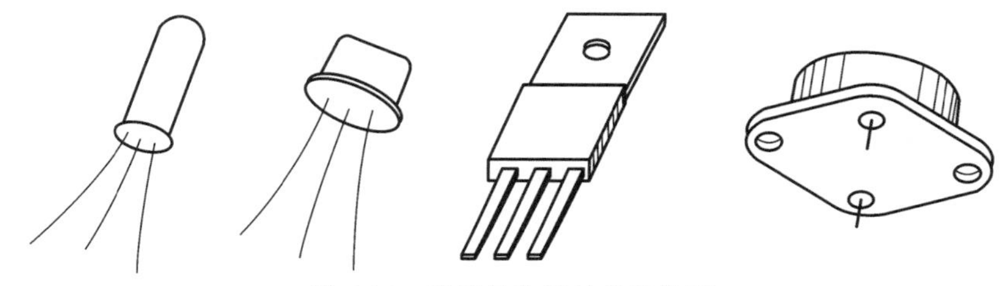

图 6-21 常见晶体管的几种外形

6.3.2 半导体三极管的电流分配及放大原理

1. 晶体管中的电流分配

为了更好地理解这一部分内容，下面我们先看一个实验。实验电路图如图 6-22 所示，将晶体管的基极和发射极接成一个回路，将集电极和发射极接成另一个回路。由于两个回路共用发射极，故将这种接法称为晶体管的共发射极接法。同理，晶体管还有共基极接法和共集电极接法。

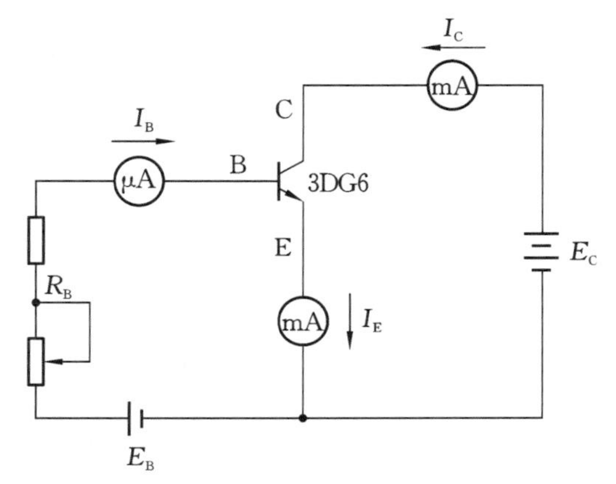

图 6-22 晶体管中的电流分配实验电路图

通过实验发现，当改变可变电阻 R_B 时，晶体管的基极电流 I_B、集电极电流 I_C 和发射极电流 I_E 都随之发生变化，其实验测量数据见表 6-1。

表 6-1 晶体管电流分配实验测量数据

I_B/mA	0	0.02	0.04	0.06	0.08	0.10
I_C/mA	<0.001	0.70	1.50	2.30	3.10	3.95
I_E/mA	<0.001	0.70	1.54	2.36	3.18	4.05

下面，我们对在常温下测得的实验数据进行分析：

(1) $I_B=0$ 时(将基极开路，图中未画出)，I_C 和 I_E 都近似等于零(常温下)。

(2) $I_E=I_B+I_C$，此结果满足基尔霍夫电流定律。

(3) I_C 约等于 I_E，且远远大于 I_B。同时，

$$\frac{I_C}{I_B}\approx\text{常数}(35\sim40),\quad \frac{\Delta I_C}{\Delta I_B}=\text{常数}(40)$$

称 $\bar{\beta}=\frac{I_C}{I_B}$ 为晶体管的直流放大倍数，$\beta=\frac{\Delta I_C}{\Delta I_B}$ 为晶体管的交流放大倍数。因为 $\bar{\beta}$ 和 β 近似相等，所以，通常取 $\bar{\beta}=\beta$。

晶体管为什么具有以上的电流分配规律呢？在基极上的一个微小电流，为什么总能在集电极上得到一个相应的较大的电流呢？下面，我们从载流子定向运动形成电流的微观角度来分析(以 NPN 型晶体管为例)。

2. 晶体管的电流放大原理

NPN 型晶体管中载流子的运动情况如图 6-23 所示。

1) 自由电子从发射区向基区扩散

在电源 E_B 的作用下，发射结加正向电压(又称正向偏置，简称正偏)，从而形成由基区指向发射区的电场。在该电场的作用下，发射区的多数载流子(自由电子)能顺利通过发射结到达基区而形成电流 I_E。I_E 中本应包含基区的多数载流子(空穴)向发射区扩散而形成的那一部分电流。但由于其值很小，也为了简化电路，在此将其忽略(图中未画出)。

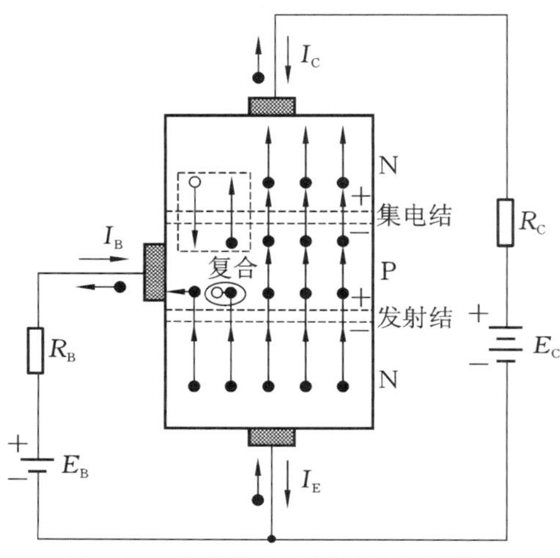

图 6-23 晶体管中载流子的运动情况

2) 自由电子在基区中

由于浓度差，到达基区的自由电子继续向集电结方向扩散。在此过程中，一部分自由电子被电源 E_B 拉入其正极而形成电流 I_B，一部分自由电子与基区中的多数载流子(空穴)进行复合，其他自由电子扩散到集电结附近。

3) 自由电子从基区向集电区扩散

在电源 E_C(比 E_B 大得多)的作用下，集电结加反向电压(又称反向偏置，简称反偏)，从而形成由集电区指向基区的电场。在此电场作用下，扩散到集电结附近的自由电子能顺利通过集电结到达集电区。到达集电区的自由电子被电源 E_C 拉入其正极而形成电流 I_C。

我们知道，$\beta\approx\bar{\beta}=\frac{I_C}{I_B}$。如果 I_B 越小，I_C 越大，则晶体管的放大能力越强。由晶体管中多数载流子的运动规律可知，要使 I_B 越小，也就是要使被电源 E_B 拉入其正极的自由电子数越少；要使 I_C 越大，也就是要使从发射区扩散到基区并能进一步扩散到集电区的自由电子数越多。那怎样才能做到这一点呢？办法是：将基区做得很薄(μm 级)，同时使基区的掺杂浓度很低(这是晶体管具有充足的放大能力的内部条件，已生产出来的合格的晶体管都具备

该条件)。这样,自由电子在经过基区时,被电源 E_B 拉走的机会就越小,数量就越少,同时与空穴复合的机会和数量也大为减少,能扩散到集电区的自由电子数自然就越多。

另外,自由电子之所以能从发射区顺利扩散到基区,再从基区顺利扩散到集电区,那是因为在 E_B、E_C 的配合作用下,发射结加正向电压,同时集电结加反向电压。否则,晶体管不具有放大能力。所以,要使晶体管在电路中具有放大作用,外部电源电路必须使发射结正偏,同时使集电结反偏。

以上描述就是晶体管的电流分配和放大原理,下面再做一些补充说明。

我们知道,半导体中的电流由两部分构成——电子电流和空穴电流,而晶体管的三个区(发射区、基区、集电区)的每一个区中都有多数载流子和少数载流子。如图 6-23 所示,晶体管中除了多数载流子的运动外,还同时存在如虚线框中所示的少数载流子的运动。由于少数载流子的浓度很低,因此其漂移运动而形成的电流也很小(常温下)。但是,我们知道,少数载流子的漂移运动受温度影响非常显著,所以,其形成的电流决定晶体管温度特性的好坏。

6.3.3 半导体三极管的特性曲线

半导体三极管的特性曲线就是其伏安特性曲线,分为输入特性曲线和输出特性曲线,实验测试电路图如图 6-24 所示。

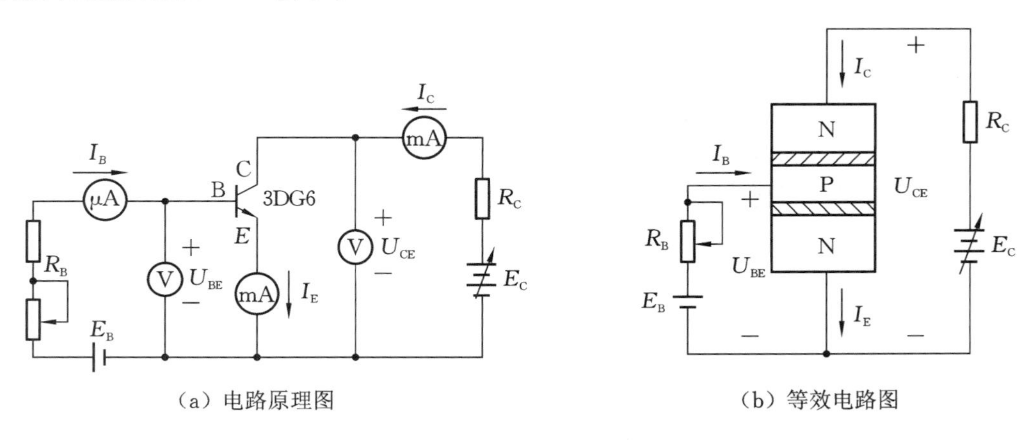

图 6-24 晶体管输入/输出特性曲线实验测试电路图

1. 输入特性曲线

输入特性曲线是指当集-射极电压 $U_{CE} \geqslant 1$ V 并保持一定时,晶体管的输入电流 I_B(基极电流)与输入电压 U_{BE}(基-射极电压)之间的关系曲线 $I_B = f(U_{BE})$,如图 6-25 所示。

我们可以看到,图 6-25 所示的晶体管输入特性曲线与我们前面所讲的半导体二极管的正向伏安特性是一致的。为什么呢?因为晶体管的输入特性实质上就是发射结的伏安特性,而发射结就是一个半导体二极管。注意:当晶体管的基-射极电压 $U_{BE} \leqslant$ 死区电压时,晶体管未完全导通;另外,I_B 的大小唯一取决于 U_{BE} 的大小。

再次指出,硅管的死区电压约为 0.5 V,锗管的死区电压约为 0.1 V。

晶体管工作在正常放大情况下时,其发射结的导通压降:硅管为 0.6～0.8 V,锗管为

0.2～0.3 V。

2. 输出特性曲线

输出特性曲线是指当基极电流 I_B 为某一常数时，晶体管的输出电流 I_C（集电极电流）与输出电压 U_{CE}（集-射极电压）之间的关系曲线 $I_C=f(U_{CE})$。改变 I_B 的大小，得到的 $I_C=f(U_{CE})$的曲线也随之改变（因为 $I_C=\beta I_B$）。所以，晶体管的输出特性曲线是一族曲线，如图6-26所示。

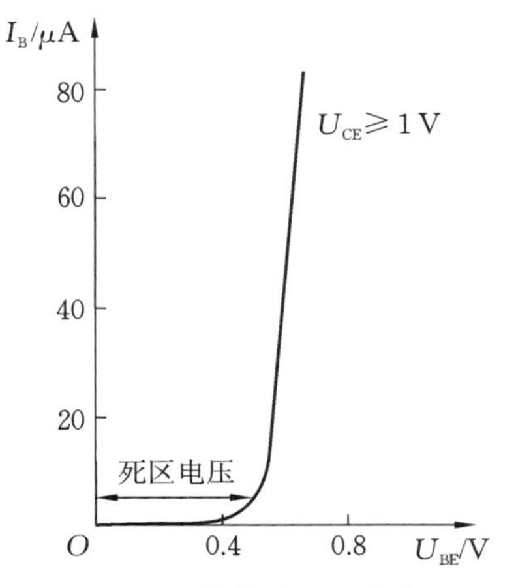

图 6-25　晶体管输入特性曲线

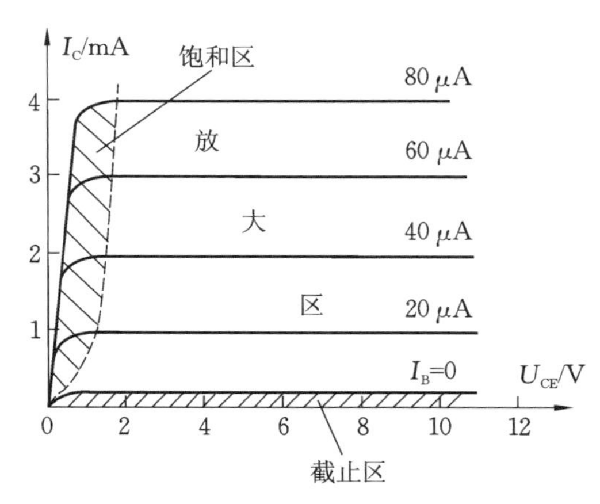

图 6-26　晶体管输出特性曲线

由输入特性可知，不同的 U_{BE} 会产生不同的 I_B，而不同的 I_B 又对应不同的输出特性曲线，所以，晶体管的工作状态是比较复杂的。不过，我们可以将晶体管的输出特性曲线族分为三个区（见图6-26），对应晶体管的三种工作状态。

1）截止区

$I_B=0$ 这条输出特性曲线以下的区域称为截止区，其对应的条件是 $U_{BE}\leqslant$死区电压。此时，晶体管工作在截止状态（$0<U_{BE}\leqslant$死区电压时，晶体管已出现截止现象；$U_{BE}\leqslant 0$ 时，晶体管完全、可靠截止）。

2）放大区

特性曲线近似于水平部分（实际上应该是往上倾斜的，为了更好地理解和说明，图中画成水平）所在区域称为放大区，其对应的条件是 $U_{BE}>$死区电压，同时 $U_{CE}\geqslant 1$ V。此时，晶体管工作在放大状态。

3）饱和区

特性曲线弯曲部分所在区域称为饱和区，其对应的条件是 $U_{BE}>$死区电压，同时 $U_{CE}<1$ V。此时，晶体管工作在饱和状态。

为什么晶体管的输出特性可以清楚地分为三个区，并对应晶体管的三种工作状态呢？下面，让我们根据图6-27来进行解释。

当 $U_{BE}\leqslant 0$ 时，发射结上无电压或加反向电压，发射区的自由电子无法从发射区扩散到基区，也就无法形成电流 I_E、I_B（$I_B=0$）。此时，不管集电结上加正向电压还是加反向电压，都无法形成电流 I_C，所以晶体管处于截止状态。

当U_{BE}>死区电压，同时$U_{CE}≥1\ V$时，根据前面所讲的晶体管的电流分配和放大原理可知，晶体管处于放大状态。

当U_{BE}>死区电压，同时$U_{CE}<1\ V$时，发射区的自由电子从发射区顺利地扩散到基区，但是，因为U_{CE}小，也就是集电结上的反向电压U_{CB}小甚至出现正向电压（因为$U_{CE}=U_{CB}+U_{BE}$），所以，由U_{CB}产生的场强不足以将从发射区扩散到基区的所有自由电子全部拉到集电区，因此有相当一部分自由电子积聚在基区，故称晶体管的这种状态为饱和状态。U_{CE}（<1 V）越小，晶体管饱和程度就越深。当$U_{CE}<0.3\ V$时，晶体管处于深度饱和状态。特别指出，工作在饱和状态的晶体管仍具有电流放大作用（当$U_{CE}≈0$时，晶体管处于极其深度饱和状态除外），只不过实际的电流放大倍数小于晶体管固有的电流放大倍数，即$I_C<\beta I_B$。

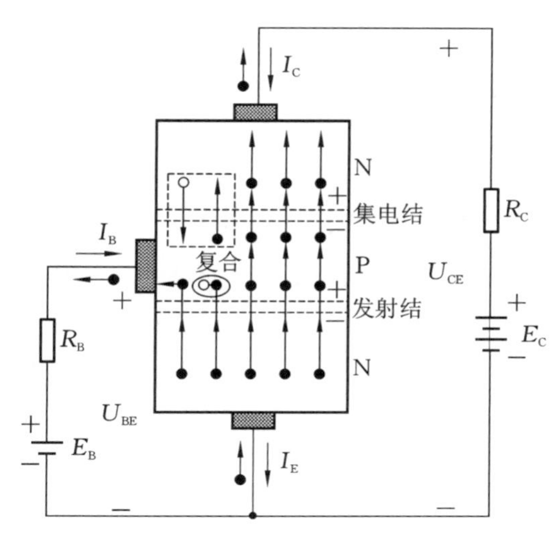

图 6-27　晶体管的输出特性分为三个区

从以上分析可知，可以从电流的角度来看晶体管的工作状态：

当$I_B=0$时，晶体管工作在截止状态；

当$I_C=\beta I_B$时，晶体管工作在放大状态；

当$I_C<\beta I_B$时，晶体管工作在饱和状态。

6.3.4　半导体三极管的主要参数

晶体管的参数是设计电路时选用晶体管型号的依据，下面列举晶体管的几个主要参数并进行说明。

1. 电流放大倍数$\bar{\beta}$、β

电流放大倍数又称电流放大系数，分直流放大倍数$\bar{\beta}$和交流放大倍数β，前面已做介绍，这里不再赘述。要补充说明的是，晶体管的电流放大倍数并非越大越好。一般来说，电流放大倍数越大，晶体管的稳定性越差。所以，对稳定性要求很高的电路，不宜选择电流放大倍数太大的晶体管。

2. 集-射极反向截止电流I_{CEO}

集-射极反向截止电流是指当$I_B=0$（晶体管截止）时晶体管集电极上流过的电流，用I_{CEO}表示。因为$I_B=0$，相当于晶体管开路，所以，I_{CEO}会从集电极穿过集电区、基区和发射区到达发射极，即I_{CEO}穿过了这个晶体管，故又称这个电流为穿透电流，如图 6-28 所示。由于穿透电流是由少数载流子的漂移运动形成的，因此其值很小（常温下，硅管一般为μA 级，锗管可达 mA 级）。但穿透电流受温度影响非常大，随着温度升高，I_{CEO}将明显增大。

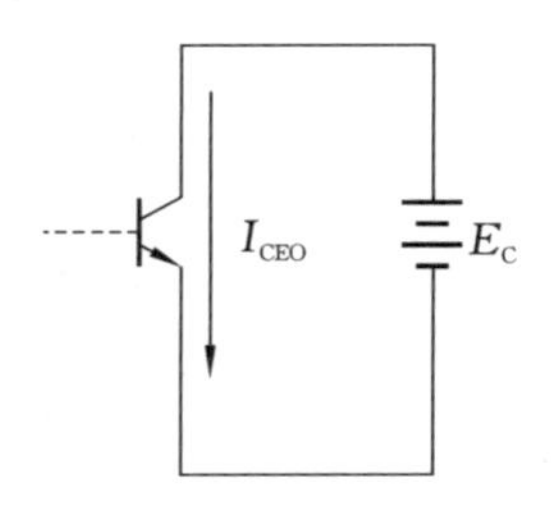

图 6-28　穿透电流

3. 集-射极反向击穿电压 $U_{(BR)CEO}$

集-射极反向击穿电压是指当基极开路(即 $I_B=0$,晶体管截止)时,集电极与发射极之间能承受的最大电压,用 $U_{(BR)CEO}$ 表示。当晶体管工作于截止状态时,若 $U_{CE}>U_{(BR)CEO}$,则晶体管(集电结)将被反向击穿,在选用时要特别注意。

4. 集电极最大允许电流 I_{CM}

集电极最大允许电流是指当 U_{CE}(<1 V)一定,晶体管工作在饱和状态时,其实际电流放大倍数下降到其固有电流放大倍数的三分之二时的集电极电流,用 I_{CM} 表示。

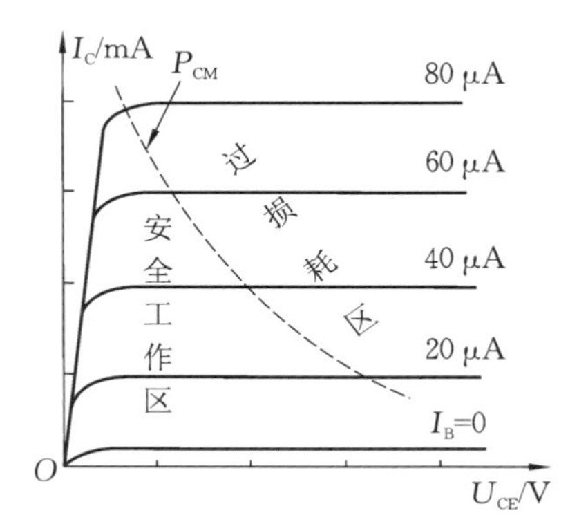

图 6-29 晶体管的安全工作区

5. 集电极最大允许耗散功率 P_{CM}

集电极最大允许耗散功率是指保证晶体管能正常工作而不致烧坏的最大工作功率,用 P_{CM} 表示(因为晶体管的功率表现为发热,故称为耗散功率)。因为晶体管的集电极功率 $P_C=U_{CE}I_C$,如果要充分利用晶体管的电流放大作用(即 I_C 能尽可能大),则 U_{CE} 应尽可能小,但是,如果 U_{CE} 过小(<1 V),则容易使晶体管进入饱和区工作,所以,U_{CE} 通常可设计为 3 V 左右。

根据 $P_{CM}=U_{CE}I_C$(双曲线),在晶体管的输出特性曲线图中,我们可以作出晶体管的安全工作区,如图 6-29 所示。

6.4 技能实训

——用万用表测试二极管和三极管

6.4.1 实训目的

(1) 学会用万用表判别二极管的正负极和二极管的好坏。
(2) 学会用万用表判别三极管的三个极、三极管的类型和三极管的好坏。
(3) 熟悉万用表的使用及应用。

6.4.2 实训器材

二极管、三极管、指针式万用表。

6.4.3 实训内容

1. 用万用表测试二极管

(1) 用万用表判别二极管的正负极。

将万用表置于欧姆挡“$R\times1$ k”,用图 6-30 所示的连接方法对二极管测量两次,如果万用表指针如图 6-30(a)、(b)所示，则在图 6-30(a)中，与黑表笔相连的管脚为二极管的正极，与红表笔相连的管脚为二极管的负极。

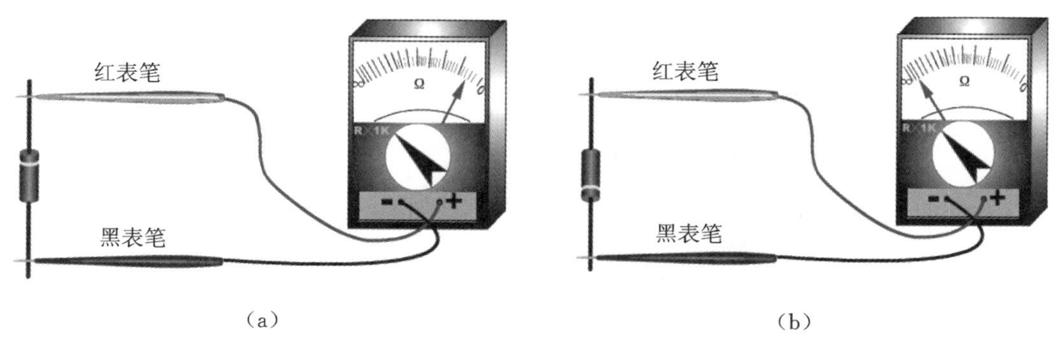

(a) (b)

图 6-30 判别二极管正负极的测试方法

(2) 用万用表判别二极管的好坏。

用图 6-30 所示的连接方法对二极管测量两次，如果测得的阻值如图 6-30(a)、(b)所示，则该二极管是好的；如果测得的阻值同时都很大或同时都很小，则该二极管已损坏。

2. 用万用表测试三极管

(1) 用万用表判别三极管的基极和类型。

将万用表置于欧姆挡“$R\times100$”或“$R\times1$ k”。先假设三极管的某管脚(图中为中间管脚)为基极，将万用表的黑表笔接在该假设的基极上，再将万用表的红表笔依次接到其余两个管脚上，如图 6-31(a)、(b)所示，若两次测得的阻值都很大或都很小，则调换红、黑表笔，再重复上述测量，若测得的阻值刚好相反(即都很小或都很大)，则可确定假设的基极是正确的。否则再假设另一管脚为基极，重复上述测试，直到基极确定(若无一个管脚满足测量结果，则说明三极管已损坏)。

基极确定后，将黑表笔接基极，红表笔分别接其他两个管脚，若测得的阻值都很小，则该三极管为 NPN 型，反之则为 PNP 型。

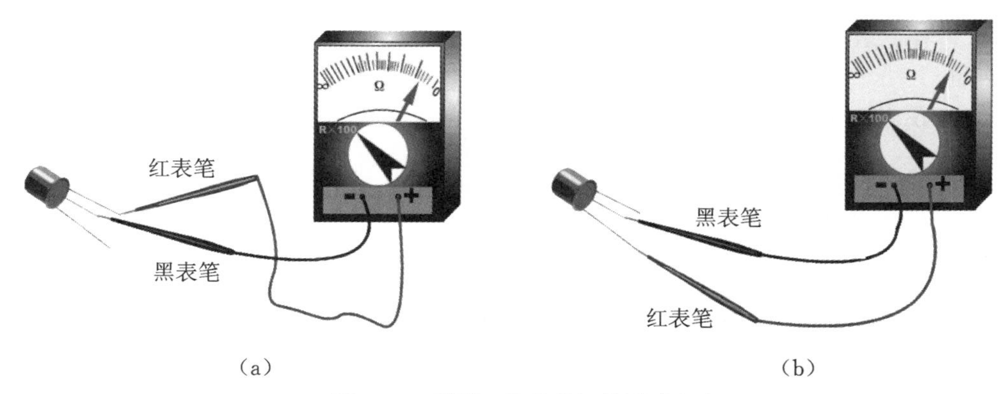

(a) (b)

图 6-31 判别三极管基极的测试方法

(2) 用万用表判别三极管的集电极和发射极。

以 NPN 型三极管为例，测试电路如图 6-32 所示。除基极外，先假设另外两个管脚中的某一管脚为集电极，用一只手的拇指和食指同时捏住基极和假设的集电极（注意两个管脚不要短路），另一只手将黑表笔接到假设的集电极上，将红表笔接到假设的发射极上，如图 6-32(a)所示，此时可测得一阻值 R_{CE1}；再假设另一管脚为集电极，重复上述测量（见图 6-32(b)），可测得另一阻值 R_{CE2}。若 R_{CE1} 明显大于 R_{CE2}，则图 6-32(b)中黑表笔所接的管脚为集电极，红表笔所接的管脚为发射极。

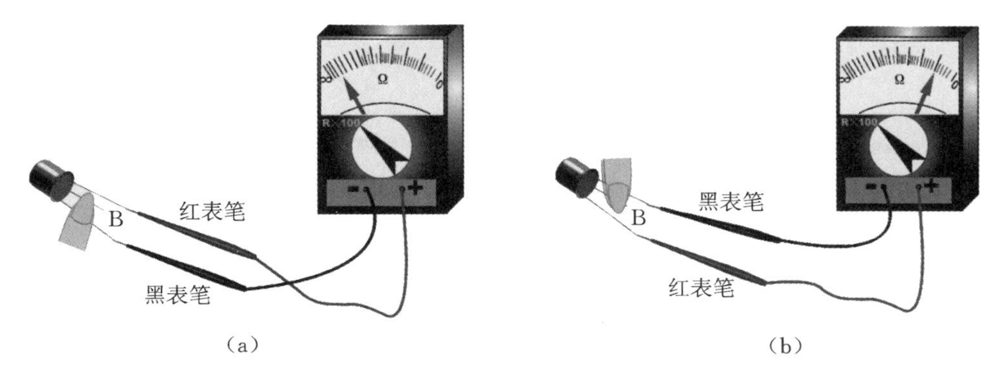

图 6-32　判别三极管集电极和发射极的测试方法

(3) 用万用表判别三极管的好坏。

用万用表分别测量基极与集电极和基极与发射极之间的正、反向阻值。如果正、反向阻值相差较大，则说明该三极管基本是好的。如果正、反向阻值都很大或都很小，则说明该三极管已损坏。

6.4.4　实训报告

(1) 记录实训数据：一个好的普通二极管的正、反向阻值一般分别为多少？

(2) 写出判别 PNP 型三极管集电极和发射极的测试方法。

(3) 结合万用表知识，画出图 6-30(a)和图 6-32(b)的测量等效电路。

习　　题

一、填空题

1. 半导体是一种导电能力介于________与________之间的物质。

2. 杂质半导体分为________型半导体和________型半导体。

3. 在本征半导体中掺入微量五价元素可得到________型杂质半导体，在本征半导体中掺入微量三价元素可得到________型杂质半导体。

4. 在 P 型杂质半导体中，多数载流子是________，少数载流子是________。

5. PN 结具有________性，即加正向电压时，PN 结________，加反向电压时，PN 结________。

6. 半导体三极管分为________型和________型两类。

7. 一个三极管有两个 PN 结，分别称为________结和________结。

8. 三极管的输出特性曲线可分为三个工作区，分别为________区、________区、________区。

9. 要使三极管工作在放大状态，则外电路所加电压必须使三极管的发射结________偏，同时使集电结________偏。

10. 三极管具有开关特性：当三极管工作在饱和状态时，$U_{CE}\approx$________，当三极管工作在截止状态时，$U_{CE}\approx$________。

二、判断题

（　　）1. N 型半导体的多数载流子是自由电子，因此 N 型半导体带负电。

（　　）2. 因为晶体三极管由两个 PN 结组成，所以能用两个晶体二极管反向连接起来当晶体三极管使用。

（　　）3. 在半导体中，自由电子和空穴都是载流子。

（　　）4. 二极管的反向电压一旦超过其最高反向工作电压就会损坏。

（　　）5. 三极管都具有显著的温度特性，但二极管没有。

（　　）6. 三极管的交流放大倍数和直流放大倍数是两个不同的概念，但其值近似相等。

三、选择题

1. 理想二极管的反向电阻为（　　）。

A. 零　　B. 无穷大　　C. 几百千欧　　D. 以上都不对

2. 稳压管反向击穿后，其后果为（　　）。

A. 永久性损坏

B. 只要流过稳压管的电流值不超过允许范围，稳压管不会损坏

C. 由于击穿而使得性能下降

D. 以上都不对

3. 如果把一个小功率二极管直接同一个电源电压为 1.5 V、内阻为零的电池实行正向连接，电路如图 6-33所示，则后果是该二极管（　　）。

A. 击穿

B. 电流为零

C. 电流正常

D. 电流过大使二极管热击穿损坏

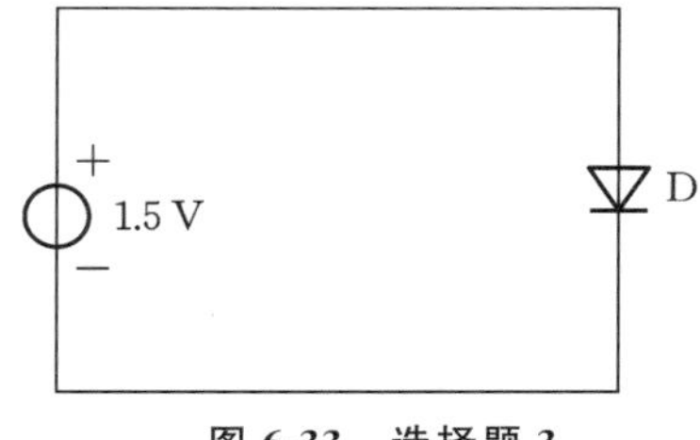

图 6-33　选择题 3

4. 电路如图 6-34 所示，所有二极管均为理想元件，则 D_1、D_2、D_3 的工作状态为（　　）。

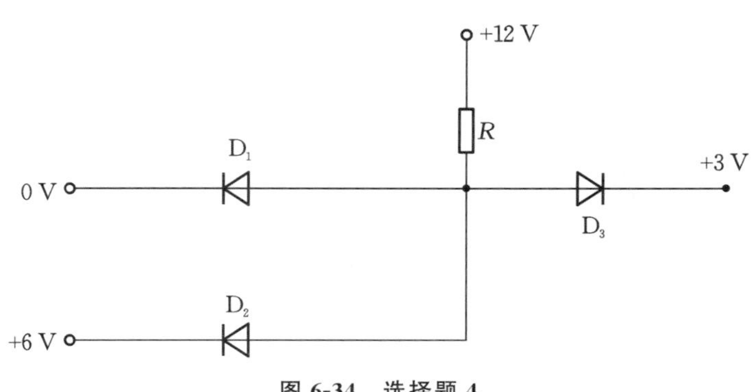

图 6-34　选择题 4

A. D_1 导通,D_2、D_3 截止

B. D_1、D_2 截止,D_3 导通

C. D_1、D_3 截止,D_2 导通

D. D_1、D_2、D_3 均截止

5. 若用万用表测二极管的正、反向电阻的方法来判断二极管的好坏,好的管子应为(　　)。

A. 正、反向电阻相等　　B. 正向电阻大,反向电阻小

C. 正、反向电阻都无穷大　　D. 反向电阻远远大于正向电阻

6. 普通整流二极管的两个主要参数为(　　)。

A. 最高反向工作电压和最大整流电流

B. 最大整流电流和稳定电压

C. 最高反向工作电压和稳定电流

D. 以上都不对

7. 稳压管能起稳压作用,是利用它的(　　)。

A. 正向特性　　B. 单向导电性

C. 双向导电性　　D. 反向击穿特性

四、作图题

电路如图 6-35 所示,已知 $E=6$ V,$u_i=12\sin(\omega t)$ V,二极管的正向压降可忽略不计,试分别画出输出电压 u_o 的波形。

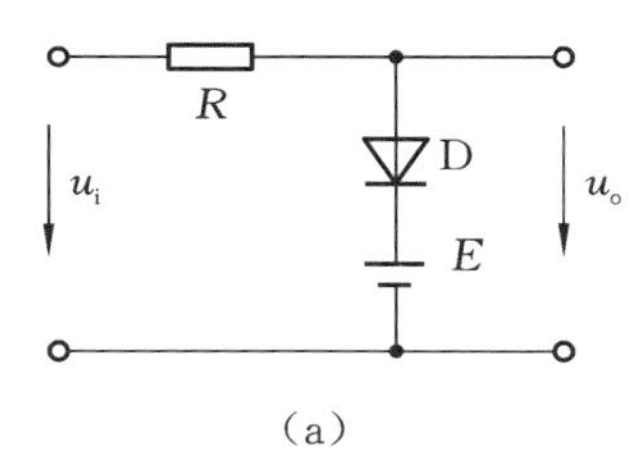

(a)

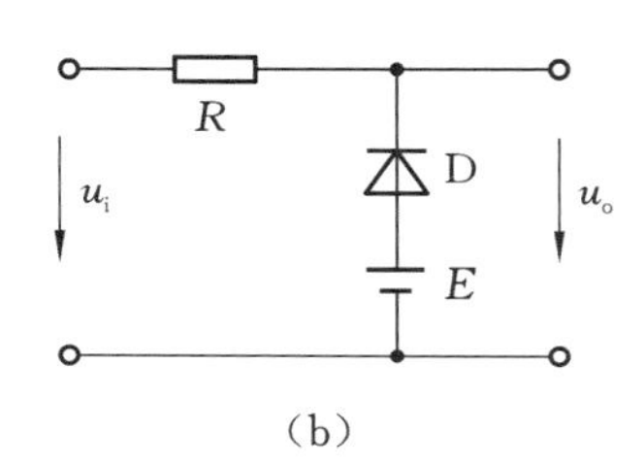

(b)

图 6-35　作图题

第7章 放大电路

晶体管自诞生之日起就受到人们的青睐，随着电子技术的迅猛发展，其应用更是越来越广泛，小到我们身边的各种家用电器和手机等，大到航空航天技术，无一不用到晶体管。晶体管的主要用途之一是利用其放大作用构成放大电路，放大各种微弱的电信号，以驱动负载正常工作。例如，收音机和手机接收到的声音信号是非常微弱的，需要利用晶体管将其放大，只有放大了的声音信号才能驱动扬声器发出声音，以还原出收音机播音员和手机通话者的声音。

晶体管放大电路有三种连接形式：共发射极、共集电极和共基极，如图 7-1 所示。本章对最常见的共发射极放大电路做详细的介绍和分析。

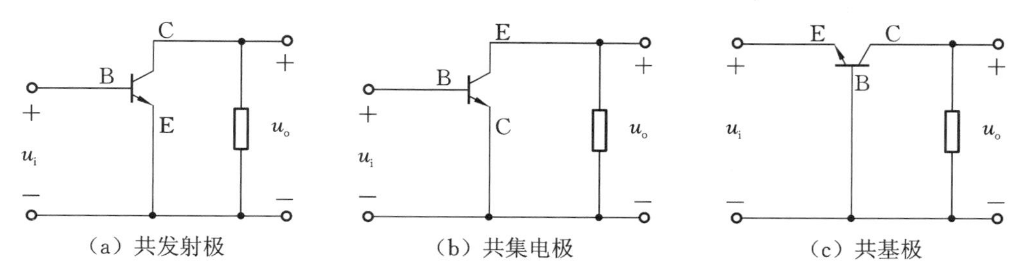

图 7-1 晶体管放大电路的三种连接形式

学习目标

1. 熟悉放大电路的基本组成。
2. 掌握放大电路的静态分析和动态分析。
3. 理解放大电路静态工作点的稳定及负反馈的作用。
4. 理解射极输出器和差动放大电路的作用。
5. 了解多级放大电路和功率放大电路。

7.1 放大电路的基本组成

图 7-2 为共发射极基本交流放大电路，下面介绍共发射极交流放大电路的基本组成及其作用。

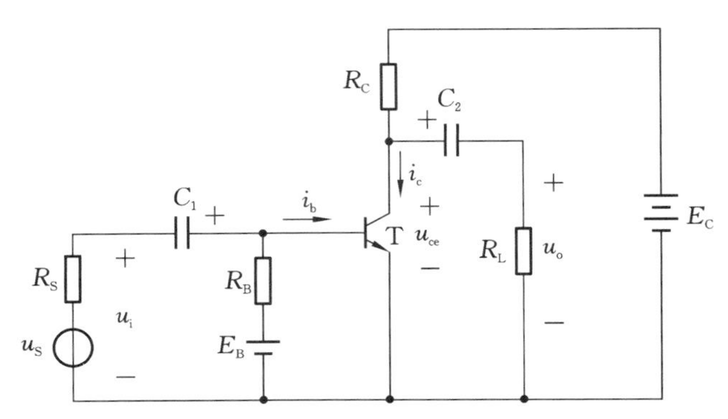

图 7-2 共发射极基本交流放大电路

u_S、R_S 分别为需要放大的信号源及其内阻。u_S 为微弱信号，不能直接驱动负载正常工作，故需放大。R_S 一般较小(越小越好)，但也有高内阻的信号源。

C_1、C_2 为耦合电容，其作用为"隔直通交"(把直流信号隔断，让交流信号通过)。为了让"隔直通交"的效果更显著，在这里，选用的 C_1、C_2 都是电容值比较大的有极性电容器，注意不要接反。由于 C_1、C_2 的"隔直"作用，u_i 和 u_o 对放大电路中的直流量没有任何影响。

u_i 为放大电路的输入信号，取自 u_S，但比 u_S 小，是需要放大的信号源 u_S 真正用来进行放大的那部分电压。所以，u_i 越接近 u_S 越好，这样有利于信号的放大。

T 为晶体管放大元件。利用晶体管的放大作用，将 u_i 放大为 u_o，本不能驱动负载 R_L 工作的 u_i，经晶体管放大为 u_o 后，就可以驱动负载了。要说明的是，晶体管不能直接放大电压，它是通过放大电流来放大电压的：微小电压 u_i 通过晶体管输入回路在基极产生一个微小电流 i_b，通过晶体管的放大，在晶体管输出回路的集电极上得到一个较大的电流 i_c；i_c 再经过 R_C 和 R_L 转换为较大的电压 u_o($=u_{ce}$)。

R_C 为集电极电阻，其大小通常为几千欧姆至几十千欧姆。基极的微小电流在集电极得到放大后，可利用 R_C 将电流转换为电压，以实现电压的放大(在后续"放大电路的动态分析"中将进一步学习)。

E_B、R_B 为基极电源和基极电阻，其作用是为晶体管的发射结提供正向电压(使发射结正偏，为晶体管实现放大作用提供条件之一)，同时得到合适的基极电流 I_B。R_B 的大小一般为几十千欧姆至几百千欧姆。

E_C 为集电极电源，其作用有两个：一方面，为晶体管的集电结提供反向电压(使集电结反偏，为晶体管实现放大作用提供条件之二)；另一方面，为晶体管的放大作用(微小电流 i_b 放大为较大电流 i_c)提供能量。所以，晶体管所谓的"放大"作用，实质上是一种控制作用，就是基极上一个能量较小的信号通过晶体管的控制作用，控制电源 E_C 来提供能量，在集电极上得到一个能量较大的信号。所以，晶体管实质上是一个控制元件。

图 7-2 中使用了双电源，而实用的放大电路一般只使用单电源；另外，在电子电路中，为使电路尽可能简洁，常将电路电源省去不画，只标出电源正极对“⊥”(参考零电位)的电位。根据这两点，我们画出实用的共发射极基本交流放大电路，如图 7-3 所示。图中，$U_{CC}\approx E_C$(因为 E_C 有一定的内阻，但相对放大电路来说很小，所以在内阻上引起的压降很小，故 $U_{CC}\approx E_C$)。

i_b 到底是如何产生的呢？又是如何放大成 i_c 的呢？即直流电源 E_C 到底是如何将其直流能量通过晶体管的控制作用转换成交流能量 i_c 的呢？下面将详细分析这一系列问题。

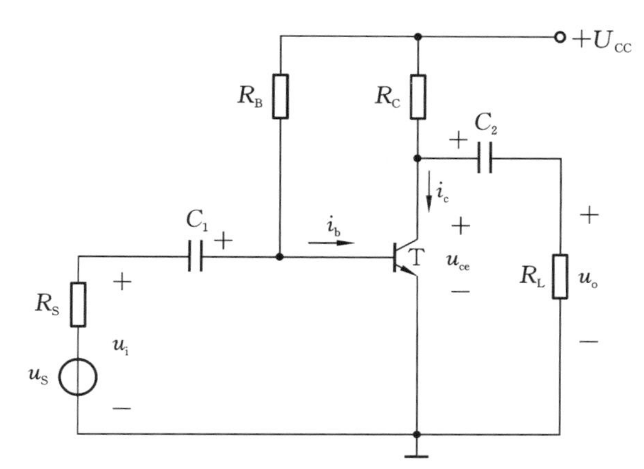

图 7-3 实用的共发射极基本交流放大电路

7.2 放大电路的静态分析

静态是指 $u_i=0$ 时放大电路的状态。对放大电路进行静态分析的目的，就是要为放大电路建立一个合适的静态工作点。所谓建立静态工作点，就是确定晶体管的各个静态量(即直流量)，即 I_B、I_C、I_E 和 U_{CE}。因为 $I_E\approx I_C$，所以实际上就是确定晶体管的三个直流量——I_B、I_C 和 U_{CE}。又因为 $I_C=\beta I_B$，所以只需确定晶体管的两个静态量 I_B 和 U_{CE}。

由于 C_1、C_2 的“隔直”作用，u_S、R_S 和 R_L 所在支路可以做开路处理，从而图 7-3 就变成了图 7-4 所示的电路。该电路称为图 7-3 所示电路的直流通路(对一个放大电路进行分析，首先应作出其直流通路)。

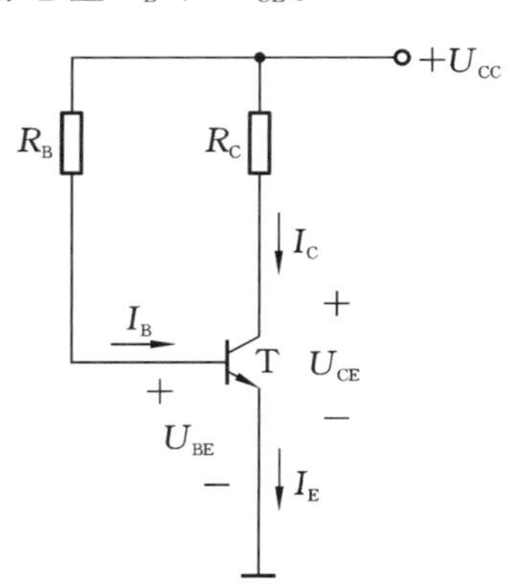

图 7-4 图 7-3 的直流通路

在图 7-4 中，由直流电路的基本知识可得

$$I_B R_B+U_{BE}=U_{CC}$$

从而可得

$$I_B=\frac{U_{CC}-U_{BE}}{R_B}\approx\frac{U_{CC}}{R_B}(\text{硅管 } U_{BE}=0.6\sim0.7\ \text{V}\ll U_{CC})$$

则

$$I_E\approx I_C=\beta I_B$$

同理可得

$$I_C R_C + U_{CE} = U_{CC}$$

从而可得

$$U_{CE} = U_{CC} - I_C R_C$$

这样，晶体管的各个直流量就确定了，也就是给放大电路建立了一个静态工作点。那建立的静态工作点是否合适呢？也就是说，怎样的静态量决定的静态工作点才是合适的呢？一般来说，I_B 为几十微安，U_{CE}为电源电压 U_{CC}的一半左右。当然，建立的静态工作点合适与否，要视具体电路而论。

【例 7-1】 在图 7-3 中，已知 $U_{CC}=12\ \text{V}$，$R_C=3\ \text{k}\Omega$，$R_B=300\ \text{k}\Omega$，$\beta=50$，试求放大电路的静态工作点。

【解】 先作图 7-3 所示放大电路的直流通路，如图 7-4 所示。

$$I_B = \frac{U_{CC}-U_{BE}}{R_B} \approx \frac{U_{CC}}{R_B} = \frac{12}{300\times10^3}\ \text{A} = 40\ \mu\text{A}$$

$$I_E \approx I_C = \beta I_B = 50\times40\ \mu\text{A} = 2\ \text{mA}$$

$$U_{CE} = U_{CC} - I_C R_C = (12 - 2\times10^{-3}\times3\times10^3)\ \text{V} = 6\ \text{V}$$

对于例 7-1，虽然求出了各个静态量，但是，如果没有一定经验的话，我们不太清楚建立的静态工作点是否合理。为了更直观、形象地说明建立的静态工作点合适与否，下面，我们用作图法来确定放大电路的静态工作点。

我们将公式

$$I_C R_C + U_{CE} = U_{CC}$$

变形，得

$$I_C = -\frac{1}{R_C}U_{CE} + \frac{U_{CC}}{R_C}$$

这个方程表示一条直线，因为与直流负载 R_C 有关，所以称这条直线为直流负载线。

前面我们已经学过晶体管的输出特性曲线 $I_C=f(U_{CE})$，如图 6-26 所示。我们将直流负载线和输出特性曲线画在同一坐标平面，如图 7-5 所示（以例 7-1 的有关数据为依据）。

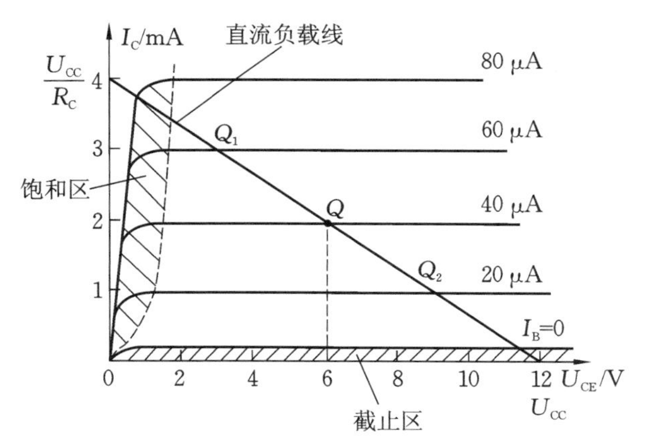

图 7-5　用作图法确定放大电路的静态工作点

由数学知识可知，直流负载线与晶体管的某条输出特性曲线（由 I_B 确定）的交点即为放大电路的静态工作点，用 Q 表示。

如图 7-5 所示，如果静态工作点建立在 Q_1 处，则比较接近饱和区；如果静态工作点建立在 Q_2 处，则比较靠近截止区，这样的静态工作点都是不太合理的，在放大信号时很容易产生信号失真（所谓信号失真，是指放大电路的输出电压 u_o 的波形与输入电压 u_i 的波形出现了不一致的情况）。由作图可知，在所使用的晶体管确定（即晶体管的输出特性曲线确定）的情况下，Q 点的位置取决于 I_B 的大小，所以，I_B 非常重要。I_B 越大，则 Q 点的位置越高，越接近饱和区；I_B 越小，则 Q 点的位置越低，越接近截止区。通常称 I_B 为偏置电流，产生偏置电流的路径称为偏置电路：U_{CC}→ R_B→ 发射结 →“地”。

由上面的分析可知，用作图法确定静态工作点虽然很直观，但是，前提条件是必须知道所用晶体管的输出特性曲线（这个一般是不知道的），同时要利用直流通路计算偏置电流 I_B，再作直流负载线，才能找到静态工作点，过程比较烦琐。所以这种方法实际上并不常用，在这里仅让大家直观地认识静态工作点是如何建立的，什么样的静态工作点是合理、合适的（至于静态工作点太接近截止区或饱和区时为什么不合理，为什么会引起信号失真，将在后续的“放大电路静态和动态的综合分析”中学习）。

7.3 放大电路的动态分析

动态是指 $u_i \neq 0$ 时放大电路的状态，如图 7-3 所示。由于电容 C_1、C_2 的耦合作用，u_i 通过 C_1 进入放大电路产生基极电流 i_b，通过晶体管的放大（控制）作用，在集电极上得到电流 i_c，产生的集-射极电压 u_{ce}（$=u_o$）通过 C_2 加在负载 R_L 上，这样，放大电路的所有支路都同时存在直流量和交流量，如图 7-6 所示。

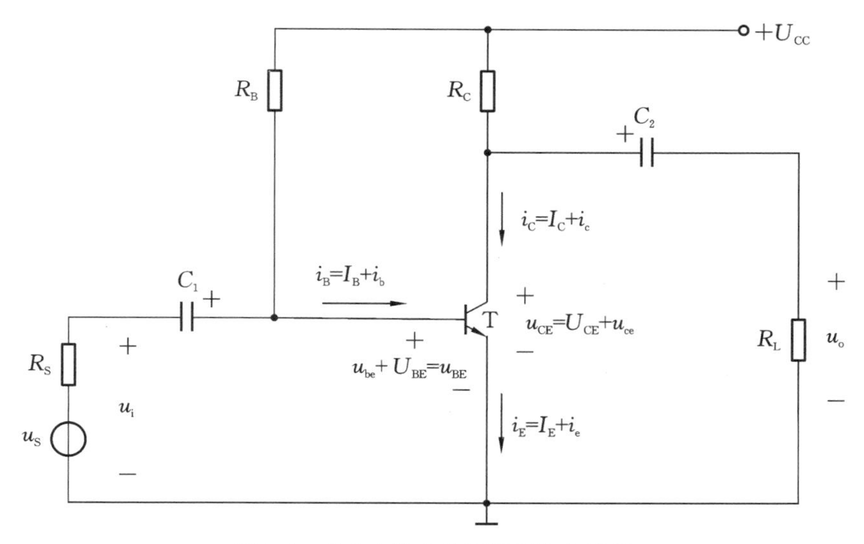

图 7-6 放大电路中的直流量和交流量

图 7-6 中，大写字母加大写字母下标表示直流量，小写字母加小写字母下标表示交流量，小写字母加大写字母下标表示瞬时值。正常放大时，放大电路中各个直流量和交流量的

波形图如图 7-7 所示。

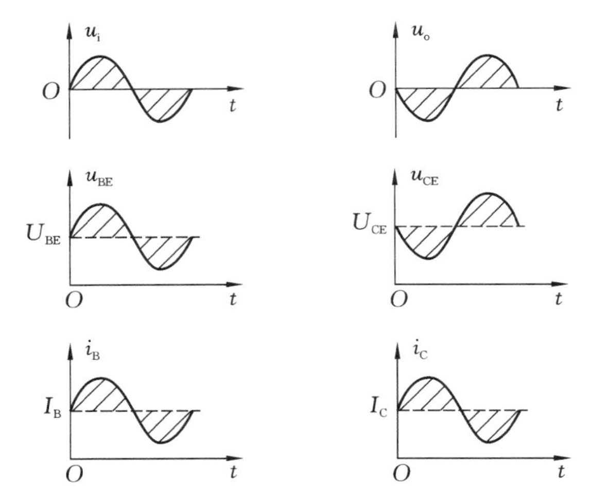

图 7-7 放大电路中直流量和交流量的波形图

因为有电容 C_1、C_2 的"隔直"作用，所以，实际上 $u_i \neq 0$ 与 $u_i = 0$ 时放大电路中直流量的大小是一样的，是不随时间变化的。既然如此，为了简化问题，我们在进行动态分析（分析交流量）的时候，可以暂时对直流量"视而不见"。那在电路中如何让直流量"消失"呢？要让直流量"消失"，则直流电源肯定要"消失"，但不能改变原来的电路结构，因此处理的办法是将直流电源 U_{CC}（实际上是 E_C）做短路（亦称化零）处理，即用一根导线将 $+U_{CC}$ 与"⊥"连接起来。这样，直流电源被除去，放大电路中就只剩下交流量了。由于电容 C_1、C_2 的"通交"作用，而电路中又只有交流量，故可将电容 C_1、C_2 做短路处理，从而得到图 7-6 所示放大电路的交流通路，如图 7-8 所示（其中图 7-8(b)为图 7-8(a)的整形等效电路）。

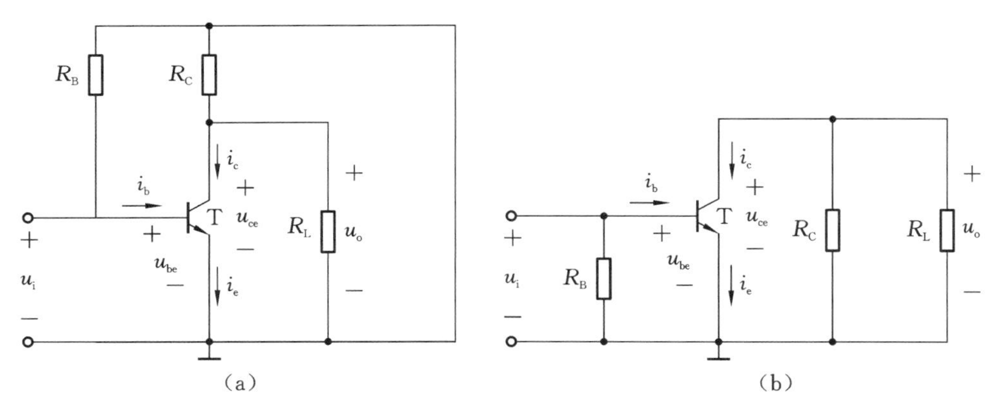

图 7-8 图 7-6 所示放大电路的交流通路

图 7-8(b)从电路结构上看虽然已经很简单，但是，由于晶体管 T 是一个非线性元件（因为晶体管的输入特性和输出特性都是曲线），如果直接在这个电路中分析、计算的话，将涉及高等数学和工程数学的有关知识，处理起来非常麻烦。

为了进一步简化问题，我们首先要将晶体管线性化。

1. 晶体管的微变等效电路

到底如何将晶体管线性化？晶体管在什么样的条件下才能线性化？从图 6-25（晶体管输入特性曲线）和图 6-26（晶体管输出特性曲线）不难发现，当 $U_{BE}>$死区电压时（0.6～0.8 V，硅管），晶体管的输入特性近似为直线；当 $U_{CE}>1$ V 时，晶体管的输出特性近似为直线。当 $U_{BE}>$死区电压，同时 $U_{CE}>1$ V 时，晶体管工作在放大状态，这就是晶体管线性化的条件之一。下面，我们对晶体管做线性化处理，如图 7-9 所示。

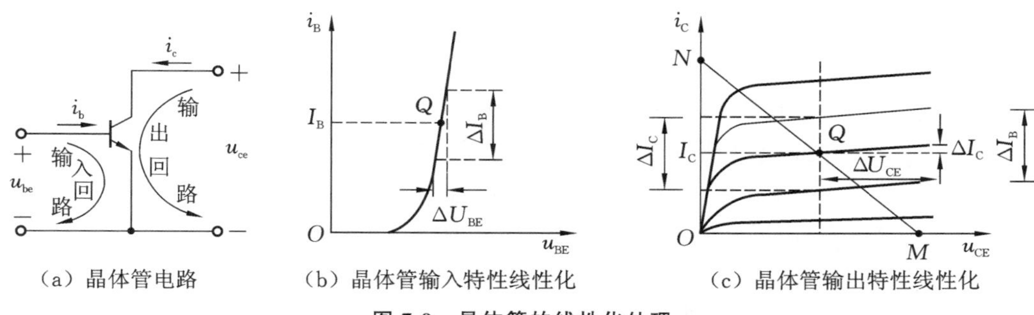

（a）晶体管电路　（b）晶体管输入特性线性化　（c）晶体管输出特性线性化

图 7-9　晶体管的线性化处理

1）晶体管输入回路的等效电路

由图 7-9(a)、(b)可知，对于晶体管的输入回路，有

$$\frac{\Delta U_{BE}}{\Delta I_B}=\frac{u_{be}}{i_b}=r_{be}$$

上式得以成立的条件是 ΔU_{BE}（即 u_{be}的幅值）很小，否则，u_{BE}将进入死区电压，从而使晶体管进入截止工作状态，这就是晶体管线性化的条件之二。

晶体管线性化的条件之一、之二概括起来就是：保证晶体管始终工作在放大状态。要做到这一点，需要放大的交流信号 u_i（u_{be}）的幅值要很小，即为小信号（又常称为微变量）。所以，晶体管的线性化处理又常称为晶体管的微变等效。

由上面的分析，我们可以得到晶体管输入回路的微变等效电路，如图 7-10 所示。

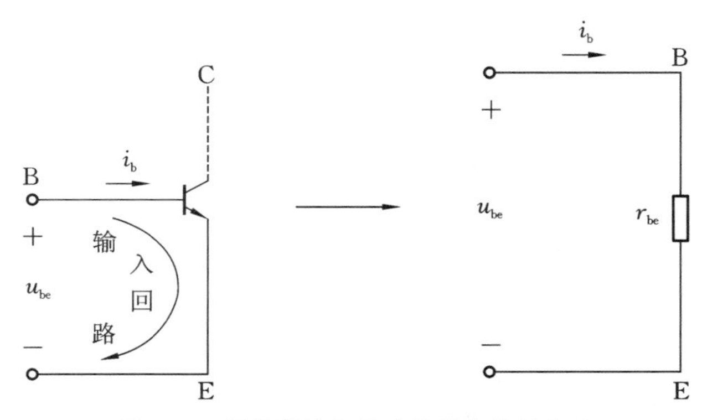

图 7-10　晶体管输入回路的微变等效电路

r_{be}称为晶体管的输入电阻，它是一个交流动态电阻，但在小信号作用下，其阻值基本上恒定，常用下面的经验公式进行估算：

$$r_{be} \approx 200\ \Omega + (\beta+1)\frac{26\ \text{mV}}{I_E}$$

其阻值一般为几百欧姆至几千欧姆，通常可以以 1 kΩ 左右来进行估算。

2）晶体管输出回路的等效电路

由图 7-9(a)、(c)可知，对于晶体管的输出回路，有

$$\frac{\Delta U_{CE}}{\Delta I_C} = \frac{u_{ce}}{i_c} = r_{ce}$$

式中，r_{ce}称为晶体管的输出电阻，也是一个交流动态电阻，在小信号作用下，其阻值也基本恒定，且非常大。

当晶体管始终工作在放大状态时，由于总是存在 $i_c = \beta i_b$，说明晶体管的集电极（输出回路）可用一个等效的受控电流源来代替，受控电流源的内阻就是晶体管的输出电阻 r_{ce}。由于 r_{ce}的阻值非常大，在电路中常省略不画（但要注意 r_{ce}的存在）。

由上面的分析，我们可以得到晶体管输出回路的微变等效电路，如图 7-11 所示。

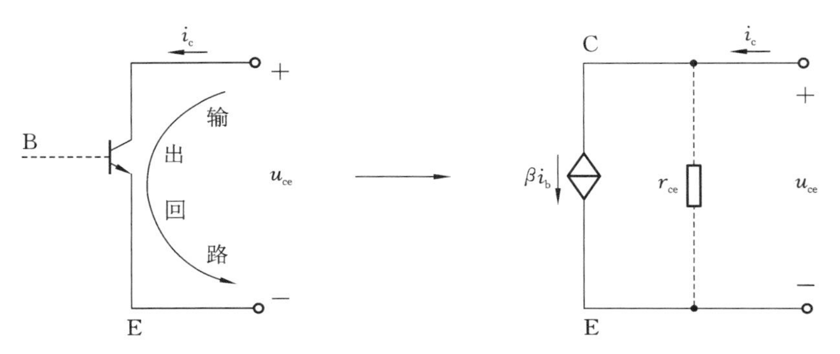

图 7-11　晶体管输出回路的微变等效电路

由以上分析，我们不难得出晶体管的微变等效电路，如图 7-12 所示（r_{ce}因阻值很大，在图中已做开路处理，未画出）。

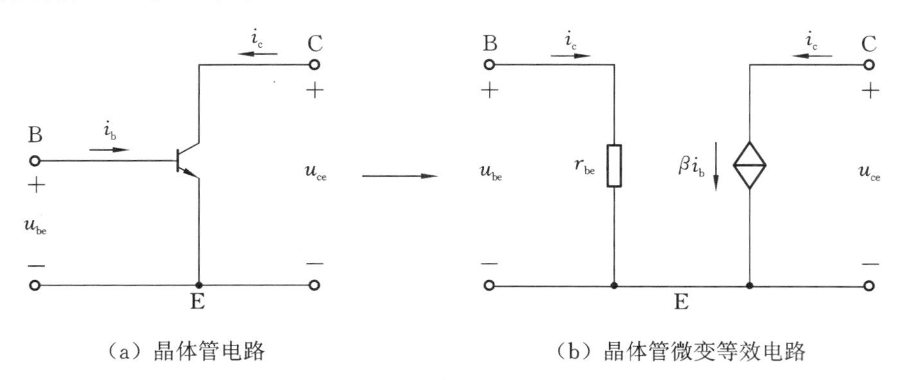

(a) 晶体管电路　　(b) 晶体管微变等效电路

图 7-12　晶体管的微变等效电路

2. 放大电路的微变等效电路

在上文中已对晶体管这个非线性元件进行了线性化处理，得到了其微变等效电路（线性电路），这为我们对放大电路进行动态分析提供了很大的方便。

将晶体管的微变等效电路代替其自身电路放入放大电路交流通路(图 7-8(b))中,便得到图 7-6 所示放大电路的微变等效电路(线性电路),如图 7-13 所示。

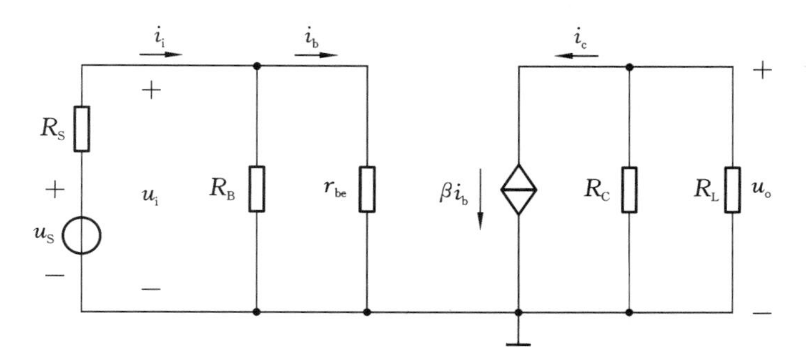

图 7-13 图 7-6 所示放大电路的微变等效电路

我们知道,用相量来进行电路的分析和计算非常方便、简单,所以,放大电路的微变等效电路中的交流量通常用相量来表示,如图 7-14 所示。

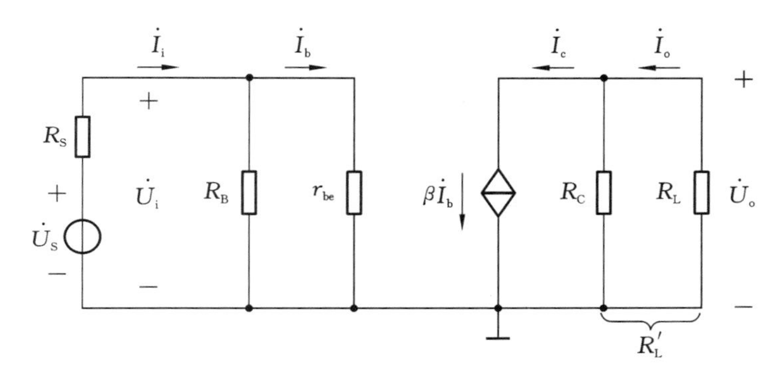

图 7-14 图 7-6 所示放大电路的微变等效电路(相量表示)

3. 放大电路的性能指标的计算与分析

下面,在放大电路的微变等效电路中分析放大电路的性能(以图 7-14 为例)。放大电路的性能指标主要有三个:电压放大倍数 A_u、输入电阻 r_i、输出电阻 r_o。

1) 放大电路的电压放大倍数 A_u

放大电路的输出电压 $\dot{U}_o$ 与输入电压 $\dot{U}_i$ 之比称为放大电路的电压放大倍数(放大倍数也常称为增益),用 A_u 表示,即

$$A_u=\frac{\dot{U}_o}{\dot{U}_i}$$

在图 7-14 中,因为$\dot{U}_o=-\dot{I}_c(R_C/\!/R_L)$,$\dot{U}_i=\dot{I}_b r_{be}$,代入上式,得

$$A_u=\frac{\dot{U}_o}{\dot{U}_i}=\frac{-\dot{I}_c(R_C/\!/R_L)}{\dot{I}_b r_{be}}=-\beta\frac{R_L'}{r_{be}}$$

式中,$R_L'=R_C/\!/R_L$,负号表示输出电压 $\dot{U}_o$ 与输入电压 $\dot{U}_i$ 反相。

电压放大倍数 A_u 反映放大电路的电压放大能力。一般情况下,我们希望放大电路的

电压放大倍数能尽可能大一些。当不带负载时，该放大电路的电压放大倍数等于$\beta\frac{R_C}{r_{be}}$，具有很高的电压放大倍数；当所带负载稍大时，其放大倍数也比较大，可以达到甚至超过晶体管的电流放大倍数β。

2）放大电路的输入电阻r_i

放大电路的输入电压$\dot{U}_i$与输入电流$\dot{I}_i$之比称为放大电路的输入电阻，用r_i表示，即

$$r_i=\frac{\dot{U}_i}{\dot{I}_i}$$

上式仅仅是放大电路输入电阻的定义，一般无直接应用（因为$\dot{I}_i$未知）。常用来分析、计算放大电路输入电阻的方法是：从放大电路对应的微变等效电路的输入端看进去，能“看到”的电阻（$\dot{I}_i$将流经的电阻）的等效电阻即为放大电路的输入电阻，如图7-15所示。

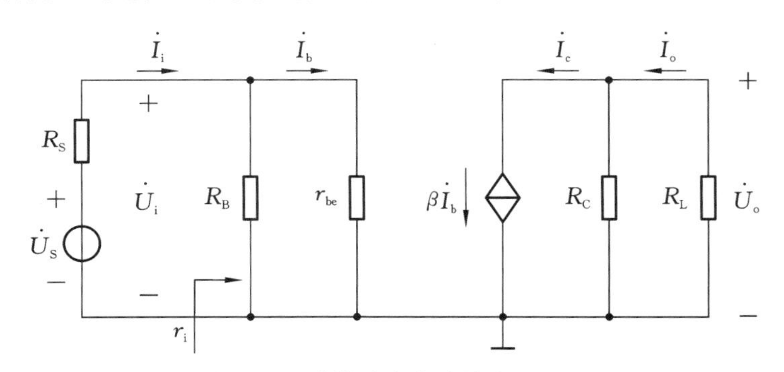

图7-15　计算放大电路的输入电阻

由图7-15，不难求得

$$r_i=R_B/\!/r_{be}$$

上式中，因为$R_B\gg r_{be}$，所以，$r_i\approx r_{be}$。

放大电路输入电阻r_i反映放大电路从信号源电动势U_S取用输入电压U_i的能力。图7-15的等效电路如图7-16(a)所示。从图中不难看出，当信号源一定时，r_i越大，则U_i越大。因此，放大电路的输入电阻越大越好。对于图7-3所示的共发射极基本交流放大电路（微变等效电路如图7-15所示）而言，其输入电阻并不大（$r_i\approx r_{be}$）。

注意：r_{be}是指晶体管的输入电阻，而r_i是指放大电路的输入电阻，两者不要混淆。

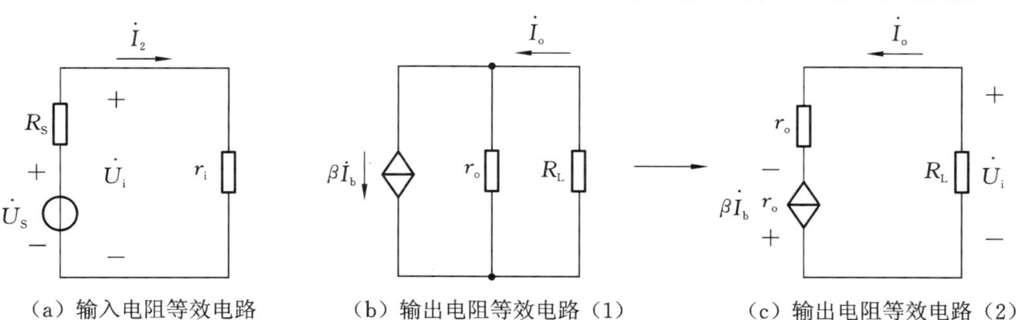

图7-16　放大电路输入、输出电阻的等效电路

3）放大电路的输出电阻 r_o

放大电路的输出电压 $\dot{U}_o$ 与输出电流 $\dot{I}_o$ 之比称为放大电路的输出电阻，用 r_o 表示，即

$$r_o=\frac{\dot{U}_o}{\dot{I}_o}$$

上式仅仅是放大电路输出电阻的定义，一般无直接应用（因为 $\dot{I}_o$ 未知）。常用来分析、计算放大电路输出电阻的方法是：从放大电路对应的微变等效电路的输出端看进去，能“看到”的电阻（$\dot{I}_o$ 将流经的电阻）的等效电阻即为放大电路的输出电阻，如图 7-17 所示（注意：求放大电路的输出电阻的等效电阻时，受控电流源 $\beta\dot{I}_b$ 应视为开路）。

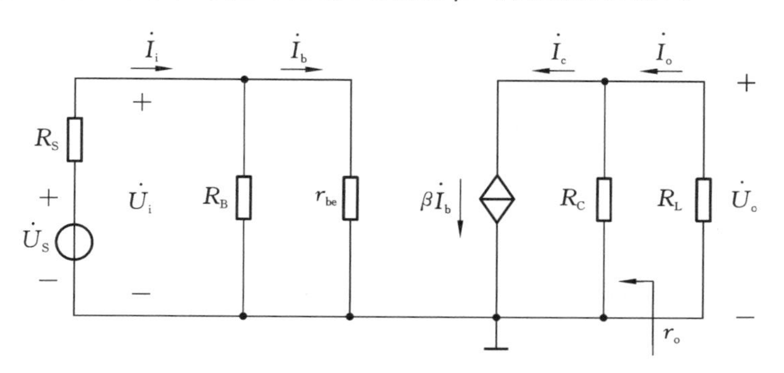

图 7-17 计算放大电路的输出电阻

由图 7-17，不难求得

$$r_o=R_C /\!/ r_{ce}$$

上式中，因为 $r_{ce}\gg R_c$（r_{ce}在图中未画出），所以，$r_o\approx R_C$。

放大电路输出电阻反映放大电路带负载的能力。图 7-17 的等效电路如图 7-16(b)、(c)所示。从图中不难看出，当负载 R_L 一定时，随着放大电路输出电阻 r_o 的增大，负载 R_L 两端的电压 U_o 将减小；同理，当放大电路一定时，随着负载 R_L 的增大或减小，负载 R_L 两端的电压 U_o 将增大或减小。也就是说，放大电路的输出电阻越大，则放大电路的输出电压受负载的影响越大，说明带负载能力越差。因此，放大电路的输出电阻越小越好。对于图 7-3 所示的共发射极基本交流放大电路（微变等效电路如图 7-15 所示）而言，其输出电阻较大（$r_o\approx R_C$）。

通过上面的分析，我们已经知道如何计算图 7-3 所示的共发射极基本交流放大电路的电压放大倍数 A_u、输入电阻 r_i 和输出电阻 r_o，并知道这些量对放大电路的性能具有重要意义。

7.4 放大电路静态和动态的综合分析

7.2 节和 7.3 节分别对放大电路的静态和动态进行了单独的分析，知道了如何在放大电路中设置较合适的静态工作点，并对放大电路的性能指标进行了定性理解。但是，放大电路到底是如何放大交流信号的呢？静态工作点设置得合适与否，对交流信号的放大到底有什么影响呢？下面用图解法对图 7-3 所示的共发射极基本交流放大电路的静态和动态进行综合分析（在分析过程中，请参阅图 7-6 和图 7-7）。

1. 静态工作点设置合适——小信号不失真放大

当放大电路的静态工作点设置合适，并且输入信号为小信号时，其信号不失真放大过程如图 7-18 所示。

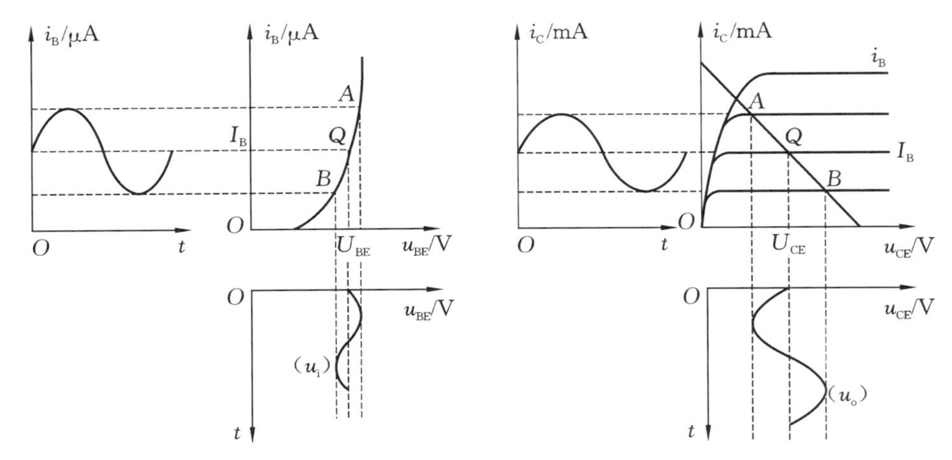

图 7-18　静态工作点设置合适——信号不失真放大

2. 静态工作点设置偏低——信号截止失真

当放大电路的静态工作点设置偏低（即 I_B 过小）时，其信号放大过程如图 7-19 所示。

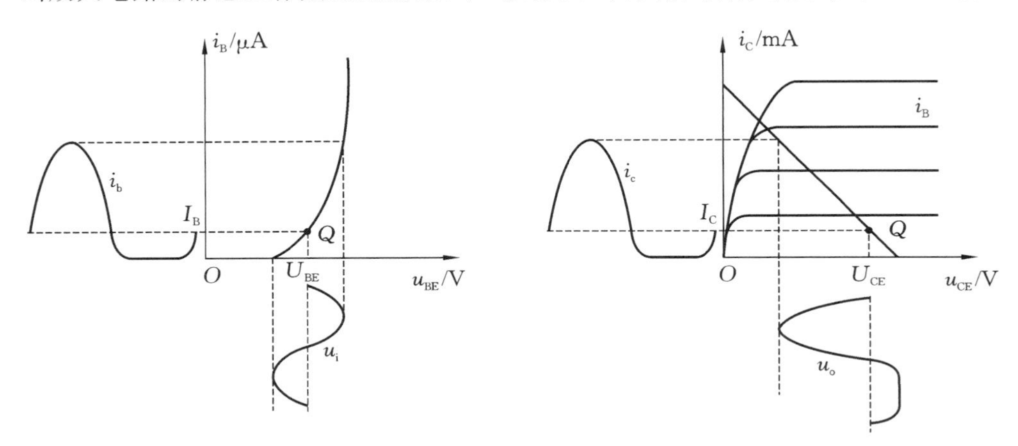

图 7-19　静态工作点设置偏低——信号截止失真

在图 7-19 中，由于静态工作点设置偏低，输入特性曲线图中的 u_{BE} 在 U_{BE} 处波动时，u_{BE} 的负半波很容易进入死区电压（由 u_i 的负半波引起），使晶体管进入截止工作状态，从而引起放大信号失真，称为截止失真。

3. 静态工作点设置偏高——信号饱和失真

当放大电路的静态工作点设置偏高时，其信号放大过程如图 7-20 所示。

在图 7-20 中，静态工作点设置偏高，即 I_B 过大。当 i_B 在 I_B 处波动时，i_C 也随之在 I_C 处波动。当 i_b 处于正半波且比较大时，i_B 很大，i_C 也随之很大；随着 i_B 的增大，u_{CE} 会减小（参阅公式 $U_{CE}=U_{CC}-I_CR_C$）；当 i_C 大到一定程度，即 u_{CE} 小到一定程度时，晶体管进入饱和

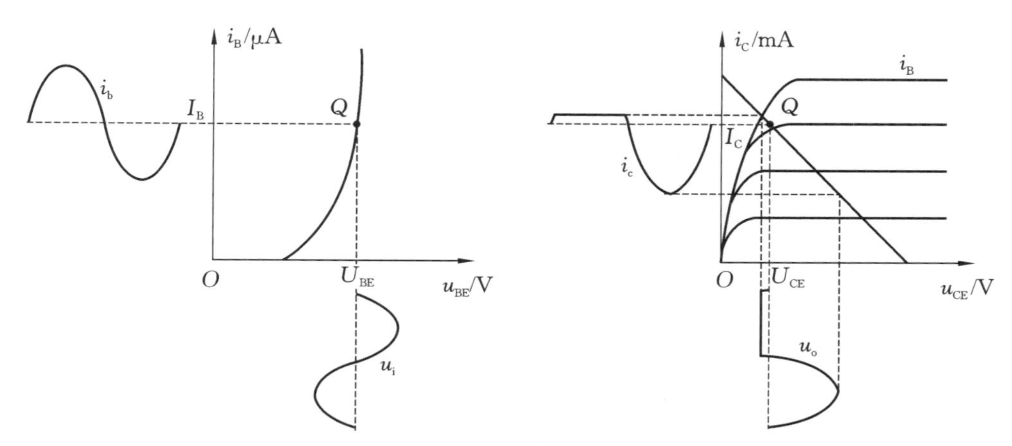

图 7-20　静态工作点设置偏高——信号饱和失真

工作状态，且饱和程度越来越深，以至于随着 i_B 的增大，i_C 基本不再增大(为了突出效果，图中画成 i_C 不再增大)，从而引起放大信号失真，称为饱和失真。

在图 7-18 中，虽然静态工作点设置合适，但是，如果输入信号 u_i 是一个大信号，则输入特性图中的 u_{BE} 在 U_{BE} 处的振幅会增大，会使 B 点进入死区电压，从而引起信号截止失真；同时，可能会使 A 点进入饱和区，从而引起信号饱和失真。

综上所述，放大电路要能不失真地放大交流信号，首先，不仅要建立静态工作点，而且建立的静态工作点要合适(这就是我们为什么要对放大电路进行静态分析的原因)；其次，需要放大的信号必须是个小信号(微变量)，否则，即使静态工作点设置合适，放大信号也会产生信号失真(这就是我们在对放大电路进行动态分析(微变等效)时，要求需要放大的信号为微变量的原因)。

7.5　放大电路静态工作点的稳定

通过上一节的分析，我们已经知道，建立合适的静态工作点是保证放大电路不失真地放大交流信号的先决条件，静态工作点设置偏高或偏低都会引起放大信号的失真。对于前面共发射极基本交流放大电路(见图 7-3)，即使在工作之前已经设置好了合适的静态工作点，但是，在工作过程中，由于某些条件的改变，静态工作点会发生不同程度的移动。这样，原来建立的合适的静态工作点因某些条件的改变而变得不合适了，从而在信号放大过程中产生失真。所以，有必要对放大电路的静态工作点进行稳定。

引起放大电路静态工作点发生移动的主要原因是温度的变化。因为晶体管是个半导体器件，而半导体具有显著的热敏性。当温度升高时，晶体管的导电能力增强，集电极电流 I_C 明显增大(I_C 增大的主要原因是 I_{CEO} 随温度的升高而明显增大，请参阅前述相关内容)，而基极电流 $I_B\left(\approx\dfrac{U_{CC}}{R_B}\right)$不变，所以，静态工作点将上移(请参阅图 6-26 所示的晶体管输出特性曲线)，使静态工作点接近饱和区甚至进入饱和区，从而引起放大信号失真。

如何克服温度变化对放大电路静态工作点的影响呢？稳定静态工作点的常用方法是采用分压式偏置放大电路，如图 7-21(a)所示。

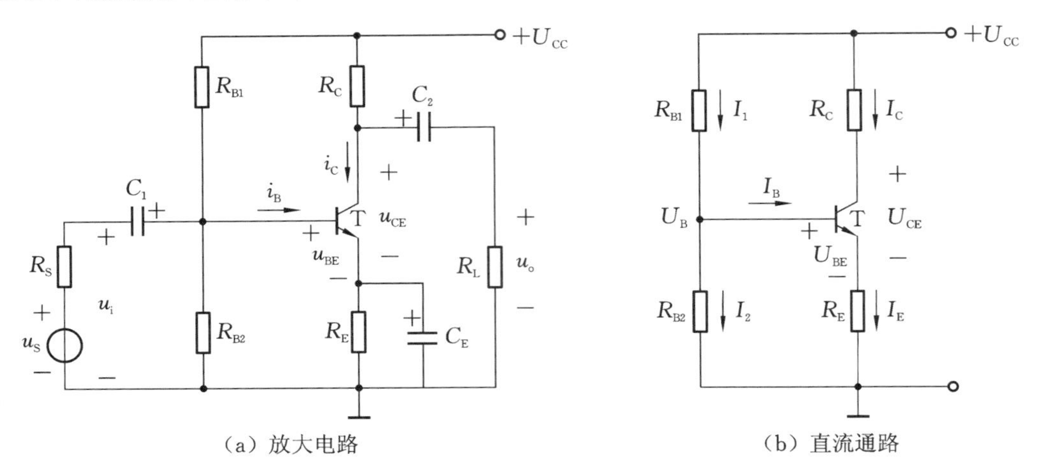

(a) 放大电路　　　　(b) 直流通路

图 7-21　分压式偏置放大电路

下面，我们来分析分压式偏置放大电路稳定静态工作点的原理。

首先，作出分压式偏置放大电路的直流通路，如图 7-21(b)所示。

在图 7-21(b)中，由基尔霍夫电流定律可得

$$I_1=I_2+I_B$$

因为 I_B 很小(μA 级)，通过选择适当大小的 R_{B1} 和 R_{B2}，可以使

$$I_2 \gg I_B$$

则

$$I_1 \approx I_2 \approx \frac{U_{CC}}{R_{B1}+R_{B2}}$$

基极电位

$$U_B=I_2 R_{B2} \approx \frac{U_{CC}}{R_{B1}+R_{B2}} R_{B2}=\frac{R_{B2}}{R_{B1}+R_{B2}} U_{CC}$$

这样，基极电位不受温度影响而固定，U_B 的大小取决于固定电阻 R_{B1} 和 R_{B2} 对电源 U_{CC} 的分压比(故称分压式偏置放大电路)。

在图 7-21(b)中，由基尔霍夫电压定律还可得到

$$U_B=U_{BE}+I_E R_E$$

即

$$I_E=\frac{U_B-U_{BE}}{R_E}$$

通过合理选择 R_{B1} 和 R_{B2}，可使

$$U_B \gg U_{BE}$$

则

$$I_C \approx I_E \approx \frac{U_B}{R_E}$$

因为 U_B 不受温度影响而固定，R_E 为固定电阻，所以，I_C 基本不随温度而变化，从而稳定了放大电路的静态工作点。

图 7-21 所示的分压式偏置放大电路稳定静态工作点的过程如下：

$$t\uparrow\rightarrow I_C\uparrow\rightarrow I_E\uparrow\rightarrow I_ER_E\uparrow\rightarrow U_{BE}\downarrow\rightarrow I_B\downarrow\rightarrow I_C\downarrow$$

图 7-21(a)中，C_E 为交流旁路电容，对交流信号起短路作用。如果不接这个电容，则发射极电流的交流分量 i_e 流过 R_E 时会产生交流压降，使用来产生基极电流 i_b 的 u_{be} 减小($u_i=u_{be}+i_eR_E$)，也就使集电极电流 i_c 减小，使输出电压 u_o 减小，从而减小了放大电路的电压放大倍数。所以，电容 C_E 在电路中的作用很巧妙：一方面，由于其"隔直"作用，不影响放大电路静态工作点的稳定；另一方面，由于其"通交"作用，不影响放大电路的交流电压放大倍数。

【例 7-2】 在图 7-21(a)中，已知 $U_{CC}=12\ \text{V}$，$R_C=2\ \text{k}\Omega$，$R_{B1}=40\ \text{k}\Omega$，$R_{B2}=20\ \text{k}\Omega$，$R_E=2\ \text{k}\Omega$，$R_L=2\ \text{k}\Omega$，$\beta=50$。试求：

(1) 放大电路的静态工作点；

(2) 放大电路的电压放大倍数 A_u、输入电阻 r_i 和输出电阻 r_o。

【解】 (1)作图 7-21(a)的直流通路，如图 7-21(b)所示。

$$U_B\approx\frac{R_{B2}}{R_{B1}+R_{B2}}U_{CC}=\frac{20}{40+20}\times 12\ \text{V}=4\ \text{V}$$

$$I_C\approx I_E=\frac{U_B-U_{BE}}{R_E}=\frac{4-0.6}{2\times 10^3}\ \text{A}\approx 2\ \text{mA}$$

$$I_B=\frac{I_C}{\beta}\approx\frac{I_C}{\beta}=\frac{2}{50}\ \text{mA}=40\ \mu\text{A}$$

$$U_{CE}=U_{CC}-I_CR_C-I_ER_E\approx U_{CC}-(R_C+R_E)I_C=[12-(2+2)\times 2]\ \text{V}=4\ \text{V}$$

(2) 作图 7-21(a)的微变等效电路，如图 7-22 所示。

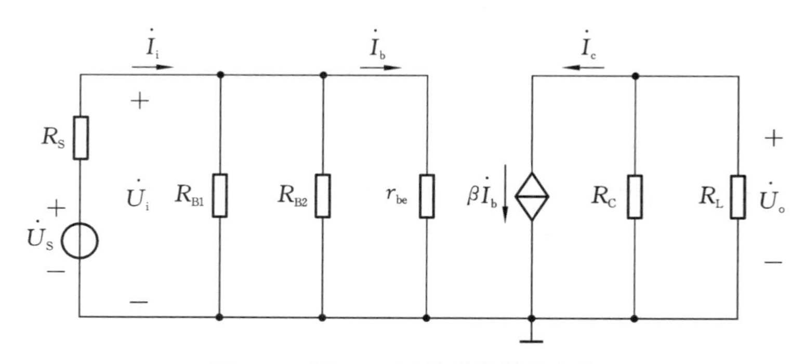

图 7-22 图 7-21(a)的微变等效电路

$$r_{be}\approx 200\ \Omega+(\beta+1)\frac{26\ \text{mV}}{I_E}=200\ \Omega+(50+1)\frac{26\ \text{mV}}{2\ \text{mA}}=863\ \Omega=0.863\ \text{k}\Omega$$

$$A_u=-\beta\frac{R_L'}{r_{be}}=-\beta\frac{R_C/\!/R_L}{r_{be}}=-50\times\frac{2\ \text{k}\Omega/\!/2\ \text{k}\Omega}{0.863\ \text{k}\Omega}\approx -58$$

$$r_i=R_{B1}/\!/R_{B2}/\!/r_{be}\approx r_{be}=0.863\ \text{k}\Omega$$

$$r_o\approx R_C=2\ \text{k}\Omega$$

7.6 放大电路中的负反馈

在工业自动化生产控制系统中，负反馈应用很广，可以说无处不在，其作用就是在生产过程中自动调节控制系统，使其连续、不间断地生产出合格的产品。在电子电路中，也常常引入负反馈来自动改善放大电路的性能。例如，前面讲的分压式偏置放大电路之所以能起到稳定静态工作点的作用，就是因为在该电路中引入了负反馈。

7.6.1 反馈的基本概念

将电子电路（或自动控制系统）输出端的信号（电压或电流）的一部分或全部通过某一路径（反馈电路）引回到输入端的过程称为反馈。图 7-23 和图 7-24 分别为无反馈放大电路框图和有反馈放大电路框图。图中，X 表示信号，它既可以表示电压，也可以表示电流。X_i、X_o 和 X_f 分别表示放大电路的输入、输出和反馈信号。X_f 与 X_i 在放大电路的输入端进行比较（用⊗符合表示），比较的结果为 X_{id}，称为放大电路的净输入信号。放大电路的净输入信号实质上就是晶体管的净输入信号，即净输入电压 $U_{BE}(u_{be})$ 和净输入电流 $I_B(i_b)$。无反馈的放大电路的放大作用称为开环放大，有反馈的放大电路的放大作用称为闭环放大。

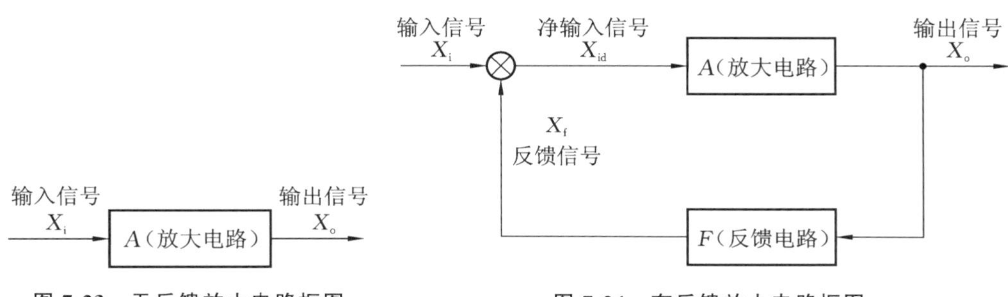

图 7-23 无反馈放大电路框图　　图 7-24 有反馈放大电路框图

反馈有电压反馈和电流反馈之分：反馈信号由输出电压引起的称为电压反馈，反馈信号由输出电流引起的称为电流反馈。

反馈有串联反馈和并联反馈之分：反馈信号与净输入信号串联的称为串联反馈，反馈信号与净输入信号并联的称为并联反馈。

反馈有直流反馈和交流反馈之分：反馈信号是直流信号的反馈称为直流反馈，反馈信号是交流信号的反馈称为交流反馈。

反馈有正反馈和负反馈之分：反馈信号增强了净输入信号（使净输入信号增大）的反馈称为正反馈，反馈信号削弱了净输入信号（使净输入信号减小）的反馈称为负反馈。

正反馈时，信号关系为

$$X_{id}=X_i+X_f$$

显然，正反馈不能使电路或系统稳定。

负反馈时，信号关系为

$$X_{id}=X_i-X_f$$

显然，负反馈能使电路或系统稳定。

根据上面对反馈的划分，反馈可以分为电压串联直流负反馈等16种。下面，我们对比较常用的负反馈做进一步分析。

7.6.2 放大电路中负反馈的判别与分析

从本章前面的分析可知，固定式偏置放大电路（图7-3）的静态工作点不能稳定，而分压式偏置放大电路（图7-21(a)）却能起到稳定静态工作点的作用，这到底是为什么呢？原因就是在分压式偏置放大电路中引入了负反馈。

首先来看分压式偏置放大电路的直流通路中的信号关系，如图7-25所示。显然，

$$U_B = U_{BE} + I_E R_E = U_{BE} + U_F$$

即

$$U_{BE} = U_B - U_F$$

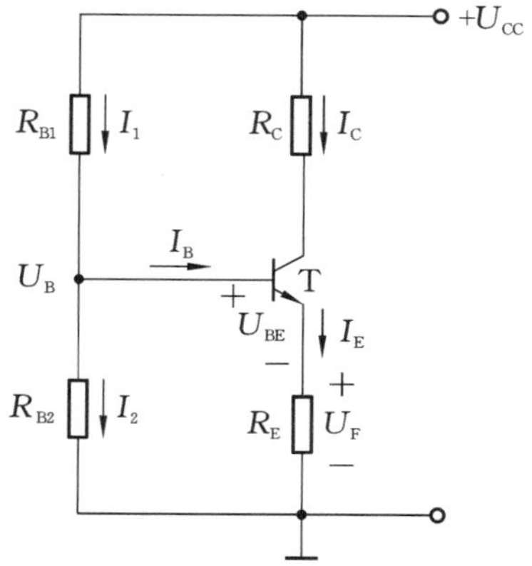

图 7-25 分压式偏置放大电路的直流通路中的信号关系

对比负反馈时的信号关系表达式可知，U_{BE}为净输入信号，U_B为输入信号，U_F为反馈信号。

由于反馈信号U_F削弱了净输入信号U_{BE}，因此此电路（图7-25）中的反馈为负反馈。

由于反馈信号U_F与净输入信号U_{BE}为串联关系，因此此电路中的反馈为串联反馈。

由于反馈信号U_F是由输出电流$I_E(I_C)$引起的，因此此电路中的反馈为电流反馈。

概括起来说，此电路中的反馈为电流串联负反馈。

由于此电路为分压式偏置放大电路的直流通路，因此电路中的反馈为直流反馈。

分压式偏置放大电路之所以能稳定静态工作点，是因为在其中引入了直流负反馈。所以，直流负反馈具有稳定静态工作点的作用。

另外，交流负反馈可用于稳定输出交流电流或电压。图7-21(a)所示的分压式偏置放大电路中是否存在交流负反馈？如果没有，如何改进？请读者自行分析。

7.6.3 负反馈对放大电路性能的影响

1. 降低放大倍数

由于负反馈信号削弱了净输入信号，经晶体管放大后的输出信号必然减小，因此，引入负反馈后，闭环放大倍数必然小于开环放大倍数。

2. 提高放大电路的工作稳定性

从前面的分析可知，放大电路中引入直流负反馈就可以稳定静态工作点，放大电路中引入交流负反馈就可以稳定交流电流或电压输出。

3. 改善信号失真

由于晶体管是非线性元件，其输入特性和输出特性都呈非线性，因此，晶体管在放大信

号的过程中，或多或少地存在信号失真现象，尤其是在静态工作点设置不合理的情况下。在放大电路中引入负反馈后，可以在一定程度上改善信号失真，如图 7-26 所示。晶体管的非线性特性决定了信号失真只能减小，不能完全消除。

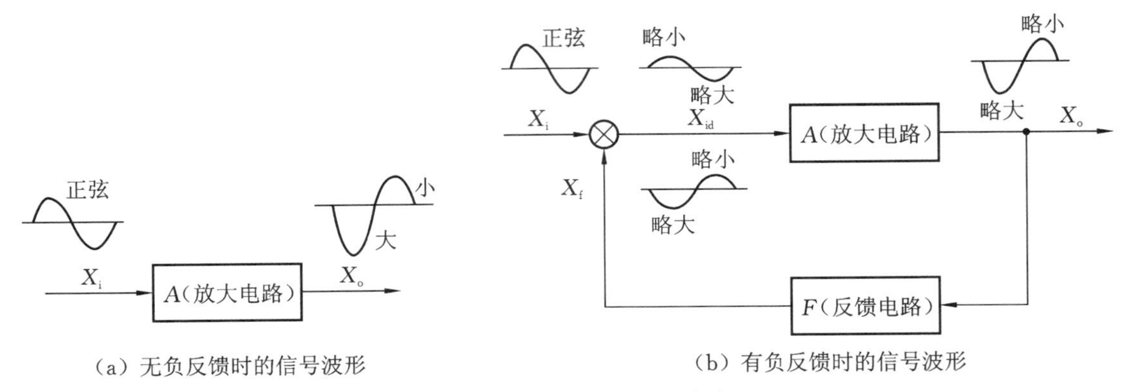

(a) 无负反馈时的信号波形　　(b) 有负反馈时的信号波形

图 7-26　负反馈改善信号失真

综上所述，放大电路引入负反馈后，以牺牲放大倍数作为代价，换取提高工作稳定性和改善信号失真的性能。

7.7　射极输出器

如图 7-27 所示的放大电路，因为输出信号从晶体管的发射极对“地”输出，故称其为射极输出器。下面对射极输出器进行分析，重在理解其特点。

1. 静态分析

作图 7-27 所示射极输出器的直流通路，如图 7-28 所示。

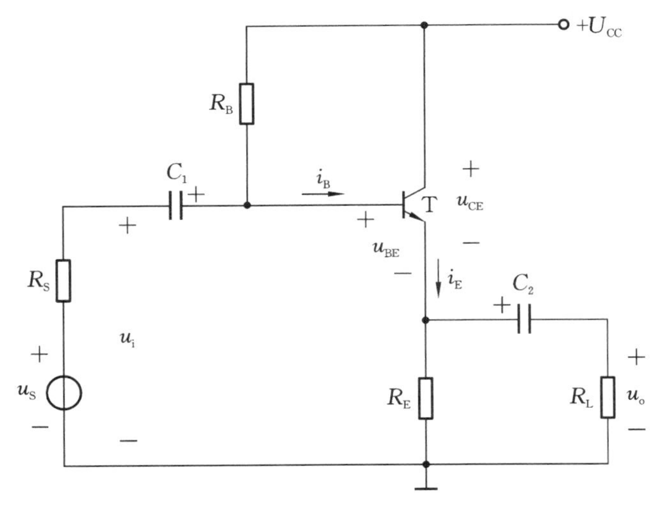

图 7-27　射极输出器

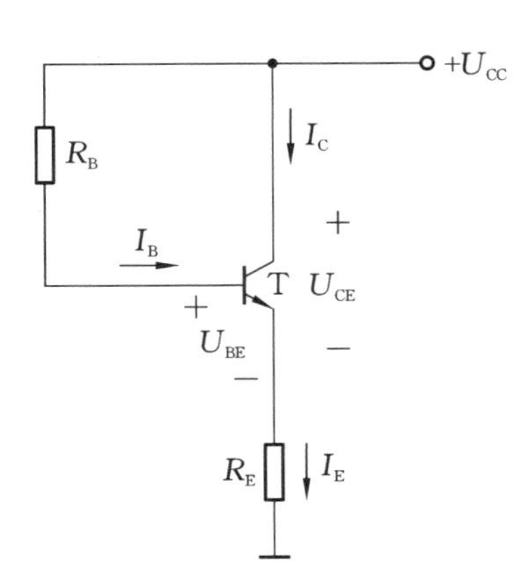

图 7-28　射极输出器的直流通路

由偏置电路可得

$$U_{CC}=I_B R_B+U_{BE}+I_E R_E=I_B R_B+(1+\beta)I_B R_E+U_{BE}$$

即

$$I_B=\frac{U_{CC}-U_{BE}}{R_B+(1+\beta)R_E}\approx\frac{U_{CC}}{R_B+(1+\beta)R_E}$$

$$I_E\approx I_C=\bar{\beta}I_B\approx\beta I_B$$

$$U_{CE}=U_{CC}-I_E R_E$$

2. 动态分析

作图 7-27 所示射极输出器的微变等效电路，如图 7-29 所示。

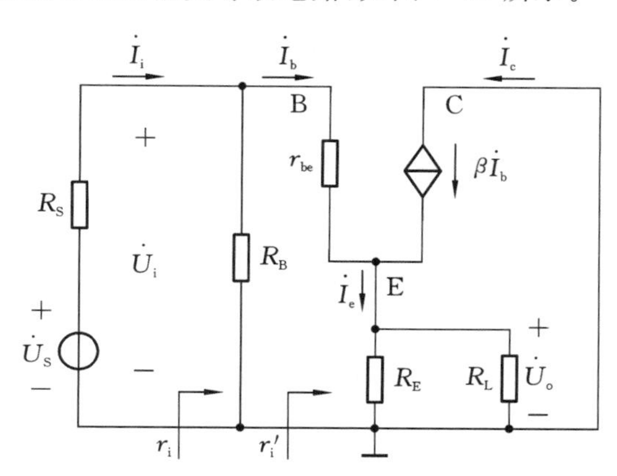

图 7-29　射极输出器的微变等效电路

1）电压放大倍数

令 $R_L'=R_E/\!/R_L$

则

$$\dot{U}_o=\dot{I}_e R_L'=(1+\beta)\dot{I}_b R_L'$$

$$\dot{U}_i=\dot{I}_b r_{be}+\dot{I}_e R_L'=\dot{I}_b r_{be}+(1+\beta)\dot{I}_b R_L'=[r_{be}+(1+\beta)R_L']\dot{I}_b$$

从而得

$$A_u=\frac{\dot{U}_o}{\dot{U}_i}=\frac{(1+\beta)\dot{I}_b R_L'}{[r_{be}+(1+\beta)R_L']\dot{I}_b}=\frac{(1+\beta)R_L'}{r_{be}+(1+\beta)R_L'}$$

因为

$$(1+\beta)R_L'\gg r_{be}$$

所以

$$A_u\approx1$$

2）输入电阻

由图 7-29 所示的微变等效电路可求得

$$r_i'=\frac{\dot{U}_i}{\dot{I}_b}=\frac{[r_{be}+(1+\beta)R_L']\dot{I}_b}{\dot{I}_b}=r_{be}+(1+\beta)R_L'$$

$$r_i = R_B // r'_i = R_B // [r_{be} + (1+\beta) R'_L]$$

3）输出电阻

作计算射极输出器输出电阻 r_o 的等效电路，如图 7-30 所示。

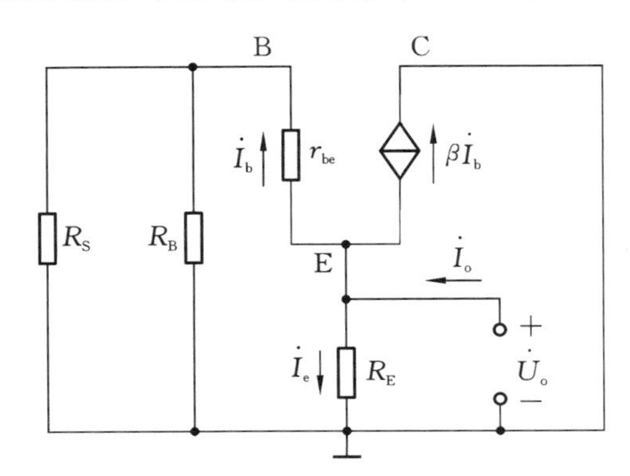

图 7-30　计算射极输出器 r_o 的等效电路

令 $R'_S = R_B // R_S$

则

$$\dot{I}_o = \dot{I}_b + \beta \dot{I}_b + \dot{I}_e = \frac{\dot{U}_o}{r_{be} + R'_S} + \beta \frac{\dot{U}_o}{r_{be} + R'_S} + \frac{\dot{U}_o}{R_E} = \left(\frac{1+\beta}{r_{be} + R'_S} + \frac{1}{R_E} \right) \dot{U}_o$$

从而得

$$r_o = \frac{\dot{U}_o}{\dot{I}_o} = \frac{1}{\dfrac{1+\beta}{r_{be} + R'_S} + \dfrac{1}{R_E}} = \frac{(r_{be} + R'_S) R_E}{r_{be} + R'_S + (1+\beta) R_E}$$

因为通常情况下，有

$$r_{be} + R'_S \ll (1+\beta) R_E$$

同时

$$\beta \gg 1$$

所以

$$r_o \approx \frac{r_{be} + R'_S}{\beta}$$

3. 射极输出器的特点

由动态分析、计算可知，射极输出器具有如下特点：

（1）电压放大倍数恒小于 1，但非常接近 1。

（2）输入电阻高。

（3）输出电阻低。

所以，通常利用射极输出器来提高放大电路的输入电阻或降低放大电路的输出电阻，从而提高放大电路的性能。要特别说明的是，射极输出器虽然没有电压放大能力，但有电流放大能力，所以，射极输出器通常又用作功率放大。

7.8 多级放大电路

前面所讲的放大电路都是由一个晶体管构成的放大电路，称为一级（单级）放大电路。在实际应用中，由于需要放大的信号通常很微弱（mV 级甚至 μV 级），一级放大后往往还不能或不足以驱动负载，所以，要将一级放大后的信号再进行放大。两级或两级以上的放大电路称为多级放大电路，如图 7-31 所示。

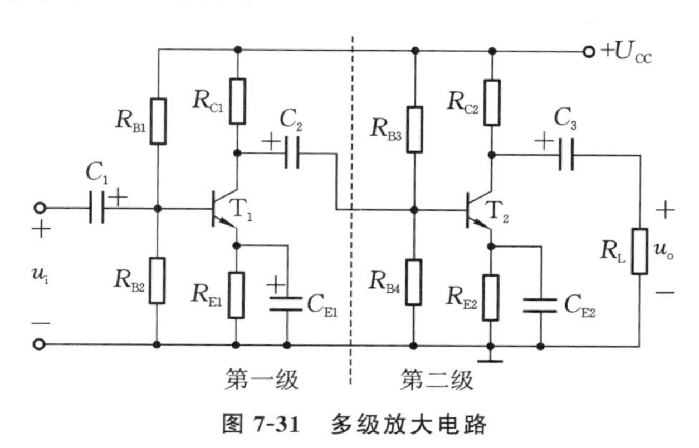

图 7-31 多级放大电路

多级放大电路中级与级之间的连接方式称为耦合。主要的耦合方式有阻容耦合和直接耦合（还有变压器耦合、光电耦合等，但不常用）。

图 7-31 所示的多级放大电路为阻容耦合。由于电容的“隔直”作用，前、后级的静态工作点的设置相互独立、互不影响。当然，阻容耦合多级放大电路只能放大交流信号。

图 7-31 所示的两级放大电路的第一级和第二级均采用分压式偏置放大电路。分压式偏置放大电路虽然具有较大的电压放大倍数，但是，由于其输入电阻小（$r_i \approx r_{be}$），输出电阻大（$r_o \approx R_C$），因此其性能受到很大影响（不利于高内阻信号源电动势的放大，带负载能力差）。

实用的多级放大电路如图 7-32 所示。

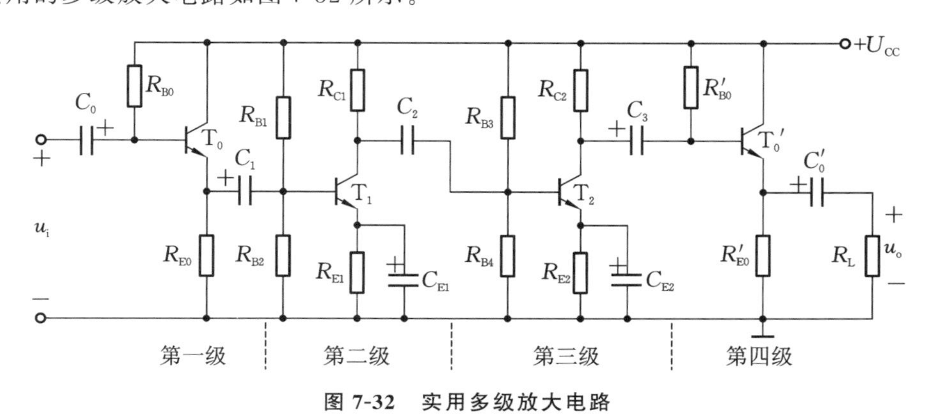

图 7-32 实用多级放大电路

在图 7-32 所示的实用多级放大电路中，第一级和第四级（最后一级）采用射极输出器，第二级和第三级采用分压式偏置放大电路。不难发现，图 7-32 是在图 7-31 所示的多级放大电路的最前面和最后面分别增加了一级放大电路，且均采用射极输出器（这就是射极输出器的主要用途）。这到底有什么好处呢？

由前一章节的内容可知，射极输出器不具有电压放大能力，但是，其具有输入电阻高、输出电阻低的特点。在图 7-32 中，利用射极输出器输入电阻高的特点，将其作为多级放大电路的第一级（称为输入级），有利于信号源（尤其是高内阻的信号源）电动势的放大；利用分压式偏置放大电路电压放大倍数大的特点，将其作为多级放大电路的第二、三级（称为中间级），可将信号充分放大（根据需要，中间级可增、减）；利用射极输出器输出电阻低的特点，将其作为多级放大电路的最后一级（称为输出级），能大大增强多级放大电路带负载的能力。这样，让射极输出器和分压式偏置放大电路各自发挥其优势，而使多级放大电路的性能得到较大的改善。

由上面的分析，我们可以得到多级放大电路的框图，如图 7-33 所示。

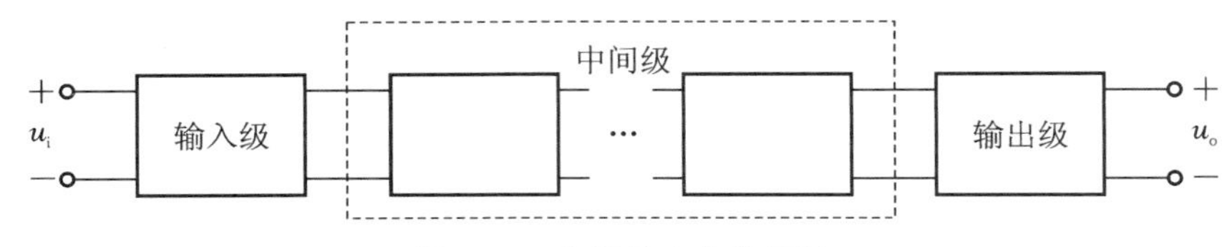

图 7-33　多级放大电路框图

多级放大电路的动态分析框图如图 7-34 所示。

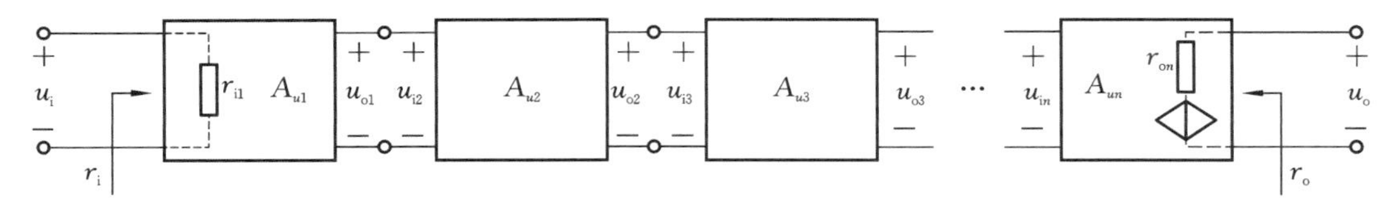

图 7-34　多级放大电路的动态分析框图

由图 7-34 可知，多级放大电路的电压放大倍数

$$A_u=\frac{u_o}{u_i}=\frac{u_{o1}}{u_i}\cdot\frac{u_{o2}}{u_{i2}}\cdot\frac{u_{o3}}{u_{i3}}\cdot\cdots\cdot\frac{u_o}{u_{in}}=A_{u1}\cdot A_{u2}\cdot A_{u3}\cdot\cdots\cdot A_{un}$$

多级放大电路的输入电阻

$$r_i=r_{i1}$$

多级放大电路的输出电阻

$$r_o=r_{on}$$

此外，为了简化电路，通常用复合管（用相同类型的多个晶体管通过某种方式连接而成）来代替多级放大电路。常见的复合管结构如图 7-35 所示。

若晶体管 T_1 的电流放大倍数为 β_1，晶体管 T_2 的电流放大倍数为 β_2，则复合管的电流放大倍数为

$$\beta=\beta_1\beta_2$$

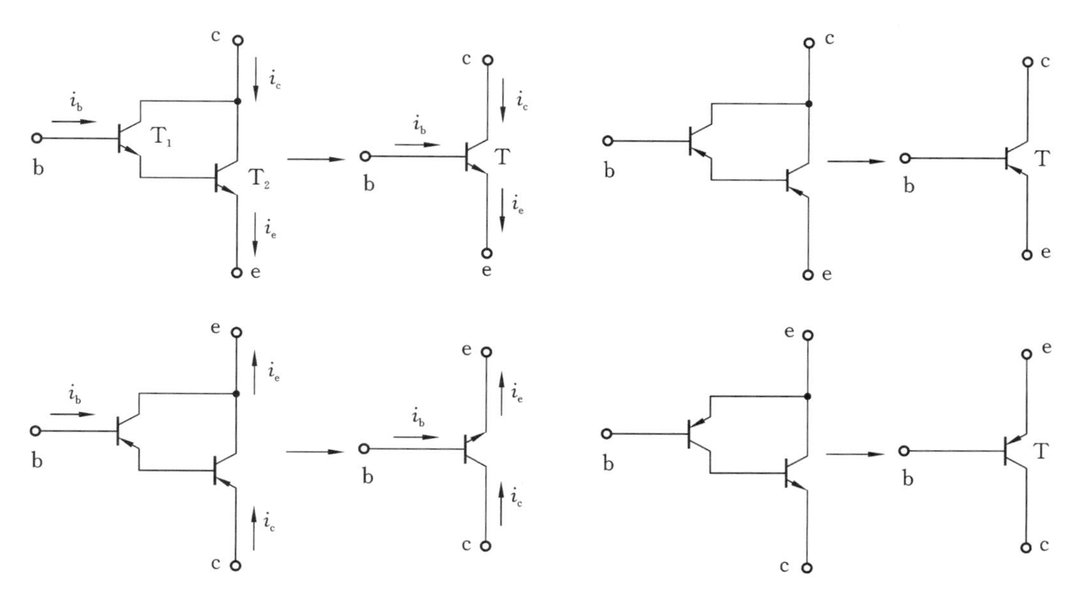

图 7-35 常见的复合管结构

7.9 差动放大电路

上一节中的多级放大电路的级与级之间采用的是阻容耦合的连接方式。虽然阻容耦合具有前、后级静态工作点的设置相互独立、互不影响的优点，但是它只能放大一定频率以上的交流信号。对于缓慢变化的信号或直流信号，采用阻容耦合的多级放大电路是无法进行放大的，必须采用直接耦合的多级放大电路来进行放大，如图 7-36 所示。

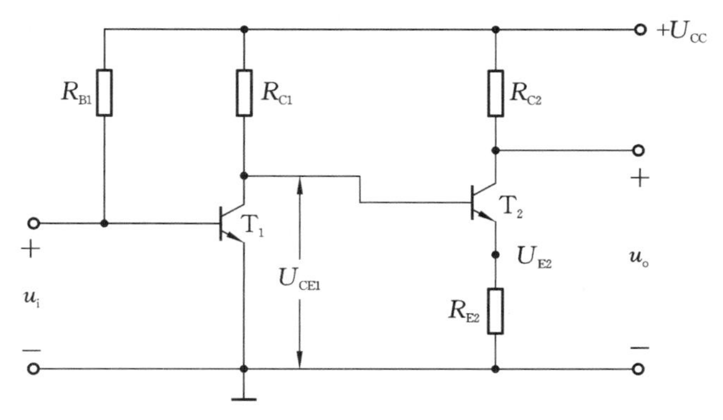

图 7-36 直接耦合的多级放大电路

但是，采用直接耦合会带来两个显著的问题。

(1) 前、后级静态工作点的设置会相互影响。

因为前一级集电极的电位就是相邻后一级基极的电位，所以在进行静态工作点设置时，前、后级会同时受到影响，往往难以快速完成静态工作点的设置。放大电路的级数越多，静态工作点的设置就越麻烦。为了使每一级都具有合适的静态工作点，常用的办法是在后级增加发射极电阻，以提高其发射极电位 U_{E2}，如图 7-36 所示。如果不这样做，多级放大电路将无法进行正常放大。因为如果后级不接发射极电阻，则 $U_{CE1}=U_{BE2}$；又因为 $U_{CE1}\geqslant 1$ V 是晶体管（硅管）T_1 正常放大的条件，而晶体管 T_2 正常放大的条件是 $U_{BE2}=0.6\sim 0.8$ V。显然，两者不能同时具备。

（2）产生零点漂移。

在图 7-36 中，当 $u_i=0$ 时，u_o 应为某一恒定不变的值。但是，通过记录仪对 u_o 做较长时间的记录发现，u_o 并不保持某一恒定值，而是做缓慢无规则的变化，见图 7-37。这种现象称为零点漂移，简称零漂。

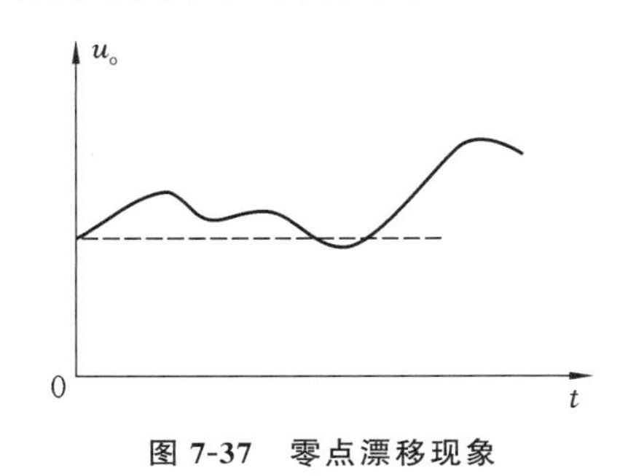

图 7-37　零点漂移现象

产生零点漂移的原因有温度的变化（晶体管具有显著的温度特性）、电压的波动、元件的老化等。其中温度的变化是产生零点漂移最主要的原因。由温度变化产生的零点漂移称为温度漂移，简称温漂。由于零点漂移主要为温度漂移，因此有时直接将零点漂移称为温度漂移。

如果零点漂移不消除的话，当放大 u_i 时，其对应的放大信号会与零点漂移信号叠加输出 u_o，使 u_o 不能真实反映 u_i 的大小。所以，必须对零点漂移进行抑制。

对于由电压波动产生的零点漂移，可以采取稳压的措施来消除；对于由元件老化产生的零点漂移，可以采取更换的措施来消除。但是，对于由温度变化产生的零点漂移，是难以通过稳定温度的办法来消除的，例如室外或环境恶劣的大型车间等地方。

为了有效抑制零点漂移（温度漂移），通常采用差动放大电路（也叫差分放大电路）。

7.9.1　差动放大电路的组成及其抑制零漂的工作原理

1. 差动放大电路的组成

简单差动放大电路如图 7-38 所示。

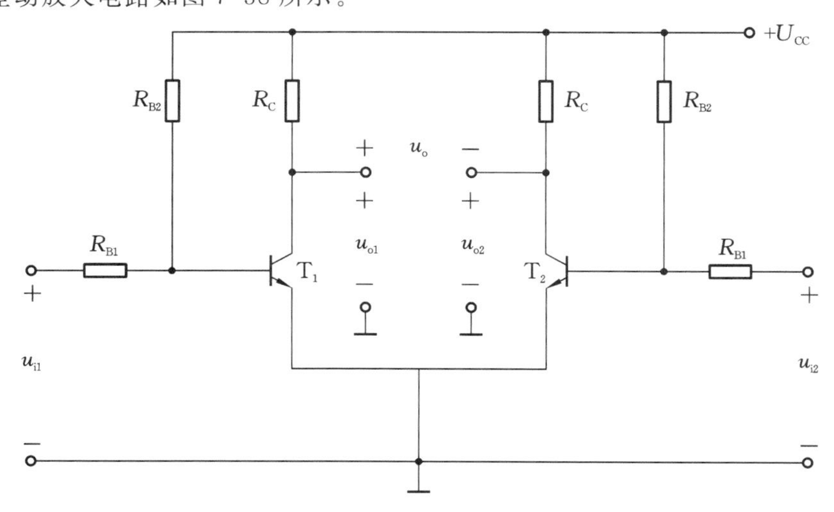

图 7-38　简单差动放大电路

由图 7-38 可以看出，差动放大电路的结构具有对称性，即电路的左边部分与右边部分在理论上是完全对称的。

2. 差动放大电路抑制零漂的工作原理

在图 7-38 中，虽然 u_{o1} 和 u_{o2} 都存在零点漂移，但是，由于电路具有对称性，温度等引起零点漂移的因素对左右两边的对称电路的影响是相同的，即

$$u_{o1} \equiv u_{o2}$$

所以

$$u_o = u_{o1} - u_{o2} \equiv 0$$

这样，即使 u_{o1} 和 u_{o2} 存在零点漂移，但 u_o 不存在零点漂移。这就是差动放大电路抑制零点漂移的工作原理。

在直接耦合的多级放大电路中，由于第一级产生的零点漂移会在后级中逐级放大，最后输出的零点漂移量是很大的，甚至可能导致无法区分有用信号和无用信号，这是不允许的。为了有效抑制零点漂移，所以在多级放大电路中，对第一级的零点漂移的抑制至关重要。因此，对于直接耦合的多级放大电路，其第一级广泛采用差动放大电路。

到目前为止，差动放大电路是抑制零点漂移最有效的电路结构。

7.9.2 典型差动放大电路

图 7-38 所示的简单差动放大电路虽然在理论上对称，但实际上是不可能完全对称的，因为标称阻值相同的电阻阻值存在误差，相同型号的晶体管的参数也存在差异。所以，图 7-38 所示的简单差动放大电路虽有一定的抑制零点漂移的作用，但是效果很有限。典型差动放大电路如图 7-39 所示。

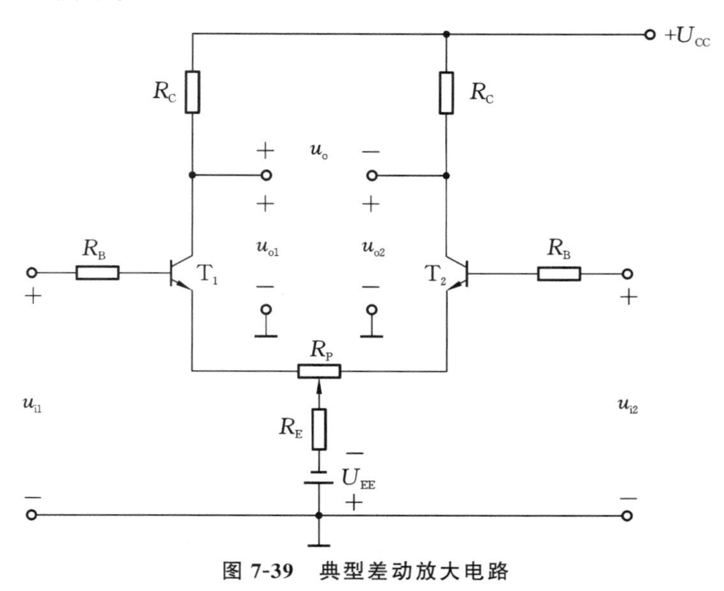

图 7-39 典型差动放大电路

与简单差动放大电路相比，典型差动放大电路具有如下优点：

(1) 通过调节调零电位器 R_P，可以使电路更趋于对称，抑制零点漂移效果更好。

(2) R_E 和 U_{EE} 共同为放大电路提供稳定而合适的静态工作点。一方面，由于 R_E 的负

反馈作用，R_E 越大，稳定静态工作点效果越好；另一方面，R_E 越大，则 U_{CE} 越小，容易使晶体管进入饱和区。为了解决这一矛盾，在发射极接入负电源 U_{EE}，以抵偿在 R_E 上的直流压降，从而使放大电路具有稳定而合适的静态工作点。

(3) 在没接 u_{i1} 和 u_{i2} 时，由于晶体管截止，因此放大电路不工作，从而节能；当有 u_{i1} 和 u_{i2} 接入时，由于 U_{EE} 能提供合适的偏置电流，因此放大电路能正常地工作。

7.9.3 信号的差模输入

1. 信号的输入方式

在图 7-39 中，若 $u_{i1}=u_{i2}$，则称 u_{i1} 和 u_{i2} 为共模信号，此时的信号输入为共模输入；若 $u_{i1}=-u_{i2}$，则称 u_{i1} 和 u_{i2} 为差模信号，此时的信号输入为差模输入；若 u_{i1} 和 u_{i2}（同相或反相）既非共模信号，又非差模信号，则称 u_{i1} 和 u_{i2} 为比较信号，此时的信号输入为比较输入。任何一对比较信号都可以分解为一对共模信号和一对差模信号，例如：

$$u_{i1}=4\ \text{mV}=6\ \text{mV}-2\ \text{mV}$$

$$u_{i2}=8\ \text{mV}=6\ \text{mV}+2\ \text{mV}$$

对于共模信号 u_{i1} 和 u_{i2}，虽然经过各自的放大电路后输出的 u_{o1} 和 u_{o2} 得到了放大，但由于 $u_{i1}=u_{i2}$ 和电路的对称性，则 $u_{o1}=u_{o2}$，从而

$$u_o=0$$

所以，差动放大电路对共模信号不具有放大能力（理想情况下）。

对于差模信号 u_{i1} 和 u_{i2}，由于其极性相反，经过各自的放大电路后输出的 u_{o1} 和 u_{o2} 也极性相反，从而

$$U_o=2U_{o1}=2U_{o2}$$

所以，差动放大电路对差模信号具有放大能力，且为单边输出电压的两倍（理想情况下）。

2. 单一信号差模输入的实现

从上面的分析可知，要实现对信号的放大，必须采用差模输入方式。那如何将我们要放大的某一单一信号变成一对差模信号输入到差动放大电路呢？单一信号差模输入的实现如图 7-40 所示。

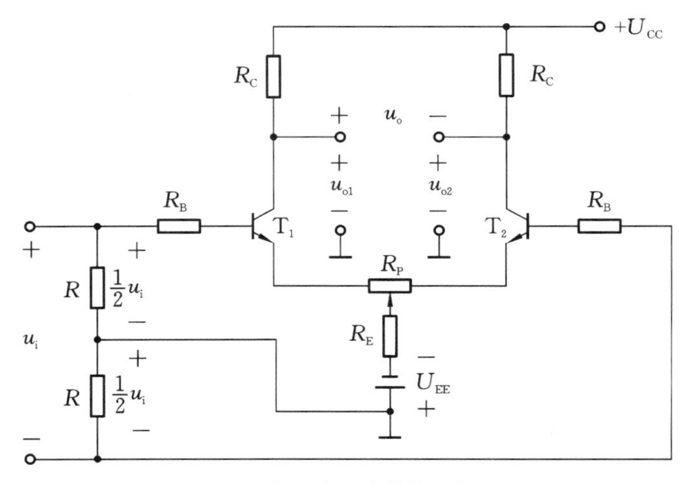

图 7-40 单一信号差模输入的实现

7.10 功率放大电路

利用前面讲的分压式偏置放大电路或多级放大电路对电压进行放大之后，虽然电压由小信号变成了大信号，但其对应的电流有可能还不足以驱动负载（例如扬声器、继电器和伺服电机等），因此需要对电流做进一步放大。对电流做专门性放大的电路称为功率放大电路。功率放大电路的输入信号已不再是小信号，而是大信号。

7.10.1 功率放大电路的分类

根据晶体管在一个信号周期内工作状态的不同，功率放大电路分为甲类、乙类和甲乙类三种，如图 7-41 所示。

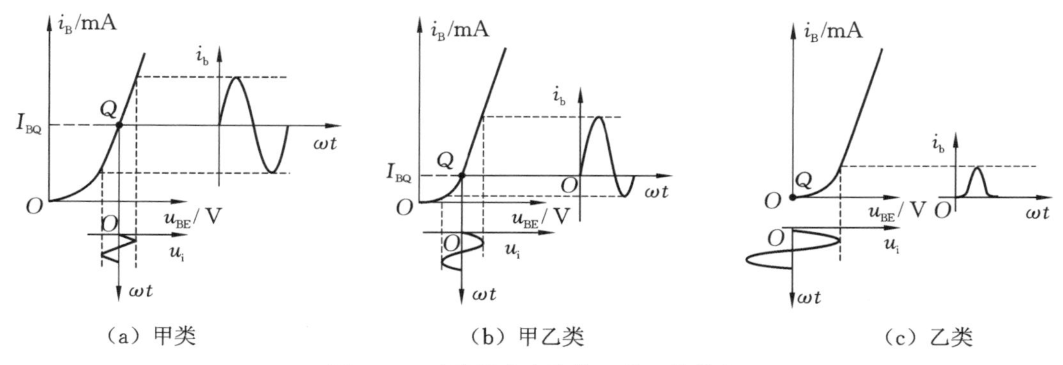

图 7-41 功率放大电路的三类工作状态

甲类工作状态是指在一个信号周期内，功率放大电路中的晶体管都工作在放大状态，见图 7-41(a)。

乙类工作状态是指在一个信号周期内，功率放大电路中的晶体管只有半个信号周期工作在放大状态，见图 7-41(c)。

甲乙类工作状态是指在一个信号周期内，功率放大电路中的晶体管的工作状态介于甲类和乙类之间，见图 7-41(b)。

7.10.2 互补对称功率放大电路

功率放大常采用互补对称功率放大电路，如图 7-42 所示。图中 T_1、T_2 虽为不同类型的晶体管，但其特性相同。

静态时，由于电路的对称性，$U_B=U_E=U_C=\frac{1}{2}U_{CC}$（$U_C$ 为电容 C 两端的电压）。

当 u_i 为正半波时，$U_B>U_E$，T_1 导通，T_2 截止，i_{b1} 经 T_1 放大为 i_{c1}，此时由 U_{CC} 提供能量。

当 u_i 为负半波时，$U_B<U_E$，T_2 导通，T_1 截止，i_{b2} 经 T_2 放大为 i_{c2}，此时由 U_C 提供能量。

由于该放大电路又为射极输出器，因此 $u_o\approx u_i$。

在电压基本不变的情况下，电流得到了放大，所以，功率也就得到了放大。

由于在互补对称功率放大电路中未建立合适的静态工作点，因此，当 u_i 小于晶体管的死区电压时，会产生交越失真，如图 7-43 所示。

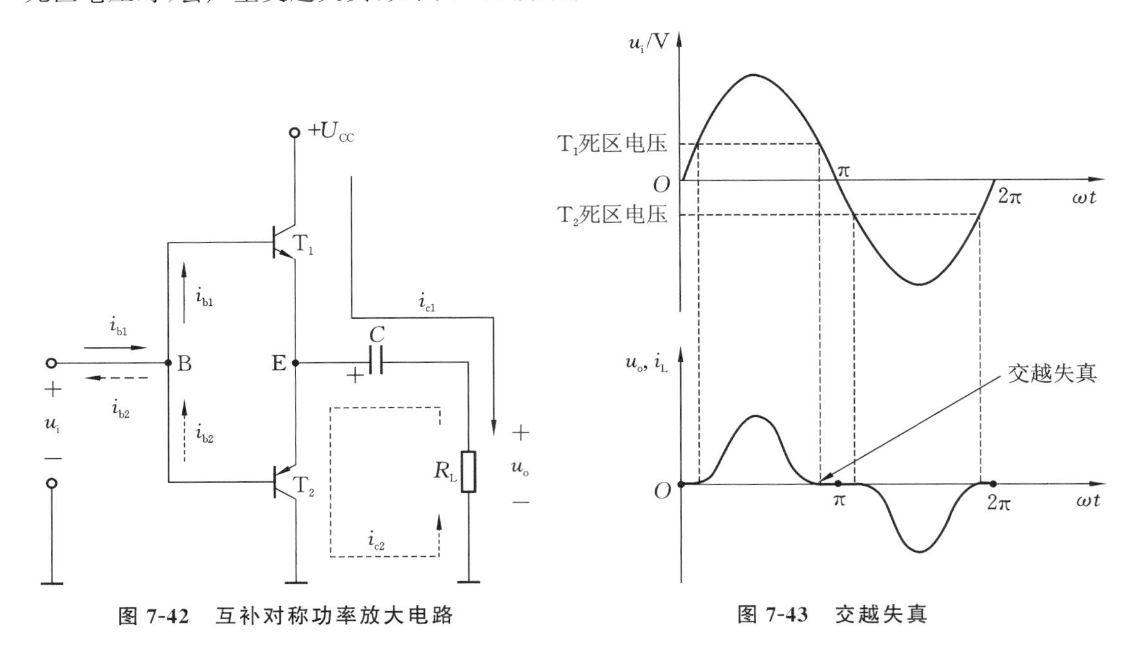

图 7-42　互补对称功率放大电路

图 7-43　交越失真

如果对信号的失真度要求不高，采用图 7-42 所示的互补对称功率放大电路是可以的，因为交越失真造成的信号失真不是很严重。但是，如果对信号的失真度要求很高，那就要采取措施消除交越失真，这里不再详述。

习　　题

一、填空题

1. 在放大电路中，晶体管的基极电流 I_B 通常称为________电流，产生基极电流 I_B 的电路称为________电路。

2. 对一个放大电路进行静态分析，首先应作该放大电路的________通路，而进行动态分析时，应作该放大电路的________电路。

3. 若放大电路的静态工作点设置不合理或信号太大，在放大信号时容易引起输出信号失真。非线性失真分为________失真和________失真。

4. 多级放大电路中级与级之间的耦合方式主要有________耦合和________耦合。

5. 画放大电路的直流通路时将耦合电容做________处理，画放大电路的交流通路时将耦合电容做________处理。

二、判断题

(　　) 1. 阻容耦合多级放大电路只能放大交流信号，不能放大直流信号。

(　　) 2. 阻容耦合和直接耦合的多级放大电路中，各级的静态工作点都相互独立。

(　　) 3. 放大电路的输出电阻越大，其带负载能力越强。

(　　)4. 放大电路的输入电阻越小，越有利于信号的放大。

(　　)5. 无论是阻容耦合还是直接耦合的多级放大电路中，都存在零点漂移现象，只是程度不同而已。

(　　)6. 零点漂移就是指静态工作点的漂移。

三、选择题

1. 采用差分放大电路是为了(　　)。

A. 加强电路对称性　　B. 抑制零点漂移

C. 增强放大倍数　　D. 以上都不对

2. 为了实现稳定静态工作点的目的，应在电路中引入(　　)。

A. 交流正反馈　　B. 交流负反馈

C. 直流正反馈　　D. 直流负反馈

3. 二极管两端加上正向电压时(　　)。

A. 一定导通　　B. 超过死区电压才导通

C. 超过 0.7 V 才导通　　D. 超过 0.3 V 才导通

4. 对三极管放大作用的实质，下面说法正确的是(　　)。

A. 三极管可以把小能量放大成大能量

B. 三极管可以把小电流放大成大电流

C. 三极管可以把小电压放大成大电压

D. 三极管可用较小的电流控制较大的电流

5. 就放大作用而言，射极输出器是一种(　　)。

A. 有电流放大作用而无电压放大作用的电路

B. 有电压放大作用而无电流放大作用的电路

C. 电压和电流放大作用均没有的电路

D. 以上都不对

6. 某固定偏置单管放大电路的静态工作点 Q 如图 7-44 所示，欲使静态工作点移至 Q'，需使(　　)。

A. 偏置电阻 R_B 增加

B. 集电极电阻 R_C 减小

C. 集电极电阻 R_C 增加

D. 以上都不对

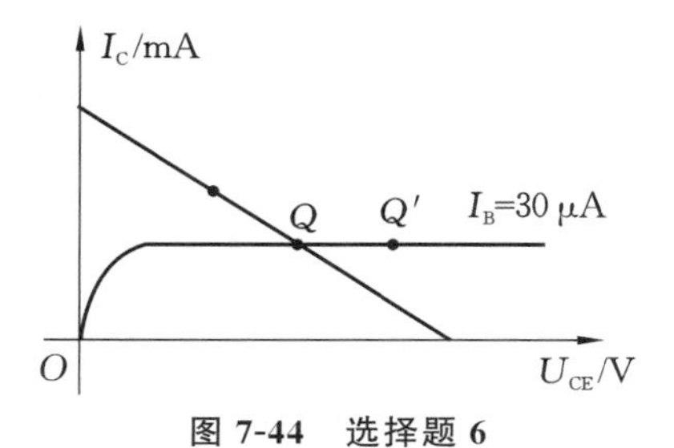

图 7-44　选择题 6

7. 放大电路如图 7-45 所示，由于 R_{B1} 和 R_{B2} 阻值选取得不合适而产生了饱和失真，为了改善失真，正确的做法是(　　)。

A. 适当增加 R_{B2}，减小 R_{B1}

B. 保持 R_{B1} 不变，适当增加 R_{B2}

C. 适当增加 R_{B1}，减小 R_{B2}

D. 保持 R_{B2} 不变，适当减小 R_{B1}

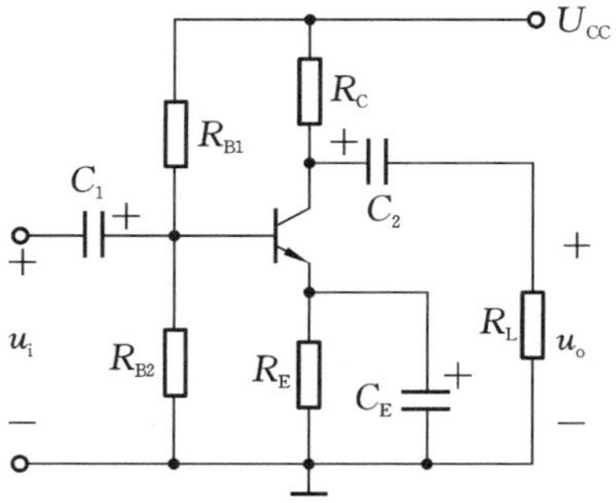

图 7-45　选择题 7

四、计算题

1. 放大电路及晶体管输出特性曲线如图7-46和图7-47所示，U_{BE}忽略不计，欲使$I_C=2$ mA，则R_B应调至多大阻值？

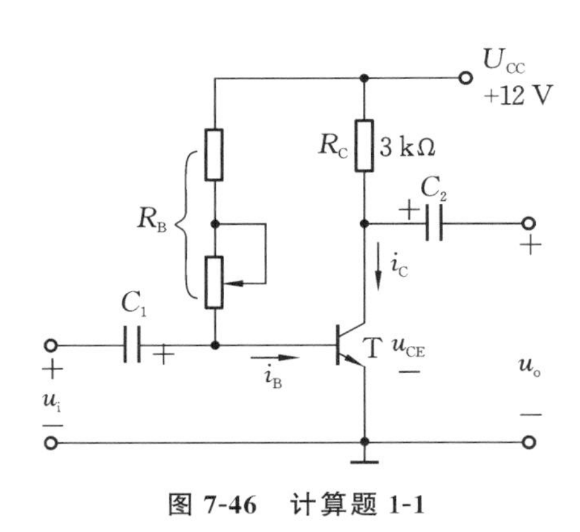

图7-46 计算题1-1

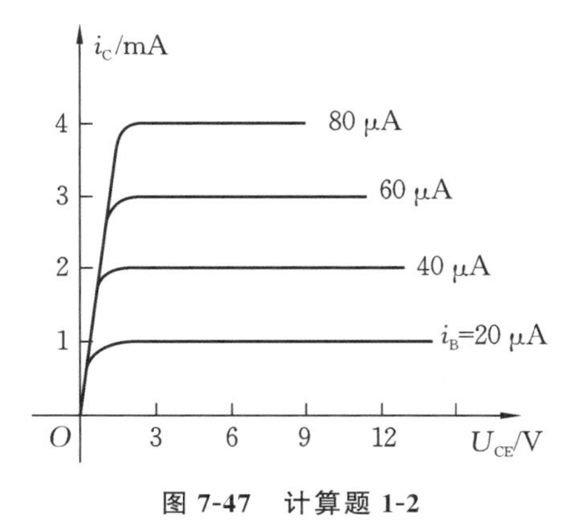

图7-47 计算题1-2

2. 电路如图7-48所示，已知$U_{CC}=12$ V，$R_C=3$ kΩ，$R_L=6$ kΩ，$R_B=600$ kΩ，$U_{BE}=0.6$ V，晶体管输出特性曲线如图7-49所示，求：

(1) 画出直流通路，计算此电路静态时的I_B、I_C和U_{CE}；

(2) 画出微变等效电路图，计算放大电路的电压放大倍数A_u、输入电阻r_i和输出电阻r_o。

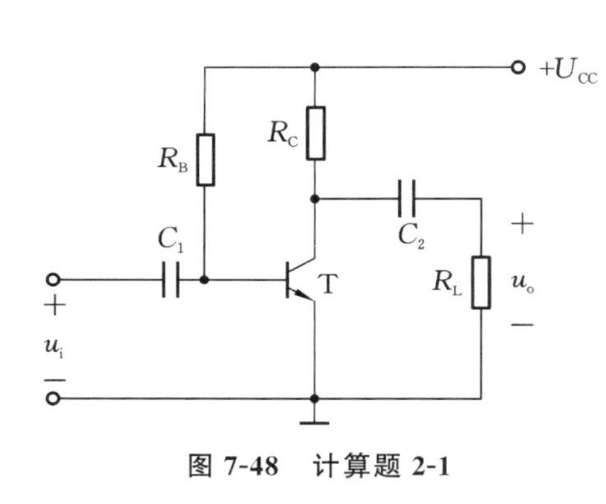

图7-48 计算题2-1

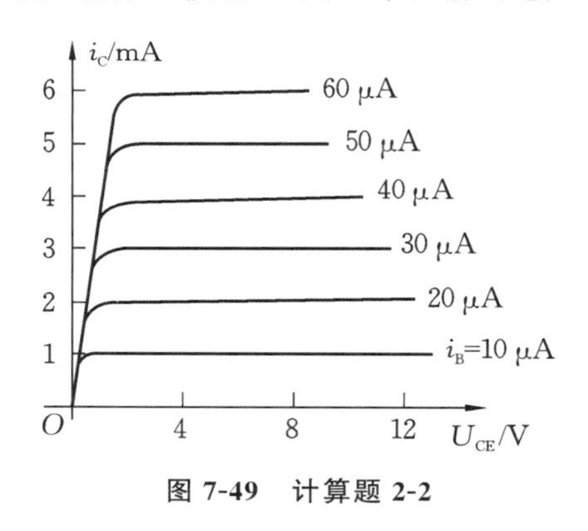

图7-49 计算题2-2

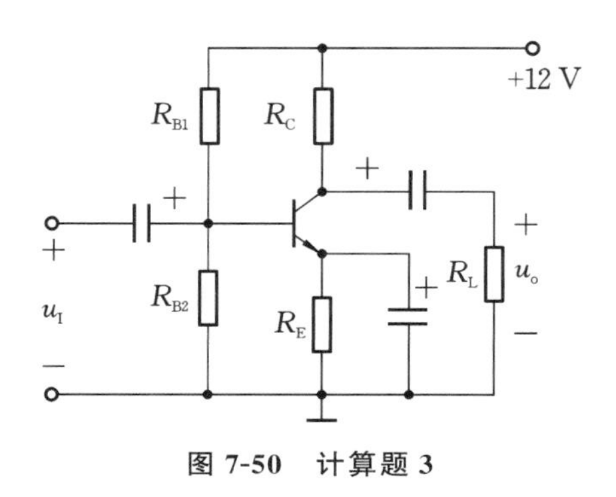

图7-50 计算题3

3. 分压式偏置共射极放大电路如图7-50所示，已知$U_{CC}=12$ V，$R_{B1}=8$ kΩ，$R_{B2}=4$ kΩ，$R_C=3$ kΩ，$R_E=2$ kΩ，$R_L=3$ kΩ，晶体管的$\beta=50$。求：

(1) 画出直流通路，计算放大电路静态时的I_B、I_C和U_{CE}；

(2) 画出微变等效电路图，计算该电路的交流电压放大倍数A_u、输入电阻r_i和输出电阻r_o。

第8章 集成运算放大器

上一章讲的是分立电路，就是由各种单个元器件连接起来的电子电路。而集成电路是把整个电路的各个元器件以及相互之间的连接同时制造在一块半导体芯片上，组成一个不可分割的整体。集成电路具有体积小、重量轻、功耗低等优点。集成电路在电路中的应用减少了焊接点，从而提高了整个电路的可靠性，并且价格也比较便宜。目前，集成电路已基本取代分立电路。可以说，集成电路的问世，宣告电子电路进入了微电子时代，从而促进各个科学技术领域先进技术的快速发展。

根据集成度的不同，集成电路分为小规模（SSI）、中规模（MSI）、大规模（LSI）、超大规模（VLSI）和特大规模（ULSI）等几种类型。目前的超大规模集成电路，一块面积只有几十平方毫米的芯片上制有上亿个电子元器件。

学习目标

1. 理解并熟悉集成运算放大器的分析依据。
2. 掌握比例运算电路、加法运算电路、减法运算电路的分析与计算。
3. 了解积分运算电路和微分运算电路的作用。
4. 理解集成运算放大器在电压比较器、信号滤波器和波形发生器等方面的应用。

8.1 集成运算放大器概述

运算放大器是带有深度负反馈的高增益的多级直接耦合放大电路。这里所说的高增益就是指运算放大器的高开环放大倍数。运算放大器首先是作为基本运算单元应用于电子模拟计算机上的，它能够实现加减、乘除、微分和积分等数学运算。随着半导体集成工艺的发展，运算放大器由早期的电子管运算放大器，以及后来的晶体管分立元件运算放大器，逐步发展成集成运算放大器（也称为固体组件运算放大器）。集成运算放大器的应用已经远远超出模拟计算的范围，广泛应用于信号运算、信号处理、信号测量以及信号发生器等诸多领域。

1. 集成运算放大器的结构特点

(1) 直接耦合方式。

集成运算放大器各级之间都采用直接耦合方式，这是因为集成电路工艺无法解决制造大容量电容的难题。一般来说，容量大于 200 pF 的电容很难集成，而且性能十分不稳定。所以，集成运算放大器基本上不集成电容，如有需要，大多采用外接电容的办法。

(2) 温度漂移小。

由于集成运算放大器中的各个晶体管是通过同一工艺制作在同一硅片上的，容易获得非常相近的温度特性；同时，集成运算放大器的输入级都采用差动放大电路，因此，集成运算放大器产生的温度漂移较小。

(3) 集成电路中的二极管都采用晶体管代替，让晶体管工作在放大或截止状态，可以使晶体管具有二极管一样的开关特性。

2. 集成运算放大器的基本组成

如图 8-1 所示，集成运算放大器通常分为输入级、中间级、输出级和偏置电路四个基本组成部分。

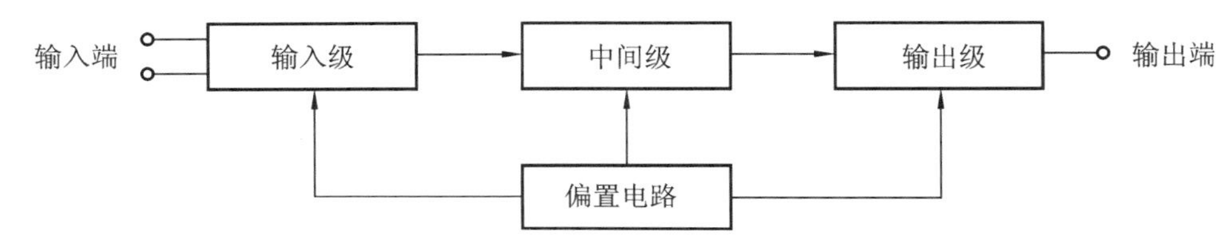

图 8-1　集成运算放大器组成方框图

输入级是提高集成运算放大器质量的关键部分，要求其输入电阻高，能有效减小零点漂移和抑制干扰信号。所以输入级都采用差动放大电路，有同相输入端和反相输入端两个输入端。

中间级主要实现电压放大，要求其电压放大倍数高，所以中间级一般都采用共发射极基本放大电路。

输出级与负载相接，要求其输出电阻低，能输出足够大的电流，以及带负载能力强，所以输出级一般采用射极输出器或互补对称功率放大电路。

偏置电路的作用是为各级电路提供稳定的静态工作点。

图 8-2 所示的是 F007(CF741)集成运算放大器的管脚和图形符号。F007 集成运算放大器各管脚的功能分别为：

1 和 5 为外接调零电位器(通常为 10 kΩ)的两个端子。

2 为反相输入端，由此端接输入信号，则输出信号和输入信号是反相的(即两者极性相反)。

3 为同相输入端，由此端接输入信号，则输出信号和输入信号是同相的(即两者极性相同)。

4 为负电源端，接－15 V 稳压电源。

6 为输出端。

7 为正电源端，接＋15 V 稳压电源。

8 为空脚，未使用。

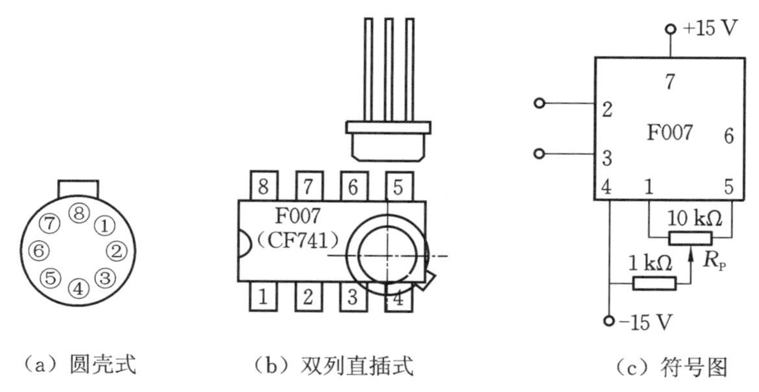

(a) 圆壳式　　(b) 双列直插式　　(c) 符号图

图 8-2　F007 的管脚和图形符号

3. 主要参数

一般用一些参数，例如最大输出电压、开环电压放大倍数等来表示运算放大器的性能。

1) 最大输出电压 U_{OPP}

运算放大器的最大输出电压是指能使输出电压和输入电压保持不失真关系的最大输出电压值。F007 集成运算放大器的最大输出电压约为±13 V。

2) 开环电压放大倍数 A_{uo}

开环电压放大倍数是指在没有外接反馈电路时所测出的差模电压放大倍数。A_{uo}的值越大，所构成的运算电路越稳定，运算精度也越高。A_{uo}一般为 $10^4 \sim 10^7$。

3) 输入失调电压 U_{IO}

对于理想的运算放大器，当把两个输入端同时接地，即输入电压 $u_{i1}=u_{i2}=0$ 时，输出电压 $u_o=0$。但在实际的运算放大器电路中，由于制造过程中元件参数的个体差异等原因，本该具有对称性的电路不对称，因此当输入电压为零时，$u_o \neq 0$。如果要使 $u_o=0$，则必须在输入端加一个很小的补偿电压，这就是输入失调电压。U_{IO}一般为几毫伏，其值越小越好。

4) 输入失调电流 I_{IO}

输入失调电流是指输入信号为零时，两个输入端静态基极电流之差，即 $I_{IO}=|I_{B1}-I_{B2}|$。I_{IO}一般为零点零几微安，其值愈小愈好。

5) 输入偏置电流 I_{IB}

输入偏置电流是指输入信号为零时，两个输入端静态基极电流的平均值，即 $I_{IB}=\frac{I_{B1}+I_{B2}}{2}$。它主要由电路中第一级二极管的性能决定。这个电流值也是越小越好，一般在零点几微安级。

6) 共模输入电压范围 U_{ICM}

运算放大器对共模信号具有抑制的性能，但这个性能只有在规定的共模电压范围内才具备。如果超出这个电压范围，运算放大器的共模抑制性能就大大降低，甚至可能造成器件的损坏。

除了上面介绍的主要参数以外，运算放大器还有其他一些参数，例如差模输入电阻、差模输出电阻、温度漂移、静态功耗等。

综上所述，集成运算放大器具有开环电压放大倍数高、输入电阻高(几百千欧)、输出电阻低(几百欧)、漂移小、体积小、可靠性高等优点。因此，集成运算放大器已经成为一种广泛应用于工程实际的通用元器件。在选用集成运算放大器时，应根据具体的参数说明，确定适用的型号。

4. 理想运算放大器及其分析依据

当具备以下条件时，可以将运算放大器看成理想运算放大器。

(1) 开环电压放大倍数 $A_{uo}\to\infty$。

(2) 差模输入电阻 $r_{id}\to\infty$。

(3) 开环输出电阻 $r_o\to 0$。

(4) 共模抑制比 $K_{CMR}\to\infty$。

由于实际运算放大器的上述技术指标接近理想化的条件，因此在分析、计算时一般用理想运算放大器代替实际运算放大器，这样所引起的误差并不大，在实际工程中是允许的。这种代替使得分析和计算过程大为简化。

图 8-3 是理想运算放大器的国内符号和国际符号。它有反相、同相两个输入端和一个输出端。反相输入端标上“－”号，同相输入端和输出端标上“＋”号。两个输入端对“地”的电压(即输入端的电位)分别用 u_- 和 u_+ 表示。国内符号中的“∞”表示理想化条件下的开环电压放大倍数。

图 8-4 为运算放大器的输出特性，它是表示输出电压与输入电压之间关系的特性曲线。从图中可以看出，输出特性曲线分为线性区和饱和区。运算放大器可工作在线性区，也可工作在饱和区，但分析方法不同。

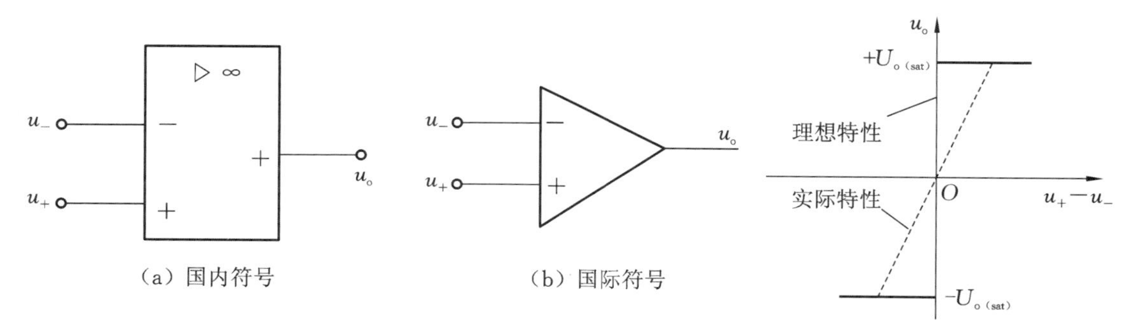

(a) 国内符号　　(b) 国际符号

图 8-3　理想运算放大器符号

图 8-4　运算放大器的传输特性

当运算放大器工作在线性区时，u_o 和(u_+-u_-)是线性关系，即

$$u_o=A_{uo}(u_+-u_-) \tag{8-1}$$

此时，运算放大器是一个线性放大元件。由于运算放大器的开环电压放大倍数 A_{uo} 很大，即使输入毫伏级以下的信号，也足以使输出电压饱和，其饱和值 $+U_{o(sat)}$ 或 $-U_{o(sat)}$ 接近电源电压值。另外，干扰信号的存在也使运算放大器很难稳定工作。所以，要使运算放大器工作在线性区，通常需要引入深度负反馈。

运算放大器工作在线性区的分析依据有以下两条：

(1) 由于运算放大器的差模输入电阻 $r_{id} \to \infty$，因此可以认为两个输入端的输入电流为零，这就是所谓的“虚断”，即运算放大器的两个输入端好像断路了一样。

(2) 由于运算放大器的开环电压放大倍数 $A_{uo} \to \infty$，而输出电压是一个有限的数值，根据式(8-1)可知：

$$u_+ - u_- = \frac{u_o}{A_{uo}} \approx 0$$

即

$$u_+ \approx u_- \tag{8-2}$$

这就是所谓的“虚短”，即运算放大器的两个输入端好像短路了一样。

如果反相端有输入，而同相端接“地”，即 $u_+ = 0$，根据式(8-2)可得，$u_- \approx u_+ = 0$。也就是说，反相输入端虽然没有接地，但是它的电位等于“地”电位，这就是所谓的“虚地”。

当运算放大器工作在饱和区时，不能满足式(8-1)，此时输出电压 u_o 只有两种可能，或等于 $+U_{o(sat)}$ 或等于 $-U_{o(sat)}$：

$$当\ u_+ > u_-\ 时，u_o = +U_{o(sat)}$$

$$当\ u_+ < u_-\ 时，u_o = -U_{o(sat)}$$

【例 8-1】 在图 8-3(a)中，运算放大器的正、负电源电压为 ±15 V，开环电压放大倍数 $A_{uo} = 2 \times 10^5$，输出最大电压(即 $\pm U_{o(sat)}$)为 ±13 V。在运算放大器的两个输入端分别施加下列输入电压，求输出电压及其极性：

(1) $u_+ = +15\ \mu V, u_- = -10\ \mu V$；

(2) $u_+ = -5\ \mu V, u_- = +10\ \mu V$；

(3) $u_+ = 0\ V, u_- = +5\ mV$；

(4) $u_+ = 5\ mV, u_- = 0\ V$。

【解】 根据式(8-1)可得

$$u_+ - u_- = \frac{u_o}{A_{uo}} = \frac{\pm 13}{2 \times 10^5}\ V = \pm 65\ \mu V$$

如果两个输入端之间的电压绝对值不超过 65 μV，则按运算放大器的开环电压放大倍数计算；如果两个输入端之间的电压绝对值超过 65 μV，则输出电压 u_o 就达到正或负的饱和值。

(1) $u_o = 2 \times 10^5 \times (15 + 10) \times 10^{-6}\ V = +5\ V$。

(2) $u_o = 2 \times 10^5 \times (-5 - 10) \times 10^{-6}\ V = -3\ V$。

(3) $u_o = -13\ V$。

(4) $u_o = +13\ V$。

8.2 集成运算放大器的运算电路

运算放大器能完成比例、加减、积分与微分、对数与反对数以及乘除等运算。采用集成运算放大器构成的运算电路，具有外接电路简单、工作稳定可靠等优点，所以应用非常广泛。

8.2.1 比例运算电路

1. 反相比例运算电路

输入信号从反相输入端引入的运算，称为反相运算。

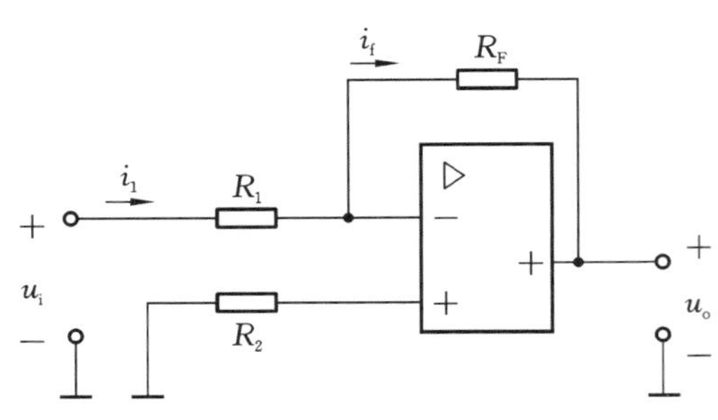

图 8-5 反相比例运算电路

图 8-5 为反相比例运算电路。输入信号 u_i 经过输入端的电阻 R_1 送到反相输入端，而同相输入端通过电阻 R_2 接“地”。反馈电阻 R_F 跨接在输出端和反相输入端之间。

根据虚断，可得 $i_1 \approx i_f$。

根据虚地，可得 $u_- \approx u_+ = 0$。

由图 8-5 可列出

$$i_1 = \frac{u_i - u_-}{R_1} = \frac{u_i}{R_1}$$

$$i_f = \frac{u_- - u_o}{R_F} = -\frac{u_o}{R_F}$$

由此得出

$$u_o = -\frac{R_F}{R_1} u_i \tag{8-3}$$

式(8-3)中的负号表示 u_o 与 u_i 反相。

由此得闭环电压放大倍数为

$$A_{uf} = \frac{u_o}{u_i} = -\frac{R_F}{R_1} \tag{8-4}$$

式(8-4)表明，反相比例运算电路的输出电压与输入电压之间存在比例关系。如果 R_1 和 R_F 的阻值足够精确，而且运算放大器的开环电压放大倍数很大，就可以认为 u_o 与 u_i 之间的关系只取决于 R_F 与 R_1 的比值，而与运算放大器本身的参数无关。这就保证了比例运算的精度和稳定性。

图 8-5 中的 R_2 是一个平衡电阻，其电阻阻值大小为 R_1 和 R_F 的并联值，即 $R_2 = R_1 /\!/ R_F$。平衡电阻的作用是消除静态基极电流对输出电压的影响，使两个输入端对地的静态电阻相等。

在图 8-5 中，当 $R_1 = R_F$ 时，由式(8-3)和式(8-4)可得

$$u_o = -u_i$$

$$A_{uf} = \frac{u_o}{u_i} = -1$$

这就是反相器，其输出电压和输入电压的值不变，符号相反。

2. 同相比例运算电路

输入信号从同相输入端引入的运算，称为同相运算。

图 8-6 是同相比例运算电路，根据理想运算放大器的虚短和虚断，有

$$u_- \approx u_+ = u_i$$

$$i_1 \approx i_f$$

由图 8-6 可列出

$$i_1=\frac{0-u_-}{R_1}=-\frac{u_i}{R_1}$$

$$i_f=\frac{u_--u_o}{R_F}=\frac{u_i-u_o}{R_F}$$

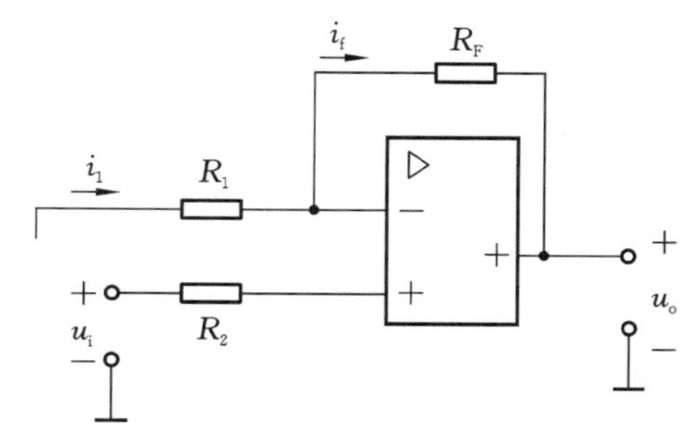

图 8-6 同相比例运算电路

由此可得

$$u_o=\left(1+\frac{R_F}{R_1}\right)u_i \tag{8-5}$$

闭环电压放大倍数

$$A_{uf}=\frac{u_o}{u_i}=1+\frac{R_F}{R_1} \tag{8-6}$$

根据式(8-6)可知，u_o 与 u_i 之间的比例关系可认为与运算放大器本身的参数无关，这使得比例运算的精度和稳定性都很高。式(8-6)中的 A_{uf} 为正值，表示 u_o 与 u_i 同相，并且 A_{uf} 总是大于或等于 1，不会小于 1，这是同相比例运算和反相比例运算不同的地方。

如果 $R_1=\infty$，即 R_1 断路，或者 $R_F=0$，则

$$A_{uf}=\frac{u_o}{u_i}=1 \tag{8-7}$$

此时的同相比例运算电路也称为电压跟随器。

8.2.2 加法运算电路

如果在反相输入端增加若干输入电路，则构成反相加法运算电路，如图 8-7 所示。

根据集成运算放大器的虚短和虚断，可得

$$u_-\approx u_+=0$$

$$i_f\approx i_{11}+i_{12}+i_{13}$$

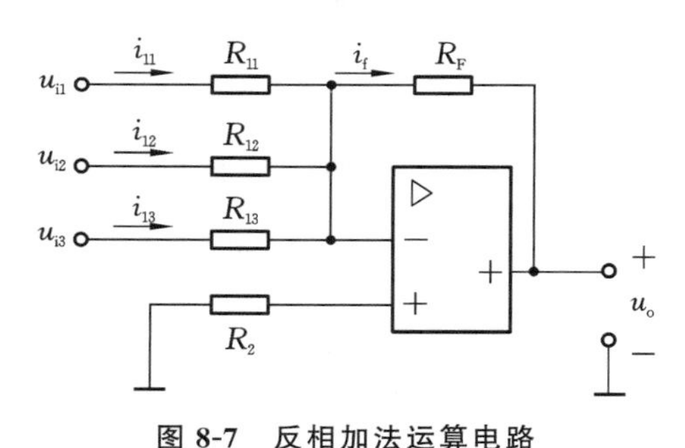

图 8-7 反相加法运算电路

由上式可得

$$i_{11}=\frac{u_{i1}-u_-}{R_{11}}=\frac{u_{i1}}{R_{11}},\ i_{12}=\frac{u_{i2}}{R_{12}},$$

$$i_{13}=\frac{u_{i3}}{R_{13}},\ i_f=\frac{u_--u_o}{R_F}=-\frac{u_o}{R_F}$$

因此

$$u_o=-\left(\frac{R_F}{R_{11}}u_{i1}+\frac{R_F}{R_{12}}u_{i2}+\frac{R_F}{R_{13}}u_{i3}\right) \tag{8-8}$$

当 $R_{11}=R_{12}=R_{13}=R_1$ 时，上式可变换为

$$u_o=-\frac{R_F}{R_1}(u_{i1}+u_{i2}+u_{i3}) \tag{8-9}$$

当 $R_1=R_F$ 时，则

$$u_o=-(u_{i1}+u_{i2}+u_{i3}) \tag{8-10}$$

根据式(8-8)、式(8-9)和式(8-10)三式可知，加法运算电路也与运算放大器本身的参数无关，只要电阻的阻值足够精确，就可保证加法运算的精度和稳定性。

图 8-7 中的平衡电阻 $R_2=R_{11}/\!/R_{12}/\!/R_{13}/\!/R_F$。

【例 8-2】 一个测量系统的输出电压和输入电压之间的关系为 $u_o=-(4u_{i1}+2u_{i2}+2u_{i3})$，试根据图 8-7 计算各输入电路的电阻和平衡电阻 R_2。已知 $R_F=100\ \text{k}\Omega$。

【解】 根据式(8-8)可得

$$R_{11}=\frac{R_F}{4}=\frac{100}{4}\ \text{k}\Omega=25\ \text{k}\Omega$$

$$R_{12}=\frac{R_F}{2}=\frac{100}{2}\ \text{k}\Omega=50\ \text{k}\Omega$$

$$R_{13}=\frac{R_F}{2}=\frac{100}{2}\ \text{k}\Omega=50\ \text{k}\Omega$$

$$R_2=R_{11}/\!/R_{12}/\!/R_{13}/\!/R_F\approx 11\ \text{k}\Omega$$

8.2.3 减法运算电路

如果运算放大电路的两个输入端都有信号输入，则为差动输入。差动运算在测控工程系统中应用广泛，其运算电路如图 8-8 所示。

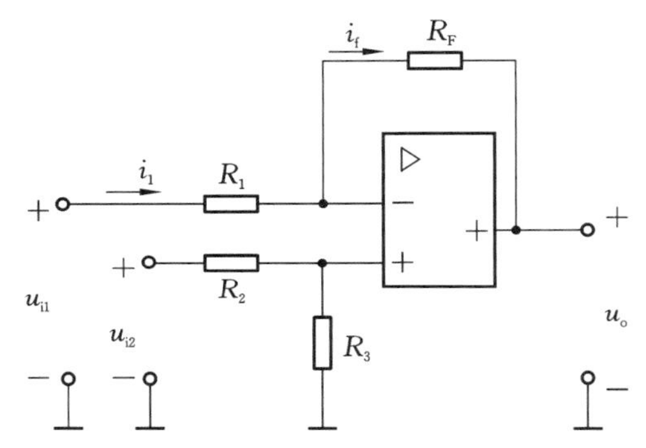

图 8-8 差动减法运算电路

根据集成运算放大器的虚断，则

$$u_-=u_{i1}-R_1i_1=u_{i1}-\frac{R_1}{R_1+R_F}(u_{i1}-u_o)$$

$$u_+=\frac{R_3}{R_2+R_3}u_{i2}$$

又根据集成运算放大器的虚短，即 $u_-\approx u_+$，则由上面两式可以得出

$$u_o=\left(1+\frac{R_F}{R_1}\right)\frac{R_3}{R_2+R_3}u_{i2}-\frac{R_F}{R_1}u_{i1} \tag{8-11}$$

当 $R_1=R_2$ 和 $R_3=R_F$ 时，则式(8-11)为

$$u_o=\frac{R_F}{R_1}(u_{i2}-u_{i1}) \tag{8-12}$$

如果 $R_1=R_F$，则得

$$u_o=u_{i2}-u_{i1} \tag{8-13}$$

由式(8-12)和式(8-13)可知，输出电压 u_o 和两个输入电压的差值成正比，所以可以进行减法运算。

由式(8-12)可得出减法运算电路的电压放大倍数

$$A_{uf}=\frac{u_o}{u_{i2}-u_{i1}}=\frac{R_F}{R_1} \tag{8-14}$$

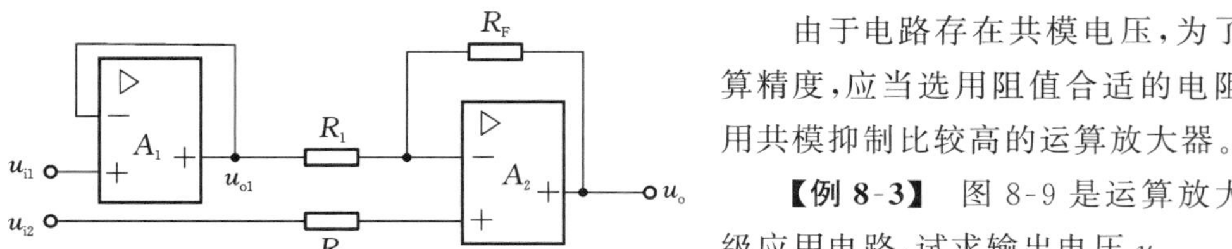

图 8-9 运算放大器的串级应用电路

由于电路存在共模电压，为了保证运算精度，应当选用阻值合适的电阻或者选用共模抑制比较高的运算放大器。

【例 8-3】 图 8-9 是运算放大器的串级应用电路，试求输出电压 u_o。

【解】 由于运算放大器 A_1 是电压跟

随器，因此

$$u_{o1}=u_{i1}$$

又由于运算放大器 A_2 是差动运算电路，因此

$$\begin{aligned}u_o&=\left(1+\frac{R_F}{R_1}\right)u_{i2}-\frac{R_F}{R_1}u_{o1}\\&=\left(1+\frac{R_F}{R_1}\right)u_{i2}-\frac{R_F}{R_1}u_{i1}\end{aligned}$$

图 8-9 与图 8-8 比较，A_2 的同相输入端未接 R_3，即 $R_3=\infty$，所以式(8-11)中的$\frac{R_3}{R_2+R_3}=1$。

在图 8-9 所示的电路中，u_{i1} 输入 A_1 的同相端，而不是直接输入 A_2 的反相端，这样可以提高输入阻抗。

8.2.4 积分运算电路

如图 8-10 所示，如果用电容 C_F 代替反相比例运算电路中的 R_F 作为反馈元件，就成了积分运算电路。

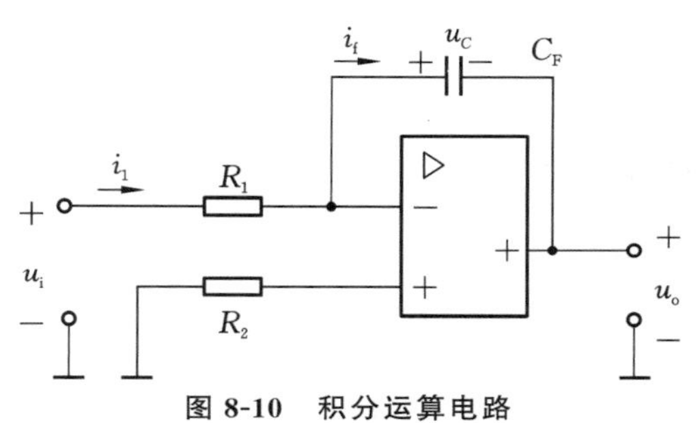

图 8-10 积分运算电路

根据虚地，由图可得 $u_-\approx0$，所以

$$i_1=i_f=\frac{u_i}{R_1}$$

$$u_o=-u_C=-\frac{1}{C_F}\int i_f\mathrm{d}t=-\frac{1}{R_1C_F}\int u_i\mathrm{d}t \tag{8-15}$$

式(8-15)表明 u_o 与 u_i 的积分成比例关系，式中的负号表示两者反相。R_1C_F 称为积分时间常数。

当 u_i 为图 8-11(a)所示的阶跃电压时，则

$$u_o=-\frac{u_i}{R_1C_F}t \tag{8-16}$$

u_o 的波形如图 8-11(b)所示，其值将最终达到负饱和值 $-U_{o(sat)}$。

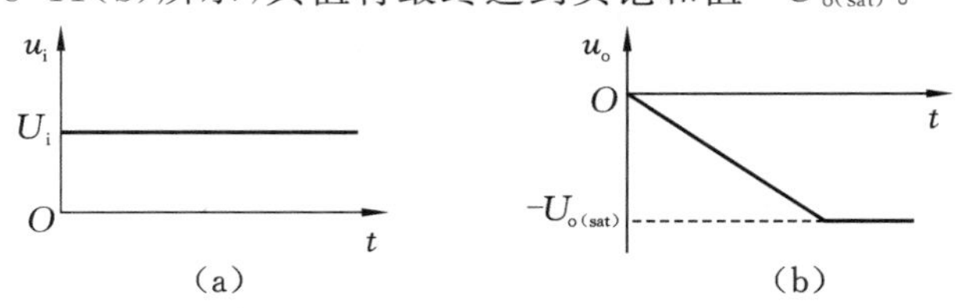

图 8-11 积分运算电路的阶跃响应

采用集成运算放大器组成的积分电路，由于充电电流基本恒定，即 $i_f \approx i_1 \approx \frac{U_i}{R_1}$，因此 u_o 是时间 t 的一次函数，从而提高了它的线性度。

积分电路除了用于信号运算外，也广泛应用于控制和测量系统中。

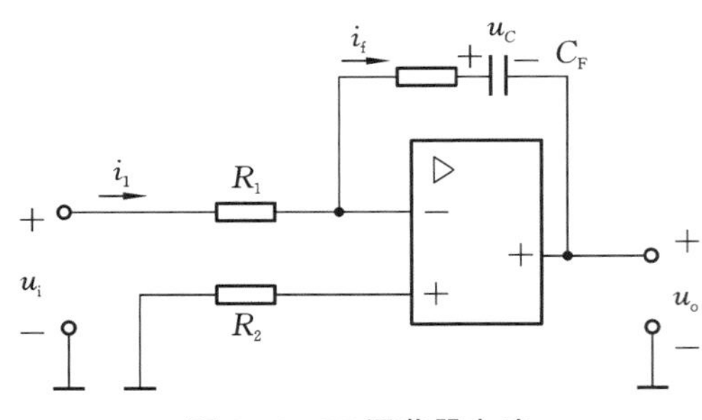

图 8-12　PI 调节器电路

【例 8-4】　根据图 8-12 所示电路，试求 u_o 与 u_i 的关系式。

【解】　由图 8-12 可列出

$$u_o - u_- = -R_F i_f - u_C = -R_F i_f - \frac{1}{C_F}\int i_f \mathrm{d}t$$

$$i_1 = \frac{u_i - u_-}{R_1}$$

因为 $u_- \approx u_+ = 0$，$i_f \approx i_1$，所以

$$u_o = -\left(\frac{R_F}{R_1}u_i + \frac{1}{R_1 C_F}\int u_i \mathrm{d}t\right)$$

可见图 8-12 所示的电路是反相比例运算电路和积分运算电路两者组合而成的，所以称它为比例-积分调节器（简称 PI 调节器）。在自动控制系统中需要配置调节器（或称校正电路），以保证系统的稳定性和控制精度。

8.2.5　微分运算电路

微分运算是积分运算的逆运算，只需要将积分运算电路反相输入端的电阻和反馈电容调换位置，就成为微分运算电路，如图 8-13 所示。

由图 8-13 可列出

$$i_1 = C_1 \frac{\mathrm{d}u_C}{\mathrm{d}t} = C_1 \frac{\mathrm{d}u_i}{\mathrm{d}t}$$

$$u_o = -R_F i_f = -R_F i_1$$

从而得

$$u_o = -R_F C_1 \frac{\mathrm{d}u_i}{\mathrm{d}t}$$

即微分运算电路的输出电压与输入电压对时间的一次微分成正比关系。

当输入为阶跃电压时，输出为尖脉冲电压，如图 8-14 所示。由于此电路工作时稳定性不高，因此应用很少。

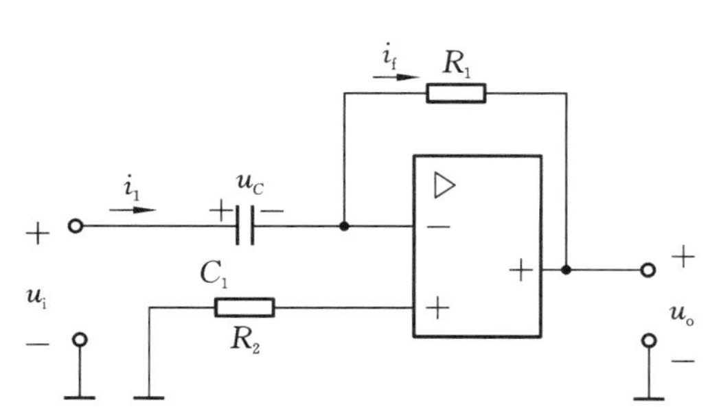

图 8-13　微分运算电路

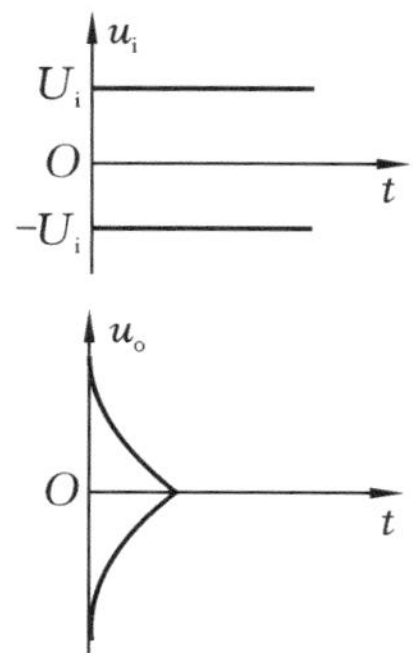

图 8-14　微分运算电路的阶跃响应

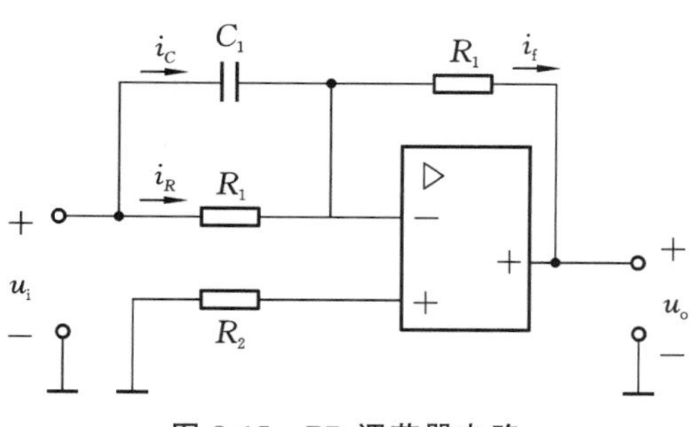

图 8-15 PD调节器电路

【例 8-5】 试求图 8-15 所示电路的 u_o 与 u_i 的关系式。

【解】 由图 8-15 可列出

$$u_o = -R_F i_f$$

$$i_f = i_R + i_C = \frac{u_i}{R_1} + C_1 \frac{du_i}{dt}$$

故得

$$u_o = -\left(\frac{R_F}{R_1} u_i + R_F C_1 \frac{du_i}{dt}\right)$$

可见图 8-15 所示电路是反相比例运算电路和微分运算电路两者组合而成的，所以称它为比例-微分调节器（简称 PD 调节器）。将此电路应用于控制系统中，对调节过程起加速作用。

8.3 集成运算放大器的应用

除了信号运算，集成运算放大器在信号处理、波形产生等诸多领域也得到了广泛的应用。在实际的自动控制工程系统中，常见的由集成运算放大器构成的电路有电压比较器、信号滤波器、波形发生器等。

8.3.1 电压比较器

电压比较器是用来比较输入电压和参考电压的，图 8-16 是其中的一种电路。

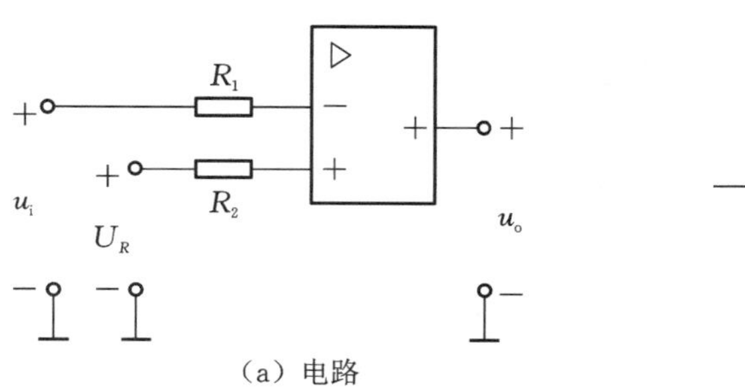

（a）电路

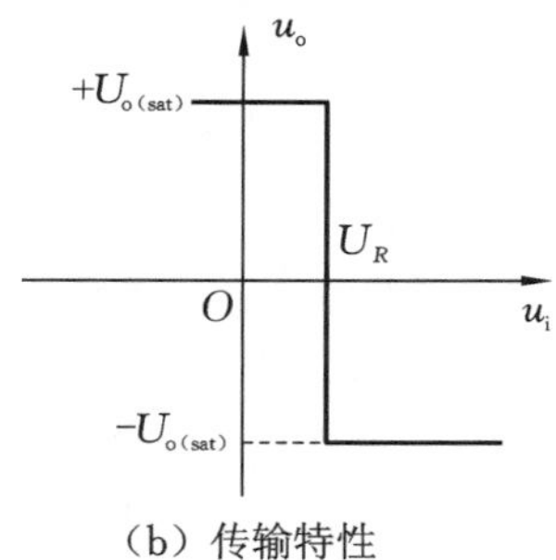

（b）传输特性

图 8-16 电压比较器

图 8-16 中，施加在运算放大器的同相输入端的 U_R 是参考电压，输入电压 u_i 施加在运算放大器的反相输入端。运算放大器工作在开环状态，因为开环电压放大倍数很高，所以即使输入端有一个非常微小的差值信号，也会使输出电压饱和。因此，用作电压比较器时，运算放大器工作在饱和区，即非线性区。

当 $u_i < U_R$ 时，$u_o = +U_{o(sat)}$。

当 $u_i > U_R$ 时，$u_o = -U_{o(sat)}$。

图 8-16(b)是电压比较器的传输特性。由图可知，在比较器的输入端进行模拟信号大小的比较，在输入端则以高电平或低电平(即数字信号“1”或“0”)来反映比较结果。

当 $U_R=0$ 时，输入电压和零电平比较，所以这类比较器称为过零比较器，其电路和传输特性如图 8-17 所示。当 u_i 为正弦波电压时，u_o 为矩形波电压，如图 8-18 所示。

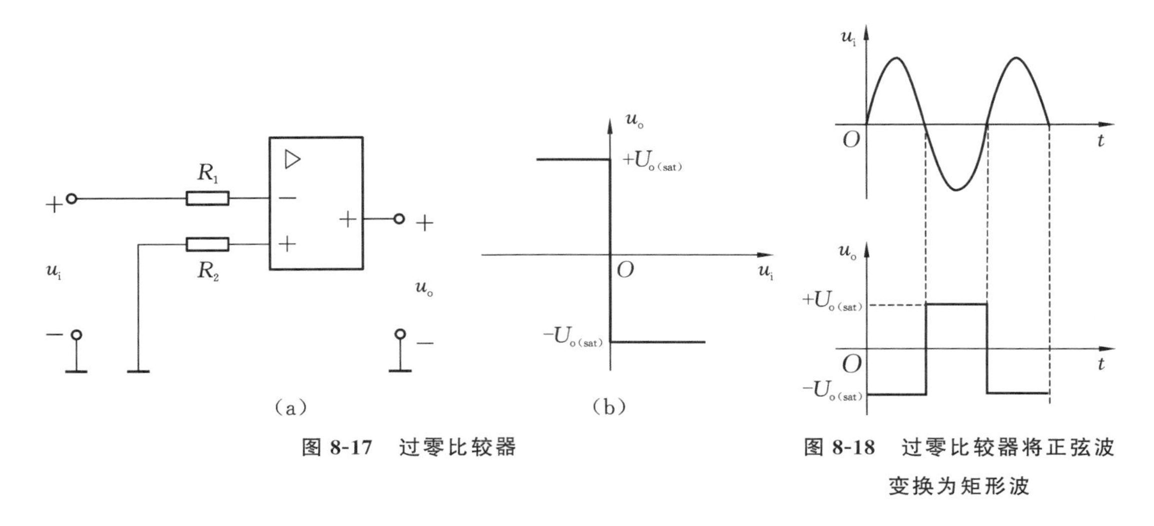

图 8-17　过零比较器

图 8-18　过零比较器将正弦波变换为矩形波

有时为了将输出电压限制在某一特定值，以便与接在输出端的数字电路的电平配合，可在比较器的输出端与“地”之间跨接一个双向稳压管 D_Z 来双向限幅。

上述电压比较器是用通用型运算放大器构成的，输入的是模拟量，输出的是高电平或者低电平，以便与数字电路配合。

8.3.2　信号滤波器

滤波器实际上是一种选频电路，它能选出有用的信号，抑制无用的信号。滤波器能使一定频率范围内的信号顺利通过，衰减很小，而在此频率范围以外的信号不易通过，衰减很大。

根据频率范围的不同，滤波器可分为低通、高通、带通及带阻等多种类型。由 RC 电路组成的滤波器称为无源滤波器。因为运算放大器是有源元件，所以将 RC 电路连接到运算放大器的同相输入端而构成的滤波器称为有源滤波器。相比无源滤波器，有源滤波器具有体积小、效率高、频率特性好等诸多优点，因而在工程实际中得到了广泛应用。

1. 有源低通滤波器

图 8-19(a)所示为有源低通滤波器的电路。设输入电压 u_i 为某一频率的正弦电压，可用相量表示。

输入信号 u_i 经过 R 和 C 的分压后，在电容 C 上端得到运算放大器的输入信号电压 u_+。由于电容 C 对高频信号的阻抗很低，因此输入信号 u_i 的高频部分经过 C 对地短路，得到的分压很低，放大器的相应输出也很低。同样，由于电容 C 对低频信号的阻抗很大，因此输入信号 u_i 的低频部分在电容 C 上的分压很高，因此放大器的相应输出也很高。这充分体现了电容的通交阻直特性，可用向量表示为

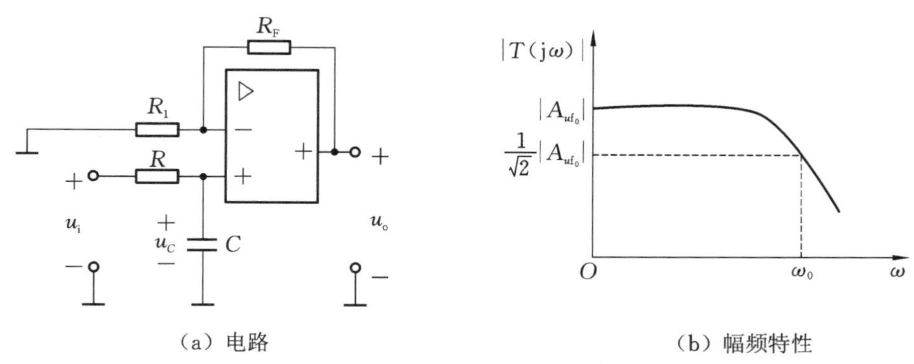

（a）电路　　（b）幅频特性

图 8-19　有源低通滤波器

$$\dot{U}_{+}=\dot{U}_{C}=\frac{\frac{1}{j\omega C}}{R+\frac{1}{j\omega C}}\cdot\dot{U}_{i}=\frac{\dot{U}_{i}}{1+j\omega RC}$$

从上式可以看出，频率 ω 越大，u_{+} 越小，即高频信号被过滤，低频信号可以通过。

有源低通滤波器的幅频特性如图 8-19(b)所示。

为了改善滤波器的滤波效果，使 $\omega>\omega_0$ 时信号衰减得快些，可以将两节 RC 电路串接起来，构成二阶有源低通滤波器。

2. 有源高通滤波器

如果将有源低通滤波器中的 RC 电路的 R 和 C 对调，则构成有源高通滤波器，如图 8-20(a)所示。

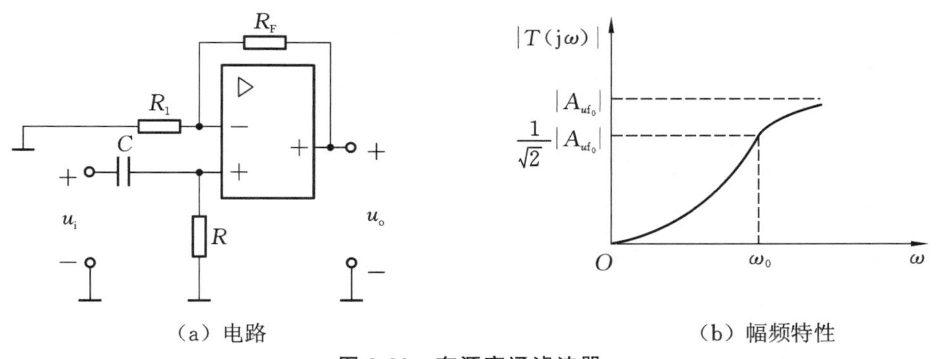

（a）电路　　（b）幅频特性

图 8-20　有源高通滤波器

有源高通滤波器与有源低通滤波器的原理类似，根据电容的通交阻直特性，低频信号被过滤，高频信号可以通过电容 C 传递到运算放大器的同相输入端。

有源高通滤波器的幅频特性如图 8-20(b)所示。

8.3.3　波形发生器

1. 矩形波发生器

矩形波电压一般在数字电路中作为信号源。图 8-21 是一种矩形波发生器的电路及其波形图。

如图 8-21(a)所示，运算放大器作为比较器使用；D_Z 是双向稳压管，使输出电压的幅度被限制在 $+U_Z$ 或 $-U_Z$；R_1 和 R_2 构成正反馈电路，R_2 上的反馈电压 U_R 是输出电压幅度的一部分，即

$$U_R=\pm\frac{R_2}{R_1+R_2}\cdot U_Z$$

U_R 施加在运算放大器的同相输入端，作为参考电压；R_F 和 C 构成反馈电路，u_C 施加在运算放大器的反相输入端，u_C 和 U_R 相比较而决定 u_o 的极性；R_3 是限流电阻。

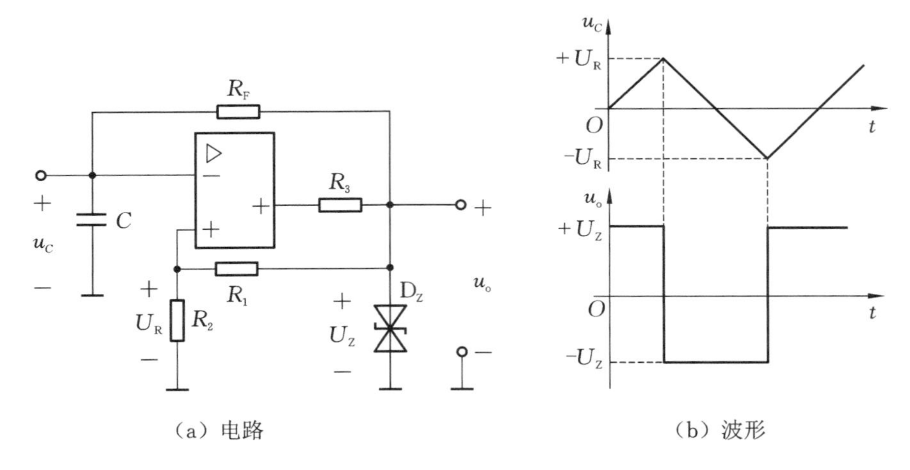

(a) 电路　　(b) 波形

图 8-21　矩形波发生器

电路稳定工作后，当 u_o 为 $+U_Z$ 时，U_R 也为正值，此时 $u_C<U_R$，u_o 通过 R_F 对电容 C 充电，u_C 按指数规律增大。当 u_C 增大到等于 U_R 时，u_o 由 $+U_Z$ 变为 $-U_Z$，U_R 也变为负值。电容 C 开始通过 R_F 放电，而后反向充电。当充电到 u_C 等于 $-U_R$ 时，u_o 又由 $-U_Z$ 变为 $+U_Z$。如此周期性地变化，在输出端得到的是矩形波电压，在电容器两端产生的是三角波电压，其波形图如图 8-21(b)所示。

从图 8-21 可知，矩形波发生器电路中没有外加输入电压，而在输出端有一定频率和幅度的信号输出，这种现象称为电路的自激振荡。

2. 三角波发生器

在矩形波发生器电路中，u_C 和 C 所构成的是一个积分电路，矩形波电压 u_o 经过积分得出三角波电压 u_C。如果将此三角波电压作为输出信号，就构成三角波发生器。

如果在矩形波发生器的输出端接一个积分电路，用来代替图 8-21(a)中的 R_FC 电路，并将 R_2 的一端改接到后者的输出端，也构成三角波发生器，其电路和波形如图 8-22 所示。运算放大器 A_1 所构成的电路称为比较器，运算放大器 A_2 构成积分电路。

电路稳定工作后，当 u_{o1} 为 $-U_Z$ 时，可根据叠加原理求出 A_1 同相输入端的电位

$$u_{+1}=\frac{R_2}{R_1+R_2}(-U_Z)+\frac{R_2}{R_1+R_2}u_o \tag{8-17}$$

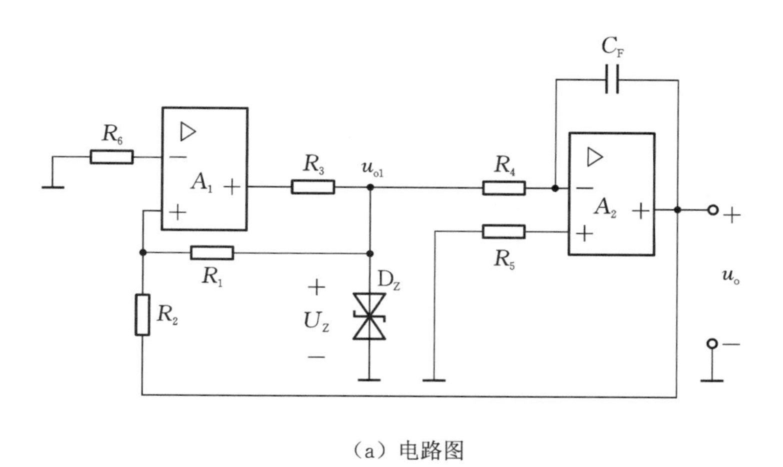

(a) 电路图

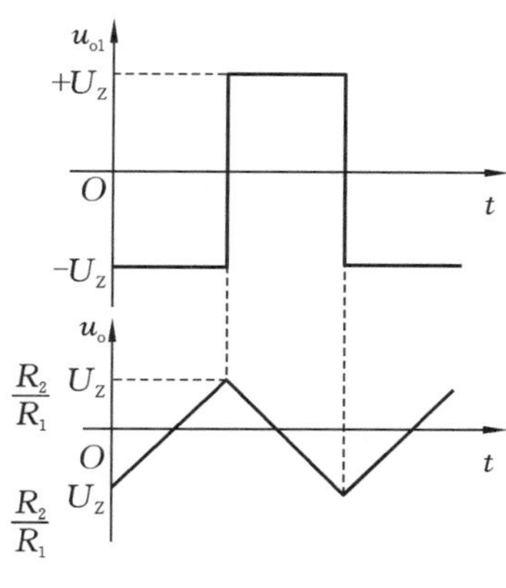

(b) 波形图

图 8-22 三角波发生器

在式(8-17)中,第一项是 A_1 的输入电压 u_{o1} 单独作用时(A_2 的输出端接“地”短路,即 $u_o=0$)的 A_1 同相输入端的电位;第二项是 A_2 的输出电压 u_o 单独作用时(A_1 的输出端接“地”短路,即 $u_{o1}=0$)的 A_1 同相输入端的电位。比较器的参考电压 $U_R=u_{-1}=0$。u_{o1} 从 $-U_Z$ 变为 $+U_Z$,必须在 $u_{+1}=u_{-1}=0$ 时,这时可从式(8-17)得出

$$u_o=\frac{R_2}{R_1}U_Z$$

即当 u_o 上升到 $\frac{R_2}{R_1}U_Z$ 时,u_{o1} 才能从 $-U_Z$ 变为 $+U_Z$。

同理,当 u_{o1} 为 $+U_Z$ 时,A_1 同相输入端的电位为

$$u_{+1}=\frac{R_2}{R_1+R_2}U_Z+\frac{R_2}{R_1+R_2}u_o \tag{8-18}$$

要使 u_{o1} 重新变为 $-U_Z$,也必须在 $u_{+1}=u_{-1}=0$ 时,此时 $u_o=-\frac{R_2}{R_1}U_Z$。

如此周期性地变化,A_1 输出的是矩形波电压 u_{o1},A_2 输出的是三角波电压 u_o。因此图 8-22(a)所示的电路也可以称为矩形波-三角波发生器电路。

3. 锯齿波发生器

锯齿波电压在示波器、数字仪表等电子设备中一般用来扫描。锯齿波发生器的电路与三角波发生器的电路基本相同,只是积分电路反相输入端的电阻 R_4 分为两路,使正、负向积分的时间常数大小不等,所以两者积分速率明显不等。图 8-23 是锯齿波发生器的电路和波形图。

当 u_{o1} 为 $+U_Z$ 时,二极管 D 导通,故积分时间常数为 $(R_4/\!/R_4')C_F$;当 u_{o1} 为 $-U_Z$ 时,其积分时间常数为 R_4C_F。$(R_4/\!/R_4')C_F$ 远远小于 R_4C_F,可见,电路正、负向积分的速率相差很大,即 T_2 远远小于 T_1,从而形成锯齿波电压。

此外,采用运算放大器也可组成正弦波等其他波形发生器。

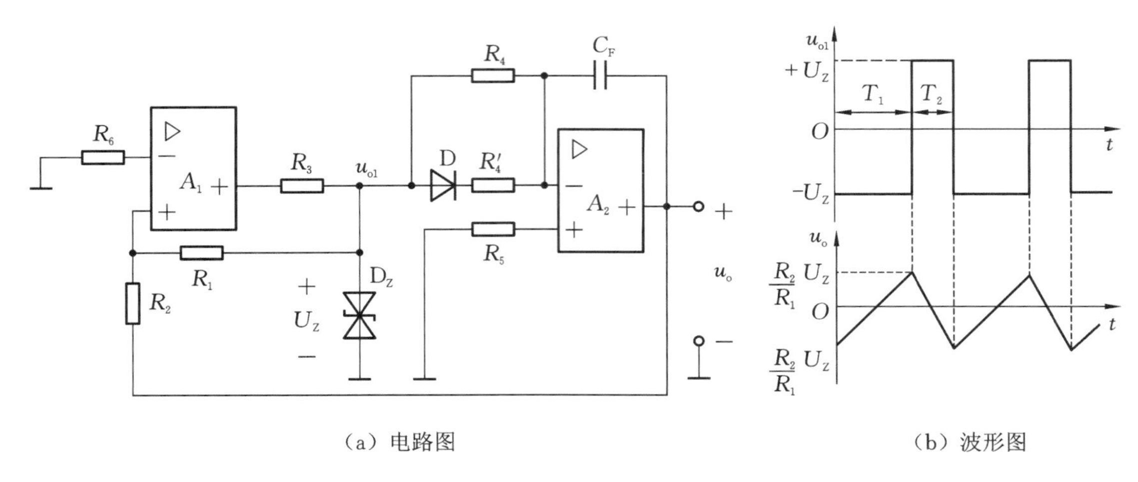

（a）电路图　　　　（b）波形图

图 8-23　锯齿波发生器

8.4　技能实训
——集成运算放大器的应用

8.4.1　实训目的

（1）熟悉集成运算放大器的结构、基本功能和使用方法；

（2）掌握用集成运算放大器构成同相比例运算电路和反相比例运算电路的方法；

（3）熟悉运算放大电路的测试方法与分析方法。

8.4.2　实训器材

模拟电子技术实验箱、直流稳压电源、万用表、晶体管电压毫伏表、741 型集成运算放大器、电阻、电容等。

8.4.3　实训内容

本实验中集成运算放大器电源电压为±12 V。

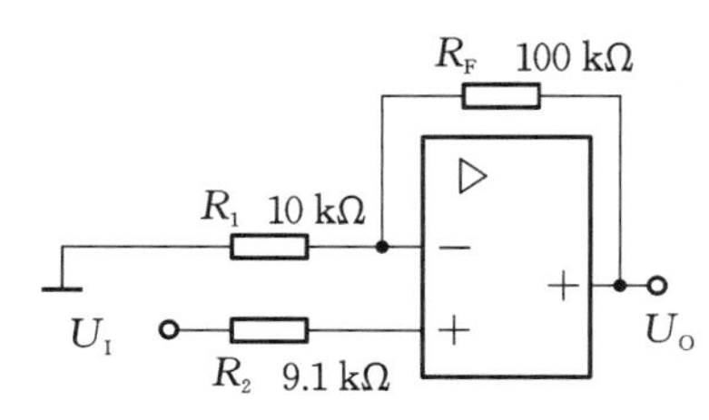

图 8-24　同相比例运算电路

1. 同相比例运算电路测试

（1）在模拟电子技术实验箱中插接如图 8-24 所示电路。

（2）按照表 8-1 内容进行实验，测出 U_O，并与理论估算值进行比较。

表 8-1 同相比例运算电路测试数据表

直流输入电压 U_I/mV		300	500	1000
输出电压 U_O	理论估算/mV			
	测量值/mV			
	相对误差 γ/(%)			

2. 反相比例运算电路测试

(1) 在模拟电子技术实验箱中插接如图 8-25 所示电路。

(2) 按照表 8-2 内容进行实验，测出 U_O，并与理论估算值比较。

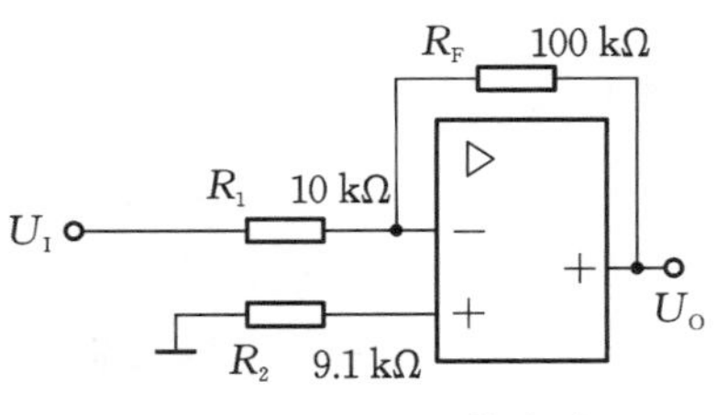

图 8-25 反相比例运算电路

表 8-2 同相比例运算电路测试数据表

直流输入电压 U_I/mV		300	500	1000
输出电压 U_O	理论估算/mV			
	测量值/mV			
	相对误差 γ/(%)			

8.4.4 实训报告

(1) 整理测试结果，填入各测试项目表格，与理论估算值进行比较，并分析产生误差的原因；

(2) 记录实验过程中出现的问题，并讨论和分析其产生原因。

习 题

一、填空题

1. 运算放大器理想化的条件有：________趋于无穷大，________趋于无穷大，开环输出电阻趋于零，共模抑制比趋于无穷大。

2. 运算放大器工作在线性区时，根据其理想化条件，可以得出________和虚断两条分析依据。

3. 矩形波发生器电路中没有外加输入电压，而在输出端有一定频率和幅度的信号输出，这种现象称为电路的________。

4. 集成运算放大器中，偏置电路的作用是为各级电路提供合适的________和稳定的静态工作点。

5. 在电压比较器中，当输入电压和零电平比较时，又称为________。

6. 比例运算电路分为同相比例运算电路和________。

7. 根据频率范围的不同，滤波器可分为________、________、带通及带阻等多种类型。

8. 运算放大器可以组成________、三角波发生器、锯齿波发生器和正弦波发生器等应用电路。

二、判断题

(　　)1. 集成运算放大器各级之间都采用直接耦合方式，这是因为集成电路工艺无法解决制造大容量电容的难题。

(　　)2. 运算放大器的输入级都采用差动放大电路，但是不要求两个三极管的性能完全相同。

(　　)3. 运算放大器中的二极管都采用晶体管代替。

三、选择题

1. 滤波器能选出有用的信号，抑制无用的信号，它是一种(　　)电路。

A. 放大　　B. 选频　　C. 逻辑　　D. 不确定

2. 集成运算放大器的通常分为输入级、中间级、输出级和(　　)四个基本组成部分。

A. 偏置电路　　B. 电源电路

C. 转换电路　　D. 以上都不对

四、计算题

1. 电路如图 8-26 所示，假设集成运算放大器是理想的，已知 $R_1=20\ \text{k}\Omega$，$R_F=100\ \text{k}\Omega$，$u_i=1\ \text{V}$，求 u_o。

2. 电路如图 8-27 所示，假设集成运算放大器是理想的，已知 $R_1=R_2=R_3=1\ \text{k}\Omega$，$R_F=10\ \text{k}\Omega$，求 u_o 与 u_i 的关系式。

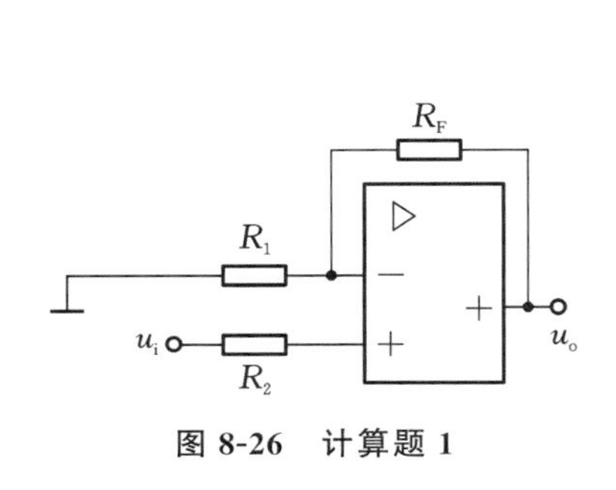

图 8-26　计算题 1

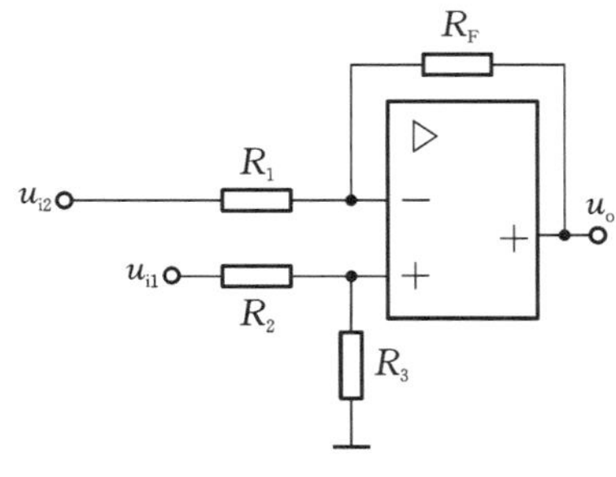

图 8-27　计算题 2

3. 假设集成运算放大器是理想的，求图 8-28 所示电路中 u_o 与 u_{i1} 的关系式。

4. 假设集成运算放大器是理想的，求图 8-29 所示电路中 u_o 与 u_i 的关系式。

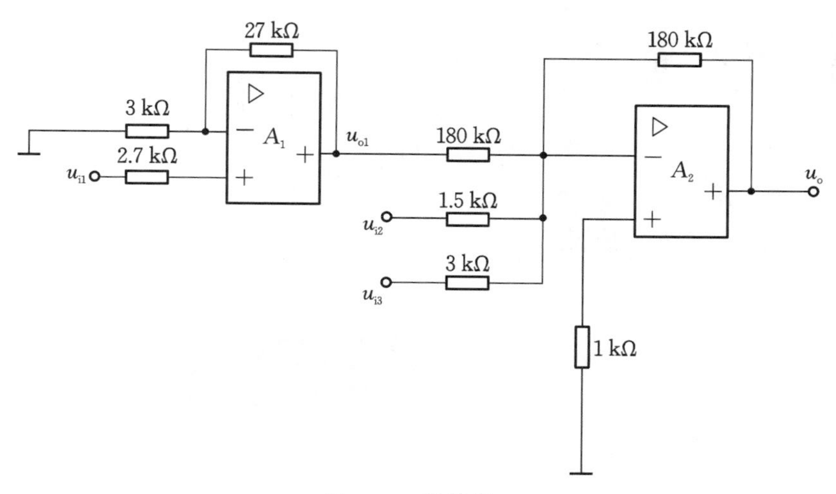

图 8-28 计算题 3

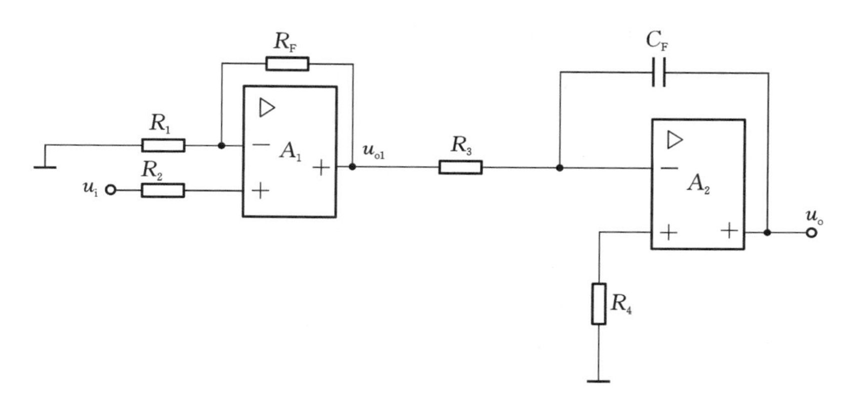

图 8-29 计算题 4

第9章 直流稳压电源

目前在工农业生产和工程系统中主要采用交流供电，但是在某些场合，如各种电子仪器、电解、电镀、直流电力拖动等方面也需要使用直流电源供电。而且，在一些自动控制装置中常需要十分稳定的直流电源。为了获得直流电，除了采用直流发电机之外，目前广泛使用半导体直流稳压电源。

半导体直流稳压电源的工作框图如图 9-1 所示，其主要包含变压器、整流电路、滤波电路和稳压电路四个部分。

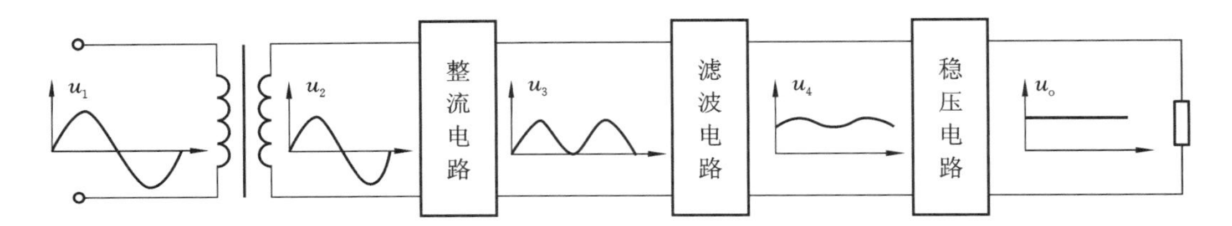

图 9-1　半导体直流稳压电源的工作框图

在直流稳压电源中，电源变压器将交流电网输入的交流电压 u_1 变为符合整流需要的交流电压 u_2。整流电路将交流电压 u_2 变为单相脉动的直流电压 u_3。滤波电路减小整流电压的脉动程度，将脉动直流电压 u_3 转变为平滑的直流电压 u_4，以满足负载的需要。稳压电路清除电网波动及负载变化的影响，保持输出电压 u_o 的稳定。

学习目标

1. 理解整流电路、滤波电路和稳压电路的工作原理。
2. 理解串联型稳压电路的工作原理。
3. 了解集成稳压电源的应用。

9.1 整流电路

常用的整流电路有单相整流电路和三相整流电流，其中单相整流电流包括单相半波整流电路、单相全波整流电路等。

9.1.1 单相半波整流电路

单相半波整流电路是最简单的整流电路(见图 9-2)，由变压器、整流二极管 D 以及负载 R_L 构成。其电压和电流波形图如图 9-3 所示。

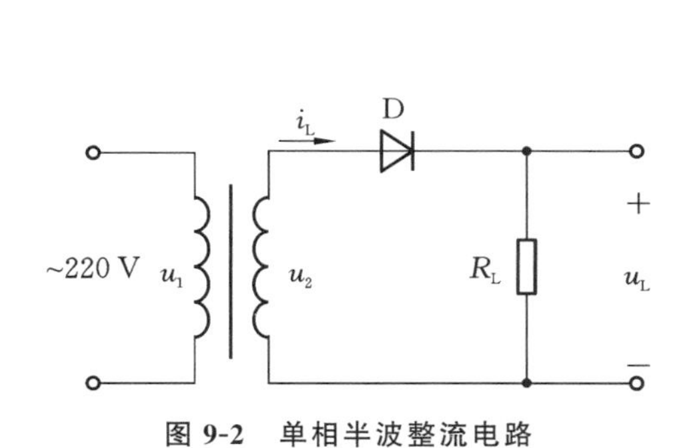

图 9-2 单相半波整流电路

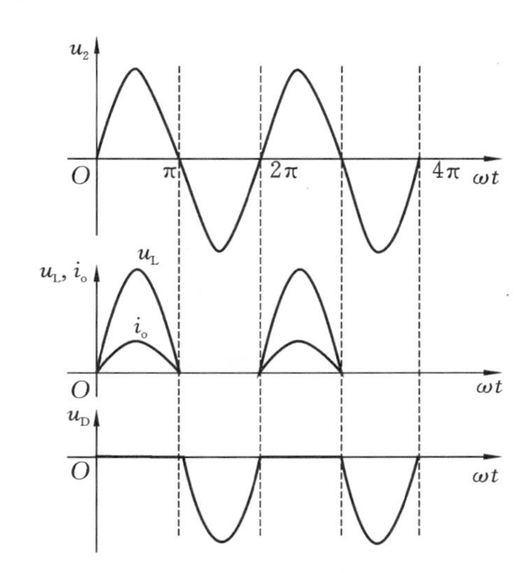

图 9-3 单相半波整流电路的电压和电流波形图

变压器将电网中的正弦交流电压 u_1 变成 u_2，$u_2=\sqrt{2}U_2\sin(\omega t)$(式中的 U_2 为变压器副边绕组的交流电压有效值)。由于二极管 D 具有单向导电性，在变压器副边电压 u_2 的正半周，其极性为上正下负，二极管因承受正向电压而导通。这时负载电阻 R_L 上的电压为 u_L，流过的电流为 i_o。在变压器副边电压 u_2 的负半周，其极性为下正上负，二极管因承受反向电压而截止。这时负载电阻 R_L 上的电压 u_L 和电流 i_o 均为 0。

负载 R_L 上得到的整流电压 u_L 虽然是单方向的，但其大小是变化的。这就是所谓的单相脉动电压，一般用一个周期的平均值来表示其大小。单相整流电压的平均值为

$$U_L=\frac{1}{2\pi}\int_0^{2\pi}u_L\mathrm{d}(\omega t)=\frac{1}{2\pi}\int_0^{\pi}\sqrt{2}U_2\sin(\omega t)\mathrm{d}(\omega t)=\frac{\sqrt{2}}{\pi}U_2=0.45U_2 \tag{9-1}$$

从图 9-4 中可以看出，如果使半个正弦波与横轴所包围的面积等于一个矩形的面积，矩形的宽度为周期 T，则矩形的高度就是半波的平均值，或者称为半波的直流分量。

式(9-1)表示整流电压平均值和交流电压有效值之间的关系，根据该式可以得出整流电流的平均值

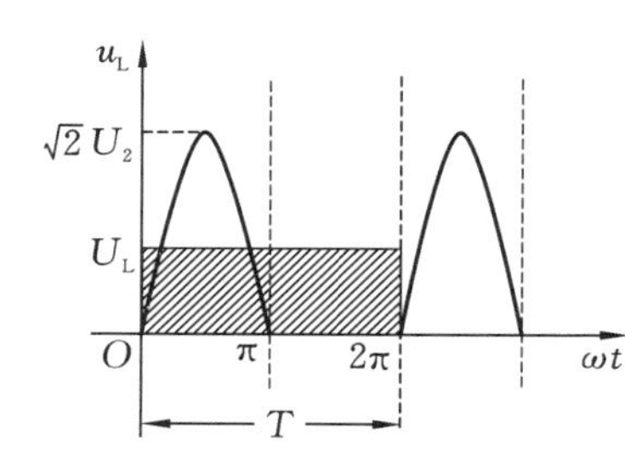

图 9-4　半波 u_L 的平均值

$$I_L=\frac{U_L}{R_L}=0.45\frac{U_2}{R_L} \tag{9-2}$$

在设计整流电路时，对于二极管 D 的选择，主要考虑二极管能承受的最大直流电流 I_F 和最大反向电压 U_{DRM}，它们分别为

$$I_F\geqslant I_L=0.45\frac{U_2}{R_L} \tag{9-3}$$

$$U_{DRM}\geqslant\sqrt{2}U_2 \tag{9-4}$$

【例 9-1】　有一个单相半波整流电路(见图 9-2)，已知负载电阻 $R_L=750\ \Omega$，变压器副边绕组电压 $U_2=20$ V，求 U_L，I_L，U_{DRM}，并选取合适的二极管型号。

【解】

$$U_L=0.45U_2=0.45\times20\ \text{V}=9\ \text{V}$$

$$I_L=\frac{U_L}{R_L}=\frac{9}{750}\ \text{A}=0.012\ \text{A}=12\ \text{mA}$$

$$U_{DRM}=\sqrt{2}U_2=\sqrt{2}\times20\ \text{V}=28.2\ \text{V}$$

根据选型手册，二极管选用 2AP4 型号，其参数为 16 mA、50 V。为了保证电路的安全，二极管的反向工作峰值电压要选得比 U_{DRM} 大一倍比较合适。

9.1.2　单相全波整流电路

1. 变压器中心抽头的全波整流电路

因为单相半波整流电路只利用了半个周期的 u_2，效率很低。因此，我们将变压器与两个二极管配合使用，使得两个二极管在正半周期和负半周期轮流导电，并且两者流进负载的电流方向相同，从而使正半周期、负半周期都能为负载提供输出电压。变压器中心抽头的全波整流电路如图 9-5 所示，变压器副边中心抽头，感应出两个相等的电压 u_2，D_1 和 D_2 的参数完全一致。

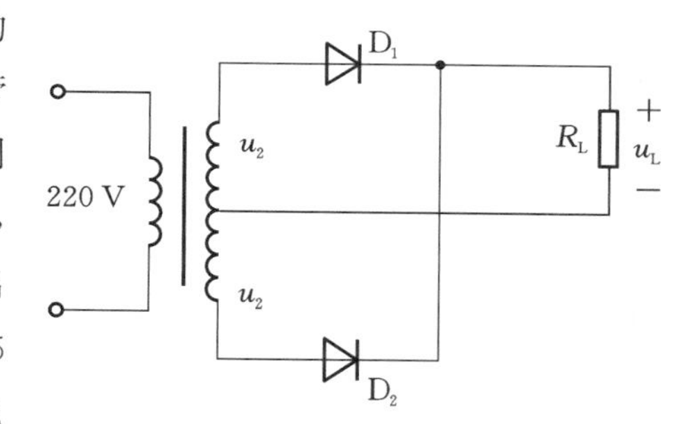

图 9-5　变压器中心抽头的全波整流电路

在正半周期，即当 u_2 的极性上正下负时，D_1 导通，D_2 截止，负载 R_L 两端的输出电压 u_L 的极性为上正下负。

在负半周期，即当 u_2 的极性上负下正时，D_2 导通，D_1 截止，负载 R_L 两端的输出电压 u_L 的极性仍然是上正下负。

因此，在整个周期内，负载能够获得一个单方向的脉动电压，其波形图如图 9-6 所示。

将两个波形图(图 9-3 和图 9-6)进行比较，可知全波整流电路负载上得到的输出电压和电流的平均值都是半波整流电路的两倍，它们分别为

$$U_L=\frac{1}{2\pi}\int_0^{2\pi}u_L d(\omega t)=\frac{1}{\pi}\int_0^{\pi}\sqrt{2}U_2\sin(\omega t)d(\omega t)$$

$$=2\frac{\sqrt{2}}{\pi}U_2=0.9U_2 \tag{9-5}$$

$$I_L=\frac{U_L}{R_L}=0.9\frac{U_2}{R_L} \tag{9-6}$$

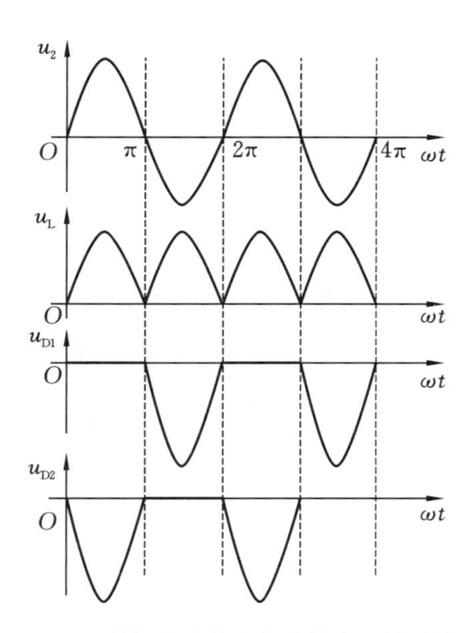

图 9-6 单相全波整流电路的电压波形图

对于二极管 D 的选择，同样是主要考虑二极管能承受的最大直流电流 I_F 和最大反向电压 U_{DRM}。但是因为全波整流电路由两个二极管来承担电流、电压，所以单个二极管的电流平均值是负载电流的一半，而最大反向电压是半波整流电路的两倍。它们分别为

$$I_F=\frac{1}{2}I_L=0.45\frac{U_2}{R_L} \tag{9-7}$$

$$U_{DRM}\geqslant 2\sqrt{2}U_2 \tag{9-8}$$

由此可以看出，全波整流电路中的二极管需要承受较大的反向电压。除此之外，全波整流电路必须采用具有中心抽头的变压器，而且每个线圈只有一半时间通过电流，所以变压器的利用率不高。

2. 单相桥式全波整流电路

为了克服上述全波整流电路的缺点，实际电路中一般采用单相桥式全波整流电路来整流。如图 9-7 所示，电路中采用了四个二极管，接成桥式，所以称为桥式整流电路。

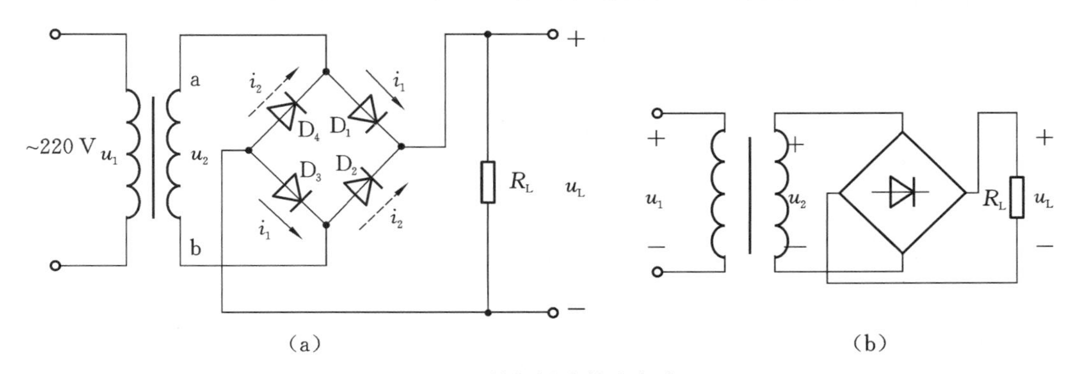

图 9-7 单相桥式整流电路

当变压器副边绕组电压 u_2 在正半周期，即 u_2 上端 a 电位高、下端 b 电位低时，二极管 D_1、D_3 导通，D_2、D_4 截止，电流通路为 a→D_1→R_L→D_3→b。

当变压器副边绕组电压 u_2 在负半周期，即 u_2 上端 a 电位低、下端 b 电位高时，二极管 D_2、D_4 导通，D_1、D_3 截止，电流通路为 b→D_2→R_L→D_4→a。

图 9-8 所示为单相桥式整流电路的电压与电流波形图。可以看出，u_2 处于正半周期或者负半周期的时候，负载 R_L 上一直都有一个半波电压和一个半波电流，并且电压和电流的方向都不变。

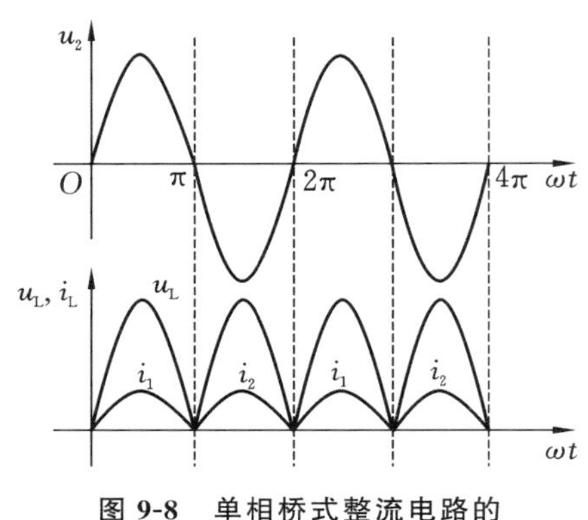

图 9-8 单相桥式整流电路的电压与电流波形图

单相桥式整流电路的输出电压的平均值 U_L 比单相半波整流电路增加了一倍,负载中流过的直流电流也增加了一倍。因为每两个二极管串联导电半个周期,所以每个二极管中流过的平均电流为负载的一半。当 D_1、D_3 导通时,如果忽略二极管的正向压降,截止管 D_2、D_4 的阴极电位就等于 a 点的电位,阳极电位就等于 b 点的电位。所以截止管承受的最高反向电压就是电源电压的最大值。

$$U_L = 2\frac{\sqrt{2}}{\pi}U_2 = 0.9\,U_2 \tag{9-9}$$

$$I_L = \frac{U_L}{R_L} = 0.9\,\frac{U_2}{R_L} \tag{9-10}$$

$$I_F = \frac{I_L}{2} = 0.45\,\frac{U_2}{R_L} \tag{9-11}$$

$$U_{DRM} = \sqrt{2}U_2 \tag{9-12}$$

9.1.3 三相桥式整流电路

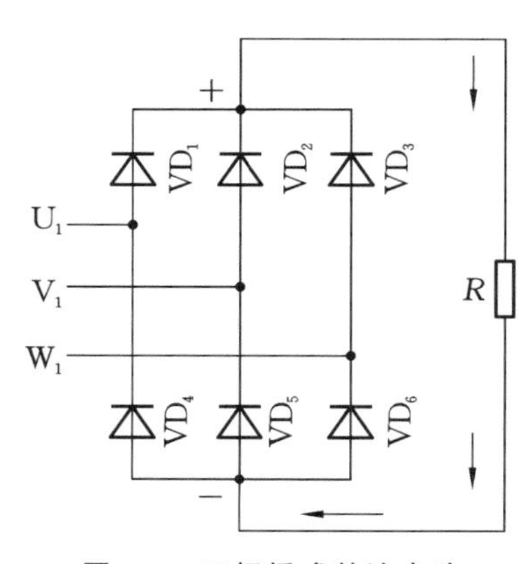

图 9-9 三相桥式整流电路

单相整流电路的功率一般比较小(几瓦到几百瓦),常用在电子仪器中。而在某些要求整流功率较大的场合,若采用单相整流电路,一方面达不到功率要求,另一方面会造成三相电网负载不平衡,影响供电质量。此时就要采用三相整流电路。图 9-9 所示为三相桥式整流电路。

三相桥式整流电路经三相变压器接交流电源,变压器的副边三相电压 U_{U_1},U_{V_1},U_{W_1} 的波形如图 9-10 所示。图 9-9 中 VD_1、VD_2、VD_3 组成一组,其阴极连在一起;VD_4、VD_5、VD_6 组成另一组,其阳极连在一起。每一组中三管轮流导通。第一组中阳极电位最高者导通,第二组中阴极电位最低者导通,同一时间有两个管导通。例如在 $0\sim t_1$ 期间,W_1 相电压为正,V_1 相电压为负,U_1 相电压虽然也为正,但低于 W_1 相电压,因此在这段时间内,W_1 点电位最高,V_1 点电位最低,于是二极管 VD_3 和 VD_5 导通。如果忽略正向管压降,加在负载上的电压 u_o 就是线电压 $U_{W_1V_1}$。如图 9-10 中 $0\sim t_1$ 时段波形所示,此时其余二极管处于截止状态,在这段时间内的电流通路为 $W_1 \to VD_3 \to R_L \to VD_5 \to V_1$。

依次类推,可得三相桥式整流电路输出电压波形。它的脉动较小,输出电压平均值大,约为 $U_L = 2.34U$,式中 U 为变压器副边相电压的有效值。

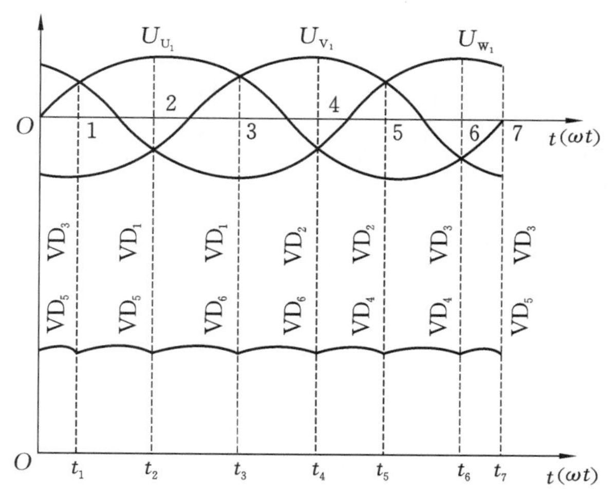

图 9-10　三相桥式整流电路输入输出电压波形图

9.2 滤波电路

整流电路虽然能把交流电转换成直流电，但是所得到的输出电压是单向脉动电压。有一些设备可以用脉动电压供电，但是在大多数情况下，还需要采用滤波电路来改善输出电压的脉动程度，从而使电器设备正常工作。常用的滤波电路有以下几种。

9.2.1 电容滤波电路

电容滤波器是根据电容器的端电压在电路状态改变时不能跃变的原理制成的。图 9-11 中与负载 R_L 并联的电容器 C 就是一个最简单的滤波器。

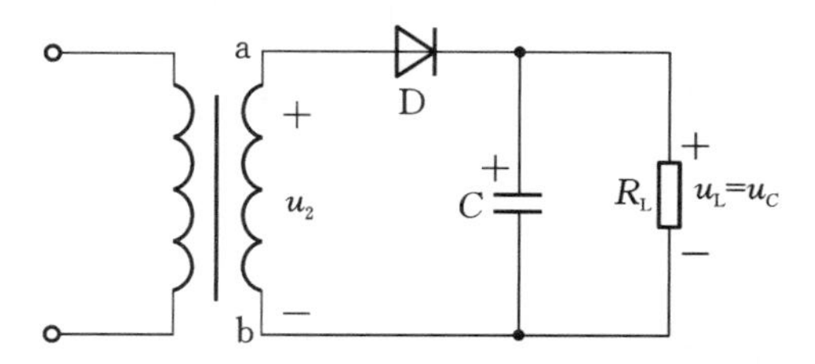

图 9-11　接有电容滤波器的单相半波整流电路

如果在单相半波整流电路中不接电容滤波器，输出电压的波形如图 9-12(a)所示。加接电容滤波器之后，输出电压的波形就变成图 9-12(b)所示的形状。

根据图 9-11 可以看出，在正半周二极管 D 导通时，u_2 给负载供电，同时对电容 C 充电，在忽略二极管正向压降的情况下，充电电压 u_C 与上升的正弦电压 u_2 一致，对应图 9-12(b)中的 Oh 段波形曲线。电源电压 u_2 在 h 点达到最大值，u_C 也达到最大值。而后 u_2 和 u_C 都开始下降，其中 u_2 按正弦规律下降。当 $u_2 < u_C$ 时，二极管承受反向电压而截止，电容器

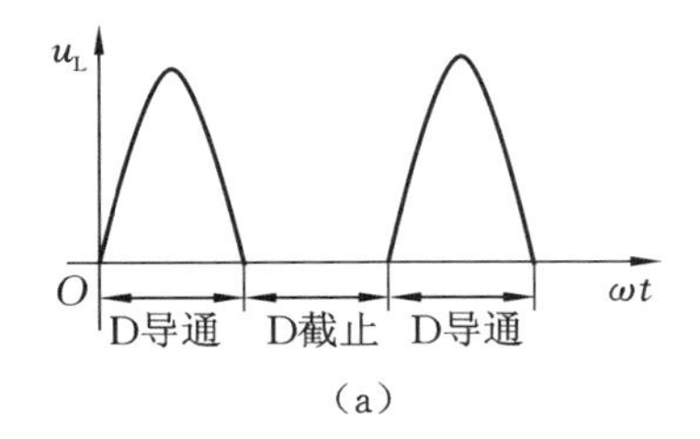

(a)

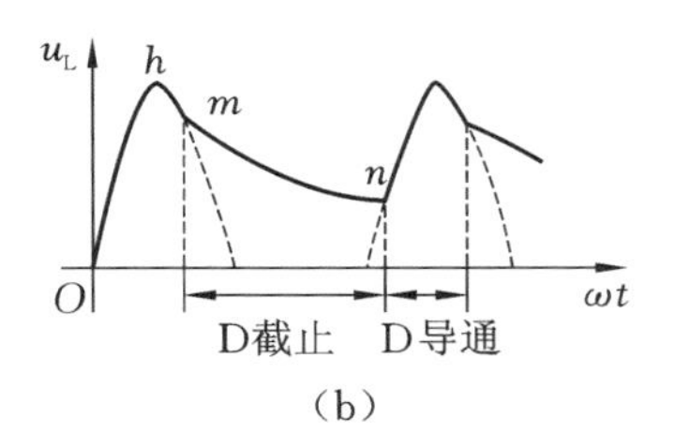

(b)

图 9-12 有无电容滤波器时的两种输出波形

对负载电阻 R_L 放电，负载中也有电流，而 u_C 按放电曲线 mn 下降。在 u_2 的下一个正半周期内，当 $u_2>u_C$ 时，二极管再次导通，u_2 再次对电容 C 充电，重复上述过程。

电容器两端电压 u_C 即为输出电压 u_L，其波形如图 9-12(b)所示。可见输出电压的脉动幅度大为减小，并且输出电压的平均值相对较高。

在空载（即 $R_L=\infty$）和忽略二极管正向压降的情况下，负载的平均电压为

$$U_L=\sqrt{2}U_2=1.4U_2$$

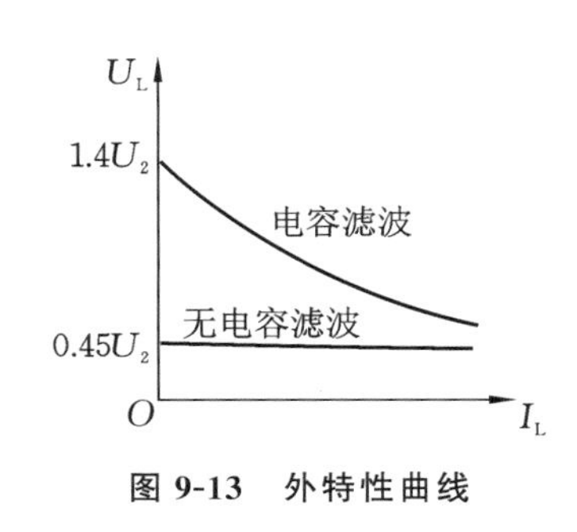

图 9-13 外特性曲线

U_2 是图 9-11 中变压器副边绕组电压的有效值。随着负载数量的增加，R_L 减小，负载电流 I_L 增大，放电时间常数 R_LC 减小，放电加快，U_L 也就下降。整流电路的输出电压 U_L 与输出电流 I_L 的变化关系曲线称为整流电路的外特性曲线。图 9-13 所示为电阻负载、电容滤波的单相半波整流电路的外特性曲线。由图可知，与无电容滤波时比较，输出电压随负载电流的变化有较大的改变，即外特性较差，或者说带负载能力较差。通常取

$$U_L=U_2\text{（半波）} \tag{9-13}$$

$$U_L=1.2\,U_2\text{（全波）} \tag{9-14}$$

由图 9-12 可知，采用电容滤波时，输出电压的脉动程度与电容的放电时间常数 R_LC 有关。R_LC 大一些，脉动程度就小一些。为了得到比较平直的输出电压，一般要求放电时间常数 R_LC 满足下式的条件，即

$$R_LC\geqslant(3\sim5)\frac{T}{2} \tag{9-15}$$

式中：T 是电源交流电压的周期。

此外，在电容滤波电路中二极管的导通时间短，其导通角小于 180°，但是在一个周期内电容器的充电电荷等于放电电荷，即通过电容器的电流平均值为零，在二极管导通期间，其电流 i_D 的平均值近似等于负载电流的平均值 I_L。因此，i_D 的峰值必然较大，会产生电流冲击，容易使二极管损坏，这是在选择二极管时必须考虑的因素。

综合上述情况，可以总结出电容滤波电路具有如下特点。

(1) R_LC 愈大→电容 C 放电愈慢→U_L（平均值）愈大。

(2) 流过二极管的瞬时电流很大。整流管导电时间越短→i_D 的峰值电流越大。

对于带有电容滤波的单相半波整流电路，当负载端开路时，截止二极管上的最高反向电压 $U_{DRM}=2\sqrt{2}U_2$。因为在交流电压的正半周期，对电容器进行充电，直至电容电压等于交流电压的最大值($\sqrt{2}U_2$)，由于开路，电容不能放电，此时电压维持不变；而在负半周期的最大值时，截止二极管上所承受的反向电压为交流电压的最大值($\sqrt{2}U_2$)与电容器上电压($\sqrt{2}U_2$)之和，即等于 $2\sqrt{2}U_2$。

对于单相桥式整流电路，有电容滤波不影响 U_{DRM}，即截止二极管上的最高反向电压 U_{DRM} 仍为 $\sqrt{2}U_2$。

综上所述，电容滤波电路简单，输出电压 U_L 较大，脉动较小，但是外特性较差，并且存在电流冲击。因此，电容滤波器一般用于要求输出电压较高、负载电流较小并且变化也较小的场合。滤波电容的数值一般在几十微法到几千微法之间，根据负载电流的大小不同而有所不同，其耐压应大于输出电压的最大值，通常采用极性电容器。

【例 9-2】 有一个单向桥式电容滤波整流电路，如图 9-14 所示，已知交流电源频率 $f=50$ Hz，负载电阻 $R_L=300\ \Omega$，要求直流输出电压 $U_L=30$ V，试问：该选择什么型号的整流二极管和滤波电容？

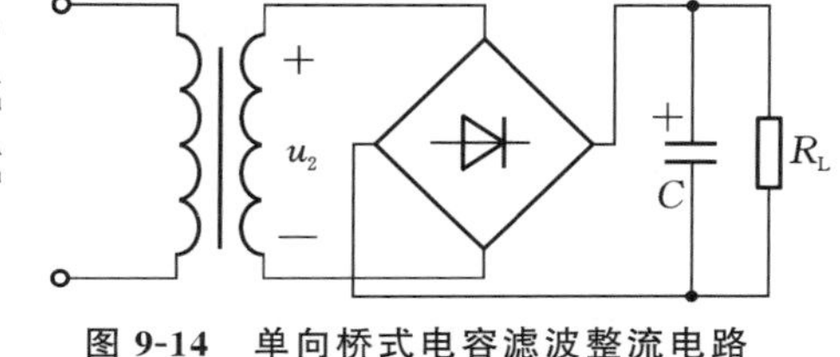

图 9-14 单向桥式电容滤波整流电路

【解】 经过二极管的电流为

$$I_D=\frac{1}{2}I_L=\frac{1}{2}\times\frac{U_L}{R_L}=\frac{1}{2}\times\frac{30}{300}\ \text{A}=0.05\ \text{A}=50\ \text{mA}$$

根据式(9-14)，取 $U_L=1.2\,U_2$，则

$$U_2=\frac{U_L}{1.2}=\frac{30}{1.2}\ \text{V}=25\ \text{V}$$

二极管所承受的最高反向电压

$$U_{DRM}=\sqrt{2}U_2=\sqrt{2}\times 25\ \text{V}=35\ \text{V}$$

因此选择 2CP11 型号的二极管，其最大整流电流为 100 mA，反向工作峰值电压为 50 V。

根据式(9-15)，取 $R_LC=5\times\frac{T}{2}=5\times\frac{1}{2f}=5\times\frac{1}{2\times 50}\ \text{s}=0.05\ \text{s}$，则

$$C=\frac{0.05}{R_L}=\frac{0.05}{300}\ \text{F}=167\times 10^{-6}\ \text{F}=167\ \mu\text{F}$$

因此选择电容量为 250 μF，耐压 50 V 的极性电容。

9.2.2 电感电容滤波电路(*LC* 滤波器)

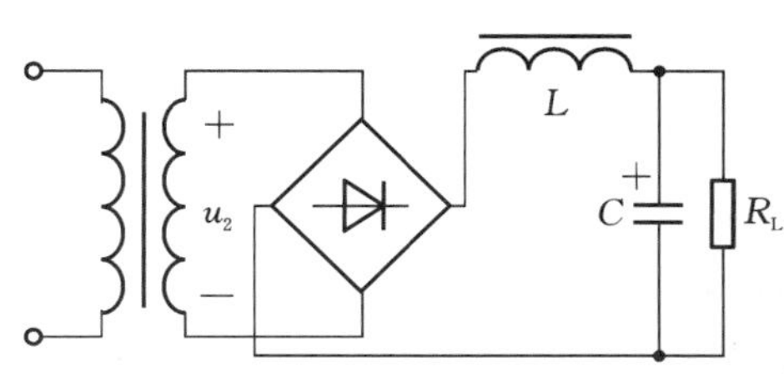

图 9-15 电感电容滤波电路

如图 9-15 所示，在滤波电容之前串接一个铁芯电感线圈 L，这就组成了电感电容滤波电路，其目的也是减小输出电压的脉动程度。

当通过电感线圈 L 的电流发生变化时，线圈中会产生自感电动势来阻碍电流的变化，从而使负载电流和负载电压的脉动大为减小。因为电

感线圈对整流电流的交流分量具有阻抗，谐波频率愈高，阻抗愈大，所以它可以减弱整流电压中的交流分量，ωL 比 R_L 大得愈多，滤波效果愈好；而后经过电容滤波器滤波，再一次滤掉交流分量。这样，便可以得到比较平直的直流输出电压。但是，因为电感线圈的电感较大，一般在几亨到几十亨的范围内，而且线圈匝数较多，电阻也较大，因而其上也有一定的直流压降，造成输出电压的下降。

具有 LC 滤波器的整流电路适用于电流较大、要求输出电压脉动很小的场合，非常适合高频场合。在电流较大，负载变动较大，且对输出电压的脉动程度要求不太高的场合下，也可将电容器除去，而直接采用电感滤波器（L 滤波器）。

9.2.3 π 形滤波电路

如图 9-16 所示，为了使输出电压的脉动变得更小，可以在 LC 滤波器的前面再并联一个滤波电容，这样便构成了 π 形 LC 滤波电路。π 形 LC 滤波电路的滤波效果比 LC 滤波器更好，但整流二极管承受的冲击电流比较大。

如图 9-17 所示，因为电感线圈的体积大而笨重，成本又高，所以有时候用电阻取代 π 形滤波器中的电感线圈，这样便构成了 π 形 RC 滤波电路。电阻对于交、直流电流都具有同样的降压作用，但是当电阻和电容配合之后，脉动电压的交流分量较多地落在电阻两端，这是因为电容 C_2 的交流阻抗很小。因此脉动电压的交流分量较少地落在负载上，这样就起到了滤波的作用。电阻 R 的阻值愈大，C_2 愈大，滤波效果愈好。但 R 阻值太大，将使直流压降增加，所以 π 形 RC 滤波电路主要用于负载电流较小而又要求输出电压脉动很小的场合。

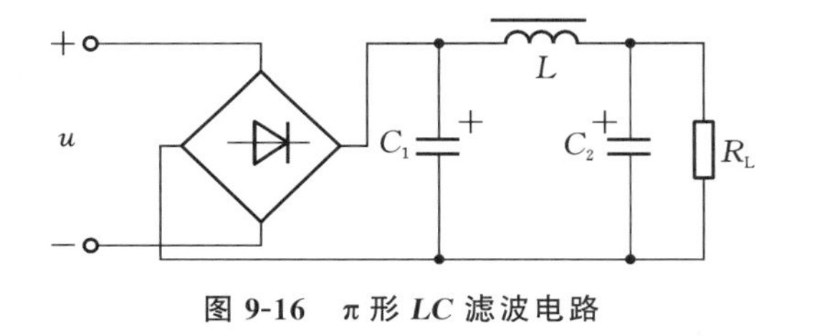

图 9-16　π 形 *LC* 滤波电路

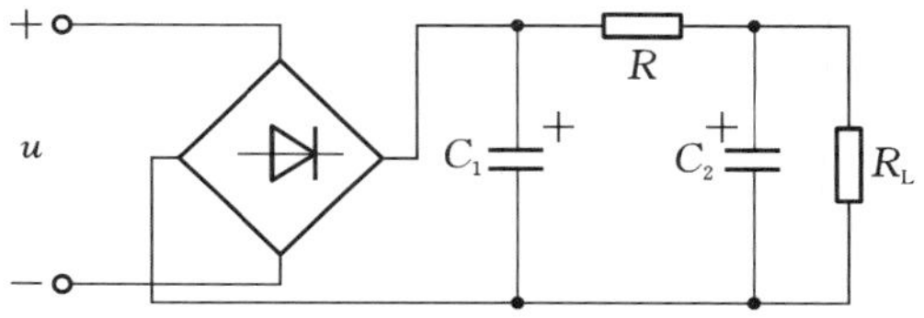

图 9-17　π 形 *RC* 滤波电路

9.3 稳压电路

经过整流和滤波后的电压也会随着交流电压的波动和负载的变化而波动，这种不稳定的电压会引起仪器设备工作不稳定，有时甚至会导致仪器设备无法正常工作。因此，在许多实际电路中都需要稳压电源供电。

9.3.1 稳压管稳压电路

最简单的直流稳压电源是用稳压管来稳定电压的，稳压管稳压电路的输出电压是一个固定值。图 9-18 所示为一种稳压管稳压电路，限流电阻 R 和稳压管 D_Z 组成稳压电路，这样负载 R_L 上得到的就是一个比较稳定的电压。

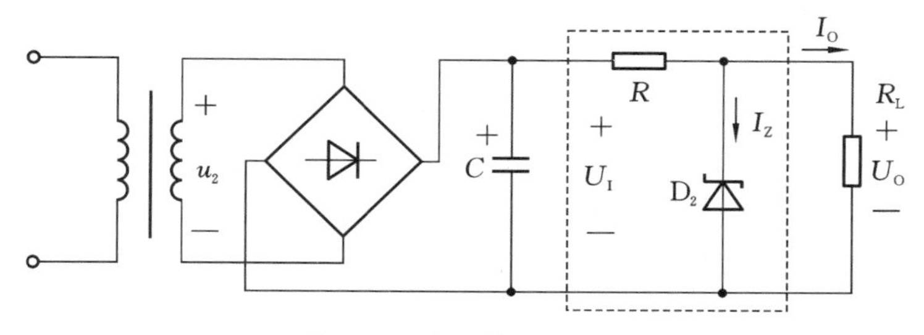

图 9-18 稳压管稳压电路

交流电源电压的波动和负载电流的变化是电压不稳定的原因。如果交流电源电压增加使得整流输出电压 U_I 增加，则负载电压 U_O 也要增加。而稳压管两端的反向电压也是 U_O，因此稳压管电流 I_Z 显著增加，电阻 R 上压降增加，以抵偿 U_I 的增加，从而负载电压 U_O 保持近似不变。相反，当 U_I 减小时，负载电压 U_O 也要减小，因此 I_Z 显著减小，电阻 R 上压降减小，负载电压 U_O 仍然保持近似不变。同理，当电源电压不变，只是负载电流变化引起负载电压 U_O 改变时，稳压管稳压电路仍然能够起到稳压作用。

在稳压管稳压电路中，稳压管的参数一般取

$$U_Z = U_O$$

$$I_{ZM} = (1.5 \sim 3) I_{OM}$$

$$U_I = (2 \sim 3) U_O$$

9.3.2 恒压源及串联型稳压电源

由稳压管和运算放大器构成恒压源。恒压源的输出电压是可调的，而且电路中的电压负反馈使得输出电压更为稳定，如图 9-19 所示。

为了扩大运算放大器输出电流的变化范围，将它的输出端接到大电流晶体管 T 的基极，而从发射极输出。这样，同相输入恒压源就变为串联型稳压电源，其电路图如图 9-20 所示。

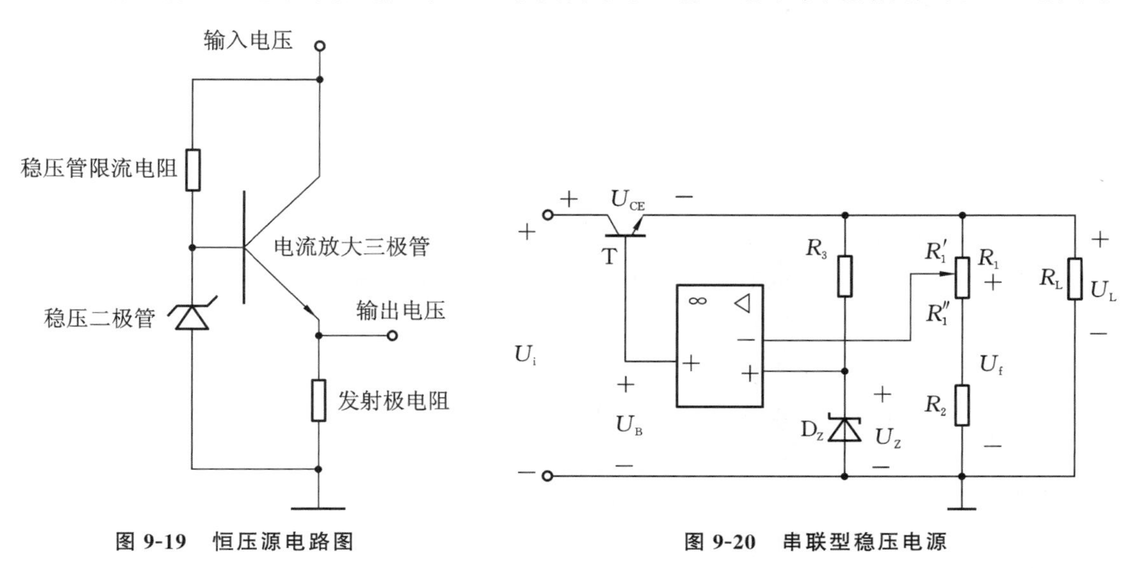

图 9-19 恒压源电路图

图 9-20 串联型稳压电源

由图可知：

$$U_f=\frac{R_1''+R_2}{R_1+R_2}U_L$$

$$U_B=A_{uo}(U_Z-U_f)$$

当电源电压或负载电阻的变化使得输出电压 U_L 升高时，U_f也升高，而 U_B 降低，从而 I_C 减小，U_{CE}增大，最终使得 U_L 降低。其稳压过程如下：

$$U_L\uparrow\rightarrow U_f\downarrow\rightarrow U_B\downarrow\rightarrow I_C\downarrow\rightarrow U_{CE}\uparrow\rightarrow U_L\downarrow$$

如果输出电压 U_L 降低，其稳压过程与上述过程相反。

由此可见，输出电压的变化量经过运算放大器放大后去调整晶体管 VT 的管压降 U_{CE}，从而达到稳定输出电压的目的。一般把晶体管 VT 称为调整管。串联型稳压电源的自动稳压过程实质上是一个负反馈过程。反馈电压 U_f 取样于输出电压 U_L，U_f 和基准电压 U_Z 又分别加在运算放大器的两个输入端，电路中引入的是串联电压负反馈，所以称为串联型稳压电路。

改变可调电阻中 R_1'和 R_1''的大小，就能改变输出电压 U_L 的大小。其计算公式为

$$U_L=U_B=\left(1+\frac{R_1'}{R_1''+R_2}\right)U_Z$$

9.3.3 集成稳压电源

采用串联型稳压电源进行稳压，仍然需要外接一些元器件，并且要注意共模电压的允许值和输入端的保护，使用方法相对比较复杂。单片集成稳压电源不仅克服了上述困难，而且具有体积小、可靠性高、使用灵活、价格低廉等优点，在实际电路中已经得到广泛应用。

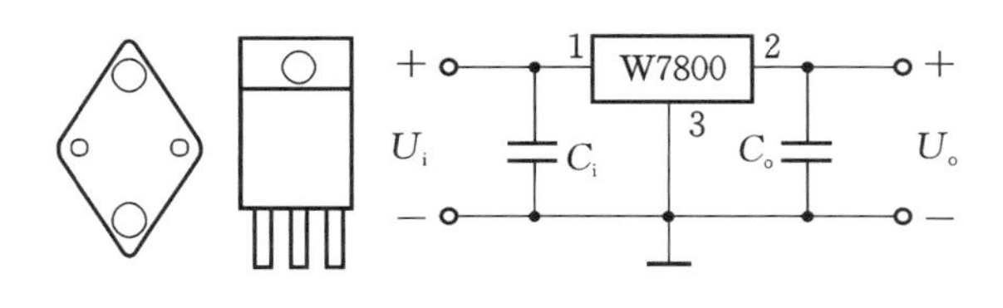

(a) 外形与管脚　　(b) 接线图

图 9-21　W7800 系列集成稳压电源

目前广泛使用的是 W7800 系列（输出正电压）和 W7900 系列（输出负电压）集成稳压电源。图 9-21 所示为 W7800 系列集成稳压器的外形、管脚和接线图，其内部电路也是串联型晶体管稳压电路。

W7800 系列集成稳压电源只有输入端 1、输入端 2 和公共端 3 三个引出端，所以也称为三端集成稳压器，使用时只需在其输入端、输出端和公共端之间各并联一个电容即可。C_i 用以抵消输入端接线的电感效应，防止产生自激振荡，接线不长时可不用。C_o 用来改善负载的瞬态响应，即瞬时增减负载电流时不致引起输出电压有较大的波动。C_i 一般在 0.1～1 μF，其典型值为 0.33 μF；C_o 可选用 1 μF的电容。

W7800 系列输出的固定正电压有 5 V、8 V、12 V、15 V、18 V、24 V 等多种。例如 W7815 的输出电压为 15 V，最高输入电压为 35 V，最小输入、输出电压差为 2～3 V，最大输出电流为 2.2 A，输出电阻为 0.03～0.05 Ω，电压变化率为 0.1%～0.2%。W7900 系列输出固定的负电压，其参数与 W7800 基本相同。使用时三端稳压器一般接在整流滤波电路之后。

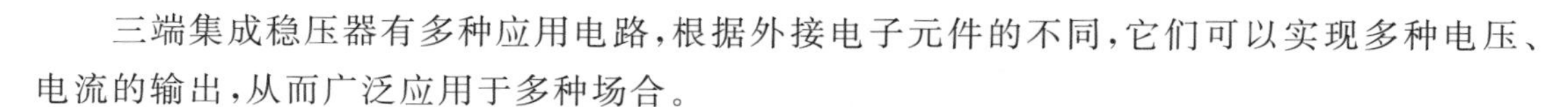

三端集成稳压器有多种应用电路，根据外接电子元件的不同，它们可以实现多种电压、电流的输出，从而广泛应用于多种场合。

1. 正、负电同时输出的电路

图 9-22 所示为由 W7815 和 W7915 构成的能够同时输出 ±15 V 的电路。

2. 提高输出电压的电路

图 9-23 所示的电路能使输出电压高于固定输出电压。图中，$U_{\times\times}$ 为 W78××稳压器的固定输出电压，因此 $U_o = U_{\times\times} + U_Z$。可见，输出电压 U_o 提高了。

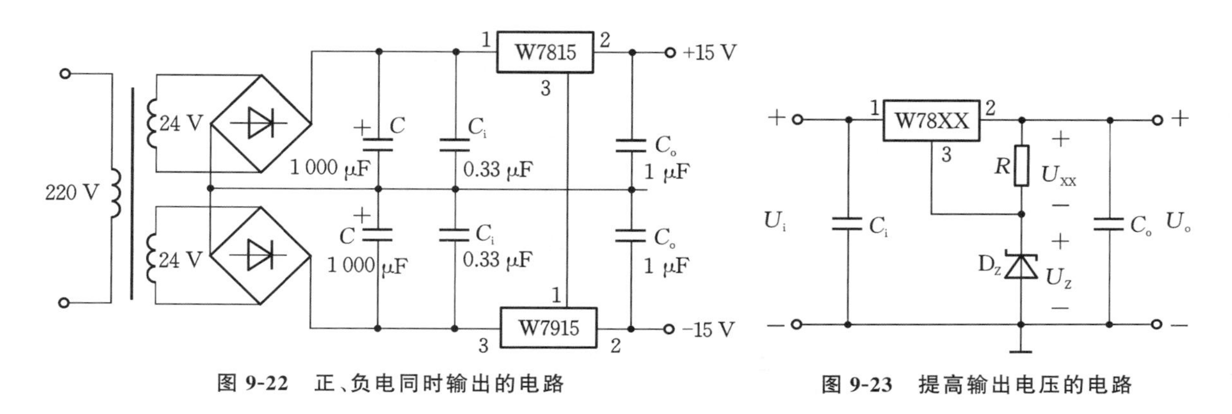

图 9-22 正、负电同时输出的电路　　图 9-23 提高输出电压的电路

3. 输出电压可调的电路

图 9-24 所示为由 W78××构成的能输出可调电压的电路。调整可调电阻的阻值，就可以改变输出电压的大小。

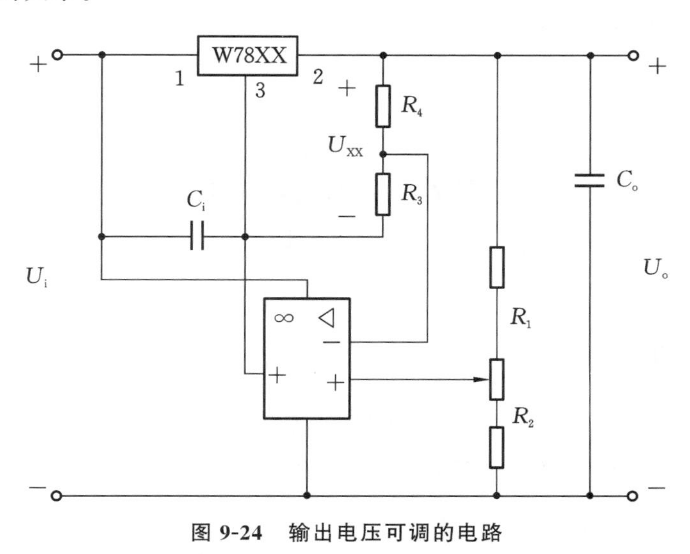

图 9-24 输出电压可调的电路

电路中，根据理想运算放大器的虚短原理可知，其同向输入端和反向输入端电位相等，即 $U_+ = U_-$。再根据基尔霍夫定律可得

$$\frac{R_3}{R_3+R_4}U_{\times\times}=\frac{R_1}{R_1+R_2}U_o$$

所以有

$$U_o=\left(1+\frac{R_2}{R_1}\right)\cdot\frac{R_3}{R_3+R_4}U_{\times\times}$$

4. 扩大输出电流的电路

当电路所需的电流大于 2 A 时，可采用外接功率管 T 的方法来扩大输出电流。图 9-25 所示为由 W78××构成的能扩大输出电流的电路。

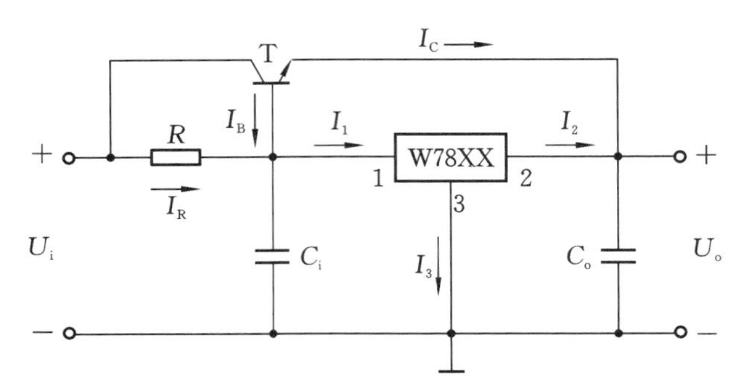

图 9-25 扩大输出电流的电路

如图 9-25 所示，I_2 为稳压器的输出电流，I_C 为功率管的集电极电流，I_R 是电阻 R 上的电流。一般 I_3 很小，可忽略不计，由此可得关系式

$$I_2\approx I_1=I_B+I_R=\frac{I_C}{\beta}-\frac{U_{BE}}{R}$$

式中：β 是功率管的电流放大系数。

如果 $I_2=1.1$ A，$\beta=10$，$U_{BE}=-0.4$ V，$R=0.5\ \Omega$，则根据上式可得 $I_C=3$ A。

9.4 技能实训
——整流滤波稳压电路测试

9.4.1 实训目的

(1) 学会用示波器观察整流滤波稳压电路中各个环节后的电压波形。

(2) 通过实际测试检验整流滤波稳压电路中各个环节后的电压大小关系。

9.4.2 实训器材

万用表、二极管、稳压管、变压器、电阻、电容等。

9.4.3 实训内容

（1）连接图 9-26 所示电路。

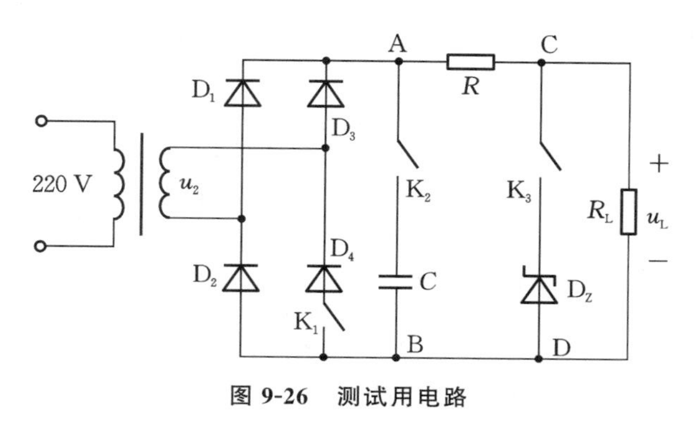

图 9-26 测试用电路

（2）用示波器分别观察半波整流、全波整流、全波整流＋滤波、全波整流＋滤波＋稳压、全波整流＋稳压之后的电压 u_L 的波形。

（3）电路测试。

① 断开开关 K_1、K_2、K_3，电路为单相半波整流电路，用万用表测出 $U_2=$________，$U_{AB}=$________，$U_{CD}=$________。

② 闭合开关 K_1，断开 K_2、K_3，电路为单相桥式整流电路，用万用表测出 $U_2=$________，$U_{AB}=$________，$U_{CD}=$________。

③ 闭合开关 K_1、K_2，断开 K_3，电路为桥式整流滤波电路，用万用表测出 $U_2=$________，$U_{AB}=$________，$U_{CD}=$________。

④ 闭合开关 K_1、K_2、K_3，电路为桥式整流滤波稳压电路，用万用表测出 $U_2=$________，$U_{AB}=$________，$U_{CD}=$________。

9.4.4 实训报告

（1）整理测试结果，记录测试数据，分析电压值变化的原因；

（2）记录实验过程中出现的问题，并讨论和分析出现问题的原因。

习　　题

一、填空题

1. 直流稳压电源主要包含变压器、________、________和稳压电路四个部分。

2. 整流电路分为单相半波整流电路、全波整流电路和________。

3. ________滤波器是根据电容器的端电压在电路状态改变时不能跃变的原理制成的。

4. 具有 LC 滤波器的整流电路适用于________、要求输出电压脉动很小的场合，非常适合高频场合。

二、判断题

(　　) 1. 单相桥式整流电路的整流电压的平均值 U_L 比半波整流电路增加了一倍，而负载中流过的直流电流不变。

(　　) 2. 稳压管稳压电路的输出电压是一个固定值，而恒压源的输出电压是可调的。

三、选择题

1. π形 LC 滤波器的滤波效果比 LC 滤波器更好，整流二极管承受的冲击电流(　　)。

A. 比较大　　B. 比较小　　C. 不确定

2. 串联型稳压管是利用(　　)负反馈使输出电压稳定的。

A. 电压并联　　B. 电压串联　　C. 电流并联　　D 电流串联

四、综合题

1. 有一个电压为 110 V、电阻为 55 Ω 的直流负载，采用不带滤波器的单相桥式整流电路供电，求变压器副边绕组电压和电流的有效值，并选取二极管的型号。

2. 已知负载电压 U_o=30 V，负载电流 I_o=150 mA，交流频率为 50 Hz，采用带电容滤波器的单相桥式整流电路供电，试选取二极管型号和滤波电容。与单相半波整流电路相比较，带电容滤波器后，二极管两端承受的最高反向电压是否相同？

第10章

晶闸管

二极管整流电路在应用中有很大的局限性，就是在输入的交流电压一定时，输出的直流电压也是固定值，不能任意调节。但是在许多情况下，要求直流电压能够进行调节，即具有可控性。晶闸管就是出于这种需要而研制出来的，它具有体积小、重量轻、效率高、动作迅速、维护方便等优点，但同时具有过载能力差、抗干扰能力差、控制比较复杂等缺点。

在最近几十年，晶闸管的制造和应用技术发展迅速，在整流、逆变、调压、开关等方面得到了广泛的应用。

学习目标

1. 熟悉晶闸管的结构。
2. 掌握晶闸管的基本工作原理。
3. 熟悉晶闸管的基本应用。

10.1 晶闸管的基本结构与工作原理

10.1.1 晶闸管的基本结构

晶闸管(thyristor)是晶体闸流管的简称(又称可控硅)，是在晶体管基础上发展起来的一种大功率半导体器件。1957年，美国通用电气公司开发出世界上第一款晶闸管产品，并于1958年将其商业化。晶闸管由PNPN四层半导体材料组成，有三个PN结。它对外有三个电极——阳极、阴极和门极(也叫控制极)。第一层P型半导体引出的电极叫阳极A，第三层P型半导体引出的电极叫门极G，第四层N型半导体引出的电极叫阴极K，如图10-1所示。从晶闸管的电路符号可以看出，它和二极管一样，是一种单方向导电的器件，但是多了一个控制极G，这就使它具有与二极管完全不同的工作特性。晶闸管的外形如图10-2所示。

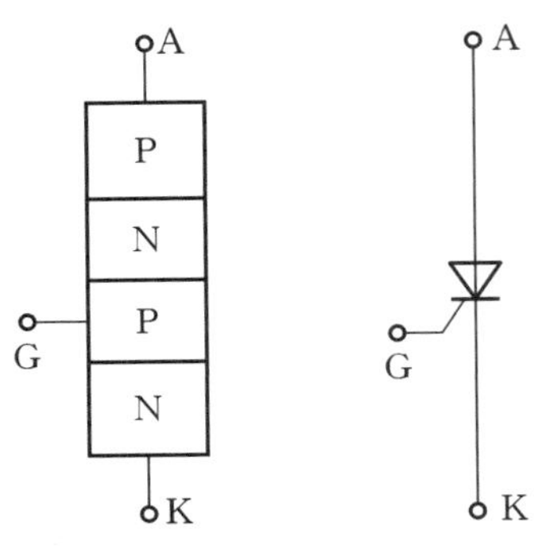

图 10-1　晶闸管的结构及符号

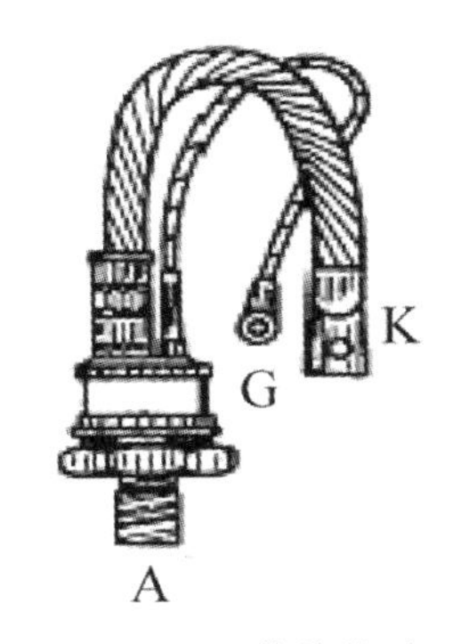

图 10-2　晶闸管的外形

晶闸管具有硅整流器件的特性，能在高电压、大电流条件下工作，且其工作过程可以控制，被广泛应用于可控整流、交流调压、无触点电子开关、逆变及变频等电子电路中。

晶闸管是继二极管、三极管之后出现的一种大功率半导体器件，可以制成耐高压 20 ～5000 V，控制电流 0.2 ～3000 A 的器件，不仅能做无触点继电器和整流器件，还可用作电动机的速度控制和电炉的温度控制。

10.1.2　晶闸管的基本工作原理

晶闸管在工作过程中，它的阳极 A 和阴极 K 与电源和负载连接，组成晶闸管的主电路，晶闸管的门极 G 和阴极 K 与控制晶闸管的装置连接，组成晶闸管的控制电路。晶闸管为半控型电力电子器件，它的基本工作原理如下。

1. 晶闸管具有单向导电性

晶闸管承受反向阳极电压时，不管门极承受何种电压，晶闸管都处于反向阻断状态。晶闸管承受正向阳极电压时，仅在门极承受正向电压的情况下晶闸管才导通。这时晶闸管处于正向导通状态，这就是晶闸管的闸流特性，即可控特性。

晶闸管正向导通条件：A、K 间加正向电压，G、K 间加触发信号。

2. 门极只起触发作用

晶闸管在导通情况下，只要有一定的正向阳极电压，不管门极电压如何，晶闸管都保持导通，即晶闸管导通后，门极失去作用。晶闸管一旦导通，若要将其关断，必须降低 A、K 间电压或加大回路电阻，把阳极电流减小到维持电流以下，当主回路电压（或电流）减小到接近于零时，晶闸管关断。

10.1.3　晶闸管的伏安特性

晶闸管的导通和截止这两个工作状态是由阳极电压 U、阳极电流 I 及控制极电流 I_G 决定的。在实际应用中常用实验曲线来表示它们之间的关系，这就是晶闸管的伏安特性曲线。图 10-3 所示的伏安特性曲线是在 $I_G=0$ 的条件下作出的。

当晶闸管的阳极和阴极之间加正向电压，控制极不加正向电压时，晶闸管内只有很小的电流流过，这个电流称为正向漏电流。这时，晶闸管阳极和阴极之间表现出很大的内阻，处于阻断（截止）状态，如图 10-3 第一象限中曲线的下部所示。当正向电压增加到某一数值时，漏电流突然增大，晶闸管由阻断状态突然变为导通状态。晶闸管导通后，就可以通过较大的电流，而它本身的管压降只有 1 V 左右，因此特性曲线靠近纵轴而且陡直。晶闸管由阻断状态转为导通状态所对应的电压称为正向转折电压 U_{BO}。在晶闸管导通后，若减小正向电压，正向电流就逐渐减小。当电流小到某一数值时，晶闸管又从导通状态转为阻断状态，这时所对应的最小电流称为维持电流 I_H。

当晶闸管的阳极和阴极之间加反向电压时（控制极仍不加电压），其伏安特性与二极管类似，电流也很小，称为反向漏电流。当反向电压增加到某一数值时，反向漏电流急剧增大，使晶闸管反向导通，这时所对应的电压称为反向转折电压 U_{BR}。

从图 10-3 所示的晶闸管的正向伏安特性曲线可见，当阳极正向电压高于转折电压时元件将导通，但是这种导通方法很容易造成晶闸管的不可恢复性击穿，使元件损坏，在正常工作时是不采用的。

晶闸管的正常导通受控制极电流 I_G 的控制。当控制极加正向电压时，控制极电路就有电流 I_G，晶闸管就容易导通，其正向转折电压降低，特性曲线左移。控制极电流愈大，正向转折电压愈低，如图 10-4 所示。

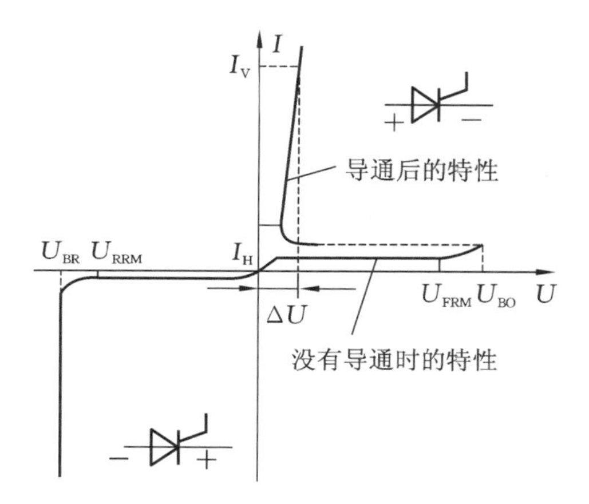

图 10-3 晶闸管的正向伏安特性曲线

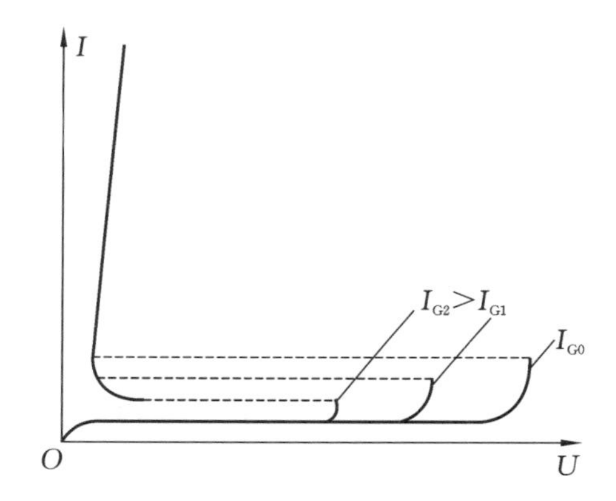

图 10-4 控制极电流对晶闸管转折电压的影响

当晶闸管的阳极与阴极之间加上 6 V 直流电压时，能使元件导通的控制极最小电流（电压）称为触发电流（电压）。由于制造工艺方面的问题，同一型号的晶闸管的触发电压和触发电流不尽相同。如果触发电压太低，则晶闸管容易受干扰电压的作用而造成误触发；如果触发电压太高，又会造成触发电路设计上的困难。因此，规定了在常温下各种规格的晶闸管的触发电压和触发电流的范围，例如 KP50 型晶闸管的触发电压和触发电流分别为≤3.5 V 和 8～150 mA。

10.1.4 晶闸管的主要参数

晶闸管的主要参数有以下几项：

(1)正向重复峰值电压 U_{FRM}。

在控制极断路和晶闸管正向阻断的条件下,可以重复加在晶闸管两端的正向峰值电压称为正向重复峰值电压,用符号 U_{FRM} 表示。按规定,此电压为正向转折电压的 80%。普通晶闸管的 U_{FRM} 为 100～3000 V。

(2) 反向重复峰值电压 U_{RRM}。

在控制极断路时,可以重复加在晶闸管元件上的反向峰值电压称为反向重复峰值电压,用符号 U_{RRM} 表示。按规定,此电压为反向转折电压的 80%。

(3) 正向平均电流 I_F。

在环境温度不大于 40 ℃和标准散热及全导通的条件下,晶闸管允许通过的工频正弦半波电流的平均值称为正向平均电流 I_F,简称正向电流。如果正弦半波电流的最大值为 I_m,则

$$I_F=\frac{1}{2\pi}\int_0^{\pi} I_m \sin(\omega t)\mathrm{d}(\omega t)=\frac{I_m}{\pi} \tag{10-1}$$

然而,这个电流值并不是一成不变的,晶闸管允许通过的最大工作电流还受冷却条件、环境温度、元件导通角、元件每个周期的导电次数等因素的影响。

(4) 维持电流 I_H。

在规定的环境温度和控制极断路时,维持元件继续导通的最小电流称为维持电流 I_H。当晶闸管的正向电流小于这个电流时,晶闸管将自动关断。

10.2 晶闸管的应用

10.2.1 可控整流电路

把不可控的单相半波整流电路中的二极管用晶闸管代替,就成为单相半波可控整流电路。下面将分析这种可控整流电路在接电阻性负载和电感性负载时的工作情况。

1. 电阻性负载

图 10-5 是接电阻性负载的单相半波可控整流电路,负载电阻为 R_L。从图 10-6(a)可见,在输入交流电压 u 的正半周,晶闸管 T 承受正向电压。假如在 t_1 时刻给控制极加上触发脉冲(见图 10-6(b)),晶闸管导通,负载上得到电压。当交流电压 u 下降到接近于零值时,晶闸管正向电流小于维持电流而关断。在电压 u 的负半周,晶闸管承受反向电压,不可能导通,负载电压和电流均为零。在第二个正半周内,再在相应的 t_2 时刻加入触发脉冲,晶闸管再次导通。这样,在负载 R_L 上就可以得到图 10-6(c)所示的电压波形。图 10-6(d)所示的波形为晶闸管所承受的正向和反向电压,其最高正向和反向电压均为输入交

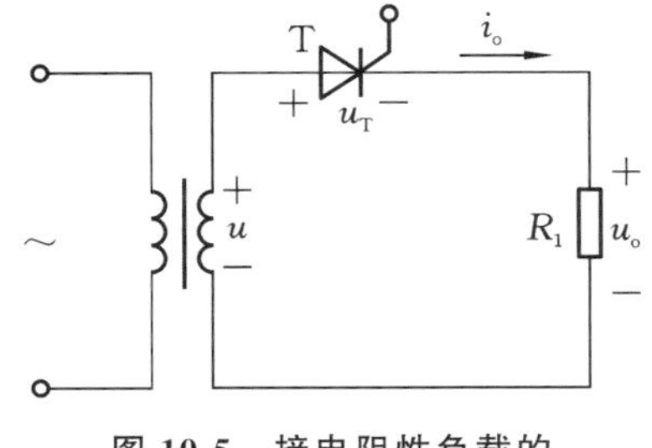

图 10-5 接电阻性负载的单相半波可控整流电路

流电压的幅值，即$\sqrt{2}U$。

改变晶闸管控制极触发时间，即可改变负载的平均电压及平均电流。

晶闸管在正向电压下不导通的电角度为控制角（又称移相角），用α表示，而导通的电角度称为导通角，用θ表示，如图10-6(c)所示。显然，导通角θ越大，输出电压越高。整流输出电压的平均值可以用控制角表示，即

$$
\begin{aligned}
U_{\mathrm{o}} &= \frac{1}{2\pi}\int_{0}^{\pi}\sqrt{2}U\sin(\omega t)\mathrm{d}(\omega t) \\
&= \frac{I_{\mathrm{m}}}{\pi}\times 0.9\times\frac{1+\cos\alpha}{2} \\
&= \frac{\sqrt{2}}{2\pi}U\times(1+\cos\alpha) \\
&= 0.45U\times\frac{1+\cos\alpha}{2}
\end{aligned}
\tag{10-2}
$$

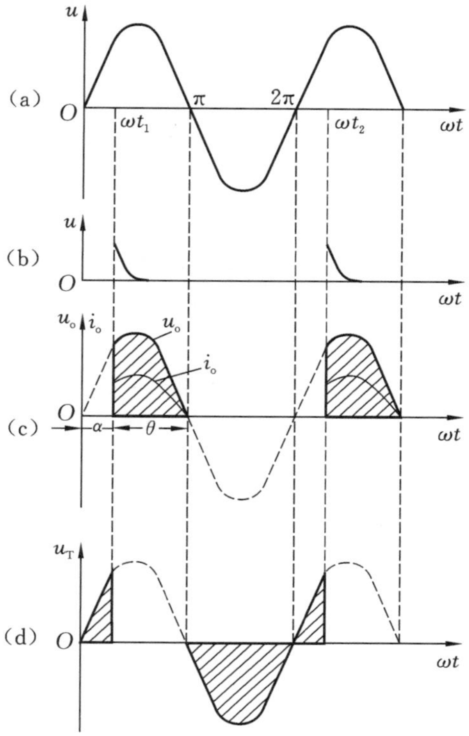

图10-6 接电阻性负载时单相半波可控整流电路的电压与电流波形

从式(10-2)可以看出，当$\alpha=0(\theta=180°)$时，晶闸管在正半周全导通，$U_{\mathrm{o}}=0.45U$，输出电压最高，相当于不可控二极管单相半波整流电压。若$\alpha=180°$，$U_{\mathrm{o}}=0$，这时$\theta=0$，晶闸管全关断。

根据欧姆定律，电阻负载中整流电流的平均值为

$$
I_{\mathrm{o}}=\frac{U_{\mathrm{o}}}{R_{\mathrm{L}}}=0.45\frac{U}{R_{\mathrm{L}}}\times\frac{1+\cos\alpha}{2} \tag{10-3}
$$

此电流即为通过晶闸管的平均电流。

显然，在晶闸管承受正向电压的时间内，改变控制极触发脉冲的输入时刻，负载上得到的电压波形就随着改变，这样就控制了负载上输出电压的大小。

2. 电感性负载与续流二极管

实际工作中我们经常遇到电感性负载，如各种电机的励磁绕组、各种电感线圈等，它们既含有电感，又含有电阻。下面分析电感性负载可控整流电路。

电感性负载可用串联的电感元件L和电阻元件R表示，如图10-7所示。当晶闸管刚触发导通时，电感元件中产生阻碍电流变化的感应电动势，其极性为上正下负，电路中电流不能跃变，将由零逐渐上升，如图10-8(a)所示。当电流到达最大值时，感应电动势为零，而后电流减小，电动势e_{L}也就改变极性为下正上负。此后，在交流电压u到达零值之前，e_{L}和u极性相同，晶闸管导通。当电压u经过零值变负之后，只要e_{L}大于u，晶闸管继续承受正向电

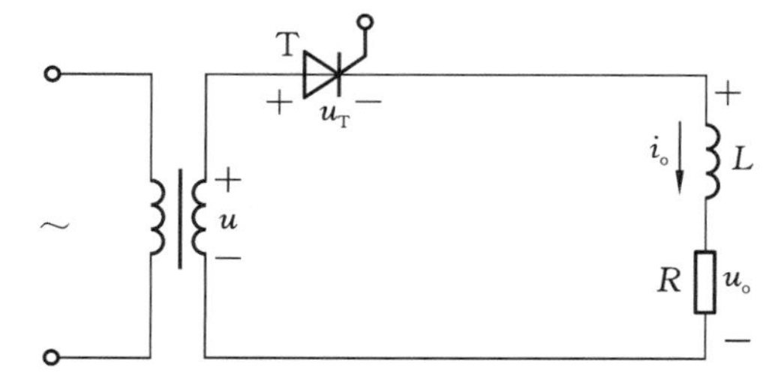

图10-7 电感性负载可控整流电路

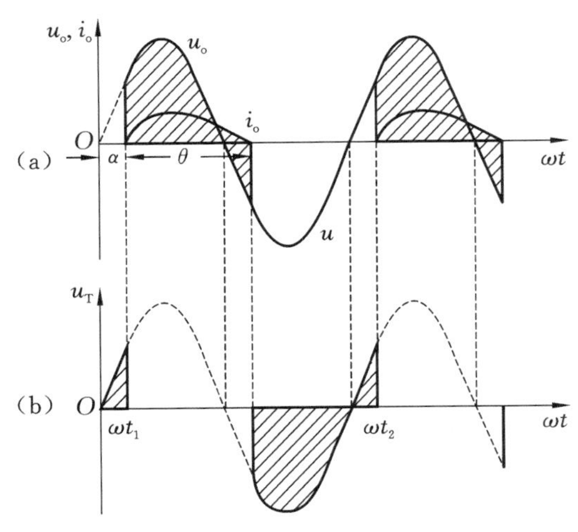

图 10-8 接电感性负载时单相半波可控整流电路的电压与电流波形

压，电流仍将继续流通，如图 10-8(a)所示。当电流大于维持电流时，晶闸管不能关断，负载上出现了负电压。只有当电流下降到维持电流以下时，晶闸管才能关断，并且立即承受反向电压，如图 10-8(b)所示。

综上可知，在单相半波可控整流电路接电感性负载时，晶闸管导通角 θ 将大于$(180^\circ-\alpha)$。负载电感越大，导通角 θ 越大，在一个周期中负载上负电压所占的比例就越大，整流输出电压和电流的平均值就越小。为了使晶闸管在电源电压 u 降到零值时能及时关断，使负载上不出现负电压，必须采取相应措施。

可以在电感性负载两端并联一个二极管 D 来解决上述问题，如图 10-9 所示。当交流电压 u 经过零值变负后，二极管因承受正向电压而导通，于是负载上由感应电动势 e_L 产生的电流经过这个二极管形成回路。因此这个二极管称为续流二极管。这时负载两端电压近似为零，晶闸管因承受反向电压而关断。负载电阻上消耗的能量是电感元件释放的能量。

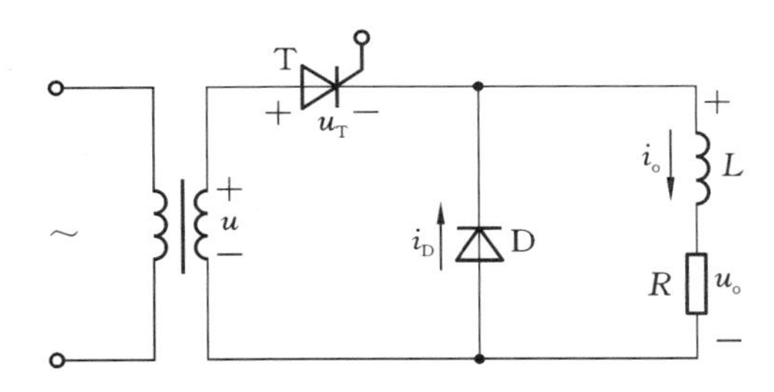

图 10-9 有续流二极管的电感性负载可控整流电路

10.2.2 单相半控桥式整流电路

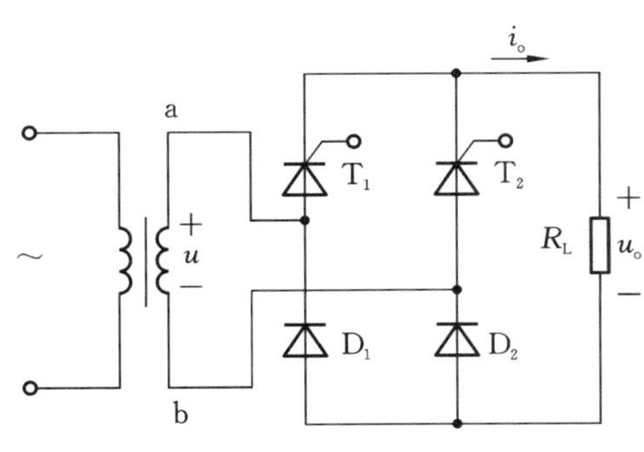

图 10-10 单相半控桥式整流电路

单相半波可控整流电路虽然具有电路简单、调整方便的优点，但同时有整流电压脉动大、输出整流电流小的缺点。实际工作中常用的是单相半控桥式整流电路，简称半控桥，其电路如图 10-10 所示。半控桥式整流电路与单相不可控桥式整流电路相似，只是其中两个臂中的二极管被晶闸管所取代。

在变压器副边电压 u 的正半周(a 端为正)，T_1 和 D_2 承受正向电压。这时如对晶闸管 T_1 引入触发信号,则 T_1 和 D_2 导通,电流的通路为 $a \to T_1 \to R_L \to D_2 \to b$,这时 T_2 和 D_1 都因承受反向电压而截止。

同样,在电压 u 的负半周,T_2 和 D_1 承受正向电压。这时,如对晶闸管 T_2 引入触发信号,则 T_2 和 D_1 导通,电流的通路为 $b \to T_2 \to R_L \to D_1 \to a$,这时 T_1 和 D_2 处于截止状态。

电压的波形如图 10-11 所示。显然,与单相半波整流电路相比,桥式整流电路的输出电压的平均值要大一倍,即

$$U_o = 0.9 \times \frac{1+\cos\alpha}{2} \tag{10-4}$$

输出电流的平均值为

$$I_o = \frac{U_o}{R_L} = 0.9\,\frac{U}{R_L} \times \frac{1+\cos\alpha}{2} \tag{10-5}$$

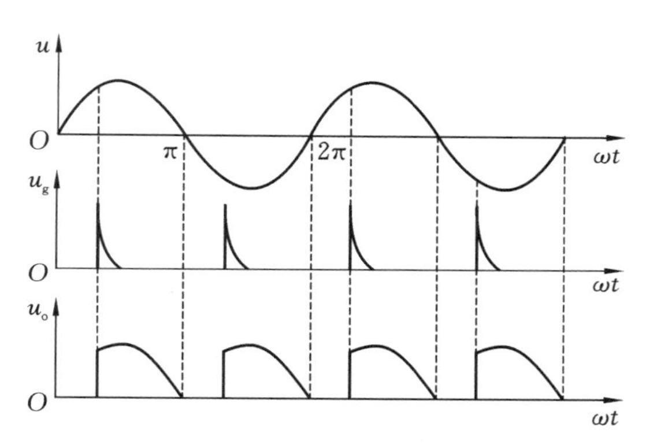

图 10-11　电阻性负载半控桥式整流电路电压波形图

【例 10-1】 有一纯电阻负载,需要可调的直流电源:电压 $U_o = 0 \sim 180$ V,电流 $I_o = 0 \sim 6$ A。现采用单相半控桥式整流电路(见图 10-10),试求交流电压的有效值,并选择整流元件。

【解】 当晶闸管导通角 θ 为 180°(控制角 $\alpha = 0$)时,$U_o = 180$ V,$I_o = 6$ A。

交流电压有效值

$$U = \frac{U_o}{0.9} = \frac{180}{0.9}\ \text{V} = 200\ \text{V}$$

实际上还要考虑电网电压波动、管压降以及导通角常常到不了 180°(一般只有 160°～170°)等因素,在上述计算得到的值的基础上增加 10%左右,得到交流电压的值大约为 220 V。因此,在本例中可以不用整流变压器,直接使用 220 V 的交流电源。

晶闸管所承受的最高正向电压 U_{FM}、最高反向电压 U_{RM} 和二极管所承受的最高反向电压都等于 $\sqrt{2}U$,即 310 V。

流过晶闸管和二极管的平均电流为

$$I_T = I_D = \frac{1}{2} I_o = \frac{6}{2}\ \text{A} = 3\ \text{A}$$

为了保证晶闸管在出现瞬时过电压时不致损坏,通常根据下式选取晶闸管的正向重复峰值电压 U_{FRM} 和反向重复峰值电压 U_{RRM}:

$$U_{FRM} \geqslant (2\sim3)U_{FM} = (2\sim3)\times310\ V = (620\sim930)\ V$$

$$U_{RRM} \geqslant (2\sim3)U_{RM} = (2\sim3)\times310\ V = (620\sim930)\ V$$

根据上面的计算，晶闸管可选用 KP5-7 型（其额定电流为 5A，额定电压为 700 V）；二极管可选用 2CZ12D 型（其额定电流为 3A，反向工作峰值电压为 800 V），因为二极管的反向工作峰值电压一般取反向击穿电压的一半，已有较大余量，所以选 800 V 已足够。

10.2.3 晶闸管调光调温电路

晶闸管可用作工业、商业以及家用电器的调光和调温装置，其电路如图 10-12 所示，包括主电路和触发电路，由 220 V 电网供电，负载电阻 R_L 可以是白炽灯、电熨斗、烘干电炉以及其他的电热设备。晶闸管额定电流的选择取决于负载的大小，家用电器一般选 KP5-7 型晶闸管。熔断器的熔体选用普通锡铅熔丝，其额定电流选 2～3 A 较合适。

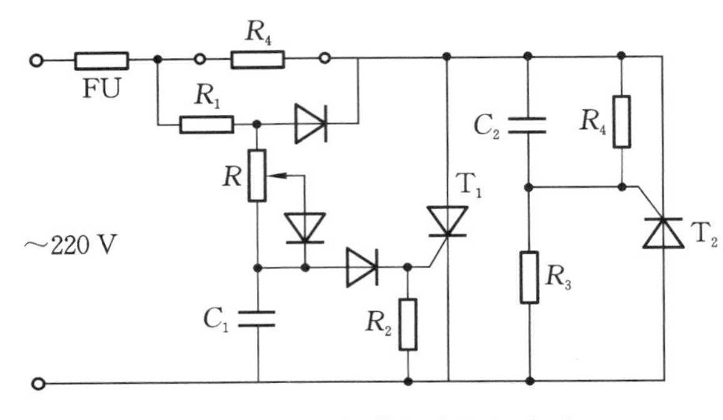

图 10-12　晶闸管调光调温电路

电路工作原理：晶闸管 T_1、T_2 处于关断状态时，电源电压在正半周对电容 C_1 充电，其充电速度取决于充电回路的时间常数 τ，$\tau=(R_1+R)C_1$。当 C_1 充电到晶闸管 T_1 所需的触发电压时，T_1 被触发导通。T_1 导通到电源电压正半波结束为止。由图 10-12 可见，调整 R 值，就能改变 C_1 的充电速度，负载两端电压也发生变化。晶闸管 T_2 的触发电压是由 C_2 储存的电能提供的，极性必须是上负下正。但在电源电压正半周，T_1 尚未导通时，C_2 的充电方向是上正下负，与触发 T_2 所需的方向相反。当 T_1 导通时，C_2 虽经 T_1、R_3 放电，但由于 R_3 阻值较大，故一般情况下，当电源电压正半波结束，T_1 被关断时，C_2 仍有一定上正下负的电荷。这样，在电源电压进入负半周时，电容 C_2 必须先放电而后反向充电，当 C_2 反向充电到 T_2 所需的触发电压时，T_2 才被触发导通，从而使两个晶闸管的导通角大致相同。当 T_1 的导通角很大时，C_2 不存在先放电后充电现象，而是在 T_2 开始承受正向电压时就充电，这样，C_2 也很快达到 T_2 所需的触发电压，使 T_2 导通，T_2 的导通角同样很大。反之，R 调大，T_1 的导通角变小，则 C_2 在触发 T_2 之前必须先放电，然后再反充电到 T_2 的触发电压，T_2 的导通角也就变小。可见，本电路只要调节 R 就能同时改变 T_1 和 T_2 的导通角，从而调节灯光的强弱或温度的高低。

10.2.4 电压型单相桥式逆变电路

整流电路是将交流电（频率为 f）变换为直流电的电路，而将直流电变换为交流电的过程称为逆变，逆变电路可以采用不同的开关元件实现。本小节主要介绍晶闸管逆变器，这里要指出，图 10-13 和图 10-15 所示的逆变电路中用的不是普通的晶闸管，而是可关断晶闸管(GTO)，它是一种具有自关断能力的快速功率开关元件。当其阳极和阴极间加正向电压时，在控制极加正触发电压可使其导通，反之，加负电压即可使其关断(截止)，这点和普通晶闸管不同。如果在逆变电路中采用普通晶闸管，需要设置复杂的换流电路，采用可关断晶闸管则无须换流电路。

图 10-13 是电压型单相桥式逆变电路。整流器输出的直流电压为 U_d，令晶闸管 T_1、T_3 和 T_2、T_4 轮流切换导通，则在负载上得到交流电压 u_o。u_o 是一矩形波电压，如图 10-14 所示，其幅值为 U_o，其频率 f 则由晶闸管切换导通的时间决定。如果负载是电感性的，则 i_o 应滞后于 u_o，为此特设有与各个晶闸管反向并联的二极管 D_1～D_4。例如，当 T_1、T_3 导通时，负载电流 i_o 的方向如图 10-13 中所示；但刚切换为 T_2、T_4 导通时，i_o 的方向尚未改变，此时可经过二极管 D_2→电源→D_4 这一通路，将电感性能量由负载反馈回电源。因此，这样连接的二极管称为反馈二极管。如果采用的是电阻性负载，i_o 与 u_o 同相，则二极管中不会有电流流过，二极管不起作用。

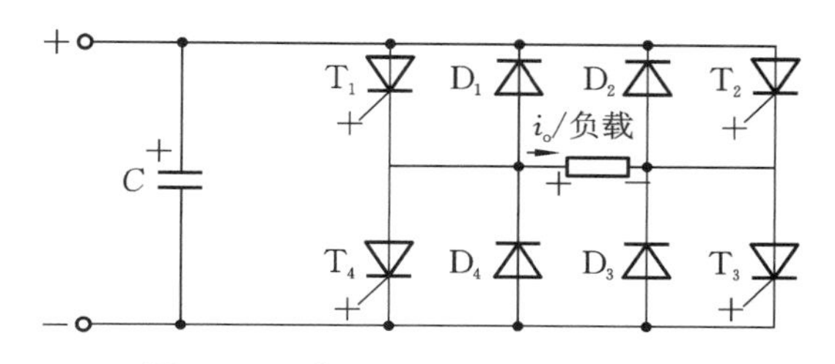

图 10-13 电压型单相桥式逆变电路

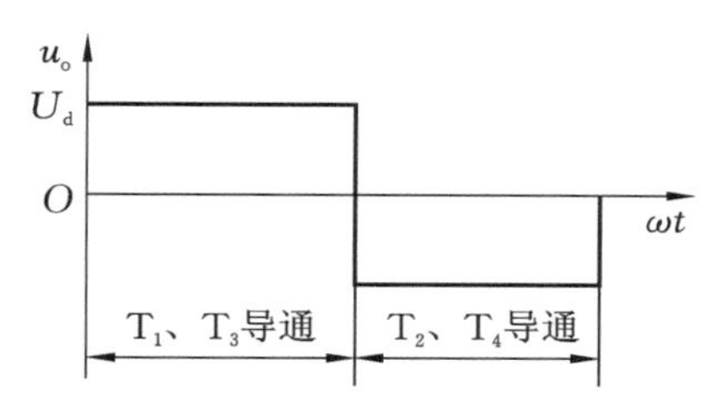

图 10-14 单相桥式逆变电路输出电压

图 10-15 是电压型三相桥式逆变电路。逆变器的输出端 U、V、W 接星形连接的三相感性负载，逆变器前接的整流器是一般的二极管三相桥式整流电路，其输出电压 E 不可调。若每隔 60°给晶闸管 V_1～V_6 控制极加顺序脉冲 u_{g1}～u_{g6}，使晶闸管依次触发导通(图 10-16)，则在任一 60°区间有三个晶闸管同时导通，每隔 60°更换一个晶闸管，每个晶闸管导通 180°。同一桥臂的两个晶闸管 V_1 和 V_4、V_3 和 V_6、V_5 和 V_2 不能同时导通，否则会造成电源短路。因此，u_{g1} 和 u_{g4}、u_{g3} 和 u_{g6}、u_{g5} 和 u_{g2} 都互为反量，不会同时为正。

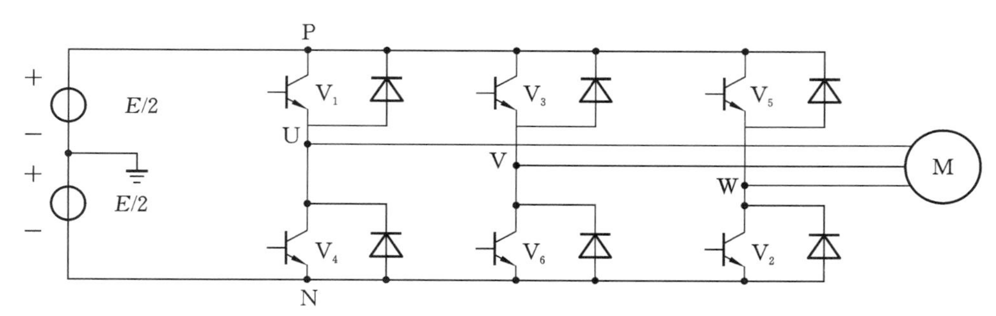

图 10-15 电压型三相桥式逆变电路

下面分析加在负载上的 V 线电压。如上所述，每一 60°区间有三个晶闸管同时导通，导通次序可分为两类:单号管导通两个,双号管导通一个;单号管导通一个,双号管导通两个。例如在 0～60°区间是第一类情况。

在图 10-16 所示的触发脉冲控制下,该电压型三相桥式逆变电路逆变后得到三相负载的 V 线电压波形。

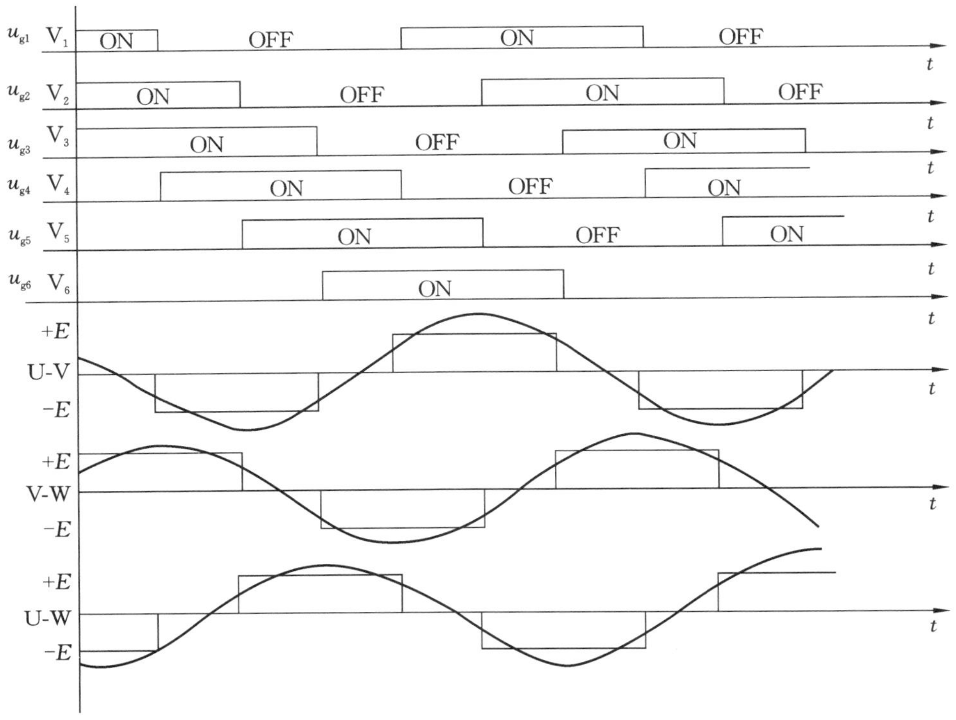

图 10-16　$V_1 \sim V_6$ 触发脉冲顺序及输出电压波形

10.3　晶闸管的保护

晶闸管虽然具有很多优点,但是它们承受过电流和过电压的能力较差,这是晶闸管的主要弱点。因此在各种晶闸管的应用装置中必须采取适当的保护措施。

10.3.1　晶闸管的过电流保护

由于晶闸管的热容量很小,一旦发生过电流,其温度就会急剧上升,从而可能把 PN 结烧坏,造成元件内部短路或开路。晶闸管发生过电流的原因主要有:负载端过载或短路;某个晶闸管被击穿而短路,造成其他元件的过电流;触发电路工作不正常或受干扰,使晶闸管误触发而引起过电流。晶闸管承受过电流的能力很差,一个 100 A 的晶闸管的过电流能力如表 10-1 所示。由表可知,当 100 A 的晶闸管过电流为 400 A 时,仅允许持续 0.02 s,否则将因过热而损坏。由此可知,晶闸管可在短时间内承受一定的过电流,所以过电流保护的作用就在于,一旦发生过电流,在过载时间内将过电流切断,防止元件损坏。

表 10-1 晶闸管的过载时间和过载倍数的关系

过载时间	0.02 s	5 s	5 min
过载倍数	4	2	1.25

晶闸管的过电流保护措施有下列几种：

1）快速熔断器

普通熔断丝熔断时间长，若用来保护晶闸管，很可能在晶闸管烧坏之后熔断器还没有熔断，这样就无法起到保护作用。因此必须采用专门用于保护晶闸管的快速熔断器。快速熔断器用的是银质熔丝，在同样的过电流倍数之下，它可以在晶闸管损坏之前熔断。安装快速熔断器是晶闸管过电流保护的主要措施。

2）过电流继电器

在输出端（直流侧）装直流过电流继电器，或在输入端（交流侧）经电流互感器接入灵敏的过电流继电器，都可在发生过电流故障时动作，使输入端的开关跳闸。这种保护措施对过载是有效的，但是在发生短路故障时，由于过电流继电器的动作及自动开关的跳闸都需要一定时间，如果短路电流比较大，这种保护方法不是很有效。

3）过流截止保护

利用过电流的信号将晶闸管的触发脉冲移后，使晶闸管的导通角减小或者停止触发。

10.3.2 晶闸管的过电压保护

晶闸管承受过电压的能力极差，当电路中的电压超过其反向击穿电压时，即使时间极短，晶闸管也容易反向击穿而损坏。如果正向电压超过其转折电压，会造成晶闸管误导通，如果误导通次数频繁，且导通后通过晶闸管的电流较大，也可能使元件损坏或使晶闸管的特性下降。因此必须采取措施，消除晶闸管上可能出现的过电压。

引起过电压的主要原因是电路中一般接有电感元件。在切断或接通电路时，从一个元件导通转换到另一个元件导通时，以及熔断器熔断时，电路中的电压往往会超过正常值。有时雷击也会引起过电压。

晶闸管的过电压保护措施有下列几种：

1）阻容保护

可以利用电容来吸收过电压，其实质就是将造成过电压的能量变成电场能量储存到电容器中，然后释放到电阻中去消耗掉。这是过电压保护的基本方法。阻容吸收元件可以并联在整流装置的交流侧（输入端）、直流侧（输出端）或元件侧，如图 10-17 所示。

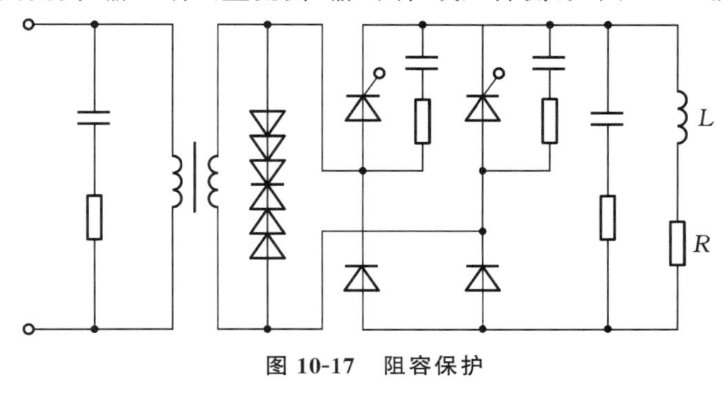

图 10-17 阻容保护

2）硒堆保护

硒堆（硒整流片）是一种非线性电阻元件，具有较陡的反向特性。当硒堆上的电压超过某数值后，它的电阻迅速减小，而且可以通过较大的电流，把过电压能量消耗在非线性电阻上，而硒堆并不损坏。

硒堆可以单独使用，也可以和阻容元件并联使用。

习　题

一、填空题

1. 晶闸管由________四层半导体材料组成，有________个 PN 结。

2. 晶闸管对外有三个电极，分别是________、________和________。

3. 晶闸管的过电压保护措施有________和________两种。

4. 可控整流电路在电感性负载两端并联一个二极管，这个二极管称为________二极管。

二、判断题

（　　）1. 晶闸管只要在阳极和阴极间加正向电压即可导通。

（　　）2. 在单相半波可控整流电路中接电感性负载时，晶闸管导通角将大于 $180°-\alpha$。

（　　）3. 如果控制极加反向电压，晶闸管阳极回路无论加正向电压还是反向电压，晶闸管都不导通。

三、选择题

1. 晶闸管加正向电压导通后，去掉控制极电压，晶闸管将（　　）。

A. 继续导通　　B. 关断　　C. 不一定　　D. 以上都不对

2. 可控整流电路中，为了使输出直流电压增大，应该（　　）。

A. 增大控制角　　B. 增大导通角　　C. 增大交流电频率

3. 晶闸管导通时，应将控制触发电压加在（　　）。

A. 阳极　　B. 阴极　　C. 门极　　D. 发射极

第 11 章

门电路与组合逻辑电路

门电路与组合逻辑电路是数字电路的重要组成部分，在工业控制、机电系统等领域都得到了十分广泛的应用。

学习目标

1. 熟悉数字电路、数制、脉冲信号等基本概念。
2. 掌握各种门电路的图形符号和文字符号及其逻辑功能。
3. 熟悉逻辑代数的运算法则及逻辑函数的化简。
4. 掌握组合逻辑电路的分析与设计方法。
5. 理解编码器、译码器和数码显示器的工作原理。

11.1 数字电路概述

自然界中的物理量种类繁多、性质各异，根据其变化规律，可以将其划分为两大类：连续量（模拟量）和数字量。相应的，表示两种物理量的两种信号为模拟信号和数字信号。

模拟量是指在时间上和数量上都是连续变化的物理量，其具有连续性，即每时每刻都有一个具体的数值对应一个有物理意义的量。我们经常接触的电压、电流、压力、速度、流量等信号量都是模拟量。物理量大多数为模拟量，很难得到准确的模拟量并对其进行传递与加工。物体的运动速度、空气的压力、环境的温度等都属于模拟信号。将接收、处理和传递模拟信号的电子电路称模拟电路，如放大电路、滤波器、信号发生器等。模拟电路是实现模拟信号的产生、放大、处理、控制等功能的电路，其注重的是电路输出、输入信号间的大小和相位关系。

数字量是指在时间上和数量上都是断续变化的物理量，其具有离散性，数值的大小一般是某个最小数量单位的整数倍，但是这个最小数量单位的数值并没有任何物理意义。连续的电压、电流等信号量，经过抽样和量化后就是数字量。相对模拟量，数字量方便存储，抗干扰能力强。

计算机键盘的输入信号是典型的数字信号，电子表的秒信号、工业生产线上记录零件个数的计数信号等也属于数字信号。用来实现数字信号的产生、变换、运算、控制等功能的电路称为数字电路。数字电路注重的是二值信号输入、输出之间的逻辑关系。

数字信号是一种二值信号，有电位型数字信号和脉冲型数字信号，如图 11-1 所示。数字信号用两个电平（高电平和低电平）分别来表示两个逻辑值（逻辑 1 和逻辑 0）。

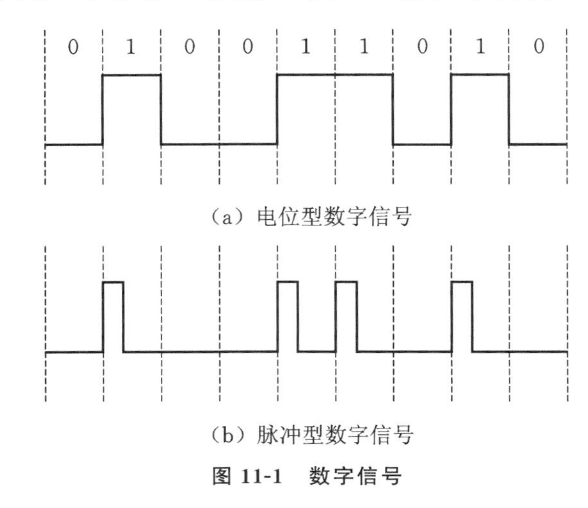

（a）电位型数字信号

（b）脉冲型数字信号

图 11-1　数字信号

数字信号有两种逻辑体制。正逻辑体制规定高电平为逻辑 1，低电平为逻辑 0；负逻辑体制规定低电平为逻辑 1，高电平为逻辑 0。图 11-2 所示的某理想情况下的数字信号就是采用正逻辑体制来表示的。

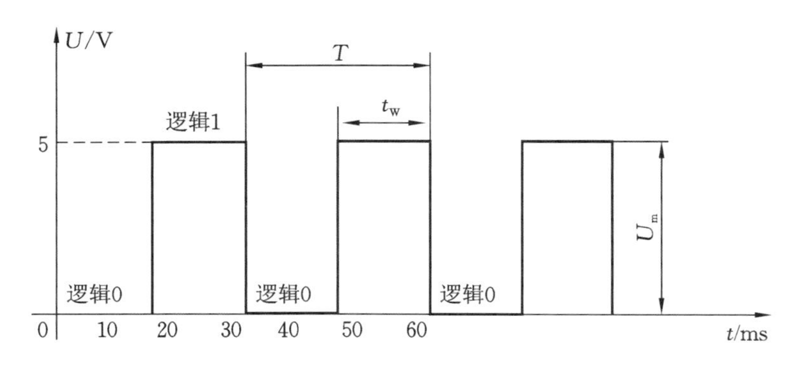

图 11-2　某理想情况下的数字信号波形图

数字电路的工作信号是二进制信息。因此，数字电路对组成电路元器件的精度要求并不高，只要满足工作时能够可靠区分 0 和 1 两种状态即可。对数字电路而言，干扰往往只影响脉冲的幅度，在一定范围内不会混淆 0 和 1 两个数字信息，因此数字电路抗干扰能力强。另外，数字电路的模块化开放性结构使得其功率损耗低，有利于维护和更新。

数字电路的上述优点，使其广泛应用于电子计算机、自动控制系统、电子测量仪表、电视、雷达、通信及航空航天等各个领域。

11.1.1 数制

自然界中的物理量成千上万，用数字量表示物理量的大小时，一位数码肯定是不够用的。因此，经常用进位计数的方法组成多位数码来表示数字量。多位数码中每一位的构成方法以及从低位到高位的进位规则称为数制(number systems)。数字系统中经常使用的数制有十进制(D: decimal)、二进制(B: binary)、八进制(O: octal)、十六进制(H: hexadecimal)等。

1. 十进制

十进制是日常生活中使用最为频繁的一种数制。在十进制中，每一位可取 0～9 十个数码，计数的基数是 10。其运算规则是“逢十进一、借一当十”。十进制数的下标用大写字母“D”或者阿拉伯数字“10”表示，但是一般省略。例如

$$258.36=2\times10^{2}+5\times10^{1}+8\times10^{0}+3\times10^{-1}+6\times10^{-2}$$

因此任何一个十进制数 D 都可以表示为

$$D=\sum k_i\times10^{i} \tag{11-1}$$

式中，k_i 是第 i 位的系数，$k_i=0\sim9$。如果整数部分的位数是 n，小数部分的位数是 m，则 i 包含从 $n-1$ 到 0 的所有正整数和从 -1 到 $-m$ 的所有负整数。

如果用 N 替代式(11-1)中的 10，就可以得到任意进制(N 进制)数展开式的表达形式：

$$D=\sum k_i\times N^{i} \tag{11-2}$$

式中，i 的取值与式(11-1)相同，N 称为计数的基数，k_i 是第 i 位的系数，N^i 为第 i 位的权。

2. 二进制

目前，数字电路中应用最广泛的数制是二进制。二进制数的每一位只有 0 和 1 两个数码，其计数基数为 2。其运算规则是“逢二进一、借一当二”。二进制数的下标用大写字母“B”或者阿拉伯数字“2”表示，例如

$$(10011.101)_B=1\times2^4+0\times2^3+0\times2^2+1\times2^1+1\times2^0+1\times2^{-1}+0\times2^{-2}+1\times2^{-3}$$

任何一个二进制数都可以表示为

$$D=\sum k_i\times2^{i} \tag{11-3}$$

3. 十六进制

十六进制数的每一位可以用十六个不同的数码表示，分别用 0 ～ 9、A(10)、B(11)、C(12)、D(13)、E(14)、F(15) 表示，其计数基数为 16。其运算规则是“逢十六进一、借一当十六”。十六进制数的下标用大写字母“H”或者阿拉伯数字“16”表示，任何一个十六进制数都可以表示为

$$D=\sum k_i\times16^{i} \tag{11-4}$$

4. 八进制

八进制数的每一位可以用八个不同的数码表示，分别用 0 ～ 7 表示。其运算规则是“逢八进一、借一当八”。八进制数的下标用大写字母“O”或者阿拉伯数字“8”表示，任何一个十

六进制数都可以表示为

$$D=\sum k_i \times 8^i \tag{11-5}$$

11.1.2 数制转换

目前在微型计算机中普遍采用16位、32位和64位二进制数进行运算，而16位、32位和64位二进制数可以采用若干位十六进制数表示，因此采用十六进制符号编写程序非常简便。

在人类世界中，通常采用十进制计数法计数，而在网络世界里，计算机通常采用二进制方法计数。因为网络中传输的各式各样的信息都是依靠一种基本的计数方法——二进制表示的，为了架起人类世界和网络世界的桥梁，我们需要学习数制转换。

1. 二进制转换成十进制

将二进制数转换成等值的十进制数称为二-十转换。转换时将二进制数按照式(11-3)展开，再把各项的数值按照十进制数相加，就可以求出等值的十进制数了。例如

$$(101.01)_B=1\times2^2+0\times2^1+1\times2^0+0\times2^{-1}+1\times2^{-2}=(5.25)_D$$

2. 十进制转换成二进制

将十进制数转换成等值的二进制数称为十-二转换，主要包括整数部分和小数部分的转换，两部分的转换方法不同。因此，先将十进制数的整数部分和小数部分分别进行转换，再加以合并，可得到二进制数。

对于整数部分的转换，采用“除2取余，逆序排列”法。具体做法是：用2去除十进制整数，可以得到一个商和余数。再用2去除商，又会得到一个商和余数，如此反复，直到商为零为止，然后把先得到的余数作为二进制数的低位有效位，后得到的余数作为二进制数的高位有效位，依次排列起来。例如

2 |86……余数=0

2 |43……余数=1

2 |21……余数=1

2 |10……余数=0

2 |5……余数=1

2 |2……余数=0

2 |1……余数=1

0

因此 $(86)_D=(1010110)_B$

对于小数部分，采用“乘2取整，顺序排列”法。具体做法是：用2乘十进制小数，可以得到积，将积的整数部分取出，再用2乘余下的小数部分，又得到一个积，再将积的整数部分取出，如此反复，直到积中的小数部分为零，或者达到所要求的精度为止。例如

0.625

× 2

1.250 ……整数部分取1

$$
\begin{array}{r}
0.250 \\
\times \qquad 2 \\
\hline
0.5
\end{array}
$$
……整数部分取 0

$$
\begin{array}{r}
0.5 \\
\times \qquad 2 \\
\hline
1.0
\end{array}
$$
……整数部分取 1

因此$(0.625)_D=(0.101)_B$

最后合并整数和小数部分，得$(86.625)_D=(1010110.101)_B$

3. 二进制转换成十六进制

将二进制数转换成等值的十六进制数称为二-十六转换。因为四位二进制数正好有十六个状态，当把这四位二进制数看成一个整体时，它的进位输出正好是逢十六进一。因此，只要从低位到高位将每四位(不足四位加 0)二进制数分为一组并代之以等值的十六进制数，就可以得到对应的十六进制数。例如

$$(1010110.101)_B=(0101\quad 0110.1010)_B=(56.A)_H$$

4. 十六进制转换成二进制

将十六进制数转换成等值的二进制数称为十六-二转换。转换方法是将十六进制数的每一位用等值的四位二进制数代替。例如

$$(8A.C6)_H=(1000\quad 1010.1100\quad 0110)_B=(10001010.1100011)_B$$

5. 二进制转换成八进制

将二进制数转换成等值的八进制数称为二-八转换。因为三位二进制数正好有八个状态，所以对于二进制整数，从低位到高位将二进制数的每三位分为一组，如果不够三位，在高位左边添 0 补足，然后将每三位二进制数用一位八进制数替换，小数部分从小数点开始，自左向右每三位一组进行转换即可。例如

$$(11010.11)_B=(011\quad 010.110)_B=(32.6)_O$$

6. 八进制转换成二进制

将八进制数转换成等值的二进制数称为八-二转换。其转换方法是将八进制数的每一位用等值的三位二进制数代替。例如

$$(52.16)_O=(101\quad 010.001\quad 110)_B=(101010.001110)_B$$

至于十六进制数、八进制数转换成二进制数，根据式(11-4)和式(11-5)就可以求得，这里不再赘述。

11.1.3 二进制正负数及其表示

1. 二进制数的算术运算及正负数表示法

在数字电路中，一位二进制数码的 0 和 1 不仅可以表示数量的大小，而且可以表示两种不同的逻辑状态。当两个二进制数码表示两个数量大小时，它们之间的数值运算称为算术运算；当两个二进制数码表示不同的逻辑状态时，它们之间可以按照某种因果关系进行所谓

的逻辑运算。

二进制算术运算和十进制算术运算的法则基本相同,唯一区别在于相邻两位之间的关系是“逢二进一”及“借一当二”。二进制数的算术运算的特点是二进制数的乘法运算可以通过若干次的“被乘数(或0)左移1位”和“被乘数(或0)与部分积相加”这两种操作来完成;二进制数的除法运算可以通过若干次的“除数右移1位”和“从被除数或余数中减去除数”这两种操作来完成。

2. 二进制正负数的表示法

数字在数字电路中的二进制表示形式称为机器数。在通常的算术运算中,用“+”“-”表示正数和负数,而数字电路无法识别“+”“-”,因此,在数字电路中把一个数的最高位作为符号位,并用0表示“+”,用1表示“-”。十进制数(+25)和(-25)的带符号位的二进制数表示为00011001和10011001。

3. 二进制正负数的定点表示法

定点表示法即小数点的位置在数中是固定不变的。在定点运算的情况下,以最高位作为符号位,正数为0,负数为1。定点表示可分为整数定点和小数定点。

4. 二进制正负数的浮点表示法

浮点表示法即小数点的位置可以变化。

11.1.4 脉冲信号

脉冲信号是一种离散信号,形状多种多样,与普通模拟信号(如正弦波)相比,波形之间在时间轴不连续(波形与波形之间有明显的间隔),但具有一定的周期性。在数字电路中,电压和电流信号是脉冲的,即0和1的跃变信号。脉冲信号表现在平面坐标上就是一条有无数断点的曲线。相对于连续信号,脉冲信号是指在整个信号周期内短时间发生的信号,其持续时间可短至几个微秒(μs)甚至几个纳秒(ns)。现在,脉冲信号一般指数字信号,例如计算机内的信号。脉冲信号可以用来表示信息,也可以用来作为载波,比如脉冲调制中的脉冲编码调制(PCM)、脉冲宽度调制(PWM)等,还可以作为各种数字电路、高性能芯片的时钟信号。

在数字电路中,脉冲信号一般称为矩形脉冲。如图11-3所示,为了定量描述矩形脉冲的特性,一般用如下几个参数来描述脉冲信号。

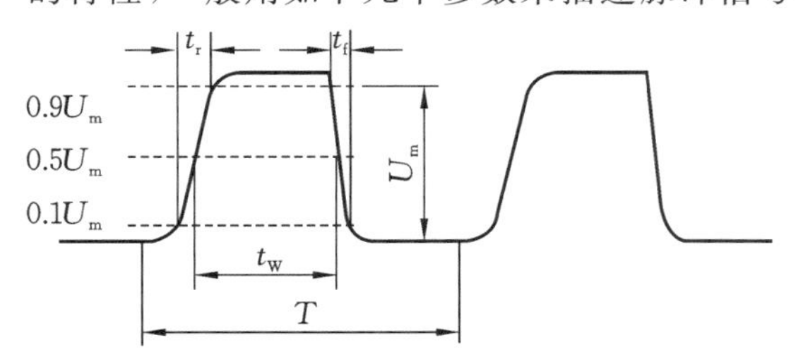

图11-3 矩形脉冲特性的主要参数

脉冲周期 T:周期性重复的脉冲序列中,两个相邻脉冲之间的时间间隔。频率 $f=1/T$,表示单位时间内脉冲重复的次数。

脉冲幅度 U_m:脉冲电压的最大变化幅度。

脉冲宽度 t_W:从脉冲前沿到达 $0.5U_m$ 起,到脉冲后沿到达 $0.5U_m$ 为止的一段时间。

上升时间 t_r:脉冲上升沿从 $0.1U_m$ 上升到 $0.9U_m$ 所需的时间。

下降时间 t_f:脉冲下降沿从 $0.9U_m$ 下降到 $0.1U_m$ 所需的时间。

占空比 q:脉冲宽度与脉冲周期的比值。

除了上述参数之外，矩形脉冲特性参数还包括描述脉冲周期和幅度的稳定性的参数等。

数字电路通常是根据脉冲信号的有无、数量、宽度和频率来工作的，干扰往往只影响脉冲的幅度，因此数字电路抗干扰能力较强，准确度较高。

此外，脉冲信号也有正、负之分。如图 11-4 所示，若脉冲跃变后的值比初始值高，则为正脉冲，反之，则为负脉冲。

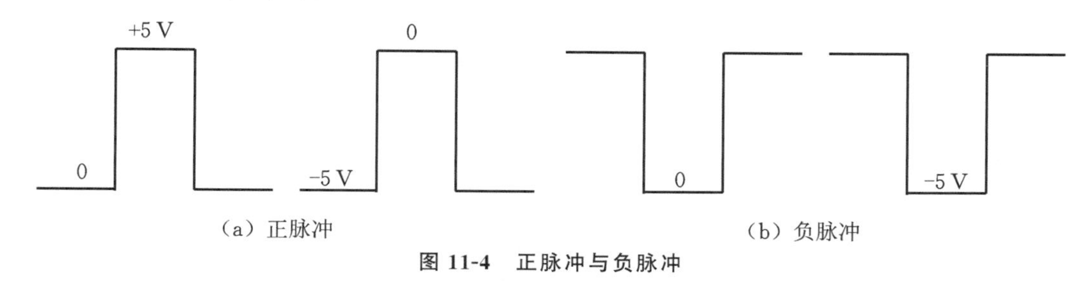

图 11-4 正脉冲与负脉冲

11.2 门 电 路

在数字电路中，门电路是最基本的逻辑元件。用来实现基本逻辑运算和复合逻辑运算的基本单元电路称为门电路。所谓“门”，就是一种开关，当满足一定条件时，它能允许信号通过；当条件不满足时，它就不让信号通过。由此可见，门电路的输入信号与输出信号之间存在一定的逻辑关系，所以门电路又称为逻辑门电路。

目前，广泛使用的是 TTL 门电路和 CMOS 门电路。与基本逻辑运算和复合逻辑运算相对应，常用的逻辑门有与门、或门、非门、与非门、或非门、异或门、同或门和与或非门等。

11.2.1 基本逻辑关系

在日常生活中，我们会遇到很多结果完全对立而又相互依存的事件，如开关的通断、电位的高低、信号的有无、工作和休息等，显然这些都可以表示为二值变量的“逻辑”关系。事件发生的条件与结果之间应遵循的规律称为逻辑。一般来讲，事件发生的条件与产生的结果均为有限个状态，每一个和结果有关的条件都有满足或不满足的可能，在逻辑中可以用“1”或“0”表示。显然，逻辑关系中的 1 和 0 并不表示数值的大小，而是体现某种逻辑状态。基本的逻辑关系有“与、或、非”三种。

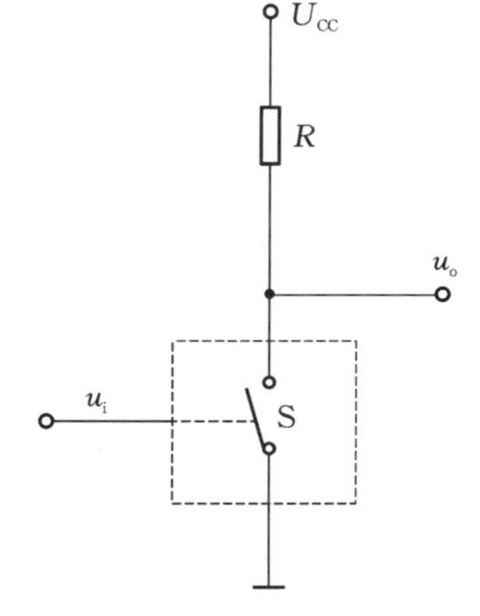

图 11-5 输出高、低电平的基本原理

在数字电路中，用高、低电平分别表示逻辑 0 和 1 两种状态，其电路输出高、低电平的基本原理如图 11-5 所示。

当开关 S 断开时，输出电压 u_o 为高电平；当 S 闭合后，输出 u_O 为低电平。开关 S 一般用半导体二极管或者三极管组成。只要通过输入信号 u_I 控制二极管或者三极管的工作状态，即导通和截止状态，就能起到开关 S 的作用。

数字电路正是利用二极管、三极管的开关特性进行工作的，从而实现各种逻辑关系。显然，由这些晶体管构成的开关元件只有通、断两种状态，若把“通”态用数字“1”表示，把“断”态用数字“0”表示，则这些开关元件仅有“0”和“1”两种取值，这种二值变量也称为逻辑变量，因此，由开关元件构成的数字电路又称为逻辑电路。

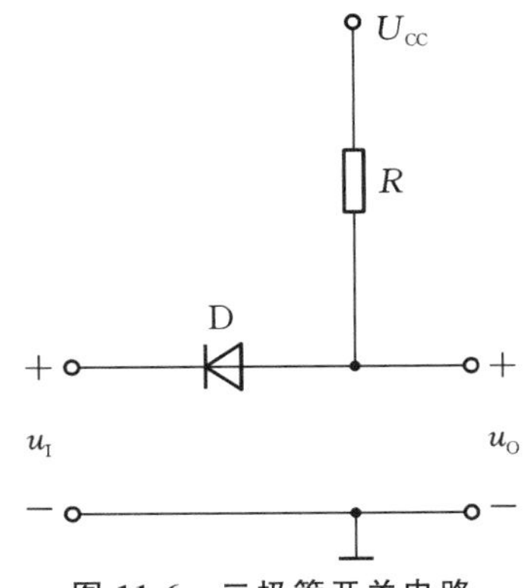

图 11-6　二极管开关电路

二极管具有单向导电性，所以它相当于一个受外加电压极性控制的开关。用二极管替代图 11-5 中的开关 S 就得到了图 11-6 所示的二极管开关电路。

假定二极管 D 是理想开关元件，即正向导通电阻为 0，反向电阻为无穷大。假设输入信号高电平 $U_{IH}=U_{CC}$，$U_{IL}=0$。则当 $u_I=U_{IH}=U_{CC}$ 时，二极管 D 截止，$u_O=U_{OH}=U_{CC}$；当 $u_I=U_{IL}=0$ 时，二极管 D 导通，$u_O=U_{OL}=0$。

但是在实际的电路中，二极管并不是理想开关元件。根据半导体二极管的伏安特性曲线，实际半导体二极管的正向导通电阻不为 0，反向电阻也不是无穷大。此外，由于存在 PN 结表面的漏电阻和半导体的体电阻，每个二极管的伏安特性都是有差异的，即使是同一型号、同一批次也不可能完全一致。在分析电路的时候，虽然可以利用计算机进行精确计算，但在多数情况下，还是通过近似分析快速判断二极管的开关状态。

11.2.2　与门电路

当决定某事件的全部条件同时具备时，结果才会发生，这种因果关系叫作与逻辑，也称为逻辑乘。

如图 11-7 所示，A、B 两个开关是电路的输入变量，是逻辑关系中的条件，灯 L 是输出变量，是逻辑关系中的结果。当只有一个开关闭合时，灯不会亮，只有 A 和 B 都闭合，即全部条件都满足时灯才亮。这种关系可用逻辑函数式表示为 $L=A\cdot B$。逻辑表达式中符号“·”表示逻辑与(或逻辑乘)，在不会发生混淆时，此符号可省略。在逻辑运算中，与逻辑符号级别最高。

最简单的与门电路可以由二极管和电阻构成。图 11-8 所示为具有两个输入端的与门电路。电路中的 A、B 是两个输入变量，L 是输出变量。图 11-9 所示为与门电路符号。

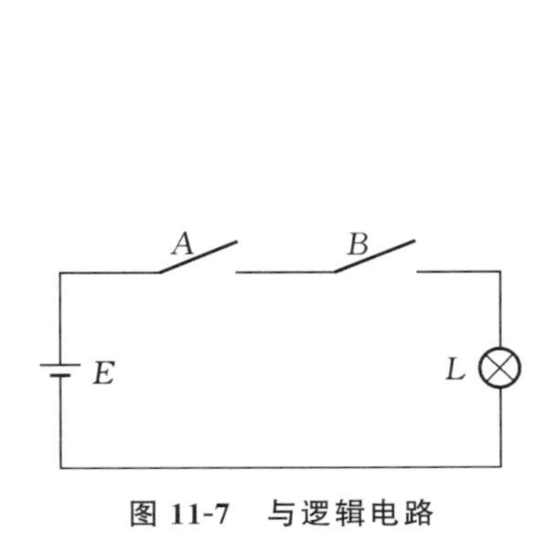

图 11-7　与逻辑电路

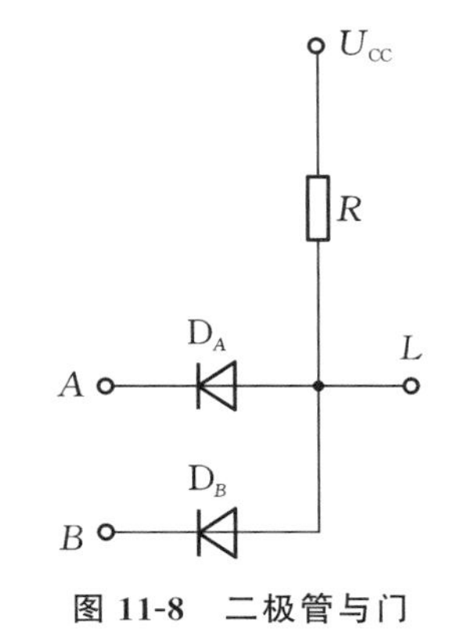

图 11-8　二极管与门

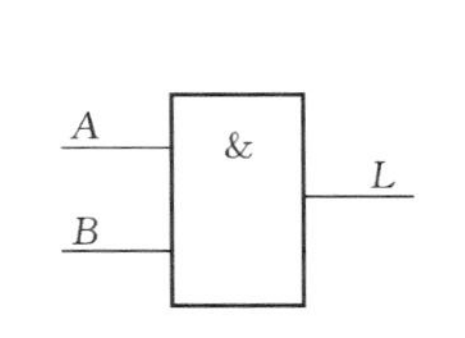

图 11-9　与门电路符号

假设 $U_{CC}=5$ V,A、B 端的高低电平分别是 $U_{IH}=3$ V,$U_{IL}=0$ V,二极管 D_A、D_B 的正向导通压降都为 $U_{DF}=0.7$ V。只要 A、B 中任意一个输入低电平,则相应的二极管导通,使得 L 为 0.7 V。只有当 A、B 同时输入高电平时,L 才为 3.7 V。其输入、输出逻辑电平和逻辑状态如表 11-1 所示。

表 11-1 二极管与门的逻辑电平和逻辑状态

逻辑电平			逻辑状态		
A/V	B/V	L/V	A	B	L
0	0	0.7	0	0	0
0	3	0.7	0	1	0
3	0	0.7	1	0	0
3	3	3.7	1	1	1

这种与门电路虽然十分简单,却存在严重的缺陷。第一,输入的高、低电平和输出的高、低电平数值不等,相差一个二极管的导通压降。如果把这个门的输出作为下一级门的输入,将发生信号高、低电平的偏移。第二,输出端对地连接负载电阻时,负载电阻阻值的改变会影响输出的高电平。因此,这种二极管与门一般只用作集成电路内部的逻辑单元,而不用来直接驱动负载电路。

11.2.3 或门电路

当决定某事件的全部条件都不具备时,结果不会发生,但只要任一条件具备,结果就会发生,这种因果关系叫作或逻辑,也称为逻辑加。如图 11-10 所示,A、B 两个开关是电路的输入变量,是逻辑关系中的条件,灯 L 是输出变量,是逻辑关系中的结果。显然,只要 A 和 B 其中一个闭合,灯就会亮,全部不闭合时灯不会亮。用逻辑函数式表示这种关系为:$L=A+B$。式中,“+”表示逻辑或(或逻辑加),其运算级别比逻辑与低。

最简单的或门电路如图 11-11 所示,它也是由二极管和电阻构成的。电路中的 A、B 是两个输入变量,L 是输出变量,逻辑关系式为 $L=A+B$。图 11-12 为或门电路符号。

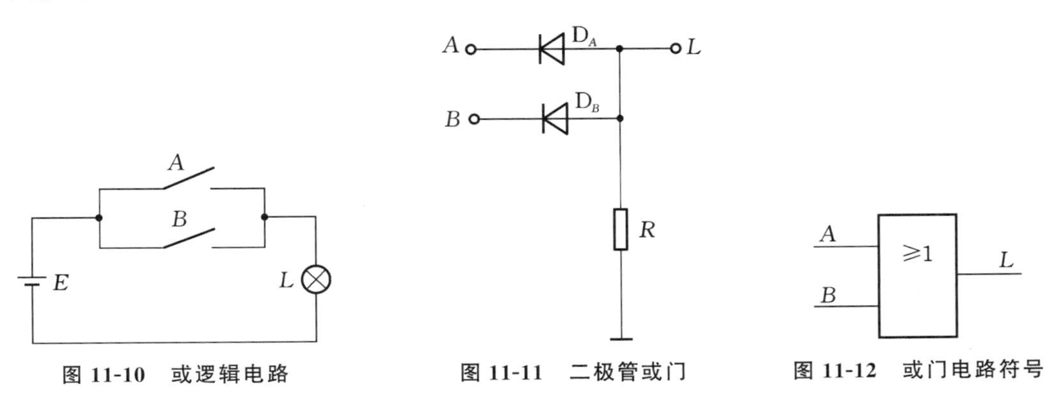

图 11-10 或逻辑电路　　图 11-11 二极管或门　　图 11-12 或门电路符号

假设 A、B 端的高低电平分别是 $U_{IH}=3$ V,$U_{IL}=0$ V,二极管 D_A、D_B 的正向导通压降都

为 $U_{DF}=0.7$ V。只要 A、B 中任意一个输入高电平，则输出 L 为 2.3 V。只有当 A、B 同时输入低电平时，L 才为 0 V。其输入、输出逻辑电平和逻辑状态如表 11-2 所示。

表 11-2　二极管或门的逻辑电平和逻辑状态

逻辑电平			逻辑状态		
A/V	B/V	L/V	A	B	L
0	0	0	0	0	0
0	3	2.3	0	1	1
3	0	2.3	1	0	1
3	3	2.3	1	1	1

这种或门电路也存在输出电平的偏移问题，一般只用作集成电路内部的逻辑单元，而不用来直接驱动负载电路。

11.2.4　非门电路

当决定事件(L)发生的条件(A)满足时，事件不发生；条件不满足，事件反而发生，这种因果关系叫作非逻辑。图 11-13 所示为非逻辑电路，其逻辑表达式为 $L=\overline{A}$。图 11-14 为非门电路符号。

三极管非门电路是利用三极管的开关特性来工作的。当晶体三极管饱和时，$U_{CE(sat)}\approx 0$，发射极和集电极之间相当于开关接通，其间电阻很小；当晶体三极管截止时，$I_C\approx 0$，发射极和集电极之间相当于开关断开，其间电阻很大。这就是晶体管的开关作用。

三极管非门电路如图 11-15 所示，电路主要由三极管和电阻构成。当输入端 A 输入高电平时，输出端 L 输出低电平，当 A 输入低电平时，L 反而输出高电平。因此，输入和输出总是反相的关系，构成一个非门，也称为反相器。电路中由于接入了电阻 R_2 和负电源 U_{EE}，即使输入的低电平信号稍微大于 0，也能保证三极管基极为负电位，从而使三极管可靠截止，输出高电平。

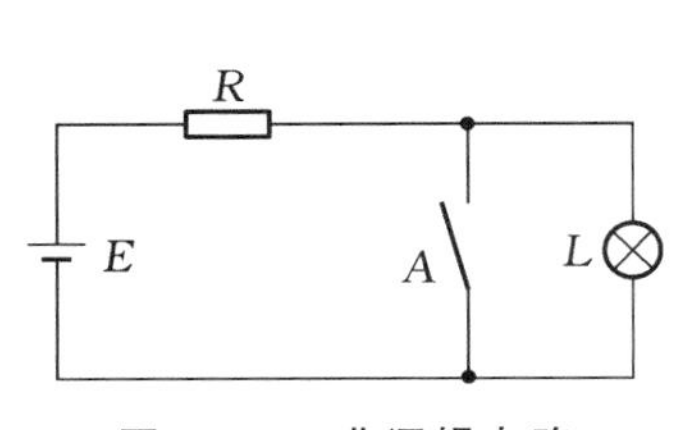

图 11-13　非逻辑电路

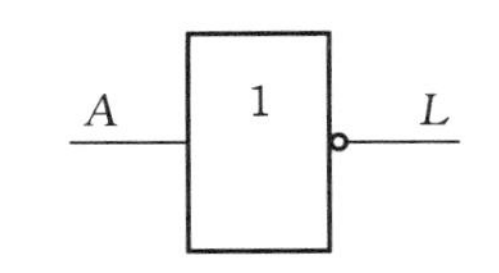

图 11-14　非门电路符号

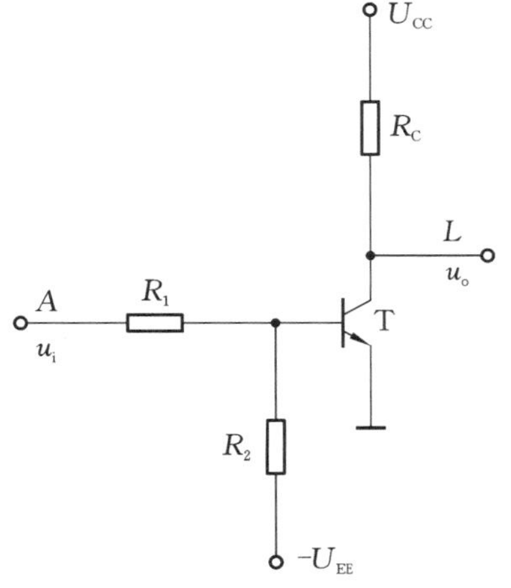

图 11-15　三极管非门电路

当输入信号为高电平时，应保证三极管工作在深度饱和状态，使输出电平接近于 0。因此，必须为电路选择合适的参数，保证提供给三极管的基极电流大于深度饱和状态的基极电流，即满足 $I_B > I_{BS}$。

非门的输入、输出逻辑状态表如表 11-3 所示。

表 11-3　非门的输入、输出逻辑状态表

A	L
0	1
1	0

11.2.5　复合门电路

实际生活中的逻辑关系一般要比基本逻辑与、或、非复杂得多，而无论多么复杂的逻辑关系，都可以用与、或、非的组合来实现。常见的复合逻辑运算有与非、或非、异或、同或、与或非等。

1. 与非门电路

与非门电路是最常用的复合门电路，其逻辑功能为：当输入变量全为 1 时，输出为 0；当输入变量有一个或者几个为 0 时，输出为 1，即“全 1 出 0，有 0 出 1”。与非门的逻辑关系式为

$$L = \overline{A \cdot B} \tag{11-6}$$

与非门的构成和逻辑符号如图 11-16 所示。从图中可知，与非门就是与门和非门的组合。

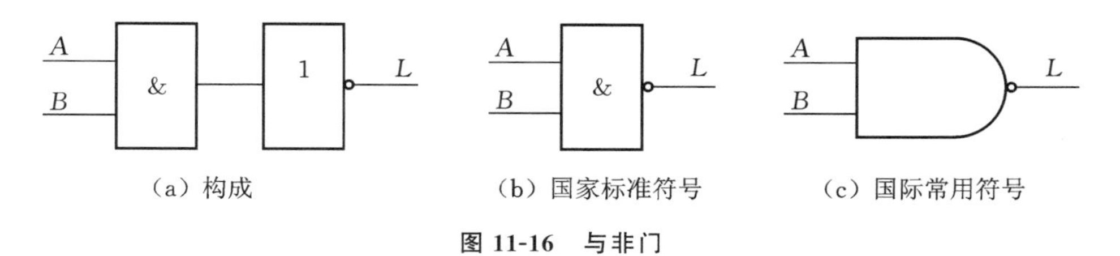

（a）构成　（b）国家标准符号　（c）国际常用符号

图 11-16　与非门

表 11-4 为与非门的逻辑状态表。

表 11-4　与非门的逻辑状态表

A	B	L
0	0	1
0	1	1
1	0	1
1	1	0

2. 或非门电路

或非门电路也是常用的复合门电路之一，其逻辑功能为：当输入变量全为 0 时，输出为 1；当输入变量有一个或者几个为 1 时，输出为 0，即“全 0 出 1，有 1 出 0”。或非门的逻辑关系式为

$$L=\overline{A+B} \tag{11-7}$$

或非门的构成和逻辑符号如图 11-17 所示。从图中可知，或非门就是或门和非门的组合。

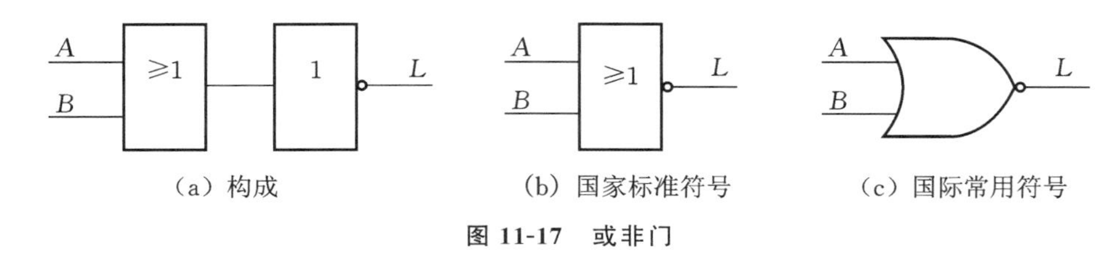

（a）构成　（b）国家标准符号　（c）国际常用符号

图 11-17　或非门

表 11-5 为或非门的逻辑状态表。

表 11-5　或非门的逻辑状态表

A	B	L
0	0	1
0	1	0
1	0	0
1	1	0

3. 异或门电路

异或门电路的逻辑功能为：当输入变量不相同时，输出为 1；当输入变量全部相同时，输出为 0，即“不同出 1，全同出 0”。异或门的逻辑关系式为

$$L=A\oplus B \tag{11-8}$$

异或门的逻辑符号如图 11-18 所示。

表 11-6 为异或门的逻辑状态表。

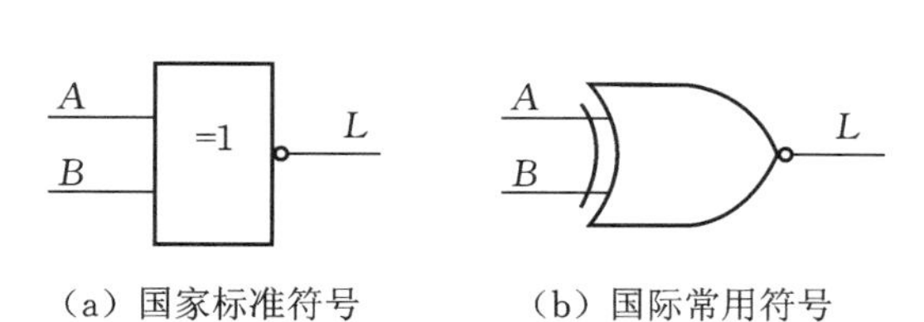

（a）国家标准符号　（b）国际常用符号

图 11-18　异或门逻辑符号

表 11-6　异或门的逻辑状态表

A	B	L
0	0	0
0	1	1
1	0	1
1	1	0

4. 同或门电路

同或门电路的逻辑功能为：当输入变量全部相同时，输出为1；当输入变量不完全相同时，输出为0，即“全同出1，不同出0”。同或门的逻辑关系式为

$$L = A \odot B \tag{11-9}$$

同或门的逻辑符号如图11-19所示。

表11-7为同或门的逻辑状态表。

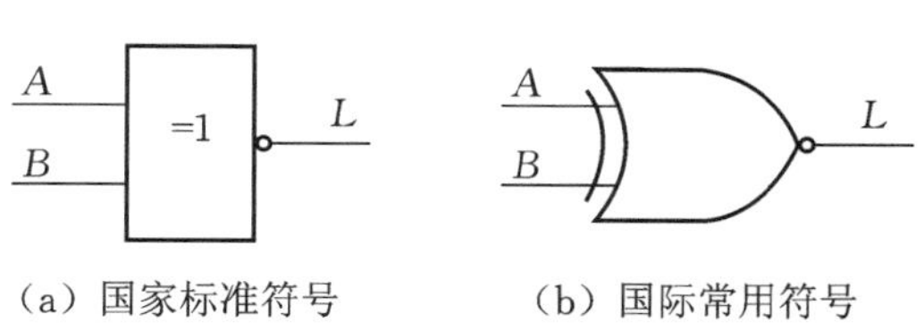

(a) 国家标准符号　(b) 国际常用符号

图 11-19　同或门逻辑符号

表 11-7　同或门的逻辑状态表

A	B	L
0	0	1
0	1	0
1	0	0
1	1	1

5. 与或非门电路

与或非门是两个与门、一个非门和一个非门的组合。与或非门的逻辑关系式为

$$L = \overline{A \cdot B + C \cdot D} \tag{11-10}$$

图11-20所示为与或非门电路的构成和逻辑符号。

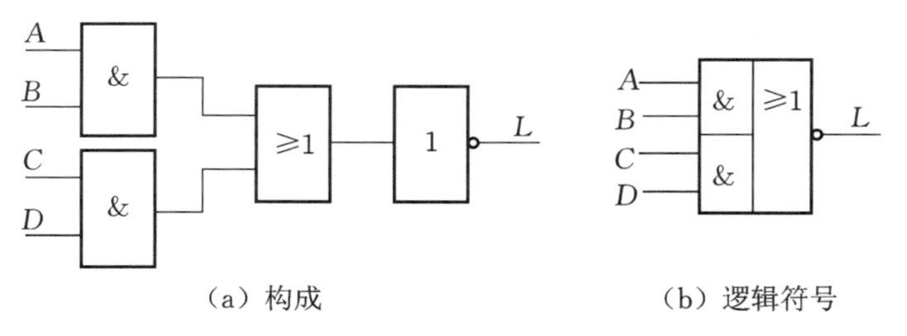

(a) 构成　(b) 逻辑符号

图 11-20　或非门电路

11.3 逻辑代数

英国数学家乔治·布尔早在1849年就提出了布尔代数，这是一种描述客观事物逻辑关系的数学方法。由于布尔代数广泛应用于开关电路和数字逻辑电路的分析和设计领域，因此数又叫作开关代数或者逻辑代数。逻辑代数是分析与设计逻辑电路的数学工具。

11.3.1 逻辑代数的运算法则

和普通代数一样，逻辑代数也用字母（A、B、C 等）表示变量，但是逻辑代数中变量的取值只有1和0两种，这里1和0只代表两种相反的逻辑状态，并不是数字符号。逻辑代数所

表示的是逻辑关系，而不是数量关系，这是它与普通代数的本质区别。

基本的逻辑关系有“与、或、非”三种，也就是说，逻辑代数的基本运算就是逻辑乘（与）、逻辑加（或）、逻辑求反（非）三种。根据这三种基本运算可以推导出逻辑运算的法则。表 11-8 列出了逻辑运算的基本公式，这些公式也称为布尔恒等式。

表 11-8 逻辑运算的基本公式

名称	公式 1	公式 2
0-1 律	$A \cdot 1=A$	$A+1=1$
	$A \cdot 0=0$	$A+0=A$
互补律	$A \cdot \overline{A}=0$	$A+\overline{A}=1$
重叠律	$A \cdot A=A$	$A+A=A$
交换律	$A \cdot B=B \cdot A$	$A+B=B+A$
结合律	$A \cdot (B \cdot C)=(A \cdot B) \cdot C$	$A+(B+C)=(A+B)+C$
分配律	$A \cdot (B+C)=A \cdot B+A \cdot C$	$A+(B \cdot C)=(A+B) \cdot (A+C)$
反演律	$\overline{AB}=\overline{A}+\overline{B}$	$\overline{A+B}=\overline{A} \cdot \overline{B}$
吸收律	$A \cdot (A+B)=A$	$A+A \cdot B=A$
	$A(\overline{A}+B)=AB$	$A+\overline{A}B=A+B$
还原律	$\overline{\overline{A}}=A$	

表 11-8 中的公式都可以用列逻辑状态表的方法验证。如果等式成立，则等式两边所对应的逻辑状态表也必然相同。

除了基本公式以外，在逻辑运算中还有一些常用公式，它们都是可以用基本公式推导出来的。表 11-9 列出了若干常用公式。

表 11-9 若干常用公式

序号	公式
1	$A \cdot B+A \cdot \overline{B}=A$
2	$A \cdot B+\overline{A} \cdot C+B \cdot C=A \cdot B+\overline{A} \cdot C$
	$A \cdot B+\overline{A} \cdot C+B \cdot C \cdot D=A \cdot B+\overline{A} \cdot C$
3	$A \cdot \overline{A \cdot B}=A \cdot \overline{B}$
4	$\overline{A} \cdot \overline{A \cdot B}=\overline{A}$

11.3.2 逻辑函数的表示方法

在逻辑式中，A 和 B 是输入变量，L 是输出变量；字母上面没有反号的称为原变量，有反号的称为反变量。输出变量 L 是输入变量 A 和 B 的逻辑函数。逻辑函数通常用逻辑式、逻辑状态表、逻辑图和卡诺图四种方法表示，它们之间可以相互转换。

现通过一个实例来说明这四种逻辑函数的表示方法。

三个人采用投票方式表决一件事情，A 为主要负责人员，B 和 C 为次要人员。表决时，按照少数服从多数的原则，但是若主要负责人员 A 同意，表决事项也可以通过。假设 A、B 和 C 为输入变量，同意时其状态为 1，不同意为 0；L 为输出变量，表决通过时其状态为 1，不通过为 0。下面用四种方法表示逻辑函数 L。

1. 逻辑状态表

在逻辑状态表中，用 0 和 1 表示输出变量、输入变量的逻辑关系，因此这种表又称为逻辑真值表，或者简称真值表。

根据上述逻辑关系，三个输入变量 A、B 和 C 有八种排列组合方式，表 11-10 为三人表决事件的真值表。

表 11-10 真值表

A	B	C	L
0	0	0	0
0	0	1	0
0	1	0	0
0	1	1	1
1	0	0	1
1	0	1	1
1	1	0	1
1	1	1	1

2. 逻辑式

逻辑式是用与、或、非等逻辑运算符号来表达逻辑函数的表达式。

1）根据真值表写出逻辑式

对于一种组合而言，输入变量之间是逻辑与的关系，即取乘积项。如果输入变量为逻辑 1，则取其原变量（例如 A、B 和 C）；如果输入变量为逻辑 0，则取其反变量（例如 $\overline{A}$、$\overline{B}$ 和 $\overline{C}$）。各种组合之间是逻辑或的关系，所以取上述乘积项之和。因此，根据上面的真值表列出的逻辑式如下

$$L=\overline{A}BC+A\overline{B}\,\overline{C}+A\overline{B}C+AB\overline{C}+ABC \tag{11-11}$$

反之，在已知逻辑式的情况下，也可以运用逻辑运算法则列出真值表。例如

$$L=AB+BC+C \tag{11-12}$$

的真值表如表 11-11 所示。

表 11-11　$L=AB+BC+C$ 的真值表

A	B	C	L
0	0	0	0
0	0	1	1
0	1	0	0
0	1	1	1
1	0	0	0
1	0	1	1
1	1	0	1
1	1	1	1

2）最小项

三个输入变量 A、B、C 有八种排列组合方式，相应的乘积项也有八个，它们分别是 $\overline{A}\,\overline{B}\,\overline{C}$、$\overline{A}\,\overline{B}C$、$\overline{A}B\overline{C}$、$\overline{A}BC$、$A\overline{B}\,\overline{C}$、$A\overline{B}C$、$AB\overline{C}$、$ABC$。可以看出，这几个乘积项有两个共同的特点：一个是每项都含有三个输入变量，每个变量是它的一个因子；另一个是每项中每个因子或以原变量的形式，或以反变量的形式出现一次。这八个乘积项是输入变量 A、B、C 的最小项。推广开来，n 个变量就有 2^n 个最小项。在式(11-11)中，$\overline{A}BC$、$A\overline{B}\,\overline{C}$、$A\overline{B}C$、$AB\overline{C}$、$ABC$ 就是对应于 $L=1$ 的五个最小项。

逻辑式 $L=AB+BC+C$ 中的 AB、BC、C 都不是最小项，但可以转化为以最小项表示。

$$
\begin{aligned}
L &= AB+BC+C=AB(C+\overline{C})+BC(A+\overline{A})+C(A+\overline{A})(B+\overline{B}) \\
&= ABC+AB\overline{C}+ABC+\overline{A}BC+ABC+A\overline{B}C+\overline{A}BC+\overline{A}\,\overline{B}C \\
&= ABC+AB\overline{C}+A\overline{B}C+\overline{A}BC+\overline{A}\,\overline{B}C
\end{aligned}
$$

这与表 11-11 中取 $L=1$ 的逻辑式是一致的。

值得一提的是，同一个逻辑函数可以用不同的逻辑式来表达，但是由最小项组成的与或逻辑式是唯一的，因此用最小项表示的逻辑真值表也是唯一的。例如 $L=AB+BC+C=AB+C(B+1)=AB+C$。L 至少可以用 $AB+BC+C$ 和 $AB+C$ 两种逻辑式表示，但是由最小项组成的与或逻辑式和真值表是唯一的。

3. 逻辑图

一般根据逻辑式，采用逻辑门来画逻辑图。逻辑乘用与门实现，逻辑加用或门实现，取反用非门实现。因为逻辑式不是唯一的，因此逻辑图也不是唯一的。图 11-21 就是用逻辑门表示的式(11-11)的逻辑图。

4. 卡诺图

卡诺图是指与变量的最小项对应的按照一定规则排列的方格图，每一个小方格填入一个最小项。

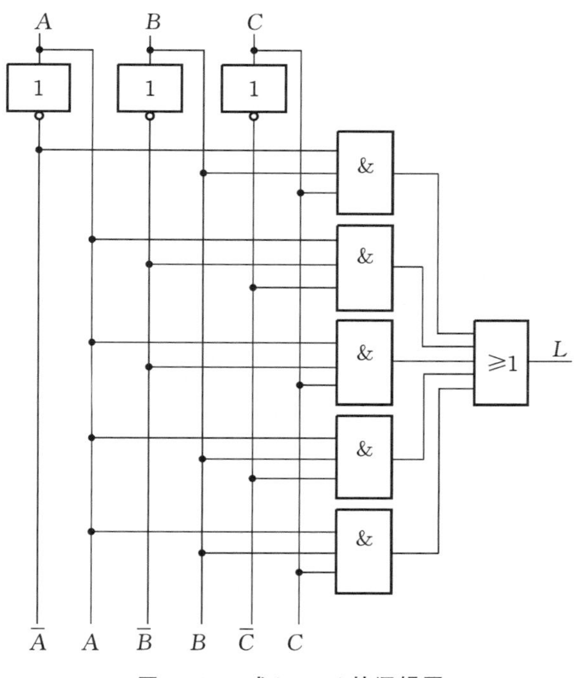

图 11-21 式(11-11)的逻辑图

对于 n 个变量，就有 2^n 种组合，因此最小项就有 2^n 个，卡诺图也对应有 2^n 个小方格。在卡诺图的行和列上分别标出了变量及其状态。变量状态的排列次序为 00,01,11,10，而不是按照二进制递增的次序 00,01,10,11 排列。这样排列是为了使任意两个相邻的最小项之间只有一个变量改变。卡诺图中的小方格也可用二进制数对应的十进制数编号，即最小项可以用 $m_0,m_1,m_2,\cdots$ 来编号。图 11-22 所示为二变量、三变量和四变量的卡诺图。

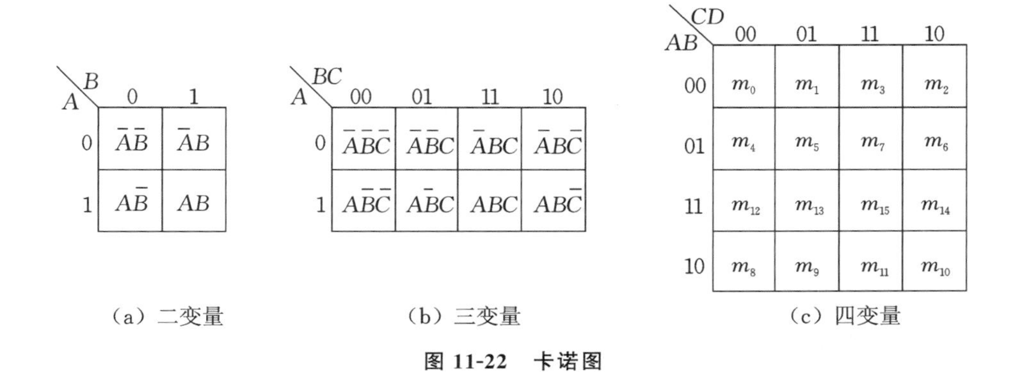

(a) 二变量　　(b) 三变量　　(c) 四变量

图 11-22 卡诺图

11.3.3 逻辑函数的化简

根据逻辑真值表列出的逻辑式一般都比较复杂，如果不经过化简，逻辑图也会比较复杂。为了少用元器件，同时提高电路可靠性，往往需要化简逻辑函数。

通常来说，逻辑函数化简的结果有以下五种形式：与或、或与、与非-与非、或非-或非、与或非。任何一个逻辑函数表达式都能展开成一个与或表达式，从一个最简的与或表达式，很容易得到与非-与非、与或非等其他形式的表达式。

最简与或表达式应该满足如下两个条件：一是表达式中乘积项的个数应该是最少的；二是每一个乘积项中所含的变量个数最少。

逻辑函数的化简有代数化简法、卡诺图化简法和系统化简法三种方法，在这里，我们重点介绍前两种方法。

1. 逻辑函数的代数化简法

逻辑函数的代数化简法的原理就是反复运用基本公式和常用公式消去多余项和多余因子，以便求得最简表达式，主要有并项法、吸收法、消去法、配项法等。

(1) 并项法：并项法就是将两个逻辑相邻（互补）的项合并成一个项，这里就用到了互补并律。

运用公式 $A+\overline{A}=1$ 将两项合并为一项，消去一个或者两个变量。例如：

$$\begin{aligned} L &= ABC+AB\overline{C}+A\overline{B}C+ABC \\ &= AB(C+\overline{C})+AC(\overline{B}+B) \\ &= AB+AC \end{aligned}$$

(2) 吸收法：吸收法是利用吸收律来消去多余的项。

运用公式 $A+AB=A$，消去多余的项。例如：

$$\begin{aligned} L &= A\overline{B}+A\overline{B}(C+DE) \\ &= A\overline{B} \end{aligned}$$

(3) 消项法：消项法又称为吸收律消项法。

运用公式 $A+\overline{A}B=A+B$ 消去多余因子。例如：

$$\begin{aligned} L &= \overline{A}+AB+\overline{B}E \\ &= \overline{A}+B+\overline{B}E \\ &= \overline{A}+B+E \end{aligned}$$

(4) 配项法。

通过乘以 $A+\overline{A}$ 或加上 $A\overline{A}$，增加必要的乘积项，再进行化简。例如：

$$\begin{aligned} L &= AB+\overline{A}C+BCD \\ &= AB+\overline{A}C+BCD(A+\overline{A}) \\ &= AB+\overline{A}C+ABCD+\overline{A}BCD \\ &= AB+\overline{A}C \end{aligned}$$

(5) 应用公式 $A+A=A$，在逻辑式中加相同的项，然后合并化简。例如：

$$\begin{aligned} L &= ABC+\overline{A}BC+A\overline{B}C \\ &= ABC+\overline{A}BC+A\overline{B}C+ABC \\ &= BC(A+\overline{A})+AC(\overline{B}+B) \\ &= BC+AC \end{aligned}$$

在化简逻辑函数时，需要灵活运用上述方法，才能将逻辑函数化为最简。例如：

$$L = AD+A\overline{D}+AB+\overline{A}C+BD+A\overline{B}EF+\overline{B}EF$$

$$=A+AB+\overline{A}C+BD+A\overline{B}EF+\overline{B}EF（利用 A+\overline{A}=1）$$
$$=A+\overline{A}C+BD+\overline{B}EF（利用 A+AB=A）$$
$$=A+C+BD+\overline{B}EF（利用 A+\overline{A}B=A+B）$$

代数法化简的优点是对变量的个数没有限制。在熟练掌握相关定律的情况下，能把无穷多变量的函数化成最简。其缺点是只有掌握多个定律并能够灵活应用，才能把函数化到最简，使用门槛较高。对于有些函数，并不能化到最简。

综上所述，代数法化简的缺点远远大于它的优点，因而引出了卡诺图化简法。

2. 卡诺图化简法

卡诺图是由美国工程师卡诺（Karnaugh）首先提出的一种用来描述逻辑函数的特殊方格图。应用卡诺图化简逻辑函数时，需要分析逻辑式中的最小项。如果一个函数的某个乘积项包含了函数的全部变量，其中每个变量都以原变量或反变量的形式出现，且仅出现一次，则这个乘积项称为该函数的一个标准积项，通常称为最小项。

任意两个变量个数相同的最小项，如果组成它们的各个变量（原变量或反变量）中只有一个变量互补（互反），而其余变量均相同（同为原变量或反变量），就称这两个最小项是逻辑相邻的最小项，简称逻辑相邻项或相邻项。卡诺图化简法正是利用合并相邻项的原理进行的。

卡诺图是一种方格图，在这个方格图中，每一个方格代表逻辑函数的一个最小项，而且几何相邻（上下或左右相邻）的小方格具有逻辑相邻性（格雷码），即两相邻小方格所代表的最小项只有一个变量取值不同。对于有 n 个变量的逻辑函数，其最小项有 2^n 个。因此该逻辑函数的卡诺图由 2^n 个小方格构成，每个小方格都满足逻辑相邻项的要求。

应用卡诺图化简逻辑函数时，先将逻辑式中的最小项（或者真值表中对应输出变量为 1 的最小项）分别用 1 填入相应的小方格。如果逻辑式中的最小项不全，则填写 0 或者空着不填。如果逻辑式不是由最小项构成，一般应先化为最小项再填写。

如图 11-23 所示，卡诺图化简逻辑函数的原理如下：

（1）2 个相邻的最小项可以合并，消去 1 个取值不同的变量。

（2）4 个相邻的最小项可以合并，消去 2 个取值不同的变量。

（3）8 个相邻的最小项可以合并，消去 3 个取值不同的变量。

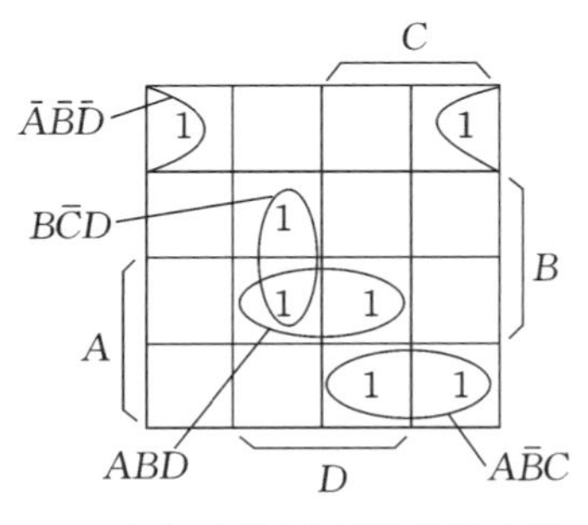

（a）合并2个相邻的最小项

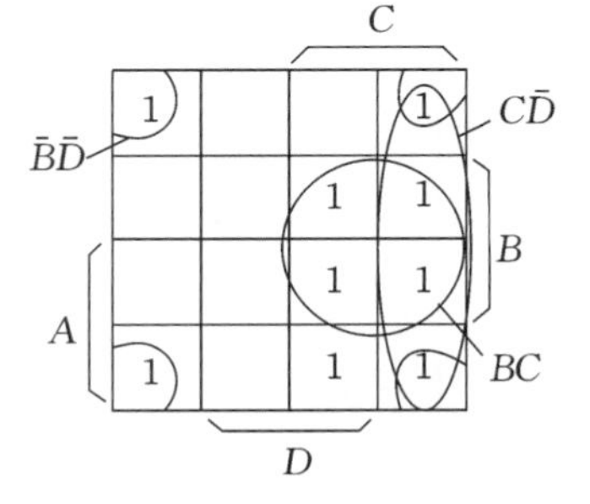

（b）合并4个相邻的最小项

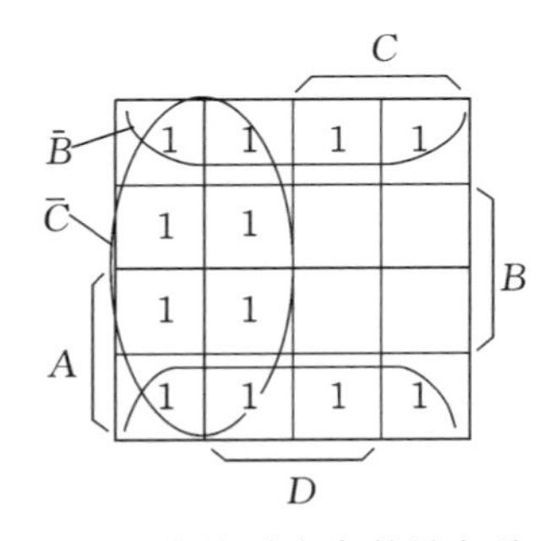

（c）合并8个相邻的最小项

图 11-23 卡诺图化简逻辑函数的原理

总之，2^n 个相邻的最小项可以合并，消去 n 个取值不同的变量。

用卡诺图合并最小项的原则(画圈的原则):

(1) 尽量画大圈,但每个圈内只能含有 2^n($n=0,1,2,3\cdots$)个相邻项。要特别注意对边相邻性和四角相邻性。

(2) 圈的个数尽量少。

(3) 卡诺图中所有取值为 1 的方格均要被圈到,即不能漏下取值为 1 的最小项。

(4) 在新画的包围圈中至少要含有 1 个未被圈过的填 1 的方格,否则该包围圈是多余的。

用卡诺图化简逻辑函数的步骤:

(1) 画出逻辑函数的卡诺图。

(2) 合并相邻的最小项,即根据前述原则画圈。

(3) 写出化简后的表达式。每一个圈写一个最简与项,规则是,取值为 1 的变量用原变量表示,取值为 0 的变量用反变量表示,将这些变量相与。然后将所有与项进行逻辑加,即得最简与或逻辑表达式。

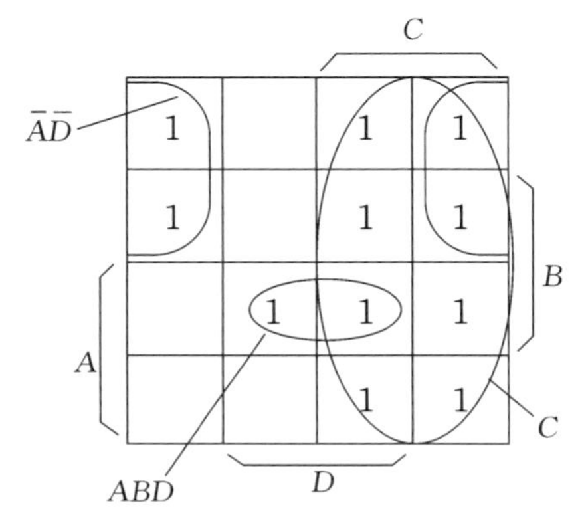

图 11-24 $L(A,B,C,D)$的卡诺图

例如,化简逻辑函数 $L(A,B,C,D)=\sum m(0,2,3,4,6,7,10,11,13,14,15)$:

(1)根据表达式画出卡诺图,如图 11-24 所示。

(2) 画圈,合并最小项,列出与或表达式 $L=C+\overline{A}\,\overline{D}+ABD$。

值得一提的是,在卡诺图新画的圈中至少要含有 1 个未被圈过的填 1 的方格,否则该包围圈是多余的。例如,化简逻辑函数 $L=AD+A\overline{B}\,\overline{D}+\overline{A}\,\overline{B}\,\overline{C}\,\overline{D}+\overline{A}\,\overline{B}C\overline{D}$:

(1)根据表达式画出卡诺图,如图 11-25 所示。

(2) 画圈,本例的卡诺图是可以画出三个圈的,如图 11-25(a)所示,但是其中有一个圈是多余圈,去掉多余圈的卡诺图如图 11-25(b)所示。

(3) 合并最小项,列出与或表达式 $L=AD+\overline{B}\,\overline{D}$。

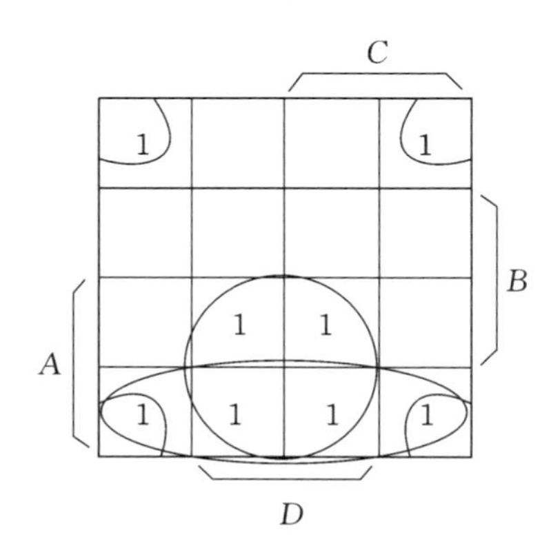

(a) 画出所有圈的卡诺图

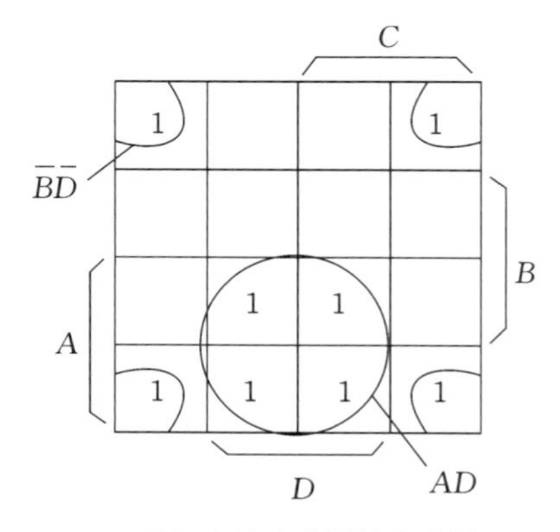

(b) 去掉多余圈的卡诺图

图 11-25 卡诺图

11.4 组合逻辑电路分析与设计

根据逻辑功能的不同特点，可把数字电路分为组合逻辑电路(combinational logic circuit)和时序逻辑电路(sequential logic circuit)两大类。组合逻辑电路是由门电路组成的，它输出变量的状态完全由当时输入变量的状态决定，而与电路原来的状态无关，即组合逻辑电路不具有记忆功能。

11.4.1 组合逻辑电路分析

分析组合逻辑电路就是要找出电路的逻辑功能。组合逻辑电路是由门电路组合而成的，电路中没有记忆单元，没有反馈通路。这是组合逻辑电路的电路结构特点。

如图 11-26 所示，组合逻辑电路的每一个输出变量是全部或部分输入变量的函数：

$$L_1=f_1(A_1,A_2,\cdots,A_i)$$
$$L_2=f_2(A_1,A_2,\cdots,A_i)$$
$$\cdots\cdots$$
$$L_j=f_j(A_1,A_2,\cdots,A_i)$$

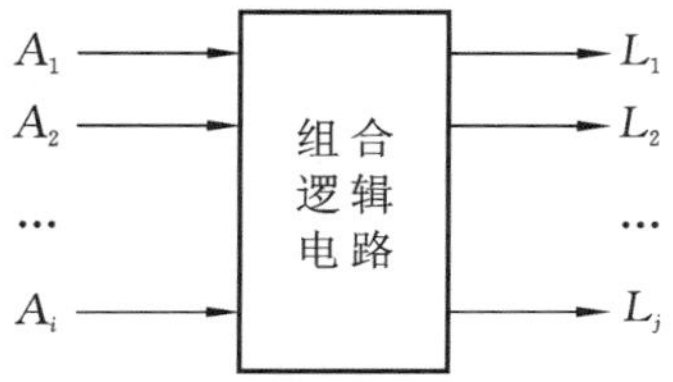

图 11-26　组合逻辑电路框图

组合逻辑电路的分析过程如图 11-27 所示。

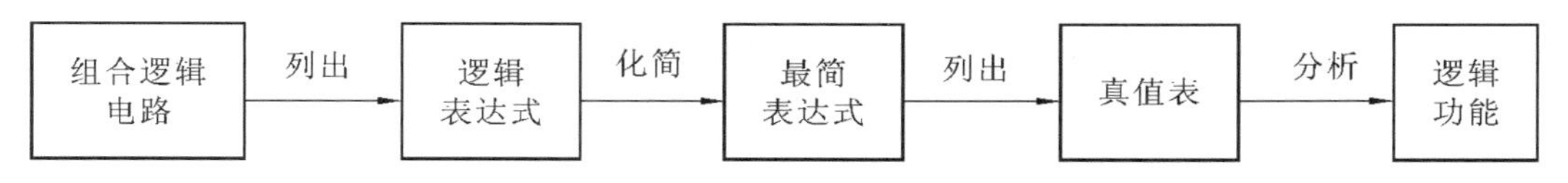

图 11-27　组合逻辑电路的分析过程

根据给出的组合逻辑电路列出逻辑表达式，这个表达式往往不是最简的，必须利用公式或者卡诺图把表达式化简为最简表达式，再根据最简表达式列出真值表，最后根据真值表分析组合电路的逻辑功能。下面以图 11-28 所示的组合逻辑电路图为例进行分析。

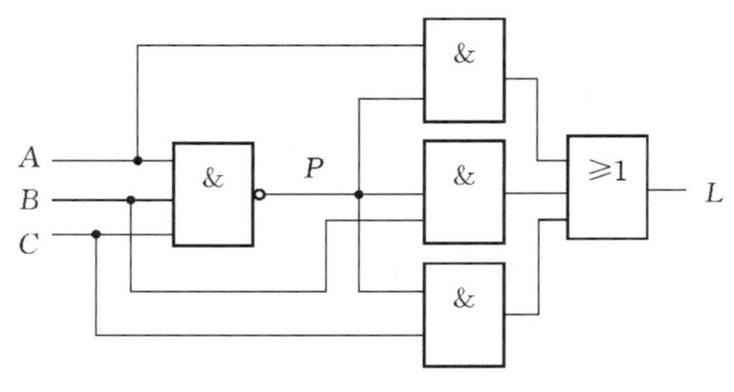

图 11-28　某组合逻辑电路图

(1) 由逻辑电路图逐级写出表达式(借助中间变量 P)。

$$P=\overline{ABC}$$

$$L=AP+BP+CP=A\cdot\overline{ABC}+B\cdot\overline{ABC}+C\cdot\overline{ABC}$$

(2) 公式化简与变换。

$$L=\overline{ABC}(A+B+C)=\overline{ABC+\overline{A+B+C}}=\overline{ABC+\bar{A}\bar{B}\bar{C}}$$

(3) 由最简表达式列出真值表，如表 11-12 所示。

表 11-12 真值表

A	B	C	L
0	0	0	0
0	0	1	1
0	1	0	1
0	1	1	1
1	0	0	1
1	0	1	1
1	1	0	1
1	1	1	0

(4) 根据真值表分析逻辑功能。

当 A、B、C 三个变量不一致时，输出为“1”，所以这个电路称为“不一致电路”。

11.4.2 组合逻辑电路设计

组合逻辑电路的设计过程与分析过程相反。根据给出的实际逻辑问题，设计出能实现这一逻辑功能的最简单逻辑电路，这就是组合逻辑电路设计要完成的工作。图 11-29 所示为组合逻辑电路的设计流程。

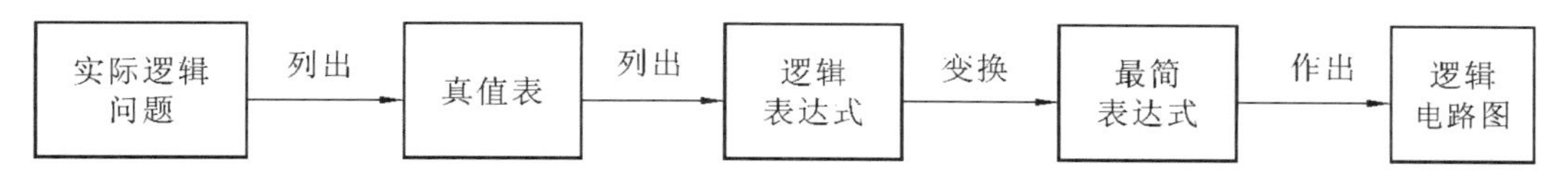

图 11-29 组合逻辑电路的设计流程

值得一提的是，这里所说的最简单逻辑电路，一般是指电路所用的元器件数量最少，元器件的种类最少，并且元器件之间的连线也最少。有时候为了降低成本，设计时应优先满足元器件的种类最少，所以最简单逻辑电路也可以称为最合理逻辑电路。

设计组合逻辑电路时，首先根据实际逻辑问题，运用逻辑抽象的方法，分析事件的因果关系，确定输入变量和输出变量。然后对变量进行逻辑状态赋值，即以二值逻辑的 0、1 两种状态分别代表输入变量和输出变量的两种不同状态。再根据因果关系列出真值表，写出表达式。通过逻辑代数变换把该表达式化简成最简或者最合理表达式，选用合适的门电路，作出逻辑电路图。

【例 11-1】 设计一个三人表决电路，表决结果按照“少数服从多数”的原则确定。

【解】 (1) 列出真值表。

假设三个人的意见分别用 A、B、C 表示，表决结果用 L 表示。每个人表示同意为逻辑 1，不同意为逻辑 0，表决结果通过为逻辑 1，不通过为逻辑 0。列出真值表，如表 11-13 所示。

表 11-13 表决电路的真值表

A	B	C	L
0	0	0	0
0	0	1	0
0	1	0	0
0	1	1	1
1	0	0	0
1	0	1	1
1	1	0	1
1	1	1	1

从真值表可以看出，有四种情况的表决结果为通过。

(2) 列出逻辑表达式：$L=\overline{A}BC+A\overline{B}C+AB\overline{C}+ABC$。

(3) 利用公式或者卡诺图化简逻辑表达式：$L=AB+BC+AC$。

(4) 作出电路图，如图 11-30 所示。如果要求用与非门实现逻辑电路，则 $L=AB+BC+AC=\overline{\overline{AB}\cdot\overline{BC}\cdot\overline{AC}}$，其电路图如图 11-31 所示。

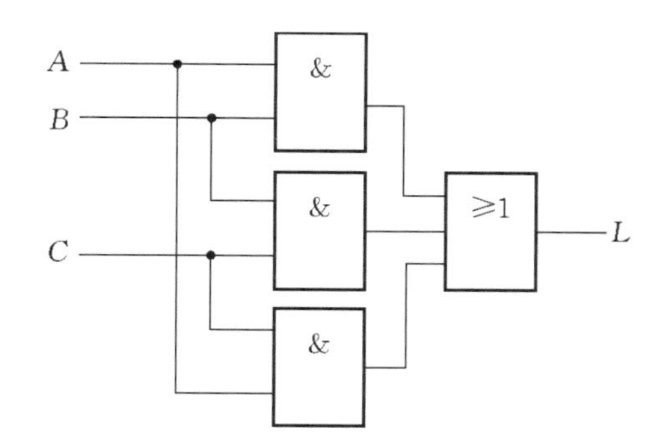

图 11-30 三人表决的组合逻辑电路图

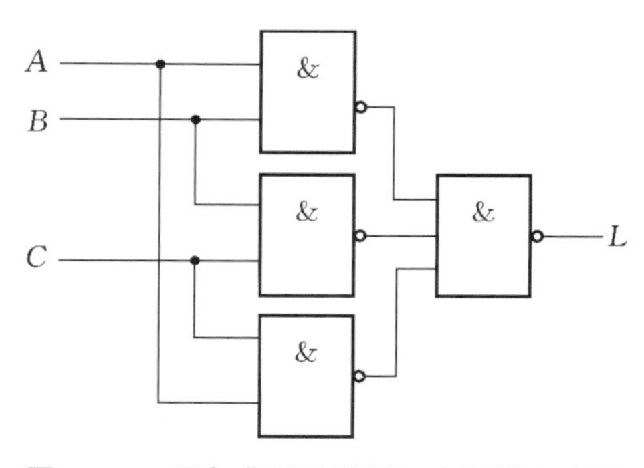

图 11-31 用与非门设计的组合逻辑电路图

11.5 编 码 器

为了区分一系列不同的事物，将某一特定的逻辑信号变换为二进制代码，这就是编码。能够实现编码功能的逻辑部件称为编码器。编码器的逻辑功能就是把输入的每一个高、低电平信号编成一个对应的二进制代码。

键盘就是一个非常典型的编码器。键盘上有若干按键，当操作者想要输入字母“A”时，就可以按下键盘上相应的“A”键，但是CPU处理的都是二进制代码，因此，键盘就充当了编码器的角色，把输入字母“A”这一逻辑信号转换成CPU能够识别的二进制代码并传送给CPU(见图11-32)。键盘对字母“A”和字母“B”编码后的二进制代码是不同的，这就使得不同的逻辑信号得以区分。

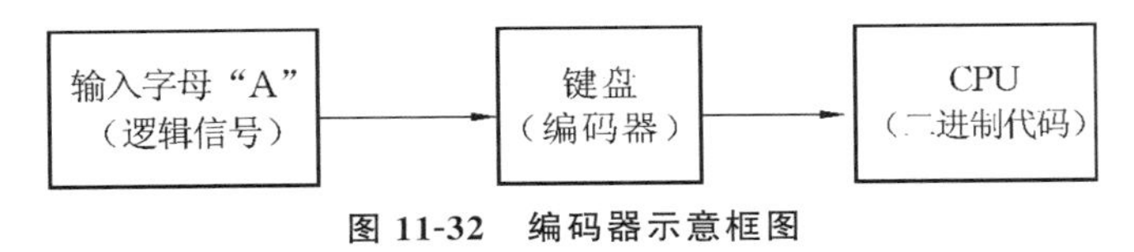

图 11-32　编码器示意框图

目前常用的编码器有普通编码器和优先编码器两种。

1. 普通编码器

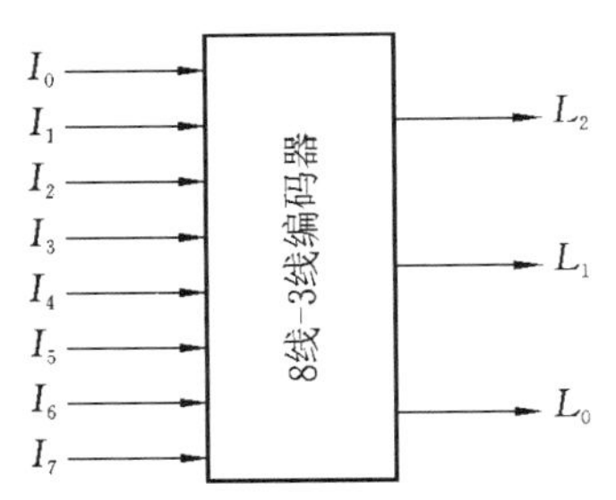

图 11-33　8线-3线编码器框图

在普通编码器中，任何时刻都只允许输入一个编码信号，否则输出将发生混乱。

3位二进制编码器常称为8线-3线编码器，它有8个输入端、3个输出端。

如图11-33所示，$I_0 \sim I_7$ 是电平信号输入端，L_2、L_1、L_0 是3位二进制代码。8线-3线编码器的输入与输出的对应关系如表11-14所示。

表 11-14　3位二进制编码器真值表

输入								输出		
I_0	I_1	I_2	I_3	I_4	I_5	I_6	I_7	L_2	L_1	L_0
1	0	0	0	0	0	0	0	0	0	0
0	1	0	0	0	0	0	0	0	0	1
0	0	1	0	0	0	0	0	0	1	0
0	0	0	1	0	0	0	0	0	1	1
0	0	0	0	1	0	0	0	1	0	0
0	0	0	0	0	1	0	0	1	0	1
0	0	0	0	0	0	1	0	1	1	0
0	0	0	0	0	0	0	1	1	1	1

根据真值表列出对应的逻辑表达式如下：

$$L_2=\overline{I}_0\,\overline{I}_1\,\overline{I}_2\,\overline{I}_3 I_4\,\overline{I}_5\,\overline{I}_6\,\overline{I}_7+\overline{I}_0\,\overline{I}_1\,\overline{I}_2\,\overline{I}_3\,\overline{I}_4 I_5\,\overline{I}_6\,\overline{I}_7+\overline{I}_0\,\overline{I}_1\,\overline{I}_2\,\overline{I}_3\,\overline{I}_4\,\overline{I}_5 I_6\,\overline{I}_7+\overline{I}_0\,\overline{I}_1\,\overline{I}_2\,\overline{I}_3\,\overline{I}_4\,\overline{I}_5\,\overline{I}_6 I_7$$

$$L_1=\overline{I}_0\,\overline{I}_1 I_2\,\overline{I}_3\,\overline{I}_4\,\overline{I}_5\,\overline{I}_6\,\overline{I}_7+\overline{I}_0\,\overline{I}_1\,\overline{I}_2 I_3\,\overline{I}_4\,\overline{I}_5\,\overline{I}_6\,\overline{I}_7+\overline{I}_0\,\overline{I}_1\,\overline{I}_2\,\overline{I}_3\,\overline{I}_4\,\overline{I}_5 I_6\,\overline{I}_7+\overline{I}_0\,\overline{I}_1\,\overline{I}_2\,\overline{I}_3\,\overline{I}_4\,\overline{I}_5\,\overline{I}_6 I_7$$

$$L_0=\overline{I}_0 I_1\,\overline{I}_2\,\overline{I}_3\,\overline{I}_4\,\overline{I}_5\,\overline{I}_6\,\overline{I}_7+\overline{I}_0\,\overline{I}_1\,\overline{I}_2 I_3\,\overline{I}_4\,\overline{I}_5\,\overline{I}_6\,\overline{I}_7+\overline{I}_0\,\overline{I}_1\,\overline{I}_2\,\overline{I}_3\,\overline{I}_4 I_5\,\overline{I}_6\,\overline{I}_7+\overline{I}_0\,\overline{I}_1\,\overline{I}_2\,\overline{I}_3\,\overline{I}_4\,\overline{I}_5\,\overline{I}_6 I_7$$

若任何时刻输入信号中只有一个为高电平1，则输入变量为其他取值下，其值等于1的

那些最小项均为约束项。利用这些约束项把上式化简，得

$$L_2 = I_4 + I_5 + I_6 + I_7$$

$$L_1 = I_2 + I_3 + I_6 + I_7$$

$$L_0 = I_1 + I_3 + I_5 + I_7$$

因此，8 线-3 线编码器可以由 3 个或门组成，如图 11-34 所示。

2. 优先编码器

优先编码器允许同时输入两个以上的信号，并只对优先权最高的一个进行编码。图 11-35 所示为 8 线-3 线优先编码器 74LS148 的逻辑图。如果不考虑由 G_1、G_2 和 G_3 构成的附加控制电路，则编码器电路只有图中虚线框以内这一部分。

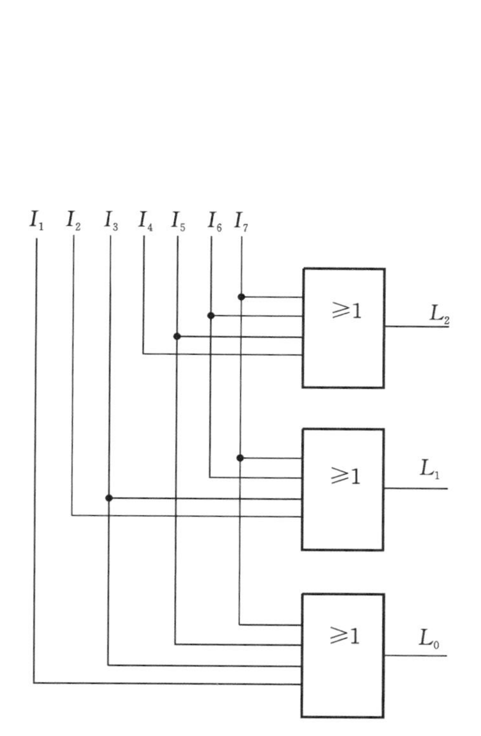

图 11-34 3 位二进制编码器

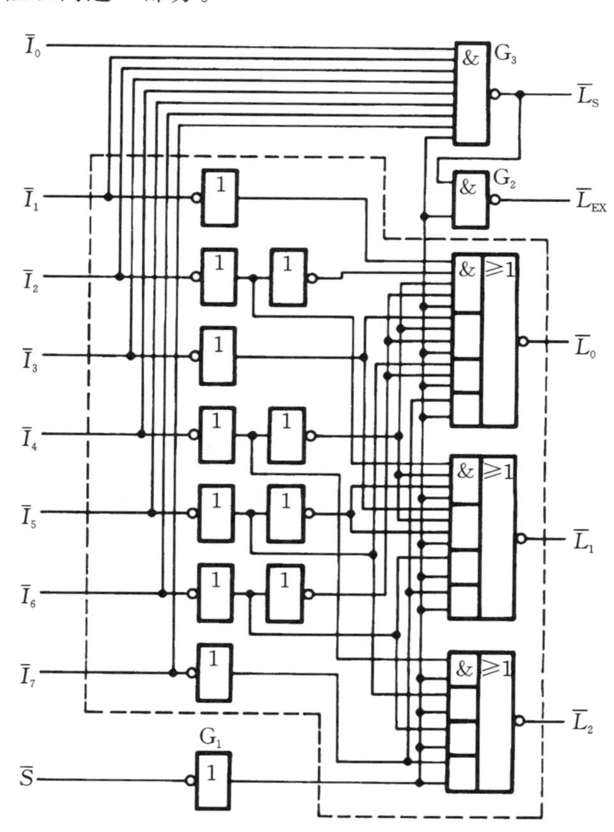

图 11-35 优先编码器 74LS148 的逻辑图

注意，图中的 G_1、G_2、G_3 是附加的控制电路，目的是扩展电路的功能和增加使用的灵活性。其中，$\overline{S}$ 为选通输入端，只有当 $\overline{S}=0$ 时，编码器才正常工作。当 $\overline{S}=1$ 时，所有的输出端都被封锁在高电平。选通端 $\overline{L}_S$ 和 $\overline{L}_{EX}$ 用于扩展编码功能。只有当所有的输入端都是高电平（即没有编码输入）且 $S=1$ 时，$\overline{L}_S$ 才是低电平。$\overline{L}_S$ 的低电平输出信号表示“电路工作但无编码输入”。只要任何一个编码输入端有低电平信号输入，并且 $S=1$ 时，$\overline{L}_{EX}$ 就为低电平。$\overline{L}_{EX}$ 的低电平输出信号表示“电路工作而且有编码输入”。

$$\overline{L}_2=\overline{(I_4+I_5+I_6+I_7)\cdot S}$$

$$\overline{L}_1=\overline{(I_2\bar{I}_4\bar{I}_5+I_3\bar{I}_4\bar{I}_5+I_6+I_7)\cdot S}$$

$$\overline{L}_0=\overline{(I_1\bar{I}_2\bar{I}_4\bar{I}_6+I_3\bar{I}_4\bar{I}_6+I_5\bar{I}_6+I_7)\cdot S}$$

$$\overline{L}_S=\overline{\bar{I}_0\bar{I}_1\bar{I}_2\bar{I}_3\bar{I}_4\bar{I}_5\bar{I}_6\bar{I}_7 S}$$

$$\overline{L}_{EX}=\overline{\overline{\bar{I}_0\bar{I}_1\bar{I}_2\bar{I}_3\bar{I}_4\bar{I}_5\bar{I}_6\bar{I}_7 S}\cdot S}=\overline{(I_0+I_1+I_2+I_3+I_4+I_5+I_6+I_7)\cdot S}$$

74LS148 的引脚图(图 11-36)以及工作原理如下：

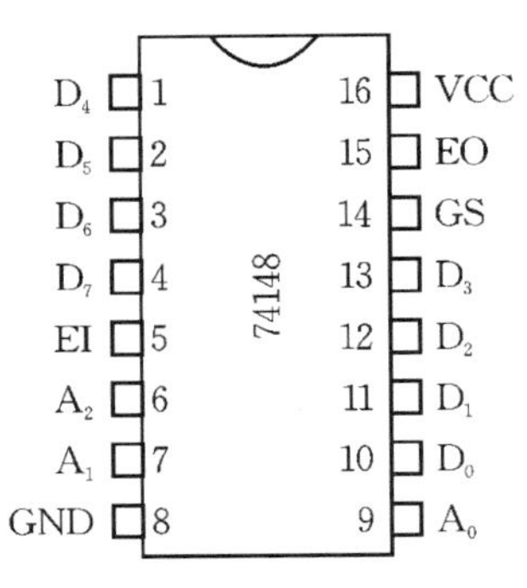

图 11-36　优先编码器 74LS148 芯片引脚图

该编码器有 8 个信号输入端($D_0\sim D_7$)，3 个二进制码输出端($A_0\sim A_2$)。另外，电路设置了输入使能端 EI、输出使能端 EO 和优先编码工作状态标志 GS。

输入使能端 $EI=0$ 时，编码器工作。而当 $EI=1$ 时，无论 8 个输入端处于什么状态，3 个输出端均为高电平，优先标志端 GS 和输出端($A_0\sim A_2$)均为高电平，编码器处于非工作状态。这种情况叫输入低电平有效，输出也有低电平有效的情况。当 EI 为 0，且至少一个输入端有编码请求信号(逻辑 0)时，优先编码工作状态标志 GS 为 0，表明编码器处于工作状态，否则 EI 为 1。

优先编码器 74LS148 真值表如表 11-15 所示。

表 11-15　优先编码器 74LS148 真值表

输入									输出				
EI	I_0	I_1	I_2	I_3	I_4	I_5	I_6	I_7	A_2	A_1	A_0	GS	EO
1	×	×	×	×	×	×	×	×	1	1	1	1	1
0	1	1	1	1	1	1	1	1	1	1	1	1	0
0	×	×	×	×	×	×	×	0	0	0	0	0	1
0	×	×	×	×	×	×	0	1	1	1	1	1	0
0	×	×	×	×	×	0	1	1	1	1	1	1	0
0	×	×	×	×	0	1	1	1	0	1	1	1	0
0	×	×	×	0	1	1	1	1	1	0	1	1	0
0	×	×	0	1	1	1	1	1	1	1	0	1	0
0	×	0	1	1	1	1	1	1	1	1	1	0	0
0	0	1	1	1	1	1	1	1	1	1	1	1	0

11.6 译码器和数码显示

译码是编码的逆过程。把一些二进制代码所代表的特定含义“翻译”出来的过程叫作译码。译码器是实现译码这一功能的集成组合逻辑电路。它是一个多输入、多输出的组合逻辑电路。

在数字系统中，译码器的功能是将一种数码变换成另一种数码。译码器的输出状态是其输入变量各种组合的结果。译码器的输出既可以用于驱动或控制系统其他部分，也可驱动显示器，实现数字、符号的显示。

译码器是一种组合电路，可分为数码译码器和显示译码器两大类。其中数码译码器主要用来完成各种码制之间的转换，比如可完成 BCD-十进制数、十进制数-BCD 之间数制的转换。而显示译码器将二进制代码译成可直接驱动数码显示器显示数字的信号，包括驱动液晶显示器(LCD)、发光二极管(LED)、荧光数码管等。

1. 二进制译码器

二进制译码器将每个二进制代码和一个输出端对应起来，即对应每个二进制代码，只有一个输出端为有效电平，其他输出为无效电平。其译码过程如下：

1）列出译码器的状态表

设输入三位二进制代码为 A、B、C，输出八个信号低电平$\overline{L_0}\sim\overline{L_7}$ 有效。每个输出代表输入的一种组合，并设 $ABC=000$ 时，$\overline{L_0}=0$，其余输出为 1；$ABC=001$ 时，$\overline{L_1}=0$，其余输出为 1……$ABC=111$ 时，$\overline{L_7}=0$，其余输出为 1。列出三位二进制译码器的状态表如表 11-16 所示。

表 11-16 三位二进制译码器的状态表

输入			输出							
A	B	C	$\overline{L_0}$	$\overline{L_1}$	$\overline{L_2}$	$\overline{L_3}$	$\overline{L_4}$	$\overline{L_5}$	$\overline{L_6}$	$\overline{L_7}$
0	0	0	0	1	1	1	1	1	1	1
0	0	1	1	0	1	1	1	1	1	1
0	1	0	1	1	0	1	1	1	1	1
0	1	1	1	1	1	0	1	1	1	1
1	0	0	1	1	1	1	0	1	1	1
1	0	1	1	1	1	1	1	0	1	1
1	1	0	1	1	1	1	1	1	0	1
1	1	1	1	1	1	1	1	1	1	0

2）由状态表写出逻辑式

$$\overline{L}_0=\overline{\overline{A}\,\overline{B}\,\overline{C}} \quad \overline{L}_1=\overline{\overline{A}\,\overline{B}C}$$

$$\overline{L}_2=\overline{\overline{A}B\overline{C}} \quad \overline{L}_3=\overline{\overline{A}BC}$$

$$\overline{L}_4=\overline{A\overline{B}\,\overline{C}} \quad \overline{L}_5=\overline{A\overline{B}C}$$

$$\overline{L}_6=\overline{AB\overline{C}} \quad \overline{L}_7=\overline{ABC}$$

3）由逻辑式画出逻辑图

三位二进制译码器电路图如图 11-37 所示。

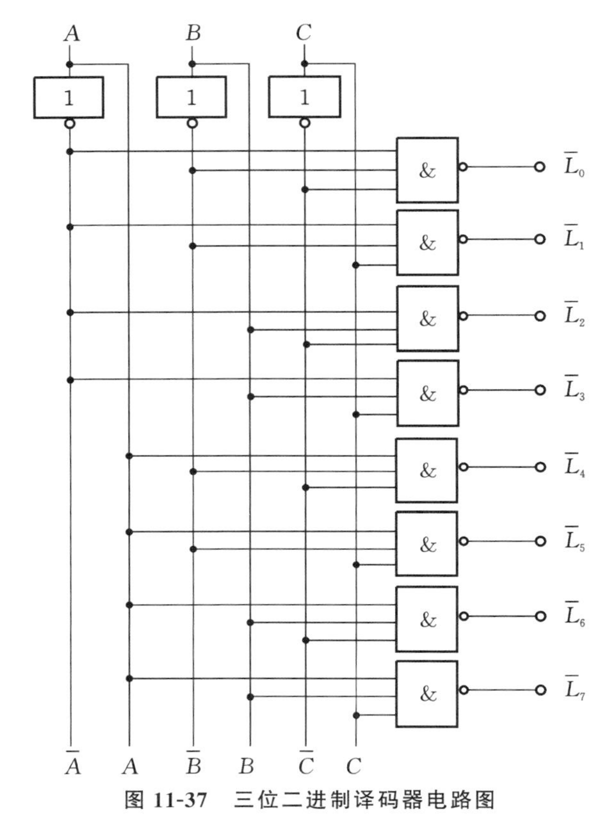

图 11-37　三位二进制译码器电路图

这种三位二进制译码器有 3 个输入端、8 个输出端，因此也称为 3/8 线译码器，最常用的是 74LS138 型译码器。表 11-16 只列出了输入变量和输出变量之间的逻辑状态，在实际的译码器中，还包括一个使能端 S_1 和两个控制端$\overline{S}_2$、$\overline{S}_3$。S_1 高电平有效，$S_1=1$ 时，译码器工作，可以译码；$S_1=0$ 时，禁止译码，输出全为 1。$\overline{S}_2$、$\overline{S}_3$ 低电平有效，当$\overline{S}_2$、$\overline{S}_3$ 都为 0 时，可以译码；当$\overline{S}_2$、$\overline{S}_3$ 有一个为 1 或者都为 1 时，禁止译码，输出也全为 1。

此外，二进制译码器还有 2/4 线译码器和 4/16 线译码器。

图 11-38 所示为 74LS139 型双 2/4 线译码器的逻辑图和逻辑符号。从图中可以看出，74LS139 包含两个独立的 2/4 线译码器，图 11-38(a)为其中一个译码器的逻辑图。A_0、A_1 是输入端，$\overline{L}_0 \sim \overline{L}_3$ 是输出端。$\overline{S}$ 是使能端，低电平有效，当 $\overline{S}=0$ 时，可以译码；当 $\overline{S}=1$ 时，

无论 A_0、A_1 是 0 还是 1，都禁止译码，输出全为 1。

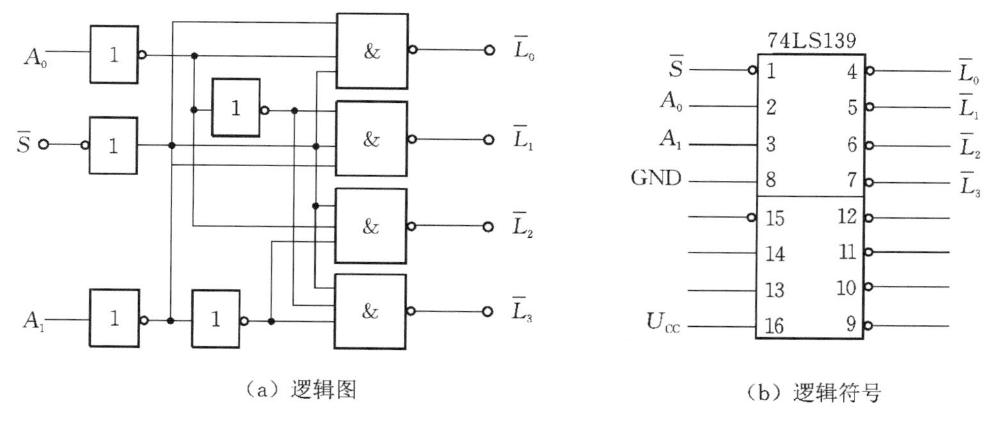

（a）逻辑图　　　　（b）逻辑符号

图 11-38　74LS139 型译码器

74LS139 型双 2/4 线译码器的逻辑式如下：

$$\overline{L}_0=\overline{S\overline{A}_1\overline{A}_0}$$

$$\overline{L}_1=\overline{S\overline{A}_1A_0}$$

$$\overline{L}_2=\overline{SA_1\overline{A}_0}$$

$$\overline{L}_3=\overline{SA_1A_0}$$

根据上述逻辑式可以列出 74LS139 型译码器的功能表，如表 11-17 所示。对应每一组输入的二进制代码，四个输出信号只有一个为 0，其余全部为 1。

表 11-17　74LS139 型译码器的功能表

输入			输出			
$\overline{S}$	A_1	A_0	$\overline{L}_3$	$\overline{L}_2$	$\overline{L}_1$	$\overline{L}_0$
1	×	×	1	1	1	1
0	0	0	1	1	1	0
0	0	1	1	1	0	1
0	1	0	1	0	1	1
0	1	1	0	1	1	1

用门电路实现的逻辑式，也可以用译码器实现。例如前面所述的三人表决电路，其逻辑式为 $F=AB+BC+AC$，将逻辑式用最小项表示为 $F=\overline{A}BC+A\overline{B}C+AB\overline{C}+ABC$。

将输入变量 A、B、C 分别对应接到译码器的输入端 A_2、A_1、A_0，再根据表 11-15 可以得出

$$\overline{L}_3=\overline{\overline{A}BC}$$

$$\overline{L}_5=\overline{A\overline{B}C}$$

$$\overline{L}_6=\overline{AB\overline{C}}$$

$$\overline{L}_7=\overline{ABC}$$

因此，$F=L_3+L_5+L_6+L_7=\overline{\overline{L}_3\ \overline{L}_5\ \overline{L}_6\ \overline{L}_7}$。

用 74LS138 型译码器实现上式的逻辑图如图 11-39 所示。

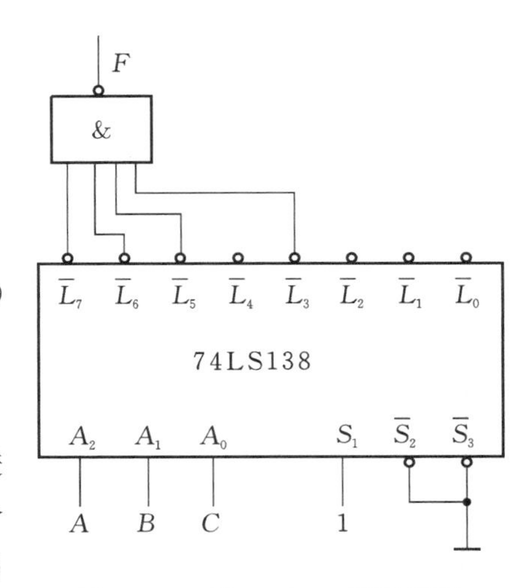

图 11-39 用 74LS138 型译码器实现的逻辑图

2. 二-十进制译码器

二-十进制译码器将二进制代码译成 10 个代表十进制数字的信号，也称为 BCD 译码器。它的功能是将 1 个 BCD 码输入（4 位二进制码）译成 10 个高、低电平输出信号，因此也叫 4-10 译码器。74LS42 型二-十进制译码器的逻辑图和逻辑符号如图 11-40 所示，其功能表如表 11-18 所示。

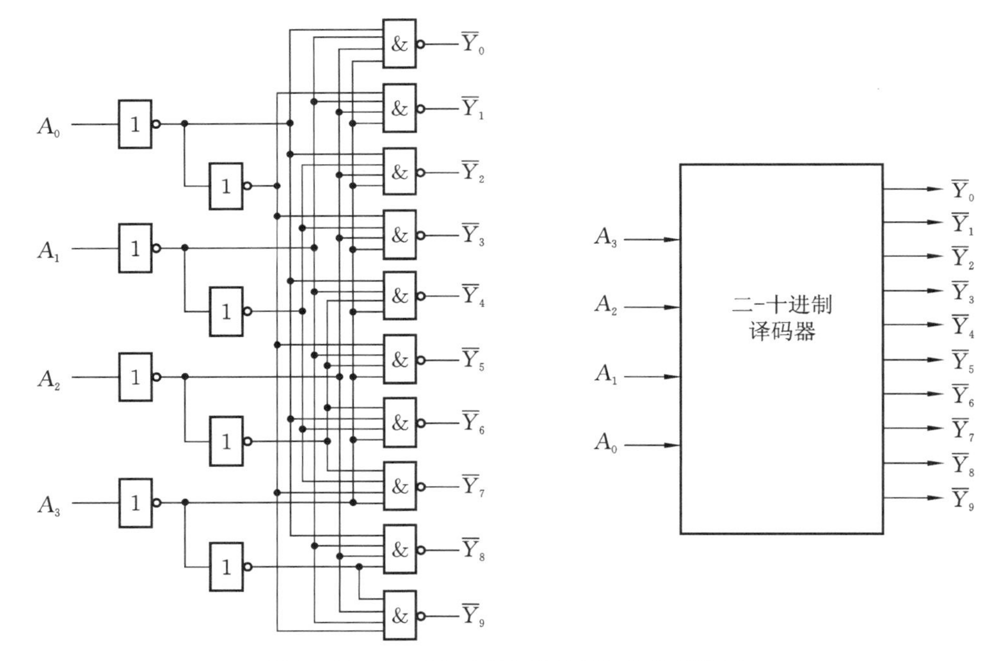

图 11-40 74LS42 型译码器逻辑图和逻辑符号

表 11-18 74LS42 型译码器的功能表

序号	输入				输出									
	A_3	A_2	A_1	A_0	$\overline{Y}_0$	$\overline{Y}_1$	$\overline{Y}_2$	$\overline{Y}_3$	$\overline{Y}_4$	$\overline{Y}_5$	$\overline{Y}_6$	$\overline{Y}_7$	$\overline{Y}_8$	$\overline{Y}_9$
0	0	0	0	0	0	1	1	1	1	1	1	1	1	1

续表

序号	输入				输出									
	A_3	A_2	A_1	A_0	$\overline{Y_0}$	$\overline{Y_1}$	$\overline{Y_2}$	$\overline{Y_3}$	$\overline{Y_4}$	$\overline{Y_5}$	$\overline{Y_6}$	$\overline{Y_7}$	$\overline{Y_8}$	$\overline{Y_9}$
1	0	0	0	1	1	0	1	1	1	1	1	1	1	1
2	0	0	1	0	1	1	0	1	1	1	1	1	1	1
3	0	0	1	1	1	1	1	0	1	1	1	1	1	1
4	0	1	0	0	1	1	1	1	0	1	1	1	1	1
5	0	1	0	1	1	1	1	1	1	0	1	1	1	1
6	0	1	1	0	1	1	1	1	1	1	0	1	1	1
7	0	1	1	1	1	1	1	1	1	1	1	0	1	1
8	1	0	0	0	1	1	1	1	1	1	1	1	0	1
9	1	0	0	1	1	1	1	1	1	1	1	1	1	0
伪码	1	0	1	0	1	1	1	1	1	1	1	1	1	1
	1	0	1	1	1	1	1	1	1	1	1	1	1	1
	1	1	0	0	1	1	1	1	1	1	1	1	1	1
	1	1	0	1	1	1	1	1	1	1	1	1	1	1
	1	1	1	0	1	1	1	1	1	1	1	1	1	1
	1	1	1	1	1	1	1	1	1	1	1	1	1	1

二-十进制译码器虽然能将二进制代码译成 0～9 相对应的信号，但还不够直观，故可以使用显示译码器。

3. 显示译码器

显示译码器主要用来驱动各种数码显示器件，如液晶显示器(LCD)、发光二极管(LED)等。

数码显示器件有多种形式，目前广泛使用的是七段数码管。与之对应，较为典型的显示译码器是七段显示译码器。

1）七段数码管

七段数码管的结构如图 11-41 所示(其中 DP 为小数点)。它将要显示的数码分成七个字段，每个字段为一个(或一组)发光二极管。选择不同的字段发光，就会显示出不同的字符。因为七段数码管具有较高的亮度，并且有多种颜色可供选择，故应用相当广泛。

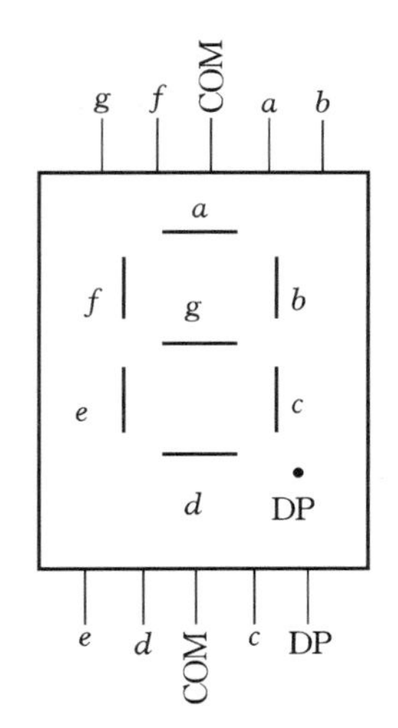

图 11-41 七段数码管的字形结构

根据连接方式的不同，七段数码管有共阳极和共阴极两种连接方式，如图 11-42 所示。图 11-42(a)为共阳极接法，前端译码器必须输出低电平才能驱动相应的发光二极管导通发光；图 11-42(b)为共阴极接法，前端译码器必须输出高电平才能驱动相应的发光二极管导通发光。在实际电路中，为了防止电流过大而烧坏发光二极管，通常在每个发光二极管的电路中还串接有限流电阻。

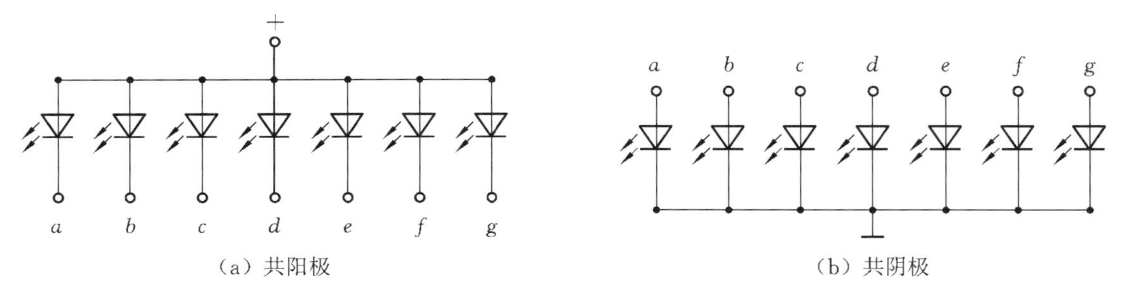

图 11-42 七段数码管的两种接法

2) 液晶显示器

液晶显示器(LCD)是利用液晶材料在电场的作用下会吸收光线的特性来显示数码的。LCD 虽比 LED 亮度低，但重量轻、体型薄、工作电压低、功耗极小，适合用于电池供电的携带式电子设备，故应用也比较广泛。其缺点是可视角度小，对温度变化敏感。温度过高或者过低时，显示器对比度将降低。

液晶数码显示器的每一位用七段显示数字 0～9，加上小数点，共八个段电极。每个段电极各自单独引出，背电极则连接在一起成为公共电极。当背电极与段电极上的电平相反时，该段就显示；当电平相同时，该段就消失。

3) 七段显示译码器

七段显示译码器是一种与共阴极数字显示器配合使用的集成译码器。它能把"8421"二-十进制代码译成对应于数码管的七个字段信号，从而驱动数码管发光，显示出对应的十进制数码。表 11-19 所示为共阳极接法的七段显示译码器 74LS247 的功能表。如果采用共阴极接法的七段显示译码器，则表中的 1 和 0 对换。

表 11-19 七段显示译码器 74LS247 的功能表

功能 十进制数	输入				输出	显示
	$\overline{LT}$	$\overline{RBI}$	$\overline{BI}$	$A_3\ A_2\ A_1\ A_0$	$\bar{a}\ \bar{b}\ \bar{c}\ \bar{d}\ \bar{e}\ \bar{f}\ \bar{g}$	
试灯	0	×	1	× × × ×	0 0 0 0 0 0 0	8
灭灯	×	×	0	× × × ×	1 1 1 1 1 1 1	全灭
灭 0	1	0	1	0 0 0 0	1 1 1 1 1 1 1	灭 0
0	1	1	1	0 0 0 0	0 0 0 0 0 0 1	0
1	1	×	1	0 0 0 1	1 0 0 1 1 1 1	1
2	1	×	1	0 0 1 0	0 0 1 0 0 1 0	2
3	1	×	1	0 0 1 1	0 0 0 0 1 1 0	3
4	1	×	1	0 1 0 0	1 0 0 1 1 0 0	4

续表

功能 十进制数	输入				输出	显示
	$\overline{LT}$	$\overline{RBI}$	$\overline{BI}$	$A_3\ A_2\ A_1 A_0$	$\bar{a}\ \ \bar{b}\ \ \bar{c}\ \ \bar{d}\ \ \bar{e}\ \ \bar{f}\ \ \bar{g}$	
5	1	×	1	0 1 0 1	0 1 0 0 1 0 0	5
6	1	×	1	0 1 1 0	0 1 0 0 0 0 0	6
7	1	×	1	0 1 1 1	0 0 0 1 1 1 1	7
8	1	×	1	1 0 0 0	0 0 0 0 0 0 0	8
9	1	×	1	1 0 0 1	0 0 0 0 1 0 0	9

如图11-43(a)所示，74LS247型译码器有四个输入端A_3、A_2、A_1、A_0，七个低电平有效的输出端$\bar{a}\sim\bar{g}$，可以接七段数码管。另外，它有三个输入控制端，均为低电平有效，在正常工作时均接高电平。

(1) 试灯输入端$\overline{LT}$。

试灯输入端$\overline{LT}$用来检测数码管七个发光段的好坏。当$\overline{BI}=1$，$\overline{LT}=0$时，无论A_3、A_2、A_1、A_0输入为0还是1，$\bar{a}\sim\bar{g}$输出全为0，数码管七段全亮，显示“8”字。

(2) 灭0输入端$\overline{RBI}$。

当$\overline{LT}=1$，$\overline{BI}=1$，$\overline{RBI}=0$时，只有当输入$A_3A_2A_1A_0=0000$时，$\bar{a}\sim\bar{g}$输出全为1，不显示“0”字；此时如果$\overline{RBI}=1$，则译码器正常输出，显示“0”字。当$A_3A_2A_1A_0$为其他组合输入时，无论$\overline{RBI}$为0还是1，译码器都正常输出。$\overline{RBI}$输入端常用来消除无效0，例如消除000.0001前面的两个0，显示为0.0001。

(3) 灭灯输入端$\overline{BI}$。

当$\overline{BI}=0$时，无论其他输入端输入什么，$\bar{a}\sim\bar{g}$输出全为1，数码管七段全灭，无显示。

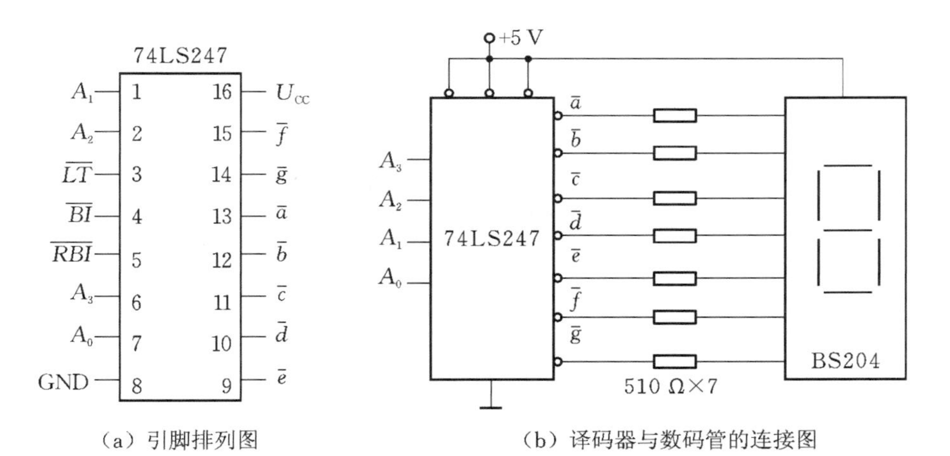

(a) 引脚排列图　　(b) 译码器与数码管的连接图

图11-43　74LS247型译码器

11.7 应用举例

下面以交通信号灯故障检测电路为例进行分析。

交通信号灯的规则是：红灯亮——停车，黄灯亮——准备，绿灯亮——通行。在正常情况下，交通信号灯应该只有一个灯亮，红灯、黄灯、绿灯三个灯全亮、全不亮或者其中两个灯同时亮，都属于故障。

假设变量 R、Y、G 分别表示红灯、黄灯、绿灯，它们都是输入变量。输入变量为 1 表示灯亮，输入变量为 0 表示灯灭。设变量 L 为输出变量，其值为 1 表示有故障，为 0 表示没有故障。根据上述逻辑列出真值表，如表 11-20 所示。

表 11-20 交通信号灯故障检测电路真值表

R	Y	G	L
0	0	0	1
0	0	1	0
0	1	0	0
0	1	1	1
1	0	0	0
1	0	1	1
1	1	0	1
1	1	1	1

由真值表列出逻辑表达式

$$L=\overline{R}\,\overline{Y}\,\overline{G}+\overline{R}YG+R\overline{Y}G+RY\overline{G}+RYG$$

图 11-44 为该逻辑式的卡诺图，应用卡诺图化简得到

$$L=\overline{R}\,\overline{Y}\,\overline{G}+RG+YG+RY$$

为了降低成本，减少所用的门电路数量，上式可以转化成

$$\begin{aligned}L&=\overline{\overline{\overline{R}\,\overline{Y}\,\overline{G}}}+R(G+Y)+YG\\&=\overline{R+Y+G}+R(G+Y)+YG\end{aligned}$$

这样，就可以用三个或门、两个与门和一个或非门实现故障检测逻辑电路。图 11-45 为交通信号灯故障检测电路。如果发生故障，晶体三极管 T 导通，继电器 J 上电，其常开触点 J 闭合，故障指示灯点亮，表示有故障。信号灯的光电检测元件经过放大器后接到 R、Y、G 三端，如果灯亮，则为高电平。

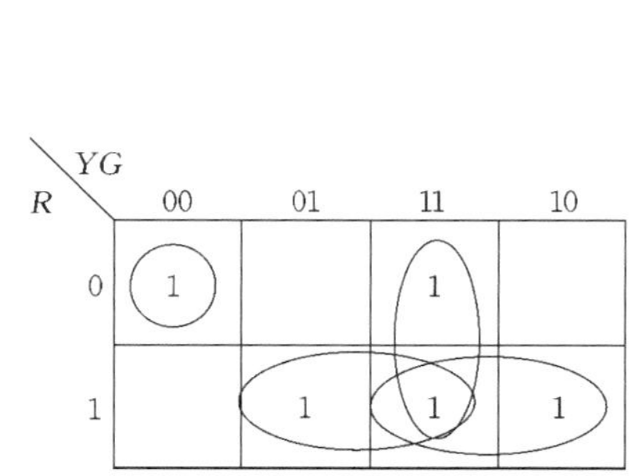

图 11-44 信号灯故障逻辑的卡诺图

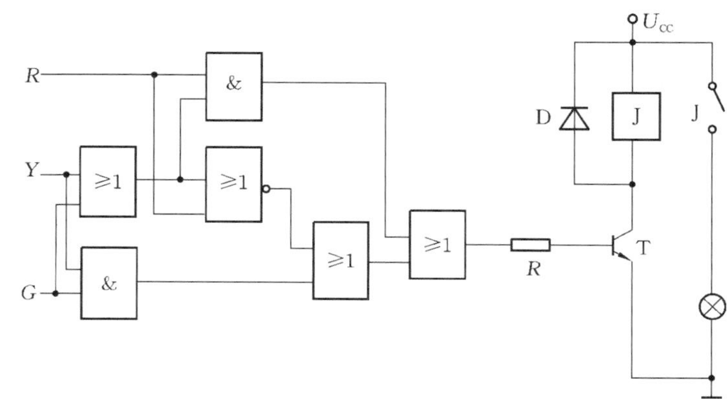

图 11-45 交通信号灯故障检测电路

11.8 技能实训

——组合逻辑电路应用设计

11.8.1 实训目的

(1) 熟悉常用集成电路的引脚功能；

(2) 掌握组合逻辑电路的设计方法，能根据实际要求设计出所需的电路。

11.8.2 实训器材

数字电子技术实验台、74LS00(CC4011)、74LS20、74LS04、74LS86(CC4030)。其中，74LS00、74LS20、74LS04、74LS86 芯片的引脚如图 11-46 所示。

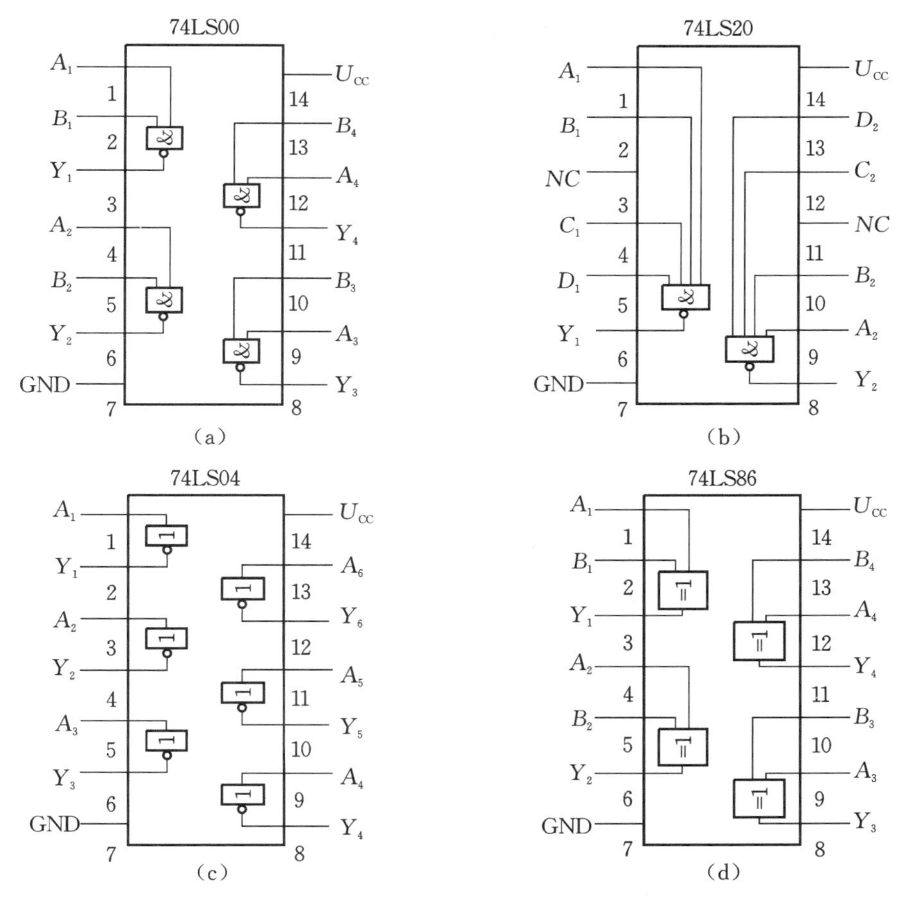

图 11-46 芯片的引脚

11.8.3 实训内容

(1) 熟悉数字电子技术实验台的结构，找到实验台的启动与停止按钮、+5 V直流电源、逻辑电平开关、逻辑电平显示器等的位置，掌握使用方法。

(2) 一个火灾报警系统，设有烟感、温感和紫外光感三种不同类型的火灾探测器。为了防止误报警，只有当其中两种或两种以上的探测器发出探测信号时，报警器才会发出报警信号。试用与非门设计产生报警信号的电路。

(3) 用异或门和非门设计一个四输入奇偶校验发生器：当输入“1”的个数为奇数时，奇数校验输出端输出为“1”；当输入“1”的个数为偶数时，偶数校验输出端输出为“1”。

11.8.4 实训报告

(1) 分别写出“实训内容”中(2)、(3)的逻辑函数表达式。

(2) 根据要求画出逻辑电路图及实验电路接线图。

(3) 记录并讨论实验过程中出现的问题，认真体会组合逻辑电路设计的过程。

习　　题

一、填空题

1. $(101011)_B=$________。

2. $(100101100)_B=$________。

3. $(567)_O=$________。

二、判断题

(　　)1. 逻辑函数有逻辑状态表、逻辑式、逻辑图、卡诺图等四种表示方法。

(　　)2. 组合逻辑电路是由门电路组合而成的，电路中没有记忆单元，有反馈通路。

三、选择题

1. 在集成电路中，(　　)是最常用的基本元件之一，常用它来组成实际的逻辑电路。

A. 异或门　　B. 非门　　C. 与非门　　D. 或门

2. (　　)把输入的每一个高、低电平信号编成一个对应的二进制代码。

A. 编码器　　B. 译码器　　C. 加法器　　D. 数据选择器

四、综合题

1. 证明等式 $ABC+\overline{A}BC+A\overline{B}C=BC+AC$。

2. 化简下列逻辑代数：

(1) $L=\overline{(A+B)(\overline{A}+B)}$；

(2) $L=A+B\overline{C}+A\overline{\overline{B}\,\overline{C}}+\overline{A}BC$；

(3) $L(A,B,C,D)=\sum m(0,2,3,4,8,10,11)$。

3. 根据图 11-47 写出逻辑代数式。

4. 用与非门设计一个四变量的多数表决电路。

5. 用 3 线-8 线译码器 74LS138 及门电路实现逻辑函数 $L=\overline{A}\,\overline{B}C+A\overline{B}\,\overline{C}+BC$。

6. 分析图 11-48 所示的电路图，列出真值表，写出逻辑表达式。

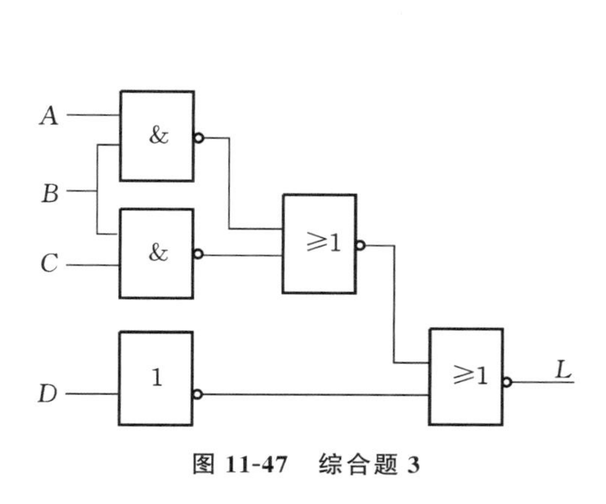

图 11-47　综合题 3

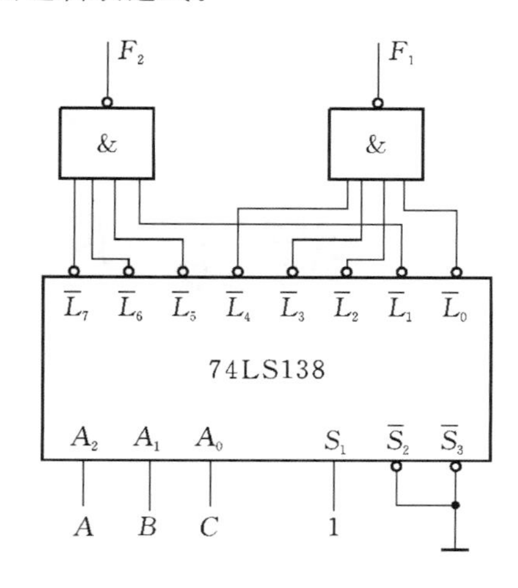

图 11-48　综合题 6

第12章 触发器与时序逻辑电路

在数字系统中，为了实现按一定程序进行运算，需要“记忆”功能。但门电路及其组成的组合逻辑电路中，输出状态完全由当时输入状态的组合来决定，而与原来的状态无关，即组合逻辑电路不具有“记忆”功能。而触发器及其组成的时序逻辑电路中，它的输出状态不仅取决于当时的输入状态，还与原来的状态有关，即时序逻辑电路具有“记忆”功能。

学习目标

1. 理解 *RS* 触发器的工作原理，掌握 *D* 触发器、*JK* 触发器的逻辑功能。
2. 了解寄存器的概念和功能。
3. 理解二进制、十进制计数器的工作原理。
4. 了解555定时器的工作特点及其典型应用。

12.1 双稳态触发器

一个完整的时序电路由两部分组成，如图12-1所示，一部分为组合逻辑电路，另一部分为用来保存信息的存储电路。常用的存储电路有两类：一类是采用电平触发的触发器，可以记录二进制信号“0”和“1”，因此也称为锁存器。另一类是采用边沿触发的触发器，用于控制锁存器状态的转换。

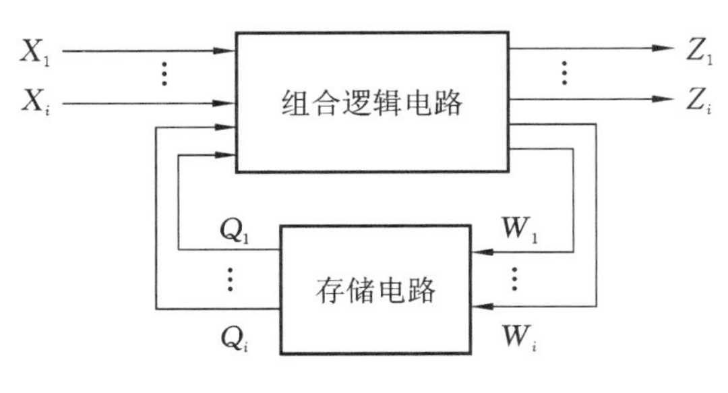

图12-1 基本 *RS* 触发器

触发器的种类很多，按逻辑功能不同分为 *RS* 触发器、*D* 触发器、*JK* 触发器、*T* 触发器等。按触发方式不同分为电平触发器、边沿触发器和脉冲触发器。根据运用场景的不同,触发器还有置位、复位、使能和选择等功能。

双稳态触发器是时序电路中常用的基本触发器之一,由两个或非门组成,有两个输入端和两个输出端。在电子电路中,双稳态触发器的特点是具有两个稳定的状态,并且在外加触发信号的作用下,可以由一种稳定状态转换为另一种稳定状态;在没有外加触发信号时,现有状态将一直保持下去。由于它具有两个稳定状态,故称为双稳态电路。

双稳态触发器是一种具有记忆功能的逻辑部件,有两种相反的稳定输出状态,能储存一位二进制码。按逻辑功能的不同,双稳态触发器可分为 *RS* 触发器、*JK* 触发器、*D* 触发器等。

12.1.1 *RS* 触发器

1. 基本 *RS* 触发器

将两个与非门交叉连接,就构成了一个基本 *RS* 触发器,图 12-2(a)、(b)是它的逻辑图和逻辑符号。图中 G_1、G_2 代表两个集成的与非门,Q 与 $\overline{Q}$ 是基本触发器的两个输出端,$\overline{S}_D$ 输入端称为直接置位端或置 1 端,$\overline{R}_D$ 输入端称为直接复位端或置 0 端。$\overline{R}_D$、$\overline{S}_D$ 平时固定接高电平,处于“1”态,加负脉冲后,由“1”态变为“0”态。

Q 与 $\overline{Q}$ 的逻辑状态在正常条件下能保持相反,即触发器有两个稳定状态:$Q=1,\overline{Q}=0$ 称触发器处于“1”态;$Q=0,\overline{Q}=1$ 称触发器处于“0”态。

下面分四种情况来分析基本 *RS* 触发器的状态转换和逻辑功能。设 Q_n 为原来的状态,称为原态;Q_{n+1} 为加触发信号(正、负脉冲或时钟脉冲)后新的状态,称为新态或次态。

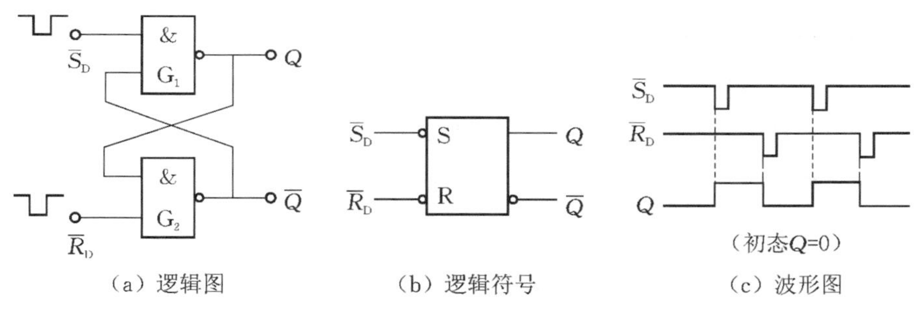

(a) 逻辑图　　(b) 逻辑符号　　(c) 波形图

图 12-2　基本 *RS* 触发器

(1)$\overline{R}_D=0,\overline{S}_D=1$。

当 G_2 门 $\overline{R}_D$ 端加负脉冲后,因为 $\overline{R}_D=0$,所以 $\overline{Q}=1$;反馈到 G_1 门,$Q=0$;再反馈到 G_2 门,即使负脉冲消失,也有 $\overline{Q}=1$。可见,不管触发器原来处于什么状态,经触发后它翻转或保持 0 状态。

(2) $\overline{R}_D=1,\overline{S}_D=0$。

当 G_1 门 $\overline{R}_D$ 端加负脉冲后,因为 $\overline{S}_D=0$,所以 $Q=1$;反馈到 G_2 门,故 $\overline{Q}=0$;再反馈到 G_1 门,即使负脉冲消失,也有 $Q=1$。可见,不管触发器原来处于什么状态,经触发后它翻转或保持 1 状态。

(3) $\overline{R}_D=1,\overline{S}_D=1$。

这时$\overline{R}_D$和$\overline{S}_D$未加负脉冲，触发器保持原来的状态不变。

(4) $\overline{R}_D=0,\overline{S}_D=0$。

当$\overline{R}_D$和$\overline{S}_D$同时加负脉冲时，两个与非门输出端都为1，这就达不到Q与$\overline{Q}$的状态应该相反的逻辑要求，且负脉冲除去后，触发器将由各种偶然因素决定其最终状态。因此，这种情况在使用中应禁止出现。

综上所述，可归纳出基本RS触发器的逻辑状态表，如表12-1所示。其工作波形如图12-2(c)所示。

表12-1 基本RS触发器的逻辑状态表

$\overline{R}_D$	$\overline{S}_D$	Q_n	Q_{n+1}	逻辑功能
0	1	0	0	置0
		1	0	
1	0	0	1	置1
		1	1	
1	1	0	0	保持
		1	1	
0	0	0	不定	应禁止
		1	不定	

基本RS触发器是各种双稳态触发器的共同部分。除此之外，一般触发器还有引导电路(或称控制电路)部分，通过它把输入信号引导到基本触发器。

2. 可控RS触发器

在实际电路中，我们希望有一个控制信号去控制锁存器状态的转换，所以在RS触发器的基础上增加了一个控制端，只有控制端的信号变为有效电平后，RS触发器才能按照输入的信号相应改变输出状态，我们将这种改变后的RS触发器称为可控RS触发器。

可控RS触发器的逻辑图及符号如图12-3所示，$\overline{R}_D$和$\overline{S}_D$分别是直接复位端和直接置位端，就是不经过时钟脉冲CP的控制可以对基本触发器置0或置1。可控RS触发器一般

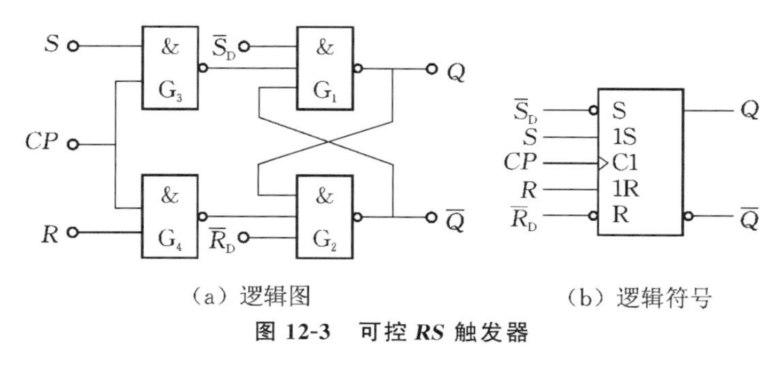

(a) 逻辑图　　(b) 逻辑符号

图12-3 可控RS触发器

用在工作之初，预先使触发器处于某一给定状态，在工作过程中不用它们，不用时让它们处于“1”态(高电平)。

当 $CP=0$ 时，G_3、G_4 均被封锁，即不论 R、S 信号如何变化，G_3、G_4 的输出信号均为 1，G_1、G_2 组成的基本 RS 触发器状态保持不变。

当 $CP=1$ 时，G_3、G_4 被打开，G_3、G_4 的输出就是 S、R 信号取反，这时的可控 RS 触发器就等同于基本 RS 触发器，只是 S 或 R 需要输入正脉冲，通过 G_3 或 G_4 后才能转换成 G_1 或 G_2 门所需要的负脉冲。

表 12-2 是可控 RS 触发器的逻辑状态表，表中符号“×”表示取“0”或取“1”均可。图 12-4 是它的工作波形图。

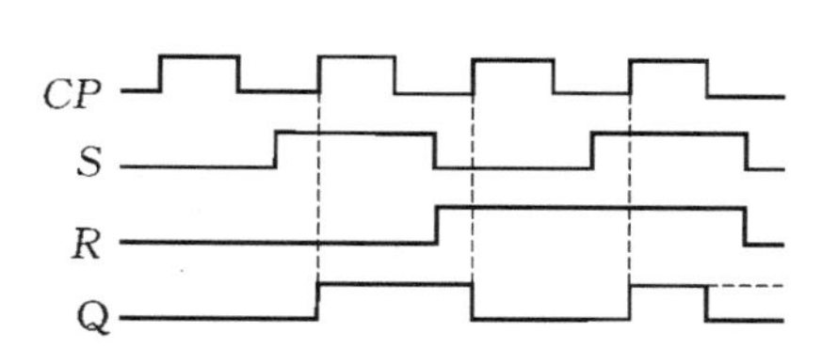

图 12-4 可控 RS 触发器工作波形图

在 $CP=1$ 期间，即控制信号有效时，输入信号若发生多次变化，输出状态也跟着发生多次变化，这一现象被称为触发器的空翻。空翻是一种有害的现象，它使得时序电路不能按照时钟节拍工作，造成系统的误动作。这就无法满足每来一个 CP 脉冲，输出状态只发生一次翻转的要求。

表 12-2 可控 RS 触发器的逻辑状态表

CP	R	S	Q_n	Q_{n+1}	逻辑功能
0	×	×	0	0	保持
			1	1	
1	0	0	0	0	保持
			1	1	
1	0	1	0	1	置 1
			1	1	
1	1	0	0	0	置 0
			1	0	
1	1	1	0	不定	应禁止
			1	不定	

可控 RS 触发器与基本 RS 触发器最大的区别在于：可控 RS 触发器是在控制信号(即时钟脉冲信号)的控制下完成置 0、置 1 功能的。基本 RS 触发器的输出状态直接受 R、S 输入信号控制，只要输入信号变化，输出状态就随着变化。与基本 RS 触发器不同，可控 RS 触发器的状态除了与 R、S 输入端的输入状态有关，还和时钟脉冲控制信号有关，所以这种触发器具有可控性。

12.1.2 JK 触发器

要防止触发器出现空翻现象，仅靠限制 CP 脉冲的宽度是难以实现的。因此必须在电路的硬件方面采取措施。主从 JK 触发器是一种在结构上进行了改造，能够防止空翻的触发器。

JK 触发器是数字电路触发器中的一种基本电路单元。JK 触发器具有置 0、置 1、保持和翻转功能，在各类集成触发器中，JK 触发器的功能最为齐全。在实际应用中，它不仅有很强的通用性，而且能灵活地转换成其他类型的触发器，如由 JK 触发器可以构成 D 触发器和 T 触发器。

主从 JK 触发器的逻辑图如图 12-5(a)所示，它由两个可控 RS 触发器组成，分别称为主触发器和从触发器。时钟脉冲先使主触发器翻转，后使从触发器翻转，这就是“主从型”的由来。主、从触发器之间的脉冲控制端通过一个非门联系起来。J 和 K 是信号输入端，它们分别与 $\overline{Q}$ 和 Q 构成与逻辑关系，成为主触发器的 S 端和 R 端；从触发器的 S 端和 R 端即为主触发器输出端。

图 12-5(b)为主从 JK 触发器的逻辑符号，$\overline{R}_D$ 和 $\overline{S}_D$ 分别是直接复位端和直接置位端。当 $\overline{S}_D=0$ 时，触发器被置为 1 状态；当 $\overline{R}_D=0$ 时，触发器被复位为 0 状态。它们不受时钟脉冲 CP 的控制，主要用于触发器工作前或工作过程中强制置位和复位，不用时让它们处于 1 状态(高电平或悬空)。CP 为脉冲输入端，CP 引线上的小圆圈表示触发器由下降沿触发。

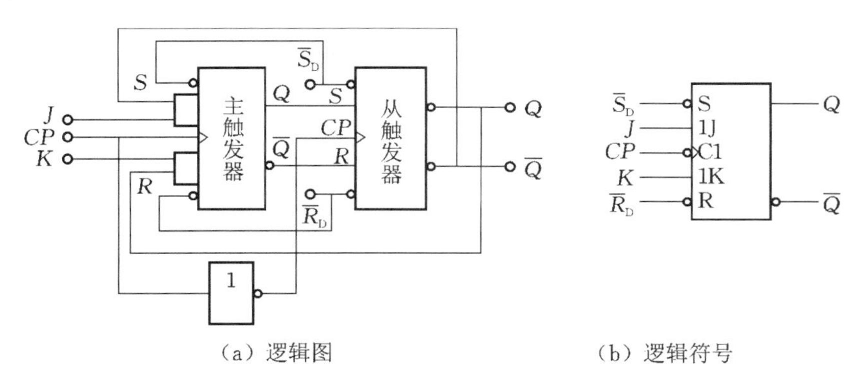

(a) 逻辑图　　　(b) 逻辑符号

图 12-5　主从 JK 触发器

JK 触发器工作过程分析如下：

当 CP 由 0 跳变到 1 时，主触发器的状态由输入信号 J、K 和从触发器的输出决定，但此时 $\overline{CP}=0$，从触发器被封锁而保持原来的状态不变，这样主从 JK 触发器的状态不变。当 CP 由 1 跳变到 0 时，主触发器被封锁，其状态不变，但此时 $\overline{CP}=1$，从触发器被打开，其输出状态受主触发器状态的控制，即将主触发器中保存的状态传送到从触发器中去。

可见主从 JK 触发器在 $CP=1$ 时接收输入信号，在 CP 下降沿输出相应的状态。因此无论 CP 脉冲多宽，从触发器都在时钟脉冲下降沿到来时才翻转，而输入端的状态变化并不会引起触发器状态翻转，有效地克服了空翻现象。表 12-3 和图 12-6 分别为主从 JK 触发器的逻辑状态表和波形图。

表 12-3 主从 *JK* 触发器的逻辑状态表

J	*K*	Q_n	Q_{n+1}	逻辑功能
0	0	0	0	保持
		1	1	
0	1	0	0	置 0
		1	0	
1	0	0	1	置 1
		1	1	
1	1	0	1	翻转(计数)
		1	0	

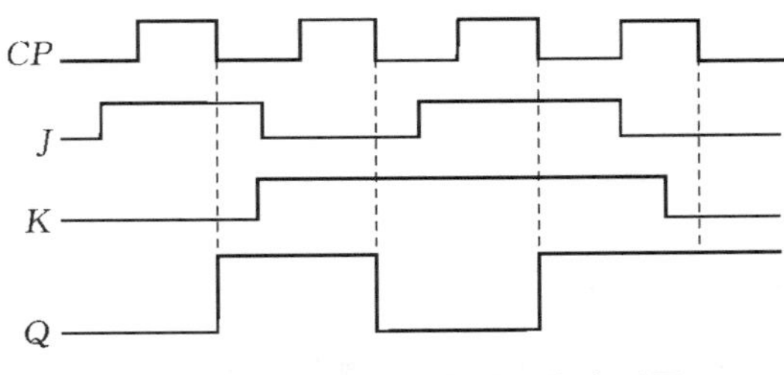

图 12-6 主从 *JK* 触发器工作波形图

12.1.3 *D* 触发器

主从 *JK* 触发器虽然可以克服空翻现象,但是在 $CP=1$ 期间,主触发器对干扰信号有记忆作用。例如,当原态 $Q_n=0$ 时,一旦主从 *JK* 触发器输入端出现脉冲干扰(即 $J=1$),输出端便会产生输出信号,因此该类触发器抗干扰能力低。

边沿触发器的次态仅取决于 *CP* 边沿(上升沿或下降沿)到达时刻输入信号的状态,而与此时刻以前或以后的输入状态无关,因而其可靠性和抗干扰能力得到了提高。*D* 触发器大多是边沿型结构,目前用得较多的是维持阻塞型 *D* 触发器。维持阻塞型 *D* 触发器的逻辑图、逻辑符号和波形图如图 12-7 所示。

逻辑图中门 G_1、G_2 组成基本 *RS* 触发器,引入 4 条不同的输出反馈线,使得门 G_3、G_4 和 G_5、G_6 分别组成 2 个互锁的触发器,抗干扰能力大大加强。经分析可知,维持阻塞型 *D* 触发器具有在时钟脉冲上升沿触发的特点。为了与下降沿触发相区别,在逻辑符号中时钟脉冲 *CP* 输入端靠近方框处不加小圆圈。*D* 触发器只有一个信号输入端,因此其逻辑功能非常简单,表 12-4 为 *D* 触发器的逻辑状态表。

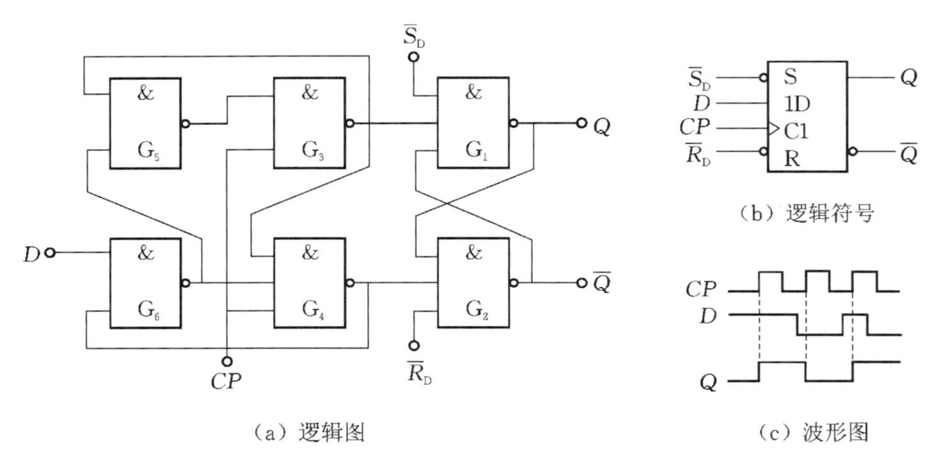

（a）逻辑图 （b）逻辑符号 （c）波形图

图 12-7 维持阻塞型 *D* 触发器

表 12-4 *D* 触发器的逻辑状态表

D	Q_n	Q_{n+1}	逻辑功能
0	0	0	置 0
	1	0	
1	0	1	置 1
	1	1	

在上述触发器中，JK 触发器功能最全，D 触发器使用最为方便，故国内外生产的集成单元触发器产品中，这两种触发器最为常见。

在实际应用中，常常需要进行不同功能的触发器之间的相互转换。JK 触发器是功能比较完善的触发器，将其输入端进行适当的连接可构成其他逻辑功能的触发器。

(1)JK 触发器构成 D 触发器。

在 JK 触发器的 K 端加一个非门与 J 端连接在一起，当 $D=J=\overline{K}$ 时，就构成了 D 触发器，如图 12-8(a)所示。

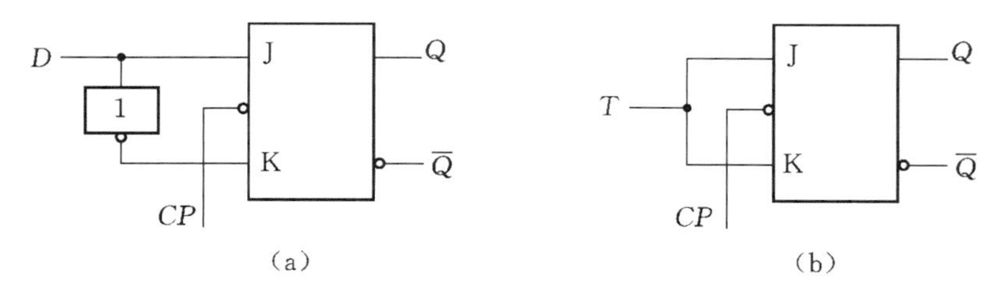

(a) (b)

图 12-8 *JK* 触发器转化为 *D*、*T* 触发器

(2) JK 触发器构成 T 触发器。

将 JK 触发器的两个输入端连接在一起，作为一个输入端 T，就构成了 T 触发器，如图 12-8(b)所示。其功能是当 $T=1$(即 $J=K=1$)时，CP 脉冲下降沿到来瞬间触发器状态翻转；当 $T=0$（即 $J=K=0$）时，触发器的状态保持不变。T 触发器又称可控翻转触发器。

若总是保持 $T=1$，则触发器仅具有"翻转"功能，即来一个 CP 脉冲，触发器的状态就翻转一次，这种触发器称为 T' 触发器，又称翻转触发器。

12.2 寄 存 器

将二进制数码指令或数据暂时存储起来的操作称为寄存，具有寄存功能的电路叫作寄存器。一般寄存器都是借助时钟信号的作用把数据存放到具有记忆功能的触发器中，因此，寄存器是由具有存储功能的各种触发器构成的。另外，寄存器应有执行数据接收和清除命令的控制电路，一般由门电路构成。

寄存器存放数码的方式有串行和并行两种。串行方式就是数码从一个输入端逐位输入到寄存器中；并行方式就是各位数码从各对应位输入端同时输入到寄存器中。

寄存器取出数码的方式也有串行和并行两种。在串行方式中，被取出的数码在一个输出端逐位出现；而在并行方式中，被取出的各位数码在对应于各位的输出端上同时出现。

根据有无移位功能，寄存器常分为数码寄存器和移位寄存器两种。

12.2.1 数码寄存器

仅具有接收、存储和消除原来所存数码功能的寄存器称为数码寄存器，也称为基本寄存器。一个触发器可存储一位二进制代码，要存储 n 位二进制代码，需用 n 个触发器。常用的数码寄存器有四位、八位、十六位等。

图 12-9 所示为由四个 D 触发器构成的四位数码寄存器逻辑图，其工作原理如下。

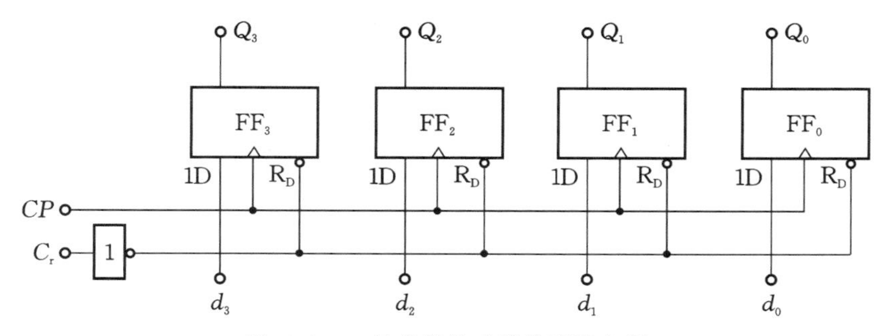

图 12-9 D 触发器构成的数码寄存器

当存放数码时，将要存放的数码送到相应的位置后，再来一个 CP 脉冲（即存入指令下达后），数码立即并行存入相应的寄存器中。例如，要输入的二进制数为 1011，则先将数码送到，即使 $d_3d_2d_1d_0=1011$，然后，当寄存指令来到时，就有 $Q_3Q_2Q_1Q_0=d_3d_2d_1d_0=1011$，即将数码 1011 存入了寄存器。只要没有新的寄存指令，寄存器所存数据永远不变。

当外部电路需要这组数码时，可从寄存器的各 Q 输出端同时读出。由上述分析可知，此数码寄存器为并行输入、并行输出的寄存器。

图 12-9 中，C_r 为清零端，用以清除原来存入的数码。当 $C_r=1$ 时，无论寄存器中原来存放的内容如何，四个 D 触发器全部复位，即 $Q_3Q_2Q_1Q_0=0000$。

12.2.2 移位寄存器

移位寄存器可在移位脉冲的控制下串行输入、输出数码。根据移位方向分，移位寄存器有左移位寄存器、右移位寄存器和双向移位寄存器。其输入、输出方式有串行输入、并行输入和串行输出、并行输出。

图 12-10 所示为由 D 触发器构成的四位左移移位寄存器逻辑图，D_i 为数码输入端，CP 为移位脉冲输入端。

其工作原理分析如下：

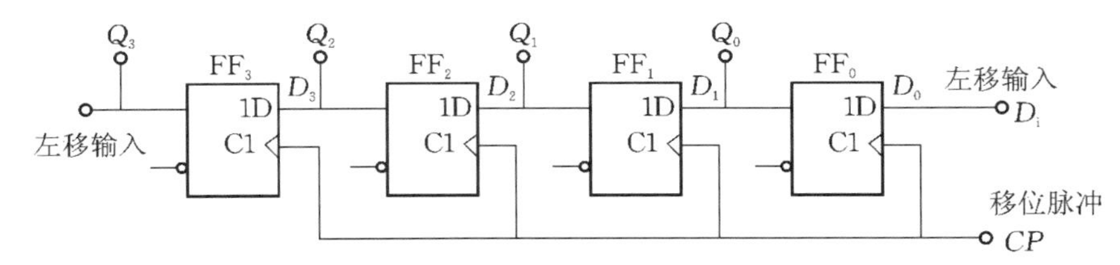

图 12-10 四位左移移位寄存器

设要寄存的数码为 1101，各触发器的起始状态均为 0。首先将最高位“1”送到输入端，此时各触发器输入端 $D_3D_2D_1D_0=0001$。第一个移位脉冲到来后，FF_0 状态变为“1”，FF_1、FF_2、FF_3 状态不变，移位寄存器状态为 $Q_3Q_2Q_1Q_0=0001$；再送次高位的“1”到输入端，此时 $D_3D_2D_1D_0=0011$，第二个移位脉冲到来后，$Q_3Q_2Q_1Q_0=0011$；再送“0”到输入端，此时 $D_3D_2D_1D_0=0110$，第三个移位脉冲到来后，$Q_3Q_2Q_1Q_0=0110$；最后送最低位的“1”到输入端，此时 $D_3D_2D_1D_0=1101$，第四个移位脉冲到来后，$Q_3Q_2Q_1Q_0=1101$。这样经过 4 个 CP 脉冲后，要存的数码便被存入了寄存器中。移位过程可用表 12-5 表示。

表 12-5 移位寄存器的状态表

移位脉冲数	寄存器中的数码				移位过程
	Q_3	Q_2	Q_1	Q_0	
0	0	0	0	0	清零
1	0	0	0	1	左移一位
2	0	0	1	1	左移二位
3	0	1	1	0	左移三位
4	1	1	0	1	左移四位

如果再经过四个移位脉冲，则所存的 1101 逐位从 Q_3 串行输出。

实际应用中，一般采用集成移位寄存器。集成移位寄存器产品较多，图 12-11 所示为四位双向移位寄存器 74LS194 的引脚排列图及逻辑符号，其最高时钟脉冲为 36 MHz。

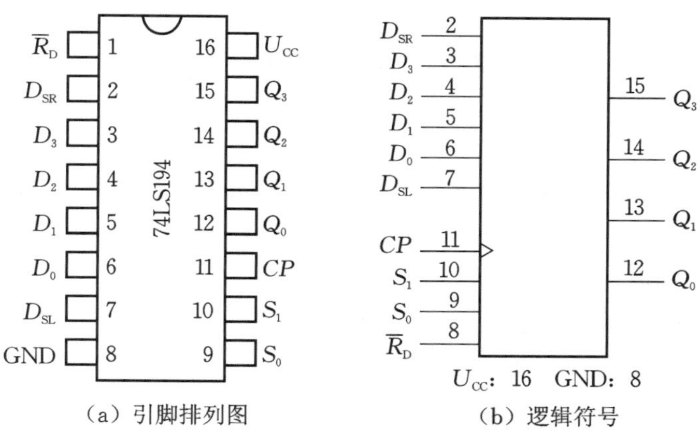

(a) 引脚排列图 (b) 逻辑符号

图 12-11 四位双向移位寄存器 74LS194

各引脚的功能是：

1 为数据清零端$\overline{R}_D$，低电平有效。

3～6 为并行数据输入端 D_3～D_0。

12～15 为数据输出端 Q_0～Q_3。

2 为右移串行数据输入端 D_{SR}。

7 为左移串行数据输入端 D_{SL}。

9、10 为工作方式控制端 S_0、S_1。当 $S_1=S_0=1$ 时，数据并行输入；当 $S_1=0$，$S_0=1$ 时，右移数据输入；当 $S_1=1$，$S_0=0$ 时，左移数据输入；当 $S_1=S_0=0$ 时，寄存器处于保持状态。

11 为时钟脉冲输入端 CP，上升沿有效。

表 12-6 是移位寄存器 74LS194 的功能表。从表 12-6 可知，74LS194 具有清零、并行输入、串行输入、数据左移和右移等功能。

表 12-6 移位寄存器 74LS194 功能表

输入										输出			
$\overline{R}_D$	CP	S_1	S_0	D_{SL}	D_{SR}	D_3	D_2	D_1	D_0	Q_3	Q_2	Q_1	Q_0
0	×	×	×	×	×	×				0	0	0	0
1	0	×	×	×	×	×				Q_{3n}	Q_{2n}	Q_{1n}	Q_{0n}
1	↑	1	1	×	×	d_3	d_2	d_1	d_0	d_3	d_2	d_1	d_0
1	↑	0	1	×	d	×				d	Q_{3n}	Q_{2n}	Q_{1n}
1	↑	1	0	d	×	×				Q_{2n}	Q_{1n}	Q_{0n}	d
1	×	0	0	×	×	×				Q_{3n}	Q_{2n}	Q_{1n}	Q_{0n}

12.3 计 数 器

计数器(counter)是数字设备的基本逻辑部件,其主要功能是记录输入脉冲的个数。计数器所能记忆的最大脉冲个数称作该计数器所能表示的状态总数,计数器所能表示的最大数值称为计数器的容量。

计数器是典型的时序逻辑电路,应用极为广泛,除用于计数外,还可用于分频、控制、测速、测频等。计数器的种类很多,按计数脉冲引入方式的不同,计数器可分为同步计数器和异步计数器;按进位体制的不同,计数器可分为二进制计数器和非二进制计数器;按计数过程中数字增减趋势的不同,计数器可分为加计数器、减计数器和可逆计数器。

12.3.1 二进制计数器

二进制只有 0 和 1 两个数码,其加法运算规则是"逢二进一",即"0+1=1,1+1=10"。

由于双稳态触发器有 1 和 0 两个状态,一个触发器可以表示一位二进制数。如果要表示 n 位二进制数,就需要用 n 个触发器。

下面介绍两种二进制计数器。

1. 异步二进制计数器

1) 异步二进制加法计数器

图 12-12 所示为由四个下降沿触发的 JK 触发器构成的四位异步二进制加法计数器的逻辑电路。每个 JK 触发器的 J、K 端悬空,相当于 1,则构成了 T'触发器(翻转触发器)。最低位触发器的时钟脉冲输入端接计数脉冲 CP,其他触发器的时钟输入端接相邻触发器的 Q 端。

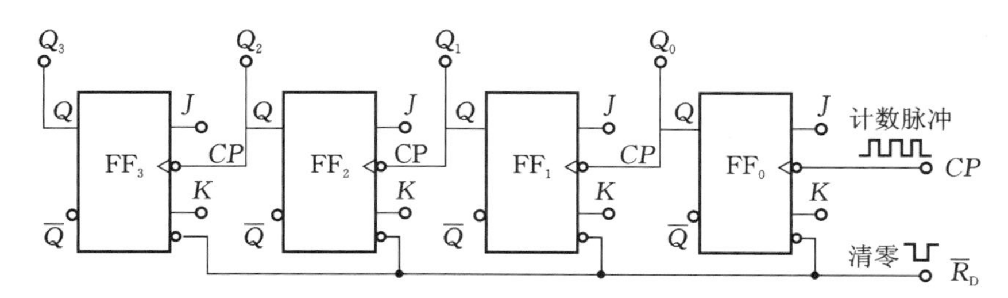

图 12-12 四位异步二进制加法计数器

计数器工作过程如下:

① 计数器工作前先清零,即计数器的状态为 $Q_3Q_2Q_1Q_0=0000$。

② 当第一个 CP 脉冲下降沿到来时,触发器 FF_0 翻转,Q_0 由"0"变"1"。FF_1 的 CP 脉冲由"0"跳变至"1",是上升沿,因此不能翻转,于是 $Q_3Q_2Q_1Q_0=0001$。

③ 当第二个 CP 脉冲下降沿到来时,FF_0 翻转,Q_0 由"1"变"0"。Q_0 作为 FF_1 的 CP 脉冲输入,Q_0 由"1"变"0"时为下降沿,因此 FF_1 翻转,Q_1 由"0"变"1",于是 $Q_3Q_2Q_1Q_0$

$=0010$。

④ 依次类推，当第十五个 CP 脉冲下降沿到来时，计数器的状态为 $Q_3Q_2Q_1Q_0=1111$。

该计数器的状态表、时序波形图分别如表 12-7、图 12-13 所示。可见，经过十六个计数脉冲循环一次，当计数脉冲 CP 输入时，四个触发器翻转是不同的，状态更新有先有后，FF_1、FF_2、FF_3 与 CP 不同步，

表 12-7　四位二进制加法计数器状态表

计数脉冲	触发器状态				十进制数
	Q_3	Q_2	Q_1	Q_0	
0	0	0	0	0	0
1	0	0	0	1	1
2	0	0	1	0	2
3	0	0	1	1	3
4	0	1	0	0	4
5	0	1	0	1	5
6	0	1	1	0	6
7	0	1	1	1	7
8	1	0	0	0	8
9	1	0	0	1	9
10	1	0	1	0	10
11	1	0	1	1	11
12	1	1	0	0	12
13	1	1	0	1	13
14	1	1	1	0	14
15	1	1	1	1	15
16	0	0	0	0	0

因此这种计数器通常称为异步计数器。每经过一级触发器，脉冲的周期为原来的两倍，即脉冲的频率为原来的 1/2，因此每位二进制计数器又是一个二分频器，n 位二进制计数器就是 2^n 分频器。

2）异步二进制减法计数器

二进制减法计数器的法则是“1－1＝0，0－1＝1”并向高位借位。

图 12-14(a)所示为由三个下降沿触发的 JK 触发器构成的三位异步二进制减法计数器的逻辑电路图，低位触发器的 $\overline{Q}$ 端连接到高位触发器的 CP 端，当触发器 Q 端由 0 变 1 时，

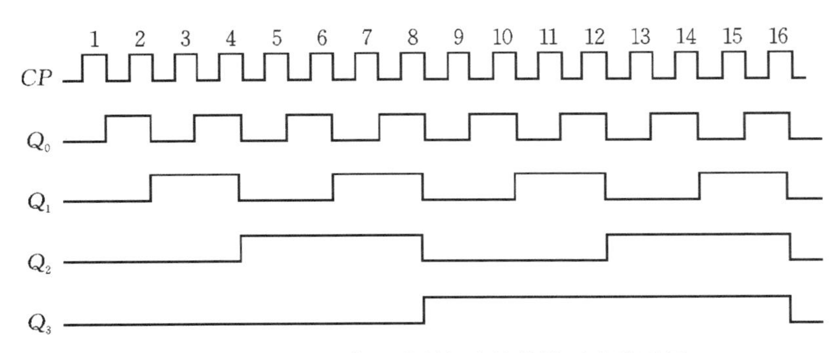

图 12-13　四位异步二进制加法计数器时序波形图

它的 $\overline{Q}$ 端由高电平变为低电平，获得一个下降沿，驱动高位触发器改变状态。其时序图和状态表分别如图 12-14(b)和表 12-8 所示。

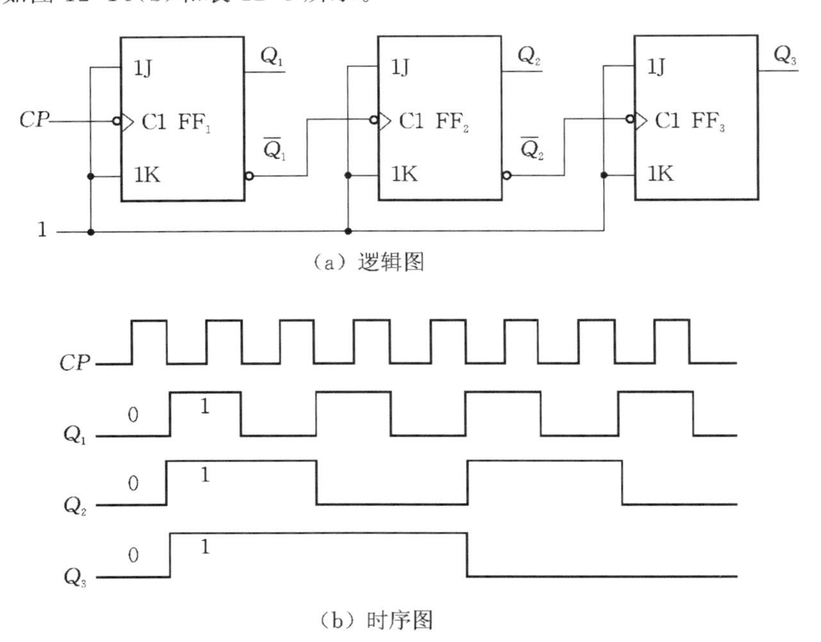

图 12-14　异步三位二进制减法计数器

表 12-8　三位二进制减法计数器状态表

计数脉冲 CP	二进制数			十进制数
	Q_2	Q_1	Q_0	
0	0	0	0	
1	1	1	1	7
2	1	1	0	6
3	1	0	1	5
4	1	0	0	4

续表

计数脉冲 CP	二进制数			十进制数
	Q_2	Q_1	Q_0	
5	0	1	1	3
6	0	1	0	2
7	0	0	1	1
8	0	0	0	0

异步计数器的主要优点是电路结构简单,但存在计数速度较慢等问题,在高速的数字系统中大都采用同步计数器。

2. 同步二进制计数器

将计数脉冲同时接到各触发器的时钟脉冲输入端,则各触发器的翻转是同时进行的,即计数器状态的转换与计数脉冲同步,按这种方式组成的计数器称为同步计数器。图 12-15 为由四个下降沿触发的 JK 触发器构成的四位同步二进制加法计数器的逻辑电路图,图中每个触发器有多个 J 端和 K 端,J 端之间和 K 端之间都是与逻辑关系。

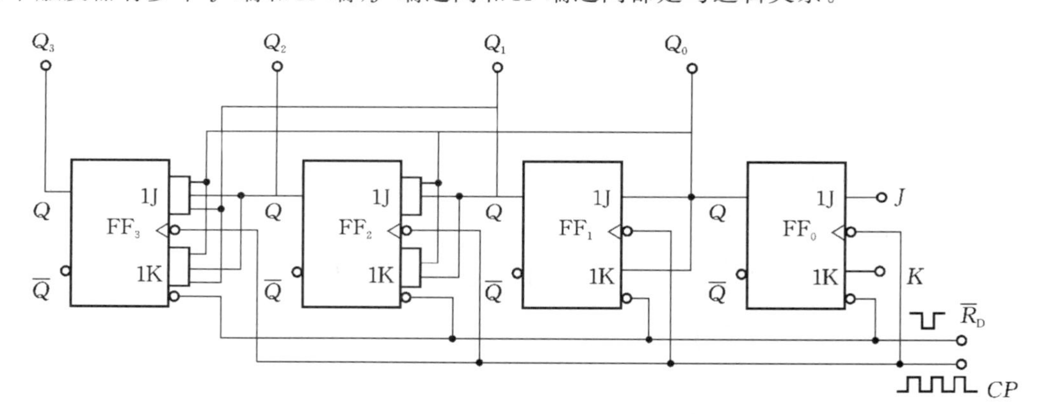

图 12-15　四位同步二进制加法计数器

根据四位二进制加法计数器状态表(见表 12-7),同步计数器工作过程如下:

(1) 触发器 FF_0,每来一个计数脉冲就翻转一次,$J_0=K_0=1$。

(2) 触发器 FF_1,在 $Q_0=1$ 时再来一个脉冲翻转,$J_1=K_1=Q_0$。

(3) 触发器 FF_2,在 $Q_1=Q_0=1$ 时再来一个脉冲翻转,$J_2=K_2=Q_1Q_0$。

(4) 触发器 FF_3,在 $Q_2=Q_1=Q_0=1$ 时再来一个脉冲翻转,$J_3=K_3=Q_2Q_1Q_0$。

12.3.2　十进制计数器

在日常生活和生产中,人们更习惯使用十进制数,所以,在有些场合会用到十进制计数器。十进制计数器有 10 个计数状态,是以二进制计数器为基础变换而来的。三位二进制计数器只有 8 个状态,不足以用来构成十进制计数器。而四位二进制计数器有 16 个状态,去掉6个状态,便可以构成十进制计数器。至于去掉哪6个状态,完全取决于编码方式。若采用8421编码,则十进制加法计数器的状态表如表12-9所示,十进制加法计数器的波形图如图12-16所示。

表12-9 十进制加法计数器状态表

计数脉冲	触发器状态				十进制数
	Q_3	Q_2	Q_1	Q_0	
0	0	0	0	0	0
1	0	0	0	1	1
2	0	0	1	0	2
3	0	0	1	1	3
4	0	1	0	0	4
5	0	1	0	1	5
6	0	1	1	0	6
7	0	1	1	1	7
8	1	0	0	0	8
9	1	0	0	1	9
10	0	0	0	0	进位

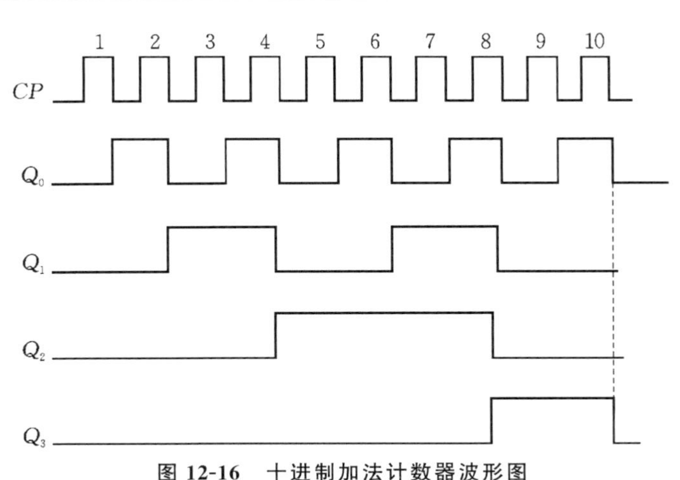

图12-16 十进制加法计数器波形图

图12-17和图12-18所示分别为四个下降沿触发的JK触发器构成的同步十进制加法计数器和异步十进制加法计数器。在实际使用中,一般不直接用触发器来组成计数器,而使用集成计数器,所以这里不再对十进制计数器的结构和工作原理做具体分析。

中规模集成计数器的种类很多,要正确使用集成计数器,要会看它的功能表和查出它的引脚排列图。图12-19为四位同步二进制计数器74LS161的引脚排列图和逻辑符号。

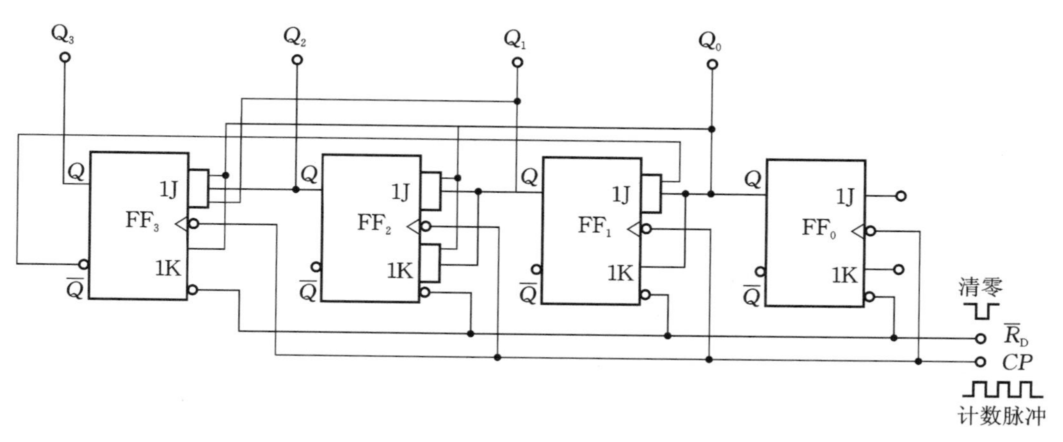

图 12-17 同步十进制加法计数器

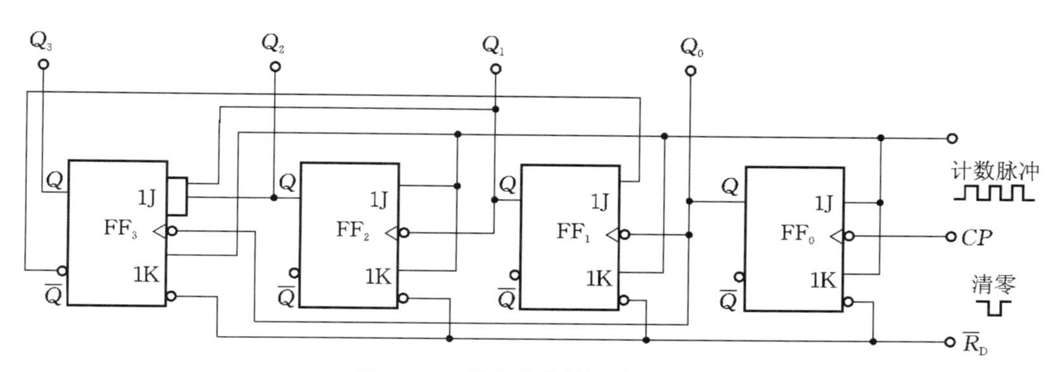

图 12-18 异步十进制加法计数器

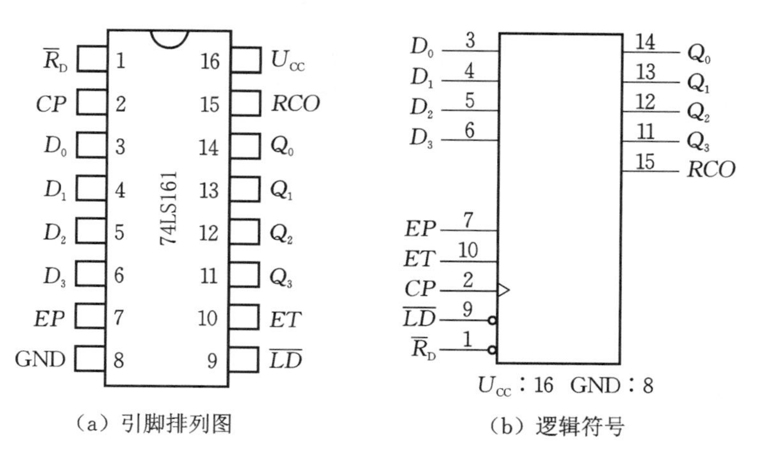

图 12-19 四位同步二进制计数器 74LS161

各引脚的功能是：

1 为清零端$\overline{R}_D$，低电平有效。

2 为时钟脉冲输入端 CP，上升沿有效（$CP\uparrow$）。

3～6 为数据输入端 $D_0 \sim D_3$，可预置任何一个二进制数。

7、10 为计数器控制端 EP、ET，当两者或其中之一为低电平时，计数器保持原态；当两者均为高电平时，计数。

9 为同步并行置数控制端$\overline{LD}$，低电平有效。

11～14 为数据输出端 Q_3～Q_0。

15 为进位输出端，高电平有效。

表 12-10 为同步二进制计数器 74LS161 的功能表。

表 12-10 同步二进制计数器 74LS161 功能表

输入									输出			
$\overline{R}_D$	CP	$\overline{LD}$	EP	ET	D_3	D_2	D_1	D_0	Q_3	Q_2	Q_1	Q_0
0	×	×	×	×	×				0	0	0	0
1	↑	0	×	×	d_3	d_2	d_1	d_0	d_3	d_2	d_1	d_0
1	↑	1	1	1	×				计数			
1	×	1	0	×	×				保持			
1	×	1	×	0	×				保持			

12.4 555 定时器

555 定时器是一种集模拟电路和数字电路为一体的中规模集成电路。它的输入信号可以是模拟信号，也可以是数字信号，它的输出信号是数字逻辑信号。只要在它外部配上适当的阻容元件，就可以方便地组成各种不同功能的电路，如多谐振荡器、单稳态触发器、施密特触发器等。555 定时器在工业控制、电子仿真、安全报警等方面获得了广泛的应用。

1. 555 定时器简介

图 12-20 所示为 555 定时器的电路结构和引脚排列图，各引脚名称见表 12-11。

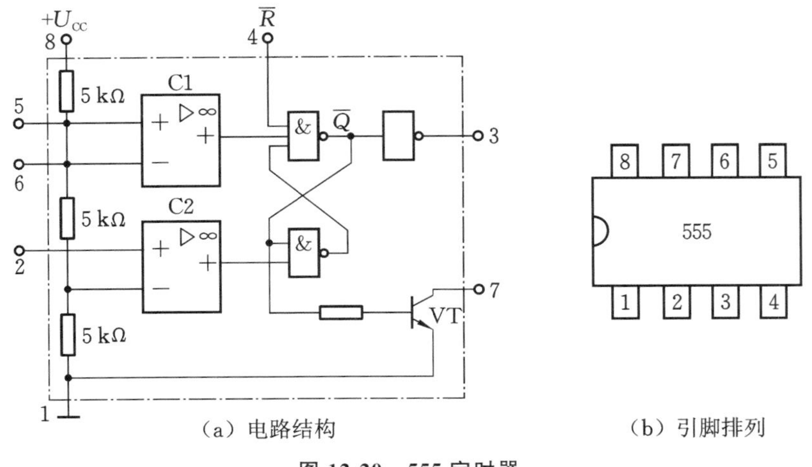

（a）电路结构　　（b）引脚排列

图 12-20 555 定时器

表 12-11 555 定时器外的引脚

引脚	名称	引脚	名称
1	接地端(U_{SS})	5	电压控制端(CO)
2	触发端(U_{TR})	6	阈值端(U_{TH})
3	输出端(u_O)	7	放电端(D)
4	复位端($\overline{R}$)	8	电源端(U_{CC})

表 12-12 为 555 定时器的逻辑功能表。表中“×”表示任意情况,“保持”表示定时器保持原来的状态,“导通”和“截止”指定时器内部晶体管 VT 的工作状态。VT 的集电极和发射极分别接在 7 脚和 1 脚间,VT“导通”意味着 7 脚和 1 脚间相当于开关闭合,VT“截止”意味着 7 脚和 1 脚间相当于开关断开。

表 12-12 555 定时器的逻辑功能

U_{TH}	U_{TR}	$\overline{R}$	u_O	VT
×	×	0	0	导通
$>\frac{2}{3}U_{CC}$	$>\frac{1}{3}U_{CC}$	1	0	导通
$<\frac{2}{3}U_{CC}$	$>\frac{1}{3}U_{CC}$	1	保持	保持
×	$<\frac{1}{3}U_{CC}$	1	1	截止

功能表说明:

当 $\overline{R}=0$ 时,不论 U_{TH}、U_{TR} 取什么值,定时器输出为 0,VT 饱和导通。

当 $\overline{R}=1$ 时,若 $U_{TH}>\frac{2}{3}U_{CC}$,$U_{TR}>\frac{1}{3}U_{CC}$,则定时器输出为 0,VT 饱和导通。

当 $\overline{R}=1$ 时,若 $U_{TH}<\frac{2}{3}U_{CC}$,$U_{TR}>\frac{1}{3}U_{CC}$,则定时器输出和 VT 继续保持原来的状态。

当 $\overline{R}=1$ 时,若 $U_{TR}<\frac{1}{3}U_{CC}$,则定时器输出为 1,VT 截止。

2. 555 定时器的典型应用

1) 多谐振荡器

多谐振荡器是一种自激振荡电路,它没有稳定状态,无须外加触发脉冲,当电路连接好后,只要接通电源,在其输出端便可获得矩形脉冲。由于矩形波中含有丰富的谐波,故称为多谐振荡器。触发器和时序电路中的时钟脉冲就是由多谐振荡器产生的。

图 12-21 所示为 555 定时器组成的多谐振荡器和它的工作波形图。

电路工作原理分析如下:

接通电源前电容 C 上无初始电压，接通电源瞬间，由于电容器 C 上的电压 $u_C<\frac{1}{3}U_{CC}$，即 $U_{TR}<\frac{1}{3}U_{CC}$，结合 555 定时器的功能表，定时器输出为高电平，放电端（晶体管 VT）对地开路。接下来电源通过 R_1、R_2 向电容 C_1 充电，电容电压按指数规律上升，充电时间常数 $\tau_{充}=(R_1+R_2)C$，电容电压 u_C 逐步增大；当 u_C 增大到略高于 $\frac{2}{3}U_{CC}$ 时，定时器的状态发生翻转，输出电压跳变为低电平，VT 饱和导通，相当于开关闭合，电容器 C 通过 R_2 对地放电，放电时间常数 $\tau\approx R_2C$。当 u_C 下降到略小于 $\frac{1}{3}U_{CC}$ 时，定时器的状态再次发生翻转，输出电压跳变为高电平，VT 截止，相当于开关断开，电源再次通过 R_1、R_2 向电容 C 充电，重复前面的过程，形成振荡。因此定时器输出端便产生了不断变化的矩形波信号，其波形如图 12-21 所示。

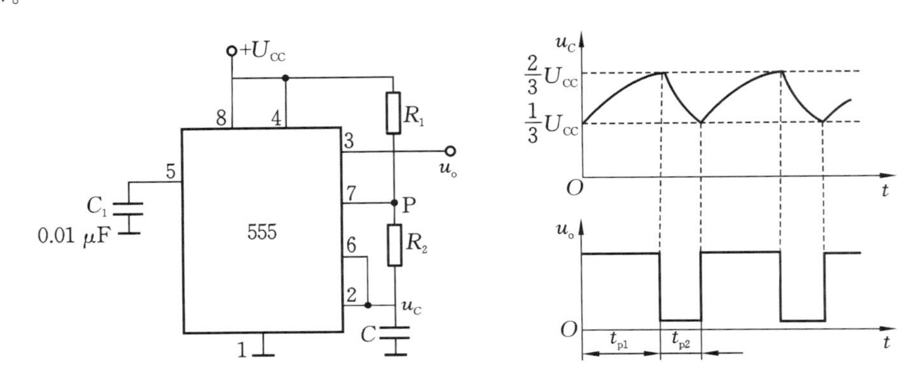

图 12-21　555 定时器组成的多谐振荡器及工作波形图

由以上分析可知，u_o 输出高电平的脉冲宽度 t_{p1} 是电容器 C 在一周内的充电时间，而输出低电平的脉冲宽度 t_{p2} 是电容器 C 在一周内的放电时间。可以证明

$$t_{p1}=(R_1+R_2)C\ln2\approx0.7(R_1+R_2)C$$

$$t_{p2}=R_2C\ln2\approx0.7R_2C$$

所以，输出电压 u_o 的振荡周期 T 为

$$T=t_{p1}+t_{p2}\approx0.7(R_1+2R_2)C$$

振荡频率为

$$f=\frac{1}{T}=\frac{1}{0.7(R_1+2R_2)C}$$

由 555 定时器构成的多谐振荡器，最高频率可达 300 kHz。

2）单稳态触发器

单稳态触发器具有下列特点：它有两个输出状态，一个稳定状态，一个暂稳定状态，在外来触发脉冲的作用下，能够由稳定状态翻转到暂稳定状态，而维持暂稳定状态一段时间后，再自动返回稳定状态，且暂稳定状态持续的时间长短完全取决于电路本身的参数。依据这些特点，单稳态触发器常用于定时、整形、延时的数字化系统和装置中。

由 555 定时器构成的单稳态触发器的电路及工作波形图如图 12-22 所示。R 和 C 是外接定时元件，单稳态电路有一个触发信号输入端。

电路工作原理分析如下：

当 $t=0$ 时，无触发脉冲，电路工作在稳定状态，此时 u_i 为高电平，其值大于 $\frac{1}{3}U_{CC}$，输出电平 u_o 为低电平，放电端（晶体管 VT）对地导通，电容器 C 上的电压近似为零。

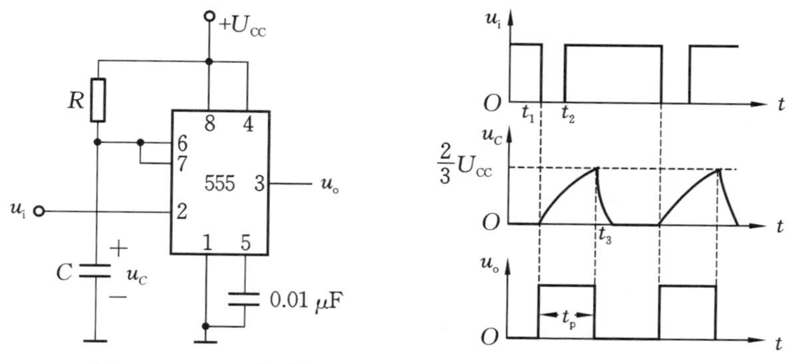

图 12-22 555 定时器构成的单稳态触发器及工作波形图

在 t_1 时刻，输入触发脉冲 u_i 的下降沿到来后，其幅度低于 $\frac{1}{3}U_{CC}$，即引脚 2 的电位 $U_{TR}<\frac{1}{3}U_{CC}$，由 555 定时器的功能表可知，输出电压跳变为高电平，放电端（晶体管 VT）对地开路。

由于放电端对地开路，电源对电容器 C 开始充电，充电时间常数为 $\tau_{充}=RC$，电容电压 u_C 逐步增大；电容器 C 的充电过程中，t_2 时刻触发脉冲 u_i 由低电平变为高电平，U_{TR} 端不起作用，电容器 C 继续充电；当 u_C 增大到略高于 $\frac{2}{3}U_{CC}$ 时（在 t_3 时刻），输出由高电平跳变为低电平，放电端（晶体管 VT）对地短路，电容电压 u_C 瞬间放电完毕，U_{TH} 端也不起作用，输出保持低电平不变。因此，输出低电平是稳定状态，输出高电平是暂稳定状态。

由以上分析可知，只要输入一个触发负脉冲 u_i，在输出端就会得到一个宽度一定的正脉冲，脉冲的宽度取决于电容器 C 上的电压 u_C 充电到 $\frac{2}{3}U_{CC}$ 时所需要的时间，还要求输入的触发脉冲比输出的脉冲窄。

可以证明，输出的脉冲宽度 t_p（即暂稳态持续时间）为

$$t_p=RC\ln 3=1.1RC$$

由上式可见，改变 R 或 C 的大小，就可以改变输出的脉冲宽度 t_p。输出幅度是由 555 器件决定的，所以，输出脉冲的宽度和幅度均与输入信号无关。利用这个特性，可以实现定时或信号整形等功能。

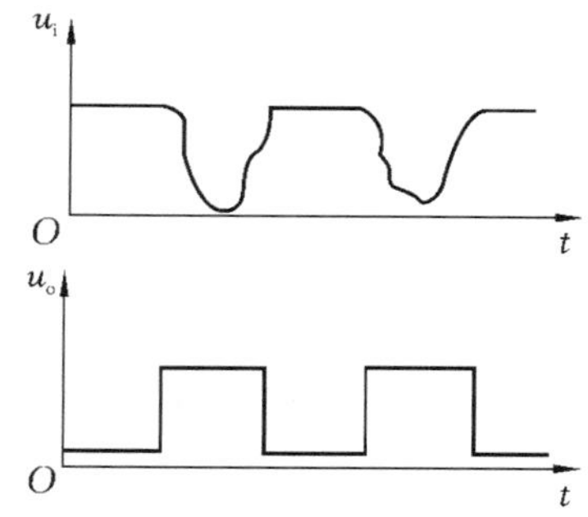

图 12-23 单稳态触发器脉冲整形

图 12-23 所示波形就是单稳态触发器整形的例子。在单稳态触发器输入端输入一个不规则的信号 u_i，则在输出

端可得到一个幅度、宽度都一定的矩形波信号。

3. 施密特触发器

由 555 定时器构成的施密特触发器及工作波形如图 12-24 所示。

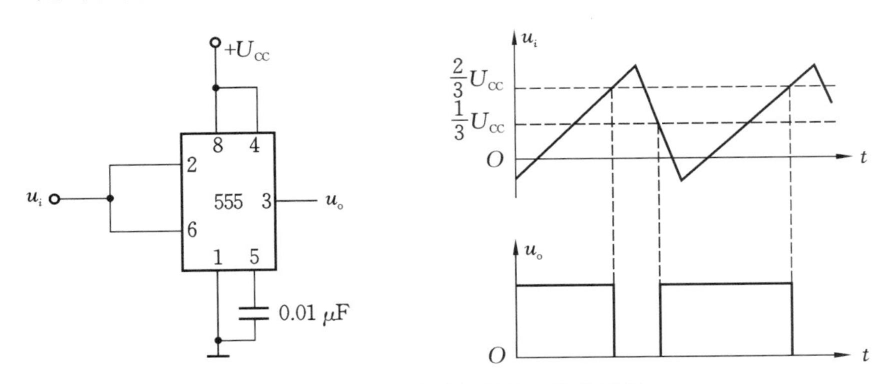

图 12-24 施密特触发器及工作波形图

电路工作原理分析如下：

若输入信号 u_i 如图 12-24 所示，结合定时器的功能表可知，当 $u_i<\frac{1}{3}U_{CC}$时，定时器输出为高电平；随着 u_i 的上升，当$\frac{2}{3}U_{CC}>u_i>\frac{1}{3}U_{CC}$时，定时器保持原状态不变，输出仍为高电平；当 $u_i>\frac{2}{3}U_{CC}$时，定时器状态改变，输出变为低电平。随着 u_i 的下降，当$\frac{2}{3}U_{CC}>u_i>\frac{1}{3}U_{CC}$时，定时器保持原状态不变，输出仍为低电平；当 $u_i<\frac{1}{3}U_{CC}$时，定时器状态改变，输出变为高电平。

施密特触发器最重要的特点是输入信号从低电平上升时的转换电平和从高电平下降时的转换电平不同，利用这个特点，施密特触发器常用来实现波形变换、波形整形和脉冲幅度鉴别等功能。

12.5 技能实训
——触发器及集成计数器逻辑功能的测试

12.5.1 实训目的

(1) 熟悉数字电路实验箱的结构、基本功能和使用方法；

(2) 掌握 JK 触发器、D 触发器的逻辑功能及其测试方法；

(3) 熟悉中规模集成电路 74LS161 的逻辑功能与应用。

12.5.2 实训器材

数字电路实验箱、万用表、示波器、信号发生器、下降沿双 JK 触发器 74LS112、上升沿双 D 触发器 74LS74、计数器 74LS161。

12.5.3 实训内容

1. 集成双 *JK* 触发器 74LS112 逻辑功能的测试

(1) 测试$\overline{R}_D$、$\overline{S}_D$ 的复位和置位功能。

将 74LS112 的$\overline{R}_D$、$\overline{S}_D$、J、K 端接数字电路实验箱的逻辑开关,CP 端接单次脉冲源,Q、$\overline{Q}$ 端接逻辑电平指示器(发光二极管显示)。在$\overline{R}_D=0$($\overline{S}_D=1$)或$\overline{S}_D=0$($\overline{R}_D=1$)期间任意改变 J、K、CP 的状态,观察并记录输出端 Q、$\overline{Q}$ 的状态。

(2) 测试 JK 触发器的逻辑功能。

在$\overline{R}_D=1$、$\overline{S}_D=1$ 以及 J、K 端分别为 00、01、10、11 的情况下,改变 CP 的脉冲(0→1)或(1→0),观察并记录输出端 Q、$\overline{Q}$ 的状态变化,并将测试结果填入表 12-13。

2. 集成双 *D* 触发器 74LS74 逻辑功能的测试

(1) 测试$\overline{R}_D$、$\overline{S}_D$ 的复位和置位功能,测试方法同上。

(2) 测试 D 触发器的逻辑功能。

观察触发器状态更新是否发生在 CP 脉冲的上升沿,记录并分析测试结果。(测试表格参照 JK 触发器逻辑功能测试表自行设计)

表 12-13 *JK* 触发器逻辑功能测试表

J	K	CP	Q_{n+1}		功能说明
			Q_n	$\overline{Q}_n$	
0	0	0→1			
		1→0			
0	1	0→1			
		1→0			
1	0	0→1			
		1→0			
1	1	0→1			
		1→0			

3. 测试 74LS161 的逻辑功能

(1) 按 74LS161 的逻辑功能表接线，CP 接手动单次脉冲或 1 Hz 连续脉冲，输出接逻辑电平指示器。

(2) CP 端输入单次脉冲，观察 Q 端状态的变化，记录计数器的状态转换规律。

(3) 在计数器 CP 输入端输入 1 kHz 连续脉冲，用示波器观察并记录计数器各 Q 端的波形。

12.5.4 实训报告

(1) 整理测试结果，填入各测试项目表格；

(2) 总结 JK 触发器、D 触发器和计数器的逻辑功能，画出相应的波形图。

习 题

一、填空题

1. 时序逻辑电路中，电路的输出状态不仅取决于当时的________状态，还与电路________状态有关。

2. T 触发器又称________触发器；T'触发器又称________触发器。

3. 寄存器是用来暂时存放数据和运算结果等二进制数码的，寄存器分为________和________两种。

4. 在计数器中，若各触发器的时钟脉冲不是同一个，各触发器状态的更新有先有后，这种计数器称为________。

5. 在计数器中，当计数脉冲输入时，各触发器状态的改变是同时进行的，这种计数器称为________。

6. 六进制计数器需要________个触发器组成；十五进制计数器需要________个触发器组成。

7. 8421 码二-十进制计数器中，当计数状态为________时，再输入一个计数脉冲，计数状态为 0000，然后向________发进位信号。

8. 计数器按计数脉冲的引入方式分为同步计数器和异步计数器。同步计数器计数脉冲同时加到各位触发器的________端，同步计数器的计数速度比异步计数器________。

9. 计数器的主要作用是________、________、________等。

10. 555 定时器可以构成________________、________、________，在波形的产生和变换、测量与控制等许多领域中都得到了广泛的应用。

二、判断题

(　　) 1. 一个触发器可以存储一位二进制代码，n 个触发器可以存储 n 位二进制代码。

(　　) 2. 具有记忆功能的各类触发器是构成组合逻辑电路的基本单元。

(　　) 3. 寄存器属于组合逻辑电路。

(　　) 4. 所谓上升沿触发，是指触发器的输出状态变化发生在 $CP=1$ 期间。

(　　)5. 构成计数器电路的器件必须具有记忆功能。

(　　)6. 按照计数器在计数过程中触发器翻转的次序，把计数器分为同步计数器和异步计数器。

(　　)7. 时序逻辑电路输出状态的改变仅与该时刻输入信号的状态有关。

(　　)8. 555 定时器构成的多谐振荡器能产生某一频率的正弦波。

(　　)9. 常用的时序逻辑电路有译码器、比较器、加法器、计数器等。

(　　)10. 555 定时器的复位端接低电平时，定时器输出低电平，输入信号不起作用。

(　　)11. 施密特触发器可以将变化缓慢的信号变换成矩形脉冲。

(　　)12. T 触发器是一种翻转触发器。

三、选择题

1. 具有记忆和存储功能的电路属于时序逻辑电路，故(　　)是时序电路。

A. 加法器　　B. 译码器　　C. 编码器　　D. 计数器

2. 寄存器在电路组成上的特点是(　　)。

A. 有 CP 输入，无数码输入　　B. 有 CP 输入和数码输入

C. 无 CP 输入，有数码输入　　D. 有 CP 输入，数据输入可有可无

3.计数器在电路组成上的特点是(　　)。

A. 有 CP 输入，无数码输入　　B. 有 CP 输入和数码输入

C. 无 CP 输入，有数码输入　　D. 有 CP 输入，数码输入可有可无

4. JK 触发器的逻辑符号如图 12-25 所示，下面描述正确的是(　　)。

A. R_D 端高电平有效，CP 下降沿到来有效

B. R_D 端低电平有效，CP 下降沿到来有效

C. R_D 端低电平有效，CP 上升沿到来有效

D. R_D 端高电平有效，CP 上升沿到来有效

5. D 触发器的逻辑符号如图 12-26 所示，下面描述正确的是(　　)。

A. R_D 端高电平有效，CP 下降沿到来有效

B. R_D 端低电平有效，CP 下降沿到来有效

C. R_D 端低电平有效，CP 上升沿到来有效

D. R_D 端高电平有效，CP 上升沿到来有效

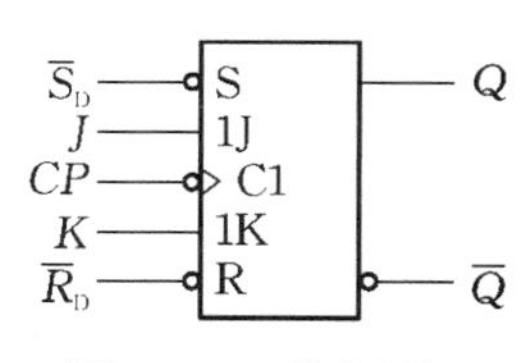

图 12-25　选择题 4

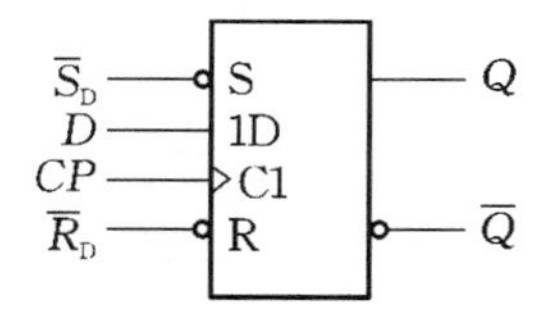

图 12-26　选择题 5

6. 一个触发器可记录一位二进制代码，它有(　　)个稳态。

A. 0　　B. 1　　C. 2　　D. 3

7. 构成计数器的基本单元是(　　)。

A. 与非门　　B. 或非门　　C. 异或门　　D. 触发器

8. 上升沿触发的 D 触发器中,当 CP 脉冲上升沿过后,输入信号 D 改变,则其输出状态(　　)。

A. 不变　　B. 不定　　C. 随 D 而变化

9.欲将三角波变换成矩形波,可以应用的触发器是(　　)。

A. RS 触发器　　B. JK 触发器　　C. D 触发器　　D. 施密特触发器

10. JK 触发器用作 T'触发器时,控制端 J、K 的正确接法是(　　)。

A. $J=K=Q_n$　　B. $J=K=1$　　C. $J=K=\overline{Q_n}$　　D. $J=K$

11. 欲使 D 触发器按 $Q_{n+1}=Q_n$ 工作,应使输入 $D=$(　　)。

A. 0　　B. 1　　C. Q　　D. $\overline{Q}$

12. 把一个 10 kHz 的矩形波变换成一个 1 kHz 的矩形波,应采用(　　)

A. 十进制计数器　　B. 单稳态触发器　　C. 施密特触发器　　D. A/D 转换器

四、作图分析题

1. 下降沿触发的 JK 触发器输入端和 CP 端电压波形如图 12-27 所示,试画出 Q 端的电压波形(触发器初始状态为 0)。

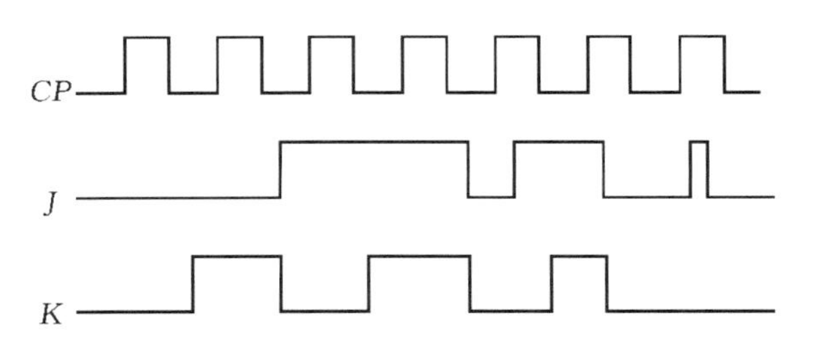

图 12-27　作图分析题 1

2. 上升沿触发的 D 触发器输入端和 CP 端电压波形如图 12-28 所示,试画出 Q 端的电压波形(触发器初始状态为 0)。

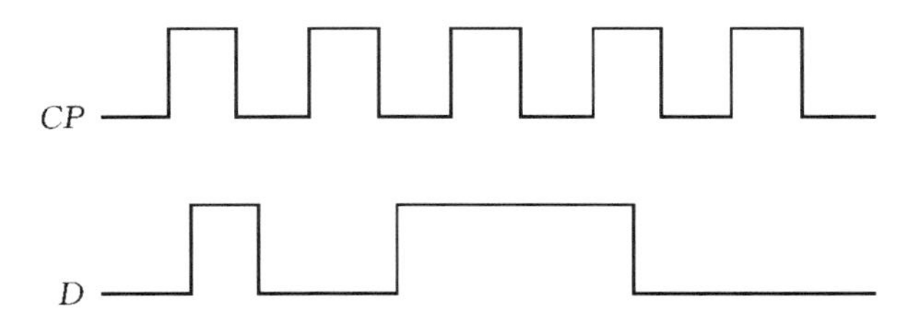

图 12-28　作图分析题 2

3. 电路及时钟脉冲、输入端 D 的波形如图 12-29 所示，设起始状态为 000。

(1) 画出各触发器输出端时序图；

(2) 分析电路功能。

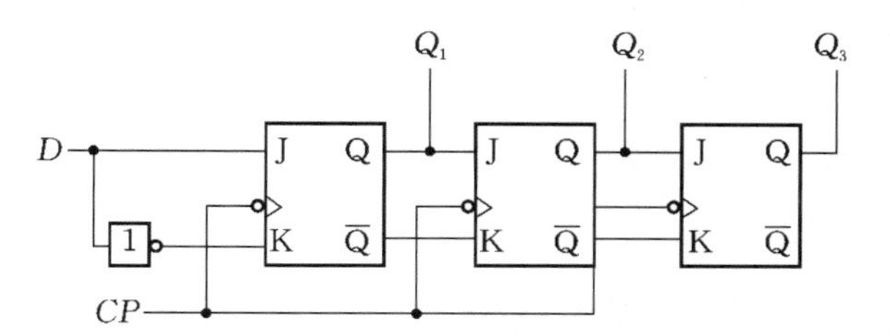

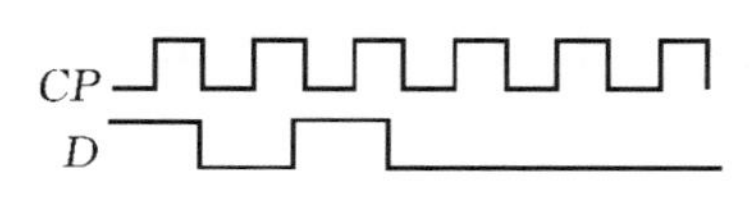

图 12-29 作图分析题 3

第13章 A/D和D/A转换

本章对模数和数模转换的概念和基本原理做简要介绍。

学习目标

1. 了解模数和数模转换的概念及其基本原理。
2. 了解 A/D 转换器和 D/A 转换器的主要技术指标。

在电子线路、计算机工控系统中，通过检测电路获得的随时间连续变化的信号就是模拟电子信号，即模拟量。这些量可以是电量（如电压、电流），也可以是来自传感器的非电量（如位移、温度、压力、流量、速度、应变等）。而计算机系统分析和处理的信息要求是数字信号。

为了在数字计算机系统中分析和处理信息，需要把检测到的模拟信号转变为相应的数字信号，这就是模数转换（即 A/D 转换）。另外，经数字计算机系统分析、处理后的结果为数字信号，为了控制有关的执行部件，需要把数字信号转变为对应的模拟信号，这就是数模转换（即 D/A 转换）。实现模数转换的电路称为模数转换器（ADC），实现数模转换的电路称为数模转换器（DAC）。因此，ADC 和 DAC 是连接数字电路和模拟电路的“桥梁”，也可称为两者之间的接口。图 13-1 是 D/A 和 A/D 转换的原理框图。

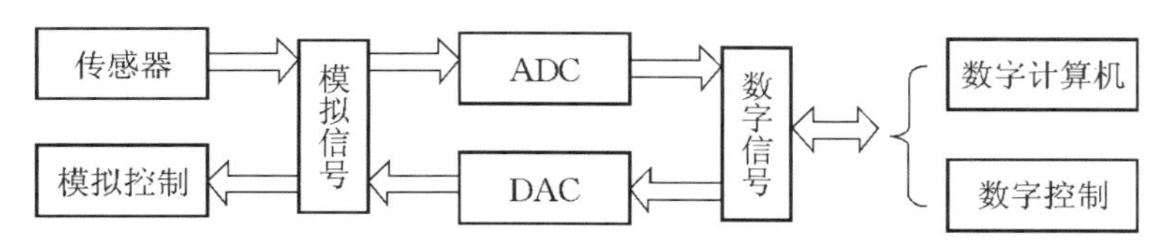

图 13-1 D/A 和 A/D 转换的原理框图

实际上，在数据传输系统、自动测试设备、医疗信息处理、电视信号的数字化、图像信号的处理和识别、数字通信和语音信息处理等许多方面都离不开 ADC 和 DAC。

13.1 A/D 转换器

模数转换器(ADC)的功能是将模拟量转换成数字量,即将模拟电压转换成一组二进制代码。

13.1.1 A/D 转换器的基本原理

在 A/D 转换器中,因为输入的模拟信号在时间上是连续的,而输出的数字信号是离散的,所以进行转换时必须在一系列选定的瞬间,即在时间坐标轴的一些规定点上,对输入的模拟信号采样,然后把这些采样值转换为数字量。因此,A/D 转换器一般由采样和保持电路、量化和编码电路两部分组成,如图 13-2 所示。

A/D 转换器的工作原理为:模拟电子开关 S 在采样脉冲 CP_S 的控制下重复接通、断开。S 接通时,输入模拟电压 $u_i(t)$对电容 C 充电,这是采样过程;S 断开时,电容 C 上的电压保持不变,这是保持过程。在保持过程中,采样得到的模拟电压经过 A/D 转换器的量化和编码电路转换成一组 n 位二进制数输出。随着 S 的不断接通、断开,输入的模拟电压就转换成一组组 n 位二进制数输出。

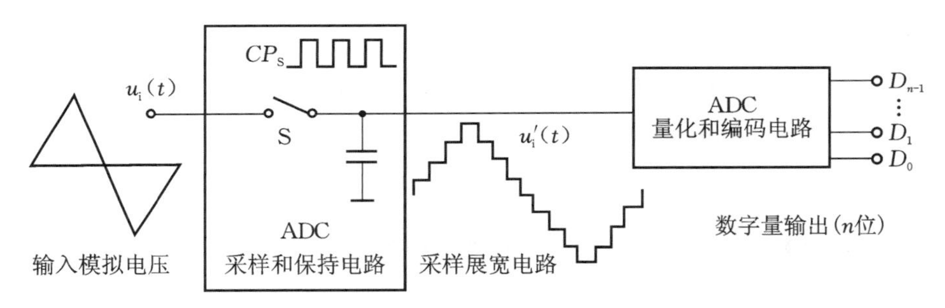

图 13-2 A/D 转换器的工作原理示意图

1) 采样和保持电路

在一个控制信号作用下,每隔一定时间对模拟量抽取一次样值,使时间上连续变化的模拟量变为时间上断续变化的模拟量,这个过程称为采样,控制信号又称为采样脉冲。为了正确无误地用采样输出的模拟信号 $u_i'(t)$表示输入的模拟信号 $u_i(t)$,采样脉冲频率 f_s 与输入信号 $u_i(t)$的最高频率分量的频率 f_{imax}必须满足 $f_s \geqslant 2f_{imax}$。

由于把每次采样得到的采样电压转换为相应的数字量都需要一定的时间,因此在每次采样以后,必须把采样电压保持一段时间,这个过程称为保持。显然,进行 A/D 转换时所用的输入电压实际上是每次采样结束时的电压值。

2) 量化和编码电路

输入的模拟电压经过采样和保持后,得到的是阶梯波,由于阶梯波的幅度是任意的,该波形仍是一个模拟量,因此必须将采样后的样值电平归化到与之接近的离散电平上,这个过程称为量化,指定的离散电平称为量化电平。为了产生量化编码,首先应确定最小量化单位,即单位数字量所代表的模拟量。编码是把量化的数字值用二进制代码表示,把编码后的二进制代码输出就得到 A/D 转换的输出信号。

A/D 转换器的转换精度取决于开关 S 重复接通、断开的次数(即采样脉冲 CP_S 的频率)和编码电路输出二进制的位数。采样脉冲的频率越高,采样输出的模拟电压 $u_i'(t)$ 的轮廓线越接近输入模拟电压 $u_i(t)$ 的波形。编码的二进制数位越多,采样输出的阶梯状模拟电压的编码误差就越小。

13.1.2 A/D 转换器的类型及特点

A/D 转换器的类型很多,从工作原理来讲可概括为两大类:直接型 A/D 转换器和间接型 A/D 转换器。直接型 A/D 转换器可直接将模拟信号转换成数字信号,而间接型 A/D 转换器先将模拟信号转换成中间量(如时间、频率等),再将中间量转换成数字信号。

1. 直接型 A/D 转换器

直接型 A/D 转换器的典型代表有并行比较型 A/D 转换器和逐次逼近型 A/D 转换器。其中并行比较型转换速度快,但设备成本较高,分辨率不易提高,常用在数字通信及高速数据采集系统中。而逐次逼近型成本较低,精度较高,完成一次转换所需时间与位数和时钟频率有关,位数越少,时钟频率越高,转换速度越快。逐次逼近型 A/D 转换器在中高速数据采集系统、在线自动检测系统及动态测控系统使用较多。

2. 间接型 A/D 转换器

间接型 A/D 转换器的典型代表有双积分型转换器,其线路简单,精度高,抗干扰能力强,但转换速度较慢,在工业现场数字仪表(数字万用表、高精度电压表)和低速数据采集系统中应用较多。

13.1.3 A/D 转换器的主要技术指标

1. 分辨率

A/D 转换器的分辨率以输出二进制数的位数表示,位数越多,误差越小,转换精度越高。例如,输入模拟电压的变化范围为 0～5 V,输出 8 位二进制数可以分辨的最小模拟电压为 $5\ \text{V}\times 2^{-8}=20\ \text{mV}$,输出 12 位二进制数可以分辨的最小模拟电压为 $5\ \text{V}\times 2^{-12}=1.22\ \text{mV}$。

2. 相对精度

相对精度是指实际的各个转换点偏离理想特性的误差。在理想情况下,所有的转换点应当在一条直线上。

3. 转换速度

转换速度是指完成一次转换所需的时间。它是指从接到转换控制信号开始,到输出端得到稳定的数字信号所经过的时间。采用不同的转换电路,其转换速度是不同的。并行比较型 A/D 转换器的转换速度比逐次逼近型要快得多。低速 ADC 的转换速度为 1～30 ms,中速为 50 μs,高速约为 50 ns。

此外,尚有电源抑制、功率消耗、温度系数、输入模拟电压范围以及输出数字信号的逻辑电平等技术指标。

13.2 D/A 转换器

数模转换器 DAC 的功能是将一组二进制代码数字量转换成相应的模拟电压输出。在数控车床控制系统中，控制系统将数字量转换成模拟量，通过模拟电压输出接口去控制电动机的转速，便是数模转换的实际应用。

13.2.1 D/A 转换器的基本原理

数字量是用二进制代码按数位组合起来表示的。对于有权码，每位代码都有一定的权，所以，为了将数字量转换成模拟量，必须将每一位代码按其权的大小转换成相应的模拟量，然后将代表各位数字量的模拟量相加，所得的总模拟量就与数字量成正比，从而实现数字量到模拟量的转换。D/A 转换器的结构示意图如图 13-3(a)所示，图中 $D_0 \sim D_{n-1}$ 是输入的 n 位二进制数，u_o 和 i_o 是与输入二进制数成正比的输出电压和电流。

输出模拟量和输入数字量之间的转换关系称为 D/A 转换器的转换特性，图 13-3(b)为输入 3 位二进制数时的 D/A 转换器的转换特性。理想 D/A 转换器的转换特性应是输出模拟量与输入数字量成正比，即输出模拟电压 $u_o = K_u \times D$ 或输出模拟电流 $i_o = K_i \times D$。其中 K_u 或 K_i 为电压或电流转换比例系数，D 为输入的二进制数。如果输入为 n 位二进制数 $D_{n-1}, D_{n-2}, \cdots, D_1, D_0$，则输出模拟电压为

$$u_o = K_u(D_{n-1} \cdot 2^{n-1} + D_{n-2} \cdot 2^{n-2} + \cdots + D_1 2^1 + D_0 2^0)$$

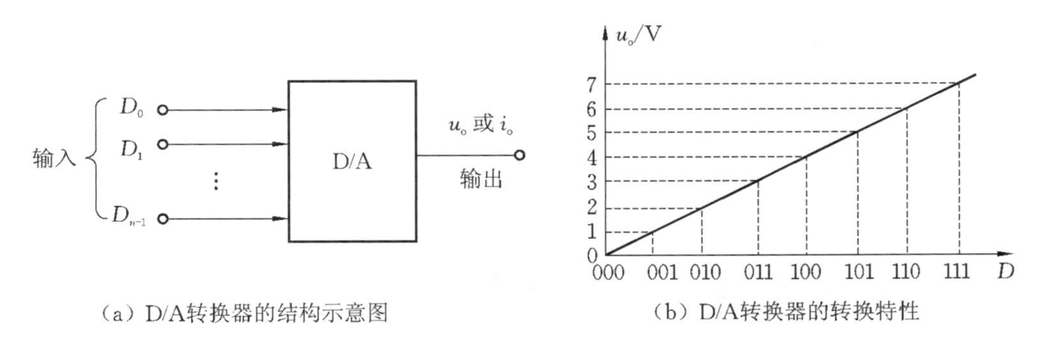

(a) D/A转换器的结构示意图　　(b) D/A转换器的转换特性

图 13-3　D/A 转换器的结构示意图及转换特性

13.2.2 D/A 转换器的类型及特点

D/A 转换器根据工作原理可分为二进制权电阻网络 D/A 转换器和 T 形电阻网络 D/A 转换器两大类。权电阻网络 D/A 转换器电路结构简单，可适用于各种有权码，但权电阻网络电阻阻值范围太宽，工艺上难以保证所有电阻的精度，因此在集成 D/A 转换器中很少采用。而 T 形电阻网络 D/A 转换器只需要两种阻值的电阻，因此适用于集成工艺，集成 D/A 转换器普遍采用这种电路结构。

四位倒 T 形电阻网络 D/A 转换器电路结构如图 13-4 所示。可以看出，这种 D/A 转换器由 R 和 $2R$ 两种阻值的电阻构成的倒 T 形电阻转换网络、模拟电子开关及运算放大器组成。

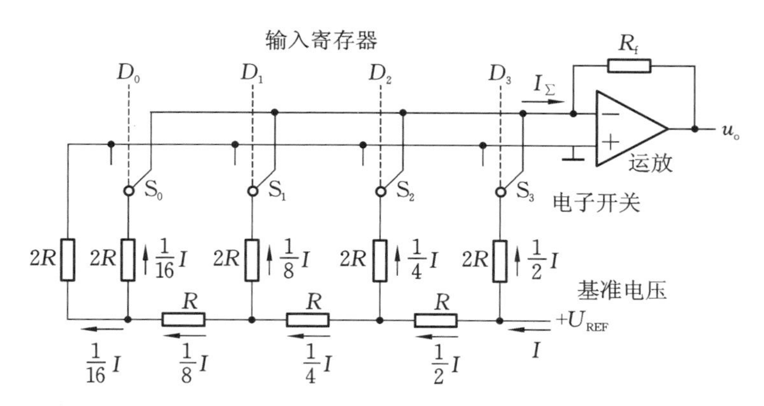

图 13-4　倒 T 形电阻网络 D/A 转换器

电子开关提供输入数字量，每位电子开关所接电阻的阻值都和该位的“权”对应，电阻转换网络实现按权展开，求和运算放大器完成模拟相加。

输入寄存器的数据 $D_0 \sim D_3$ 控制相应电子开关 $S_0 \sim S_3$ 的拨动方向，某位数据为“1”时，对应开关便将 $2R$ 电阻接到运放的反相输入端，电流流向运放的反相输入端；若某位数据为“0”，则将电阻 $2R$ 接地，电流流向地。这样就完成了每位代码按“权”的大小向模拟量转换，每位代码转换后的模拟量再送到求和运算放大器中，其输出就表示所要转换的模拟量。分析可得，四位倒 T 形电阻网络 D/A 转换器输出的模拟电压为

$$u_o = -\frac{U_{REF} R_f}{2^4 R}(D_3 2^3 + D_2 2^2 + D_1 2^1 + D_0 2^0)$$

如果输入的是 n 位二进制数，则

$$u_o = -\frac{U_{REF} R_f}{2^n R}(D_{n-1} 2^{n-1} + D_{n-2} 2^{n-2} + \cdots + D_1 2^1 + D_0 2^0)$$

13.2.3　D/A 转换器的主要技术指标

1. 分辨率

D/A 转换器的分辨率可用输入二进制数的有效位数表示。在分辨率为 n 位的 D/A 转换器中，输出电压能区分 2^n 个不同的输入二进制代码状态，能给出 2^n 个不同等级的输出模拟电压。

D/A 转换器的分辨率也可以用最小输出电压（对应的输入二进制数只有最低位为 1）与最大输出电压（对应的输入二进制数的所有位全为 1）之比表示。例如 10 位 D/A 转换器的分辨率为

$$\frac{1}{2^{10}-1} = \frac{1}{1023} \approx 0.001$$

2. 转换精度

D/A 转换器的转换精度是指输出模拟电压的实际值与理想值之差，即最大静态转换误差。该误差是由参考电压偏离标准值、运算放大器的零点漂移、模拟电子开关的压降以及电阻阻值的偏差等所引起的。

3. 输出电压（或电流）的建立时间

从输入数字信号起，到输出电压或电流到达稳定值所需要的时间称为建立时间。目前，在不包含参考电压源和运算放大器的单片集成 D/A 转换器中，建立时间一般不超过 1 μs。

习　　题

一、填空题

1. A/D 转换器的功能是____。
2. D/A 转换器的功能是____。
3. A/D 转换主要包括________、________、________、和________四个步骤。
4. A/D 转换器的主要技术指标是________、________________和________________。
5. D/A 转换器的主要技术指标是________、________________和________________。

二、问答题

1. 常见的 A/D 转换器有哪几种？各自特点是什么？
2. 为什么 A/D 转换需要采样和保持电路？
3. A/D 转换器和 D/A 转换器的分辨率说明了什么？

第14章

电工测量

在生产一线或控制室,我们可以看到各种各样的测量仪表。这些仪表都是用来进行电压、电流、温度、压力和流量等参数的测量的,以保证安全生产和产品质量。本章介绍电工仪表与测量的基本知识以及常用的万用表和常见的电能表。

学习目标

1. 了解电工仪表与测量的基本知识。
2. 了解电能表的结构及工作原理。
3. 熟悉电流、电压和电阻的测量原理以及万用表的使用方法。

14.1 电工仪表与测量的基本知识

14.1.1 电工测量的基本概念

电工测量就是借助测量设备,把未知的电量或磁量与作为测量单位的同类标准电量或标准磁量进行比较,从而确定未知电量或磁量(包括数值和单位)的过程。一个完整的测量过程包括测量对象、测量方法和测量设备三个方面。

进行电量或磁量测量所需的仪器仪表统称为电工仪表。电工仪表是根据被测电量或磁量的性质,按一定原理构成的。电工测量中使用的标准电量或磁量是电量或磁量测量单位的复制体,称为电学度量器。电工测量中常用的电学度量器有标准电池、标准电阻、标准电容和标准电感等。

14.1.2 电工测量方法分类

1. 按测量方式分类

1）直接测量

在测量过程中，能够直接将被测量与同类标准量进行比较或能够直接用事先刻度好的测量仪器对被测量进行测量，从而获得被测量数值的测量方式，称为直接测量。例如，用电压表测量电压、用电能表测量电能以及用直流电桥测量电阻都是直接测量。直接测量方式被广泛应用于工程测量中。

2）间接测量

当被测量由于某种原因不能直接测量时，可以先直接测量与被测量有一定函数关系的物理量，然后按函数关系计算出被测量的数值，这种间接获得测量结果的方法称为间接测量。例如，用伏安法测量电阻，是利用电压表和电流表测量出电阻两端的电压和通过该电阻的电流，然后根据欧姆定律计算出被测电阻的大小。间接测量方式广泛应用于科研、实验室及工程测量中。

2. 按测量方法分类

根据度量器是否参与测量过程，把测量方法分为直读法和比较法。

1）直读法

能够直接从仪表刻度盘上读取被测量数值的测量方法称为直读法。例如，用欧姆表测量电阻时，从指针在标度尺上指示的刻度值可以直接读出被测电阻的数值。这一读数被认为是可信的，因为欧姆表标度尺的刻度事先用标准电阻进行了校验，标准电阻已将它的量值和单位传递给欧姆表，间接地参与了测量过程。直读法测量过程简单，操作容易，读数迅速，但其测量准确度不高。

2）比较法

将被测量与度量器在比较仪器中进行比较，从而获得被测量数值的方法称为比较法。例如，用天平测量物体时，作为质量度量器的砝码始终参与了测量过程。在电工测量中，采用比较法具有很高的准确度，但测量时操作比较烦琐，相应的测量设备也比较昂贵。

14.1.3 电工仪表分类

电工仪表的品种、规格繁多，归纳起来可以分为三大类。

1. 模拟指示仪表

模拟指示仪表是最常见的一种电工仪表。它的特点是把被测电磁量转换为可动部分的角位移，然后根据可动部分的指针在标尺上的位置直接读出被测量的数值，所以它是一种直读式仪表。

模拟指示仪表可以按不同的方法分类：

(1) 按被测对象的不同，模拟指示仪表可分为交直流电压表、交直流电流表、功率表、电能表、频率表、相位表及各种参数测量仪表。

(2) 按工作原理的不同，模拟指示仪表可分为磁电系、电磁系、电动系、感应系、静电系等，其中磁电系、电磁系、电动系仪表是最常用的三种模拟指示仪表，它们的性能、特点及应用如表14-1所示。

表14-1　磁电系、电磁系、电动系仪表性能比较

类型	工作原理	优点	缺点	使用范围
磁电系	可动通电线圈在永久磁铁的磁场中受到电磁力的作用，产生转动力矩	1.准确度、灵敏度高； 2. 标尺刻度均匀，便于读数； 3. 功率消耗小； 4. 受外磁场影响小	1. 过载能力小； 2. 只能测量直流信号	用于直流电流、电压、电阻的测量（配上整流装置构成整流系仪表可测交流信号）
电磁系	利用磁化后的铁片被吸引或排斥的作用来产生转动力矩	1. 可交、直流两用； 2. 过载能力强； 3. 结构简单、价格低廉	1. 标尺刻度不均匀，不易准确读数； 2. 易受外界磁场干扰，准确度低	主要用于交流电流和电压的测量
电动系	载流线圈之间有电磁力的作用，从而产生转动力矩	1. 准确度高，适用于精密测量； 2. 可交、直流两用； 3. 使用范围广，可制成电流、电压表，也可制成功率表	1. 过载能力差； 2. 受外磁场影响较大	可用在交流或直流电路中测量电流、电压及功率

（3）按准确度等级分，模拟指示仪表可分为0.1、0.2、0.5、1.0、1.5、2.5、5.0七个等级。

指示仪表的准确度等级是根据仪表的相对额定误差（又称引用误差）来确定的。所谓相对额定误差，就是仪表在正常工作条件下进行测量可能产生的最大基本误差ΔA_m与仪表量限（满度值）A_m之比，用γ表示为

$$\gamma=\frac{\Delta A_m}{A_m}\times 100\%$$

0.1、0.2、0.5、1.0、1.5、2.5、5.0等数字就是表示仪表的相对额定误差的百分数。准确度等级的数值越小，容许误差越小，仪表的准确度越高。0.1和0.2级仪表通常作为标准表，用于校验其他仪表；实验室一般用0.5～1.5级仪表；工厂用于监视生产过程的仪表一般为1.5～5.0级。

仪表的准确度与仪表本身结构有关，正常工作条件下，可认为最大基本误差ΔA_m是不变的。上式表明，测量值越接近仪表的量程，相对测量误差越小，测量结果也越准。因此，在实际测量时，应选择合适量程的仪表，或选择仪表上合适的量程，一般应尽量使被测量的值超过仪表满度值的三分之二。

（4）按照电流的种类，模拟指示仪表可分为直流仪表、交流仪表和交直流两用仪表。

（5）按使用方式的不同，模拟指示仪表可分为安装式仪表和便携式仪表。

此外，模拟指示仪表可以按外壳防护性能、读数装置的结构方式等进行分类。

2. 数字仪表

数字仪表也是一种直读式仪表，它的特点是把被测量转换为数字量，然后以数字方式直

接显示被测量的数值。随着电子技术、微电子技术和计算机技术的发展，数字仪表得到了迅速发展，并在电工测量领域得到了广泛应用。数字仪表具有测量速度快、精度高、易于读数，以及便于实现自动记录和自动控制等诸多优点。

数字仪表的种类很多，例如数字电压表、数字电流表、数字万用表、数字频率计、数字功率表、数字欧姆表等。

3. 比较仪表

比较仪表用于比较法测量，它有直流和交流两大类，包括各类交直流电桥、交直流补偿式测量仪器等。比较仪表的测量准确度一般比较高，所以常用于对电磁量进行较精密测量的场合。

14.2 电工仪表的组成和基本原理

14.2.1 模拟指示仪表的组成和基本原理

模拟指示仪表简称指示仪表。电磁测量用模拟指示仪表一般由测量线路和测量机构（俗称表头）两大部分组成，如图14-1所示。

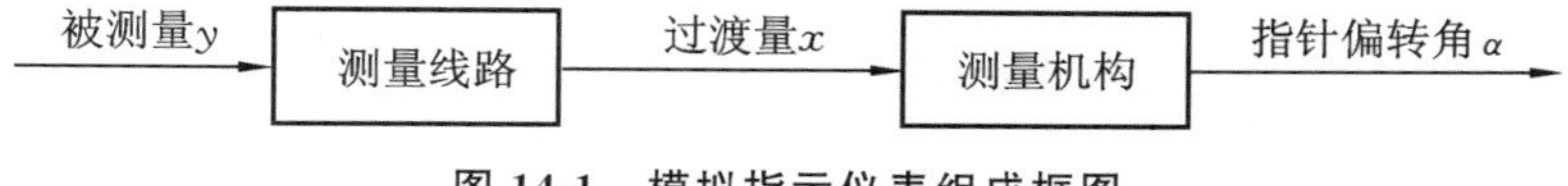

图14-1 模拟指示仪表组成框图

测量线路的任务是把被测量y转换成可被测量机构接受的过渡量x；测量机构的任务则是把过渡量x再转换为指针的偏转角α。不论是测量线路中的y和x，还是测量机构中的x和α，都要求它们之间保持一定的函数关系，这样才能从偏转角α读出被测量y。

如果测量对象能够直接作用于测量机构，也可以不用测量线路。而测量机构是模拟指示仪表的核心，没有测量机构，就不能构成模拟指示仪表。测量机构通常由固定部分、可动部分构成。以磁电系测量机构为例，磁路为固定部分，可动线圈、指针、游丝等组成可动部分。磁电系测量机构如图14-2所示。

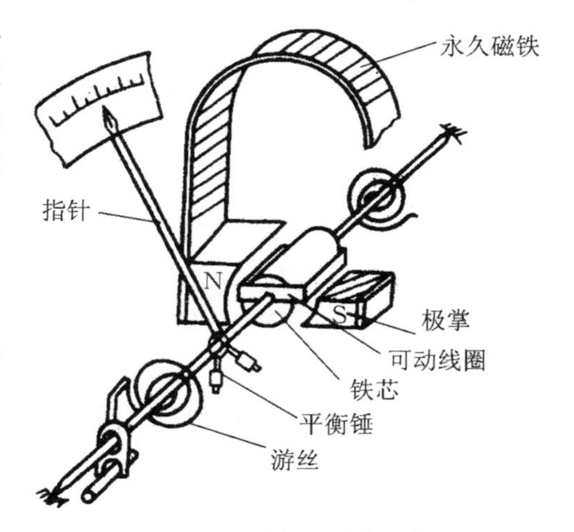

图14-2 磁电系测量机构

不同类型指示仪表的测量机构不仅在动作原理上不同，其结构也不相同，但它们在仪表中的功能是相同的。测量机构按功能和作用可分为如下三部分。

1. 产生转动力矩的驱动装置

为了使可动部分的偏转角反映被测电量的大小，测量机构必须具有产生转动力矩的装置，不同类型的仪表，产生转动力矩的原理不同，产生力矩的构造也不同。如磁电系测量机构，可动线圈通电后，与永久磁铁的磁场相互作用而形成转动力矩，使可动线圈产生偏转。

2. 产生反作用力矩的控制装置

如果测量机构只有转动力矩，那么不论被测量所产生的转动力矩是大还是小，指针都会偏转到最终位置。为了使可动部分的偏转角能反映被测量的大小，还需要设置一个能产生反作用力矩的控制装置。如图 14-2 所示，磁电系测量机构中的游丝就是一种常用的产生反作用力矩的控制装置。当可动部分在转动力矩的作用下产生偏转时，会同时扭紧游丝。游丝是由高弹性材料制成的，扭紧时会产生一个与转动力矩方向相反的反作用力矩，其大小与游丝扭转角成正比。当转动力矩和反作用力矩完全相等时，可动部分由于力矩平衡而停留在一定位置。这样，与可动部分一起偏转的指针偏转角的大小就能反映被测电量的大小。

3. 产生阻尼力矩的阻尼装置

当仪表的可动部分到达平衡位置时，由于惯性不会立即停下来，而是在平衡位置附近来回摆动一段时间后才能稳定。为了能够尽快读数和减少可动部分摆动的时间，仪表中必须装有阻尼装置，用来消耗可动部分的动能，限制可动部分的摆动。常用指示仪表的阻尼装置有空气阻尼器和磁感应阻尼器两种。阻尼力矩是一种动态力矩，当可动部分稳定之后，它就不复存在。

14.2.2 数字仪表的组成和基本原理

数字仪表的组成框图如图 14-3 所示，它包括测量线路、模数转换（A/D 转换）和数字显示器几个部分。

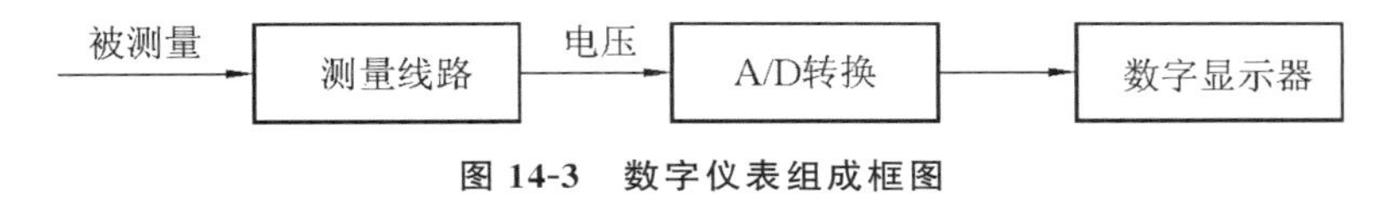

图 14-3 数字仪表组成框图

测量线路的任务是将被测模拟量转换为便于进行模数转换的另一种模拟量。在目前的数字仪表中，由于实际使用的 A/D 转换器都是将直流电压转换为相应的数字量，因此测量线路就是将被测模拟量转换为直流电压。

A/D 转换器的任务是把模拟量转换为数字量，即把连续变化的直流电压转换为高电平或低电平脉冲所组成的二进制数码。

数字显示器是把转换后的数字量用十进制数的形式显示出来。

14.3 电流、电压和电阻的测量

14.3.1 电流的测量

测量电流时，电流表必须串联在电路中，如图 14-4 所示。电流表串联接入被测电路后，电路中增加了电流表的内阻，将使被测电路的工作状态发生改变而产生测量误差，为了减小测量误差，要求电流表的内阻越小越好。

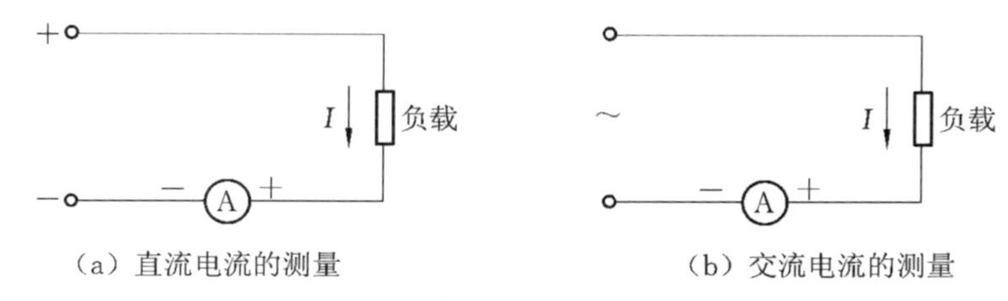

（a）直流电流的测量　　（b）交流电流的测量

图 14-4　电流表的接线

1. 直流电流的测量

测量直流电流一般选用磁电系电流表。由于磁电系电流表测量机构中通电的可动线圈的导线很细，且电流要通过游丝，允许通过的电流很小，一般在几十微安到几毫安之间。要测量大电流，就需要接分流器。分流器是扩大电流表量程的装置，其电路原理如图 14-5 所示。

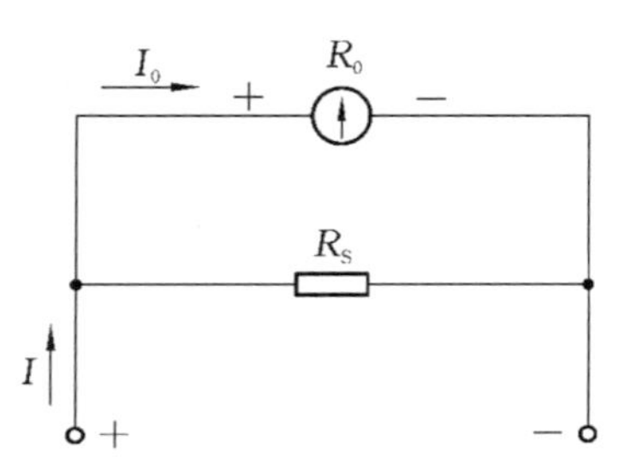

图 14-5　磁电系电流表电路原理图

图中 R_0 为测量机构的电阻，R_S 为分流器电阻，它与测量机构并联。这样通过测量机构的电流 I_0 只是被测电流 I 的一部分。当被测电流为 I 时，

$$I_0=\frac{R_S}{R_0+R_S}I$$

即

$$R_S=\frac{R_0}{\frac{I}{I_0}-1}$$

由上式可知，需要扩大的量程愈大，分流器的电阻应愈小。当电流不大时，分流器一般放在电流表的内部，称为内附式分流器。当电流在 50 A 以上时，分流器常装在仪表的外部，称为外部分流器。

2. 交流电流的测量

测量交流电流主要采用电磁系电流表，将电磁系测量机构中的固定线圈直接串联在被测电路中测量电流。电磁系电流表不宜采用并联分流器的方法来扩大量程，要直接测量较大电流，可以用加大固定线圈导线截面的方法来解决。

安装式电磁系电流表一般都制成单量程的，最大量程不超过 200 A，如果要测量几百安的交流电流，则利用电流互感器。便携式电磁系电流表大都为双量程，将测量机构的固定线圈分成完全相同的两段，通过改接金属连接片，使两线圈串联或并联，从而达到改变量程的目的。

14.3.2　电压的测量

测量电压时，电压表必须并联在被测负载两端，如图 14-6 所示。为了减少电压表接入

后对电路原来状态和测量结果的影响，要求电压表的内阻比被测负载的电阻大很多。

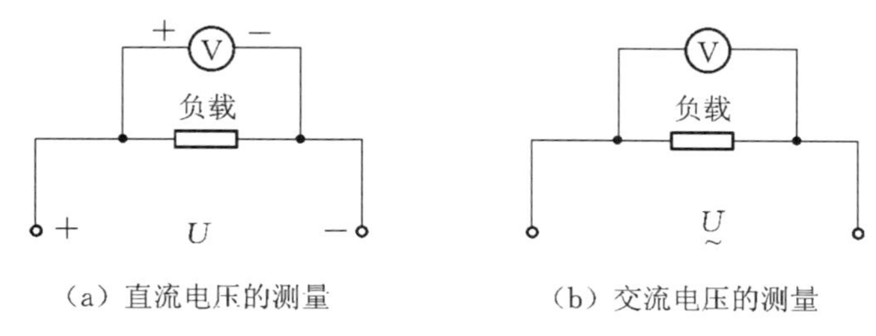

图 14-6　电压表的接线

1. 直流电压的测量

测量直流电压常用磁电系电压表。由于磁电系测量机构的内阻不大，允许通过的电流又很小，直接作为电压表使用时只能测量很小的电压（一般只有几十毫伏左右）。为了测量较高的电压，可用一阻值较大的分压电阻（亦称附加电阻）与磁电系测量机构串联，如图 14-7(a)所示。图中 R_0 为测量机构的电阻，R_f 为分压电阻，它与测量机构串联。这样分配到测量机构的电压 U_0 只是被测电压 U 的一部分。当被测电流为 U 时，由图 14-7(a)可得

$$\frac{U}{U_0}=\frac{R_0+R_f}{R_0}$$

即

$$R_f=R_0\left(\frac{U}{U_0}-1\right)$$

由上式可知，需要扩大的量程愈大，分压电阻应愈大。磁电系电压表也可制成多量程的，图 14-7(b)所示为三量程电压表测量线路。

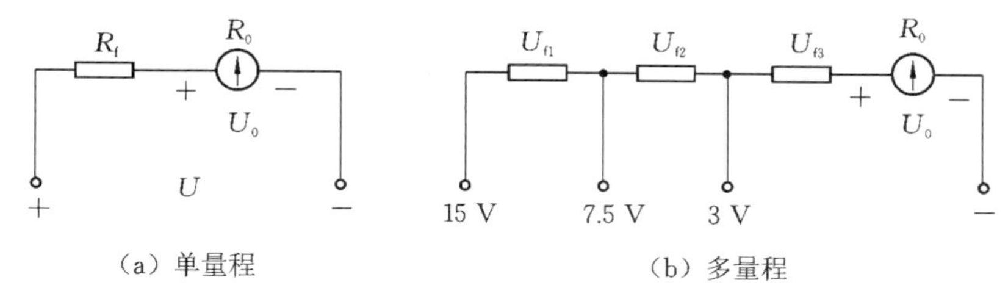

图 14-7　磁电系电压表电路原理图

2. 交流电压的测量

测量交流电压主要采用电磁系电压表，和磁电系电压表一样，磁电系电压表采用串联附加电阻的方法来扩大电压表的量程。测量 500 V 以上的交流电压时，一般采用电压互感器来扩大交流电压表量程。

14.3.3　电阻的测量

电阻的测量在电工测量中占有重要的地位，根据被测电阻的大小，通常分为小电阻（1 Ω

以下)、中值电阻(1 Ω～0.1 MΩ)和大电阻(0.1 MΩ 以上)的测量。

1. 电阻测量方法的分类

(1) 小电阻有电机和变压器绕组电阻、分流器电阻等,主要使用直流双臂电桥进行测量,以减小接触电阻和接线电阻造成的测量误差。

(2) 中值电阻在实际中遇到的最多,如灯泡、电阻元件、电位器等。测量中值电阻最方便的方法是用欧姆表(万用表欧姆挡)直接进行测量。欧姆表可以直接读数,但测量误差大。若需精确测量中值电阻的阻值,可选用直流单臂电桥,还可选用伏安法测量工作状态下的电阻。

(3) 大电阻主要指绝缘电阻,测量大电阻最常用的方法是兆欧表(俗称摇表)法。兆欧表可直接读数,使用及携带方便,但测量误差大。

2. 欧姆表的工作原理

用欧姆表测量中值电阻的简化后的原理图如图 14-8 所示。其中 R_0 为磁电系测量机构的内阻,R 为装在欧姆表内的固定电阻,U 是表内电池的端电压,R_x 为被测电阻。通过磁电系测量机构的电流

$$I_0=\frac{U}{R_0+R+R_x}$$

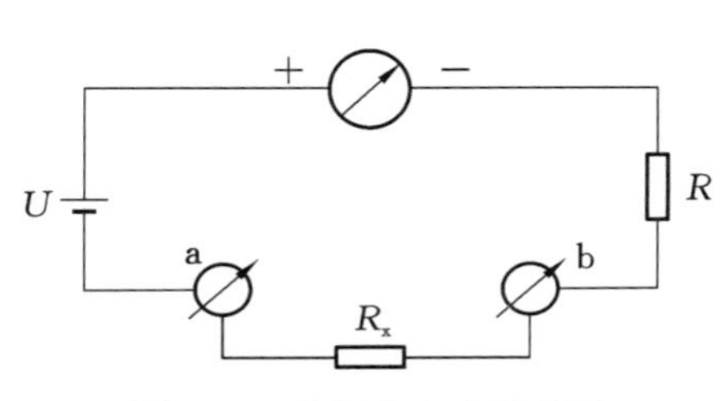

图 14-8 欧姆表电路原理图

当电源电压一定时,I_0 只随被测电阻 R_x 的改变而改变,从而仪表指针的偏转可以反映出 R_x 的大小。当 $R_x=\infty$(即 a、b 两端开路)时,$I_0=0$,指针不偏转,欧姆表的刻度应为"∞";当 $R_x=0$(即 a、b 两端短路)时,有

$$I_0=\frac{U}{R_0+R}$$

适当选择 R,使此时电流满偏,欧姆表的刻度就为"0"。可见,欧姆表的刻度是反向的。由于电流 I_0 与被测电阻 R_x 之间不是正比关系,因而标尺的刻度是不均匀的。

欧姆表的满偏电流直接受表内电池端电压的影响。而表内电池的端电压会随着使用或存放时间的增加而逐渐下降,电压下降必然导致测量时电路的电流减小,从而造成误差。这种误差可能很大,其明显标志是当被测电阻 $R_x=0$ 时,电流表达不到测量机构的满偏电流,即欧姆表的零刻度位置。因此,在欧姆表中都装有零欧姆调整器,这样当电池电压下降时,便可借助零欧姆调整器进行调节,使误差得以消除。在每次测电阻之前,都要将两根表笔的金属端相互接触(相当于 $R_x=0$),调节零欧姆调整器,使指针对准欧姆表的零位。

14.4 万 用 表

万用表广泛应用于电气维修和测试中,因用途众多而得此名。其具有测量对象多、量程范围宽、价格低以及使用和携带方便等优点。万用表有模拟式和数字式两大类。

14.4.1 模拟万用表

1. 结构组成概述

模拟万用表的类型很多，外形及大小都有所不同，但结构原理及使用方法基本相同，均由磁电系表头（测量机构）、测量线路、转换开关以及外壳等组成，可用来测量直流电流、直流电压、交流电压和电阻等。常用的 MF30 型万用表的面板如图 14-9 所示。

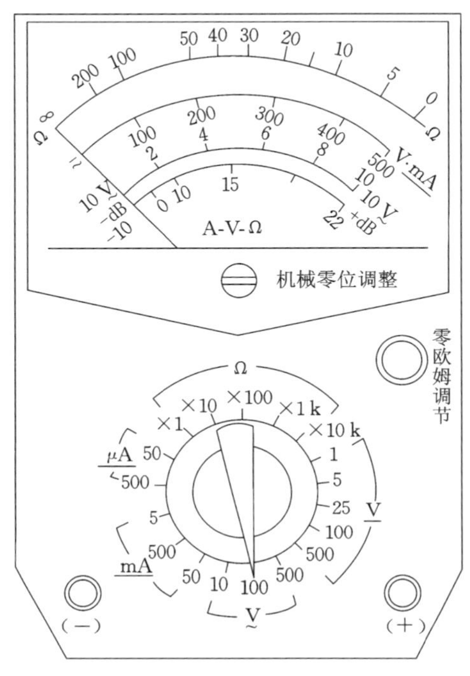

图 14-9 MF30 型万用表面板图

表头用来指示被测量的数值，多采用灵敏度高、准确度高的磁电系表头。表头的刻度盘上有对应于不同测量对象的多条标度尺，可以直接读出被测量的数值。

测量线路用来把各种被测量转换为适合测量机构测量的直流微小电流。模拟万用表的测量线路由多量程直流电流表、多量程直流电压表、多量程整流式交流电压表以及多量程欧姆表等几种测量线路组合而成。

转换开关用来切换不同的测量线路，实现测量种类和量程的选择，模拟万用表大都采用机械接触式转换开关。

万用表外壳上装有转换开关的旋钮、零欧姆调节旋钮、机械零位调整旋钮、供接线用的插孔或接线柱等。

2. 正确使用和维护

万用表的种类很多，表盘上的旋钮、测量范围也各有差异，因此，在使用万用表测量之前，必须熟悉和了解仪表的性能及各部件的作用。使用万用表时一定要仔细观察，小心操作，以获得较准确的测量结果；同时注意保护万用表或设备免遭损坏。

1）插孔和转换开关位置的选择

① 红表笔应插入标有“＋”号的插孔内，黑表笔插入标有“－”号或“＊”号的插孔内。有些万用表针对特殊量还设有专用插孔（如 500 型万用表面板上设有“2500 V”和“5 A”两个专用插孔），在测量这些特殊量时，应把红色表笔改接到相应的专用插孔内，而黑表笔的位置不变。

② 测直流电量时，要注意正、负极性；测电流时，表笔与电路串联；测电压时，表笔与电路并联。

③ 根据测量对象，将转换开关旋到所需的位置。测量交、直流电流或电压时，量程的选择应尽量使指针偏转到满刻度的 2/3 以上区域，以保证测量结果的准确度。若被测电流、电压大小不详时，应先用大量程测试，再改用合适的量程。

④ 测量电阻时，量程(倍率)的选择应尽量使指针指在中心刻度值的 1/10 倍至 10 倍之间。

2）正确读数

万用表的表盘上有多条标度尺，每一条标度尺上都标有被测量的标志符号，测量时应根据被测对象及量程在相应的标度尺上读出指针指示的数值，读数时视线要尽量与表盘表面垂直。

3）欧姆挡的使用

① 每一次测量电阻前都必须先进行欧姆调零，改变欧姆倍率挡后必须重新调零。当调零无法使指针达到欧姆零位时，说明电池电压太低，应更换新电池。

② 不允许带电测量电阻，否则，不仅测量结果不正确，还有可能损坏仪表。

③ 被测电阻不能有并联支路，否则测量结果是被测电阻与并联支路电阻并联后的等效电阻，而不是被测电阻阻值。测量电阻时，不能用两手同时接触表笔的金属部分，避免因人体电阻并接于被测电阻两端而造成不必要的误差。

④ 用欧姆挡测量晶体二、三极管时，因低倍率挡内阻较小、电流较大，而高倍率挡(×10 k 挡)电池电压较高，考虑到晶体二、三极管 PN 结所能承受的电压较小和容许通过的电流较小，一般应选择 $R\times100$ 或 $R\times1$ k 的倍率挡。特别要注意红表笔与表内电池负极相接，黑表笔与表内电池正极相接。

4）安全操作与维护

① 万用表应水平放置，不得受震动、受热和受潮，测量前先确认是否需要机械调零。

② 不允许用手接触表笔的金属部分，以免发生触电或影响测量准确度。

③ 不允许带电转动转换开关，防止产生电弧，烧坏万用表转换开关触点。

④ 万用表使用完毕后，应将转换开关置于空挡或交流电压最高挡。万用表长期不用，应将电池取出。

14.4.2 数字万用表

数字万用表是数字式仪表的一种。与模拟万用表相比，数字万用表具有精确度高、灵敏度高、显示清晰、便于携带、使用简单等优点，同时具有自动极性显示和溢出显示等功能，其抗磁性能也较强，正逐步取代模拟万用表。

1. 结构组成概述

数字万用表种类很多，但结构基本相同，一般都是由交流电压-直流电压(AC/DC)转换器、电流-电压(I/U)转换器、电阻-电压(R/U)转换器及数字直流电压表构成的，其核心部分是数字直流电压表。数字万用表一般可以测量直流电压、交流电压、直流电流、交流电流、电阻以及二极管、三极管参数等。DT830 数字万用表面板如图 14-10 所示。

(1) 显示器。显示四位数字，最高位只能显示 1 或不显示数字，算半位，故称三位半$\left(3\dfrac{1}{2}\text{位}\right)$。最大指示值为 1999 或－1999。当被测量超过最大指示值时，显示“1”或“－1”。

(2) 电源开关。使用时将电源开关置于“ON”位置，使用完毕置于“OFF”位置。

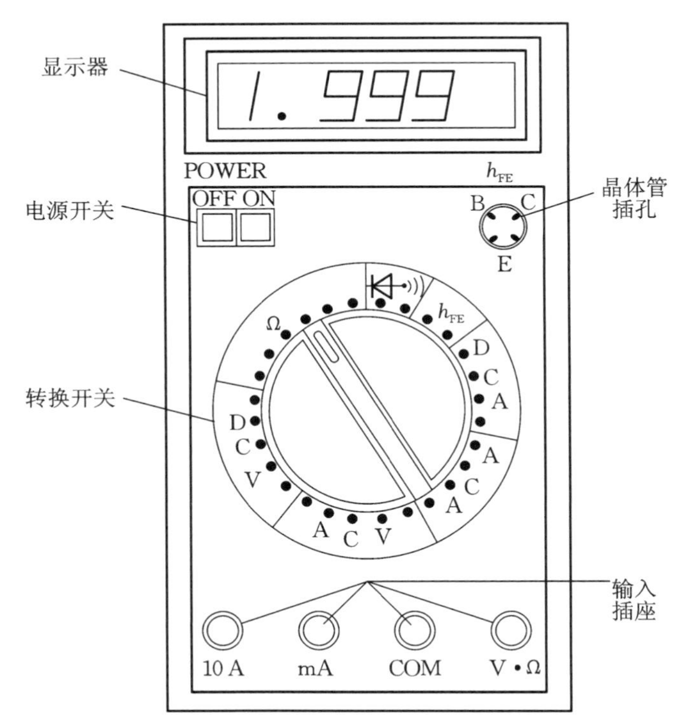

图 14-10 DT830 数字万用表面板图

(3) 转换开关。用以选择功能和量程，根据被测对象(电压、电流、电阻等)选择相应的功能位；按被测量的大小选择适当的量程。

(4) 输入插座。将黑色表笔插入“COM”。红色表笔有如下三种插法：测量电压和电阻时插入“V・Ω”，测量小于 200 mA 的电流时插入“mA”，测量大于 200 mA 的电流时插入“10 A”。

(5) 晶体管插座。测晶体三极管电流放大系数用。

2. DT830 数字万用表的使用方法及注意事项

1) 使用方法

① 交、直流电压的测量：根据需要将量程开关拨至“DCV(直流)”挡或“ACV(交流)”挡的合适量程，红表笔插入“V・Ω”孔，黑表笔插入“COM”孔，并将表笔与被测电路并联，显示的读数即被测交、直流电压的大小。

② 交、直流电流的测量：根据需要将量程开关拨至“DCA(直流)”挡或“ACA(交流)”挡的合适量程，红表笔插入“mA”孔(＜200 mA)或“10 A”孔(＞200 mA)，黑表笔插入“COM”孔，并将万用表串联在被测电路中。测量直流电流时，数字万用表自动显示极性。

③ 电阻的测量：将量程开关拨至“Ω”挡的合适量程，红表笔插入“V・Ω”孔，黑表笔插入“COM”孔，如果被测量电阻值超出所选择量程的最大值，显示屏将显示“1”，这时应选择更高的量程。

④ 二极管的检测：将量程开关转至标有二极管符号的位置，红表笔插入“V・Ω”孔，黑表笔插入“COM”孔。在进行正向测量时，红表笔接二极管正极，黑表笔接二极管负极；反向

测量时，两表笔调换。二极管正接时显示值为正向压降，反接时显示“1”。测量电阻和二极管时，红表笔为电源的正极，黑表笔为电源的负极，这与模拟万用表正好相反。

⑤ 检查电路通断：将量程开关转至标有“⊣◁·)))”符号的位置，红表笔插入“V · Ω”孔，黑表笔插入“COM”孔，让表笔触及被测量电路，若表内蜂鸣器发出叫声，则说明电路是通的，反之则不通。

2）使用注意事项

① 应根据被测量的大小选择量程，或先用最大量程测量，再根据实测值调小量程，以获得有效数字较多的准确读数。

② 仪表显示“1”或“－1”时，表示过载，即实际输入已超过仪表的量程，这时应选择更高的量程。

③ 测量时，不允许拨换量程开关。

④ 测量完毕后，应将量程开关拨至交流电压最高挡，并关闭电源。

⑤ 长期不工作时应取下电池，当显示器出现“←”或“LOBA”时应更换新电池。

14.5 电 能 表

电能表是测量电能的仪表，广泛用于发电、供电和用电的各个环节，是我们生活中不可缺少的计量仪表。电能表按工作原理可分为电气机械式电能表和电子式电能表。在二十世纪九十年代以前，我们使用的一般是电气机械式电能表（又称为感应式电能表），随着电子技术的发展，电子式电能表的应用越来越多，有逐步取代电气机械式电能表的趋势。

14.5.1 感应系电能表

感应系电能表采用感应系测量机构。所谓感应系测量机构，是指利用几个铁芯线圈产生的磁通与这些磁通在可动部分的导体中感应的电流之间的作用力而工作的测量机构。

1. 感应系电能表的结构原理

感应系电能表一般由驱动部分、转动部分、制动部分及积算机构等组成，结构示意图如图 14-11 所示。

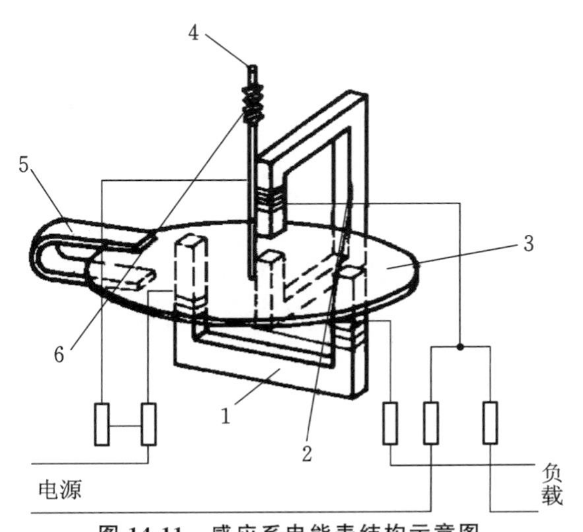

图 14-11 感应系电能表结构示意图

1—电流元件；2—电压元件；3—铝制圆盘；4—转轴；5—永久磁铁；6—蜗轮、蜗杆传动机构

（1）驱动部分：由电流元件和电压元件组成，产生转动力矩。

（2）转动部分：由铝制圆盘和固定在铝盘上的转轴组成。

（3）制动部分：由一个永久磁铁构成，用来产生反作用力矩。

(4) 积算机构：包括安装在转轴上的蜗杆、蜗轮计数器，用来计算铝盘的转数，实现电能的测量和积算。

基本工作原理：当电能表接入被测电路时，电流线圈和电压线圈中有交变电流流过，这两个交变电流分别在它们的铁芯中产生交变磁通；交变磁通穿过铝盘，在铝盘中感应出涡流；涡流又在磁场中受到力的作用，从而使铝盘得到转矩而转动。负载消耗的功率越大，通过电流线圈的电流越大，铝盘中感应出的涡流也越大，使铝盘转动的力矩就越大，即转矩的大小跟负载消耗的功率成正比。功率越大，转矩也越大，铝盘转动也就越快。铝盘转动时，又受到永久磁铁产生的制动力矩的作用，制动力矩与主动力矩方向相反；制动力矩的大小与铝盘的转速成正比，铝盘转动得越快，制动力矩也越大。当转动力矩与制动力矩达到动态平衡时，铝盘将匀速转动。负载所消耗的电能与铝盘的转数成正比。铝盘转动时带动计数器，把所消耗的电能指示出来。

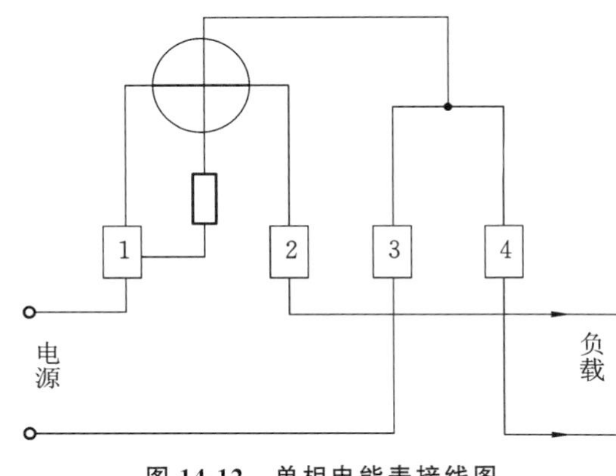

图 14-12　单相电能表接线图

2. 安装与接线

(1) 电能表应安装在不易震动、不受日晒雨渗的墙上或开关板上；安装时应保持其对地垂直，倾斜度不大于 1°，距地面高度一般为 1.8～2.2 m。

(2) 接入电能表的电压应符合额定值，电流不超过额定电流。

(3) 电能表的下部有接线盒，盖板背面有接线图，安装时应按接线图接线。单相电能表接线时一般应符合“火线 1 进 2 出”“零线 3 进 4 出”的原则，如图 14-12 所示。

14.5.2　电子式电能表

随着微电子技术、计算机技术和通信技术的高速发展，出现了准确度高、寿命长且能实现远程自动抄表等多种功能的全电子式电能表。2000 年以后，电子式电能表在我国电网改造中得到推广和应用，其设计水平、生产工艺水平已非常成熟，价格也越来越低，目前已成为电能计量的主流产品。

1. 电子式电能表的特点

电子式电能表具有感应式电能表无可比拟的优点，两者的性能比较如表 14-2 所示。

表 14-2　感应式电能表与电子式电能表的性能比较

主要技术特性	感应式电能表	电子式电能表
准确度/级	0.5～2	0.01～2.0
误差曲线线性	差	较好
频率范围/Hz	45～55	40～2000

续表

主要技术特性	感应式电能表	电子式电能表
启动电流	0.003Ib	0.001Ib
外磁场影响	大	小
环境温度影响	大	较小
安装要求	严格	不严格
过载能力	4倍	4～10倍
功耗	大	小
电磁兼容	好	一般
防窃电能力	差	强
功能	单一	完善、可扩展

2. 电子式电能表的工作原理

电子式电能表的工作原理框图如图14-13所示。

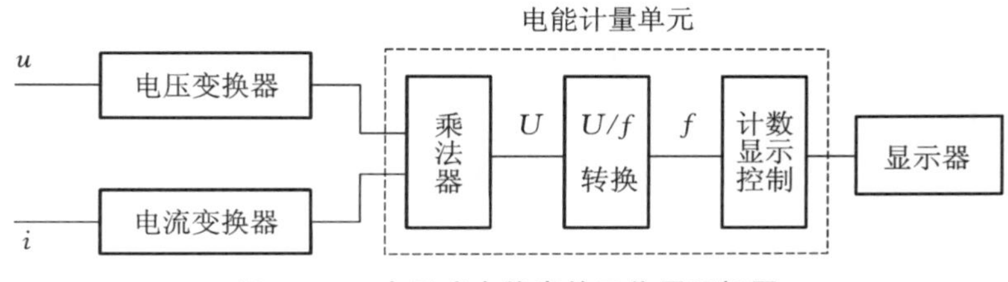

图14-13　电子式电能表的工作原理框图

被测量的高电压、大电流经电压变换器(用分压电阻或电压互感器将电压信号变成可用于电子测量的小信号)和电流变换器(用分流器或电流互感器将电流信号变成可用于电子测量的小信号)转换后送去乘法器，乘法器完成电压和电流瞬时值相乘，输出一个与一段时间内的平均功率成正比的直流电压。然后电压/频率转换器将直流电压转换成相应的脉冲频率，并通过一段时间内计数器的计数，显示出相应的电能。

3. 安装与接线

(1) 电子式电能表在出厂前经检验合格，并加盖铅封，即可安装使用。

(2) 电能表应安装在室内使用，安装表的底板应固定在坚固、耐火的墙壁上。电能表的安装高度、使用环境温度及湿度都有一定的要求。

(3) 电能表应按照接线盒上的接线图接线。图14-14所示为DDS54型电子式单相电能表接线图，1、2、3、4接线端最好用铜线或铜接头引入，5(+)、6(−)端为脉冲信号输出端，供误差检测或作为脉冲信号接口。

DDS54型电子式单相电能表建议安装高度为1.8米，使用环境为−10～+45 ℃，相对湿度不超过85%，空气中应无腐蚀性气体。

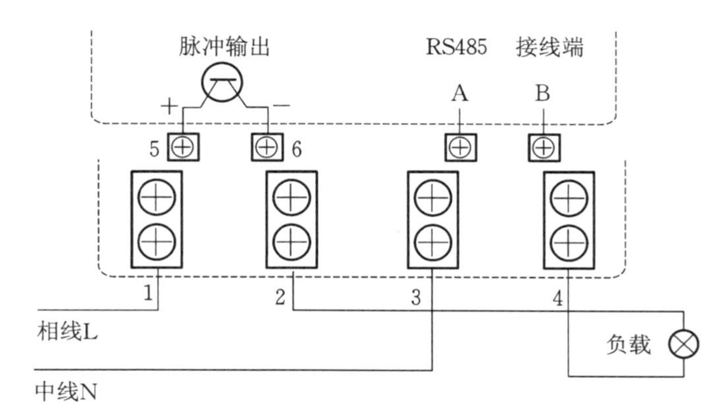

图 14-14 DDS54 型电子式单相电能表接线图

14.6 技能实训

——万用表的使用

14.6.1 实训目的

(1) 熟悉模拟万用表、数字万用表的面板；

(2) 掌握用模拟万用表、数字万用表测量直流电压、交流电压的方法；

(3) 掌握用模拟万用表、数字万用表测量电阻的方法。

14.6.2 实训器材

模拟万用表、电工实验台、各种数值的色环电阻若干。

14.6.3 实训内容

(1) 用模拟及数字万用表测量电工实验台上稳压电源输出的不同直流电压。

(2) 用模拟及数字万用表测量交流电源电压(线电压及相电压)。

(3) 用模拟及数字万用表测量不同电阻的阻值。

14.6.4 实训报告

(1) 归纳、总结模拟及数字万用表的使用和操作方法；

(2) 分析、比较测量数据，总结两种万用表的特点。

习 题

一、填空题

1. 模拟指示仪表一般由________和________两大部分组成。

2. 模拟万用表由________、________和转换开关三部分组成。

3. 模拟指示仪表测量机构按作用和功能分为________、________和________三部分。

4. 测量电流时，电流表必须________联在电路中。测量直流电流一般选用________系电流表；测量交流电流主要采用________系电流表。

5. 测量电压时，电压表必须________联在被测负载两端。测量直流电压常用________系电压表，测量交流电压主要采用________系电压表。

6. 中值电阻是指________范围的电阻，测量中值电阻最方便的方法是用________。

7. 感应系电能表一般由________、________、________和________等组成。

8. 电子式电能表的主要特点有________、________、________、________等。

二、判断题

(　　)1. 模拟指示仪表准确度等级越高，测量结果越准确。

(　　)2. 模拟万用表红表笔相当于电源的负极。

(　　)3. 数字万用表电源的负极接在黑表笔一端。

(　　)4. 电磁系电流表采用并联分流器的方法来扩大量程。

(　　)5. 用万用表测量电阻时，指针越接近中间，测量结果越准确。

(　　)6. 感应系电能表可测量交、直流电能。

三、选择题

1. 实验室常用仪表一般为(　　)。

A. 0.1 和 0.2 级　　B. 0.5 和 1.0 级　　C. 2.5 和 5.0 级　　D. 无要求

2. 磁电系仪表最优越的特性是(　　)。

A. 灵敏度高　　B. 过载能力强　　C. 准确度高　　D. 抗干扰能力强

3.电动系仪表最优越的特性是(　　)。

A. 灵敏度高　　B. 过载能力强　　C. 准确度高　　D. 抗干扰能力强

4. 电磁系仪表最优越的特性是(　　)。

A. 灵敏度高　　B. 过载能力强　　C. 准确度高　　D. 抗干扰能力强

5.测量电流或电压时，下列说法正确的是(　　)。

A. 交流电流表可直接测量交流大电流

B. 交流电压表可串联附加电阻来测量大电压

C. 直流电流表可与电流互感器配合使用来测量直流大电流

D. 直流电压表可直接测量直流小电压

四、问答题

1. 使用模拟万用表测量电阻时为何要进行欧姆调零？

2. 使用数字万用表时要注意什么？

第15章 三相异步电动机

三相异步电动机由三相交流电源供电，和其他电动机比较，它具有结构简单、价格低廉、效率较高、维护方便等优点。三相异步电动机广泛应用于工业、农业、交通运输业等领域，用于拖动各种机械负载。例如一般的机床设备、起重机、传送带、鼓风机、水泵、各种农副产品的加工以及各种公共交通工具的拖动等都普遍使用三相异步电动机。它的缺点是功率因数较低，调速性能不如直流电动机。

学习目标

1. 掌握三相异步电动机的基本结构及各部分的用途。
2. 理解三相异步电动机的转动原理和转差率的概念。
3. 掌握三相异步电动机的铭牌数据及其简单计算方法。
4. 熟悉三相异步电动机启动、制动和调速的方法。

15.1 三相异步电动机的基本结构

三相异步电动机由两个基本部分组成，一是固定不动的部分，称为定子；二是旋转部分，称为转子。

三相异步电动机的外形和结构如图 15-1 所示。

1. 定子

定子由机座、装在基座中的定子铁芯及定子绕组组成，如图 15-2 所示。

1）机座

机座是电动机的外壳，主要作用是固定和支撑定子铁芯。机座通常用铸铁制成。

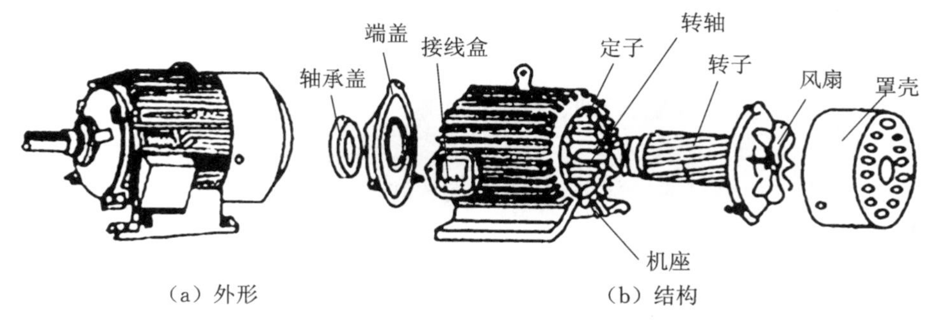

图 15-1 三相异步电动机的外形和结构

2) 定子铁芯

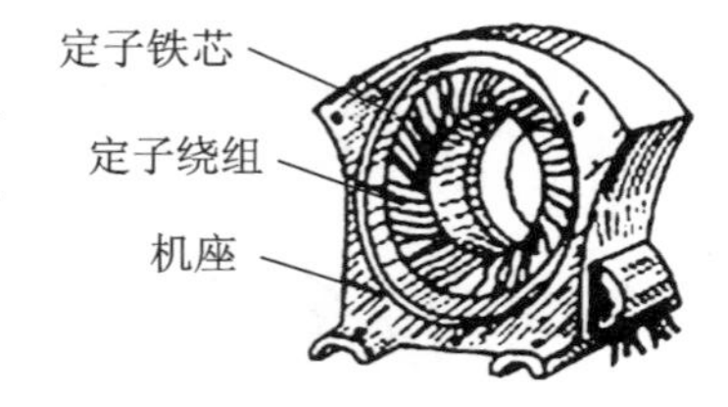

图 15-2 三相异步电动机的定子

定子铁芯是电动机磁路的一部分，是用来嵌放定子绕组的。它由冲有凹槽的硅钢片叠压而成，片与片之间涂有绝缘漆。

3) 定子绕组

定子绕组是定子的电路部分，中小型电动机一般采用漆包线绕制，共分三组，分布在定子铁芯槽内。它们在空间位置上分别相差 120°，构成对称的三相绕组，每个绕组为一相。三相绕组共有六个出线端，通常接在置于电动机外壳上的接线盒中，过去每相绕组的两端分别用 A-X、B-Y、C-Z 表示，现在按国家标准用 U_1-U_2、V_1-V_2、W_1-W_2 表示。三相定子绕组可以连接成星形(用 Y 表示)或三角形(用△表示)，如图 15-3 所示。

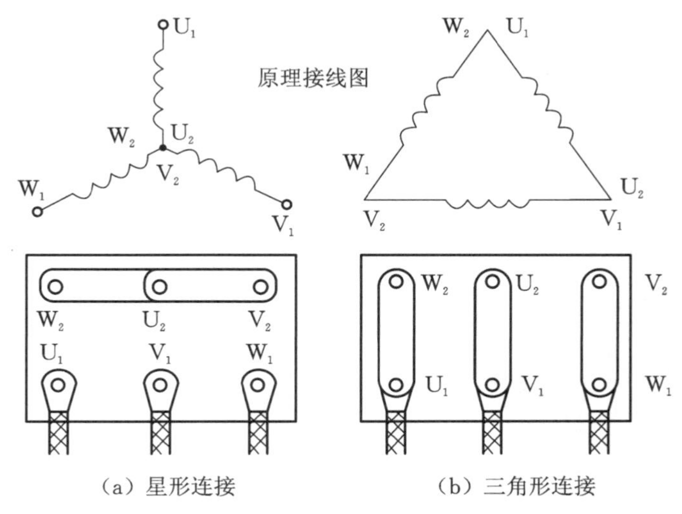

图 15-3 三相定子绕组的接法

定子三相绕组连接方式(Y 形或△形)的选择和普通三相负载一样，需要根据电源的线电压而定。如果电动机所接入的电源线电压等于电动机的额定相电压(即每相绕组的额定电压)，那么，它的绕组应该接成三角形；如果电源的线电压是电动机额定相电压的 $\sqrt{3}$ 倍，那么，它的绕组应该接成星形。通常电动机的铭牌上标有符号 Y/△和数字 380/220，前者表示定子绕组的接法，后者表示对应于不同接法应加的线电压值。

2. 转子

转子由转子铁芯、转子绕组、转轴、风扇等组成。

1）转子铁芯

转子铁芯是电动机磁路的一部分，是用来嵌放转子绕组的。它由冲有凹槽的硅钢片叠压而成，片与片之间涂有绝缘漆。

2）转子绕组

转子绕组是电动机电路的一部分，可分为笼型和绕线型两种结构。笼型转子绕组是由嵌在转子铁芯槽内的若干铜条组成的，两端分别焊接在两个短接的端环上。如果去掉铁芯，转子绕组的外形就像一个笼，故称笼型转子。目前中小型笼型电动机大都在转子铁芯槽中绕注铝液，铸成笼型绕组，并在端环上铸出许多叶片，作为冷却风扇。笼型转子的结构如图15-4所示。

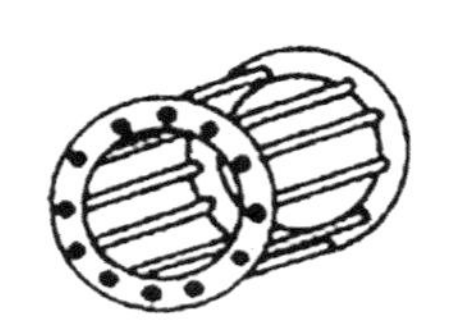
（a）笼型绕组

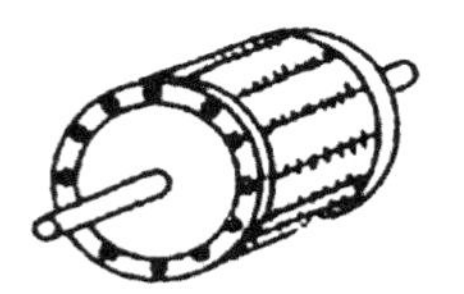
（b）铜条转子

（c）铝铸转子

图 15-4 笼型转子

绕线型转子的绕组与定子绕组相似，在转子铁芯槽内嵌放对称的三相绕组，做星形连接。三相绕组的三个尾端连接在一起，三个首端分别接到装在转轴上的三个铜制滑环上，通过电刷与外电路的可变电阻器相连接，用于启动或调速，如图15-5所示。

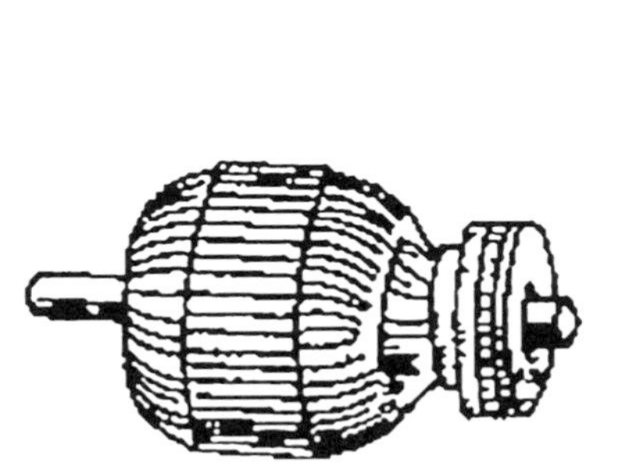
（a）绕线型转子实物图

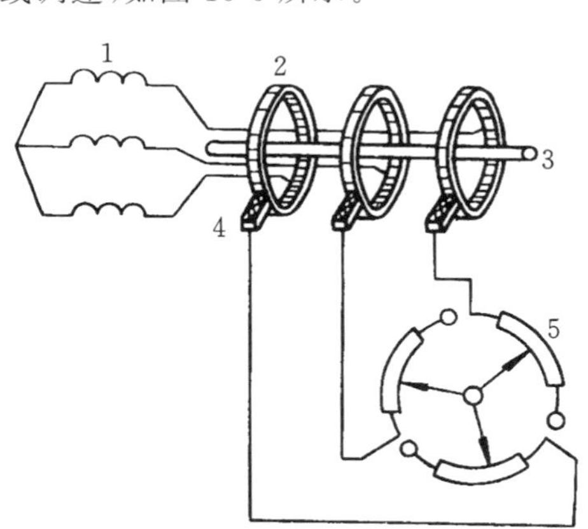

（b）绕线型转子与外部变阻器的连接图

图 15-5 绕线型转子

1—绕组；2—滑环；3—轴；4—电刷；5—变阻器

绕线型异步电动机结构复杂、价格较高，一般只用于对启动和调速有较高要求的场合，如立式车床、起重机等。

3）转轴、风扇

转轴主要用来支撑转子和传递转矩。风扇用来通风、冷却电动机。

15.2 三相异步电动机的转动原理

1. 三相异步电动机旋转磁场的产生

当电动机定子绕组通入三相正弦交流电时，各相绕组中的电流都将产生磁场。由于电流随时间按正弦规律变化，它们产生的磁场也将随时间变化，而三相电流产生的总磁场（合成磁场）不仅随时间变化，而且是在空间旋转的，故称旋转磁场。

图 15-6 所示为定子三相绕组的嵌放图和电路图。U_1-U_2、V_1-V_2、W_1-W_2 三个线圈彼此相隔 120°分布在定子铁芯内圆的圆周上，构成了对称三相绕组。其中 U_1、V_1、W_1 和 U_2、V_2、W_2 分别代表各相绕组的首端与末端。当对称的三相绕组通入对称的三相电源后，则在该绕组中产生对称三相交流电流，每相电流的瞬时表达式为

$$i_U = I_m\sin(\omega t),\quad i_V = I_m\sin(\omega t - 120°),\quad i_W = I_m\sin(\omega t - 240°)$$

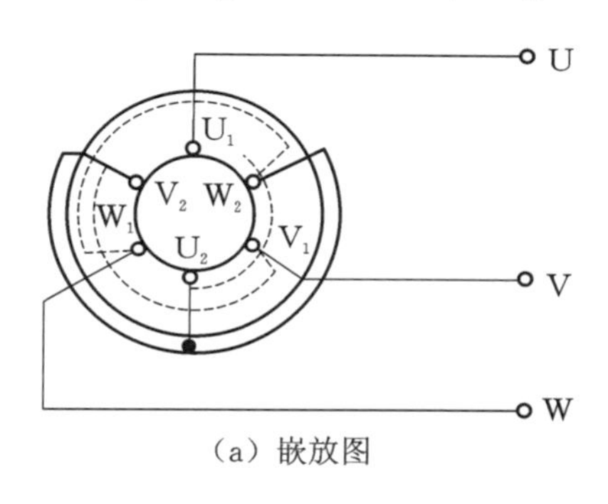

（a）嵌放图

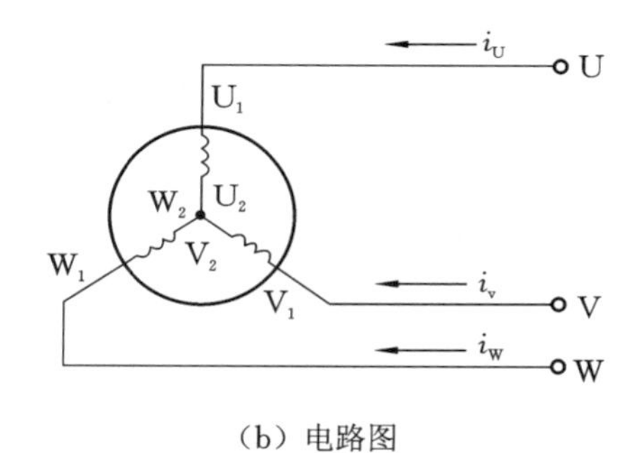

（b）电路图

图 15-6　定子三相绕组

三相对称电流的波形如图 15-7 所示。设电流的参考方向为从每相绕组的首端流到末端，当电流为正值时，电流的实际方向与参考方向相同，即实际电流方向为从每相绕组的首端流到末端；当电流为负值时，电流的实际方向与参考方向相反，即电流的实际方向为从每相绕组的末端流到首端。

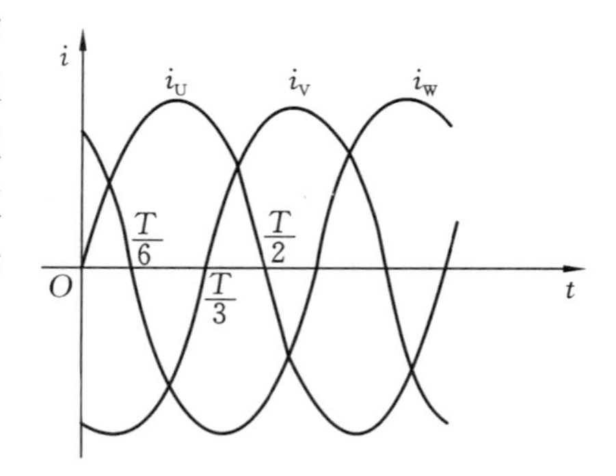

图 15-7　三相对称电流的波形

下面分析不同时间的合成磁场。

在 $t=0$ 时，$\omega t=0°$，$i_U=0$；i_V 为负，电流实际方向与正方向相反，即电流从 V_2 端流到 V_1 端；i_W 为正，电流实际方向与正方向一致，即电流从 W_1 端流到 W_2 端。

按右手螺旋法则确定三相电流产生的合成磁场，如图 15-8(a)中箭头所示。

在 $t=T/6$ 时，$\omega t=60°$，i_U 为正（电流从 U_1 端流到 U_2 端），i_V 为负（电流从 V_2 端流到 V_1 端），$i_W=0$。此时的合成磁场如图 15-8(b)所示，合成磁场已从 $t=0$ 时刻所在位置沿顺时针方向旋转了 60°。

在 $t=T/3$ 时，$\omega t=120°$，i_U 为正，$i_V=0$，i_W 为负。此时的合成磁场如图 15-8(c)所示，合成磁场已从 $t=0$ 时刻所在位置沿顺时针方向旋转了 120°。

在 $t=T/2$ 时，$\omega t=180°$，$i_U=0$，i_V 为正，i_W 为负。此时的合成磁场如图 15-8(d)所示。合成磁场从 $t=0$ 时刻所在位置沿顺时针方向旋转了 180°。

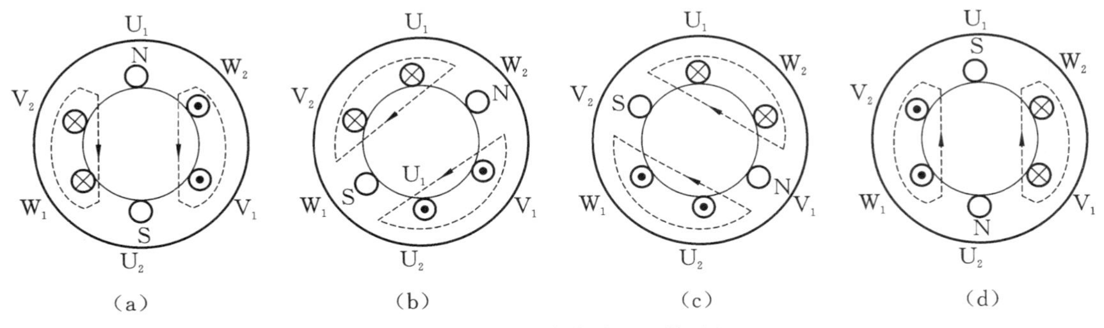

图 15-8 三相异步电动机旋转磁场

按以上分析可以证明：当三相电流随时间不断变化时，合成磁场在空间也不断旋转，这样就产生了旋转磁场。

2. 旋转磁场的旋转方向

从图 15-6 可见，U 相绕组内的电流超前于 V 相绕组内的电流 120°，而 V 相绕组内的电流又超前于 W 相绕组内的电流 120°，即电流的相序是 $i_U \to i_V \to i_W$，按顺序排列。而图 15-8 中所示的旋转磁场的转向也是 U→V→W，即沿顺时针方向旋转。所以，旋转磁场的转向与三相电流的相序一致。

如果将定子绕组接至电源的三根导线中的任意两根对调，例如，将 V、W 两根线对调，如图 15-9 所示，即使 V 相与 W 相绕组中电流的相位对调，此时 U 相绕组内的电流超前于 W 相绕组内的电流 120°，因此，旋转磁场的转向也将变为 U→W→V，沿逆时针方向旋转，即与对调前的转向相反。

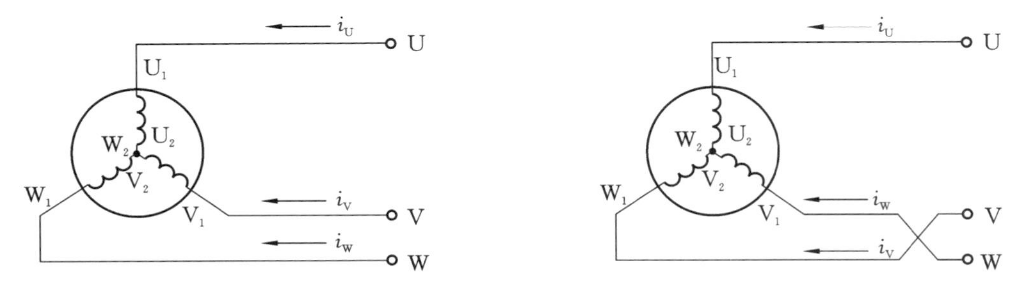

图 15-9 将 V、W 两根线对调，可改变绕组中的电流相序

由此可见，要改变旋转磁场的转向（即改变电动机的旋转方向），只要把定子绕组接到电源的三根导线中的任意两根对调即可。

3. 旋转磁场的极数与转速

上面讨论的旋转磁场只有一对磁极(磁极对数用 p 表示),即 $p=1$。从上述分析可以看出,电流变化一个周期(变化了 360°电角度),旋转磁场在空间也旋转了一圈(转了 360°机械角度),若电流的频率为 f_1,则旋转磁场每分钟将旋转 $60f_1$ 圈,以 n_1 表示转速,即

$$n_1=60f_1 \tag{15-1}$$

如果每相绕组由两个线圈串联,如图 15-10 所示,则通过上述分析方法可知产生的合成旋转磁场是四极磁场,而且电流每变化一个周期,旋转磁场在空间只转 1/2 圈,如图 15-11 所示。

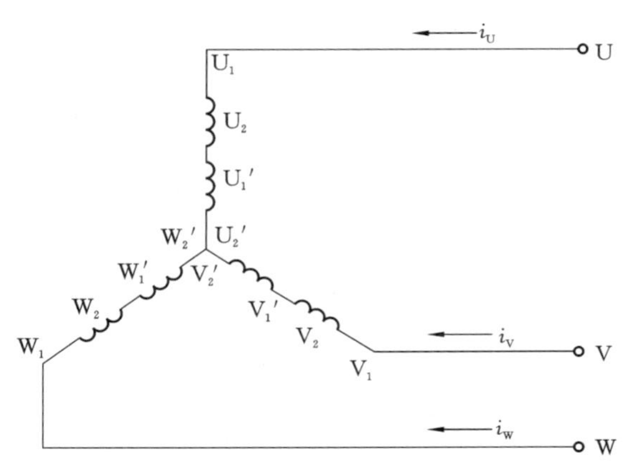

图 15-10 四极旋转磁场的定子绕组的接线图

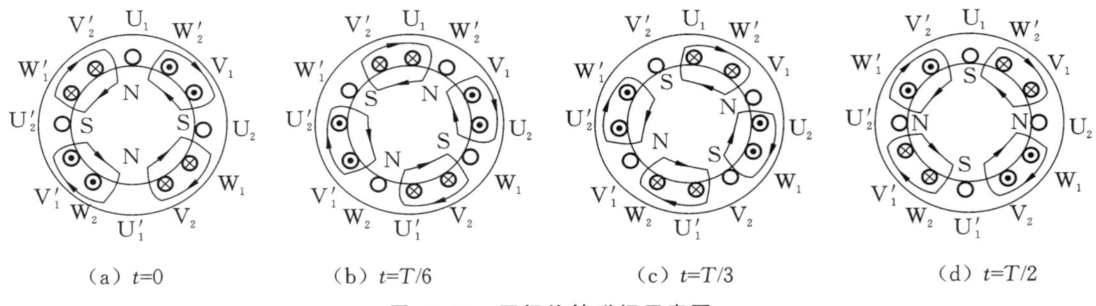

图 15-11 四极旋转磁场示意图

由此可知,当旋转磁场具有两对磁极($p=2$)时,其转速仅为一对磁极时的一半,即 $60f_1/2$,单位为 r/min。依次类推,当有 p 对磁极时,其转速为

$$n_1=\frac{60f_1}{p} \tag{15-2}$$

所以,旋转磁场的转速(即同步转速)n_1 与电流的频率成正比,而与磁极对数成反比,因为标准工业频率(即电流频率)为 50 Hz,因此,当 $p=1$、2、3 和 4 时,同步转速分别为 3000 r/min、1500 r/min、1000 r/min 和 750 r/min。

实际上,旋转磁场不仅可以由三相交流电获得,任何两相以上的多相交流电,流过相应的多相绕组都能产生旋转磁场。

4. 三相异步电动机的工作原理

三相异步电动机的工作原理是基于定子旋转磁场(定子绕组内三相电流所产生的合成磁场)和转子电流(转子绕组内的电流)的相互作用。

如图 15-12 所示,当定子的三相对称绕组接到三相电源上时,绕组内将通过三相对称电流,并在空间产生旋转磁场,该磁场以转速 n_1 沿定子内圆周方向旋转。当磁场旋转时,转子

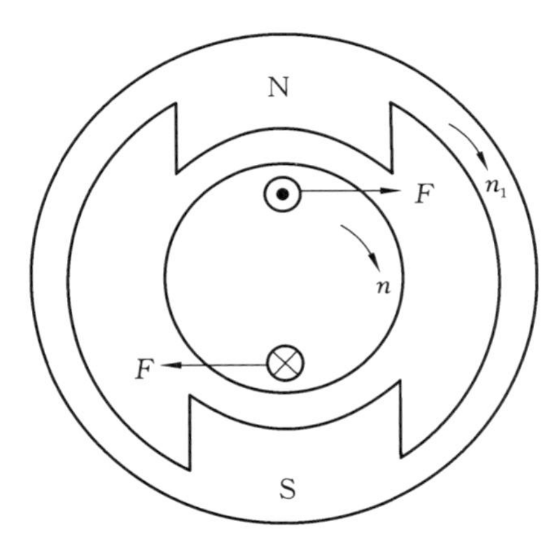

图 15-12 三相异步电动机工作原理示意图

绕组的导体切割磁通，将产生感应电动势 e_2，假设磁场按顺时针方向旋转，这相当于转子导体沿逆时针方向切割磁通，根据右手定则，在 N 极下转子导体中感应电动势的方向为垂直于纸面向外，而在 S 极下转子导体中感应电动势的方向为垂直于纸面向里。由于电动势 e_2 的存在，转子绕组中将产生转子电流 i_2。根据左手定则，转子电流与旋转磁场相互作用，将产生电磁力 F（假设 i_2 和 e_2 同相），该力在转子的轴上形成电磁转矩，且转矩的方向与旋转磁场的方向相同，转子受此转矩作用，便按旋转磁场的方向旋转起来。但是，转子的转速 n 比旋转磁场的转速 n_1（称为同步转速）要小，因为一旦两者相等，转子与旋转磁场之间就没有相对运动，转子导体不切割磁通，便不能产生感应电动势 e_2 和电流 i_2，也就没有电磁转矩，转子将不会继续旋转。所以，转子与旋转磁场之间的转速差是保证转子旋转的主要因素。由于转子转速不等于同步转速，因此这种电动机称为异步电动机。

5. 转差率

同步转速 n_1 与转子转速 n 之差称为"转差"，"转差"与同步转速 n_1 的比值称为异步电动机的转差率，用 s 表示，即

$$s=\frac{n_1-n}{n_1} \tag{15-3}$$

转差率 s 是分析异步电动机运行情况的重要参数。当转子旋转时，如果在轴上带有机械负载，则电动机输出机械能。从物理本质上分析，异步电动机的运行与变压器相似，即电能从电源输入定子绕组（相当于变压器一次绕组），通过电磁感应的形式，以旋转磁场为媒介，传送到转子绕组（相当于变压器二次绕组），而转子中的电能通过电磁力的作用变换成机械能输出。在这种电动机中，由于转子电流的产生和电能的传递是基于电磁感应现象，因此异步电动机又称为感应电动机。通常异步电动机在额定负载时的额定转速 n_N 接近于 n_1，转差率 s 很小，为 0.015～0.060。转子导体中的电流 i_2 也是交流电，其大小和频率都与转差率 s 成正比。转子电流频率 f_2 等于定子电流频率 f_1 与转差率 s 的乘积，即 $f_2=sf_1$。额定运行时转子电流的频率很低，$f_2=1\sim3$ Hz。

【例 15-1】 一台三相四极异步电动机，额定频率为 50 Hz，额定转速 $n_N=1440$ r/min，计算额定转差率 s_N，转子电动势的频率 f_2。

【解】

$$n_1=\frac{60f_1}{p}=\frac{60\times50}{2}\ \text{r/min}=1500\ \text{r/min}$$

$$s_1=\frac{n_1-n}{n_1}=\frac{1500-1440}{1500}=0.04$$

$$f_2=sf_1=0.04\times50\ \text{Hz}=2\ \text{Hz}$$

15.3 三相异步电动机的电磁转矩与机械特性

电磁转矩是三相异步电动机的重要物理量之一，机械特性是它的主要特性。它们是分析电动机的重要依据。

15.3.1 电磁转矩

异步电动机的电磁转矩是由旋转磁场的每极磁通 Φ 与转子电流 I_2 相互作用而产生的。经推导可得电磁转矩 T_{em} 的表达式为

$$T_{em}=K\frac{sR_2\cdot U_1^2}{R_2^2+(sX_{20})^2} \tag{15-4}$$

式中，K 为一常数，s 为转差率，R_2 为转子电阻，U_1 为定子绕组电压，X_{20} 为转子转速 $n=0$ 时的转子感抗。

由上式可知，电磁转矩与定子绕组电压 U_1 的平方成正比，因此当电源电压变化时对电磁转矩的影响很大。此外，转子电阻 R_2 的变化也会引起电磁转矩的变化。

15.3.2 机械特性

机械特性是指电动机的转速 n 与电磁转矩 T_{em} 之间的关系，即 $n=f(T_{em})$，在电源电压 U_1 及转子电阻 R_2 一定的情况下，根据式(15-4)可得 $T_{em}=f(s)$ 的特性曲线，因转差率与转速满足式(15-3)，因此可以将转差率 s 的坐标转换为转速 n 的坐标，得到图 15-13 所示的三相异步电动机的机械特性曲线。

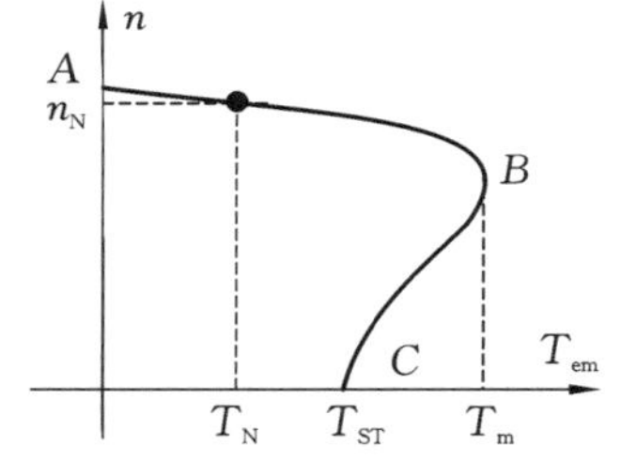

图 15-13 三相异步电动机的机械特性曲线

机械特性曲线被最大转矩 T_m 分成两个性质不同的区域，即稳定运行区 AB 段与不稳定区 CB 段。

当电动机启动时，只要启动转矩 T_{st} 大于负载转矩 T_L，电动机便转动起来。电动机电磁转矩的变化沿着 CB 段曲线从 C 点到运行到 B 点。随着转速的升高，CB 段中的电磁转矩 T_{em} 也一直增加，所以转子一直被加速，使电动机很快越过 CB 段而进入 AB 段，在 AB 段，随着转速的上升，电磁转矩 T_{em} 开始下降。当转速上升到某一定值时，电磁转矩 T_{em} 与负载转矩 T_L 相等，此时转速不再上升，电动机稳定运行在 AB 段，因此，AB 段为稳定运行区，CB 段为不稳定区。

电动机一般都工作在稳定运行区 AB 段，在该区域，如果负载转矩发生变化，电动机的电磁转矩可以随负载的变化而自动调整，这种能力称为电动机的自适应负载能力。

研究机械特性的目的是分析电动机的运行性能。下面分析异步电动机的三个重要转矩。

1. 额定转矩 T_N

电动机在额定负载下稳定运行时输出的电磁转矩为额定转矩 T_N，对应的转速称为额定

转速 n_N，转差率为额定转差率 s_N。由于在等速旋转时 $T_{em}=T_2+T_0$，T_2 为电动机的负载转矩，空载转矩 T_0 一般很小，常可忽略不计，因此电动机的额定转矩可以根据铭牌上的额定转速和额定功率（输出机械功率）求出，即

$$T_N=T_2=\frac{P_N}{\Omega}=\frac{P_N\times 10^3}{\frac{2\pi n_N}{60}}=9550\frac{P_N}{n_N} \tag{15-5}$$

式中，P_N 为额定功率，其单位为千瓦，n_N 为额定转速，其单位为转/分。

2. 最大转矩 T_m

从机械特性曲线可知，转矩有一个最大值，称为最大转矩或临界转矩。此时的转差率 s_m 称为临界转差率，它由 $dT/ds=0$ 求得，即

$$s_m=(R_2)/X_{20} \tag{15-6}$$

再将 s_m 代入式(15-4)，则得

$$T_m=KU_1^2/2X_{20} \tag{15-7}$$

由式(15-6)和式(15-7)可见，T_m 与 U_1^2 成正比，而与转子电阻 R_2 无关；s_m 与 R_2 有关，R_2 越大，s_m 也越大。具体分析如下：

① 临界转差率 s_m 与转子电阻 R_2 成正比，R_2 越大，s_m 就越大，但 T_m 不变。改变转子电路，便可使 s_m 向 $s=1$ 的方向移动，在相同的负载转矩 T_L 下，电动机的工作点就沿 a、b、c 移动，转差率 s 就逐渐变大，转速 n 变小，故异步电动机可以通过在转子电路中串接不同的电阻来实现调速，如图 15-14 所示。

② 最大转矩 T_m 与电源电压成正比，与转子电阻 R_2 无关。显然，当电源电压变化时，电动机最大转矩也随之变化。T_m 与电源电压之间的变化关系曲线如图 15-15 所示。

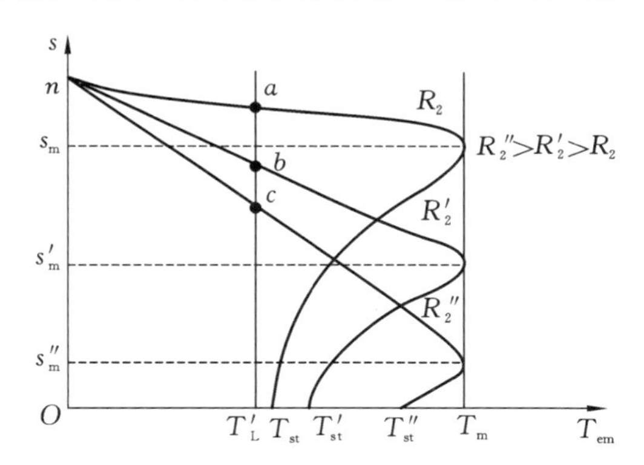

图 15-14 不同 R_2 时的 $s=f(T_{em})$ 曲线

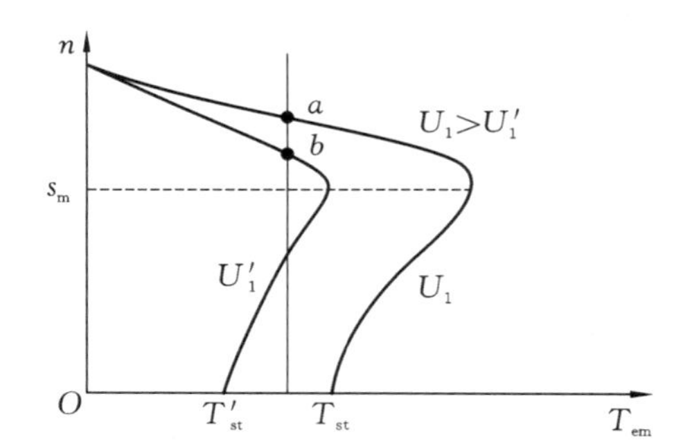

图 15-15 不同电源电压 U_1 时的 $n=f(T_{em})$ 曲线

当负载转矩超过最大转矩时，电动机将带不动负载，发生闷车现象。闷车后，电动机的电流马上升高到额定值的 6～7 倍，电动机将严重过热，甚至烧毁。如果负载转矩只是短时间接近最大转矩而使电动机过载，电动机不至于立即过热，这是允许的。

为了保证电动机在电源电压波动时能正常工作，规定电动机的最大转矩 T_m 应比额定转矩 T_N 大得多，通常用过载系数 $\lambda=T_m/T_N$ 来衡量电动机的过载能力。一般 $\lambda=1.8\sim2.5$，λ 的数值可在电动机产品目录中查到。

3.启动转矩 T_{st}

电动机刚启动($n=0$,$s=1$)时的转矩称为启动转矩。将 $s=1$ 代入式(15-4)可得:

$$T_{st}=K\frac{R_2\cdot U_1^2}{R_2^2+X_{20}^2} \tag{15-8}$$

由上式可见,启动转矩 T_{st} 与电源电压成正比,与转子电阻 R_2 也成正比,这种关系也可从图 15-14 和图 15-15 中看出。当增加转子电阻时(对绕线转子异步电动机而言),启动转矩会增大;当降低电源电压时,启动转矩将减小。

启动转矩和额定转矩的比值 $k_{st}=T_{st}/T_N$ 反映了异步电动机的启动能力。一般 k_{st} 为 0.9~1.8,笼型异步电动机取值较小,绕线型异步电动机取值较大。

15.4 三相异步电动机的启动、制动与调速

15.4.1 三相异步电动机的启动

异步电动机的启动是指定子绕组接通电源后,电动机从静止状态到稳定运行状态的过渡过程。

异步电动机在启动的瞬间,其转速 $n=0$,转差率 $s=1$,旋转磁场与转子之间的相对运动速度最大,即转子绕组切割磁感线的速度最大,因此转子电流达到最大值,这时定子电流也达到最大值,为额定电流的 4~7 倍。由转矩 $T=C_T\Phi I_2\cos\varphi_2$ 的关系可知,笼型异步电动机的启动电流虽大,但由于启动时转子电路的功率因数很低,故启动转矩并不大。

电动机启动电流大,在输电线路上造成的电压降也大,可能会影响同一电网中其他负载的正常工作,例如使其他电动机的转矩减小,转速降低,甚至造成堵转,或使日光灯熄灭等。电动机启动转矩小,则启动时间较长,既影响生产效率,又会使电动机温度升高,如果小于负载转矩,则电动机无法启动。

由于异步电动机的启动电流大而启动转矩较小,故常采取一些措施来减小启动电流,并应尽可能增大启动转矩,以加快启动过程。

1. 三相笼型异步电动机的启动方法

三相笼型异步电动机的启动方法有两种:直接启动和降压启动。

1) *直接启动*

直接启动又称全压启动,就是将电动机的定子绕组直接接到额定工作电压上的启动方式,如图 15-16 所示。

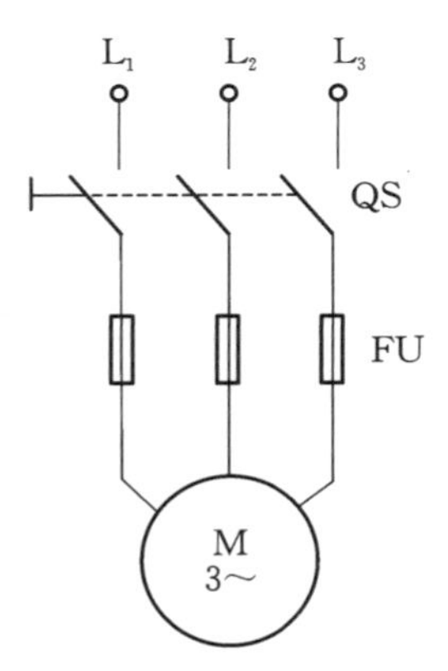

图 15-16 直接启动电路

直接启动的优点是设备简单,操作方便,启动过程短。容量在 7.5 kW 以下的三相异步电动机一般都可以采用直接启动。

电动机可以直接启动与否,通常采用下面的经验公式来判断:

$$I_{st}/I_N\leqslant 3/4+P_H/4P_N \tag{15-9}$$

式中，I_{st} 为电动机的启动电流，I_N 为电动机的额定电流，P_N 为电动机的额定功率(kW)，P_H 为电源的总容量(kV·A)。

2）降压启动

降压启动是指电动机启动时，通过启动设备或其他方法减少定子绕组的电压，启动结束后恢复额定电压运行的启动方法。降压启动时，由于电压降低，电动机每极磁通量减小，故转子电动势、电流以及定子电流均减小，避免了电网电压显著下降。但由于电磁转矩与定子电压的平方成正比，降压启动时的启动转矩将大大减小，因此降压启动只适用于电动机空载或轻载情况下启动的电动机，启动完毕后再加上机械负载。

目前常用的降压启动方法有三种：

(1)定子串接电抗器或电阻的降压启动。

启动时电抗器或电阻串接于定子电路中，定子绕组上实际施加的电压降低，从而减小启动电流。在转速接近额定值时，将电抗器或电阻短接，此时电动机就在额定电压下开始正常运行。定子绕组串电阻或电抗降压启动电路如图 15-17 所示。

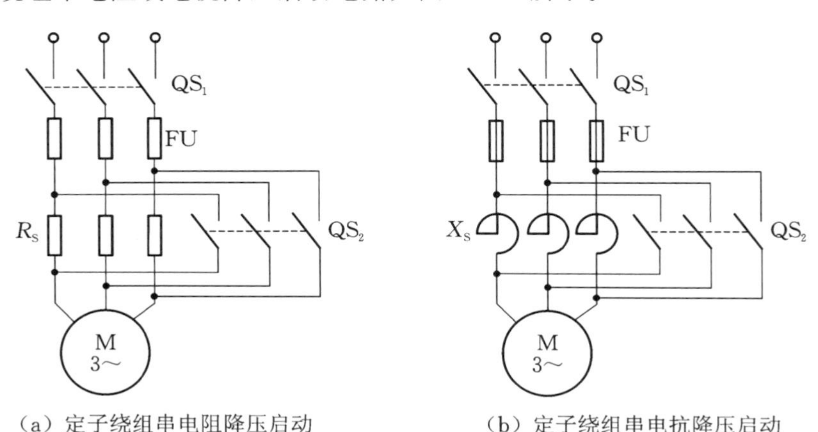

(a) 定子绕组串电阻降压启动　　(b) 定子绕组串电抗降压启动

图 15-17　定子绕组串电阻或电抗降压启动电路

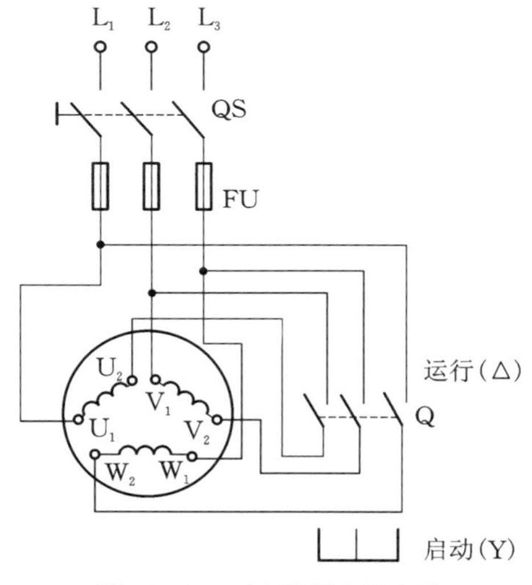

图 15-18　Y/△降压启动电路

这种启动方法设备简单、操作方便，但串电阻启动要在电阻上消耗大量电能，故不能用于频繁启动的场合，一般用于低压小容量异步电动机；而串电抗启动则避免了上述缺点，但其设备费用较高，通常用于高压大容量电动机。

(2) Y/△降压启动。

若电动机正常运行时其定子绕组是连接成三角形的，当启动时可以将定子连接成星形，当电动机的转速升高到额定转速时，再切换成三角形连接。

Y/△降压启动电路如图 15-18 所示，启动时先合上电源开关 QS，同时将三刀双掷开关 Q 扳到启动位置(Y)，此时定子绕组接成 Y 形，各相绕组承受的电压为额定电压的$\frac{1}{\sqrt{3}}$。待电动机转速接近稳定时，再把 Q 迅速扳到运行位置(△)，使定子绕组改为△形接法，于是每相绕组加上额定电压，电动机进入正常运行。

设定子绕组每相阻抗的大小为$|Z|$，电源线电压为U_L，△形连接时直接启动的线电流为$I_{st\triangle}$，Y 形连接时降压启动的线电流为I_{stY}，则有

$$\frac{I_{stY}}{I_{st\triangle}}=\frac{\dfrac{U_L}{\sqrt{3}|Z|}}{\sqrt{3}\dfrac{U_L}{|Z|}}=\frac{1}{3} \tag{15-10}$$

可见定子绕组做 Y 形连接时的启动电流是做△形连接时启动电流的$\frac{1}{3}$。定子绕组做 Y 形连接时绕组电压为正常运行时定子绕组电压的$\frac{1}{\sqrt{3}}$，因为电磁转矩与定子绕组相电压的平方成正比，所以采用 Y/△启动时的启动转矩也减小为直接启动的$\frac{1}{3}$。

Y/△降压启动设备结构简单、运行可靠、操作方便、成本低，但启动转矩小，只适用于正常工作时做△形连接的电动机。Y 系列异步电动机额定功率在 4 kW 及以上的均设计成△形接法，便于采用 Y/△降压启动。

(3) 自耦变压器降压启动。

自耦变压器降压启动时，电源接自耦变压器一次侧，二次侧接电动机。启动结束后电源直接加在电动机的定子绕组上。自耦降压启动电路如图 15-19 所示。自耦变压器降压启动时，电动机定子电压为直接启动时的$\frac{1}{k}$ (k 为自耦变压器的变比)，定子电流(即自耦变压器副边电流)也降为直接启动时的$\frac{1}{k}$，而自耦变压器原边的电流则要降为直接启动时的$\frac{1}{k^2}$；由于电磁转矩与外加电压的平方成正比，故启动转矩也降低为直接启动时的$\frac{1}{k^2}$。启动用的自耦变压器绕组通常有两至三个抽头，输出不同的电压，例如分别为电源电压的 80%、60% 和 40%，可供用户选用。自耦变压器降压启动的优点是启动电压可根据需要选择，使用灵活，可适用于不同的负载，但设备较笨重、成本高。

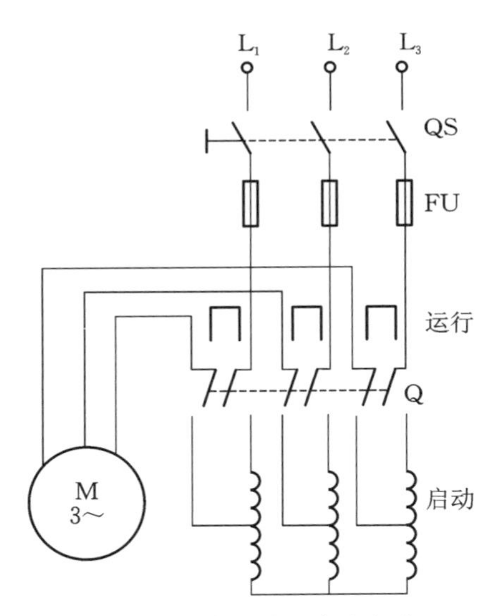

图 15-19 自耦降压启动电路

2. 绕线型异步电动机的启动方法

对于既要求限制启动电流又要求有较高启动转矩的生产机械(如起重机、带运输机等)，可采用绕线型异步电动机拖动。

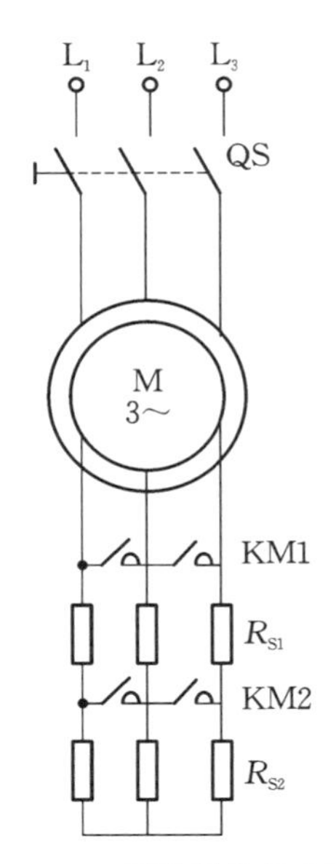

图 15-20　绕线型异步电动机转子串电阻启动电路

绕线型异步电动机转子串电阻启动的电路如图 15-20 所示。启动时在转子电路中串入三相对称电阻，启动后，随着转速的上升，逐渐切除启动电阻，直到转子绕组短接。采用这种方法启动时，转子电路电阻增加，转子电流 I_2 减小，$\cos\varphi_2$ 提高，启动转矩反而会增大。这是一种比较理想的启动方法，既能减小启动电流，又能增大启动转矩，因此适用于重载启动的场合。其缺点是绕线型异步电动机价格昂贵，结构复杂，操作和维护工作量大。

15.4.2　三相异步电动机的制动

电动机的制动是指电动机受到与转子运动方向相反的转矩的作用，从而迅速降低转速，最后停止转动的过程。

三相异步电动机的制动方法有机械制动和电气制动两类。机械制动是利用机械装置使电动机在断开电源后迅速停转，如电磁抱闸。电气制动是使异步电动机所产生的电磁转矩和电动机的旋转方向相反。电气制动通常可分为反接制动、能耗制动、回馈制动三类。

1. 反接制动

反接制动是指电动机停车时，把电动机与电源连接的三根导线中的任意两根对调，使电动机产生的旋转磁场改变方向，电磁转矩方向也随之改变，而电动机转子因惯性仍沿原方向转动，这样，作用在转子上的电磁转矩与电动机转子的运动方向相反，成为制动转矩，从而使电动机迅速停转，如图 15-21 所示。当转速接近于零时，应利用控制电器将三相电源切断，否则电动机将反转。

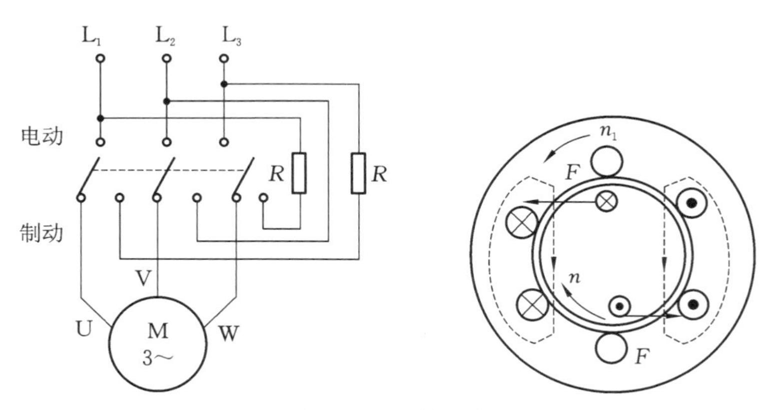

图 15-21　反接制动

反接制动的优点是制动电路比较简单，制动转矩较大，停机迅速，但制动瞬间旋转磁场和转子的相对速度(n_0+n)很大，因此电流较大，消耗也较大，机械冲击强烈，易损坏传动部件，为了减小制动电流，常在三相制动电路中串入电阻或电抗器。反接制动一般用于要求迅速停车的场合。

2. 能耗制动

能耗制动如图 15-22 所示，在切断三相电源的同时给定子绕组通入直流电，在定子与转子之间形成一个固定的磁场，由于转子在惯性作用下按原方向转动，而切割固定磁场会产生一个与转子旋转方向相反的电磁转矩，使电动机迅速停转。停转后，转子与磁场相对静止，制动转矩随之消失。

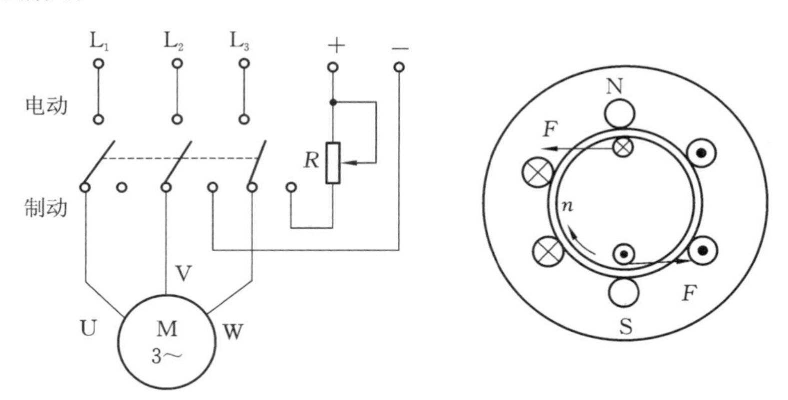

图 15-22 能耗制动

这种制动方法把转子的动能转换为电能，并以热能的形式在转子电路中迅速消耗掉，故称为能耗制动。其优点是制动能量消耗小，制动平稳，虽然需要直流电源，但随着电子技术的迅速发展，很容易将交流电整流为直流电。能耗制动一般用于要求迅速停车的场合。

3. 回馈制动

回馈制动又称再生制动或发电制动，主要用在起重设备中。例如当起重机放下重物时，因重力的作用，电动机的转速 n 超过旋转磁场的转速 n_1，电动机转入发电运行状态，将重物的位能转换为电能，再回送到电网，所以称回馈制动或发电制动。

15.4.3 三相异步电动机的调速

在工业生产中，为获得较高的生产效率和保证产品加工质量，要求电动机在不同的转速下工作，例如，各种切削机床的主轴转速需要随着工件直径、走刀量的大小等的不同而改变。调速是指在电动机负载不变的情况下，人为地改变电动机的转速，以满足生产要求。由前面的公式可得

$$n=n_1(1-s)=\frac{60f_1}{p}(1-s) \tag{15-11}$$

可见改变电动机的转差率 s、磁极对数 p 及电源频率 f_1 可实现调速。

1.变极调速

在电源频率不变的条件下，改变电动机的磁极对数 p，可改变电动机的同步转速 n_1，从而改变电动机的转速 n，这种调速的方法称为变极调速。当磁极对数减少一半时，同步转速就提高一倍，电动机的转速也基本上升高一倍。

通常用改变定子绕组接线方式的方法来改变磁极对数，这种电动机称多速电动机。多

速电动机的转子均采用笼型转子，其转子感应的磁极对数能自动与定子相适应。在制造这种电动机时，从定子绕组中抽出一些线头，以便于使用时调换。如图 15-23(a)所示，将定子绕组的两线圈串联，形成的磁极数为两对极，即 $p=2$。若将定子绕组的两线圈并联，则形成的磁极数为一对极，即 $p=1$，如图 15-23(b)所示。

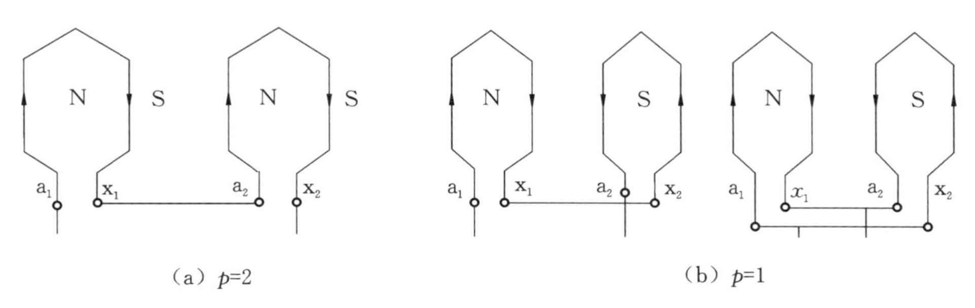

图 15-23　电动机的变极原理

变极调速时，异步电动机的转速基本上是成倍变化的，因此调速的平滑性差，但多速电动机在每个转速等级下具有较硬的机械特性，稳定性好。在不需要无级调速的生产机械中，多速电动机得到了较为广泛的应用。

目前，我国多极电动机定子绕组连接方式有三种，常用的有两种：一种是从星形改成双星形，写作 Y/YY，如图 15-24 所示。另一种是从三角形改成双星形，写作△/YY，如图 15-25 所示，这两种接法可使电动机极数减少一半。在改接绕组时，为了使电动机转向不变，应把绕组的相序改变一下。

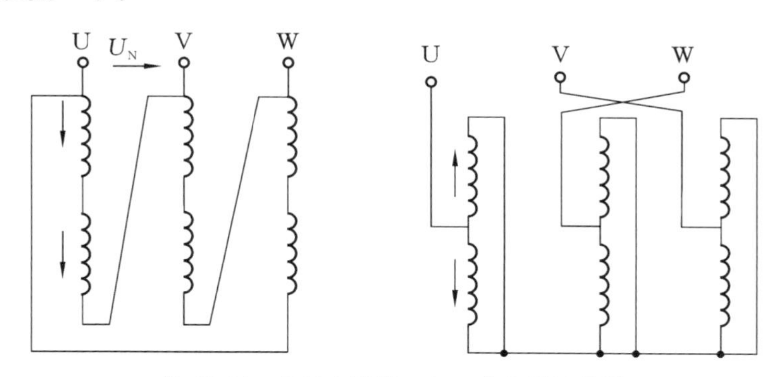

图 15-24　异步电动机 Y/YY 变极调速接线

2. 变频调速

改变三相异步电动机的电源频率 f_1，可以改变旋转磁场的同步转速 n_1，从而实现异步电动机无级调速的目的。表面上看来，只要改变电源频率 f_1，就可以调节电动机的转速，但实际上仅仅改变电动机的频率并不能获得良好的变频特性。如果电源电压不变，只改变电源频率 f_1，当频率从基频(50 Hz)往下调节时，会使电动机的磁通 Φ_m 增大，超过额定值而饱和，这样励磁电流急剧升高，使电动机定子铁芯损耗急剧增加，引起电动机发热，甚至烧坏电动机绕组。反之，当频率从基频(50 Hz)往上调节时，会使电动机磁通 Φ_m 减弱，同时电磁转矩减小，电动机的拖动能力跟着减小，电动机得不到充分利用。根据三相异步电动机定子绕

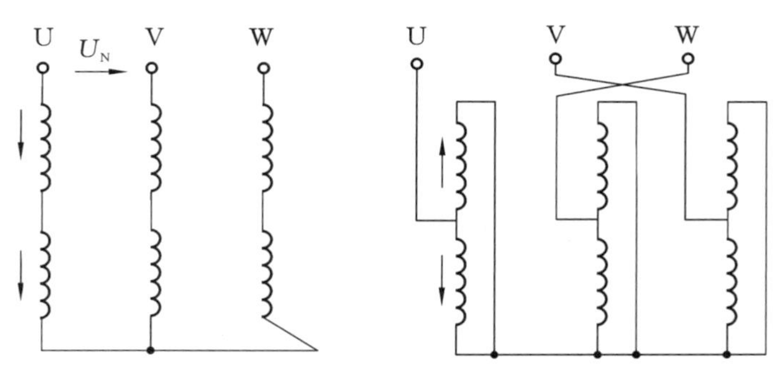

图 15-25 异步电动机△/YY 变极调速接线

组每相电动势的有效值为 $U_1 \approx E_1 = 4.44 f_1 N_1 \Phi_m$ 可知，Φ_m 的值由 E_1 和 f_1 共同决定，对 E_1 和 f_1 进行适当控制，就可以使磁通 Φ_m 保持额定值不变。

进行变频调速，需要一套专用的变频设备，例如图 15-26 所示的变频装置，它由整流器和逆变器组成。整流器先将 50 Hz 的交流电变换为直流电，直流电再由逆变器变换为频率可调且比值 $\frac{U_1}{f_1}$ 保持不变的三相交流电，供给笼型异步电动机，连续改变电源频率可以实现大范围的无级调速，而且电动机机械特性的硬度基本不变。变频调速是一种比较理想的调速方法，近年来发展很快，正得到越来越多的应用。

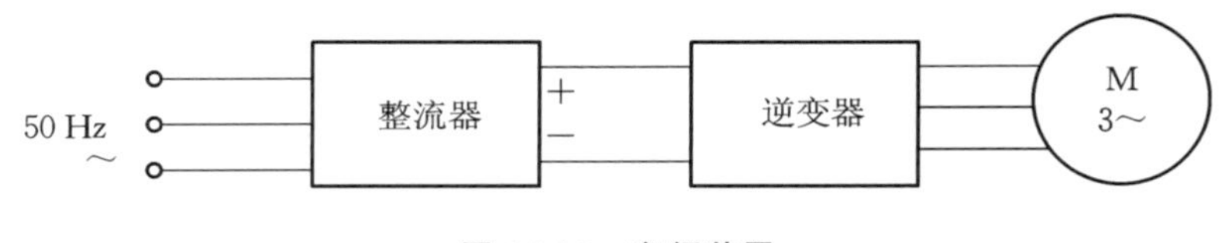

图 15-26 变频装置

采用变频对异步电动机进行调速，具有调速范围广、静态稳定性好、平滑性好、运行效率高、使用方便、可靠性高、节能效果明显等优点。

3. 变转差率调速

变转差率调速是在不改变同步转速 n_1 的条件下进行调速。改变电动机的转差率 s，可以使电动机的转速发生变化，从而达到调速的目的。变转差率调速的常用方法有改变定子电压调速、转子串电阻调速、串级调速。

1）绕线型异步电动机转子串电阻调速

绕线转子异步电动机转子串接电阻器工作时，其机械特性如图 15-27 所示，$R_2 > R_1$。转子串电阻时最大转矩不变，临界转差率加大。所串电阻越大，运行段特性斜率越大，机械特性越软。若带恒转矩负载，原来运行在固有特性曲线的 a 点上，在转子串电阻 R_1 后，就运行在 b 点上，转速由 n_a 变为 n_b，依此类推。

当转子回路串接电阻后，电动机的机械特性斜率增大，机械特性变软，故改变转差率调速的范围不大，且串联电阻后增加铜损耗，调速经济性差；在低速时，机械特性很软，运行稳定性差，且不能实现无级调速。因此，转子串电阻调速只在不需要无级调速的中、小容量的绕线型异步电动机中得到应用。

转子串电阻调速存在的问题，通过使用晶闸管串级调速系统可以得到解决。原来在转子电阻中消耗的电能，先整流为直流电，再逆变为交流电送回电源。一方面可以节能，另一方面能提高机械特性的硬度。

2）降低电源电压调速

三相异步电动机的同步转速 n_1 与电压无关，而最大转矩与电压的平方成正比，因此，降低电源电压时的人为机械特性如图 15-28 所示。从机械特性曲线可以看出，负载转矩一定时，电压越低，转速也越低，所以降低电压也能调节转速。

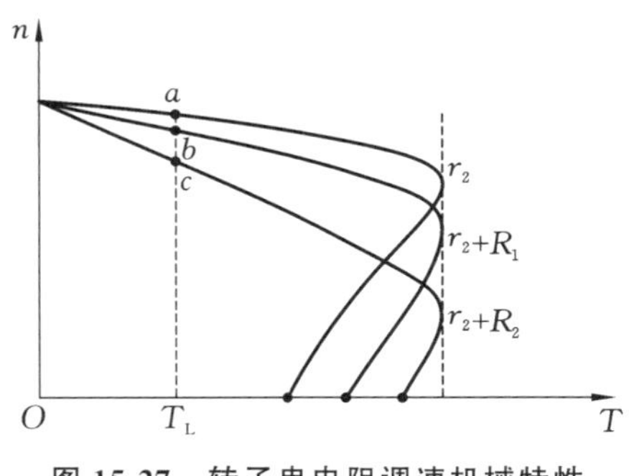

图 15-27　转子串电阻调速机械特性

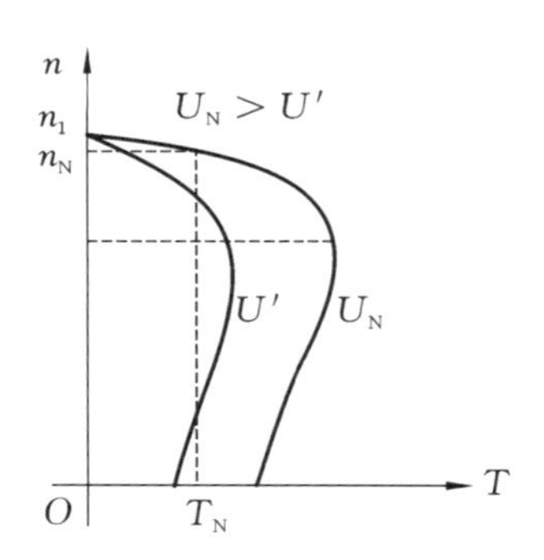

图 15-28　降压的机械特性

降压调速的优点是电压调节方便，对于通风机型负载，调速范围较大。因此，目前大多数电风扇都采用串电抗器或双向晶闸管降压调速。缺点是对于常见的恒转矩负载，调速范围很小，实用价值不大。

15.5　三相异步电动机的铭牌数据

每台异步电动机都有一个铭牌，它标记着电动机的型号、连接方法和各种额定值等，如图 15-29 所示。

图 15-29　三相异步电动机的铭牌

1. 型号

型号是电动机类型、规格的代号。国产异步电动机的型号由汉语拼音字母以及国际通用符号和阿拉伯数字组成，例如，“Y”表示“异步电动机”，“R”表示“绕线式”。目前大量使用的是参照 IEC（国际电工委员会）标准生产的 Y 系列异步电动机，常用的有 Y 系列笼型异步电动机、YR 系列绕线式异步电动机、YD 系列多速电动机、YZ 系列起重冶金异步电动机、YQ 系列高启动转矩异步电动机。Y 系列异步电动机型号含义如图 15-30 所示。

例如，型号 Y132M-4 的含义是：三相笼型异步电动机，机座中心高 132 mm，中机座，4 个磁极。

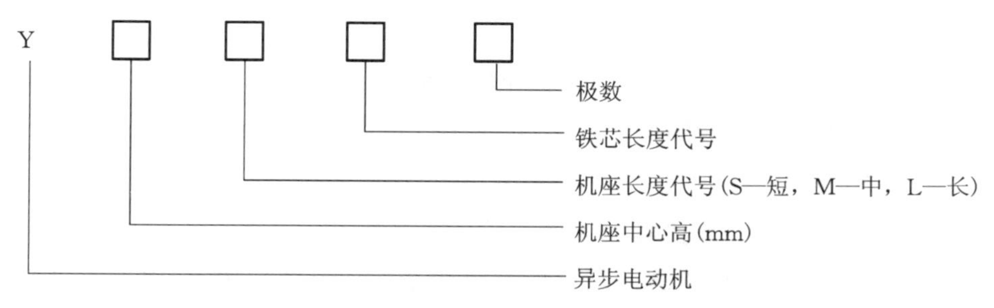

图 15-30 Y 系列异步电动机型号含义

2. 接法

接法是指电动机在额定运行时，三相定子绕组采用的连接方式，用 Y 或△表示。一般功率在 3 kW 及以下的电动机采用 Y 接法，4 kW 及以上的电动机采用△接法。

3. 额定频率 f_N

额定频率是指电动机定子绕组所加交流电源的频率，单位是 Hz。我国的工频频率是 50 Hz。

4. 额定电压 U_N

额定电压是指电动机正常运行时加到定子绕组上的线电压，单位是 V 或 kV。

5. 额定电流 I_N

额定电流是指电动机正常运行时定子绕组线电流的有效值，单位是 A。

6. 额定功率 P_N 和额定效率 η_N

额定功率是指电动机在额定电压、额定频率、额定负载下运行时，转轴上输出的机械功率，也称额定容量，单位是 kW。额定效率是指输出机械功率与输入电功率的比值。

额定功率与额定电压、额定电流之间存在以下关系：

$$P_N=\sqrt{3}U_N I_N \eta\cos\varphi \tag{15-12}$$

7. 额定转速 n_N

额定转速是指电动机在额定频率、额定电压和额定输出功率下每分钟的转数，单位是 r/min。

8. 温升和绝缘等级

电动机运行时，其温度高出环境温度的数值叫温升。环境温度为 40 ℃，温升为 65 ℃的电动机的最高容许温度为 105 ℃。

绝缘等级是指电动机定子绕组所用绝缘材料的耐热等级，有 A、E、B、F、H、C 六级。目前电动机采用较多的是 E 级和 B 级。绝缘等级表明了电动机的最高容许温度，其对应关系如表 15-1 所示。

表 15-1 绝缘等级及其最高容许温度

绝缘等级	A	E	B	F	H	C
最高容许温度/℃	105	120	130	155	180	>180

9. 功率因数 $\cos\varphi$

三相异步电动机的功率因数较低，在额定运行时为0.7～0.9，空载时只有0.2～0.3，因此，必须正确选择电动机的容量，防止“大马拉小车”，并力求缩短空载运行时间。

10. 工作方式

异步电动机常用的工作方式有三种。

(1) 连续工作方式：可按铭牌上规定的额定功率长期连续使用，而温升不会超过容许值，可用代号S1表示。

(2) 短时工作方式：每次只允许在规定时间内按额定功率运行，如果运行时间超过规定时间，电动机则会因过热而损坏，可用代号S2表示。

(3) 断续工作方式：电动机以间歇方式运行，如起重机械的拖动多采用此种方式，用代号S3表示。

【例15-2】 一台三相异步电动机 $P_N=10\ \text{kW}$，$U_N=380\ \text{V}$，$\cos\varphi=0.86$，$\eta=0.88$，试计算电动机的额定电流 I_N。

【解】

$$I_N=\frac{P_N}{\eta\sqrt{3}U_N\cos\varphi}=\frac{10\times10^3}{\sqrt{3}\times380\times0.86\times0.88}\ \text{A}=20.1\ \text{A}$$

15.6 技能实训
——三相异步电动机定子绕组的连接和首末端判别

15.6.1 实训目的

(1) 掌握判别三相异步电动机定子绕组首末端的方法。

(2) 掌握三相异步电动机的连接方法及其线电压和相电压的关系、线电流和相电流的关系。

15.6.2 实训器材

万用表、三相异步电动机、交流电流表、导线。

15.6.3 实训内容

1. 三相异步电动机的铭牌数据

将实训用的三相异步电动机的有关铭牌数据记录在表15-2中。

表15-2 三相异步电动机的铭牌数据

额定电流/A	额定电压/V	额定转速/(r/min)	额定频率/Hz	功率因数	额定功率/kW

2. 三相异步电动机定子绕组首末端判别

(1) 36 V 交流电源法。

① 用万用表欧姆挡先判断三个定子绕组,并将三个定子绕组分开。

② 给分开后的三相绕组的六个线头假设编号,分别为 U_1、U_2,V_1、V_2,W_1、W_2。然后按图 15-31 所示,把任意两相中的两个线头(设为 V_1 和 U_2)连接起来,构成两相绕组串联。

③ 在另外两个线头 V_2 和 U_1 上接交流电压表。

④ 在另一相绕组 W_1 和 W_2 上接 36 V 交流电源,如果电压表有读数,说明线头 U_1、U_2 和 V_1、V_2 的编号正确。如果无读数,把 U_1、U_2 或 V_1、V_2 中任意两个线头的编号对调一下即可。

⑤ 同样可判定 W_1、W_2 两个线头。

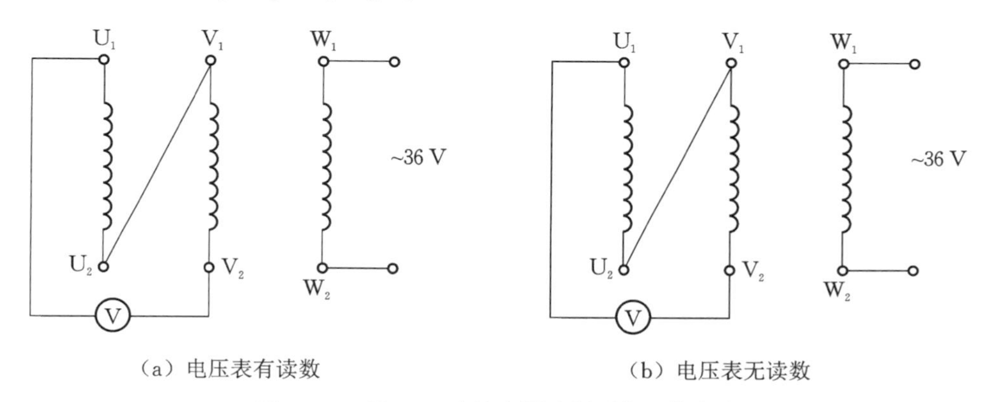

(a) 电压表有读数 (b) 电压表无读数

图 15-31 用 36 V 交流电源法判别绕组首末端

(2) 剩磁感应法。

① 用万用表欧姆挡先判断三个定子绕组,并将三个定子绕组分开。

② 给分开后的三相绕组的六个线头假设编号,分别为 U_1、U_2,V_1、V_2,W_1、W_2。

③ 按图 15-32 所示接线,用手转动电动机转子。由于电动机定子及转子铁芯中通常均有少量的剩磁,当磁场变化时,在三相定子绕组中将有微弱的感应电动势产生,此时若并接在绕组两端的微安表(万用表微安挡)指针不动,则说明假设的编号是正确的;若指针有偏转,说明其中有一相绕组的首末端假设编号不对。应逐相对调重测,直至正确为止。

(3) 电池法。

① 用万用表欧姆挡先判断三个定子绕组,并将三个定子绕组分开。

② 给分开后的三相绕组的六个线头假设编号,分别为 U_1、U_2,V_1、V_2,W_1、W_2。

③ 按图 15-33 所示接线,合上电池开关的瞬间,若微安表指针摆向大于零的一边,则接电池正极的线头与微安表负极所接的线头同为首端(或同为末端)。

④ 再将微安表接另一相绕组的两线头,用上述方法判定首末端即可。

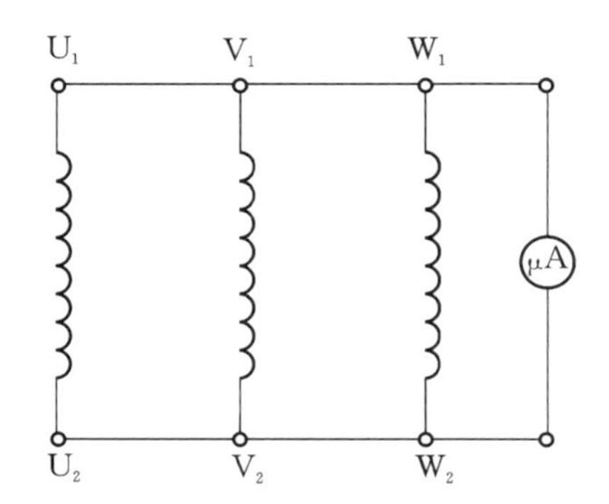

图 15-32 用剩磁感应法判别绕组首末端

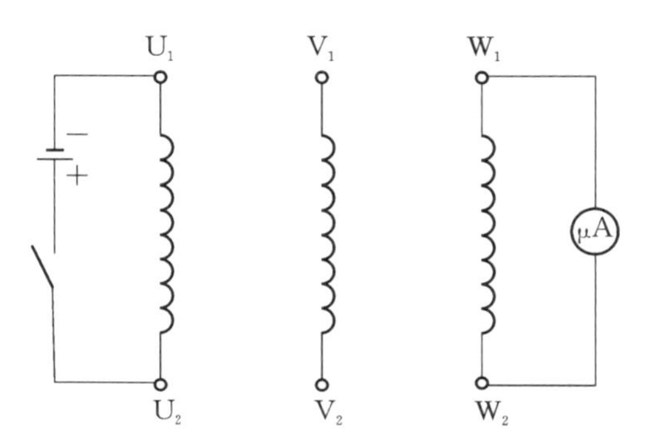

图 15-33 用电池法判别绕组首末端

3. 三相异步电动机分别做 Y 形、△形连接，并测量其线电压、相电压、线电流、相电流

(1)将三相异步电动机做 Y 形连接，如图 15-34 所示，分别测量线电压、相电压、线电流、相电流，并将数据记录在表 15-3 中。

(2) 将三相异步电动机做△形连接，如图 15-35 所示，分别测量线电压、相电压、线电流、相电流，并将数据记录在表 15-3 中。

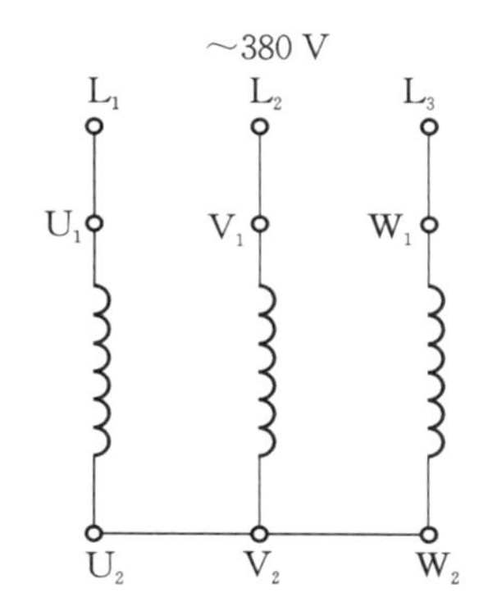

图 15-34 三相异步电动机做 Y 形连接

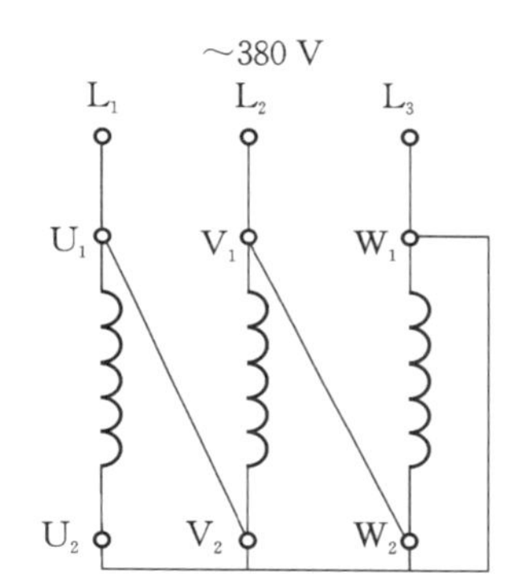

图 15-35 三相异步电动机做△形连接

表 15-3 三相异步电动机的线电压、相电压、线电流、相电流

	线电压/V	相电压/V	线电流/A	相电流/A	线电压与相电压的关系	线电流与相电流的关系
Y 形连接						
△形连接						

15.6.4 实训报告

(1) 记录和整理实训数据并进行分析。

(2) 三相异步电动机定子绕组首末端的判别有哪几种方法？

习　题

一、填空题

1. 三相异步电动机由________和________两大部分组成。

2. 三相异步电动机的定子由________、________、________和________等组成。

3. 三相笼型异步电动机降压启动的常用方法有________降压启动、________降压启动、________降压启动。

4. 三相异步电动机的调速方法有________调速、________调速、________调速三大类。

二、判断题

(　　)1. 三相异步电动机的转子绕组的电流是由电磁感应产生的。

(　　)2. 三相异步电动机的转子转速不可能大于其同步转速。

(　　)3. 变极调速只适用于笼型异步电动机。

(　　)4. 变频调速只适用于笼型异步电动机。

(　　)5. 变转差率调速只适用于绕线型异步电动机。

(　　)6. 三相异步电动机的额定电压是指加于定子绕组上的相电压。

三、选择题

1. 对称三相绕组在空间位置上应彼此相差(　　)。

A. 60°电角度　　B. 120°电角度　　C. 180°电角度　　D. 360°电角度

2. 三相异步电动机启动瞬间，转差率为(　　)。

A. $s=0$　　B. $s=s_N$　　C. $s=1$　　D. $s>1$

3. 三相异步电动机额定运行时，其转差率一般为(　　)。

A. $s=0.004\sim0.007$　　B. $s=0.02\sim0.06$　　C. $s=0.1\sim0.7$　　D. $s=1$

4. 三相异步电动机的额定功率是指(　　)。

A. 输入的视在功率　　B. 输入的有功功率

C. 电磁功率　　D. 输出的机械功率

5. 三相异步电动机启动转矩不大的主要原因是(　　)。

A. 启动时电压低　　B. 启动时电流大

C. 启动时磁通少　　D. 启动时功率因数低

四、简答题

1. 三相异步电动机有什么特点?

2. 产生旋转磁场的条件是什么? 旋转磁场的转向和转速由哪些因素决定?

3. 什么叫三相异步电动机的降压启动? 有哪几种常用的方法? 各有何特点?

4. 三相异步电动机有哪些调速方法?

5. 三相异步电动机变频调速时，为什么要保持$\frac{U_1}{f_1}$为常数？而$U_1>U_N$时，为什么U_1不能升高？

6. 三相异步电动机有哪些电气制动方法？分别用于什么场合？

7. 简述电动机型号 Y112S-2 的含义。

五、计算题

1. 有一台三相四极异步电动机，电源频率为 50 Hz，带额定负载运行时的转差率为$s_N=0.03$，求电动机的同步转速n_1和额定转速n_N。

2. 一台三相异步电动机$P_N=30$ kW，$U_N=380$ V，$\cos\varphi=0.86$，$\eta=0.91$，试计算电动机的输入功率P_1和额定电流I_N。

第16章

单相异步电动机

单相异步电动机具有结构简单、成本低廉、噪声小、维修方便等优点，但其效率、功率因数、过载能力都较低且容量一般在 1 kW 以下，常应用于家用电器（如电风扇、洗衣机、电冰箱、抽油烟机）、小功率生产机械（如电钻、搅拌机、压缩机）以及医疗器械的驱动等。

学习目标

1. 理解单相异步电动机的工作原理和机械特性。
2. 理解电容分相式异步电动机的启动原理。
3. 了解罩极式异步电动机的结构及工作原理。

16.1 单相异步电动机的工作原理与机械特性

在单相电源电压作用下运行的异步电动机，称为单相异步电动机。其定子中放置单相绕组，转子大多数是鼠笼式。当单相正弦交流电通入定子绕组时，会产生一个空间位置固定不变，大小和方向随时间按正弦规律变化的脉振磁场，可表示为 $\Phi=\Phi_{m}\sin(\omega t)$，如图 16-1 所示。与三相异步电动机中的旋转磁场不同，单相异步电动机中的磁场是一个脉振磁场，不会旋转，不能产生电磁转矩，因此电动机不能自行启动。

脉振磁场是不会旋转的。但是，根据磁场理论，脉振磁场可以分解成两个振幅为原脉振磁场振幅的一半，并以相同速率向相反方向旋转的圆形旋转磁场，如图 16-2 所示。这两个大小相等、方向相反的旋转磁场分别在转子中感应出大小相等、方向相反的电动势和电流，进而产生两个方向相反的电磁转矩，合成后得到单相异步电动机的机械特性，如图 16-3 所示，图中 T_{+} 为正向转矩，由旋转磁场 Φ_{m1} 产生；T_{-} 为反向转矩，由反向旋转磁场 Φ_{m2} 产生，而 T 为单相异步电动机的合成转矩。

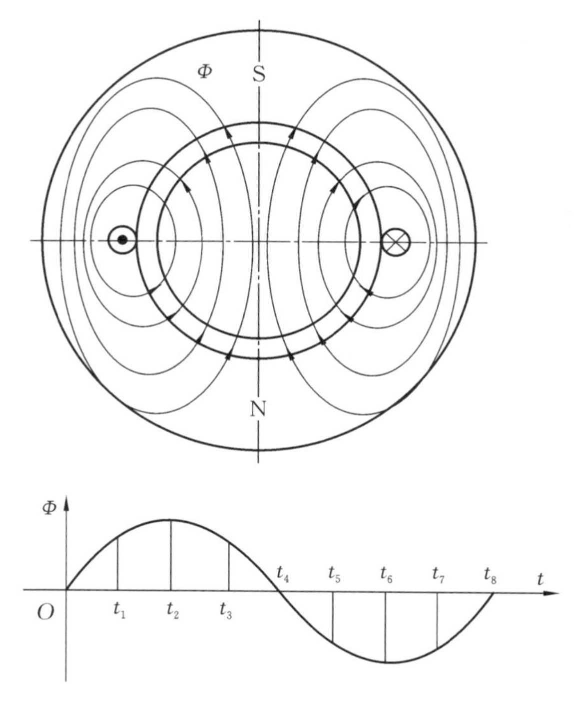

图 16-1　脉振磁场

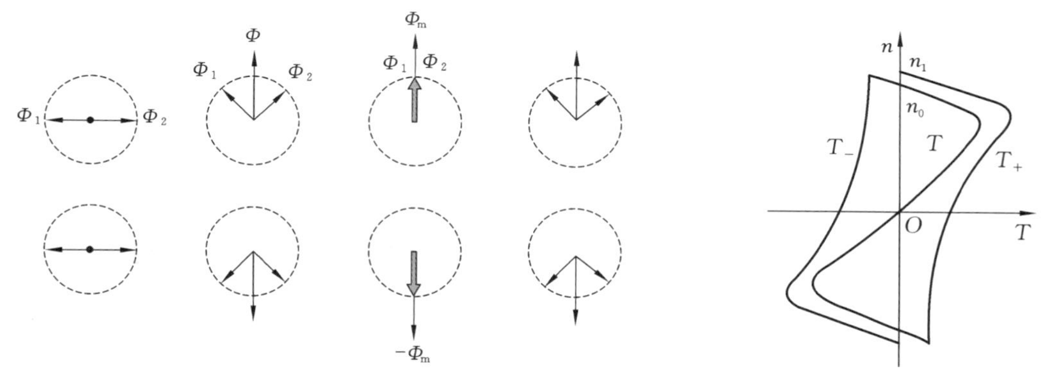

图 16-2　脉振磁场的分解

图 16-3　单相异步电动机的机械特性

从图 16-3 可知，单相异步电动机的机械特性有如下特点：

(1) 当转子静止时，$n=0$，$T_+=T_-$，合成转矩 $T=0$。即单相异步电动机工作绕组单独通电时，无启动转矩，不能自行启动。

(2) 若用外力使电动机转子向任一方向转动，则 $n\neq0$ 时，$s\neq1$，$T\neq0$。当合成转矩大于负载转矩时，电动机即使撤销启动措施，仍然可以自行加速并在某一稳定转速下运行。

(3) 由于反向转矩 T_- 的制动作用，合成转矩 T 减小，最大转矩也随之减小，故单相异步电动机的过载能力、效率、功率因数等均低于同容量的三相异步电动机。

为了使单相异步电动机通电后能产生旋转磁场并自行启动，需对其定子进行特殊设计，常用的方法有分相式和罩极式两种。

16.2 电容分相式异步电动机

电容分相式异步电动机如图 16-4 所示，在它的定子槽中放置有两个绕组，一个是工作绕组 A-A′，另一个是启动绕组 B-B′，两个绕组在空间相隔 90°。启动绕组与电容器串联，使两个绕组中的电流在相位上相差近 90°，这就是分相。这样，在空间上相差 90°的两个绕组，分别通有在相位上相差或接近 90°的两相电流，设两相电流为 $i_A = I_{Am}\sin(\omega t)$，$i_B = I_{Bm}\sin(\omega t + 90°)$，正弦波形如图 16-5(a)所示，即可获得所需的旋转磁场，如图 16-5(b)所示。在这个旋转磁场的作用下，电动机的转子就在启动转矩的作用下自行转动起来，其分析方法与三相异步电动机的转动原理一样。

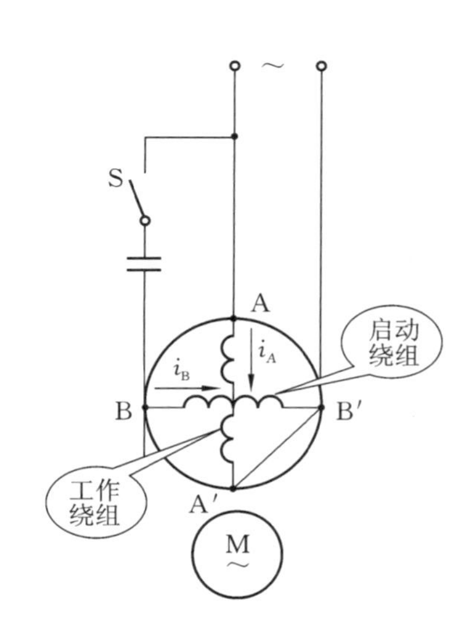

图 16-4 电容分相式异步电动机

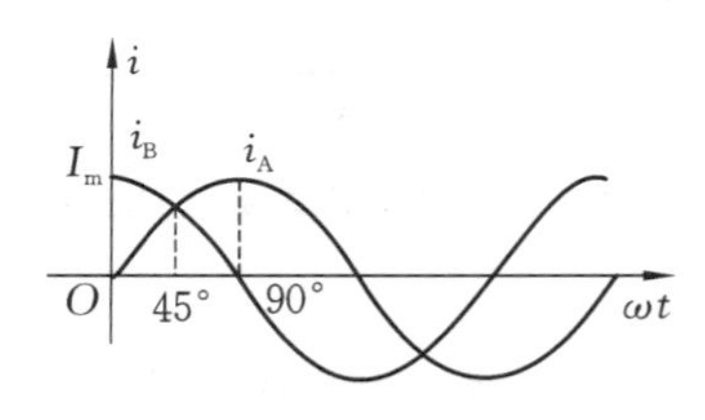

(a) 两相电流正弦波形

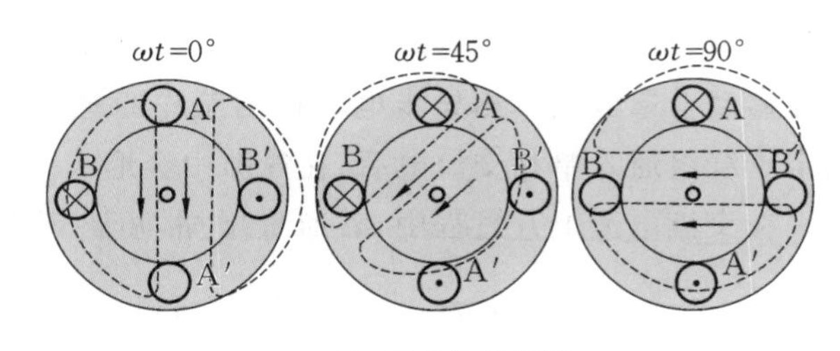

(b) 两相旋转磁场

图 16-5 电容分相式异步电动机的电流波形和旋转磁场

电动机启动后转速达到同步转速的 75%～85%时，利用离心力将开关 S 断开(S 是离心开关)，使启动绕组 B-B′断电，工作绕组 A-A′进入单独稳定运行状态。电容器的容量一般为 5～20 μF。

改变电容 C 的串联位置，可使单相异步电动机反转。如图 16-6 所示，将开关 S 合在位置 1，电容 C 与绕组 B 串联，电流 i_B 较 i_A 超前近 90°；将 S 切换到位置 2 后，电容 C 与绕组 A 串联，电流 i_A 较 i_B 超前近 90°。这样就改变了旋转磁场的转向，从而实现电动机的反转。

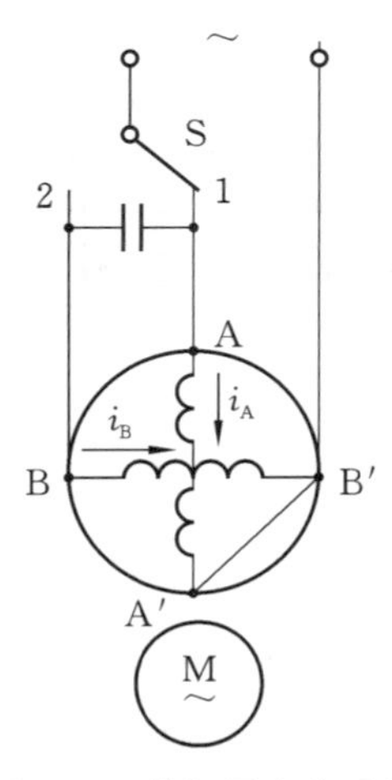

图 16-6 单相异步电动机正反转电路

这种单相异步电动机的启动转矩大，启动电流较小，启动性能较好，适用于各种满载启动的机械，如小型空气压缩机、木工机械等，在部分电冰箱压缩机中也有采用。

16.3 罩极式异步电动机

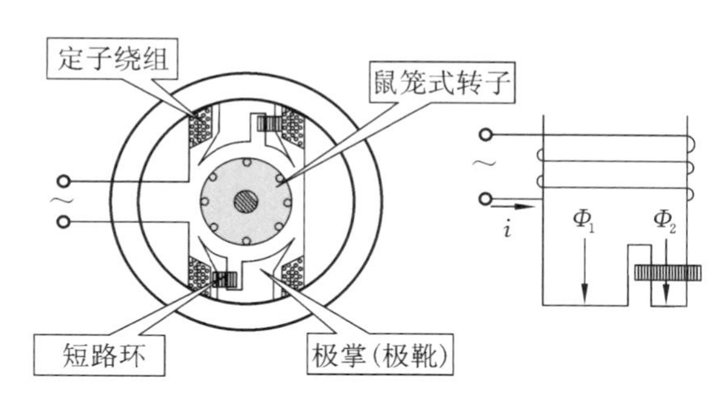

图 16-7 罩极式单相异步电动机的结构

罩极式单相异步电动机的结构如图16-7所示，单相绕组绕在磁极上，在磁极的1/3～1/4处开有小槽，将磁极分成两部分。在极面较小的那部分磁极上套一短路铜环，好像把这部分磁极罩起来一样，所以称罩极式电动机。

在图16-7中，Φ_1 是励磁电流 i 产生的磁通，Φ_2 是 i 产生的另一部分磁通（穿过短路铜环）和短路铜环中的感应电流所产生的磁通的合成磁通。由于短路环中的感应电流阻碍穿过短路环的磁通的变化，使 Φ_1 和 Φ_2 之间产生相位差，Φ_2 滞后于 Φ_1。当 Φ_1 达到最大值时，Φ_2 尚小；而当 Φ_1 减小时，Φ_2 才增大到最大值。这相当于在电动机内形成一个向被罩部分移动的磁场，它使鼠笼式转子产生转矩而启动。罩极式单相异步电动机的工作原理如图16-8所示。当单相罩极式异步电动机的定子绕组通入单相交流电后，在气隙中会形成一个连续移动的磁场，使笼型转子受力而旋转。在交流电流上升过程中，磁通量增加，短路环中产生感应电动势和电流，阻止磁通进

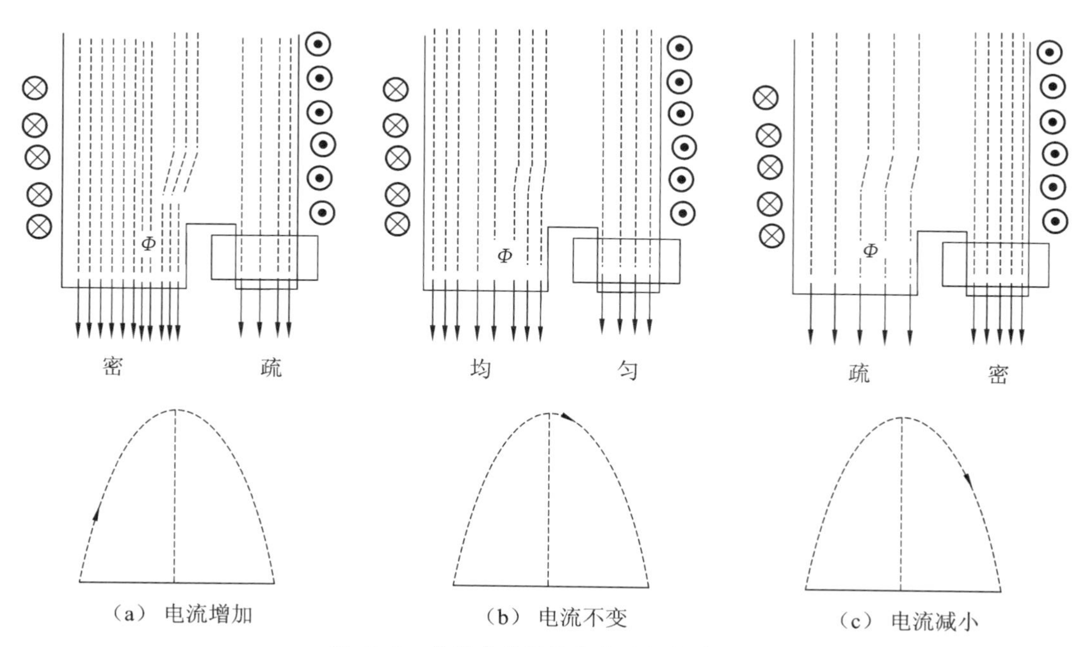

图 16-8 罩极式单相异步电动机启动原理

入短路环，这时的磁通主要集中在磁极的未罩部分。交流电达最大值时，电流和磁通量基本不变，短路环中的电动势和电流很小，基本上不起作用，磁通在整个磁极中均匀分布。交流电下降过程中，磁通量减少，短路环中的电动势和电流阻止磁通量减少，使每个磁极中的磁通集中在被罩部分。交流电改变方向后，磁通同样由磁极的未罩部分向被罩部分移动。这样转子就跟着磁场移动的方向转动起来。

罩极式单相异步电动机结构简单、成本低、维护方便、运行噪声小、经久耐用，但启动转矩较小，启动性能和运行性能较差且不能实现正反转，常用于对启动转矩要求不高的设备中，如风扇、吹风机等。

习　　题

一、填空题

1. 单相异步电动机定子有两套绕组，一套是________；另一套是________。

2. 单相异步电动机工作绕组单独通电时，无________，不能自行启动。

3. 单相电容分相式异步电动机，在启动绕组电路中串入________是为了使启动绕组电流与工作绕组电流________，以产生旋转磁场而获得启动转矩。

二、判断题

(　　)1. 单相异步电动机中的磁场是一个旋转磁场。

(　　)2. 单相异步电动机常应用于家用电器方面。

(　　)3. 单相电容分相式异步电动机的启动绕组与工作绕组电流相位差接近90°。

(　　)4. 单相电容分相式异步电动机的启动转矩大，启动电流较小，启动性能较好。

(　　)5. 单相罩极式异步电动机的旋转方向是不能改变的。

(　　)6. 单相罩极式异步电动机适用于小功率电动机的器械方面。

三、简答题

1. 单相异步电动机的机械特性有什么特点？

2. 单相异步电动机如何获得启动转矩？

第17章 直流电动机

直流电机是使机械能和直流电能相互转换的旋转机械装置，包括直流电动机和直流发电机两类。将机械能转变成直流电能的电机称为直流发电机，将直流电能转变成机械能的电机称为直流电动机。直流电动机和交流电动机相比，其主要缺点是结构复杂，运行可靠性较差，维护比较困难，但它的启动转矩大且具有宽广的调速范围、平滑的调速特性，因此，对于大型机床、轧钢机和起重设备等生产机械的拖动具有十分重要的意义。

按励磁方式的不同，直流电动机可分为他励、并励、串励和复励四大类。他励电动机主要用于启动转矩较大的恒速负载和要求调速的传动系统，如离心泵、风机、金属切削机床以及纺织印染、造纸和印刷机械等；并励电动机有硬的机械特性，适用于负载变化时要求转速比较稳定的场合，如切削机床、轧钢机、造纸机等；串励电动机具有软的机械特性，过载能力强，启动转矩大，适用于电力机车、起重机、无轨电车、卷扬机和电梯等；复励电动机启动转矩大，机械特性硬，且无空载飞速的危险，因此广泛用于冲床、刨床、吊车、船用甲板机械等。本章主要介绍直流电动机的基本结构、工作原理和调速方法。

学习目标

1. 熟悉直流电动机的基本结构。
2. 掌握直流电动机的基本工作原理。
3. 掌握直流电动机的调速方法及其特点。

17.1 直流电动机的基本结构

直流电动机由定子与转子（电枢）两大部分组成。直流电动机中可旋转部分称为转子，直流电动机中静止不动的部分称为定子，定子和转子之间有空隙，称为气隙。直流电动机的基本结构如图 17-1 所示。

1. 定子部分

直流电动机中静止不动的部分称为定子，其主要作用是产生磁场。定子部分包括机座、主磁极、换向极、端盖、电刷等装置。

1）机座

机座既可以固定主磁极、换向极、端盖等，又是电动机磁路的一部分（称为磁轭）。机座一般用铸钢或厚钢板焊接而成，具有良好的导磁性能和机械强度。

2）主磁极

主磁极的作用是产生气隙磁场，由主磁极铁芯和主磁极绕组（励磁绕组）构成，如图 17-2 所示。主磁极铁芯一般由 0.5～1.5 mm 厚的低碳钢板冲片叠压而成，包括极身和极靴两部分。极靴做成圆弧形，以使磁极下气隙磁通较均匀。极身上面套励磁绕组（由绝缘铜线绕制而成），绕组中通入直流电流。整个磁极用螺钉固定在机座上。直流电动机的主磁极总是成对的，相邻主磁极的极性按 N 极和 S 极交替排列。

3）换向极

换向极用来改善直流电动机的换向，由铁芯和套在铁芯上的绕组构成，如图 17-3 所示。换向极铁芯一般用整块钢制成，如换向要求较高，则用 1.0～1.5 mm 厚的钢板叠压而成，其绕组中流过的是电枢电流，可以有效抑制电枢电流的变化造成的电抗电势变化，从而使换向条件得到有效的改善，减少由直流电动机的换向而造成的换向火花。换向极装在相邻两主极之间，用螺钉固定在机座上。

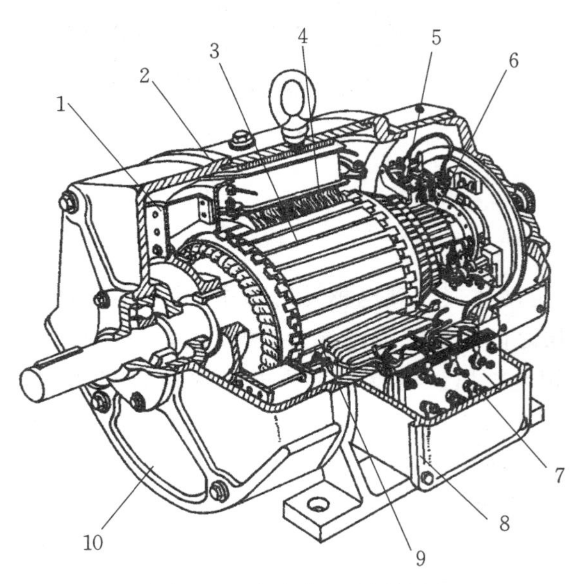

图 17-1　直流电机的结构图

1—风扇；2—机座；3—电枢；4—主磁极；5—刷架；6—换向器；7—接线板；8—出线盒；9—换向极；10—端盖

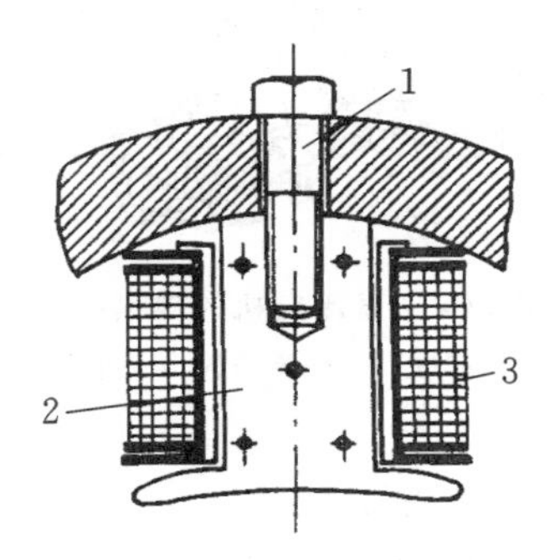

图 17-2　直流电机的主磁极

1—固定主磁极的螺钉；2—主磁极铁芯；3—励磁绕组

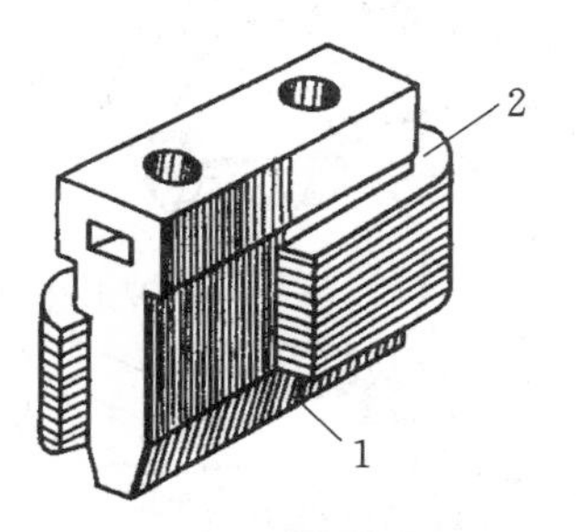

图 17-3　直流电机的换向极

1—换向极铁芯；2—换向极绕组

4）电刷装置

电刷与换向器配合，可以把转动的电枢绕组电路和外电路相连接，并把电枢绕组中的交流电转变成电刷两端的直流电。电刷装置由电刷、刷握、刷杆、刷杆架、弹簧、铜辫构成，如图17-4所示。电刷是用碳、石墨等做成的导电块，装在刷握上的刷盒内，用弹簧把它紧压在换向器表面。电刷装置的个数一般等于主磁极的个数。

2. 转子部分

直流电动机运行时转动的部分称为转子，其主要作用是产生电磁转矩和感应电动势，是直流电动机进行能量转换的枢纽，因此又称为电枢。转子部分主要包括电枢铁芯、电枢绕组、换向器、转轴、风扇等部件。

1）电枢铁芯

电枢铁芯是电动机磁路的一部分，其外圆周开槽，用来嵌放电枢绕组。电枢铁芯一般用0.5 mm厚、两边涂有绝缘漆的硅钢片叠压而成，如图17-5所示。电枢铁芯固定在转轴或转子支架上。铁芯较长时，为加强冷却，可把电枢铁芯沿轴向分成数段，段与段之间留有通风孔。

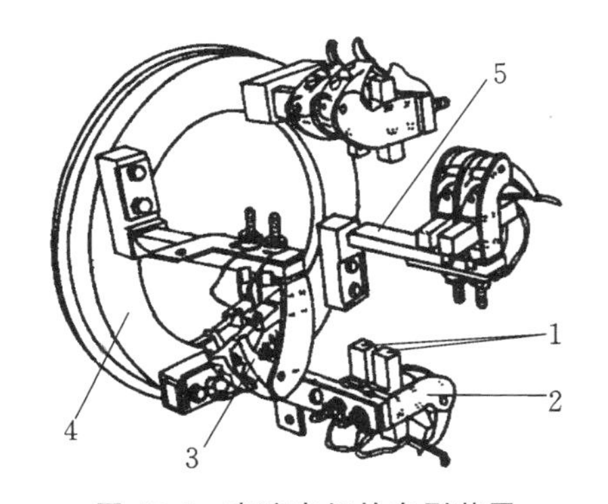

图17-4 直流电机的电刷装置

1—电刷；2—刷握；3—弹簧压板；4—座圈；5—刷杆

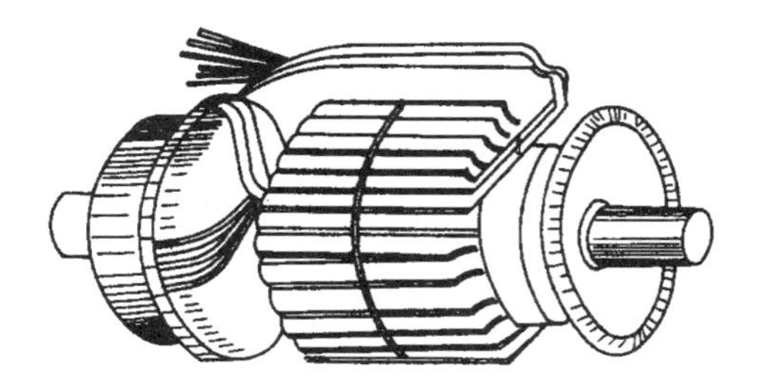

图17-5 电枢铁芯

2）电枢绕组

电枢绕组是用绝缘铜线绕制的线圈按一定规律嵌放到电枢铁芯槽中，并与换向器做相应连接。线圈与铁芯之间以及线圈的上、下层之间均要妥善绝缘，用槽楔压紧，再用玻璃丝带或钢丝扎紧。电枢绕组是电机的核心部件，电机工作时在其中产生感应电动势和电磁转矩，实现机电能量的转换。

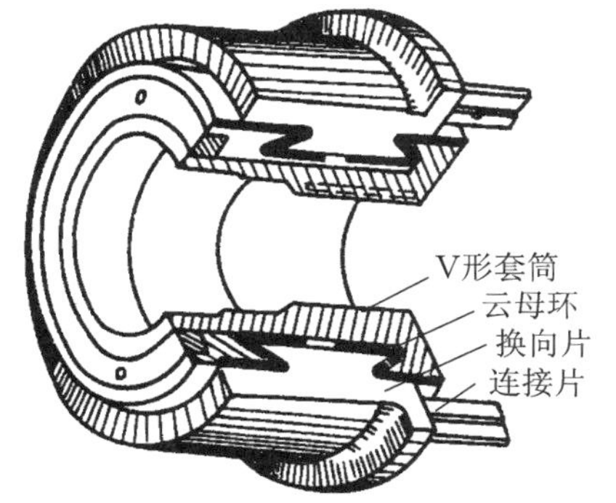

图17-6 金属套筒式换向器

3）换向器

换向器是由许多带有燕尾槽的楔形铜片组成的一个圆筒，铜片之间用云母片绝缘，用套筒、云母环和螺帽紧固成一个整体，换向片和套筒之间要妥善绝缘。电枢绕组中每个线圈的两个端头接在不同换向片上。金属套筒式换向器如图17-6所示。小型直流电动机的换向器是用塑料紧固的。换向器与电刷一起，起转换电动势和电流的作用。

4）转轴

转轴起支撑转子旋转的作用，需要具备一定的机械强度和刚度，一般用圆钢加工而成。

5）风扇

风扇用来降低直流电动机在运行过程中的温升。

17.2 直流电动机的工作原理

图 17-7 是直流电动机的工作原理图。固定部分由两个主磁极 N 和 S 组成。转动部分由固定在硅钢片叠成的圆柱体铁芯上的一匝线圈 abcd 组成，称为电枢。电枢不用外力拖动。如果把电刷 A、B 接到直流电源上，电刷 A 接电源的正极，电刷 B 接电源的负极，此时，电流从电刷 A 流入线圈，沿 a→b→c→d 方向，从电刷 B 流出。由电磁力定律可知，载流的线圈将受到电磁力的推动，其方向按左手定则确定，整个线圈受到一个逆时针方向的转动力矩作用，线圈的 ab 边受力向左，线圈的 cd 边受力向右，形成转矩，结果使电枢沿逆时针方向转动，如图 17-7(a)所示。

当电枢转过 180°时，如图 17-7(b)所示，电流仍从电刷 A 流入线圈，沿 d→c→b→a 方向，从电刷 B 流出。与图 17-7(a)比较，通过线圈的电流方向改变了，但两个线圈边受电磁力的方向没有改变，即电动机只向一个方向旋转。若要改变电动机的转向，必须改变电源的极性，使电流从电刷 B 流入，从电刷 A 流出。

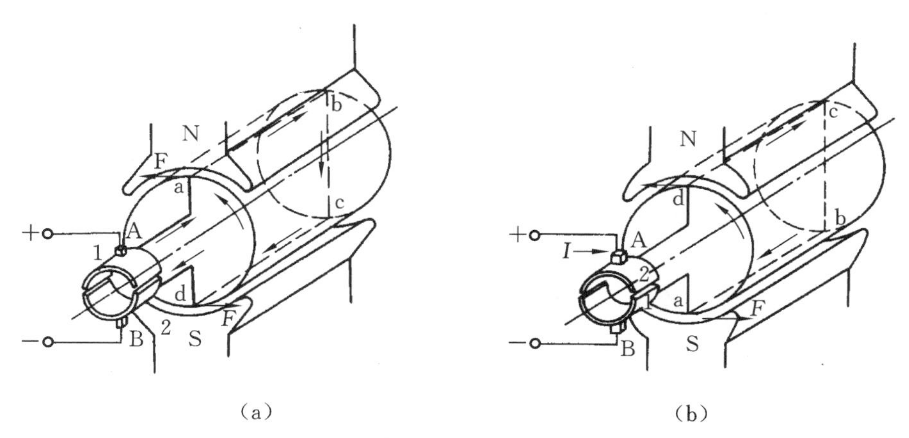

图 17-7 直流电动机的工作原理图

通过以上分析，直流电动机的工作原理归结如下：

① 将直流电源通过电刷接通电枢绕组，使电枢导体有电流流过。

② 电动机内部有磁场存在。

③ 载流的转子(即电枢)导体将受到电磁力 F 的作用，$F=BLI$（左手定则）。

④ 所有导体产生的电磁力作用于转子，使转子以 n 转/分的速度旋转，以便拖动机械负载。

1）电枢电动势

当转子转动后，电枢绕组的导体在磁场中旋转，切割磁力线，产生感应电动势 e_a，其方向用“右手定则”确定。作为电动机运行时，电枢绕组中感应的电动势的方向与电枢电流的方向相反，这个电动势起阻碍电流通过的作用，将这种电动势称为反电动势，其作用相当于一个电压降。电枢绕组总的感应电动势称为电枢电动势 E_a，用下式表示：

$$E_a = C_e \Phi n \tag{17-1}$$

式中，C_e 是与电动机结构有关的电动势常数，Φ 是一个磁极的磁通，n 为电动机的转速。

2）电磁转矩

电枢绕组中有电枢电流 I_a 流过时，在磁场内受电磁力的作用，该力与电枢铁芯半径之积称为电磁转矩 T，则电磁转矩 T 与每极气隙磁通 Φ、电枢电流 I_a 的关系可用下式计算：

$$T = C_T \Phi I_a (\mathrm{N \cdot m}) \tag{17-2}$$

式中，C_T 是与电动机结构有关的转矩常数。C_T 与 C_e 的关系是 $C_T = 9.55C_e$。

电枢中电磁转矩的方向根据磁场极性与电枢电流方向按左手定则决定，二者只变其一，转矩方向改变，二者同时改变，转矩方向不变。

17.3 直流电动机的调速

电动机的调速就是使电动机在同一负载下获得不同的转速，以满足生产要求。直流电动机具有宽广的调速范围、平滑的调速性能，特别适用于对调速要求较高的电力拖动系统。下面以常用的他励直流电动机为例，说明直流电动机的调速方法。他励直流电动机的机械特性方程为：

$$n = \frac{U}{C_e \Phi} - \frac{R_a + R_p}{C_e C_T \Phi^2} T \tag{17-3}$$

根据机械特性方程可知，当负载不变，即调速前后转矩 T 的大小不变时，只要改变电枢电压 U、电枢回路串入的电阻 R_P、每极磁通 Φ 三个量中的任何一个或者几个参数，就可以改变电动机的机械特性，从而改变电动机的转速，因此，他励直流电动机最基本的调速方法有 3 种，即减弱磁通调速，降低电枢电压调速和改变电枢回路电阻调速。

17.3.1 减弱磁通调速

这种调速方法是在保持电源电压为额定值、电枢回路不串联电阻的情况下，通过降低励磁电流而使磁通减小，转速相应升高。在他励和并励直流电动机中，是通过调节励磁回路中所串的调节电阻来降低励磁电流的。在串励直流电动机中，通过与串励绕组并联的电阻来分流，从而降低励磁电流，减弱磁通，实现调速。由他励直流电动机机械特性方程知：

$$n = \frac{U_N}{C_e \Phi} - \frac{R_a}{C_e C_T \Phi^2} T$$

由于磁通 Φ 的减小，理想空载转速得以升高，而在同一负载转矩 T_L 下，转速降 Δn 增

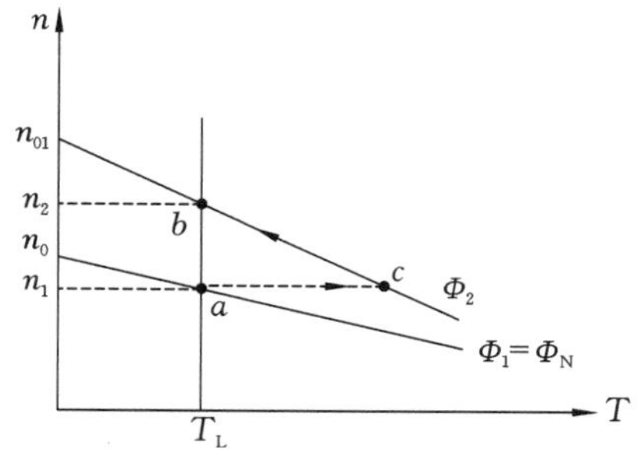

图 17-8 弱磁调速

大，但后者与 Φ^2 成反比，所以磁通愈小，机械特性曲线也愈陡，但仍具有一定硬度，如图 17-8 所示。

由于电动机在额定状态运行时磁路已接近饱和，因此通常只能减小磁通（$\Phi<\Phi_N$），将转速往上调，故称弱磁调速。

如图 17-8 所示，调速前，电动机工作在固有特性的 a 点，这时电动机磁通 $\Phi_1=\Phi_N$，转速为 n_1，相应的电枢电流为 I_{a1}。当磁通由 Φ_1 减小到 Φ_2 时，转速还来不及变化，电动机的工作点沿水平方向转移到对应于 Φ_2 的人为机械特性上的 c 点，这时电枢电动势随磁通的减小而减小。因 R_a 很小，且 $I_a=\dfrac{U-E_a}{R_a}$，可见，E_a 的减小将引起 I_a 急剧增加。一般情况下，I_a 增加的相对数量比磁通减小的相对数量要大，所以 $T=C_T\Phi I_a$ 在磁通减小的瞬间是增大的，从而使电动机转速升高；转速升高使电枢电动势 E_a 回升，而电磁转矩 T 等于负载转矩 T_L 时，电动机稳定工作于 b 点，新的转速 $n_2>n_1$。

弱磁调速稳定运行时，若 I_a 为额定值，由于 Φ 减小，电磁转矩 T 也减小，但转速升高，所以 $P=T\omega$ 为近似的恒功率调速方式，适用于带恒功率负载，如用于机床切削工件时的调速。粗加工时，切削量大，用低速；精加工时，切削量小，用高速。

磁场越弱，转速越高，因此电动机运行时励磁回路不能开路。弱磁调速的特点是：

① 调速平滑，可实现无级调速；

② 调速经济，控制方便；

③ 机械特性较硬，稳定性好；

④ 由于受到直流电动机换向条件和机械强度的限制，转速调高的幅度不大，因此调速范围小，最高转速一般为 $1.2n_N$，特殊设计的电动机，最高转速可达 $(3\sim4)n_N$。

由于减弱磁通调速的调速范围小，因此很少单独使用，一般都与降压调速相配合，以扩大调速范围。即额定转速以下，采用降压调速；额定转速以上，采用弱磁调速。

【例 17-1】 一台直流他励电动机的额定数据为：$P_N=100$ kW，$I_N=511$ A，$U_N=220$ V，电枢电路总电阻 $R=0.04\ \Omega$，$n_N=1500$ r/min。电动机拖动额定恒转矩负载运行，现采用减弱磁通的调速方法，磁通减少 10%。试求：

(1) 调速瞬间的电枢电流。

(2) 调速后的稳定电流和转速。

【解】 (1) 求调速瞬间的电枢电流。

$$C_e\Phi_N=\frac{U_N-I_NR}{n_N}=\frac{220-511\times0.04}{1500}\approx0.133$$

因为瞬间转速不变，即 $n=1500$ r/min，磁通降为额定值的 90%，即

$$C_e\Phi=C_e\Phi_N 90\%\approx0.133\times90\%=0.12$$

则

$$I_a=\frac{U_N-C_e\Phi_N 90\%}{R}=\frac{220-0.12\times1500}{0.04}=1000\ \text{A}$$

$$\frac{I_a}{I_N}=\frac{1000}{511}\approx 2$$

可见，在磁通减少10%的瞬间，电枢电流增大1倍，同时电磁转矩增加，电动机加速。

(2) 求调速后的稳定电枢电流和转速。

因为调速前后的负载转矩不变，故调速前后的电磁转矩也不变，即

$$C_e\Phi_N I_N=90\% C_e\Phi_N I_a$$

则

$$I_a=\frac{I_N}{0.9}=\frac{511}{0.9}\ \text{A}\approx 567.8\ \text{A}$$

调速后的稳定转速为：

$$n=\frac{U_N-I_aR}{C_e\Phi}=\frac{220-567.8\times 0.04}{0.12}\ \text{r/min}\approx 1644\ \text{r/min}$$

从以上分析可知，通过减弱磁通调速后，直流电动机的转速提高，对于恒转矩负载来说，电枢电流比调速前大，若调速前电动机是在额定状态下运行，则调速后电枢电流会大于额定电流，变成过载运行，直流电动机不允许长期过载运行。

17.3.2 降低电枢电压调速

在保持励磁电流不变的情况下，改变电枢电压即可改变电动机的转速。这种调速方法需要有连续可调的直流电源给电枢供电。由于工作电压不能大于额定电压，因此电枢电压只能从额定电压往下调。如图17-9所示，电动机原来稳定运行在固有特性上的a点，转速为n_1。当电源电压由额定值U_N降到U_1时，由于机械惯性，转速还来不及变化，电动机工作点由a点平移到对应电压为U_1的人为特性上的b点，由于转速未变，反电动势E_a也未变，因此I_a减小，电磁转矩减小，转速下降。随着转速的下降，反电动势减小，I_a和T随着n的下降而增大，直至T等于T_L时，电动机稳定运行于工作点c，此时的转速n_2已比n_1低。在负载一定时，电枢电压越低，转速越低。

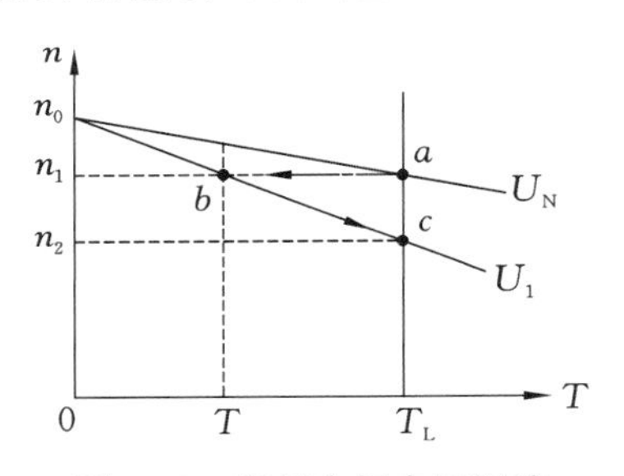

图 17-9　降低电枢电压调速

调速时励磁磁通不变，若稳定运行时电枢电流为额定值，则电磁转矩也为额定值。由于调速时电动机输出转矩不变，属恒转矩调速方式，适用于带恒转矩负载。

降低电枢电压调速的特点是：

① 只能从额定转速往下调；

② 机械特性较硬，稳定性好，调速范围大；

③ 电源电压能平滑调节，故调速的平滑性好，可以达到无级调速；

④ 调速过程中耗能少，调速的经济性好；

⑤ 需要专用的调压电源，设备投资相对较大。

由于降压调速性能好，故常用于调速要求较高的场合和中大容量电动机调速。这种调速方式适用于电动机带恒转矩负载。

【例 17-2】 例 17-1 中的直流电动机现用调节电枢电压的方法调速，将电枢电压降低到额定电压的 50%，即 $U=0.5U_N=110$ V 时，求电动机的稳定转速是多少？

【解】 调速后，因负载转矩没有发生变化，磁通也没有变化，故电枢电流也没有变化，即 $I=I_N=511$ A。根据电枢电路的电动势平衡方程式，有：

$$U=E_a+I_NR$$

则调速后的电动势为 $E_a=U-I_NR=(110-511\times 0.04)\ \text{V}=89.56\ \text{V}$

电枢电动势与转速成正比，降低电压后的转速为：

$$n=\frac{E_a}{E_N}n_N=\frac{89.56}{199.56}\times 1500\ \text{r/min}\approx 673\ \text{r/min}$$

17.3.3 改变电枢回路电阻调速

他励直流电动机拖动负载运行时，保持电源电压 U 及磁通 Φ 为额定值，改变电枢回路所串的电阻值，就可改变电枢端电压的大小，从而实现电动机转速的改变。这种调速方法实际上也属于改变电枢电压的调速方法。如图 17-10 所示，该图中负载是恒转矩负载，设电动机原来工作在固有特性上的 a 点，此时 $T=T_L$，转速为 n_1，稳定运行。当电枢回路串入电阻 R_{P1} 时，电枢回路总电阻 $R_1=R_a+R_{P1}$，由于电动机机械惯性的作用，这时转速不能突变，电枢电动势 E_a 也未改变，电动机工作点由 a 点沿水平方向过渡到电枢回路总电阻为 R_1 的人为机械特性上的 b 点，对应的电枢电流 I_a 减小，电磁转矩减小为 T'。因为 $T'<T_L$，电动机减速，随着电动机转速 n 的下降，电枢电流和电磁转矩增大，直到转速 $n=n_2$ 时，电磁转矩 $T=T_L$，电动机以较低的转速 n_2 稳定运行，电动机工作点由 b 点过渡到 c 点，调速的过渡过程结束。电枢回路串入电阻值不同，所得到的稳定转速也不同。

无论何种调速方式，电动机稳定运行时的最大电枢电流都为额定值。由于电枢串入电阻调速时磁通不变，电动机的最大允许输出转矩是额定值，因此这种调速方式称为恒转矩调速方式，显然，恒转矩调速方式适用于带恒转矩负载。

电枢串入电阻调速的特点是：

① 只能从额定转速往下调，调速的平滑性不高；

② 转速越低，机械特性越软，负载波动时转速稳定性差，因此调速范围受到限制；

③ 由于电枢所串电阻流过的电流大，调速电阻消耗的能量大，因此效率较低，不够经济；

④ 调速方法简单，设备投资小。

因此，这种调速方式只适用于调速性能要求不高、电动机容量不大的中小型直流电动机。

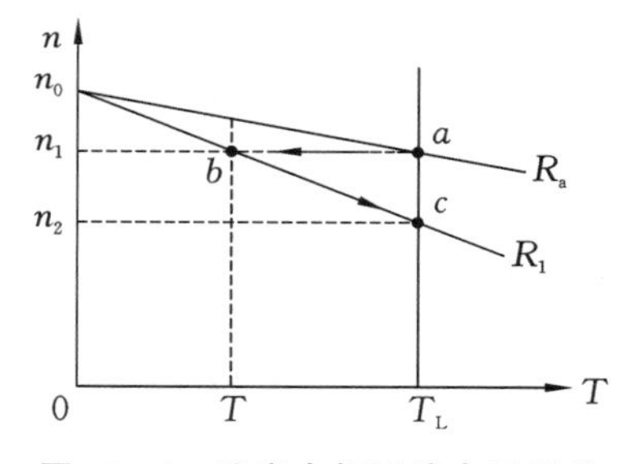

图 17-10 改变电枢回路电阻调速

【例 17-3】 例 17-1 中的直流电动机现用电枢串入电阻的方法将转速调至 600 r/min，应在电枢电路内串联多大的电阻？

【解】 设串接电阻的阻值为 R_P，电动机在额定电压和额定负载下运行时的转速为 600 r/min，可列出电枢电路的电动势平衡式：

$$U_N = E_a + I_a(R + R_P)$$

因为调速前后的负载转矩不变，磁通大小也不变，所以上式中的电枢电流 I_a 在调速前后保持恒定，即 $I_a = I_N$

根据额定数据求出额定电动势，即调速前的电枢电动势。

$$E_N = U_N - I_N R = (220 - 511 \times 0.04)\ \text{V} = 199.56\ \text{V}$$

因磁通没有改变，故电枢电动势与转速成正比，调速后的电枢电动势为：

$$E_a = \frac{n}{n_N} \times E_N = \frac{600}{1500} \times 199.56\ \text{V} \approx 79.82\ \text{V}$$

将求出的值代入电动势平衡方程中，可以得到

$$R_P = \frac{U_N - E_a}{I_N} - R = \left(\frac{220 - 79.82}{511} - 0.04\right)\ \Omega \approx 0.23\ \Omega$$

在电枢电路中串接的电阻为 0.23 Ω，比电枢电阻大得多，所以能将转速从 1500 r/min 降到 600 r/min。

17.4 技能实训
——直流电动机的启动、反转及调速

17.4.1 实训目的

(1) 了解实验室电源状况及具体布置。

(2) 认识电机机组及常用测量仪器、仪表等组件。

(3) 熟悉直流电动机运行前的一般性检查。

(4) 掌握直流电动机的基本接线方法。

(5) 掌握直流电动机的启动、反转及调速方法。

17.4.2 实训器材

直流电动机、启动器（与电动机配套）、变阻器 R_f(1 kΩ/0.5 A)、变阻器 R_p(92 Ω/6 A)、直流电压表(300 V)、转速表。

17.4.3 实训内容

1. 了解实验室基本状况

(1) 听取指导老师讲解操作电动机的基本要求、规则及安全措施。

(2) 熟悉实验室电源、开关及设备等的容量及布置。

2. 直流电动机运行前的一般性检查

(1) 用手转动电枢，检查是否阻塞或在转动时是否有撞击或摩擦之声。

(2) 用 500 V 兆欧表测量绕组对机壳的绝缘电阻。

3. 直流电动机的接线

接线可参考图 17-11 或图 17-12。图中 R_f 为励磁变阻器，R_P 为电枢变阻器。接线完成后，同组成员应相互检查，再经指导老师检查无误后，方可进行后续操作。

4. 直流电动机的启动、反转及调速

(1)直流电动机启动前应将励磁变阻器 R_f 置于阻值最小位置，以限制电动机启动后的转速及获得较大的启动转矩；电枢变阻器 R_P 置于阻值最大位置，以限制电动机的启动电流。

(2) 先接通励磁电流，然后接通电枢电源，缓慢减小电枢变阻器 R_P 的阻值，直至启动变阻器的阻值为零，直流电动机启动完毕；并记下直流电动机的转向。

(3) 用转速表正确测量直流电动机的转速。适当调节励磁变阻器 R_f 的大小，观察电动机的转速变化情况，但应注意电动机的转速不能太高。

(4) 逐渐增大电枢变阻器 R_P 的阻值，观察电动机的转速变化情况。

(5) 先断开电枢电源，再断开励磁电源，待电动机完全停车后，分别改变直流电动机励磁绕组和电枢绕组的接法，再启动电动机，观察电动机的转向变化。

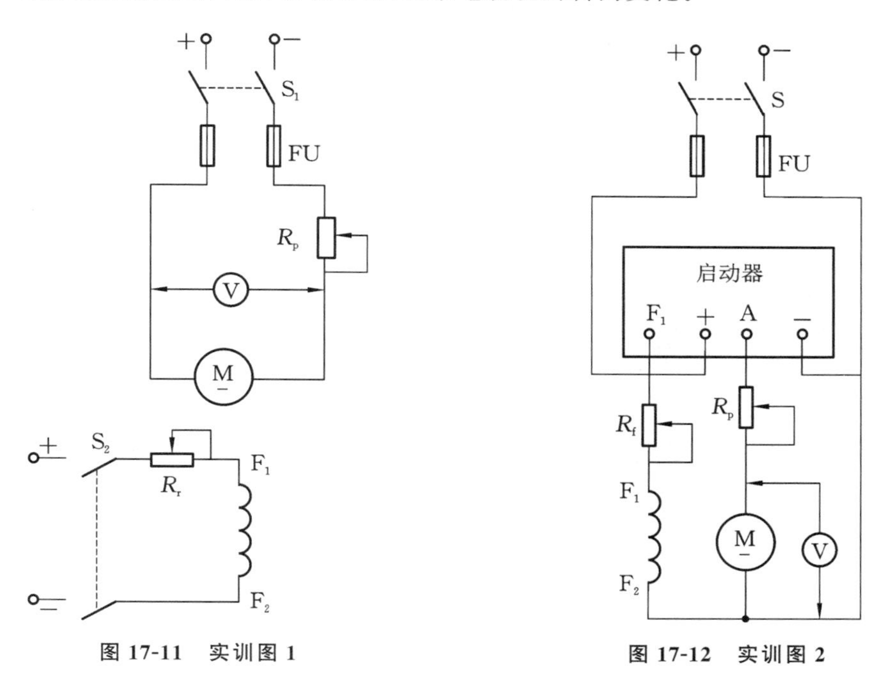

图 17-11 实训图 1

图 17-12 实训图 2

17.4.4 实训报告

(1) 直流电动机启动时，为什么要在电枢回路接入变阻器?

(2) 直流电动机启动时，励磁回路中的励磁变阻器应调到什么位置? 为什么?

(3) 实验中，如果励磁回路断路，可能会产生什么后果? 为什么?

(4) 总结直流电动机的启动和调速方法。

习　　题

一、填空题

1. 直流电动机根据励磁方式可分为________和________两种类型。

2. 直流电动机的作用是将________转换为________。

3. 减弱磁通调速是改变加在绕组上的________或改变串接在励磁绕组中的________值，以改变励磁电流进行调速。

二、判断题

(　　)1. 直流电动机的电枢绕组中产生的是直流电流。

(　　)2. 直流电机中，换向极的作用是改变换向。

(　　)3. 直流电动机减弱励磁磁通调速法是通过改变励磁电流的大小来实现的。

三、选择题

1. 直流电动机的主磁极产生的磁场是(　　)。

A. 恒定磁场　　B. 旋转磁场　　C. 脉动磁场　　D. 匀强磁场

2. 直流电动机换向器的作用是使电枢获得(　　)。

A. 单向电流　　B. 单向转矩　　C. 恒定转矩　　D. 旋转磁场

3. 直流电机中的换向极由(　　)组成。

A. 换向极磁芯　　B. 换向极铁芯

C. 换向器　　D. 换向极铁芯和换向极绕组

4. 直流电动机是利用(　　)的原理工作的。

A. 导体切割磁力线产生感应电动势　　B. 通电线圈

C. 载流导体在磁场中受电磁力的作用　　D. 电磁感应

四、简答题

1. 直流电动机有哪些主要部件？各部件用什么材料构成？分别起什么作用？

2. 他励直流电动机有哪几种调速方法？各有什么特点？电枢回路串电阻调速和降压调速属于哪种调速方式？

五、计算题

1. 已知一台他励直流电动机，$P_N=96$ kW，$U_N=440$ V，$I_N=255$ A，电枢回路总电阻 $R_a=0.087\ \Omega$，$n_N=1550$ r/min，试求：(1)额定效率；(2)额定转矩。

2. 一台他励直流电动机，$P_N=18$ kW，$U_N=220$ V，$I_N=110$ A，$n_N=1200$ r/min，$R_a=0.1\ \Omega$，试求：(1)电机回路串入电阻 $R_P=0.4\ \Omega$ 时的转速；(2) $U=110$ V 时的转速；(3)$\Phi=75\%\Phi_N$ 时的转速。

第18章

控制电机

前面三章讲的各种电动机都是作为动力使用的，其主要任务是能量的转换，即将其他形式的能转换为机械能，以拖动负载，对效率和功率因数等指标要求较高。而控制电机的主要任务是传递和转换控制信号，按其性能和用途，可以分为伺服电动机、测速发电机、步进电动机、自整角机等多种电机。其中，伺服电动机和步进电动机用作执行元件；测速发电机用来测量转速，并将转速转换为电压信号；自整角机用来测量位移，并将转角差转换为电压信号。

控制电机在自动控制系统中应用广泛，如火炮和雷达的自动定位、飞机的自动驾驶、机床加工过程的自动控制、炉温的自动调节，以及各种控制装置中的自动记录、检测和解算等。其之所以能在自动控制系统中得到广泛应用，是因为具有以下特点：可靠性高，控制电机的高度可靠性是保证自动控制系统正常工作的重要条件，要求控制电机能够适应各种不同的工作条件；精度高，控制电机在自动控制系统中不论是作为执行元件还是信号元件，其精度对整个自动控制系统的控制精度有着非常重要的影响；快速响应，表征控制电机快速响应的指标是机电时间常数和灵敏度；体积小、重量轻、耗电少，如电子手表中用的步进电动机，直径只有 6 mm，长度约为4 mm，耗电不到1 μW，重量只有十几克。

学习目标

1. 了解伺服电动机、测速发电机、步进电动机和同步电动机的基本结构。
2. 理解交流伺服电动机、交流测速发电机、步进电动机和同步电动机的工作原理。

18.1 伺服电动机

伺服电动机也称执行电动机，在自动控制系统中用作执行元件，其作用是把输入的电压信号转换为转矩和转速，以驱动控制对象。输入的电压信号称为控制电压，伺服电动机的转速和转向随着控制电压的大小和极性（或相位）的改变而改变。

伺服电动机可分为交流伺服电动机和直流伺服电动机两大类。直流伺服电动机通常用在功率稍大的自动控制系统中，其输出功率一般为 1～600 W，也有的可达数千瓦。交流伺服电动机的输出功率一般为 0.1～100 W，其中最常用的在 30 W 以下。

伺服电动机种类多、用途广。自动控制系统对伺服电动机的基本要求有如下几点：

(1) 空载始动电压低。电动机空载时，转子不论在什么位置，从静止状态开始启动到连续运转的最小控制电压称为空载始动电压。空载始动电压越小，表示电动机的灵敏度越高。

(2) 快速响应，灵敏度高，即要求伺服电动机的机电时间常数小，转速能够随控制电压的变化而迅速变化。

(3) 具有线性的机械特性和调节特性，即从零转到空载转速范围内，电机能够平滑地调速。

(4) 无"自转现象"，即当控制电压为零时，电机应能迅速自动停转。

18.1.1 交流伺服电动机

1. 结构及工作原理

交流伺服电动机就是两相异步电动机，它的定子上装有在空间相隔 90°的两个绕组，一个是励磁绕组，另一个是控制绕组，其接线图如图 18-1(a)所示。电动机工作时，为了产生两相旋转磁场，励磁绕组与电容 C 串联后接到交流电源上，其电压为 $\dot{U}$，适当选择电容 C 的数值，可使励磁电流 $\dot{I}_1$ 超前于电压 $\dot{U}$，并使励磁电压 $\dot{U}_1$ 与电源电压 $\dot{U}$ 之间有 90°或近于 90°的相位差，如图 18-1(b)所示。控制绕组常接在电子放大器的输出端，控制电压 $\dot{U}_2$ 即为放大器的输出电压。控制电压 $\dot{U}_2$ 与电源电压 $\dot{U}$ 有关，两者频率相等，相位相同或相反。因此，$\dot{U}_2$ 和 $\dot{U}_1$ 频率相等，相位差基本上也是 90°。两个绕组中产生的电流 $\dot{I}_1$ 和 $\dot{I}_2$ 的相位差也应近于 90°。这样，就和单相异步电动机电容分相启动的情况相似。在空间相隔 90°的两个绕组，分别通入在相位上相差 90°的两个电流，便产生两相旋转磁场。在旋转磁场的作用下，转子便转动起来。

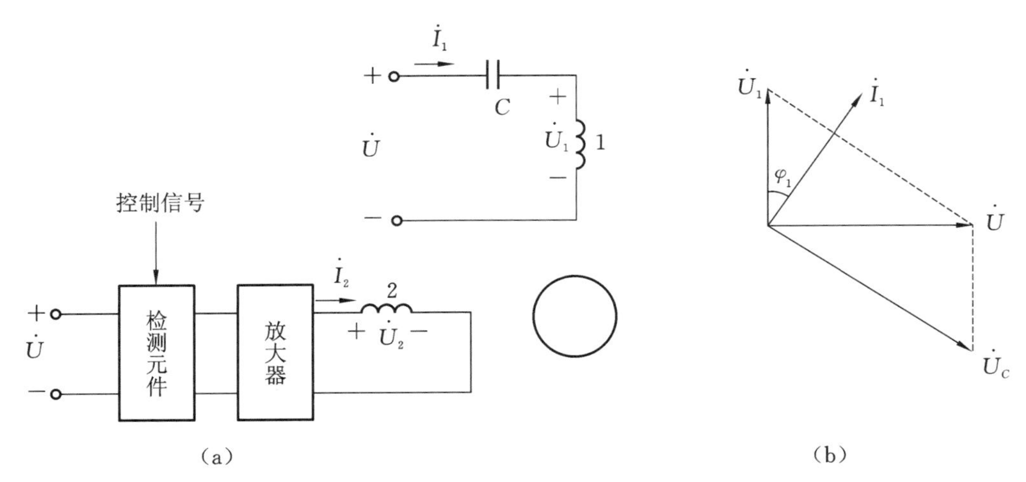

图 18-1 交流伺服电动机的接线图和相量图

交流伺服电动机的转子有两种结构形式。一种是鼠笼型转子，转子导体的电阻比一般的异步电动机大得多，因此启动电流较小而启动转矩较大。为了使伺服电动机对输入信号有较高的灵敏度，必须尽量减小转子的转动惯量，所以转子一般做得细而长。这种电动机的功率因素较高，机械强度大，但快速响应性能较差，低速运行也不够平稳。另一种是图 18-2 所示的杯形转子，为了减小转动惯量，杯形转子通常是用铝合金或铜合金制成的空心薄壁圆筒。为了减小磁阻，在空心杯形转子内放置固定的内定子。杯形转子的优点是响应快、运行平稳，缺点是气隙较大，因此空载励磁电流大，功率因数和效率较低。

杯形转子和鼠笼型转子转动的原理是一样的，杯形转子可视作由无数并联的导体条组成。当电源电压 U 为一常数，而信号控制电压 U_2 的大小变化时，转子的转速相应变化。控制电压大，电动机转得快；控制电压小，电动机转得慢。当控制电压反相时，旋转磁场和转子也都反转。由此来控制电动机的转速和转向。

图 18-3 是交流伺服电动机在不同控制电压下的机械特性曲线，U_2 为额定控制电压。由图可见：在一定负载转矩下，控制电压愈高，则转速也愈高；在一定控制电压下，随着负载增加，转速下降。此外，由于转子电阻较大，机械特性曲线陡降较快，特性很软，不利于系统的稳定。

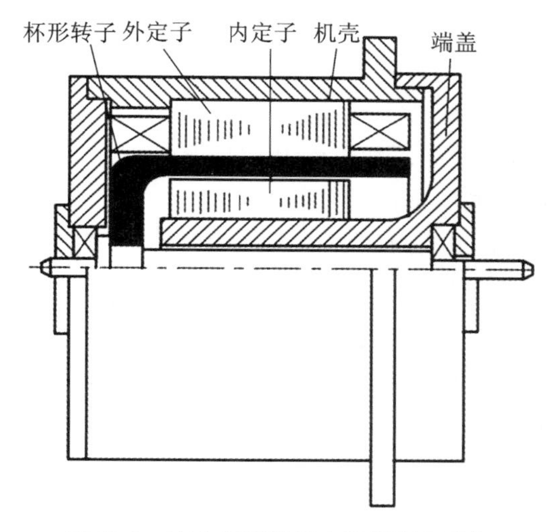

图 18-2 空心杯形转子交流伺服电动机

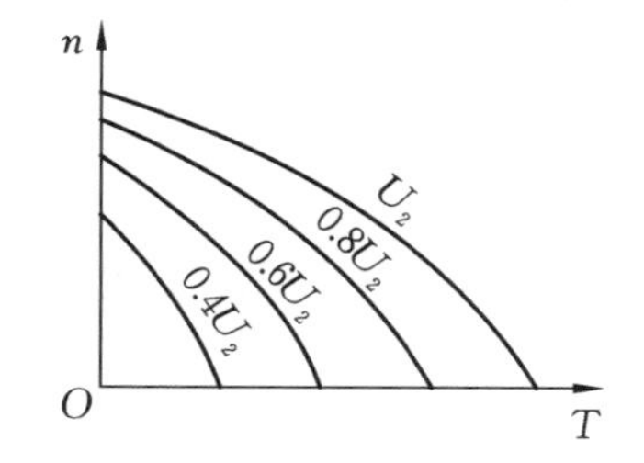

图 18-3 在不同控制电压下的机械特性曲线 $n=f(T)$，U_1 为常数

当转子转动起来以后，如果控制信号消失，电动机往往继续转动，这样电动机就失去了控制，伺服电动机的这种失控而继续旋转的现象称为“自转”。这一现象是不允许出现的，必须加以克服。克服“自转”现象的方法是增大伺服电动机的转子电阻。

当控制绕组断开后，只有励磁绕组起到励磁作用，单相交流绕组产生的是一个脉动磁场，脉动磁场可以分解为两个方向相反、大小相同的旋转磁场。当转子电阻较小时，正、反向机械特性的临界转差率均小于 1，伺服电动机的机械特性如图 18-4(a)所示，其机械特性由正向旋转磁场产生的正向机械特性 $n=f(T_1)$ 和反向旋转磁场产生的反向机械特性 $n=$

$f(T_2)$叠加而成，为通过坐标原点的一条曲线。当转子电阻足够大时，正、反向机械特性的临界转差率均大于1，如图18-4(b)所示，其合成机械特性$n=f(T)$在第Ⅱ、Ⅳ象限，电磁转矩是制动性质的，相当于能耗制动。因此，当控制信号消失后，只有励磁绕组单独通电时，不论转子原来的转向如何，总会受到制动转矩的作用，使电动机迅速停止转动，这样，交流伺服电动机就不会出现“自转”现象。

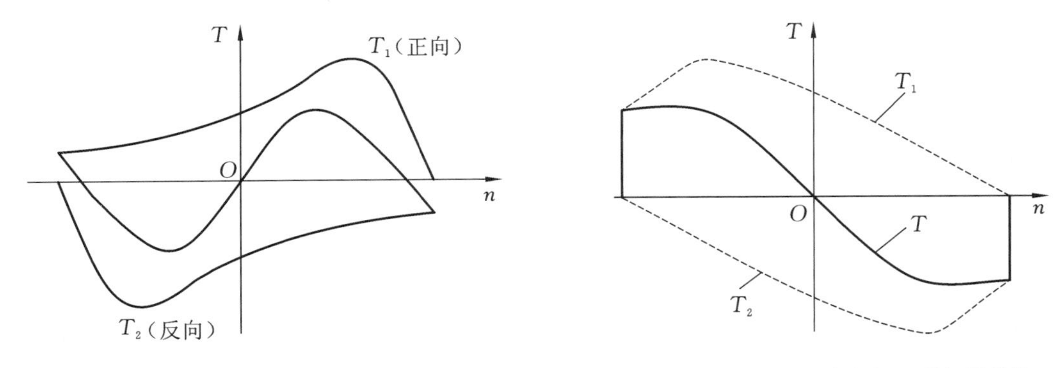

(a) 临界转差小于1的机械特性　　(b) 临界转差大于1的机械特性

图 18-4　克服“自转”的机械特性

2. 控制方法

交流伺服电动机的励磁绕组通常都设计成对称的，当控制信号电压U_2与励磁电压U也对称时，两相绕组产生圆形旋转磁场，电动机转速最高。如果控制信号电压U_2与励磁电压U的幅值不等或相位差不是90°电角度，则产生椭圆形的旋转磁场。所以改变控制电压U_2的大小和相位就可以改变旋转磁场的椭圆度，从而控制伺服电动机的转矩和转速，具体的控制方法有以下三种。

1）幅值控制

保持控制信号电压U_2和励磁电压U的相位差不变，并等于90°电角度，通过改变控制电压U_2的幅值来控制伺服电动机的转速。通常用有效信号系数α来反映控制信号电压U_2的大小：

$$\alpha=\frac{U_2}{U} \tag{18-1}$$

显然，α从0→1时，气隙磁场从脉振磁场→椭圆形旋转磁场→圆形旋转磁场，电动机的转速越来越高。交流伺服电动机采用幅值控制，当电磁转矩T一定时，有效信号系数α越大，电动机的转速n越高。采用幅值控制时，交流伺服电动机机械特性的线性度较好，但调节特性线性度较差。

2）相位控制

保持控制信号电压U_2的幅值不变，通过移相器改变U_2与U的相位差来控制电动机的转速。设$U_2=U$，相位差为β，显然$\beta=0$时，气隙磁场为脉振磁场，$\beta=90°$时气隙磁场为圆形旋转磁场。所以相位控制时的有效信号系数α为

$$\alpha=\sin\beta \tag{18-2}$$

电动机采用相位控制时的机械特性与采用幅值控制时相似，但线性度要好一些。

3）幅相控制

同时改变控制信号电压 U_2 的幅值和相位，使有效信号系数 α 发生变化，从而控制电动机的转速。此时的有效信号系数 α 为

$$\alpha=\frac{U_2}{U}\sin\beta \tag{18-3}$$

电动机采用幅相控制时的机械特性也与采用幅值控制时相似，但线性度要差一些。由于幅相控制不需要专门的移相设备，电路最简单，所以实际应用最为广泛。

18.1.2 直流伺服电动机

1. 直流伺服电动机的结构

直流伺服电动机的结构与一般直流电动机一样，只是为了减小转动惯量而做得细长一些。按照励磁方式的不同，直流伺服电动机分为永磁式直流伺服电动机和电磁式直流伺服电动机。永磁式直流伺服电动机不需要励磁绕组和励磁电源，它的磁极由永久磁铁制成，当前一般采用稀土钴或钕铁硼等稀土永磁材料做磁极。由于稀土永磁材料的矫顽磁力和剩余磁感应强度的值很高，较薄的永磁体就能提供足够的磁感应强度，因而永磁式直流伺服电动机的体积小、重量轻。此外，永磁材料抗去磁能力强，电动机不会因振动、冲击、多次拆装而退磁，提高了磁稳定性。永磁式直流伺服电动机还具有便于调速、机械性能较好、快速响应等优点，因此在当前直流伺服电动机的应用中占主导地位。电磁式直流伺服电动机一般采用他励结构，磁极由励磁绕组构成，通过单独的励磁电源供电。

2. 直流伺服电动机的工作原理

直流伺服电动机的工作原理与他励直流电动机相同，其转速由信号电压控制。信号电压若加在电枢绕组两端，称为电枢控制；若加在励磁绕组两端，则称为磁场控制。由于电枢控制的直流伺服电动机具有机械特性线性度好、精度高、响应速度快等优点，因此在工程上得到了广泛应用。直流伺服电动机的机械特性方程式与他励直流电动机一样：

$$n=\frac{U}{C_e\Phi}-\frac{R_a}{C_eC_T\Phi^2}T=n_0-\beta T \tag{18-4}$$

采用电枢控制时，U 为电枢电压，由于直流伺服电动机的磁路一般不饱和，我们可以不考虑电枢反应，认为主磁通 Φ 为常数。图 18-5(a)为电枢控制式直流伺服电机的接线原理图，当电枢电压(即信号电压)U 改变时，可得一组平行的机械特性，如图 18-5(b)所示。从机械特性可以看出，负载转矩一定(即电磁转矩一定)时，转速与电枢电压成正比；当电枢电压消失(即 $U=0$)时，电动机工作在能耗制动状态，能迅速停转。对应不同的负载转矩，电动机开始转动的电压也不等。显然，负载转矩越大，启动电压也越大。低于启动电压的区间，电动机转不起来，称为失灵区或死区。

与交流伺服电动机相比，直流伺服电动机的优点是具有线性的机械特性，且机械特性较硬，启动转矩大，调速范围大，效率高。缺点是电枢电流大，电刷与换向器之间的火花可能对控制系统产生电磁干扰，需要定期更换电刷，维护换向器，接触电阻不稳定。

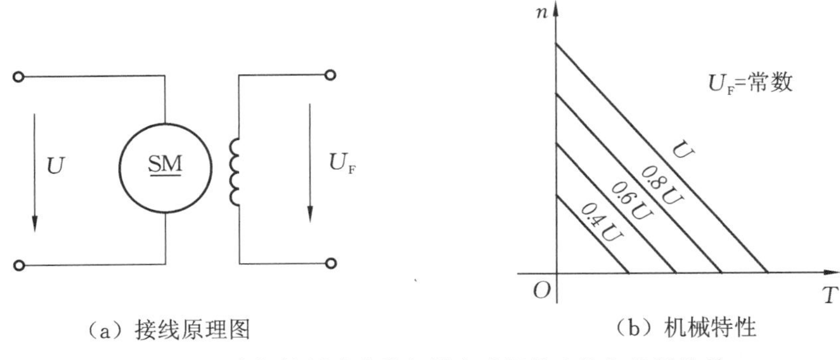

（a）接线原理图　　（b）机械特性

图 18-5　电枢控制式直流伺服电动机的电路与机械特性

18.2　测速发电机

在自动控制系统中，测速发电机主要用于测量和调节转速，即将输入的机械转速变换成电压信号输出；也可将它的输出电压反馈到电子放大器的输入端，以稳定转速。

自动控制系统对测速发电机的要求是：测速发电机的输出电压与转速保持严格的线性关系，且不随外界条件（如温度等）的改变而发生变化；电机转速为零时的电压小；电机的转动惯量要小，以保证反应迅速；电机的灵敏度要高，即测速发电机的输出电压对转速的变化反应灵敏。测速发电机有交流和直流两种，自动控制系统中应用最为广泛的是交流测速发电机。

18.2.1　交流测速发电机

1. 基本结构

交流测速发电机分同步式和异步式两种。交流异步测速发电机的结构和交流伺服电动机相似，也有笼型转子和杯形转子。为了提高系统的响应速度和灵敏度，减小转动惯量，目前应用的交流测速发电机主要是空心杯形转子异步测速发电机。杯形转子是一个薄壁非磁性杯（杯厚为 0.2～0.3 mm），通常用高电阻率的硅锰青铜或铝锌青铜制成。

交流异步测速发电机的定子上有两个绕组，两个绕组的轴线互相垂直，一个作为励磁绕组，另一个作为输出绕组，其两端的电压即为测速发电机的输出电压。

2. 工作原理

交流测速发电机的工作原理如图 18-6 所示，当测速发电机静止时，将励磁绕组接到电压为 U_1 的单相交流电源上，这时在励磁绕组轴线方向产生一个频率为 f_1 的交变脉动磁通 Φ_1。由于脉动磁通与输出绕组的轴线垂直，故输出绕组中并无感应电动势，输出电压为零。

当测速发电机由被测转动轴驱动而旋转时，在励磁绕组轴线方向的脉动磁通 Φ_1 与测速

发电机静止时一样，则

$$U_1 \approx 4.44 f_1 N_1 \Phi_1 \tag{18-5}$$

可知 $\Phi_1 \propto U_1$。由于转子转动，转子导体会切割 Φ_1 而在转子中感应出电动势 E_r 和相应的转子电流 I_r，E_r 和 I_r 与 Φ_1 及转速 n 成正比，即

$$I_r \propto E_r \propto \Phi_1 n \tag{18-6}$$

转子电流 I_r 也要产生磁通 Φ_r，且 $\Phi_r \propto I_r$，磁通 Φ_r 与输出绕组轴线一致，因而在其中感应出电动势，两端就有一个输出电压 U_2，且

$$U_2 \propto \Phi_r \tag{18-7}$$

根据上述关系可得：

$$U_2 \propto \Phi_1 n \propto U_1 n \tag{18-8}$$

式(18-8)表明，当励磁绕组加上电源电压 U_1，测速发电机以转速 n 转动时，输出绕组就输出大小与转速 n 成正比的电压 U_2，其频率为 f_1，与转速无关。当转动方向改变时，输出电压 U_2 的相位也改变 180°。

空心杯形转子交流异步测速发电机具有结构简单、工作可靠等优点，是目前较为理想的测速元件。我国生产的空心杯形转子交流测速发电机，频率有 50 Hz 和 400 Hz 两种，电压等级有 36 V、110 V 等。

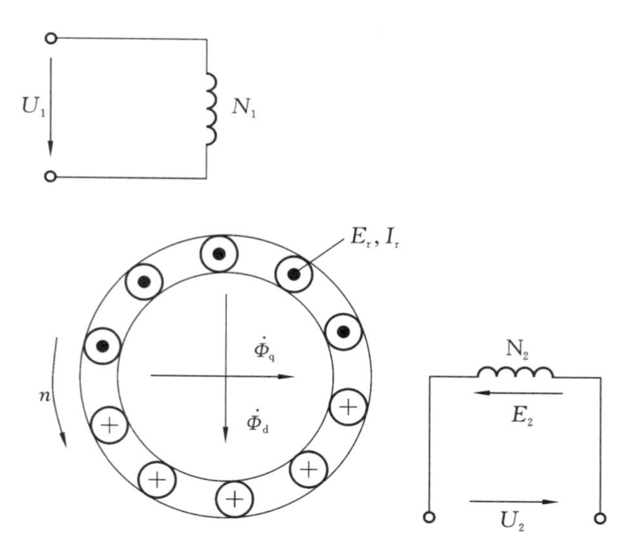

图 18-6 交流测速发电机的工作原理图

18.2.2 直流测速发电机

1. 基本结构

直流测速发电机按励磁方式可分为他励式和永磁式两种。他励式测速发电机的磁极由励磁绕组构成，工作时励磁绕组的电阻随温度的变化而变化，从而引起励磁电流的变化，会造成一定的测量误差。永磁式测速发电机无励磁绕组，不需要励磁电源，其磁极用矫顽力较

高的永磁材料制成，结构简单，应用较为广泛。

2. 工作原理

直流测速发电机的工作原理与一般直流发电机相同，如图 18-7 所示。在恒定磁场中，主磁极产生的磁通 Φ 基本不变，电枢以转速 n 旋转时，电枢上的导体切割磁通 Φ，于是就在电刷间产生感应电动势 E，其大小与转速成正比。

$$E=C_e\Phi n=C_1 n \tag{18-9}$$

当测速发电机接上负载 R_L 时，电枢绕组中因流过电枢电流 I_a 而在电枢绕组电阻 R_a 上产生电压降，电刷和换向器之间产生接触电压降 ΔU，如果不考虑电枢反应、工作温度对磁场的影响，则输出电压为

$$U=E-I_aR_a-\Delta U=E-\frac{U}{R_L}R_a-\Delta U \tag{18-10}$$

由上式可得：

$$U=\frac{R_L}{R_a+R_L}(E-\Delta U)=\frac{R_LC_1}{R_a+R_L}n-\frac{R_L}{R_a+R_L}\Delta U=C_2n-\frac{R_L}{R_a+R_L}\Delta U \tag{18-11}$$

由式(18-9)和式(18-11)可知，当主磁通 Φ、接触电压降 ΔU、电枢电阻 R_a、负载电阻 R_L 为常数时，直流测速发电机的输出电压与转速呈线性关系，转向改变将引起输出电压极性的改变。

空载时，$R_L\to\infty$，$U=E$，输出特性 $U=f(n)$ 为一条直线。带上负载后，R_L 越小，输出特性的斜率越小。在 R_L 较小或转速过高时，I_a 较大，电枢电流的去磁作用使输出电压下降，从而破坏了输出特性 $U=f(n)$ 的线性关系，如图 18-8 所示。在测速发电机的技术数据中，提供了最小负载电阻和最高转速的限制，使用时必须加以注意。

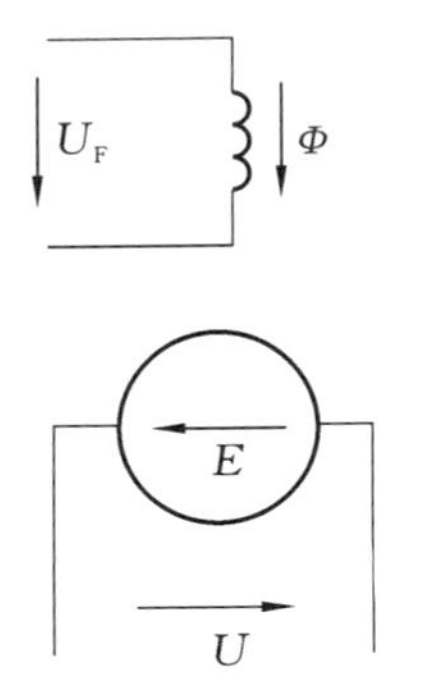

图 18-7　直流测速发电机工作原理

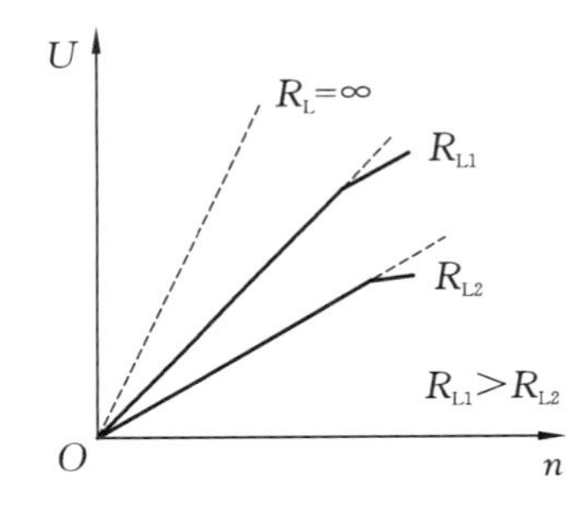

图 18-8　直流测速发电机的输出特性

直流测速发电机由于存在电刷和换向器，难免会出现火花，因此有电磁干扰现象。电刷容易磨损，需定期更换，维护工作量大，工作可靠性差。这些缺点使得直流测速发电机的应用和发展受到限制。近年来无刷直流测速发电机的发展，改善了直流测速发电机的性能，提高了其运行的可靠性，使直流测速发电机又获得了广泛的应用。

18.3 步进电动机

步进电动机是一种利用电磁铁的作用将电脉冲信号转换成相应的角位移或直线位移的电动机。每当一个脉冲信号加到步进电动机的控制绕组上，步进电动机就转动一个角度或前进一步，其输出的角位移或直线位移与电脉冲数成正比，其转速与电脉冲频率成正比，因此这种电动机也称为脉冲电动机。在自动控制系统中，步进电动机常用作执行元件。

步进电动机按照励磁方式分为反应式步进电动机、永磁式步进电动机和混合式步进电动机。图18-9所示为一台三相反应式步进电动机的工作原理图。它的定子上装有六个均匀分布的磁极，每个磁极上都装有绕组，其中每两个相对的磁极组成一相。定子铁芯由硅钢片叠压而成，转子铁芯由硅钢片或者软磁材料叠压而成。转子是四个均匀分布的齿，齿宽等于极靴宽。当A相绕组通电，B、C两相绕组不通电时，产生A－A′方向的磁通，并通过转子形成闭合回路。这时A、A′分别成为电磁铁的N、S极。在磁场的作用下，转子总是力图转到磁阻最小的位置，也就是转到转子的齿1、3对齐定子极轴线AA′的位置，如图18-9(a)所示。此时磁力线所通过的磁路磁阻最小，磁导最大，转子只受径向作用力而无切向作用力，转子不动。当B相绕组通电，A、C两相绕组不通电时，与B相磁极最近的转子齿2、4会旋转到与B相磁极轴线对齐的位置，转子将在空间转过30°，如图18-9(b)所示。当C相绕组通电，A、B两相绕组不通电时，与C相磁极最近的转子齿1、3会旋转到与C相磁极轴线对齐的位置，转子再次在空间转过30°，如图18-9(c)所示。如此循环往复，并按A—B—C—A的顺序轮流给各相绕组通电，转子就会在磁阻转矩的作用下按一定的方向转动，使得电动机按一定的方向转动。步进电动机的转速直接取决于绕组与电源接通或断开的变化频率。若按A—C—B—A的顺序通电，则电动机反向转动。电动机绕组与电源的接通或断开，通常是由数字逻辑电路来控制的。

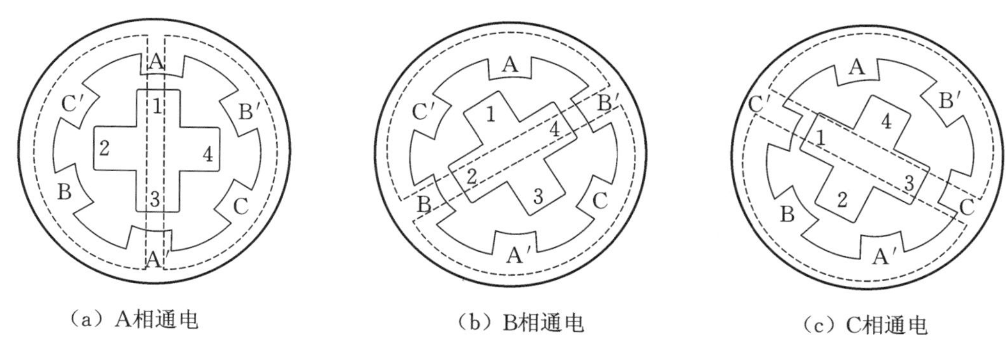

图18-9 反应式步进电动机的工作原理

电动机定子绕组每改变一次通电方式，称为一拍。此时电动机转子转过的空间角度称为步距角θ_S。上述通电方式称为三相单三拍。“单”是指每次通电时，只有一相绕组通电；“三拍”是指经过三次切换绕组的通电状态为一个循环，第四拍通电时就重复第一拍通电的情况。显然，在这种通电方式下，步进电动机的步距角 θ_S 应为 30°。

步进电动机除了三相单三拍通电方式外，还经常工作在三相六拍的通电方式。这时通电顺序为 A—AB—B—BC—C—CA—A，或为 A—AC—C—CB—B—BA—A。也就是说，先接通 A 相绕组，再同时接通 A、B 相绕组；然后断开 A 相绕组，使 B 相绕组单独接通；再同时接通 B、C 相绕组，依此进行。在这种通电方式下，有时是单个绕组接通，有时又为两个绕组同时接通，定子三相绕组需经过六次切换才能完成一个循环，故称为“三相六拍”。

步进电动机的步距角会随着通电方式的不同而有所不同，图 18-10 为三相六拍工作示意图。当 A 相绕组通电时，和单三拍运行的情况相同，转子齿 1、3 与定子极 A、A′对齐，如图 18-10(a)所示。当 A、B 相绕组同时通电时，转子齿 2、4 又将在定子极 B、B′的吸引下，使转子沿逆时针方向转动，直至转子齿 1、3 与定子 A、A′之间的作用力被转子齿 2、4 与定子 B、B′之间的作用力所平衡为止，这时转子的位置如图 18-10(b)所示，即转子从图 18-10(a)的位置逆时针方向转过了 15°。当断开 A 相绕组而只有 B 相绕组接通电源时，转子将继续沿逆时针方向转过 15°，使转子齿 2、4 与定子极 B、B′对齐，如图 18-10(c)所示。若继续按 BC—C—CA—A 的顺序通电，那么步进电动机就按逆时针方向一步一步地转动，步距角为 15°。电流换接六次，磁场旋转一周，转子前进了一个齿距角。如果通电顺序改为 A—AC—C—CB—B—BA—A 时，电动机将按顺时针方向转动。

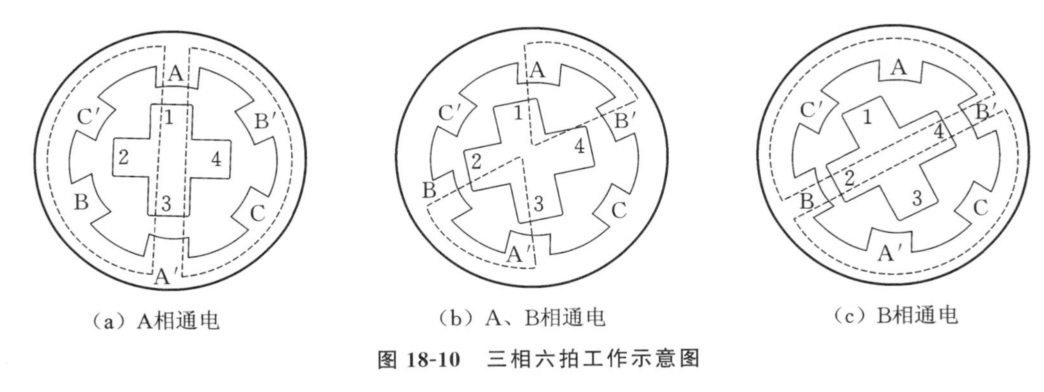

图 18-10　三相六拍工作示意图

在单三拍通电方式中，步进电动机的步距角 $\theta_S=30°$。采用三相六拍通电方式后，步进电动机由 A 相绕组单独通电到 B 相绕组单独通电，中间还要经过 A、B 两相同时通电状态，步进电动机的步距角要比单三拍通电方式减少一半，即 $\theta_S=15°$。

实际使用中，单三拍通电方式由于在切换时一相绕组断电，而另一相绕组开始通电，容易造成失步；此外，只有一相绕组通电吸引转子，也容易使转子在平衡位置附近产生振荡，运行稳定性较差，所以很少采用。通常将单三拍通电方式改成双三拍通电方式，即按 AB—BC—CA—AB 的通电顺序运行，这时每个通电状态均为两相绕组同时通电。在双三拍通电方式下，步进电动机的转子位置与三相六拍通电方式中两个绕组同时通电的情况相同。步进电动机按双三拍通电方式运行时，它的步距角与单三拍通电方式相同，也是 30°。

上述这种简单结构的反应式步进电动机的步距角较大，如在数控机床中应用就会影响加工工件的精度。实际中通常采用的是小步距角的步进电动机。图 18-11 所示为最常见的一种小步距角的三相反应式步进电动机。它的定子上有 6 个极，上面装有绕组并接成 A、B、C 三相。转子上均匀分布着 40 个齿，定子每段极弧上也各有 5 个齿，定子、转子的齿宽和齿距都相同。当 A 相绕组通电时，电动机中产生沿 A 极轴线方向的磁场，因磁通要按磁阻最小的路径闭合，将使转子受到反应转矩的作用而转动，直到转子齿和定子 A 极上的齿对齐为止。因转子上共有 40 个齿，每个齿的齿距应为 $360°/40=9°$，而每个定子磁极的极距为 $360°/6=60°$，所以每一个极距所占的齿距数不是整数。

图 18-12 所示为步进电动机的定子、转子展开图，图中 t 为齿距。其中定子有 6 个极，转子有 40 个齿。当 A 极下的定子、转子齿对齐时，B 极和 C 极下的齿就分别和转子齿相错三分之一的转子齿距。

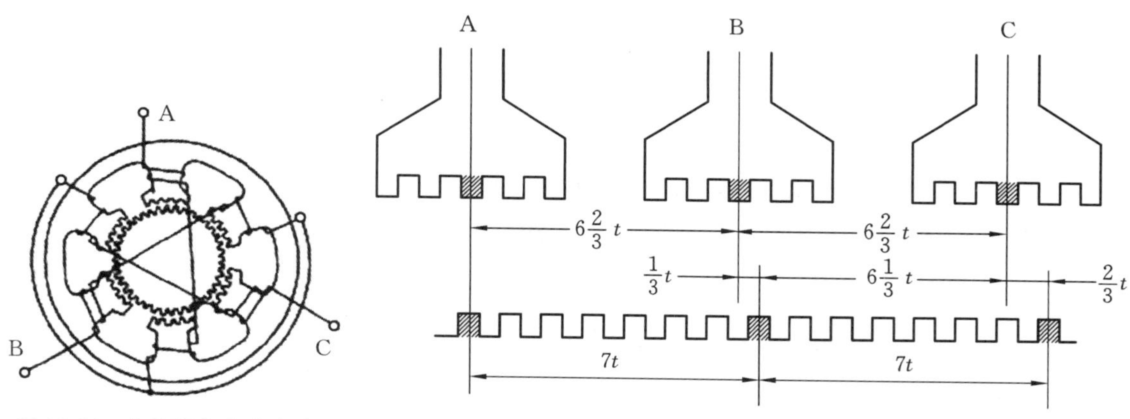

图 18-11 小步距角步进电动机

图 18-12 步进电动机定子、转子展开图

反应式步进电动机的转子齿数 Z_R，基本上由步距角的要求所决定。但是为了能实现“自动错位”，转子的齿数就必须满足一定的条件，而不能为任意数值。若用 m 表示相数，则当定子的相邻极属于不同的相时，在某一极下若定子与转子的齿对齐，则要求在相邻极下的定子与转子之间应错开转子齿距的 $1/m$。

由图 18-12 可以看出，若断开 A 相绕组而接通 B 相绕组，电动机中将产生沿 B 极轴线方向的磁场，这样在反应转矩的作用下，转子转过 3°，使定子 B 极下的齿和转子齿对齐。这时定子 A 极和 C 极下的齿又分别和与转子齿相错三分之一的齿距。依此类推，当控制绕组按 A—B—C—A 的顺序循环通电时，转子就沿逆时针方向以每一脉冲转动 3°的规律转动起来。若改变通电顺序，即按 A—C—B—A 的顺序循环通电时，转子就沿顺时针方向以每一脉冲转动 3°的规律转动。

若采用三相六拍通电方式运行，即按 A—AB—B—BC—C—CA—A 的顺序循环通电，步距角同样要减少一半，即每一脉冲仅转动 1.5°。

综上所述，步进电动机转子每转过一个齿距，相当于在空间转过 $360°/Z_R$，则每一拍转过的角度只是齿距的 $1/N$（N 为运行拍数），因此，步进电动机的步距角 θ_S 由下式决定：

$$\theta_S=\frac{360°}{Z_R N} \tag{18-12}$$

若步进电动机通电的脉冲频率为 f，则步进电动机的转速 n 为

$$n=\frac{60f\theta_S}{360^\circ}=\frac{60f}{Z_R N} \tag{18-13}$$

步进电动机可以做成三相的，也可以做成四相、五相、六相或更多相数的，其拍数等于相数或相数的两倍。步进电动机的拍数和齿数越多，步距角 θ_S 就越小；在脉冲频率一定时，转速亦越低。但相数越多，电源就越复杂，成本也越高。因此，步进电动机最多为六相。

步进电动机具有结构简单，维护方便，工作可靠，调速范围大，启动、制动、反转灵敏等特点，其步距角和转速不受电压波动、负载变化的影响，在不丢步的情况下，精度很高，所以广泛应用于数控机床、自动记录仪、石英钟表等设备中。

18.4 同步电动机

同步电动机也是一种交流电动机，和交流异步电动机不同的是，它的转速 n 和旋转磁场的同步速度 n_1 相同，与电源频率 f、定子和转子的极对数 p 的关系为

$$n=n_1=\frac{60f}{p} \tag{18-14}$$

上式表明，当电流频率 f 不变时，同步电动机的转速为常数，与负载大小无关。

同步电动机的功率因数可以调节，当处于过励状态时，还可以改善电网的功率因数，这也是它最大的优点。

1. 同步电动机的基本结构

同步电动机有旋转磁极式和旋转电枢式两种结构。旋转磁极式用于大容量电动机，而旋转电枢式应用于小容量电动机。根据转子形状的不同，旋转磁极式又可以分为凸极式和隐极式两种，如图 18-13 所示。

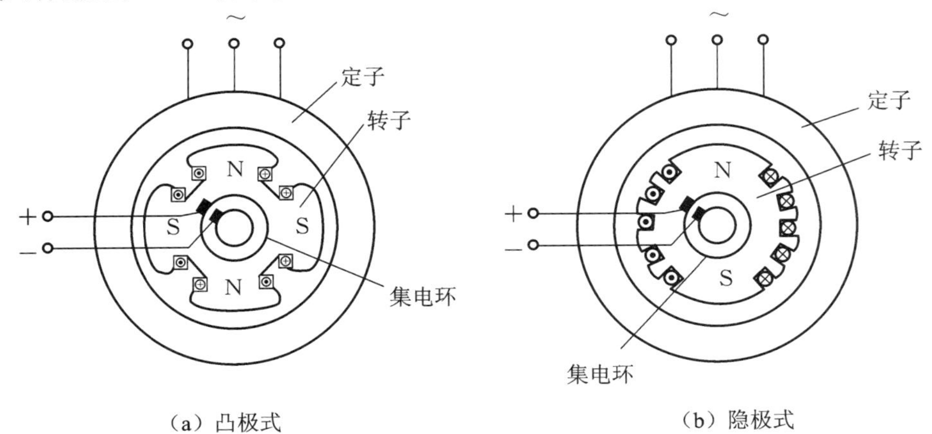

图 18-13　三相旋转磁极式同步电动机的结构示意图

从图 18-13 可以看出，同步电动机的主要结构包括定子和转子两部分。旋转磁极式同步电动机的定子主要由机座、铁芯和定子绕组构成。为了减少磁滞和涡流损耗，定子铁芯采用薄硅钢片叠装而成，其内表面嵌有在空间上对称的三相绕组。转子主要由转轴、滑环、铁芯和转子绕组构成。转子铁芯常采用高强度合金钢锻制而成。转子铁芯上装有励磁绕组，其两个出线端与两个滑环分别相接。为了便于启动，凸极式同步电动机转子磁极的表面还装有用黄铜制成的导条，在磁极的两个端面分别用一个铜环将导条连接起来，构成一个不完全的笼型启动绕组。

2. 同步电动机的工作原理

在定子三相绕组通入三相对称电流时，同步电动机像异步电动机一样启动起来。当电动机的转速接近定子中旋转磁场的转速 n_1 时，接通转子励磁电源，这样，定子旋转磁场与转子磁场的磁极之间就会相互吸引（如定子 S 极与转子 N 极相吸），从而使转子跟定子中的旋转磁场一起同步转动，即 $n=n_1$。同步电动机也由此得名。由于同步电动机空载运行时总存在阻力，因此转子的磁极轴线总要滞后旋转磁场轴线一个很小的角度 θ，从而产生一个异性吸力（电磁转矩），负载运行时，θ 角增大，电磁场转矩随之增大，电动机仍保持同步状态。若同步电动机轴上的负载转矩太大，将导致转子与定子旋转磁场不同步，从而造成同步转矩消失，这种现象叫作失步。

习　　题

一、填空题

1. 伺服电动机是把输入的________转变成________输出。

2. 直流伺服电动机的控制方式有________和________两种，在自动控制系统中多采用________控制方式。

3. 步进电动机是把________转变成________的电动机。

二、判断题

（　　）1. 克服交流伺服电动机“自转”现象的方法是增大伺服电动机的转子电阻。

（　　）2. 反应式步进电动机的定子绕组每改变一次通电方式，称为一拍。

（　　）3. 同步电动机的转速 n 和旋转磁场的同步速度 n_1 是不同的。

三、选择题

1. 交流测速发电机的输出电压与（　　）成正比。

A. 励磁电压幅值　　B. 输出绕组负载

C. 转速　　D. 励磁电压有效值

2. 交流测速发电机目前广泛应用的是（　　）。

A. 转子是笼型　　B. 转子是空心杯形

C. 转子是笼型或空心杯形　　D. 以上都不是

3. 下面是一台三相六极步进电机的通电方式，其中（　　）为三相双三拍控制方式。

A. A—B—C—A

B. AB—BC—CA—AB

C. A—AB—B—BC—C—CA—A

D. AB—BC—CA—AC

四、简答题

1. 伺服电动机的作用是什么？自动控制系统对伺服电动机有什么要求？

2. 交流伺服电动机有哪几种控制方式？如何使其反转？

五、计算题

一台三相步进电动机，可采用三相单三拍或三相六拍工作方式，转子齿数 $Z_R=50$，电源频率 $f=2$ kHz，分别计算两种工作方式的步距角和转速。

第19章 继电接触器控制系统

工业生产中的大多数机械设备的运动部件都是由电动机拖动的，要使电动机按照生产工艺要求正常运转，就要设计具备相应控制功能的电路。这些电路一般都是由点动控制、长动控制、正反转控制、降压启动、制动、调速等基本电气控制电路组合而成的。

通过继电器、接触器等常用控制电器来实现电动机的启动、停止、正反转、制动及调速等的控制系统称为继电接触器控制系统。

学习目标

1. 了解常用低压电器的结构和功能并掌握其图形符号、文字符号、工作原理及选用方法。
2. 掌握三相异步电动机点动、长动及正反转的控制线路及工作原理。
3. 掌握 Y/△降压启动控制线路及工作原理。
4. 理解三相异步电动机能耗制动的控制线路及工作原理。
5. 理解三相异步电动机的双速控制线路及工作原理。

19.1 常用低压控制电器

电器是指可以根据外界指令，自动或手动地接通和断开电路，断续或连续地改变电路参数，实现对电路或非电对象的切换、控制、保护、检测和调节的电气设备。按工作电压的不同，可将电器分为高压电器和低压电器两类。低压电器通常指工作在交流 1200 V、直流 1500 V 以下电路中的电气设备。本章所讲述的电器都属于低压电器的范畴。

低压电器的种类繁多，构造各异，用途广泛，分类方法也不尽相同。

1. 按动作方式划分

(1) 手动电器：通过人力操作而动作的电器，如开关、按钮等。

(2) 自动电器:按照输入信号或本身参数的变化而自动动作的电器,如接触器、继电器等。

2. 按用途划分

(1) 控制电器:用于电路通断的电器,如继电器、接触器等。

(2) 保护电器:用于保护电路及用电设备的电器,如熔断器、热继电器等。

(3) 主令电器:用来控制自动电器的动作,发出控制"指令"的电器,如按钮、主令开关等。

(4) 执行电器:用来完成某种动作或传递功率的电器,如电磁铁、电磁离合器等。

(5) 配电电器:用于电能输送和分配的电器,如断路器、刀开关等。

19.1.1 按钮

按钮是一种用人体某一部分(一般为手指或手掌)施加力而操作,并具有储能(弹簧)复位的一种控制开关。它结构简单、使用广泛,在控制电路中用于手动发出控制信号,以控制接触器、继电器等。

按钮一般由按钮帽、复位弹簧、触点和外壳等组成,其结构如图 19-1 所示,符号如图 19-2 所示。

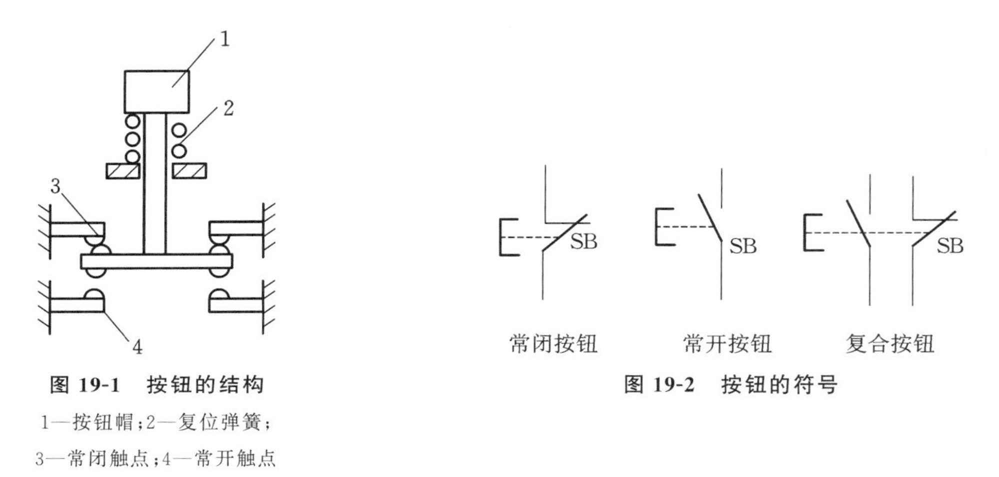

图 19-1 按钮的结构

1—按钮帽;2—复位弹簧;
3—常闭触点;4—常开触点

图 19-2 按钮的符号

按钮按静态(不受外力作用)时触点的分合状态,可分为常开(动合)按钮、常闭按钮(动断按钮)和复合按钮(常开、常闭组合为一体的按钮)。

(1) 常开按钮:外力未作用(手未按下)时,触点是断开的;外力作用时,触点闭合,但外力消失后,在复位弹簧作用下自动恢复原来的断开状态。

(2) 常闭按钮:外力未作用(手未按下)时,触点是闭合的;外力作用时,触点断开,但外力消失后,在复位弹簧作用下自动恢复原来的闭合状态。

(3) 复合按钮:含有常开和常闭触点的按钮。按下复合按钮时,其常闭触点先断开,然后常开触点闭合;而松开时,常开触点先断开,常闭触点再闭合。

为了便于识别各个按钮的作用,避免误操作,通常将按钮帽做成不同的颜色,其含义如表 19-1 所示。

表 19-1 按钮帽颜色的含义

颜色	含义	应用
红色	急停或停止	急停、总停、部分停止
黄色	干预	循环中途的停止
绿色	启动或接通	总启动、部分启动
蓝色	要求强制动作情况下的操作	复位功能
白色、黑色、灰色	无专门指定功能	可用于分断和停止上述情况以外的任何情况

19.1.2 开关

开关是手动操作的低压电器，一般用于接通或分断低压配电电源和用电设备，也常用来直接启动小容量的异步电动机。

1. 刀开关

刀开关又称闸刀开关，是结构简单且应用广泛的一种手动电器，主要用于接通和切断长期工作设备的电源及不频繁启动及制动、小容量的异步电动机。

刀开关的结构如图 19-3 所示，它由操作手柄、触刀、静夹座和绝缘底板组成。推动手柄使触刀插入静夹座中，电路就会被接通。为了保证刀开关合闸时触刀与静夹座有良好的接触，触刀与静夹座之间应有一定的接触压力。

刀开关的图形、文字符号如图 19-4 所示。

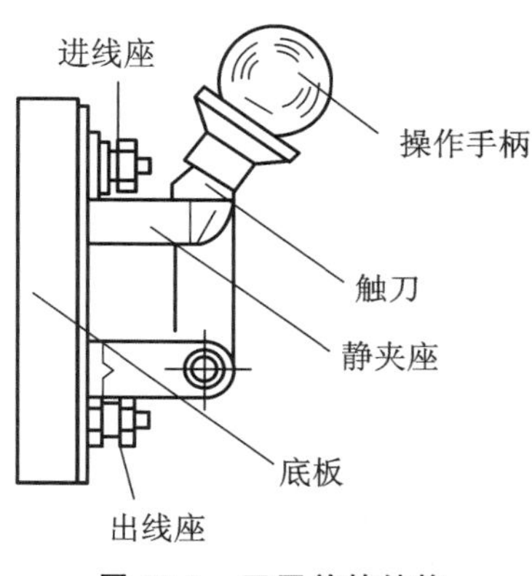

图 19-3 刀开关的结构

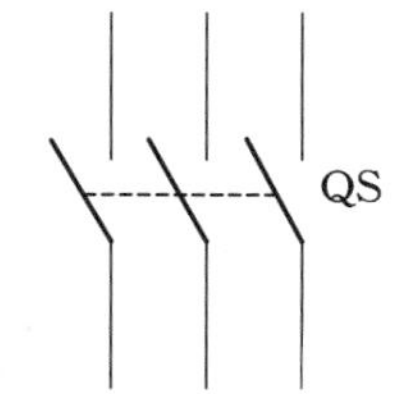

图 19-4 刀开关的符号

刀开关的种类很多，按刀的极数可分为单极、双极和三极，按刀的转换方向可分为单掷和双掷，按操作方式可分为直接手柄操作式和远距离连杆操纵式，按灭弧情况可分为有灭弧罩和无灭弧罩等。

常用的刀开关有开启式负荷开关和封闭式负荷开关两种。

1）开启式负荷开关

开启式负荷开关又称瓷底胶盖闸刀开关，其结构和符号如图 19-5、图 19-6 所示。它由刀开关和熔断器组合而成,装在瓷质底板上。

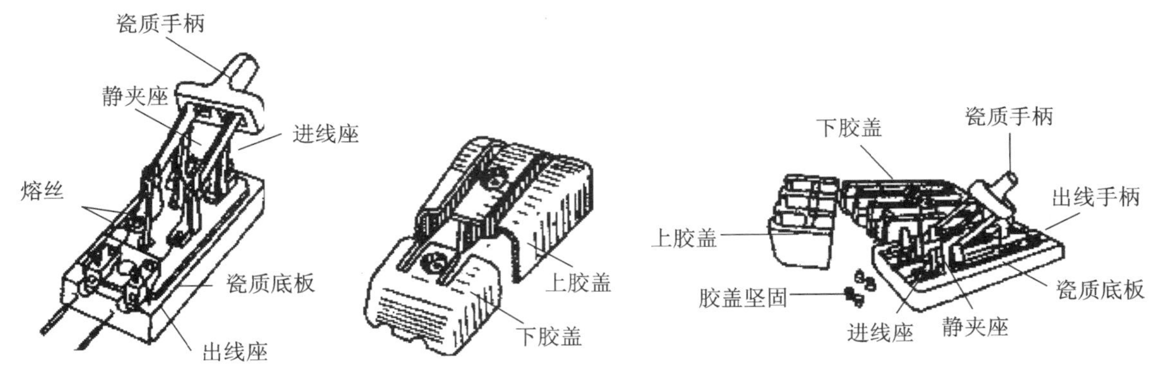

图 19-5　HK 系列开启式负荷开关结构图

这种开关结构简单、价格低廉,常用作照明电路的电源开关,也可用来控制 5.5 kW 以下异步电动机的启动和停止。但这种开关没有专门的灭弧装置,不宜用于频繁地分、合电路。

对于普通负载,闸刀开关可以根据额定电流来选择;而对于电动机,开关的额定电流可选电动机额定电流的 3 倍左右。

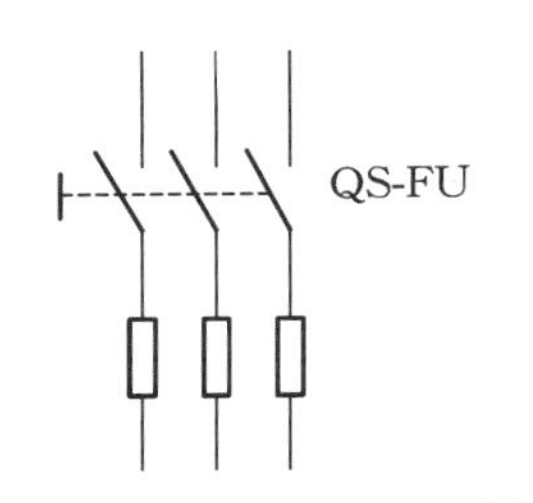

图 19-6　开启式负荷开关的符号

常用的开启式负荷开关有 HK1 和 HK2 系列。

在安装和使用闸刀开关时应注意下列事项:

① 电源进线应接在静触点一边的进线端(进线座应在上方),用电设备应接在动触点一边的出线端。这样当开关断开时,闸刀和熔丝均不带电,以保证更换熔丝时的人身安全。

② 安装时,刀开关在合闸状态下手柄应该向上,不能倒装或平装,以防止闸刀松动落下时误合闸。

2) 封闭式负荷开关

封闭式负荷开关又称铁壳开关。图 19-7 所示为常用的 HH 系列铁壳开关的外形与结构。它由闸刀、熔断器、灭弧装置、操作机构和钢板(或铸铁)做成的外壳构成。三把闸刀固定在一根绝缘方轴上,由手柄操纵。

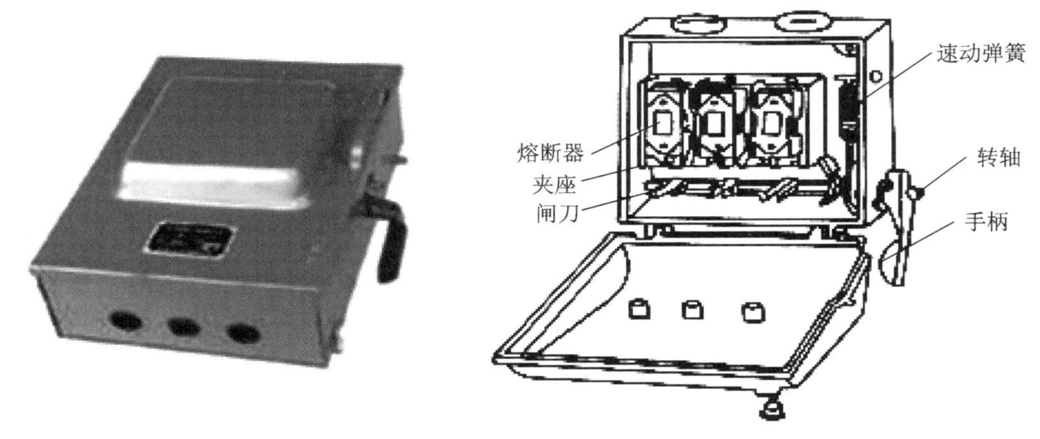

图 19-7　HH 系列封闭式负荷开关的外形和结构

铁壳开关的操作机构具有以下两个特点：一是设有联锁装置，保证开关在合闸状态下开关盖不能开启，而开关盖开启时不能合闸，以保证操作安全。二是采用储能分合闸方式，在手柄转轴与底座之间装有速动弹簧，使开关快速接通与断开，实现开关分合速度与手柄操作速度无关，这样有利于迅速灭弧，同时能防止触点停滞在中间位置。

对于电热和照明电路，铁壳开关可以根据额定电流选择；对于电动机，开关额定电流可选电动机额定电流的 1.5 倍。

封闭式负荷开关使用注意事项：

① 操作时人要在铁壳开关的手柄侧，不要面对开关，以免意外故障使开关爆炸，铁壳飞出伤人。

② 开关外壳应可靠接地，防止意外漏电造成触电事故。

2. 组合开关

组合开关又称为转换开关，它的体积小，触点对数多，接线方式灵活，操作方便，常用于交流 50 Hz、380 V 以下及直流 220 V 以下的电气线路中，供手动不频繁地接通和断开电路、换接电源和负载以及控制 5 kW 以下小容量电动机的启动、停止和正反转。

HZ10-10/3 型组合开关的结构如图 19-8 所示。开关的三对静触点分别装在三层绝缘垫板上，并附有接线柱，用于与电源及用电设备相接。动触点由磷铜片（或硬紫铜片）和具有良好灭弧性能的绝缘钢纸板铆合而成，并和绝缘垫板一起套装在附有手柄的方形绝缘转轴上。手柄和转轴能在平行于安装面的平面内沿顺时针或逆时针方向每次转动 90°，带动三个动触点分别与三对静触点接触或分离，实现接通或分断电路的目的。开关的顶盖部分是由滑板、凸轮、扭簧和手柄等构成的操作机构。由于采用了扭簧储能，触点可快速闭合或分断，从而提高了开关的通断能力。

组合开关在电路中的符号如图 19-9 所示。

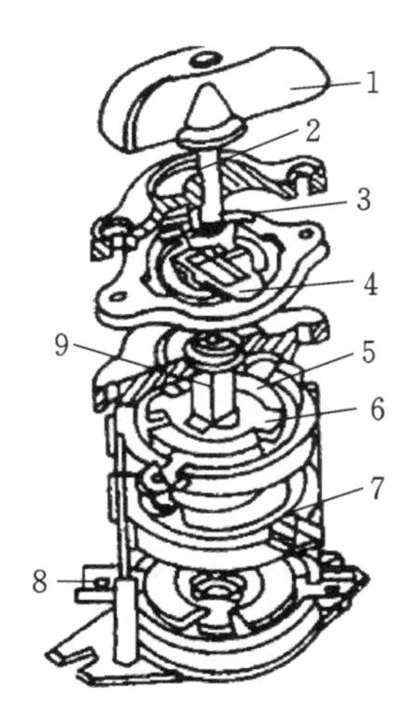

图 19-8　HZ10-10/3 型组合开关的结构

1—手柄；2—转轴；3—弹簧；4—凸轮；5—绝缘垫板；
6—动触点；7—静触点；8—接线柱；9—绝缘杆

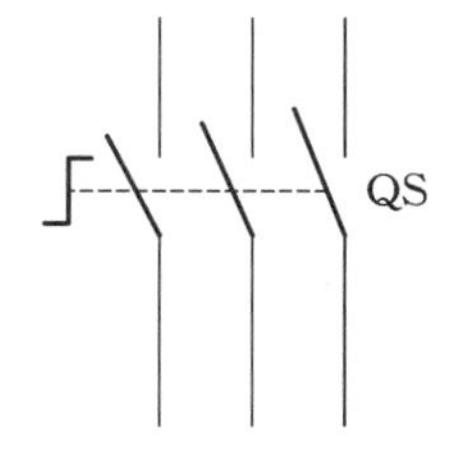

图 19-9　组合开关的符号

组合开关的安装与使用方法如下：

(1) HZ10 系列转换开关应安装在控制箱(或壳体)内，其操作手柄最好在控制箱的前面或侧面。开关为断开状态时应使手柄在水平旋转位置。HZ3 系列组合开关外壳上的接地螺钉应可靠接地。

(2) 若需在箱内操作，开关最好在箱内右上方，并且在它的上方不安装其他电器，否则应采取隔离或绝缘措施。

(3) 转换开关的通断能力较低，不能用来分断故障电流。用于控制异步电动机的正反转时，转换开关必须在电动机完全停止转动后才能反向启动，且每小时的接通次数不能超过15 次。

(4) 当操作频率过高或负载功率因数较低时，应降低开关的容量使用，以延长其使用寿命。

(5) 倒顺开关接线时，应将开关两侧进出线中的一相互换，并看清开关接线端标记，切忌接错，以免产生电源两相短路故障。

3. 行程开关

行程开关又称位置开关或限位开关，是用来限制机械运动行程的一种电器。它可将机械位移信号转换成电信号，常用于程序控制、改变运动方向、定位、限位及安全保护等。行程开关与按钮的作用相同，都是对控制电器发出接通或断开指令的电器，不同之处在于，按钮的动作由人的手指按压完成，而行程开关的动作由机械运动部件的碰撞完成。

各种行程开关的结构和工作原理都是类似的，都由触点系统、操作机构和外壳组成。以某种行程开关元件为基础，装置不同的操作机构，可得到各种不同形式的行程开关，常见的有按钮式(直动式)和旋转式(滚轮式)。

JLXK1 系列行程开关的外形如图 19-10(a)所示，其动作原理如图 19-10(b)所示。当运动部件的挡铁碰压行程开关的滚轮时，杠杆连同转轴一起转动，使凸轮推动撞块，当撞块被压到一定位置时，推动微动开关快速动作，使其常闭触点断开，常开触点闭合。

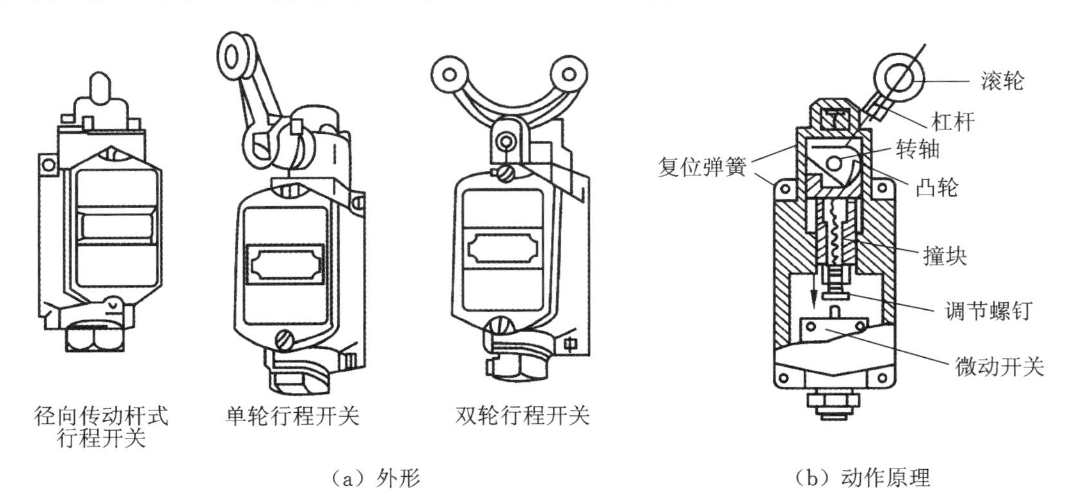

(a) 外形　　(b) 动作原理

图 19-10　JLXK1 行程开关的外形和动作原理

行程开关的符号如图 19-11 所示。

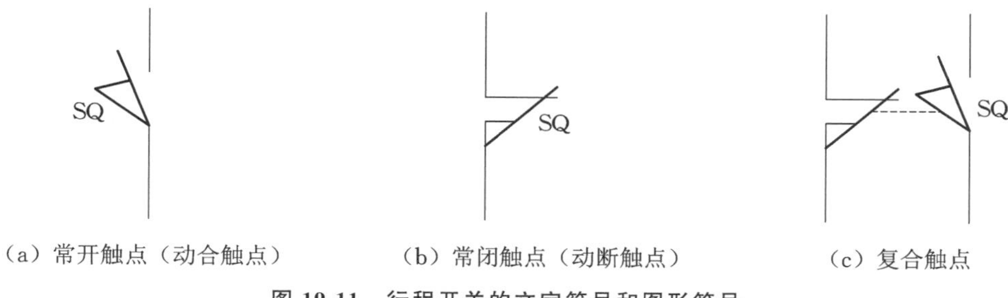

图 19-11 行程开关的文字符号和图形符号

4. 自动空气开关

自动空气开关又称自动空气断路器、低压断路器等，是低压配电网络和电力拖动系统中非常重要的一种电器，除能接通和分断电路外，还能对电路或电气设备发生的短路、过载及失压等进行保护。自动空气开关一般使用在非频繁的接通和断开电源的场合。

自动空气开关种类很多，外形各异，DZ5 系列自动空气开关外形和结构如图 19-12 所示。

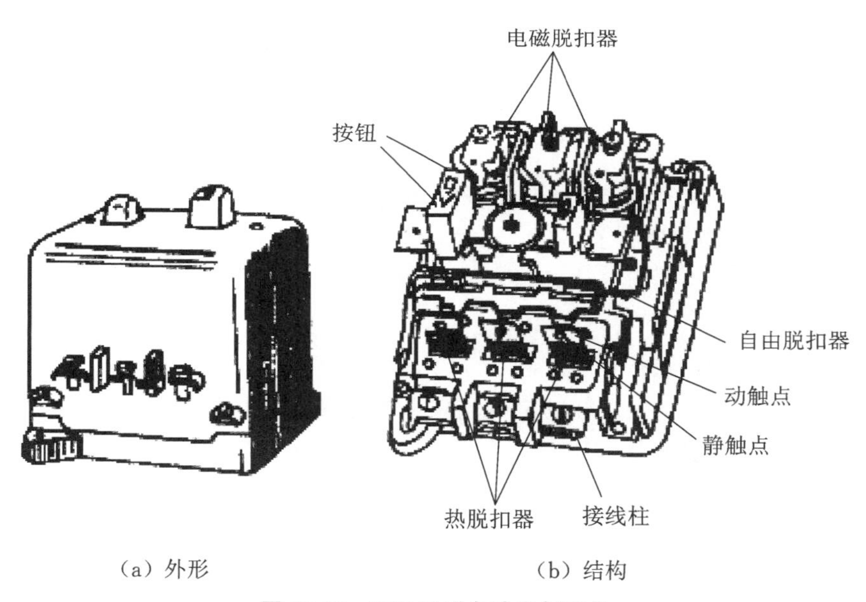

图 19-12 DZ5 系列自动空气开关

自动空气开关的工作原理示意图如图 19-13 所示。

自动空气开关的三副主触点串联在被控制的三相电路中，按下接通按钮时，外力使锁扣克服反作用弹簧的反作用力，将固定在锁扣上面的动触点和静触点闭合，并由锁扣锁住搭钩，使动、静触点保持闭合，开关处于接通状态。自动空气开关的工作情况如下：

(1) 短路保护。过电流脱扣器线圈串入主回路，在线路正常工作时，流过线圈的电流在铁芯上产生的电磁力不足以将衔铁吸合。当发生短路或产生很大电流时，流过线圈的电流

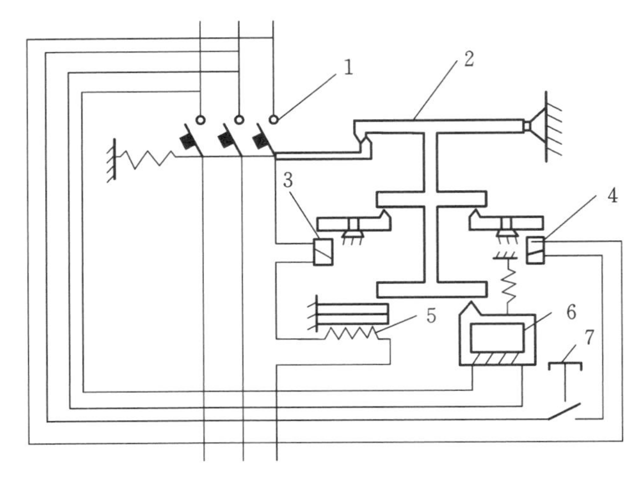

图 19-13　自动空气开关的工作原理示意图

1—主触点；2—自由脱扣器；3—电磁脱扣器；
4—分励脱扣器；5—发热元件；6—欠压脱扣器；7—按钮

产生足够大的电磁力将衔铁吸合，向上撞击杠杆，搭钩被顶开，主触点断开，将电源与负载分断，实现短路保护。

(2) 过载保护。加热双金属片的电阻丝串入主回路，当线路过载时，通过发热元件的电流增大，产生热量，使双金属片受热弯曲，推动杠杆顶开搭钩，使主触点断开，达到过载保护的目的。

(3) 欠电压保护。欠压脱扣器线圈并联在主回路上，线路电压正常时，欠压脱扣器产生足够大的电磁吸力以克服弹簧拉力，从而使衔铁吸合，当线路电压下降到一定程度时，由于电磁吸力下降，衔铁被弹簧拉开，推动杠杆顶开搭钩，切断主触点，达到欠电压保护的目的。

低压断路器的一般选用原则：

(1) 低压断路器的额定电压和额定电流应小于线路的正常工作电压和计算负载电流。

(2) 热脱扣器的整定电流应等于所控制负载的额定电流。

(3) 电磁脱扣器的瞬时脱扣整定电流应大于负载正常工作时可能出现的峰值电流。用于控制电动机的断路器，其瞬时脱扣整定电流可按下式选取：

$$I_Z \geqslant K I_{st}$$

式中，K 为安全系数，可取 1.5～1.7；I_{st} 为电动机的启动电流。

(4) 欠压脱扣器的额定电压应等于线路的额定电压。

(5) 断路器的极限通断能力应不小于电路最大短路电流。

19.1.3　接触器

接触器是用来接通或分断电动机主电路或其他负载电路的控制电器，它可以实现频繁的远距离自动控制。由于它的体积小、价格低、寿命长、维护方便，因而用途十分广泛。

接触器按其线圈通过电流种类的不同，可分为交流接触器和直流接触器。

1. 交流接触器

1）外形和结构

交流接触器的结构和符号如图 19-14 所示。

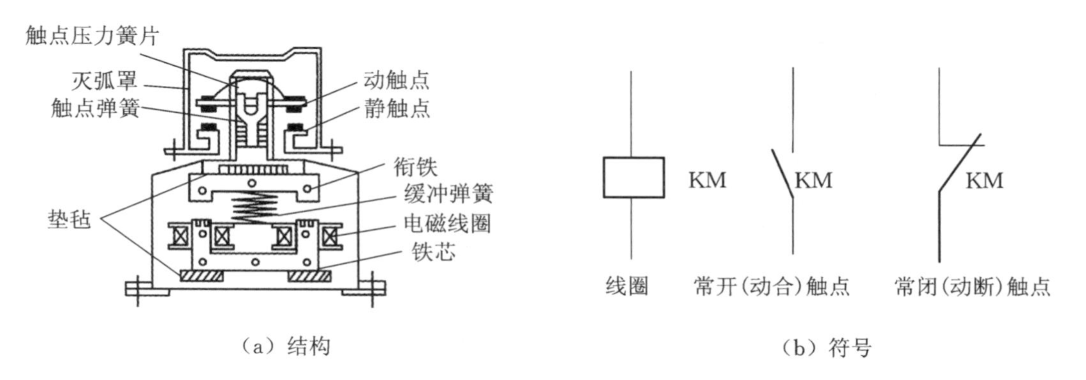

（a）结构　　（b）符号

图 19-14　交流接触器的结构和符号

交流接触器主要由电磁系统、触点系统、灭弧装置等部分组成。

（1）电磁系统。

电磁系统由线圈、动铁芯、静铁芯组成。铁芯用相互绝缘的硅钢片叠压而成，以减少交变磁场在铁芯中产生的涡流及磁滞损耗，避免铁芯过热。铁芯上装有短路铜环，以减少衔铁吸合后的振动和噪声。铁芯大多采用衔铁直线运动的双 E 形结构。交流接触器线圈在其额定电压的 85%～105%时，能可靠地工作。电压过高，则磁路严重饱和，线圈电流将显著增大，有被烧坏的危险；电压过低，则吸不牢衔铁，触点跳动，影响电路正常工作。

（2）触点系统。

触点系统分主触点和辅助触点。主触点用以通断电流较大的主电路，体积较大，一般由三对常开触点构成；辅助触点用以通断电流较小的控制电路，体积较小，通常有常开触点和常闭触点各两对触点。

（3）灭弧装置。

交流接触器在分断大电流电路时，往往会在动、静触点之间产生很强的电弧。电弧是触点间气体在强电场作用下产生的放电现象。电弧一方面会烧伤触点，另一方面会使电路的切断时间延长，甚至引起其他事故。因此，灭弧是接触器的主要任务之一。灭弧装置一般采用双断口结构的电动力灭弧装置和半封闭式绝缘栅片陶土灭弧罩。前者适用于容量较小（10 A 以下）的接触器，后者适用于容量较大（20 A 以上）的接触器。

2）工作原理

当接触器的线圈通电后，线圈中流过的电流产生磁场，使铁芯产生足够大的吸力，克服反作用弹簧的反作用力，将衔铁吸合，通过传动机构带动三对主触点和辅助常开触点闭合，辅助常闭触点断开。当接触器线圈断电或电压显著下降时，由于电磁吸力消失或过小，衔铁在反作用弹簧的作用下复位，带动各触点恢复到原始状态。

3）主要技术参数

（1）额定电压。

接触器铭牌上的额定电压是指主触点能够承受的电压。

(2) 额定电流。

接触器铭牌上的额定电流是指主触点能够通过的电流。

(3) 吸引线圈的额定电压。

吸引线圈的额定电压等于控制电路的电压。交流电压有 36 V、110 V、220 V、380 V 等。

4) 额定操作频率

额定操作频率是指接触器每小时允许的操作次数,一般为 600 次/小时。

2. 直流接触器

直流接触器的结构与工作原理基本上与交流接触器相同,由线圈、铁芯、衔铁、触点、灭弧装置组成。所不同的是,除触点电流和线圈电压为直流外,其触点大都采用滚动接触的指形触点,辅助触点则采用点接触的桥形触点。铁芯由整块钢或铸铁制成,线圈则制成长而薄的圆筒形。为保证衔铁可靠释放,常在铁芯与衔铁之间垫有非磁性垫片。

直流接触器主要用于远距离通、断直流电路及控制直流电动机的频繁启动、停止、反转和反接制动,以及频繁地接通和断开重电磁铁、电磁阀、离合器、电磁线圈等。

19.1.4 继电器

继电器是一种根据电量(电压、电流)或非电量(时间、温度、速度、压力等)的变化自动接通或断开控制电路,以完成控制或保护任务的电器。它广泛用于电动机或电路的保护及各种生产机械的自动控制。

常用的继电器有电压继电器、电流继电器、中间继电器、时间继电器、热继电器、速度继电器等。其中电压继电器、电流继电器、中间继电器均为电磁式,应用广泛。

1. 电磁式继电器

电磁式继电器的动作原理与接触器基本相同。它主要由电磁机构和触点系统组成,因为继电器无须分断大电流电路,所以触点均采用无灭弧装置的桥式触点。

1) 过电流继电器

当继电器中的电流超过预定值时,引起开关电器有延时或无延时动作的继电器叫过电流继电器。它主要用于频繁启动和重载启动的场合,作为电动机和主电路的过载和短路保护。

JT4 系列过电流继电器的外形、结构及符号如图 19-15 所示。它主要由线圈、铁芯、衔铁、触点系统和反作用弹簧等组成。

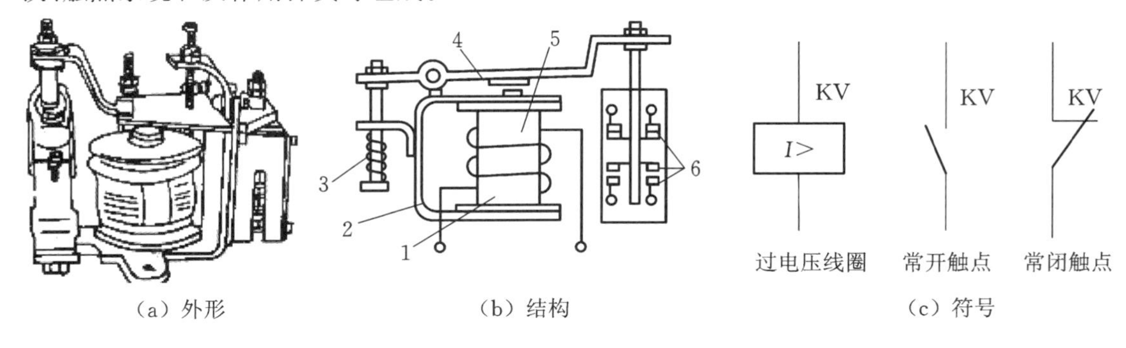

(a) 外形　　(b) 结构　　(c) 符号

图 19-15 JT4 系列过电流继电器

1—铁芯;2—磁轭;3—反作用弹簧;4—衔铁;5—线圈;6—触点

当线圈通过的电流为额定值时，它所产生的电磁吸力不足以克服反作用弹簧的反作用力，此时衔铁不动作。当线圈通过的电流超过整定值时，电磁吸力大于弹簧的反作用力，铁芯吸引衔铁动作，带动常闭触点断开，常开触点闭合。调整反作用弹簧的反作用力，可整定继电器的动作电流值。JT4系列过电流继电器中，有的过电流继电器带有手动复位机构，这类继电器过电流动作后，当电流再减小甚至到零时，衔铁也不能自动复位，只有当操作人员检查并排除故障后，手动松掉锁扣结构，衔铁才能在复位弹簧的作用下返回，从而避免重复过流事故的发生。

JT4系列为交流通用继电器，在这种继电器的电磁系统上装设不同的线圈，便可制成过电流、欠电流、过电压或欠电压等继电器。

2）欠电流继电器

当通过继电器的电流减小到低于其整定值时就动作的继电器称为欠电流继电器。在线圈电流正常时，这种继电器的衔铁与铁芯是吸合的。它常用于直流电动机励磁电路和电磁吸盘的弱磁保护。

欠电流继电器的符号如图19-16所示。

常用的欠电流继电器有JL14-Q等系列产品，其结构与工作原理和JT4系列继电器相似。这种继电器的动作电流为线圈额定电流的30%～65%，释放电流为线圈额定电流的10%～20%。因此，当通过欠电流继电器线圈的电流降低到额定电流的10%～20%时，继电器即释放复位，其常开触点断开，常闭触点闭合，给出控制信号，使控制电路做出相应的反应。

3）电压继电器

根据电压大小而动作的继电器称为电压继电器。这种继电器线圈的导线细、匝数多，并联在主电路中。电压继电器有过电压继电器和欠电压(或零压)继电器之分。

电压继电器的符号如图19-17所示。

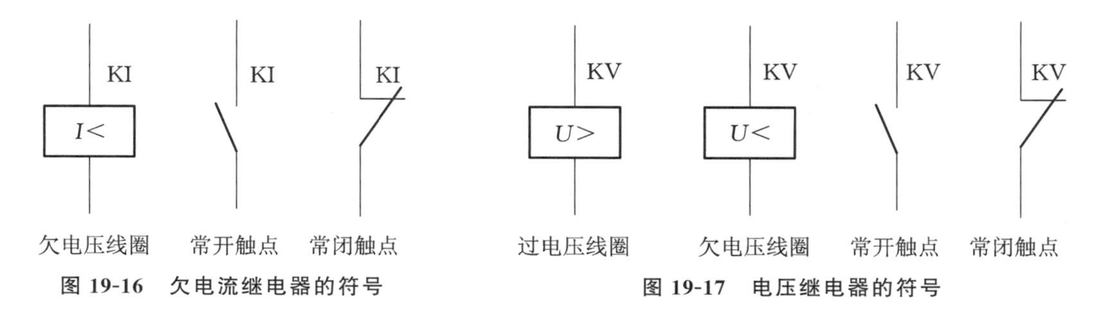

图19-16 欠电流继电器的符号

图19-17 电压继电器的符号

过电压继电器是当电压超过规定电压上限时，衔铁吸合，一般动作电压为(105%～120%)U_N，对电路进行过电压保护；欠电压继电器是当电压小于所规定的电压下限时，衔铁释放，一般动作电压为(40%～70%)U_N，对电路进行欠压保护；零压继电器是在电压降为(10%～35%)U_N时对电路进行零压保护。

2. 中间继电器

中间继电器本质上是电压继电器，它是用来远距离传输或转换控制信号的中间元件。它输入的是线圈的通电或断电信号，输出的是多对触点的通断动作。因此，它可用于增加控制信号的数目；因为触点的额定电流大于线圈的额定电流，故它又可用来放大信号。

常用的中间继电器有JZ7、JZ8等系列。JZ7系列中间继电器的外形与符号如图19-18所示。该继电器由静铁芯、动铁芯、线圈、触点系统、反作用弹簧和复位弹簧等组成。其触点对数较多,没有主、辅触点之分,各对触点允许通过的额定电流是一样的,都为5A。吸引线圈的额定电压有12 V、24 V、36 V、110 V、127 V、220 V、380 V等多种,可供选择。

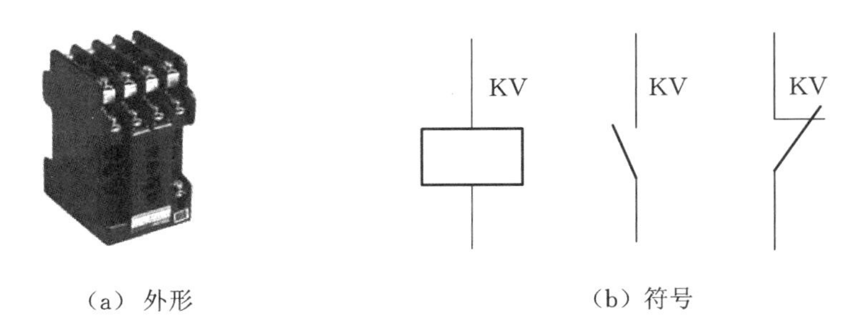

图19-18 JZ7系列中间继电器

3. 时间继电器

当继电器的感测部分接收输入信号后,其执行部分要经过一段时间才能动作,这类继电器称为时间继电器。时间继电器主要有空气阻尼式、电动式以及电子式等几大类,其延时方式有通电延时和断电延时两种。

1) 空气阻尼式时间继电器

空气阻尼式时间继电器又称气囊式时间继电器,它是利用空气阻尼的作用来实现延时的。JS7-A系列空气阻尼式时间继电器如图19-19所示,它由电磁系统、触点系统和延时机构等组成。

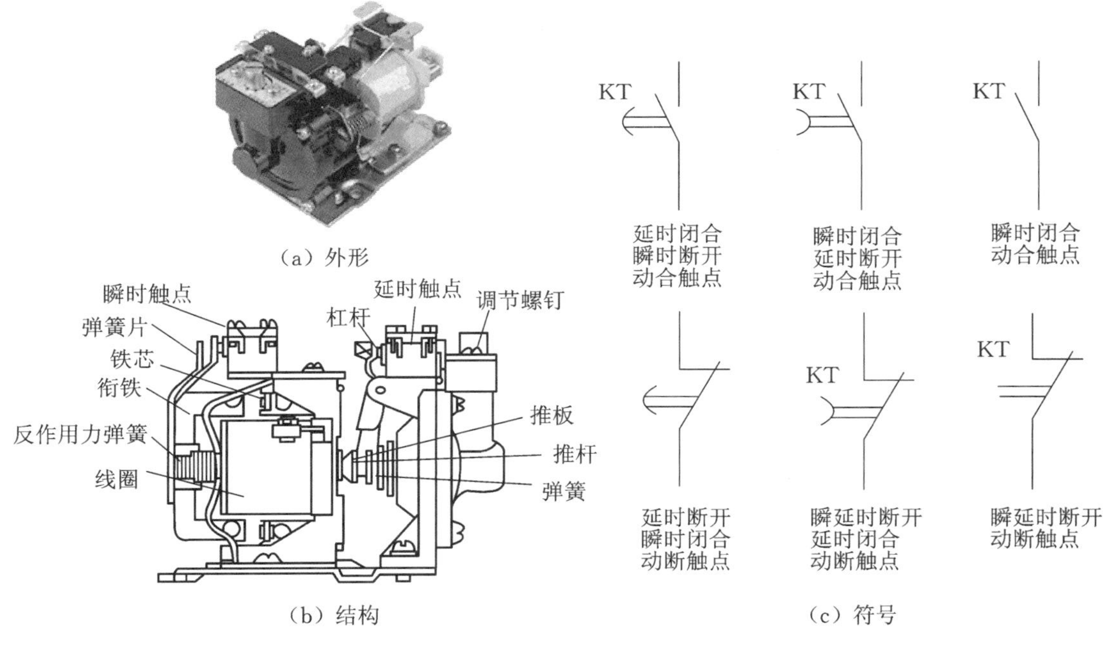

图19-19 JS7-A系列空气阻尼式时间继电器

JS7-A 系列时间继电器的工作原理示意图如图 19-20 所示。

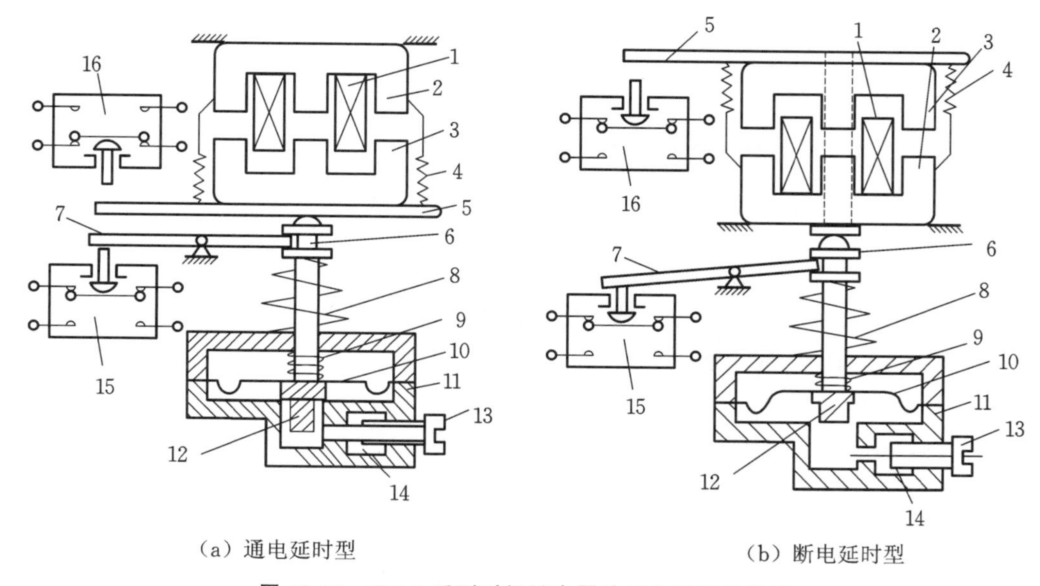

图 19-20 JS7-A 系列时间继电器的工作原理示意图

1—线圈；2—铁芯；3—衔铁；4—复位弹簧；5—推杆；6—活塞杆；7—杠杆；8—塔形弹簧；9—弱弹簧；10—橡皮膜；11—缸体；12—活塞；13—调节螺钉；14—进气孔；15、16—微动开关

① 通电延时型时间继电器。

当线圈 1 通电后，铁芯 2 产生吸力，衔铁 3 克服复位弹簧 4 的阻力与铁芯吸合，带动推杆 5 立即动作，压合微动开关 16，使其常闭触点瞬时断开，常开触点瞬时闭合。同时活塞杆 6 在塔形弹簧 8 的作用下向上移动，带动与活塞 12 相连的橡皮膜 10 向上运动，运动的速度受进气孔 14 进气速度的限制。这时橡皮膜下面形成空气较稀薄的空间，与橡皮膜上面的空气形成压力差，对活塞的移动产生阻尼作用。活塞杆带动杠杆 7 缓慢地移动，经过一段时间，活塞才完成全部行程而压动微动开关 15，使其常闭触点断开，常开触点闭合。由于从线圈通电到触点动作需要延迟一段时间，因此微动开关 15 的两对触点分别被称为延时闭合瞬时断开的常开触点和延时断开瞬时闭合的常闭触点。这种时间继电器延时的长短取决于进气的快慢，旋动调节螺钉 13 可调节进气孔的大小，即可达到调节延时长短的目的。JS7-A系列时间继电器的延时范围有 0.4～60 s 和 0.4～180 s 两种。

当线圈 1 断电时，衔铁 3 在复位弹簧 4 的作用下，通过活塞杆 6 将活塞推向下端，这时橡皮膜 10 下方腔内的空气通过橡皮膜 10、弱弹簧 9 和活塞 12 局部所形成的单向阀迅速从橡皮膜上方的气室缝隙中排掉，使微动开关 15、16 的各对触点均瞬时复位。

② 断电延时型时间继电器。

JS7-A 系列断电延时型和通电延时型时间继电器的组成元件是通用的。如果将通电延时型时间继电器的电磁机构翻转 180°安装，即成为断电延时型时间继电器。它们的工作原理相似。

空气阻尼式时间继电器的优点有：延时范围较大(0.4～180 s)，且不受电压和频率波动的影响；可以做成通电和断电两种延时形式；结构简单，寿命长，价格低。其缺点有：延时误差大，难以精确地整定延时值，且延时值易受周围环境温度、尘埃等的影响。因此，对延时精度要求较高的场合不宜采用。

2）电子式时间继电器

电子式时间继电器又称晶体管时间继电器，具有机械结构简单、延时范围广、精度高、消耗功率小、调整方便及寿命长等优点，所以发展迅速，应用范围越来越广泛。晶体管时间继电器按结构可分为阻容式和数字式两种，按延时方式可分为通电延时型、断电延时型及带瞬动触点的通电延时型。常用的 JS20 系列晶体管时间继电器是全国推广的统一设计产品，适用于交流 50 Hz、电压 380 V 及以下或直流 110 V 以下的控制电路，作为时间控制元件，按预定的时间延时，周期性地接通或分断电路。

JS20 系列晶体管时间继电器外形和接线示意图如图 19-21 所示。该系列继电器具有保护外壳，其内部结构采用印刷电路组件；安装和接线采用专用的插接座，并配有带插脚标记的下标牌作为接线指示，上标盘上还带有发光二极管作为动作指示。结构形式有外接式、装置式和面板式三种。外接式的继电器可通过插座用导线接到所需的控制板上；装置式具有带接线端子的胶木底座；面板式采用通用八大脚插座，可直接安装在控制台的面板上，还带有延时刻度和延时旋钮，供整定延时时间用。

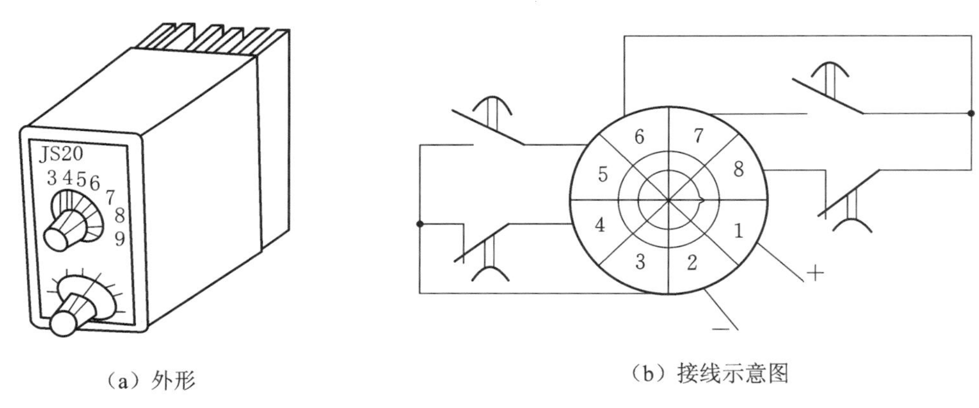

（a）外形　　（b）接线示意图

图 19-21　JS20 系列晶体管时间继电器外形和接线示意图

4. 热继电器

热继电器是利用流过继电器的电流产生的热效应而反时限动作的继电器。所谓反时限动作，是指电器的延时动作时间随通过电路的电流的增加而缩短。热继电器主要用于电动机的过载保护、断相保护、电流不平衡运行的保护及其他电气设备发热状态的控制。

热继电器的形式有多种，其中双金属片式应用最多。按极数划分，热继电器可分为单极、两极和三极三种，其中三极热继电器又包括带断相保护装置的和不带断相保护装置的；按复位方式分，热继电器有自动复位式（触点动作后能自动返回原来位置）和手动复位式。

目前我国在生产中常用的热继电器有国产的 JR16、JR20 等系列以及引进的 T 系列、3UA 系列等产品，均为双金属片式。下面以 JR16 系列为例，介绍热继电器的结构及工作原理。

JR16 系列热继电器的外形如图 19-22 所示。它主要包括热元件、动作机构、触点系统、电流整定装置、复位机构和温度补偿元件等部分。

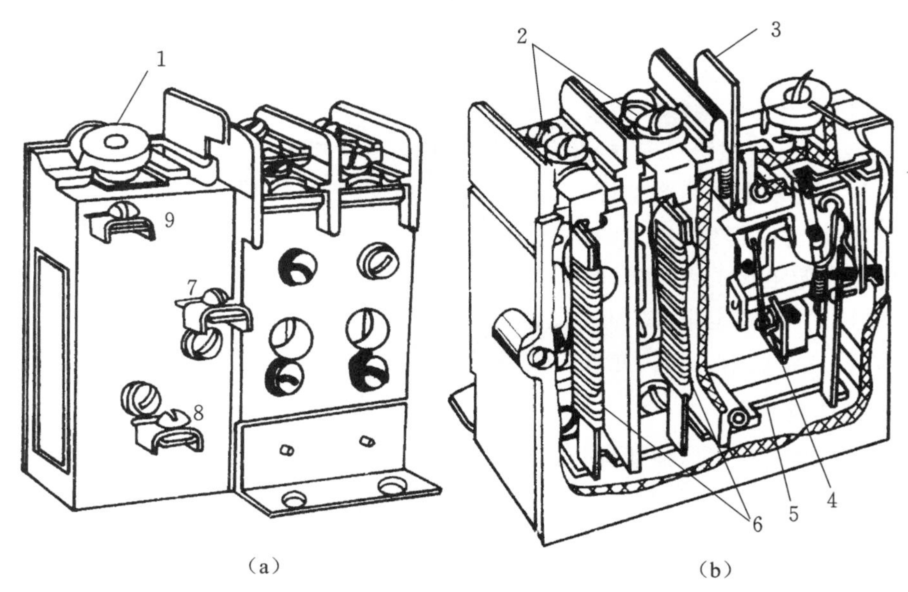

图 19-22　JR16 系列热继电器

1—电流整定装置；2—主电路接线柱；3—复位按钮；4—常闭触点；5—动作机构；
6—热元件；7—常闭触点接线柱；8—公共动触点接线柱；9—常开触点接线柱

JR16 系列热继电器的结构和符号如图 19-23 所示。

使用时，将热继电器的三相热元件分别串接在电动机的三相主电路中，常闭触点串接在控制电路的接触器线圈回路中。当电动机过载时，流过电阻丝的电流超过热继电器的整定电流，电阻丝发热，主双金属片向右弯曲，推动导板 6 和 7 向右移动，通过温度补偿双金属片 12 推动连杆 13 绕轴转动，从而推动触点系统动作，动触点 9 与常闭静触点 8 分开，使接触器线圈断电，接触器触点断开，将电源切断，起保护作用。电源切断后，主双金属片逐渐冷却恢复原位，于是动触点在失去作用力的情况下，靠弓簧 4 的弹性自动复位。

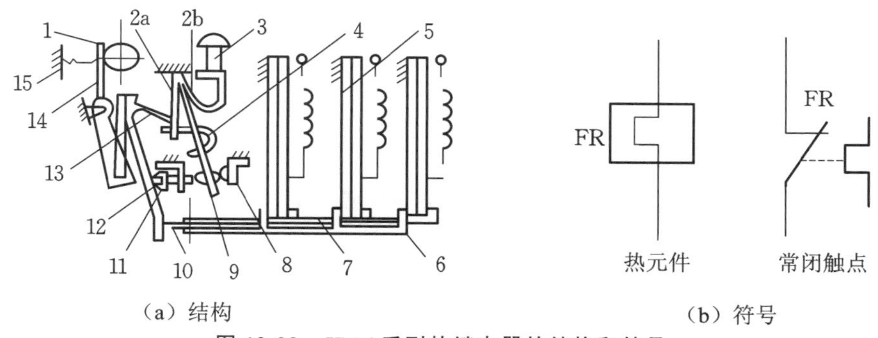

（a）结构　　（b）符号

图 19-23　JR16 系列热继电器的结构和符号

1—电流调节凸轮；2—弹簧；3—手动复位按钮；4—弓簧；5—主双金属片；6—外导板；7—内导板；8—静触点；
9—动触点；10—杠杆；11—复位调节螺钉；12—温度补偿双金属片；13—连杆；14—连杆；15—压簧

这种热继电器也可以采用手动复位，以防止故障排除前设备带故障再次投入运行。将复位调节螺钉 11 向外调到一定位置，使动触点弓簧的转动超过一定角度而失去反弹性，此时即使主双金属片冷却恢复原位，动触点也不能自动复位，必须采用手动复位。按下手动复位按钮 3，动触点弓簧恢复到具有弹性的角度，推动动触点和静触点恢复闭合。

当环境温度变化时，主双金属片会发生零点漂移，即热元件未通过电流时主双金属片会产生变形，使热继电器的动作性能受环境温度影响，导致热继电器的动作产生误差。为补偿这种影响，设置了温度补偿双金属片，其材料与主双金属片相同。当环境温度变化时，温度补偿双金属片与主双金属片产生同一方向上的附加变形，从而使热继电器的动作特性在一定温度范围内基本不受环境温度的影响。

热继电器整定电流的大小可通过旋转电流整定旋钮来调节，旋钮上刻有整定电流值标尺。所谓热继电器的整定电流，是指热继电器连续工作而不动作的最大电流，超过整定电流，热继电器将在负载未达到其允许的过载极限之前动作。

5. 速度继电器

速度继电器是一种当转速达到规定值时动作的继电器。它常用于电动机反接制动控制电路中，当反接制动的转速下降到接近零时，它能自动地及时切断电路。速度继电器由转子、定子和触点三部分组成。图 19-24 所示是 JY1 型速度继电器的外形、结构和符号，它的工作原理与鼠笼式异步电动机相似。

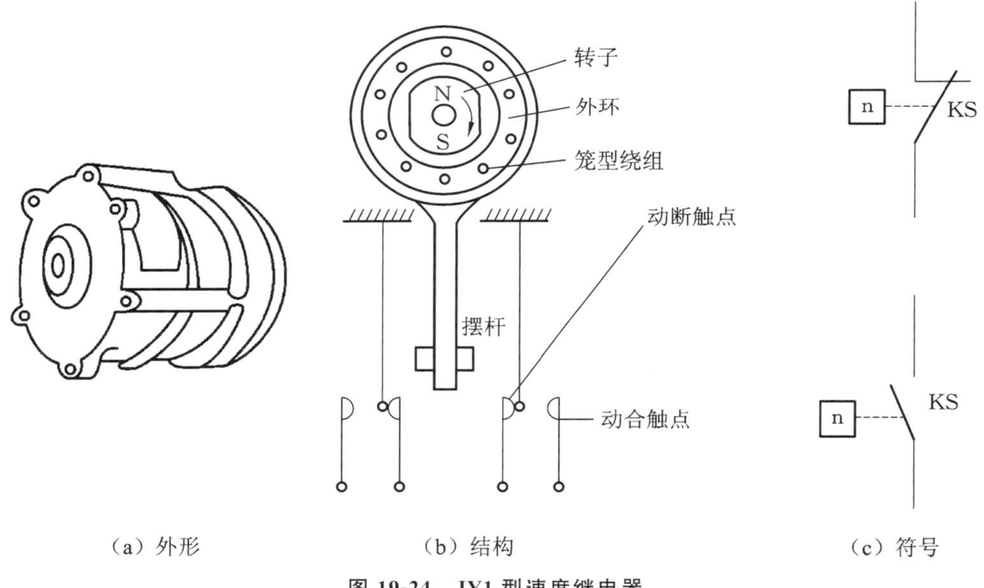

图 19-24　JY1 型速度继电器

速度继电器的转子是一块永久磁铁，与电动机或机械转轴连在一起，随轴转动。它的外边有一个可以转动一定角度的外环，装有笼型绕组。当转轴带动永久磁铁旋转时，定子外环中的笼型绕组因切割磁力线而产生感应电动势和感应电流，该电流在转子磁场作用下产生电磁转矩，使定子外环跟随转动一个角度。如果永久磁铁沿逆时针方向转动，则定子外环带着摆杆向右边，使右边的动断触点断开，动合触点接通；当永久磁铁沿顺时针方向旋转时，使左边的触点改变状态。当电动机转速较低(如小于 100 r/min)时，触点复位。

19.2　三相异步电动机的单向点动与连续运行控制线路

除了用闸刀开关或组合开关直接启动和停止小型电动机以外，一般电动机的控制线路都由多种电器连接而成。其电路原理图分为主电路和辅助电路两部分，从电源到电动机的大电流通过的电路称为主电路。辅助电路又可分为控制电路、信号电路、照明电路和保护电路等，本章重点介绍控制电路的设计。接触器或继电器线圈等元件通过小电流的电路称为控制电路。一个电器元件的各部分在电路原理图中不一定画在一起，可以按照方便的原则分开来画，但必须用规定的图形符号和文字符号来表示。

1. 点动控制线路

点动控制线路是用按钮、接触器来控制电动机运转的最简单的控制线路，如图 19-25 所示。

所谓点动控制，是指按下按钮，电动机就得电运转；松开按钮，电动机就失电停转。这种控制方法常用于电动葫芦的起重电动机控制和车床拖板箱快速移动的电动机控制。

其工作原理为：先合上电源开关 QS，按下启动按钮 SB1，接触器 KM 的线圈得电，使衔铁吸合，同时带动接触器 KM 的三对主触点闭合，电动机 M 便接通电源启动运转。当电动机 M 需要停止运转时，只要松开启动按钮 SB1，使接触器 KM 的线圈失电，衔铁就在复位弹簧作用下复位，带动接触器 KM 的三对主触点恢复分断，电动机 M 便失电停转。停止使用时，断开电源开关 QS。

2. 长动控制线路

如果要求电动机启动后能连续运转，采用点动控制线路是不能实现的，为实现电动机的连续运转，需采用图 19-26 所示的长动控制线路。

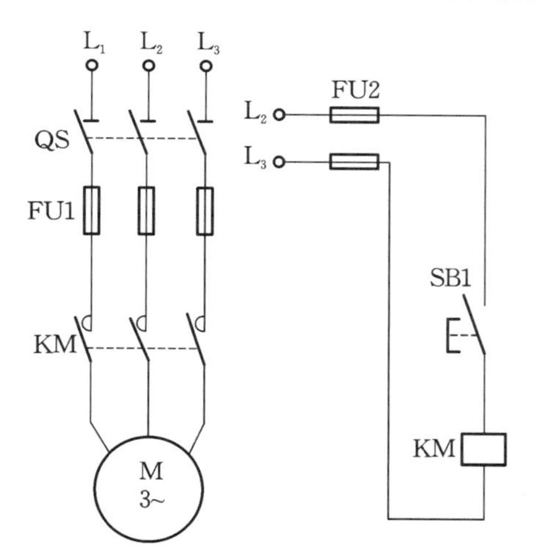

图 19-25　点动控制线路

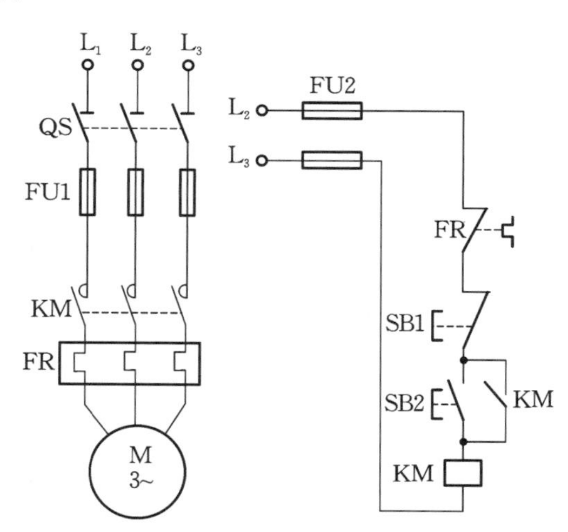

图 19-26　长动控制线路

长动控制线路的工作原理如下。

先合上电源开关 QS。

启动：按下 SB2→KM 线圈得电→KM 主触点和辅助常开触点闭合→电动机 M 启动，连续运转。

当松开 SB2，其常开触点恢复分断后，因为接触器 KM 的辅助常开触点闭合时已将 SB2 短接，控制电路仍保持接通，所以接触器 KM 继续得电，电动机 M 实现连续运转。当松开启动按钮 SB2 后，接触器 KM 通过自身辅助常开触点而使线圈保持得电的作用叫作自锁。与启动按钮 SB2 并联起自锁作用的辅助常开触点叫作自锁触点。

停止：按下 SB1→KM 线圈失电→KM 主触点和自锁触点分断→电动机 M 失电停转。

当松开 SB1，其常闭触点恢复闭合后，因为接触器 KM 的自锁触点在切断控制电路时已分断，解除了自锁，SB2 也是分断的，所以接触器 KM 不能得电，电动机 M 也不会转动。

长动控制线路不但能使电动机连续运转，而且有一个重要的特点，就是具有欠压、失压（或零压）和过载保护作用。

1）欠压保护

欠压是指线路电压低于电动机应加的额定电压。欠压保护是指当线路电压下降到某一数值时，电动机能自动脱离电源停转，避免电动机在欠压下运行的一种保护方式。采用接触器自锁控制线路就可避免电动机欠压运行。因为当线路电压下降到一定值（一般指低于额定电压 85%以下）时，接触器线圈两端的电压也同样下降到一定值，从而使接触器线圈磁通减弱，产生的电磁吸力减小。当电磁吸力减小到小于反作用弹簧的拉力时，动铁芯被迫释放，主触点、自锁触点同时分断，自动切断主电路和控制电路，电动机失电停转，达到了欠压保护的目的。

2）失压（或零压）保护

失压保护是指电动机在正常运行中，由于外界某种原因而突然断电时，能自动切断电动机电源；当重新供电时，保证电动机不能自行启动的一种保护方式。接触器自锁控制线路也可实现失压保护。因为接触器自锁触点和主触点在电源断电时已经断开，使控制电路和主电路都不能接通，所以在电源恢复供电时，电动机就不会自行启动运转，保证了人身和设备的安全。

3）过载保护

在长动控制线路中，由熔断器 FU 作为短路保护，由接触器 KM 作为欠压和失压保护，但实际使用中还不够完善，因为电动机在运行过程中，如果长期负载过大或启动操作频繁，或者缺相运行，都可能使电动机定子绕组的电流增大，超过其额定值。而在这种情况下，熔断器往往并不熔断，从而引起定子绕组过热，使温度升高，若温度超过允许温升，就会使绝缘损坏，缩短电动机的使用寿命，严重时甚至会使电动机的定子绕组烧毁。因此，必须对电动机采取过载保护措施。过载保护是指当电动机出现过载时能自动切断电动机电源，使电动机停转的一种保护方式。

如果电动机在运行过程中，由于过载或其他原因，电流超过额定值，那么经过一定时间，串接在主电路中热继电器的热元件因受热发生弯曲，通过动作机构使串接在控制电路中的常闭触点分断，切断控制电路，接触器 KM 的线圈失电，其主触点、自锁触点分断，电动机 M 失电停转，达到过载保护的目的。

在照明、电加热等电路中，熔断器 FU 既可以用作短路保护，也可用作过载保护。但对于三相异步电动机控制线路来说，熔断器只能用作短路保护。因为三相异步电动机的启动电流很大(全压启动时的启动电流能达到额定电流的 4～7 倍),若将熔断器用作过载保护,则熔断器的额定电流就应等于或略大于电动机的额定电流,这样电动机在启动时的启动电流就大大超过了熔断器的额定电流,使熔断器在很短的时间内熔断,造成电动机无法启动。所以熔断器只能用作短路保护,熔体额定电流应取电动机额定电流的 1.5～2.5 倍。热继电器在三相异步电动机控制线路中也只能用作过载保护,不能用作短路保护。因为热继电器的热惯性大,即热继电器的双金属片受热后发生膨胀、弯曲需要一定的时间。当电动机发生短路时,由于短路电流很大,热继电器还没来得及动作,供电线路和电源设备可能已经损坏。而在电动机启动时,由于启动时间短,热继电器还未动作,电动机已启动完毕。总之,热继电器和熔断器两者所起的作用不同,不能相互代替。

3. 连续与点动混合正转控制线路

机床设备在正常工作时,一般需要电动机处于连续运转状态;但在试车或调整刀具与工件相对位置时,又需要电动机能点动控制。实现这种工艺要求的线路是连续与点动混合正转控制线路,图 19-27 所示。图 19-27(a)所示线路是在长动控制线路的基础上,把手动开关 SA 串接在自锁电路中。显然,当把 SA 闭合或打开时,就可实现电动机的连续或点动控制。图 19-27(b)所示线路是在长动控制线路的基础上增加了一个复合按钮 SB3,来实现连续与点动混合正转控制的。SB3 的常闭触点应与 KM 自锁触点串联。

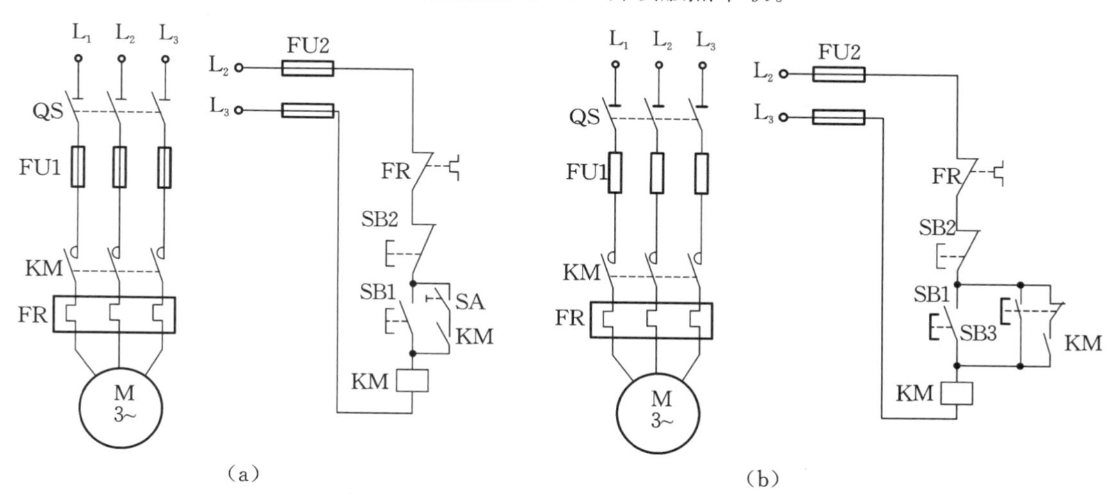

图 19-27 连续与点动混合控制线路

图 19-27(b)所示的控制线路的工作原理如下。

(1) 连续控制。

启动:按下 SB1→KM 线圈得电→KM 主触点和辅助常开触点闭合→电动机 M 启动连续运转。

停止:按下 SB2→KM 线圈失电→KM 主触点和自锁触点分断→电动机 M 失电停转。

(2) 点动控制。

启动:按下 SB3→SB3 常闭触点先分断切断自锁电路,SB3 常开触点后闭合→KM 线圈得电→KM 自锁触点闭合(但 SB3 常闭触点已分断切断自锁电路,无法实现自锁),KM 主触点闭合→电动机 M 启动运转。

停止：松开 SB3→SB3 常开触点先恢复分断，SB3 常闭触点后恢复闭合（此时 KM 自锁触点已分断）→KM 自锁触点和主触点分断→电动机 M 失电停转。

19.3 三相异步电动机的正反转控制线路

许多生产机械往往要求运动部件向正、反两个方向运动，如机床工作台的前进与后退，万能铣床主轴的正转与反转，起重机的上升与下降等，这些生产机械要求电动机能实现正反转控制。要实现正反转控制，可将主电路中的三相电源线任意两相对调，电动机就会改变转向。

1. 接触器联锁的正反转控制线路

接触器联锁的正反转控制线路如图 19-28 所示。线路中采用了两个接触器，即正转用的接触器 KM1 和反转用的接触器 KM2，它们分别由正转按钮 SB1 和反转按钮 SB2 控制。

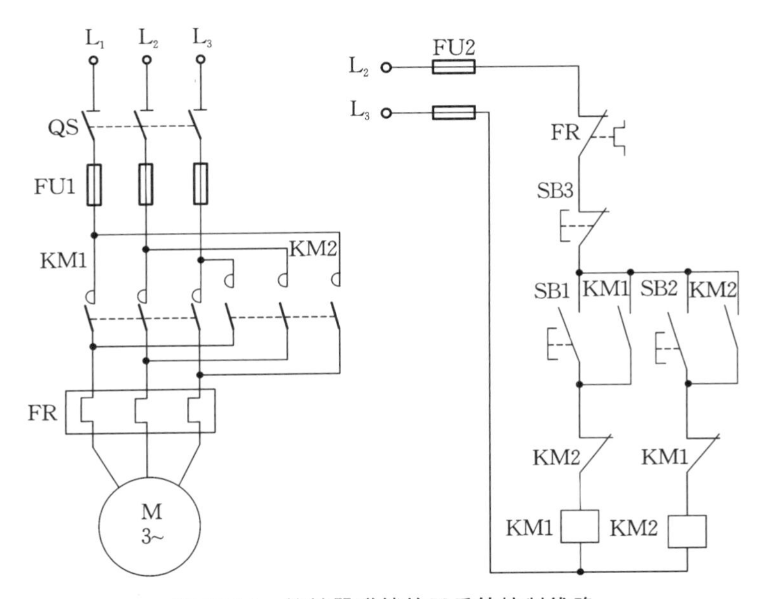

图 19-28 接触器联锁的正反转控制线路

但是接触器 KM1 和 KM2 的主触点绝不允许同时闭合，否则会造成两相电源（L_1 相和 L_3 相）短路事故。为了避免两个接触器 KM1 和 KM2 同时得电动作，在正反转控制线路中分别串接对方接触器的一对常闭辅助触点，这样，当一个接触器得电动作时，通过其常闭辅助触点使另一个接触器不能得电动作，接触器间这种相互制约的作用叫接触器联锁（或联锁）。实现联锁作用的常闭辅助触点称为联锁触点（或互锁触点）。

其工作原理如下：

先合上电源开关 QS。

（1）正转控制：按下 SB1→KM1 线圈得电→KM1 常闭辅助触点分断对 KM2 联锁，KM1 辅助常开触点闭合自锁，KM1 主触点闭合→电动机 M 启动连续运转。

(2) 反转控制:按下 SB3→KM1 线圈失电→KM1 常闭辅助触点恢复闭合(解除对 KM2 的联锁),KM1 辅助常开触点分断(解除自锁),KM1 主触点分断→电动机 M 失电停转→按下 SB2→KM2 线圈得电→KM2 常闭辅助触点分断对 KM1 联锁,KM2 辅助常开触点闭合自锁,KM2 主触点闭合→电动机 M 启动连续反向运转。

(3) 停止时,按下停止按钮 SB3→控制电路失电→KM1(或 KM2)主触点分断→电动机 M 失电停转。

从以上分析可见,接触器联锁的正反转控制线路的优点是工作安全可靠,缺点是操作不便。因为电动机正反转切换时,必须先按下停止按钮,再按启动按钮来实现切换,否则由于接触器的联锁作用,不能实现正反转切换。为克服此线路的不足,可采用按钮联锁或按钮和接触器双重联锁的正反转控制线路。

2. 按钮联锁的正反转控制线路

为克服接触器联锁的正反转控制线路操作不便的缺点,把正转按钮 SB1 和反转按钮 SB2 换成两个复合按钮,并使两个复合按钮的常闭触点代替接触的联锁触点,就构成了按钮联锁的正反转控制线路,如图 19-29 所示。

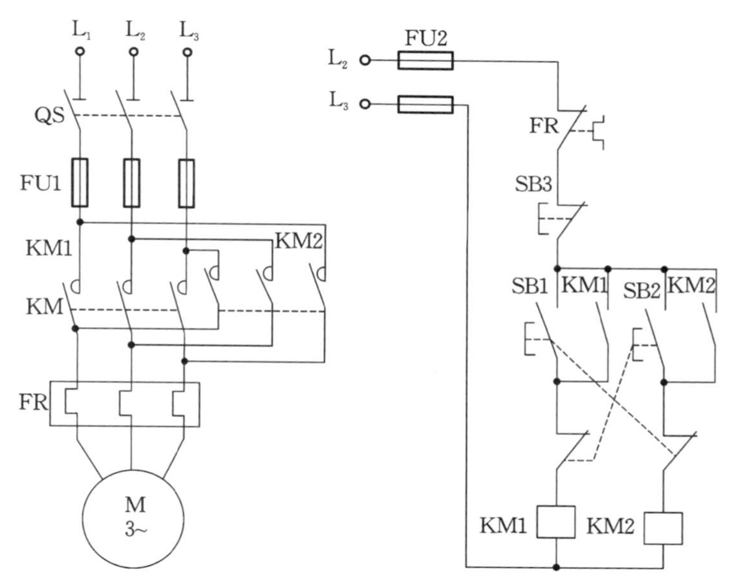

图 19-29 按钮联锁的正反转控制线路

其工作原理与接触器联锁的正反转控制线路的工作原理基本相同,只是当电动机从正转变为反转时,直接按下反转按钮 SB2 即可实现,不必先按下停止按钮 SB3。因为当按下反转按钮 SB2 时,串接在正转控制电路中的 SB2 的常闭触点先分断,使正转接触器 KM1 线圈失电,KM1 的主触点和自锁触点分断,电动机 M 失电,靠惯性运转。SB2 的常闭触点分断后,其常开触点随后闭合,接通反转控制电路,电动机 M 便反转。这样既保证了 KM1 和 KM2 的线圈不会同时通电,又可不按停止按钮而直接按反转按钮来实现反转。同样,当电动机从反转运行变为正转运行时,也只要直接按下正转按钮 SB1 即可。

按钮联锁的正反转控制线路的优点是操作方便。缺点是容易产生电源两相短路故障。

例如，正转接触器 KM1 发生主触点熔焊或被杂物卡住等故障时，即使 KM1 线圈失电，主触点也无法分断，这时若直接按下反转按钮 SB2，KM2 得电动作，触点闭合，必然造成电源两相短路故障。所以在实际工作中，经常采用按钮、接触器双重联锁的正反转控制线路。

3. 按钮、接触器双重联锁的正反转控制线路

为克服接触器联锁的正反转控制线路和按钮联锁的正反转控制线路的不足，在按钮联锁的基础上，又增加了接触器联锁，构成按钮、接触器双重联锁的正反转控制线路，如图 19-30 所示。该线路兼有两种联锁控制线路的优点，操作方便，工作安全可靠。

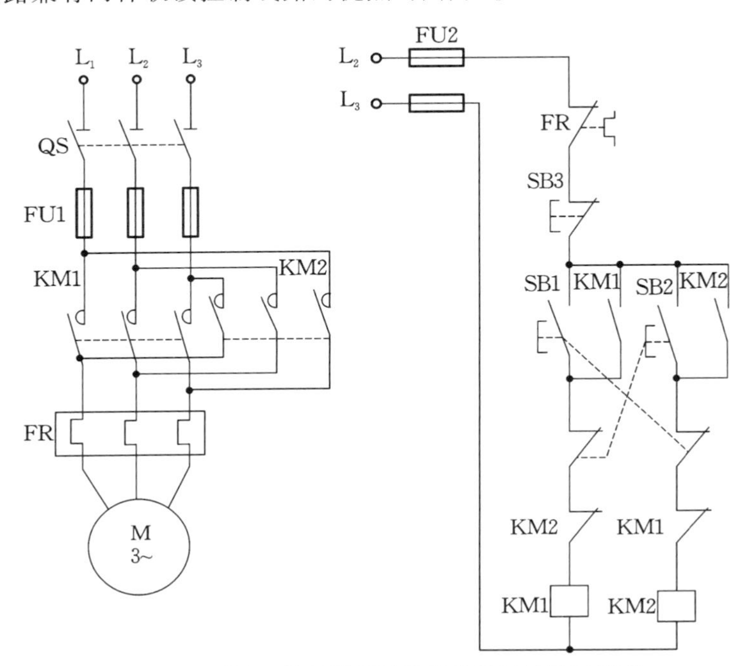

图 19-30　按钮、接触器双重联锁的正反转控制线路

其工作原理如下：

先合上电源开关 QS。

（1）正转控制：按下 SB1→SB1 常闭触点先分断对 KM2 联锁（切断反转控制线路），SB1 常开触点后闭合→KM1 线圈得电→KM1 联锁触点分断对 KM2 联锁（切断反转控制线路），KM1 自锁触点闭合自锁（短接启动按钮，实现连续运行），KM1 主触点闭合→电动机 M 启动正向运转。

（2）反转控制：按下 SB2→SB2 常闭触点先分断 KM1 联锁（切断正转控制线路）→KM1 线圈失电→KM1 主触点分断，KM1 自锁触点分断解除自锁，KM1 联锁触点恢复闭合→电动机 M 失电→继续往下按 SB2，SB2 常开触点闭合→KM2 线圈得电→KM2 联锁触点分断对 KM1 联锁（切断正转控制线路），KM2 自锁触点闭合（短接启动按钮，实现连续运行），KM2 主触点闭合→电动机 M 启动连续反转。

（3）停止控制：按下 SB3→控制电路失电→接触器线圈失电→接触器主触点分断→电动机 M 失电停转。

19.4 三相异步电动机的 Y/△降压启动控制线路

Y/△降压启动是指电动机启动时，把定子绕组接成 Y 形，以降低启动电压，限制启动电流。待电动机启动后，再把定子绕组改接成△形，使电动机全压运行。凡在正常运行时定子绕组做△形连接的异步电动机，均可采用这种降压启动方法。

常用的 Y/△降压启动控制线路有以下几种。

1. 手动控制 Y/△降压启动线路

双投开启式负荷开关手动控制 Y/△降压启动线路如图 19-31 所示。

线路的工作原理：启动时，先合上电源开关 QS1，然后把开启式负荷开关 QS2 扳到“启动(Y)”位置，电动机定子绕组便接成 Y 形降压启动；当电动机转速上升并接近额定值时，再将 SQ2 扳到“运行(△)”位置，电动机定子绕组改接成△形全压正常运行。

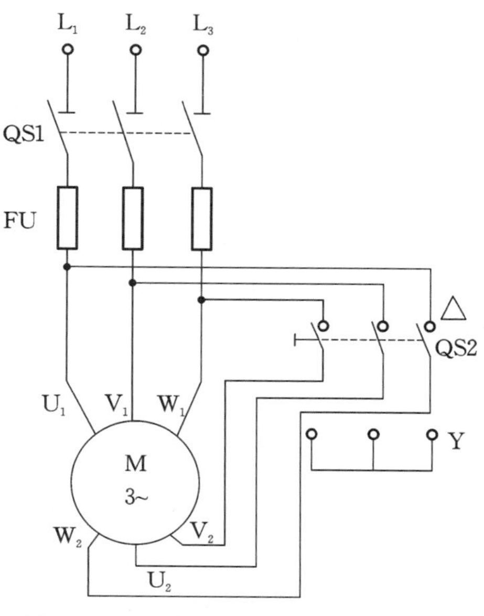

图 19-31 手动控制 Y/△降压启动线路

2. 按钮、接触器控制 Y/△降压启动线路

按钮、接触器控制 Y/△降压启动电路如图 19-32 所示。该线路使用了三个接触器、一

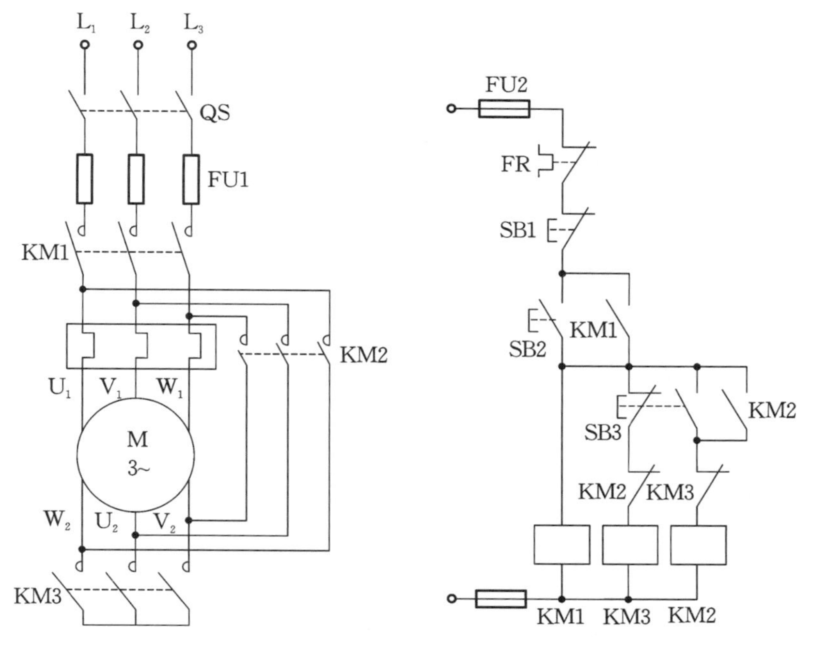

图 19-32 按钮、接触器控制 Y/△降压启动控制线路

个热继电器和三个按钮。接触器 KM1 做引入电源用，接触器 KM3 和 KM2 分别做 Y 形启动用和△形运行用，SB1 是启动按钮，SB2 是 Y/△换接按钮，SB3 是停止按钮，FU1 作为主电路的短路保护，FU2 作为控制电路的短路保护，FR 作为过载保护。

其工作原理如下：

先合上电源 QS。

（1）电动机 Y 形接法降压启动。

按下 SB1→KM1、KM3 线圈同时得电→KM1 自锁触点闭合自锁（短接启动按钮，实现连续运行），KM1 主触点闭合，KM3 联锁触点分断 KM2 联锁，KM3 主触点闭合→电动机 M 接成 Y 形降压启动。

（2）电动机△形接法全压运行。

按下 SB3→SB3 常闭触点先分断→KM3 线圈失电→KM3 主触点分断，解除 Y 形连接；KM3 联锁触点恢复闭合，为 KM2 线圈通电做好准备→继续往下按 SB3，SB3 常开触点闭合→KM2 线圈得电→KM2 联锁触点分断 KM3 联锁，KM2 自锁触点闭合自锁（短接启动按钮，实现连续运行），KM2 主触点闭合→电动机 M 接成△形全压运行。

停止时按下 SB3 即可。

3. 时间继电器自动控制 Y/△降压启动线路

时间继电器自动控制 Y/△降压启动电路如图 19-33 所示，该线路由三个交流接触器、一个热继电器、一个时间继电器和两个按钮开关组成。时间继电器 KT 用于控制 Y 形降压启动时间和完成 Y/△自动切换。

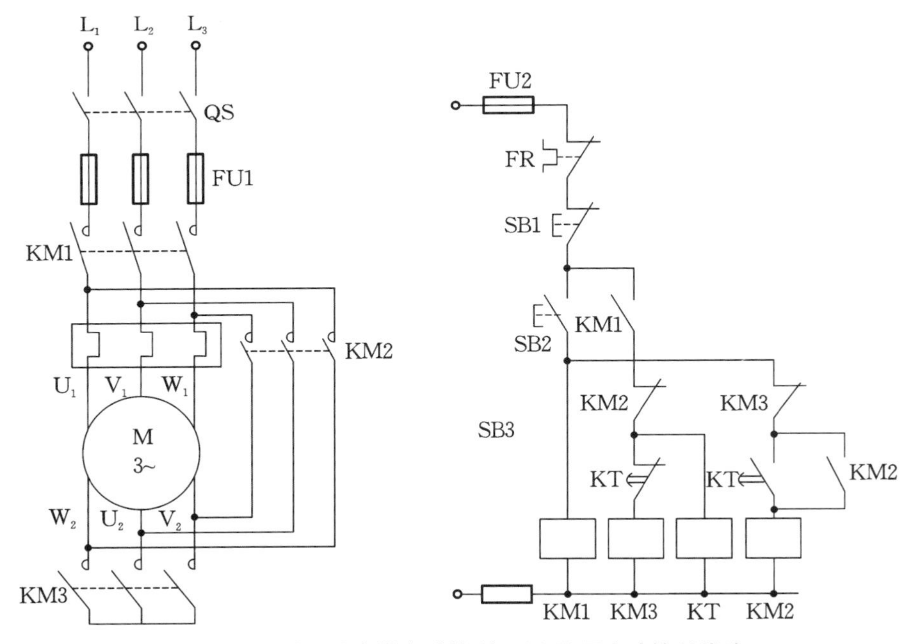

图 19-33　时间继电器自动控制 Y/△降压启动控制线路

其工作原理如下：

先合上电源开关 QS。

按下 SB2→KM3、KM1、KT 线圈同时得电→KM3 联锁触点分断 KM2 联锁，KM3 主触点闭合(电机接成 Y 形)；KM1 自锁触点闭合自锁(短接启动按钮，实现连续运行)，KM1 主触点闭合(接通电源)→电动机 M 接成 Y 形降压启动，KT 线圈得电后开始计时(当 M 转速上升到一定值时，KT 延时结束)→KT 常闭触点分断→KM3 线圈失电→KM3 主触点分断，解除 Y 形连接，KM3 联锁触点闭合，为做△形连接做好准备→KT 常开触点闭合→KM2 线圈得电→KM2 联锁触点分断对 KM3 联锁→KT 线圈失电→KT 常闭触点瞬时闭合→KM2 主触点闭合→电动机 M 接成△形全压运行。

停止时按下 SB2 即可。

19.5 三相异步电动机的能耗制动控制线路

当电动机切断交流电源后，立即在定子绕组的任意两相中通入直流电，迫使电动机迅速停转的方法叫能耗制动。能耗制动的原理如图 19-34 所示，先断开电源开关 QS1，切断电动机的交流电源，这时转子因惯性仍沿原方向运转；随后立即合上开关 QS2，并将 QS1 向下合闸，电动机 V、W 两相定子绕组通入直流电，使定子中产生一个恒定的静止磁场，这样做惯性运转的转子因切割磁力线而在转子中产生感应电流，其方向可用右手定则判断。转子绕组中一旦产生感应电流，又立即受到静止磁场的作用，产生电磁转矩，用左手定则判断，可知此转矩的方向正好与电动机的转向相反，使电动机受制动而迅速停转。由于这种制动方法是通过在定子绕组中通入直流电以消耗转子惯性运转的动能来进行制动的，所以称为能耗制动，又称动能制动。

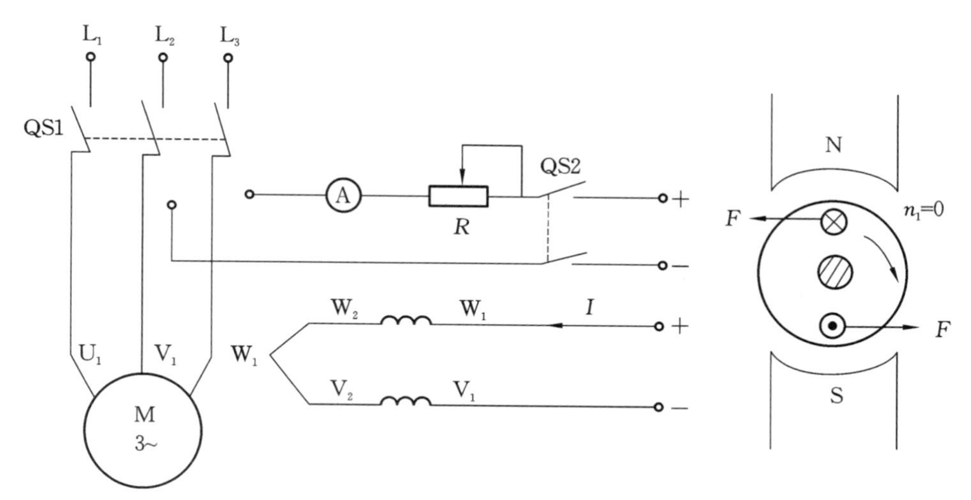

图 19-34 能耗制动原理图

1. 单相半波整流能耗制动控制线路

单相半波整流能耗制动控制线路如图 19-35 所示。该线路采用单相半波整流器作为直流电源，所用附加设备较少，线路简单，成本低，常用于 10 kW 以下小容量电动机和对制动要求不高的场合。

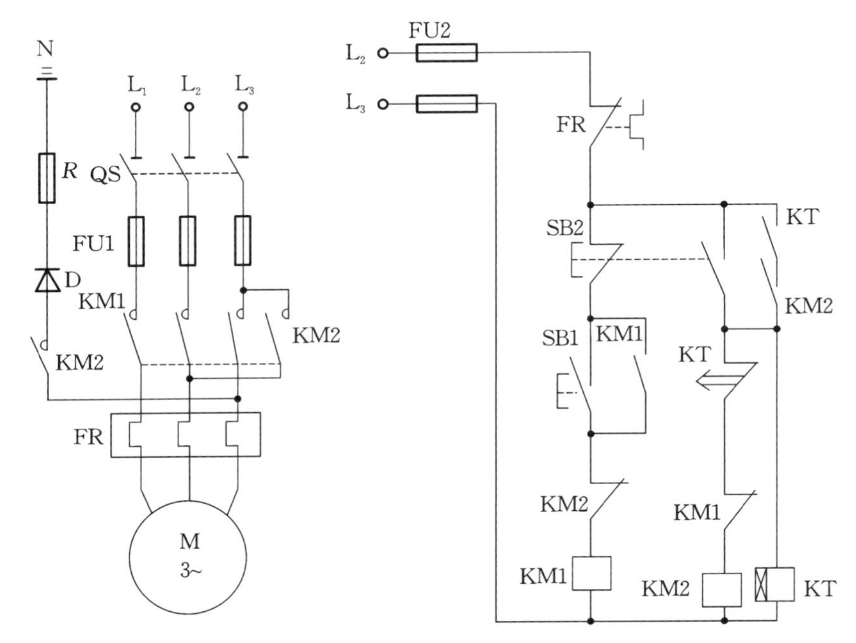

图 19-35　单相半波整流能耗制动控制线路

单向启动运转：闭合电源开关 QS，按下 SB1→KM1 线圈得电→KM1 自锁触点闭合自锁（短接启动按钮，实现连续运行），KM1 联锁触点分断对 KM2 联锁，KM1 主触点闭合→电动机 M 启动运转。

能耗制动停转：按下 SB2→SB2 常闭触点先分断→KM1 线圈失电→KM1 自锁触点分断解除自锁，KM1 主触点分断→电动机 M 暂时失电并惯性运转→KM1 联锁触点闭合→继续往下按 SB2，SB2 常开触点闭合→KM2 线圈得电→KM2 联锁触点分断对 KM1 联锁，KM2 自锁触点闭合自锁，KM2 主触点闭合，KT 线圈得电→KT 常开触点瞬时闭合自锁→电动机 M 接入直流电能耗制动，KT 常闭触点延时后分断→KM2 线圈失电→KM2 联锁触点恢复闭合，KM2 自锁触点分断→KT 线圈失电→KT 触点瞬时复位，KM2 主触点分断→电动机 M 切断直流电源并停转，能耗制动结束。

2. 单相桥式整流能耗制动线路

图 19-36 为单相桥式整流能耗制动控制线路。图中 KM1 为电动机运行交流接触器，KM2 为能耗制动交流接触器，KT 为时间继电器，T 为整流变压器。

其工作原理如下：电动机原已正常运行，所以 KM1 通电并自锁。若要使电动机停转，按下停止按钮 SB1，KM1 线圈断电，电动机定子绕组脱离三相交流电源，KM2、KT 线圈同时通电并自锁。KM2 主触点将电动机两相定子绕组接入直流电源进行能耗制动，使电动机转速迅速降低，当转速接近零时，时间继电器 KT 延时时间到，其常闭延时断开触点动作，使 KM2、KT 线圈相继断电，制动过程结束。

该电路中，将 KT 常开瞬动触点与 KM2 自锁触点串接，是考虑时间继电器线圈断线或其他故障导致 KT 常闭通电延时断开触点打不开时，不至于使 KM2 线圈长期通电，造成电动机定子长期通入直流电源。

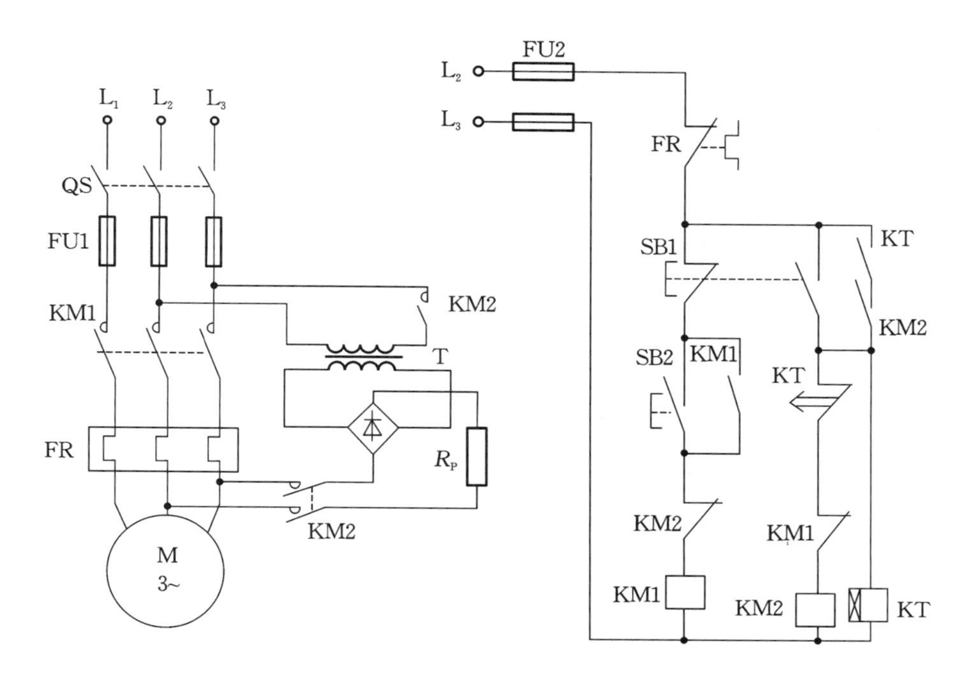

图 19-36 单相桥式整流能耗制动控制线路

19.6 三相异步电动机的双速控制线路

在实际生产中,对机械设备常有多种速度输出的要求。通常,采用单速电动机时,需配备机械变速系统以满足变速要求。当设备的结构尺寸受到限制或要求速度连续可调时,常采用多速电动机调速。晶闸管技术在交流电动机的调速中得到了广泛的应用,但由于其控制电路复杂、造价高,因此普通中小型设备使用较少。实际中应用较多的还是双速异步电动机。

双速异步电动机有星形-双星形(Y-YY)和三角形-双星形(△-YY)两种形式。这两种形式都使电动机的极数减少一半。图 19-37(a)所示为电动机定子绕组做星形连接,图 19-37(b)所示为电动机定子绕组做双星形连接。其中,U_1、V_1、W_1 为定子绕组首端,U_2、V_2、W_2 为定子

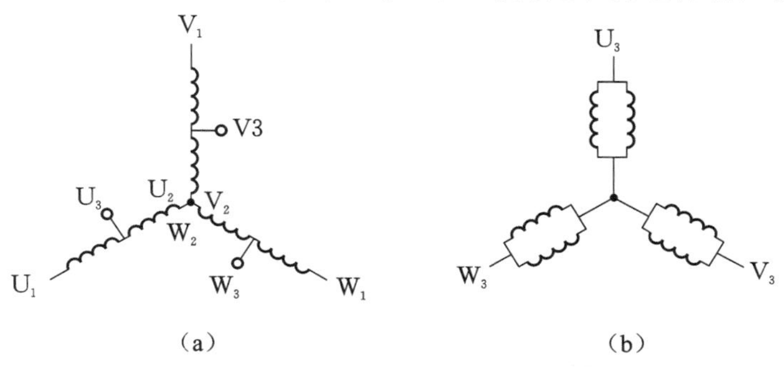

图 19-37 双速电动机手动控制调速控制线路

绕组末端，U_3、V_3、W_3 为定子绕组中间端子。当变极前后绕组与电源的接线如图 19-37 所示时，变极前后电动机转向相反，因此，若要使变极后电动机保持原来转向不变，应改变三相电源的相序，而改变三相电源的相序只需任意调换电源的两根进线。

1. 双速异步电动机手动调速控制线路

双速三相异步电动机的手动调速控制线路如图 19-38 所示。图中主电路三组主触点的控制作用分别是：KM1 主触点可以把电动机定子绕组连接成三角形，磁极是四极，同步转速为 1500 r/min；KM2、KM3 主触点配合，可以把电动机定子绕组连接成双星形，磁极是二极，同步转速为 3000 r/min。

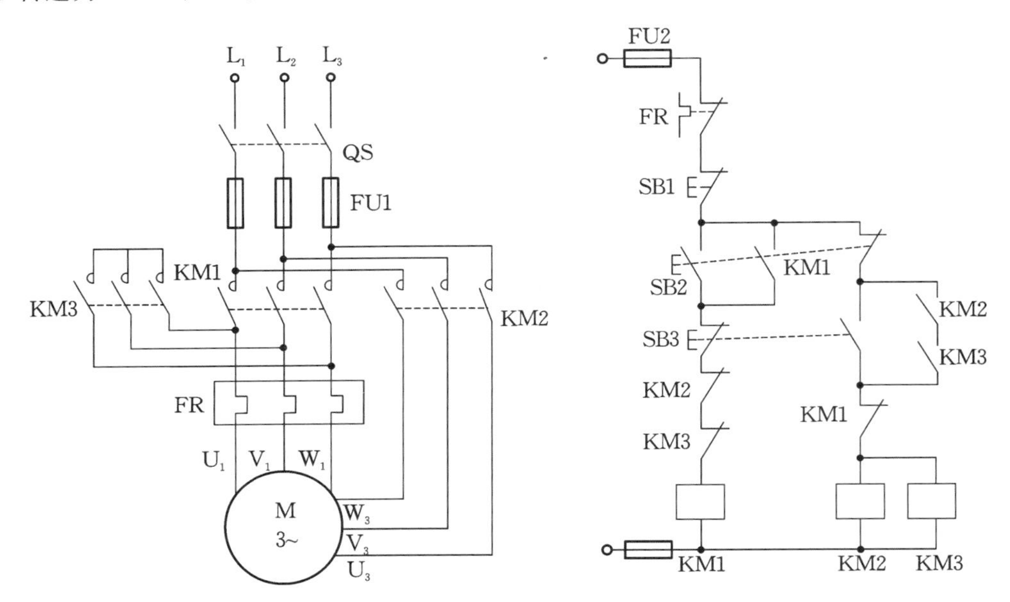

图 19-38　双速三相异步电动机的手动调速控制线路

其工作原理如下：闭合电源开关 QS，按下低速启动按钮 SB2，KM1 线圈得电，其辅助常开触点闭合自锁，主触点闭合，电动机为三角形启动并进入低速运行。需高速运行时，按下 SB3 按钮，KM1 线圈失电，常闭辅助触点复位，KM2 和 KM3 线圈同时得电并自锁，其主触点闭合，电机转为双星形高速运行。停止时，按下常闭按钮 SB1 即可。

2. 双速异步电动机自动调速控制线路

利用时间继电器可以使电动机在低速启动后自动切换至高速状态，如图 19-39 所示。其主电路与图 19-38 相同。

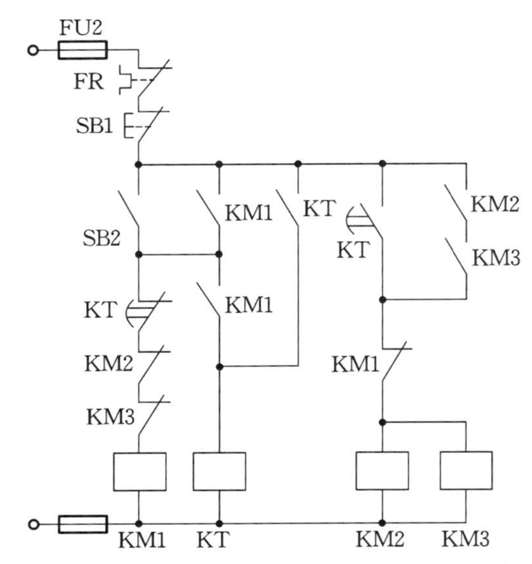

图 19-39　双速异步电动机自动调速控制线路

其工作原理如下：闭合电源开关 QS，按下

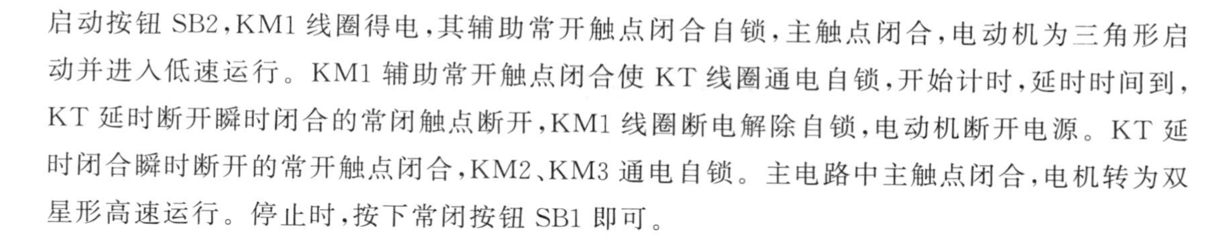

启动按钮 SB2，KM1 线圈得电，其辅助常开触点闭合自锁，主触点闭合，电动机为三角形启动并进入低速运行。KM1 辅助常开触点闭合使 KT 线圈通电自锁，开始计时，延时时间到，KT 延时断开瞬时闭合的常闭触点断开，KM1 线圈断电解除自锁，电动机断开电源。KT 延时闭合瞬时断开的常开触点闭合，KM2、KM3 通电自锁。主电路中主触点闭合，电机转为双星形高速运行。停止时，按下常闭按钮 SB1 即可。

19.7 技能实训
——三相异步电动机的正反转控制线路实操

19.7.1 实训目的

(1) 掌握三相笼型异步电动机正反转控制电路的接线方法。

(2) 掌握三联按钮的使用和正确接线方法。

(3) 学会正反转电路的分析方法及排除故障的方法。

19.7.2 实训器材

三相异步电动机、三相胶盖闸刀开关、交流接触器、控制按钮、熔断器、热继电器、电工工具及导线。

19.7.3 实训内容

(1) 检查各电器元件的质量情况，了解其使用方法。

(2) 按图 19-30 正确连接线路，首先接主电路，然后接控制电路。

(3) 自己检查无误并经指导老师认可后，方可通电试验。

(4) 按下正转按钮 SB1，电机正转运行，然后直接按下反转按钮 SB2，电机反转运行。按下 SB3，电机停止。

(5) 实训中出现不正常的情况时，应断开电源，分析故障，如一切正常，可请老师人为地制造一些故障，由同学们分析、排除。

19.7.4 实训报告

(1) 按下 SB1(或 SB2)，电机正常运行后，很轻地按一下 SB2(或 SB1)，看电机运转状态有什么变化。电路中会发生什么现象？为什么？

(2) 当实训中发现按下正(或反)转按钮，电机旋转方向不变时，试分析故障原因。

(3) 画出实训中故障现象的原理图，并分析故障原因及排除方法。

(4) 若运行过程中主电路有一相熔断器熔断，可能会发生什么情况？

19.8 技能实训

——三相异步电动机的Y/△降压启动控制线路实操

19.8.1 实训目的

(1) 了解时间继电器的结构和使用方法。

(2) 掌握三相异步电动机Y/△降压启动控制电路的工作原理及接线方法。

(3) 熟悉三相异步电动机Y/△降压启动控制电路的故障分析与排除方法。

19.8.2 实训器材

三相笼型异步电动机、三相胶盖闸刀开关、交流接触器、时间继电器、熔断器、热继电器、控制按钮、电工工具及导线。

19.8.3 实训内容

(1) 检查各电器元件的质量情况,了解其使用方法。

(2) 按图19-33连线,先接主电路,然后接控制电路。

(3) 自己检查接线是否正确,尤其要注意延时通断的触点是否正确,延时长短是否合适,确认无误且经指导老师检查认可后,方可合闸通电试验。

(4) 按下启动和停止按钮,观察电动机启动情况。

(5) 调节时间继电器的延时时间,观察时间继电器动作时间对电动机启动过程的影响。

19.8.4 实训报告

(1) 时间继电器通电延时常开与常闭触点接错,电路工作状态会怎样?

(2) 在实训中发生故障时,如何分析故障原因并排除故障?

习　　题

一、填空题

1. 低压电器通常指工作在交流________以下,直流________以下的各种电器。

2. 为了保证安全,铁壳开关内设有________,保证开关在________状态下开关盖不能开启,而当开关盖开启时又不能________。

3. 按国家标准规定,"停止"按钮必须是________色,"启动"按钮必须是________色。

4. 接触器的电磁机构由________、________和________三部分组成。

5. 继电器与接触器比较,继电器触点的________很小,一般不及________。

6. 电动机长动与点动控制区别的关键环节是________触点是否接入。

7. Y/△降压启动是指电动机启动时，把定子绕组接成________，以降低启动电压，限制启动电流，待电动机启动后，再把定子绕组改接成________，使电动机全压运行。这种启动方法适用于在正常运行时定子绕组做________连接的电动机。

8. 速度继电器常用于________控制线路。

二、判断题

（　　）1. 刀开关、铁壳开关、组合开关的额定电流要大于实际电路电流。

（　　）2. 低压断路器具有失压保护的功能。

（　　）3. 安装闸刀开关时，闸刀开关在合闸状态下手柄应该向上，不能倒装和平装，以防止闸刀松动落下时误合闸。

（　　）4. 接触器除通断电路外，还具备短路和过载保护的作用。

（　　）5. 热继电器在电路中的接线原则是热元件串联在主电路中，常闭触点串联在控制电路中。

（　　）6. 点动控制，就是点一下按钮就可以连续运转的控制方式。

（　　）7. 在接触器正反转控制线路中，若正转接触器和反转接触器同时通电会发生两相电源短路。

三、选择题

1. 按复合按钮时，（　　）。

A. 常开触点先闭合　　B. 常闭触点先断开

C. 常开、常闭触点同时动作　　D. 常闭触点动作，常开触点不动作

2.热继电器中的双金属片弯曲是由于（　　）。

A. 机械强度不同　　B. 热膨胀系数不同

C. 温差效应　　D. 受到外力作用

3.交流接触器线圈电压过低将导致（　　）。

A. 线圈电流显著增加　　B. 线圈电流显著减小

C. 铁芯磁通显著增加　　D. 铁芯磁通显著减小

4. 正反转控制线路在实际工作中最常用、最可靠的是（　　）。

A. 倒顺开关　　B. 接触器联锁

C. 按钮联锁　　D. 按钮、接触器双重联锁

5. 双速电动机的调速属于（　　）调速方法。

A. 变频　　B. 改变转差率

C. 改变磁极对数　　D. 降低电压

四、分析题

分析图 19-40 所示的控制电路中各有何缺点或问题，以及应如何改正。

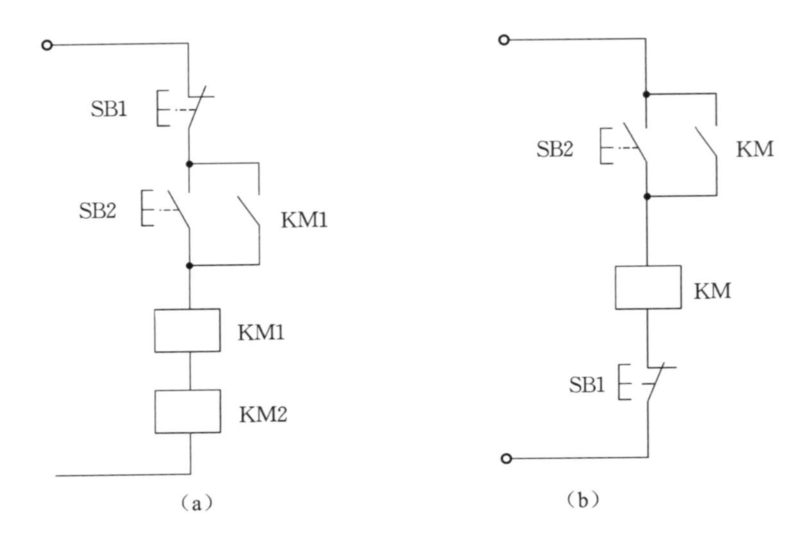

图 19-40　分析题

五、简答题

1. 什么是低压电器？按动作方式可以分为哪两类？按用途不同又可分为哪几类？常用的低压电器有哪些？

2. 小容量电动机需要正、反转控制时应选用什么开关？

3. 自动空气开关一般具有哪几种保护功能？

4. 交流接触器有什么用途？

5. 继电器中电压线圈与电流线圈在结构上有什么区别？能否互换？

6. 电动机启动时电流很大，为什么热继电器不会动作？

7. 在电动机控制电路中，熔断器与热继电器能否互换？为什么？

8. 点动控制和长动控制有什么不同？各应用于什么场合？

六、设计题

1. 某机床主轴和润滑油泵各由一台电动机带动。现要求主轴必须在油泵开动后才能开动，主轴能正反转，并能单独停车，有短路、零压及过载保护等。试绘出电气控制原理图。

2. 画出笼型异步电动机的能耗制动控制线路。工作要求如下：

(1) 用按钮 SB2 和 SB1 控制电动机 M 的起停；

(2) 按下停止按钮 SB1 时，应使接触器 KM1 断电释放，接触器 KM2 通电动作，以便向定子绕组加入直流电源，进行能耗制动；

(3) 制动一段时间后，应使 KM2 自动断电释放，以便切除直流电源，试用通电延时型和断电延时型继电器各画出一种控制线路。

参考文献 CANKAOWENXIAN

[1] 秦曾煌. 电工学简明教程[M]. 3版. 北京：高等教育出版社，2015.
[2] 陈小虎. 电工电子技术(多学时)[M]. 2版. 北京：高等教育出版社，2006.
[3] 易沅屏. 电工学[M]. 北京：高等教育出版社，2004.
[4] 黄军辉，黄晓红. 电子技术[M]. 北京：人民邮电出版社，2006.
[5] 陈振源. 电工电子技术与技能[M]. 北京：人民邮电出版社，2010.
[6] 林平勇，高嵩. 电工电子技术力(少学时)[M]. 2版. 北京：高等教育出版社，2004.
[7] 孙义宝，苑龙军. 电工电子技术[M]. 北京：人民邮电出版社，2009.
[8] 董传岱. 电工与电子基础[M]. 北京：机械工业出版社，2005.
[9] 沈任元，吴勇. 模拟电子技术基础[M]. 2版. 北京：机械工业出版社，2009.
[10] 阎石. 数字电子技术基础[M]. 5版. 北京：高等教育出版社，2006.
[11] 唐程山. 电子技术基础[M]. 北京：高等教育出版社，2004.
[12] 李梦欣. 电力拖动控制线路与技能训练[M]. 北京：中国劳动社会保障出版社，2007.
[13] 李本红，王夕英. 电机技术及应用[M]. 北京：人民邮电出版社，2009.
[14] 张华龙. 电机与电气控制技术[M]. 北京：人民邮电出版社，2008.
[15] 赵承荻，李乃夫. 实用电工手册[M]. 北京：高等教育出版社，2007.
[16] 周绍平，李严. 电工与电子技术[M]. 北京：北京交通大学出版社，2007.
[17] 李益民，刘小春. 电机与电气控制技术[M]. 2版. 北京：高等教育出版社，2012.
[18] 秦常贵，邵枚. 电工电子技术[M]. 北京：北京师范大学出版社，2012.